MONGOOSE THINK
蒙格斯智库

蒙格斯文集之

更懂自己

行为认知科学的妙用

孙涤/著

经济管理出版社
ECONOMY & MANAGEMENT PUBLISHING HOUSE

总序

在遥远的非洲大草原上，生活着一群小型哺乳类动物“獴”。它们以蛇鼠为食，群居而生，警惕而敏感。通常在外出活动时总会留下一只充当“哨兵”，一旦有危险情况出现，“哨兵”便发出特殊的叫声来提醒所有同伴，以此预警。与獴面对的动物世界类似，人类社会同样充满着各种不确定性与风险，蒙格斯智库取“獴”的英文（Mongoose）音译，意在提醒和预警经济社会生活中的各种不确定性，充当中国乃至世界防范风险的“哨兵”。

蒙格斯智库以经济研究中的各种“拐点”为起点，逐渐扩展到其他研究领域。《蒙格斯文集》便是横跨经济、金融、法律、风险、历史、社会、文学等多个领域的有益尝试。文集由中国行为法学会金融法律行为研究会会长朱小黄博士倡导和组织，蒙格斯智库编辑整理，文体包括论文、笔记、杂谈、散文、评述，等等，多种多样。文集将逐步收录国内经济、金融、法律和文史等方面理论与实务大家的作品。文集的作者们或是经济、金融、法律领域任职多年、经验丰富的企业家、高管和政府要员，或是博通古今的专家、教授等饱学之士，甚或二者兼具。文集中的内容和观点均是他们在工作和生活中逐步思考、总结和完善的。文集既是他们对经济、历史、社会、人生的观察站，也是他们忧国忧民、寄语人生的日记本。文集最大的特色便是多领域的跨界研究。比如经济与法律的跨界。经济的发展不仅注重效率亦注重公平，法制的建设和法律的规范必然随之左右。出版《蒙格斯文集》的目的，就是要为学人留存经典，为学问建立路碑，为读者构筑曲径。

同一般的学术性文集不同，本文集的内容具有很强的社会现实意义。其以经世济用的人文情怀为指导，讲究“学以致用”。而哲学思辨则是本文集另一大特征。文集作品立论清晰，理论充分，论证严密，是作者们智慧的结晶。其哲学思辨相信对非相关领域的读者也能带来思维上的启迪。文集所邀作者均有文字流畅、华美，具有较高文学欣赏价值的特色。既可“启蒙心智，格物致知”，也可为国家发展、社会进步、人格完善提供精神佳肴。愿未来能有更多作者加入我们，提供更多更好的作品以飨读者。也愿这套《蒙格斯文集》能够成为更多读者思维的训练场、心灵的加油站、思考的参考书！

蒙格斯智库

2018 年 11 月于深圳

自序

2020年终网上传来一句话："要是过了这一年你还没有'我以前怎么这样傻'的感叹，那你等于白活了一年。"我把它视同年度金句。

这一年来的起伏折腾颠覆了社会的许多认知，虽然被封闭在家，我还是能够考察许多人的行为，反思自己的心绪状态，从难得的体验中学到了不少，并把其中的一些看法写进了随笔，希望自己没白活这一年。

"懂你自己"是社会学科的永恒命题，自苏格拉底、我们的老庄（老子诉诸帝王精英，而庄子则与布衣百姓闲谈）开始，就成为人类追求的永恒思考。如何多了解一点自己，以及与人群的互动合作，增进自己的幸福感，"懂自己"是每个人都难以推诿的责任。

我在建行的老友同事朱小黄几年前创建了蒙格斯智库，他邀请我开个专栏写点什么。平台上有各类专家在各个方向，从宏观的经济政策到个人的理财咨询上各抒高见，相当有水准。我由是想，何不以"懂你自己"为题，以常情来谈谈常理呢？

常情常理，首先一点，并不是常人所常有的。不然的话，古希腊罗马和我们先秦的贤哲不会这么劳神费力来启蒙开导，而我们至今还能从他们的深邃智慧里不断汲取到新知。近世科技的长足进步，从理论建树到工具开发，特别是过去三四十年的一系列突破（行为认知科学、演化心理学、遗传生化和大脑神经研究，以及脑的造影成像技术，等等），使得人们终于有机会深入到"人脑堡垒"里面一窥堂奥，找到可观察到的行为背后潜藏着的生理和心理机制。这给检讨和印证前人的洞察和猜测，解释及预示现代社会生活的群体行为和个体选择，带来了莫大的促进。

科学探索已大致发现，常人是一种“说故事的种群”（fictional creature），情感、情绪、心态、直觉在辨识环境、认知自身、理解与他人互动、感悟历史经验和发展前景上，有着至关重要的影响。人判断处境、做出选择时经常依赖的这些感知，是人类千百万年的生存竞争包括文化进展所积淀下来的，非常之强韧，一直以来对人类的保存和发展都有很积极的贡献。

不过，在环境和条件发生变化，尤其当急剧变化引起的不确定性增多时，强韧的因素不容易与时俱进、应对和适变，会导致人们认知的偏差和选择行为的失误。这无疑增大了“懂你自己”的困扰。也因此，常人所习惯的常情常理往往不再那么管用了。

在生产力发展和技术进步的推动下，社会制度渐趋合理，也给我们带来了多元价值和更多选择的余裕，然而这未必全是好事——多元价值会使人茫失自己，更多选择会加重我们的决策负担，席卷而来的信息大潮会令人难以辨别乐音噪声，难做有益的取舍。究其根本，是快速进展的科技并没有伴随着人脑——信息处理最主要的甚至唯一的器官——扩容和精细化。

这就回到了“懂你自己”这一难题的本质。认明这个看来简单的本质性矛盾绝不简单，尽管古人早就如此告诫，也一再被历史经验坐实。近代以来人们想方设法来排解这个矛盾，其中“理性人”的假说最被常用而且乐此不疲，成了社会学科分析的一个基石前提。

但是，行为认知科学半个世纪以来的探索越来越在说明，人的“理性”

思维和行为，其实非常有其限度，并且用科技手段加以考察，做了事实上的严格认定。进而认为十足理性的行为，在现实世界是罕见的，而十足理性人的假设，尽管多了若干自圆其说的“建模”借口，在学理上却是画蛇添足之说。

既如此，我们又如何“更懂自己”，认清人脑所固有的认知偏误，避免人常犯的行为偏差呢？过去两年内我在蒙格斯智库的报告平台上刊出了一些随笔，讨论大多是围绕这个问题来展开的。承朱小黄行长的鼓励，择其部分编成这本小书，来增加与大家的交流切磋。

第一章 聊侃睡眠，谈人应该重视睡眠，安排有效的作息，并善用睡眠发掘创新能力。

第二章 行为金融学能教我们什么，谈投资理财的成功，首要的在于“知己知彼”，懂你自己以及其他投资者的认知和行为的偏差。

第三章 认知偏误和市场行为，谈市场交易活动中的几种常见的偏差及其认知心理基础。

第四章 人类如何合作，谈人际合作的基本法则及其同促进包容、扩展合作的几个高级法则的关系。其中“子孙照样发达?”一文，谈人在社会各阶层的流动性（或粘滞度）的长程结果，代际合作对人如何表现的长周期影响，兼谈“公正”与“平等”之间的关系，以及人为干预的长远成效。

第五章 新新人口论，讨论作为经济生产变化的最关键因素，人口规模和劳动力素质所发生的新趋势，应当怎么认识和应对。针对中国的特殊国情，尤其是出生率下降、男女比例失调、老龄化加速，以及户籍和城镇化等问题，分析并提出对策建议。这个系列写成并刊出于2012~2013年，略加修改后收入本书。

第六章 伏羲智慧的启发，谈对易经——华夏文明之基的深邃智慧的领悟，并提出了解决具体问题的一个应用案例。

人配得上“理性思考”的称号吗？拜行为认知科学所赐，通过各自的努力，尤其要努力避免“意识形态和理论引致的盲点”后，我相信，是能够配得上的。

那么我们是否能够克服认知和行为的偏误，从而增进个体的人生幸福，促进群体的合作成效呢？我的答案也是肯定的。希望这本小书对大家的体验能有所助益。

随笔刊发前后曾得到了读者的许多反馈，帮助我思索和提炼，在此再表感谢。在本书的编审过程中又得到了不少同仁的支持，特别鸣谢朱小黄、谢东平、黎碧。书中定有不少不足之处，不论观念论点还是文辞表述，责任自然是在我本人。

孙涤

2021年1月31日

目录

第一章 聊侃睡眠

睡眠，它梳解乱麻团般思绪的烦恼，
是暮死而朝生，辛苦劳作后的泡澡，
心力交瘁之慰抚，自然本性之回复，
是生命筵席上无可替代的滋补。

（莎士比亚《麦克白斯》第二幕第二场，金咸枢译）

神奇的睡眠

不期而来的新冠病毒打破了几乎所有的预期，把人困锁在家，蹑步屏息这么久，着实给憋坏了。人们相互隔离之下，不但重创了经济生产，情绪状态也顿成问题。烦躁郁闷、心绪失衡、原有疾病加剧、派生疾病急增，总之，生活节奏遭到颠覆带来的亏损难以估量。为了打发无聊空闲，人们最常见的选择，我发觉，是上网通过微信等来闲聊。后果之一，是多了相互抬杠的机会；第二个后果，恐怕更为严重，是挤占了睡眠的时间。

美国两年前出了一本书，以“人类为什么睡眠”为主题（*Why We Sleep?*），作者（M. Walker）是一个功力深厚的学者，研究睡眠的权威，执教于哈佛大学和伯克利加州大学。他用浅近的文字和故事向大众讲解睡眠学的研究成果，如何理解睡眠，怎么善用睡眠，怎样避免对睡眠的有害误解，等等，非常有意思。那本很值得一读的书，我搜寻了一下淘宝和亚马逊书店，没找到它的中译本。两年前我读到这本书，就建议上海的出版社洽购它的译作权，可惜已被人先购得了，然而至今没有看到它的中译本。让我们来对它介绍一二，譬如哪一类睡眠才是人们所期待的创新思维摇篮。

先引用《我们为何要睡眠》里一段话（第 107 页）：

“科学家声称发现了一种灵丹妙药，能让你延长寿命；能提高你的记忆力，增强你的创造力；能使你更有魅力；让你不再贪嘴，常保苗条；能降低你患癌症和老年痴呆病的风险；能减少你得流感和伤风的可能；能降低你得心脏病、心梗、糖尿病等的机会；能够使你更有幸福感，更放松自在，少陷于抑郁，你想了解那是什么吗？”

那个神奇的药，就是正常和正确的睡眠。

作者从各个角度来解说书的主题——睡眠非常关键，不论对个人生活还是群体社会，却常常遭到人们的误解误用，造成各种舍本逐末的损害。

人脑是个小宇宙，其功能之丰富、之复杂，甚至超过了外界的整个宇宙。可是直到晚近，应当怎样来正确维护和运用睡眠这项大脑最基本的功能的机理，连研究学界也可以说是茫无所知的。至于睡眠是如何影响人类的创新活动的了解，也是到了最近的二三十年才有了实质性的深入。拜现代科技所赐，人们有了对人脑堡垒内部一窥堂奥的机会，而科学界对睡眠的机制和功效的前沿探索，基本上也形成了若干结论。

睡眠时大脑是否在休息，如通常以为的那样？不是。

以大脑的能耗来测度，思考奋发之际，大脑对血氧的消耗可以占全身的40%以上；处于睡眠状态时，大脑的能耗仍在20%~30%。这和人的肌体是大不相同的，静卧时肌体的能耗可以降低到不足十分之一。大脑在睡眠时仍在不间断地劳作，可以说是无休无止的。因此对死亡的现代界定，是“脑死”而非心脏停止跳动。

脑力劳动专属“脑力劳动者”吗？绝非。

睡眠是人皆有之的最基本活动。大脑进入睡眠后究竟在干些什么？现代研究已经表明，是在紧张地清洗，排除白天大脑活动积累的杂秽和毒素，使脑神经的肿胀变形回复到常态。单是清洗工作怎么要消耗我们如此多的能量？可见睡眠还完成了其他的重大功能。科学家推测，包括把脑神经重新连接、记忆重新整顿，等等。所以说，大脑必须通过睡眠得到“休整”，以利次日的“再战”。

长期缺乏睡眠，人的情绪心智会错乱；不让人睡眠超过72小时，就可能导致脑死。譬如，作为拷问犯人的一个现代招数，不让嫌犯睡觉超过

40 个小时，就能迫使他什么都招，顺从就范。因为此刻他唯一的渴求，就是能睡上个觉。

人们能否随意调整睡眠时间，长度或者时段？

做不到，至少是极为困难的。智人的睡眠至少演化了一两百万年，自有其固定的规律，要改动必须是顺势利导，否则后果适得其反。成年以后，常人每天需要 7~9 小时睡眠，平均在 7 个半小时，终其一生是如此，各族裔人群皆如此。

千万别轻信别人的说法，每天只需要五小时的人，即使有也是天赋异禀的例外，一般是学不来的。硬要仿效的话，长期下来会损坏大脑，得老年失忆痴呆症的可能性大增，会削弱免疫功能，会导致各种疾病，折寿的结果是逃不脱的。例如，医学界的统计研究表明，45 岁以上睡眠每晚短于 6 小时的人，得心梗和脑梗的机会比睡 7~8 小时的要高出两倍。事实上，睡眠不足已被世界卫生组织列为致癌的一个因素。

睡眠效果最佳的时段是午夜之前到次晨六点（中医的猜测相当有依据），这适用于所有的人群。大多数人如此，少数人（十分之一）是早睡早起型，这些“早起的鸟儿”常常清晨五点即起，上午的精力格外充沛。但无论哪一类人，午后总是精力、关注力、创造力较弱的时段。下午五点之前开重要会议、做重大决定效果会差，因此并不合适。

由大脑的内在机制节制的生物钟（circadian clock），总是瞄准太阳即日照的规律来安排作息。譬如，越洋飞行后倒时差是挺痛苦的事，一旦调整了过来，你还得按当地的这个时段来睡眠。

这也说明了，人们为什么几乎不能适应干“大夜班”，可能的话应尽量避免。换句话说，“夜班费”远不能补偿睡眠透支的亏损。透支睡眠的这个“黄金时段”，形同高利贷，想想看，透支一小时你得用几个小时来补偿？偶尔为之或许还凑合，长期这么干肯定得不偿失。

人越老需要的睡眠时间是否越少？不然。

上面已有说明，这里再强调一下。上了年岁不容易长睡，但白天会打盹。好的办法是分数次来睡眠——西人所说的“猫打盹”（cat nap），对老龄人是很管用的。

譬如，丘吉尔年届七十，在希特勒悍然入侵波兰的当口临危受命，他是怎么挺过公务剧繁的那漫长的五个年头的呢？就是靠每天数次的“猫睡”。有机会到伦敦，西敏寺附近的地下室里有第二次世界大战期间英国的战略指挥中心，花 20 镑可以下去参观一下，里面还陈列着丘吉尔当年猫睡的小便床呢。其实每次猫睡短至 20 分钟，长不超出一个小时，一次不够，两次足矣。丘吉尔每天的猫睡要若干次，老人精力不济、记忆涣散的疲态这样就可以对付了。当然还需要运动，对年长者同样是不可缺少的。

记得我在深圳工作的时候，午休时间长达两小时。员工拖出行军床，会呼呼睡上一觉。我起初不太习惯，从北京下到深圳，以为无此必要，后来觉得这的确是个不错的安排。其实有了空调，深圳的暑天在办公室并不会比哈尔滨的更难过。不过午睡的时间不宜超过一小时，最好控制在 30 分钟，不然醒来后需要较长时间的调整，也会影响工作效率。

现代人的睡眠常是一次性的。欧洲的史料里就有分两次睡觉的记录，前半段睡眠之后有一两小时的间隔，起身做些杂事，还有亲密行为之类，都在此时。用在阅读的可能不多（照明不易），但发面做面包是家家都需要的（西人大概不需要磨豆腐吧）。而现代人的作息则几乎都是夜晚的一次长睡，因此午间的猫睡就成了适当的补足。你若是到欧洲旅行，不难发觉南欧的一些国家，如意大利、西班牙，店铺在午间往往会关门长达三个小时。

睡不着时闭眼静卧能否代替睡眠？不能。

也许这能保持你一些精力、减低一点能耗，不过大脑休整的充分实现，是要靠真正的睡眠来完成的。人类的大脑不具备瞬时入睡从而休整的机能。其他物种，譬如鸟类，可以完成瞬时睡觉（micro-sleep），以便在长途迁徙飞行的途中睡个几秒钟，迅速得到休息而不至于脑死；又如鲸鱼，在海里长游，可以睡眠半个脑，左半脑和右半脑轮替入睡，从而得到休整。人却无法做到。疲惫的大脑滑入睡眠，哪怕只有短短的两秒钟，都可能导致悲剧，驾车人无不应该明白这个要点。政府机构和车险公司的记录表明，疲惫驾车至少和酒后驾车是同等的危险，要不是更危险的话。

睡眠失调问题需要认真对待。睡眠不良有压力、紧张、心理问题的因素，以及其他原因，往往需要靠诊治，不然是不会轻易消失的。同时，坚持运动操练也会帮助显著，这也是为什么我们在了解有创造力的个人在作息安排的时候，同时注意他们的散步活动、静坐、禅修、瑜伽术等松弛脑筋活动的功效。

譬如，音乐大师斯特拉文斯基就通过一个秘密的招数——倒立，来获取他的创作灵感。遇到思路阻滞脑袋发胀，他就沿着墙壁倒立，让全身的血液涌集到头脑，往往就思路顿开，灵感不期而至。

又如格罗斯，被封为“债券天王”的美国投资顶级高手，每天会花数小时练瑜伽术。他每天凌晨即起，关注全球盘面后，驱车到办公室处理一点业务，然后必到对面的健身俱乐部操练瑜伽。格罗斯曾是个长跑健将，年轻时有从旧金山一直奔跑到硅谷的记录，超过了两个马拉松的途程。年长后是靠瑜伽术来催生他的深刻思维。在做了一些高级瑜伽动作后，他会把自己“倒吊”起来，长时间地独自静默。你不难想象，当富氧的新鲜血液注入格罗斯的大脑里缓缓循环，会有多少点子被激发出来，悟出门道，领跑市场，挫败对手。

人们是不是有时做梦有时不做？不是的。

每个人每晚都做梦，不过只有很小部分突入到意识的表层，醒来后可以被回忆起来。脑神经网络的重排和记忆的重整多半是在“后台”进行的，于是给我们启示，是不是可以把一些困难的“功课”交付睡眠中的大脑去做呢？科学家的回答是肯定的。

上文列举了一些名人的卓越成就，在于他们善用和巧用睡眠，来强化和促成他们的创作能力。《我们为何要睡眠》一书中介绍了许多前沿的心理实验，富有创意地验证了哪一类睡梦能带来大脑的新的学习能力，为清醒时的脑子所不具备的。

所谓“日有所思，夜有所梦”，一些复杂的问题，比如难记住的外语词汇，难解的数学推导，不易识别的图像，总之令人头痛的问题和事项，提交给睡眠中的大脑去处理，往往会产生出别开生面的结果。“带着问题睡”，大脑经过充足的睡眠，解决难题很可能就变得轻松许多。怎样调度睡眠中的“无意识”或“潜意识”来替人解决问题，是有创造力的杰出人士常用的办法。尽管方式各有不同，但大师们正是这样做的。

作者 Walter 教授回顾他自己对创意睡眠的探索，是受到了他在一次演讲后有位听众带来的启示。那人是职业钢琴家，说自己有时苦练曲子，老是卡在某个乐句里，怎么练也过不了关，于是就干脆睡觉。次日早晨起来后会发觉弹得就很顺畅，像从心里自然而然流淌出来似的。从此开启了教授的研究新领域，他设计出各种心理实验，证实了“熟能生巧”未必正确，应该是操练+睡眠才能导致精巧和完美（practice plus sleep make perfect）。这个发现值得大家琢磨。

那么，哪一类睡眠能有效地带来这样“可欲而可求”的结果呢？特别对精巧完美的高级层次的创新突破思维活动来说。许多科研实验指明了人脑的创新思维，以及贯通固有知识的新连接，主要发生于长睡结束前的最后两个小时，往往在清晨五点左右。

对大脑的核磁共振影像（MRI）和脑波（brainwave）形态的观测分析得到的结果，说明了在那个时段 REM（rapid eye movement，快速眼球活动）睡眠的频率最高，而且激活的脑区极多，此起彼伏地加入到思维意念的“大合唱”。活跃的区域包括内侧的情感和风险控制中心（如海马体、杏仁核等区域），而大脑皮层前额叶左右两侧（逻辑分析和理性思维中心）却反而受到抑制，变得出奇的平静。

对这种奇特现象的研究表明，人脑的创新思维活动和 REM 睡眠有着高度的联系。另一种睡眠 NREM（non-rapid eye movement）没有眼球的快速运动，其主要的功能是清洗大脑神经系统，整合长期记忆，巩固已经获得的信息知识，并为接受新信息腾出位置。然而过于强调已有信息的巩固的同时，却会对新信息的吸取，以及已有信息形成新的连接也就是对创新思维的源头，造成压抑。

人脑进入睡眠后，便失去了对运动系统的控制，肌肉处于休眠状态，形同瘫痪一般。唯有控制眼球动作的几条小肌肉除外，它们令眼球活动，反映出大脑内部的活动。20 世纪 50 年代才发现的这个极有意义的现象，开启了对睡眠中的大脑活动的观察，并催生了以后一系列的脑神经研究的方法和工具的开发。

科学家们发现，NREM 睡眠与 REM 睡眠所占的比例在人的生命过程的不同阶段是很不相同的。婴儿和学龄儿童是 50∶50，并逐渐扩大，接近 20 岁时达到了 80∶20。也说明了，接受新知、形成新观念、建立新链接的最佳窗口期是青少年。由于青少年掌握的知识有限，进行新链接的知识素材有待积累，需要加工处理，因此创新的思维、行为及成果多半是发生在青壮年或成年人的早期。

那么，怎样达到创新的最佳平衡点呢？关键之一，是认知 REM 睡眠的规律，善待它，善用它。早慧的人当然是有福了，只要别堕入自负自傲、无所作为的陷阱；对于晚熟的人也同样有希望，只要他能够避免固守成规、陈陈相因的陷阱。爱因斯坦所言的，想象力远比知识重要，我想，对于成年人来说尤其重要，是要尽可能拓展 REM 睡眠的功能。

REM 睡眠的另一个奇妙的贡献，是整理情感记忆。保留有价值的美好记忆，剔除负面情感，诸如恐惧、紧张、嫉妒、愤懑、仇恨报复、忧郁悲观，能增添“正能量”，增强我们对生命和生活的积极展望。

对于常人，上述内容可以给我们些什么“点子”呢？这里试举几例：

给自己留出充裕的睡眠时间，切不可挤占清晨的 REM 睡眠那两个小时。为此，晚上 11 时就上床，保证 7 小时以上的睡眠。对于“早起的鸟儿”，睡觉时间可在晚上 9 点就开始；对于“夜猫子”，则别过午夜太久。

切记别一睁开眼就拿手机在网上搜寻垃圾信息，别让脸书、微信、抖音之类的社交媒体侵削你的睡眠时间，特别别侵占那最富有创造力的清晨两小时。现代人的睡眠失调，有环境的因素，但多半可以说是“自作自受”。克服这些坏习惯，甚至争取睡一个“回笼觉”，对心灵和生理的健康，都会有显著的帮助。

对于学龄期的孩子，充足的睡眠尤其紧要。硬逼的重复操练是徒劳无益的，若没有充足睡眠的环境，这样做反而有害。

面临考试的学生有必要牢记上述这个要点。考前不可过劳，别以牺牲睡眠为代价，否则学习的效果更差。两场考试中间，要尽量挤出时间做午睡小憩。

遇到难解的麻烦，不妨提醒自己，暂将问题搁置起来，让睡觉中的大脑替你定夺，往往能产生别开生面之效果。

克服难受的情感，也请考虑先睡，让睡眠平复你的常态心绪，得以积极理性地展望未来。

睡眠的讨论，特别是 REM 睡眠和 NREM 睡眠的研究很有价值，但是要解释清楚会涉及不少观念方法和技术工具，本文无法展开。

这也是我推荐细读这本书的一个理由，希望它的中译本尽快问世，以飨国内的广大读者。

睡眠的机会成本

让我们来谈一个修炼的功夫，看似细节，却可以帮助你我保持或恢复心理的健康——如何在无奈的困境中睡上个好觉，相信每个人都能使得上劲的。

可别轻看睡眠，它关乎我们的健康、效能、幸福感。一个人要是睡眠不足或受到干扰的话，工作会失误，驾车会失事，健康会大受影响，老年常见的痴呆失忆，诸如阿尔茨海默症、帕金森氏症，等等，都和常年睡眠状况是密切相关的。睡眠不好，即使在其他方面很有成绩，个人感受到的快乐恐怕也要大打折扣。

睡眠的功效在现代生活里更形突出。过去一个世纪以来，人类的睡眠时间平均每晚减少了两个小时。近十年来，美国的统计表明，每人每天的睡眠时间不但平均减少了四十分钟，每五个成年人里就有一人是靠吃药才能维持睡觉的。在城市里居民这个情况更是特别严重。城镇化、电力照明、网络通信、影视娱乐、环球作业、贪玩贪杯…… 都是睡眠减少和失调的原因，现代人一有什么活动就挤占睡眠，好像睡眠的优先等级极低，是最可以割舍的，殊不知睡眠是我们最有价值的人生活动。

同样奇怪的是，眼下讨论如何摄食养生的书籍和节目非常多，至于如何正确睡眠才能有利于生命却鲜少谈及，尽管后者的重要性一点不比前者小。以美国的统计来说，约有 65% 的人超重，63%的人睡眠不良，两者之间的联系绝非巧合。睡眠不良导致吃得不正常，情绪不稳定，做事没效率，人际关系不稳定，已是被科学研究证明了的事实。

保存和恢复精力要靠睡眠，似乎是尽人皆知的常识，然而对内中机理的认识，也只是晚近十来年的事情。连科学家的研究也才刚开始深入，逐渐理解到，剧烈运动后你必须休息，让淋巴系统清除肌肉组织内产生的毒素垃圾，才能回复体能；大脑也是相仿，进入睡眠后它必须清洗白天大脑活动产生的垃圾毒素。睡眠时人脑不需要处理外界的信息，脑神经会因此收缩百分之十几至二十，留出来更大的空隙，以便脑里的“g 淋巴系统”全力工作，把各种毒素废物冲洗出去。其重要性不言而喻。一个人不吃东西尚能活上个十天八天的，但要是不睡不眠的话，是活不过一个星期的——毒素不能清除出去的话将导致脑死。

科学家还发现，大脑清洗是一项高度紧张的活动，为此大脑需要消耗的氧、血和能量，一点不比醒着的时候少。偶尔突击熬夜一下，人还能恢复，若是长期缺乏睡眠，造成的损伤将是永久性的，不再能够逆转，而且年纪越大，睡眠的亏空越难弥补。

侵占睡眠时间，不管是出于什么原因，就如同你的个人账户透支，借的是“高利贷”，不但要背高昂的利息，而且还有“跳票”的高风险。睡眠账户是否已经严重亏空，其实并不难测评：在安静遮光的房间里，你若很快来了睡意，就说明你的睡眠已处于透支状态。同时我们也不必过虑有“过度储蓄”的坏处：在充足的睡眠后，一个人自然就睡不着了。

通常一个成年人需要 7～9 小时的睡眠。我有一个朋友也来自上海，现在西雅图当医生，他每天只需要睡两个小时就足够了，因此都能上两个班，收入因而成倍于同学，很快就买进了数百万美元的豪宅。如此天赋异禀的人是少之又少，咱们不可贸然比照。拿破仑就曾吹嘘过，男人的睡眠不需要超过 5 个小时，你可千万别信他的。常人所能学习的，是如何改进睡眠时间的配置，而绝不是压缩睡眠时间的数量。

不少超级成功人士，其成功的秘诀在于早睡早起。我的博士导师之一考茨梅斯基教授，得州大学（奥斯汀校区）的商学院院长，就是这类人物。我进博士班学习的那年，他身家亿万，在福布斯前四百个富翁里排到了第 184 名，其财富主要来自他与哈佛的另一位同学（Henry Singlton，被誉为 20 世纪最伟大的创业家和经理人）一起创办的美国著名的大公司 Teledyne。他曾是麦克·戴尔（得州大学本科学生）的伯乐，戴尔电脑创立时他就应邀投资，结果斩获得不亦乐乎。在众多高科技新贵里，他是罕见的“白头老翁”（Geezer）。我跟他做了两年的研究助理，有切近的观察。考师通常晚上七八点就上床睡觉，不晚过九点，次日清晨三四点就到办公室开始工作，夜阑人静，效率因此奇高。他往往早上七点就召集会议，弄得系主任们苦不堪言。记得有一次也搞得我苦不堪言——清晨六点就得到考师办公室报到，而前一天我的儿子剖腹产诞生，我几乎没怎么睡。

睡眠不足非但有碍健康、令工作低效甚至无效，还会压抑你的创造潜力和思维能力，却很少有人关注到这个非常关键的层面。

几年前我游西班牙，专程去看了萨尔瓦多·达利在家乡——巴塞罗那北面 150 公里的费盖莱斯（Figueres）的达利博物馆。达利是西班牙三巨匠（加上毕加索、米罗）之一，开创的“超现实主义”风格，令人类的艺术创作为之大振。走进他亲自创设、装潢和充实的博物馆，你会感受到难以言状的冲击。达利美轮美奂近乎荒诞的创意直如熔岩般喷涌，绝对教人应接不暇。你止不住惊讶，人类的创造力竟有如此宏富。惊叹之余，我还发觉了达利的一个小秘密，在此与大家分享。即如达利这等巨匠，也常遇到创意“堵塞梗阻”的时候，此刻他的方法是，退出工作，暂作小憩。他的诀窍是在静室里的躺椅上渐渐睡去，不过让自己垂下的手里握有一串钥匙。当沉入睡乡，钥匙便掉落到地上，发出的清晰声响会把他催醒，往往就在此刻，达利期待中的奇妙构思就涌流了出来。

我不甚清楚这办法算不算由达利首创，不过发明大王爱迪生常常使用的一招就很类似。爱迪生在面对创新突破受挫，百思不得其解的时候，也会小睡打盹，不过他手里握着的是一个滚珠轴承。在睡去无力握住时，轴承滚落地上的响声会唤醒爱迪生，于是他带着新思路又开始工作去发明创造了。

睡梦能不能带来创新想法，对复杂事物有更深入的悟性？历来引起人们的极大兴趣。德国化学家凯库勒发现人类第一个化学合成物——苯的环状结构，就是个好例子。他梦见了一条蛇，咬住了自己的尾巴，继而又梦见了六只猴子，手牵着手，尾巴也牵在了一道…… 苯环结构于是在凯库勒的脑海油然浮现，表象了出来。

苯环结构打开了人类想象力的飞升之门，后来的研究者都可以在立体空间甚至高维空间里驰骋他们的想象力。发现 DNA 的奇妙双螺旋结构的沃森和克里克是否在梦里得到过启示，我们不得而知。不过，梦作为创造思维的一大途径则是毋庸置疑的。现代科研在大脑神经认知科学取得的不少突破证实了，人们长久以来对睡梦的不少推测确实是有根有据的。其中的一个重大发现是确认了，若要有重大的创新思维，人的大脑须处于宽松的状态。脑筋在松弛状态下容易奔放想象，脑中原有的认知模块容易形成新的连接，在不同种类的知识信息模块之间产生新的组合。

良好的睡眠之外，运动锻炼是制造松弛环境的另一个主要方法。譬如，影片《解码博弈》（*The Imitation Game*）里描述电脑和信息理论的主要创始人图灵怎样在第二次世界大战中破解德国密码机的历史贡献，就多次出现这样的镜头，图灵在探索中遇到瓶颈就急走奔跑，暗示着运动是给他带来灵感的机制。由于图灵破解密码的贡献，帮助第二次世界大战提早结束了两年，并挽救了一千四百万人的生命。

我拟在下文中，围绕睡眠和散步来介绍一些历史伟人的作息时间安排，他们都以创造力和创造精神闻名于世，做出过文明里程碑式的贡献。

先讲康德，屈指可数的大哲学家。康德终身独居，既没结过婚也无子女，常年住在东普鲁士波兰边境的一个小镇哥尼斯堡。他的作息时间以“刻板”出名。每天下午 3:30 他出门散步，数十年如一日，分秒不差，市民有时恐怕教堂的大钟报时不准，竟以穿着灰大氅的康德提起手杖出门的时间为准呢。

康德的作息表总是不折不扣：每天清晨五点即起，喝杯咖啡或两杯淡茶，简单早餐，抽几锅烟斗，静思默想一番后，开始在家讲学——7:00~11:00，一天的正式工作就告完毕。然后他在小酒店里用午饭，每天唯一的正餐。这可不含糊，往往会吃到午后 3:00，除了喝点酒，与人寒暄交流也在午餐的时间段里。回到家后就是散步的日程，雷打不动直到下午 5:00。然后是和一位老友（Joseph Green）交谈，工作日到晚上 7:00 为止，周末可能延长到晚上 9:00，还会有一两个其他人参加。晚上 10:00 康德准时上床，睡眠时间确保 7 个小时。

康德严谨的时间表只是在他的下半生（40 岁生日）才开始执行的。据传记作家记载，是因为康德有先天生理缺陷，骨架过窄压迫心肺，令他必须严格作息方得延年益寿。可见康德在不惑之年就已经知道“天命”了，用他自己的话来讲，是要严格控制时间来“运用我的心智”，并且把它看作戒律。康德的创造力和效率毋庸置疑，事实上他也活了 80 岁。

康德令我想起儒勒·凡尔纳的名著《八十天环游世界》里的那位有名的英国老派绅士，每天步行到俱乐部，极有规律。有人数了，他迈右腿 1832 步，迈左腿 1833 步，每次总是左脚先开动的。

康德认为，严格执行作息时间和陶冶“品格”（character）关联密切。但我们是否要同他一样，把时间的运用也当作“宇宙律令”呢？不以为然或者做不到的，可大有人在。

例如，伟大的丹麦哲学家廓尔伽德（S. Kierkegaad）的作息时间就大不相同。廓氏出生比康德晚了近 80 年，他开创出与康德的“逻辑理性哲学”旨趣全然不同的“生命哲学”。廓氏每天干的就两件事：行走和写作。上午起来喝过咖啡后就先走路，在哥本哈根市内一直要走到中午。然后立即写作，把走路时涌现出的思路写下来。站着写，连帽子都来不及脱，常常是右手奋笔疾书时，左手还捏着手杖或是雨伞呢。

廓氏有不少行为，顺应生命的冲动而动，和他的哲学信仰是一致的。譬如喝咖啡的习惯，他对咖啡很讲究，也在乎喝咖啡的器皿。据他的仆从回忆，廓氏的咖啡杯盘多达 50 套，全是一模一样的。每天上午他会下指令，哪套杯盘是他今天喜欢用的。然后将白砂糖泻入杯子里，堆成小小的金字塔，再把浓烈的黑咖啡冲进去，往往是小金字塔还没溶解完，廓氏就拿起杯子来一饮而尽。廓氏的创意和成果非凡，而且更接近现代精神。他终身未娶，病逝在医院时仅仅活了 42 岁，只及康德的一半。不过廓氏的父亲却是高寿八十有二，老廓生小廓时年纪已 57 了，大概能说明他家的基因本不应该是个问题。

睡眠和工作节奏

上篇我们述说了健全的睡眠对人类是不可或缺的，对正常生活或发明创作都同样重要，顺便介绍了哲学家康德和廓尔伽德等人的睡眠和创作习惯。

我开始关注睡眠在人类创新方面的功用，猜测这是许多卓越人物的创造力之所以充沛的一个关键要素，还是二十多年前的事了。有一次我趁到华府开会之便，和家人一起去弗吉尼亚朝拜了美国开国元勋、第三任总统杰弗逊的故居。杰弗逊创意非凡，是个文艺复兴时期式的人物。他亲自设计并建造的坐落在蒙蒂切洛庄园的大宅子里，陈列着多彩多姿的展品。一进大门就可以看到一个大计时器，是利用门的开合带来的动能势能转换来驱动的。观览这位伟人的许多藏书、图籍、器具、望远镜时，我八岁的儿子和讲解员有不少互动问答。临了出门时讲解员说，杰弗逊起身极早，每天清晨三四点就开始骑马巡视庄园，睡得也很早，通常七点钟就上床了。我儿子于是问她，杰弗逊难道不需要晚上读书做功课吗？那位女士反问孩子，你知道这是为了什么吗？孩子自然答不出，参观的人谁也没答对。她说，是为了节能，即使像杰弗逊这样的富人，仍然必须节省蜡烛照明的开支。

难怪古人（譬如诗仙李白）把“秉烛夜游”向往成了人生的一大乐事，梦寐难求。而眼下，我们秉灯夜游不但不是难事，若没有一个 Smartphone之类的玩意儿在微信、抖音上夜游，还真的难以成眠呢。

爱迪生发明电灯泡和推出发电输电系统之前，前人的作息和现代人有绝大的不同，他们不得不仰赖自然光照来安排起居。自有了人造的能源和光源后，人的生活方式和活动范围才拓展开来。对于改善生活和改进生产这当然是个伟大贡献，不过也派生出不良的后果，其中之一就是对睡眠的侵削：人类数百万年演化来的“日出而作、日落而息”生物钟遭到扭曲，睡眠不足、睡眠失序的现代病也越来越严重。根据美国睡眠协会的年度报告，电子小玩意对睡眠的杀伤力是相当可观的。其中的一个指标，卧室里有还是没有电视机、计算机、iPad、智能手机之类的差别就更可观了，在两种不同的环境里，人们的睡眠时间平均缩短了1小时，从8.3减少到7.3个小时。

你或许会说，康德和廓尔伽德是屈指可数的大思想家，然而两位都是独身，没有家眷的拖累，想怎么活就怎么活，自然容易安排作息时间。那么，让我们来谈谈情侣的作息又是怎样来安排呢?

有两对闻名遐迩的情侣+同居人+创作伙伴，历史上挺吸引人的，是不少创作灵感的浪漫题材。这里先讲萨特—波伏娃，然后来看看肖邦—乔治桑，他们的作息习惯又是如何的呢?

德·波伏娃以写《第二性》而闻名于世，是法国极有创意的前卫女作家和学者，她的伟大情侣生活更惊世骇俗。她和一代哲人萨特结成的情侣生涯长达五十余年，直至1980年萨特去世。1929年萨特提出和波伏娃“协议结合”，协议的主要条款是，两人在“私人领域”内是完全自由的，可以有各自的性爱生活，拥有各自的性伴侣，互不干涉，不过须遵守“共同领域”的约定——得向对方明说清楚，和谁在搞些什么，彼此不可有所保留。

首先，两位伟大的情人都以工作为生命的第一要义。每天两人都会在各自的伙伴的床上起身后，独立工作一上午，才相会吃午饭。然后到萨特的寓所（萨特长期寓居在酒店里）一起工作三个小时左右，然后切磋辨析，会客讨论，用晚餐，看戏听音乐，等等，之后各归其巢。

萨特的典型工作时间是每天 6 个小时，上午 3 小时、下午 3 小时。他的看法是，如果“工作得法，无需拼命劳作也能富有成果”。上午的工作在中午结束，外出会客约一个小时后，他于下午 1:30 同波伏娃会合同进午餐，常常有其他人参加。波伏娃的作息也挺有规律的，她起得不晚，不管情人是否还在床上。早茶后她 10:00 开始工作，直到下午 1:00。然后去见萨特，再一起用餐并讨论。

那顿午饭可不含糊，耗时约两个小时，丰盛加豪饮。午后 3:30，萨特和波伏娃准时回到他的寓所，立即恢复写作，彼此独立工作三四个小时。然后一同吃晚餐，席间会有其他人参加，但两人总是单独坐在一起，这时波伏娃向萨特表达她对他们当天写的东西的意见、批评和建议。晚饭后两人会去参加社会政治的一些讨论，有时去看电影，或上波伏娃的公寓里喝点威士忌，听听音乐。通常没有招待会、酒会等知识分子典型的娱乐活动。两人都为了创作保持精力而简化生活，晚上回各自的寓所睡觉。

萨特的睡眠有严重问题，经常要靠药物（barbiturates）才能成眠数小时。他每天几乎得吸两包烟，还要抽黑烟叶烟斗，喝大量的酒，啤酒、红酒加烈酒如伏特加之类。而且还服用“毒品”，安非他命 200 毫克+阿司匹林 15 克 。1971 年前法国法律还没开始禁用，这是须配方的提神药。不过医用每天不应超过两粒，而萨特却一粒接着一粒，要吃上 20 粒之多。这些不良习惯渐渐摧毁了萨特的健康，加上萨特偏忽散步、运动和体能锻炼，应该都是有直接关系的。

如果说萨特—波伏娃的“同梦异床”比较现代的话，那么肖邦—乔治桑这一对伟大情侣的“同床异梦”，就属于浪漫前期的了。

肖邦在其生命的最后 12 年里，有 10 年（1837~1847 年）是和乔治桑结伴同居度过的。每年夏天他都住在法国中部（Nohant）的乔治桑庄园里。肖邦并不习惯乡村野趣，而且除了教教乔治桑的女儿钢琴，也没有其他什么活动。他起得很晚，在眠床上吃早餐。直到晚上六点，亲朋集合在庭院里吃晚饭，热闹一番之外，肖邦经常散步。这段时间他的创作相当多产，然而并不像许多人想象的那样是随手拈来的。按照乔治桑的说法，肖邦散步一回来，会立即冲向钢琴，弹出新曲，嘴里还哼唱出美妙的旋律。他的创意的确来自散步，流出心田，有如瓜熟蒂落般水到渠成。不过肖邦的创作过程，乔治桑说，倒也不是纯粹的浑然天成。肖邦在修改锤炼上很是执意，他追求完美，不断地涂改又擦掉，一连数天把自己关在房里，叹息、抱怨、咒骂、摔东西、折铅笔，甚而嚎哭。“有时一小节的乐谱会改上个数十百次，一页乐谱往往要花上六个星期……”不过，乔治桑也指出，“到头来，定稿时大家往往发觉，还是原先即兴弹唱出的最美最好。”

肖邦上床并不晚，乔治桑睡过半夜后，就从情人的床上爬下来，她可是个夜猫子。乔治桑的写作多半在子夜后才开始的，这时她才文思泉涌，创意旺盛无比，每夜起码要写 20 页稿纸方可罢休。待到呼呼沉睡后的次日，她竟会全然忘却前夜究竟写了些什么，甚至连题目都记不起来了，要不是写就的手稿还放在书桌上的话。

乔治桑的生活极为多彩多姿，肖邦是她诸多著名男性情人之一，除此之外她还有不少“女同志”。从乔治桑爱穿男子服饰的习惯推测，她在“同志般的亲密关系”里，扮演的是“第一性”而非“第二性”。肖邦与她邂逅之初，看到她皮肤黝黑，身材矮小（1.54 米），常叼着雪茄，打扮颇为男性，就曾不无嫌弃地说：“这家伙难道还算个女士吗?”谈了肖邦—乔治桑后，不免想到了莫扎特和贝多芬——人类音乐史上的两座丰碑。两位巨匠虽然做着同样的梦，创作风格和作息习惯却是旨趣大异。若是有机会看到两人的手稿，你就能明白他们的创作心路有着非常不同的轨迹。贝多芬的手稿再三涂改，几至于“面目全非”；而莫扎特的原稿清朗像是复印件，一气呵成而极少改动。打个比方来说，莫扎特的心灵如同一泓清泉，乐曲源源流淌，剔透晶莹；贝多芬的心灵则如一炉烈火，不断敲打熔冶，千锤百炼。譬如，贝多芬的《欢乐颂》，短短的四句旋律，竟被他窝在心里，酝酿了至少有二十年才酿成了巅峰般的不朽圣曲。

同样，两位伟人的生活作息也正好相反。

贝多芬的生活起居颇节律有序，而莫扎特的则纷乱如麻。当莫扎特的父亲到维也纳去看儿子，发现小莫的生活实在糟糕，他在家信中写道："阿玛玖斯在维也纳生活是如此忙乱琐屑，简直无法言状。"著名电影《阿玛玖斯——莫扎特小传》有老莫对小莫的活法大光其火的描绘。不过那部电影的主轴线，我旁白一句，把萨利埃里——维也纳当时著名的音乐指挥家，贝多芬和舒伯特的老师——说成出于对莫扎特怀有强烈嫉妒，多方设局坑害，造成英才断送的情节，经考证纯属捕风捉影，是对萨氏的不实诬陷。

贝多芬每天清早即起，并立即投入创作。早餐咖啡而已，不过他非常在意那杯咖啡，要亲自动手调制。依照他的传记，他用 60 粒咖啡豆煮一杯，一粒一粒地数，不多不少确保是 60 粒。然后在书桌上工作，直到下午两三点，其间会出门散散步。用过午餐后，贝多芬做长途步行，往往直到晚上，这对他的创意大有帮助。贝多芬的衣袋里总揣着铅笔和乐谱纸，以便随时记录突如其来的乐思。在维也纳气候适宜散步的时节，人们发现，贝多芬创造力远远高于寒冷的季节。步行结束在傍晚时分，他会到小酒馆小坐，翻阅当天的报纸。有时晚上会参加聚会或上剧院，冬天一般就回家休息。贝多芬晚上基本不搞音乐了。他的晚饭极简单，一碗汤而已，还常常是午饭时留下的。贝多芬上床挺早的，不晚过十点钟。

贝多芬的另一个放松自己的法子很有趣，喜欢洗自己的手，他用大盆的热水反复洗。洗手时他会创意勃发，一路哼哼唱唱。仆人不解其意，此刻止不住会偷笑起来，其实即使大笑对耳聋的贝多芬也无所谓。不过这类不敬的行为要是被贝多芬觉察到，他还是会发火，恨恨地骂将起来。贝多芬在创意的陶醉之下有时会忘乎所以，让水溅出来流到地板（当时屋内没有自来水和水槽），流到楼下，常常引起房东的不满，于是纠纷不少。

莫扎特的传记影片里对他的生活节奏颇多刻画，不少应该是有根有据的。他给父亲的信里对自己有这样的概述：“总之，我是忙得脚朝天，不得不打理的事不可胜数。”由于莫扎特生性率真，内心又高傲，得罪了不少施主——当年的艺术家不少是靠权贵们（主教和王公）来“包养”的。以莫扎特的旷世天才，竟然无法找到一个薪酬稳定的职位，不得不沦为“自由职业者”，在维也纳市场上打拼。

在给姐姐的信里，莫扎特是这样描写自己的日常生活的：“我一早起床，六点钟梳洗完毕，七点钟衣束就绪，作曲直到九点钟。然后教课，九点到下午一点。接着在家吃午餐，有时被邀请到大户人家去吃饭，那就得两三点钟才开始。不管怎样，五六点钟之前我是没法干正事的。之后常常去音乐厅，不然的话才会有空来作曲，那就可以干到九点钟。然后去康斯坦丝家（那时莫扎特正在向她求婚）。和我亲爱的小康斯磨还是很愉快的，只是她那老娘老在一边监督，白眼和冷语讥刺教我有点吃不消，看我有没有胃口挺得住。离开康家的时候大约在晚上十点半十一点钟。如果没有演出也没有杂事打扰的话，我还会有点时间来作曲，而上床的时间总得过了凌晨一点。”

事实上，莫扎特总是被一些浪荡朋友抓去酒吧胡混，喝得酩酊大醉方休。这些情节和《阿玛玖斯》里描述的也大致相符。也就是说，莫扎特的睡眠时间经常被压缩到不足五个钟头。

另一位音乐大师柴可夫斯基去世时年仅53岁，正值他创作旺盛的巅峰。《第六交响曲》是老柴真正的“天鹅挽歌”，他死前九天刚亲自指挥在莫斯科首演的，哪知竟遗下了人世间永恒的泣诉悲鸣。

音乐尽管是世界通行的全人类语言，但民族的性格还是挺明显的，由本民族的乐师来诠释该民族的作品才特别入味。记得二十年前圣彼得堡的马林斯基交响乐团访问洛杉矶，捷杰耶夫（V. Gergiev）指挥下诠释的老柴的《第六交响曲》，给我留下了极为深刻的印象，可以说是终身难忘的。那催人泪下的旋律，凄怅沉惋，是其他的版本难能企及的，由是我省悟到，“民族的心灵”的确实有其事，精妙之处是外族难以渗透的。譬如说，法国人（譬如柏辽兹、圣桑、德彪西之类）的作品，最完美的诠释恐怕还得法国裔自己人来演奏，譬如说，迪图瓦（C. Dutoit）执掌蒙特利尔交响乐团时的那些制作，便不同凡响。

柴可夫斯基的生活很有节律。45 岁后他便定居到莫斯科机场西北面的一个小山庄（Klin），据他弟弟的记载，老柴起床是在七八点钟，用一个小时喝早茶、吸烟和阅读，读圣经、哲学书（叔本华或斯宾诺莎），或看看英语书籍，这些阅读在他来说既是兴趣也是工作。然后外出散步，不超过三刻钟。九点半便开始工作，他的习惯是先处理完琐事再干正事，正午吃中饭很准时，随后长途步行，风雨无阻。“伊里奇相信，每天两个小时的步行对健康绝对有好处，以至于到了执迷的地步，他甚至相信，步行要是短少了五分钟都会得病，或者会碰到坏运气什么的。”

散步后，老柴会花上一个钟头看看报纸期刊之类，过了五点钟他继续作曲达两个小时。他的作曲习惯是，修改乐谱到大致成型后，然后才在钢琴上弹奏并加以完善。晚饭则在八点。饭后做点小消遣，比如打牌、聊天——要是有朋友来访的话，然后就上床睡觉。

对自己的创作，柴可夫斯基认为创意最为关键，就像“种子”般，有了良种，生根、发芽、开花、结果是自然而然的生长过程。他执迷步行，认为它对孕育创意种子有显著的功效。在步行中老柴每每停下，记录偶得的创意，回到家就在钢琴上一泻而出。在写给梅克夫人（俄罗斯富孀，他的大施主，虽然两人从未谋面）的信里，柴可夫斯基详细描述了自己的作曲过程，以种子的成长到结实相类比：“种子的萌发是最为艰难的，我总是冥思苦想而不可得。而种子的萌动是非常奇妙的事，莫可言状地，突然间，心里怦然而动，一阵狂喜席卷整个心田，此刻我会忘却一切，简直为之癫疯，创意的点子一个接一个喷涌而至，根本来不及记录下来……”

在内心孕育创造力，以走路等方法来放松自己的心智，从而触发创意的萌动，然后听凭其天然浑成，这样一种“谋定而后动”的创作历程，在另一个俄罗斯人那里有更完整的表露。

肖斯塔科维奇可以算是20世纪中叶世界最伟大的作曲家，他的许多不朽巨作，豪放不羁，竟然能在高压扭曲的苏俄专制铁桶里熔炼铸就，真教人叹服不止。肖氏的创作过程非常独特，常是一挥而就，临到谱曲时速度极快，他几乎完全没有停顿，一天可以完成二三十页的乐章。以他妹妹的话来说：“哥哥坐下来就写，从来不用钢琴弹奏，而是直接从脑到手，一泻而成，作品完成之后才在钢琴上弹奏出来。”

肖氏的同行也发觉，平时从不见他在干活，临到有大制作将要诞生前，他会变得坐立不安起来，躁动之际还常会拉人去踢球。然后突然间他安静了下来，接连数天奋笔疾书，惊世的巨作于焉降生。

创作与睡眠息息相关

科学对睡眠机理的剖析，我们说到了，是很晚近的事。不过人们对睡眠的洞悉和了解，自古以来就不缺乏。譬如说莎士比亚，对睡眠就有极为深刻的理解：

> 睡眠，它梳解乱麻团般思绪的烦恼，是暮死而朝生，辛苦劳作后的泡澡，心力交瘁之慰抚，自然本性之回复，生命筵席上无可替代的滋补。

莎翁对于人生，何以能够有如此深邃的洞察？简单地说，彼乃天才也。而“天才是不容嫉妒的”，就如恩格斯同志早就向我们指明的那样。

不过这样的回答似嫌笼统。即使个人的创造力蕴藏宏富，也还需要努力发掘，还需要打开得法，才能被释放出来。现代科学研究发现，天赋的创新潜能其实多多少少每人皆有，哪些开关（switch）能被打开，何时被打开，个人潜在的创造力能否转化成为社会文明的创新贡献，对结果的影响极大。通过对自己作息习惯的妥善安排，从而打开自己的开关，对能不能把自己的创造力释放出来有着非常大的影响。

让我们来看看文学家又是怎样对待睡眠的。先讲巴尔扎克和雨果——我最钟爱的两个法国大家的小故事。他们在国内广受读者青睐，想来是得益于优秀的翻译家，傅雷翻译的巴尔扎克，郑永慧、李丹等翻译的雨果作品。

巴尔扎克本人不啻是个小说里的传奇人物，许多人读过他的传记，知道他不少怪诞轶事，譬如巴尔扎克与韩思佳夫人的情话。我曾专门到巴黎他的故居去瞻仰过一番。年届三十巴尔扎克就立下宏愿，雄心勃勃地要写尽人生百态。可惜他又常常见猎心喜，不谙理财之道，总在欠债和还贷的跑道上疲累奔命。以他自己的话来说："我知道这是在榨干和掩垮自己，我活得很不正常。可那又有何差别呢，工作至死，或是为了其他什么而死，不同样都是一死吗？"

巴尔扎克写作生涯的典型一天，是干"大夜班"：晚上 6 点匆匆快餐之后就睡，午夜过后 1 点起床，一口气连写 7 个小时，干到早晨 8 点钟，然后打 1 个半小时的盹。9 点半起来后继续写作，直到下午 4 点。巴尔扎克的超负荷工作，是靠一杯接一杯喝苦咖啡来支撑的，一天平均要喝上 50 杯，他的作品，简直可以说是从咖啡大泳池里游出来的。下午 4 点到 6 点之间，巴尔扎克会散步，泡澡，接待客人。然后又是吃快餐，睡觉，午夜过后 1 点再起来干活。这样长期的轮回不已，对他的健康有摧毁性的影响。

巴尔扎克体魄强壮，当你看到罗丹的著名雕塑，巴尔扎克披着睡袍（工作服）的伟岸身躯，很难想象，51 岁正处在创作巅峰时期的他，竟然就此轰然倒地。给他那《人间喜剧》的宏伟大项目留下了不少的"烂尾楼"，教人不胜欷歔惋惜。

我也曾几次造访过雨果在巴黎的著名公寓。第一次去时它正在整修，不接待参访；数年后第二次去时发觉仍处在关闭状态；最后一次去时它刚整修完毕，可惜只开了一半，展品陈列不全。过后我才了解到，雨果最伟大的作品，如《悲惨世界》《九三年》同他在巴黎的生活并没有关系。《悲惨世界》（以及《惩罚集》《沉思集》等名著）是他在拿破仑三世（拿破仑大帝的小丑侄儿）得势的当年（1851 年）就被放逐，蛰居在 Guernsey（隔着英吉利海峡看得到诺曼底海岸的一个英国小岛）的年头写成的。

雨果被迫流放离开法国后，买下了小岛山顶上的一座大宅子，并在屋顶上加盖了一个玻璃房，在全岛的最高处，远眺望得到法国的海岸线，雨果每天上午都在那里写作。清早，英军要塞的炮声把雨果催醒，起身后他的早饭是咖啡加两只鸡蛋。随后的例行功课，主要包括和 Juju 的亲密书信往返，每天至少一封，长达 50 年，总计超过了两万封情书。Juju 是雨果的情人，常年陪伴他一齐放逐，形式上她住在几个门洞开外。你不难想象此中的有趣情景：当年没手机微信一类高科技通信手段，鱼雁往返还得靠仆人递来递去的。

雨果要在玻璃房里一直写作到上午 11 点，然后到露台上冲冷水澡。这成了一个景观，不但街上行人会驻足观看，不远处还会投来 Juju 的爱恋目光。12 点，雨果下楼接待客人。他粉丝众多，从世界各地络绎不绝而来。雨果好客，午餐款待煞是丰盛，自己却吃得很少。午饭后他必做 2 个小时的步行，或到海滩上锻炼体能。之后雨果还会再去写作，或者邀 Juju 驱车冶游。有时候同朋友加上 Juju 一起宴饮欢娱，不然的话就回家吃顿安静的晚饭。

不论做什么事，雨果总带着一个小本子，随时随地记下自己的思路和词句。据他的儿子、日后也成为作家的查理的记载，父亲交谈的话语，但凡有点新意的都被他收录到小本子上，以后也都发表在了他的著作里面。可见即使大天才如雨果，平时勤加收集记录，也是他创意的一个渠道。

上面谈到的那些古典大师，无不生活在电力照明的年代之前，而近代的大师们又是如何生活的呢？

例如菲茨杰拉德，以小说《了不起的盖茨比》闻名于世的美国小说家，生活作息整个是一团糟，最后在 44 岁猝死，就是个惨痛的坏案例。菲氏生性着迷于奢华享乐，作为自由撰稿作家，他在自由市场的竞逐中竟一刻也不得喘息。那么在极为刻板的等级社会里，一刻不得自由的卡夫卡，又是如何安排他的日常作息的呢？

卡夫卡是文坛一朵真正的奇葩，他那突梯的构想，貌似荒诞的讥刺，即便在迷幻小说与媒体泛滥的今天，还让人惊异不止。他生活在20世纪初的布拉格，地属奥匈帝国，当时电灯照明刚刚开始。卡夫卡终其一生是个可怜的小职员，只活了41岁（1883~1924年）。他先是在保险公司里混差打转，常常得加夜班。后来好不容易换了个职位，上班时间从早晨8点到下午3点，可精神还是得不到安顿。

在给情人（Felice Bauer）的信里，卡夫卡这样来描述自己一天的作息时间："我在办公室的无聊劳作是早晨8点到下午2点或2点半，吃午饭到3点或3点半；然后上床睡觉到晚上7点半左右，起来后锻炼10分钟，再散步1个小时，然后在家和姐妹们一起吃晚饭；能坐下来写点东西的时候，已经10点半，常常是11点半了；我能写到午夜1点、2点还是3点，全要看运气了。有一次甚至写到了清晨6点…… 我的睡眠非常糟糕，不是半睡半醒，就是睡意全无，脑子里老纠结着白天的活计，五花八门的纠缠，找不到个出路。第二天上班一点打不起精神，精神恍惚……有时走出办公室找打字员，在走道里会碰到运送文档的车子，长长方方的像口棺材。我每每看得出神，怀疑这口棺材说不定是为我定制的，在等着我往里面躺进去呢……"

对于卡夫卡的奇才，我于是不免胡猜，他那些铭心刻骨的奇文，该不是靠着失眠才熬煎出来的？睡眠的紊乱造就了这个文学的殉道者。

比卡夫卡晚了二十年的大作家海明威，却正相反，睡眠效率奇佳。海明威从不择席，也不怕光，在嘈杂闹声中照样能够酣睡有如婴孩。每天起床他都精力焕然充沛，立即投入写作。

访谈中他对自己的写作生涯有如此的记述："晨光熹微，6点钟我就投入工作了。这个时刻最利于写作，气温清冽而体温暖和，没有任何打扰。我常常文思顺畅，一个劲儿地写下去，直到午间或者早一点才告一段落。当你知道什么时候该打住，第二天接着写就会很爽快，就好比把当天的存货出清了，隔天自然而然又充盈起来……

海明威习惯于站着写作，阅读时也是如此，在一个齐胸高的立柜上读和写。记得我初游哈瓦那时，住的酒店“两个世界”（Ambus Mondus）611 号房间，正好在海明威曾经寓居的房间顶上，他在那间房里住了将近有六年，直到古巴革命之后。他成了卡斯特罗的好朋友，两人还一起参加过海钓竞赛。511 那个小套房于是成了海明威的纪念馆，我花了两美元进去参观了一下，果真有一个齐胸高的木柜，上面放着阅读的木板架，还有一台老式的旅行打字机在柜子上陈列着。

每天傍晚海明威必去街角拐弯处的一家酒吧，喝的一款鸡尾酒，现在已是名闻遐迩。哈瓦那的老城区，任何买卖直接用美元，而不是我们当年的什么“外汇券”，而商品的价格和美国几乎一般无二。我记得一般的鸡尾酒 2 美元一杯，而海明威鸡尾酒则要价 4 美元。

不少作家也有晨起写作的习惯。譬如，德国的大作家君特·格拉斯活到了 87 岁，前几年才过世的。格拉斯获得诺贝尔文学奖的主要代表作是《铁皮鼓》（“但泽三部曲”的第一部），已在国内名噪多时。他被广泛称誉为最重要的近代德文作家，他的影响力不仅对文学，在社会和政治方面也是其他人难以望其项背的。

格拉斯同样坚持晨起写作，以他自己的话来说：“我从来不在晚上写作。晚上写作也许可以写得很轻松，可是到了次日早晨一读，会发觉全不对头，所以我需要在日光下写作。早上 9 点到 10 点我先饱吃一顿早餐，阅读，听听音乐；然后写作，直到傍晚 7 点钟，午间会休息一下，喝点咖啡什么的。”

格拉斯生长在海港城市但泽（第二次世界大战后并入波兰），不过他的写作的成熟时期，多半是在汉堡和柏林之间的北边名镇吕贝克，一个波罗的海港口城市度过的。吕贝克在世界工商史上有过隆誉，不同凡响，是全世界最初的自由贸易的“经济特区”。狮子亨利 1159 年夺得吕贝克，并创立“汉萨同盟”，Hanse 在德文里有商会和团队之意，其立盟的信条为“内部一致、对外和平”，兴盛时期加盟城市一度高达 160 多个。从 13 世纪开始吕贝克作为汉萨同盟的核心城市，执欧洲市场商品交易之牛耳长达三四百年（1669 年解体）。吕贝克当年的影响所及，曾远到伦敦和俄罗斯腹地，罗斯大公国的古都诺夫哥罗德就是汉萨同盟的成员之一。我在访问诺夫哥罗德时就看到交易市场的巨大场地、纪念碑，等等，已是联合国世界文化遗产保护地。

你若是有机会到汉堡或柏林旅游或出差，请别忘了乘便到吕贝克一游，绝对划得来。我到那里参观，发觉这座精致的中世纪古城至今依然迸发着现代的光辉。德国另一位大作家托马斯·曼就出生和成长在吕贝克。他的划时代巨著《布登波洛克一家》也是在那里写就，并以当地的望族（包括自己的家族）的经营经历为原型完成的。我之所以造访吕贝克这颗“遗珠”，就是冲着小城的两个传奇——“汉萨同盟”的核心“约法城市”（对于 charter city，笔者曾有论文专述），以及托马斯·曼和《布登波洛克一家》的发祥地而去的。

睡眠带来的创新

走笔至此，还没有提到科学家们的睡眠和作息呢，也略微谈一点。爱因斯坦是个先知先觉，1933 年（希特勒掌权当年）就逃离了纳粹德国，他工作和栖息于美国新泽西州的普林斯顿大学，直到 1945 年退休。他的作息很简单：9 点到 10 点，用早餐并浏览当天的新闻；10 点半到办公室，一般是走着来去的；在办公室工作到下午 1 点；回家吃中饭后小睡一下；下午在家工作，接待来访者和答复来信；6 点半吃晚饭，接着继续工作一会儿并处理来往的文件。

爱因斯坦以一个科学家而成为家喻户晓的“明星偶像”绝非浪得，只要读一点他的“语录”，你就明白他对人世的洞察，道理有多么深刻。牛顿同为科学巨人，在专业领域之外却很少见到他睿智的语句，能够鞭策和警醒世人的。能和爱因斯坦相提并论的，或许是弗朗西斯·培根。培根和莎士比亚、伽利略在同一时代，比牛顿早了一个世纪，他作为近代科学之父，对科学精神和科学方法的创建与传播的贡献堪称伟大。培根对人类的认知和创新的许多洞察、见解和猜测，价值至今仍属前沿，也一直广为人们所引用。

若是真有心栽培自己的孩子，帮助孩子挣脱压抑性灵的“教育”囚笼，那么还得了解一些真正的大师们的生活和教诲。目前的市场大潮里，大家无不需要谋生或理财，压力之下要系统地读大师的经典著作恐怕不现实。我的建议是，在网站上把爱因斯坦、培根，还有真正的思想巨匠（为数很少）的语录汇集起来，琢磨一下哪些能适用于你的孩子，对于拯救他们的天赋创新潜质可能会带来许多启迪。

譬如说，爱因斯坦有句名言，想象力的重要性远胜过习得的知识，就很值得人们琢磨，对此有各家的诠释，多半认为爱因斯坦想告诉我们的是，怎样在学得的知识（往往是孤立的事实模块）之上建立起新的联系，升华为新的领悟，才可望有新的建树。而这个关键一步有赖于想象力。至于如何释放人脑固有的想象力，以及乐意接受新的刺激挑战，激发出新的联想力，对于学龄的孩子，特别需要社会的鼓励和师长们的培育。

我们谈到了睡眠、步行、慎独、静思对人的创造力和创新的作用，这些行为的一个共性，在于“放松”大脑，充分调遣和发挥长期生存演化而来的人脑的内在禀赋、本能潜质，从而给大脑神经网络做新的连接，对脑中存储的信息做新的组合，转换成新的感知、思维和行为。如图灵的奔跑，贝多芬的洗手，诸位大师的日常步行，其他如泡澡、打坐、运动、禅修、做瑜伽、听音乐、调节呼吸…… 总而言之，凡是能松弛脑筋、改进睡眠的，都有助于提升人的创新能力，并且令我们的身心更加健全。

研究表明，最能使人脑宽松下来的氛围往往发生在梦境里面。本系列曾提到了达利、爱迪生、凯库勒是怎样从各自的“假寐”（lucid dream）中汲取创意的，这里有一个更好的实例。

俄国化学家门捷列夫在 1869 年发现了元素之间联系的周期规律，是人类文明史的一个里程碑式的伟大贡献，任何一个中学生都晓得的。2019 年是世界纪念元素周期表大发现的 150 周年，有不少人撰文重新回顾了门捷列夫的突破过程，可谓石破天惊，正是在睡梦中门氏完成了他临门一脚的突破。

门捷列夫苦思化学元素之间有周期性联系的法则已有多年，当时不少学者也有同样的猜想，认为元素的周期转换应该类似于“八音律”。可是因为许多化学元素还没被发现，周期表里空洞很多，加上已发现的元素有不少数据不全不准，原子量、电子数等的实验测算还相当粗糙等原因，因此要找出周期性规律困难重重。门氏却是锲而不舍，一有时间便拾起这个课题来钻研，还造出一些工具和模型，可就是无法突破其中的奥秘。

1869年的某日，门捷列夫为了啃这块硬骨头冥思苦想，竟连续三天三夜没睡觉，然而还是不得要领，挫折感中他滑入了梦乡。忽然之间，颠覆性的念头有如被打开了盖子的啤酒瓶里的气泡那般突现脑海！门氏是这样记录他这个传奇经历的，“一番洗牌”后，“梦中我看到了一个图表，元素一个个地落入到图表的各自的格子里头；醒来后我立即把梦境里的东西写到一张纸上。过后发觉，需要改动的仅有一处”。

这个排列整齐的周期表，每行是元素的一个周期，每列则是元素的一族，现在已无人不晓，当时的化学家也一望即知，立即明白答案就是它。元素周期表的指导意义非凡，事实上后人完成新元素的探索和发现，多半是依据门氏元素周期表列出的方位来“填空”的。但请注意，这个伟大发现是由睡眠的大脑（dreaming brain）而不是清醒的大脑（waking brain）突破的。

这类突如其来的创新突破，在文艺创作中更是屡见不鲜。例如《昨日》（*Yesterday*）那首脍炙人口的名歌（凡到卡拉OK唱过的人必知），作者保罗·麦卡尼自己就承认是在睡梦里作成的。

睡眠中的大脑思维活动的有效性是如此的匪夷所思，自然引起了人们巨大的研究兴趣。不过大脑睡眠活动，人类进化了至少有四百万年的这项基本功能，其真实的生理机制和底层的逻辑法则究竟是怎样的，人们还是不甚了了。直到晚近的三四十年，特别是过去二十年来，在颅腔内大脑活动的高清晰度造影技术问世之后，人们对大脑神经活动的理解才开始科学实证阶段，并且取得了不少可喜的扎实进展。

第二章 行为金融学能教我们什么

真正的理解蕴含于创新。最要紧的，千万别唬弄自己；唬弄自己毕竟是人最容易犯的错误。[①]

—— 理查德·费曼

① 原文：What I cannot create, I do not understand. The first principle is that you must not fool yourself, and you are the easiest person to fool. —— Richard Faynman

行为经济学开始登堂入室

塞勒教授获2017年度的诺贝尔经济学奖已过去一段时间，现在才来讨论似乎有点炒冷饭。不过，从他作为一个经济学界的异端分子而独享殊荣来看，意义非比寻常。塞勒致力开拓的行为经济学，从核心理念到方法工具，正颠覆着百年来经济学界苦心孤诣营造的公理假设系统，标志着新的经济诠释范式在登堂入室。

行为经济学四十年来的探索极富成果，主要结论之一是指明了解释人类经济活动的一个核心公理假设，“经济人”（Econs）原本就不存在，而被理论所舍弃的“常人”（Humans），在现实中始终承担选择和决策的主角，通常被称作“变态”（anomalies）的选择行为其实是常人的常态（normality）。眼下被说成“新常态”的人的行为，是两百万年来智人在生存进化中铸就，尤其是近一万年来定居农耕文明所塑造成的，正是我们常人的本性。

常人回归常态，塞勒帮助其正名，因而具有里程碑的意义。无独有偶，这百年以来人们前仆后继执意要建立的理想社会，也因为违背常人的本性，代价浩大而终无成果。

塞勒之获奖或许应该更早若干年。2012年的诺奖颁给了法玛和席勒两位教授，平分秋色倒更像是“各打五十大板”，颇引起人们的嘲讽，因为那两家的学说，从途径到旨趣，实在是南辕北辙的。瑞典经济诺奖评委的首鼠两端，表明了当时的学界对经济研究的范式是否在发生转换还拿不准。旧范式的裂隙早已呈现出来，2002 年的经济学诺奖就已颁给了一个“局外”的心理学家卡尼曼教授。卡尼曼在推进行为认知科学上厥功至伟，和塞勒有多年的合作，他们追随 1978 年诺奖得主西蒙教授的“有限理性”学说的指引，在三个“有局限”（bounded）的层面——有局限的理性、有局限的认知计算能力、有局限的自利追求——展开探索而成果丰饶，为眼下的进展打下基础。

好在塞勒 2015 年的一本著作，已有了中译本《“错误”的行为》（中信出版社，2017 年），其中记述了行为经济学探索和发展的历程，许多故事掌故娓娓道来有如行云流水一般。

书中有一则故事，谈到了塞勒在网络泡沫 2001 年爆裂的前夜给出了精准预测。人们通常认为，对网络泡沫最先提出警告的是席勒教授（2012 年经济学诺奖得主）。席勒在 1995 年给美联储作报告时的分析，引起了时任美联储主席格林斯潘的警觉反思，格老的名言“非理性繁荣”也因此成了席勒 1996 年的畅销名著的书名。值得注意的是，塞勒并没有因为自己的准确预测而洋洋自得，他反倒是下了决心，自己以后再也不做诸如此类的预测了。他知道这种预测是十分困难的，其正确性很值得质疑，而误导的影响往往更加厉害。纵然你的预测最终得到印证，也不等于在投资上就能成功。假设你当年依凭席勒的预言来做空的话，多半是熬不过四年（1996~2000 年），在市场崩盘之前就会被迫“割肉”出局的。

既然做不到“领先市场半拍”来逆势操作，我们又如何是好呢？塞勒在他的书里有不少忠告，想来大家都有兴趣了解，这是我向各位推荐阅读这本书的理由之一。顺便说，塞勒自己创建的公司投资理财的业绩表现十分出众，长期列在“晨星”评价的五颗星机构。

塞勒承认得很坦率，行为经济学最有成效的应用竟然落在了金融市场，委实是他和所有同行始料未及的。在学理上，金融领域最符合理想条件的自由市场，最适于经济分析，然而这个市场区隔的吊诡之处是如此之多，以至于成为新旧两种范式的竞技试验场，得以判别孰优孰劣。塞勒认为，金融投资市场的“变态”，以及“有效市场假设”的偏误之所以能被捅穿和证伪，乃得力于计算机处理和收集数据的巨大能力，亿万次的交易结果能被实时揭示出来。

依我个人的浅见，经济理论的模型并没有把信贷经济这个至关重要的部分涵盖妥当。一般的市场模型（为了分析的简便）往往割裂生产者和消费者，彼此不能转换，至少不能无时滞地转换，也大致符合市场交易的现状。然而在金融投资市场，供方和需方两重对立的角色往往由一身兼任，瞬间就能切换，对冲操作更是同时集两种角色于一身。譬如，索罗斯的“反身性原理”所指的，就是同一投资人群体内部的“正反馈”激荡，供求力量的竞逐有时不但不能相互制衡，反而会彼此推波助澜更加剧了失衡的状态。凡唱过卡拉 OK 的人都会有这种体验，当麦克朝向喇叭箱时，会激起刺耳的啸叫；而在金融投资，“正反馈”的激荡甚至可能酿成市场的熔塌！

对于这类时不时发作的金融危机现象，早已有人认清了并进而驾驭之。譬如，投资理论巨匠格拉汉姆把它比喻成“市场先生”，巴菲特等实战大师更趁着市场先生癫狂之际，捧着澡盆来接盛“天上掉下来的金雨”。要是没有市场先生这种愚蠢的时常发作，巴菲特戏称说：“我将沦落成沿街乞讨的穷汉！”

大家或许知道，凯恩斯有选股犹如选美的妙喻。他认为在股市投资乃人际的博弈，如何优选投资对象，要点不在于你自己的喜恶，而在于你怎样来判断投资大众是怎样看待那只股票的。凯恩斯的“选美”诠释是否真的具有实战价值？塞勒曾做过很有趣的心理测试，让我们下面接着谈。

输赢大不同的博弈

塞勒的《“错误”的行为》并不是严肃的学术著作，反倒可以说是一本掌故小集。作者也明白地告诉读者，那些阁下在做选择时真正起了作用的，还不是在那一刻跃入你脑际的那些印象吗？的确，世事变幻有如白云苍狗般纷纷扰扰，不在于你经历过什么，而在于你记住了哪些，又是怎样记住的。而人们所记住的，并且常常拿来以为参照的，不就是《封神榜》、《三国志》、《水浒传》、《西游记》、《圣经》神话、《伊索寓言》、《聊斋志异》、轶事趣闻、名人掌故、成语格言一类的？那些故事浓缩了社会和历史的价值观，对你拿主意的影响要远远超过“理性的分析”。

回顾认知心理和行为经济学的演进历程，塞勒特别推崇凯恩斯，尊其为开山鼻祖。但凡读过凯恩斯原著的，对他的文辞之隽永、寓意之深远想来都会留下深刻的印象。塞勒认为，凯氏的名著《通论》里面最精彩的论断，不是政府的有形之手，而是他对金融市场中投资行为的透辟解释。凯恩斯对人性的超凡洞察，不仅来自他的聪慧和学养，尤其得益于他真枪真刀在股市拼搏过，而且在大萧条中曾有濒临个人破产的经历。与一般学者不同，凯恩斯没有停留在纸面上谈风险，而是敢于到投资市场冒险，博弈他自己的真金白银。

凯恩斯有个妙喻，把选股比作选美，认为在股市投资这种人际间的博弈里，选股的要点不在于你个人的喜恶是什么，而在于怎样才能判断投资大众是怎样看待某只股票的。塞勒曾为此做过测试，来验证凯氏的“选美”诠释是否真的具有股市的实战价值。

塞勒的团队 1997 年在英国操办过一场公众竞赛，在 FT（金融时报）上刊出消息，胜出的参加者可以赢得两张伦敦到纽约的头等舱往返机票（由英国航空公司赞助）。条件是从 0 到 100 你猜一个数字，最接近于所有参加者提交数字的平均值的 2/3 者，算是赢家。

假定通常人们所猜的数字是 50 的话——统计学的原理表明，在没有其他信息的情况下，居中的数字最有可能也是最合理的——你猜 33 也就是 50 的 2/3 就可望胜出。不过，这只是第一轮的猜测，要是大多数人也明白第一轮的结果在 33 附近，接着做第二轮猜测，那么结果就应该是 33 的 2/3 即 22；然后是第三轮的猜测，得到的则是 14 或 15，即 22 的 2/3…… 这个多层博弈就像我们古代的一个著名寓言，庄子和惠子在濠梁上的斗智。惠子说：“子非鱼，安知鱼之乐？”庄子反讥道：“子非我，安知我不知鱼之乐？”惠子接着反驳道：“我非子，固不知子矣；子固非鱼也，子之不知鱼之乐……”

多轮的博弈实质上是在博傻，循环杀跌直到 0，所谓的“纳什均衡”为止（可以证明这个“纳什均衡”是唯一的）。事实上的确有不少，多半是些受过高等经济训练的 Econs——“理性行为人”，猜的数字是 0 或者 1。实际上在那次竞赛，最终获胜者猜的数字却是 13，也低得叫人不可思议。

至于参加者为什么选他的那个数字的理由，塞勒团队做了访谈和分析，在他的书中有些介绍，加深了我们对人的貌似“吊诡”行为（实乃人所固有的常态）及其动机的理解。在金融学里，纳什均衡被封为圭臬，这个理论的发现还让纳什得到了经济学诺奖。然而现实中，常人在现世的博弈却让纳什均衡定格在了“博傻”的极致上，不亦怪乎！我于是猜想，要是当时塞勒把竞赛的条件规定为“从 0 到 100 猜一个数字，最接近于所有参加者提交数字的平均值的 4/3 的得胜”的话，那么纳什均衡就会落在 100，同样“吊诡”的一个点上。

这类匪夷所思的“博傻”行为，多多少少可以在股市里捕捉到，结果是极端的熊市，或者极端的牛市。设若阁下足够聪明，毋宁说是足够冷静的话，那一刻就是“接盛天上降下来的金雨”的时机。只不过，又有谁能像巴菲特那般能耐，端出“澡盆”来接盛“金雨”呢？明眼人至多会拿出“汤勺”来接。这就是说，在“市场先生”发癫——万众合力的宏观效果的气场里，一个人最难启动“逆势操作”，尽管在那个时点他最该做的，就是力排众议，大胆地启动“非常态”行动。

我们顺便也引申开来，谈谈人的微观行为——个人又是怎样感知风险并影响其风险决策的呢？

塞勒和他芝大的同事法玛教授（2012 年经济学诺奖得主），办公室在同一幢楼的上下层。他对法玛素有敬意，但对法玛致力构造的“有效市场假说”（Efficient Market Hypothesis，EMH）有着相当深刻的剖析。塞勒指出，EMH 的两个假定：其一，是所谓“市场价格无误”——价格总是内在价值的完全反映；其二，是所谓“没有白吃的午餐”——在时时处处均衡的市场是找不到“便宜货”或套利机会的。

现在人们有了足够的经验事实，表明对于常态下常人做决策，这两个假定都很不靠谱，可是主流经济理论却把 EMH 认作是“无疑议地被证实了的”。尽管当时就有不少心理实验以及一些投资市场的实证研究，已经提出了好几种“悖论”，令 EMH 难以自圆其说。

向以谨严著称的经济学理论大师萨缪尔森是数理逻辑的经济分析框架的主要奠基者，当时也听说了这些吊诡的悖论，于是决定来验证一下，试图证伪其中的一个。

在麻省理工学院的教授俱乐部的午餐桌上，他向同系执教的布朗教授（Carey Brown）建议玩一个小赌局，拿出一枚硬币要抛掷，让布朗猜，猜对的话赢200美元，猜错的话则输100美元，玩不玩？布朗迅即回答，不玩。不过布朗思考了一会儿又说，要玩就玩100次。萨氏当然没答应。对于两个训练有素的学者这很容易解释，布朗怕冒风险，但是依照大数法则玩100局的话，他不但风险可控，而且几乎是稳赢的。若硬币不假（fair coin）的话，布朗输钱的概率当在0.1%以下。

这个赌局即便玩一次也显然对布朗有利，因为数学期望的结果是他可以赢100元。那么，布朗为什么不肯贸然应战呢？心理学的反复测试表明，人对输和赢，心理感受绝不相同，有大约2.25倍的差别。也就是说，你输100元感受到的痛苦（负效用）要你赢225元感受到的幸福（效用）才能够抵偿。布朗或许感觉到了，要赢225元的快乐方能平衡他赔100元的痛苦。然而我却在怀疑，萨缪尔森就算建议猜对赢250元，猜错则输100元的话，布朗也未必肯玩一次。输赢大不一样，在行为经济学上是一个大发现，导致了“前景理论”的重大突破。

萨缪尔森不愧是一位真正的大师，其深邃的智慧不容他的探索就此为止。

人的风险态度和前景理论

萨缪尔森不愧是一位真正的大师，他的周详考虑不容他放过挑战经济诠释基本假定的一些“吊诡”现象。在建议与布朗的小赌局遭拒后，他的思索是这样展开的：要是布朗拒绝赌一盘的话，他怎么又会愿意赌一百盘呢？布朗拒绝赌这一盘，不论他的风险偏好如何，基于同一理由，他就不应当赌前一盘。以此类推，他也就不该赌第 98，97，……，2 盘，偏好既然是一致的话，就不允许他中途变卦，理论不就这样规定了吗？总之，萨氏认为，不愿意赌一盘却愿意赌一百盘，表明布朗的行为有违理性和逻辑，是出尔反尔的。这种思路并不新颖，在经济理论模型里，譬如博弈论、动态规划里面，类似萨氏的逻辑分析比比皆是，用的是“倒过来推导”的递归法。

但是问题来了，俗世里的常人能否切实做得到假定中的经济行为人那样，始终一贯地按数量逻辑来行事吗？理论模型所要求的，经济行为人完全按理性来行动，实在是一种超强的假定，它的要求貌似有逻辑，却超出了常人的常态能力。若要按完全理性的标准来行事做选择，那么可以肯定地说，不唯我们是“不理性”的 Human，连最以理性自诩的经济学者也达不到理性人（Econs）的要求。

萨缪尔森曾花了大力气，来试图建立人的偏好选择次序的理论，最终不得不放弃了，因为他难以证明，若一个消费者偏爱 A 超过 B，偏爱 B

又超过 C，他偏爱 A 必定要高于 C。存在偏爱 C 反而胜过 偏爱 A 的可能性，颠覆了代数运算的一个基本法则——传递率（transitivity）。而短缺了传递率，别说人的选择能否达到全局最优或局部最优，就连什么是“优”，也未必能在数理上推导出来。

你或许会说，如此不逻辑的吊诡一定很罕见，是为了搅和故意杜撰出来的。我于是常常会问班上的同学，你们认为对人生的幸福来说最重要的选择究竟是什么呢？多半人会同意，是选择结成你（终身）伴侣的另一半。

对幸福至关重要的其他因素，诸如你的父母、出生地、成长时代、身体健康，等等，多半是无法自主来选择的。那么又有多少人，无论自以为理性与否，难道是凭着理性模型、按数理逻辑来选择他们的“最佳”配偶的吗？

当一个人有若干选项时，觉得甲比乙好，丙虽然不及乙却反而比甲强的困扰，不是我们常常遇到的情形吗？丙、乙、甲三个对象出现在你的视野的时间顺序不同，对彼此间的排序会大有影响。即便它们的优先次序明确排定之后，也很可能因为另一个对象丁的出现，而重新洗牌。又比如，三个网球手进行淘汰赛来争夺冠军，A 比 B 的实力强出许多，而 B 又能轻易打败 C，然而 C 却有可能轻松把 A 拉下马的情况，是经常的事。这可能是因为 C 左手执拍，在右手型球手里面 A 虽然无出其右，然而遇到左撇子却很犯怵。A 当然希望先由 B 将 C 淘汰，然后自己来轻取 B。因此，B 和 C 先拼，A 是最优的；而 A 和 C 先拼，则 B 是最优的。

也许有人会争辩道，左手执拍是一个例外的因素，应当被剔除在外。然而，在体育竞赛，一如在市场竞争里，这些因素是可以被摒弃而不影响结果的吗？把“传递率”的困扰引申开来，另一位经济学大师阿罗发展出完备的公共选择理论，并为此获得了诺贝尔奖。那么，在经济学里又是怎样来应对这类困扰的呢？为了逻辑上保持一致从而求得结果，多数理论模型依靠种种牵强的假设，把许多因素给舍象掉了，把它们撇开为“不相干的因素”（supposedly irrelevant factor，SIF）。诸多经济理论模型的预测结果之所以不能够很好地涵盖社会和市场实际在发生的变化，这是个很重要的根源。

这些问题被局外人——一对以色列的心理学家留意到了，从而发掘出了经济研究的新路径。两人在 1975 年发表的论文《前景理论》成为经济学研究里最被频繁引用的一项成果。卡尼曼和特维斯基（后者若不是 1996 年病逝，会同前者一道获得 2002 年的经济学诺奖）在无意中读到的一本经济学教科书里，对人如何认知风险及其后果的经济分析，大感震惊：经济学对风险——人类做出决定并采取行动的最主要依据——的诠释竟然还停留在 240 余年前的粗浅认识上。

那个认知在当年却是一个伟大的创新。瑞士的大学者（数学家+科学家）丹尼尔·伯努利破解了学界的一大困扰：人们对一种赌局（俄罗斯轮盘赌）下注为什么不那么“理性”？为什么有人要买保险而有人愿卖保险？等等问题。要知道，当时在伦敦的劳埃德公司的船运险业务已经很有名，盈利十分丰厚。研究之下，伯努利开创出了“期望效用理论”，主张金钱的边际效用是递减的，画出来是一条向上凸的函数曲线。简单来说，就是盖茨先生新赚到一万块钱所感受到的兴奋，及不上快递小弟赚到十块钱所带来的兴奋。人们无不“厌恶风险”，不过程度不同：富人因其财富基础处于高位，他风险厌恶的“敏感度”要低于穷人的。

两位犹太心理学家于是追问，那么人在亏损时，感受又是怎么样的呢？伯努利以及后人发展出的风险期望效用的曲线，乃从 0 为原点开始，从不讨论亏损会给人带来怎样的痛苦。在平面（二维）画出的曲线，只有第一象限的一段而没有第三象限的曲线。这不能不说是一个极大的理论缺失。毕竟，人们所畏惧和厌恶的，不就是赔钱或失败带来的痛苦吗？据此两人展开了深入研究，并把分析的结果浓缩成一根 S 型曲线。

他们得出结论说，几乎所有的人，对赢对亏的态度都是大不相同的。急剧的变化发生在 S 曲线的拐点，也就是他（她）的风险“参照点”（reference point）上。面对不确定性做风险决定时，人们致力谋求的，实质上是“后悔最小化”的心理感受。

理论引致的盲区

前景理论在 1975 年问世后，广被引用，反响巨大，然而却未能进入风险决策分析的主流理论框架（统称范式），原因又在哪里呢？两位心理学家作者对此做过不少反思。他们通过严谨的解析得到的几个漂亮的结论，乃构建在对常态中生活，并按常情常理作选择的常人的行为的观察基础上的。按他们的原话，这些道理是连老奶奶都明白的，而且也常常被各种销售员利用来影响甚至操控顾客的购买行为。前景理论之所以难以被固有的范式接纳，卡尼曼认为，是受困于"理论引致的盲区"（theory-induced blindness）的缘故。

理论模型在解释现实应用时屡获成功，尤其当它升格为"范式"——成了教科书里定见说法——之后，便会造成很大的惰性，变得不愿面对现实中问题所带来的新挑战，尤其不乐意正视现实矛盾，变更理论所依赖的假设前提。这种"理论引致的盲区"，在社会学科中的体现格外严重。经济学之所以能被誉为"科学"（诺贝尔经济学奖在名义上是颁给"经济科学"的），当然得力于它运用量化分析工具的成功，但是经济学拒绝用实验方法来"证伪"的空间依然很大。人们不难发觉，一个谬误百出的牵强理论往往能长久盘踞在人类的头脑中，且拒绝让位退出。

2017 年经济学诺奖颁给塞勒的理由，是表彰他的贡献，"建立起了个人决策行为里沟通经济学和心理学这两类分析的'桥梁'，他的验证发现和理论洞察在开拓行为经济学这一迅速扩展的新领域中起到了关键的作用”。我们说这次经济诺奖具有里程碑的意义，其中的一个理由即在于此。

行为经济学所致力沟通的这座桥梁，用通俗的话来说，就是要贯通人类认知活动的“任督二脉”。这是个非常有趣的新领域，我们以后会介绍一二。这里且借用几个小故事来说明行为经济学的意趣。

在塞勒博士论文的选题上，他挑了一个有违常规的课题，讨论从事风险作业的人，生命价值应该如何测算，该有多少额外的补偿来平衡他们承担威胁其生命的风险，才算合理的？这个研究方向曾遭到他导师的质疑。后来他指导自己的博士生从事行为经济学研究，也被同事们告诫是“误人子弟”，会导致学生毕业后找不到工作。然而塞勒却坚信，基于可观察行为的研究方法，将可弥补经济学框架的严重缺失。他把现实生活中可以轻易观察到的，然而背离经济理论模型的种种“怪诞”行为记录下来，汇编成一个“非常态”行为的问题列表（list），多达五十余项。列在首位的一个问题涉及人的有限自控能力。

塞勒在执教之初，有一次请同事和博士生到家里晚餐。主菜烤牛排上桌前，朋友们在闲聊，围在客厅猛吃腰果。塞勒看看不对头，要是腰果塞饱了肚子的话，还会有吃牛排的胃口吗？于是趁人不注意他把腰果盘藏了起来。没想到这一举措竟然赢得了朋友们的拍掌感谢，他们感谢塞勒挽救了大家品尝牛排的食欲。塞勒在正餐时乘机提出了一个问题说，大家专攻经济学有许多年了，为什么还是做不到自律的理性选择，非得靠撤走腰果盘的强制行动，才能够节制自己不吃“垃圾食物”呢？日后塞勒反复引用这个有趣的经历，包括他在斯德哥尔摩领奖晚宴上的致辞，来强调人的理性行为非但不可能完美，实在是很有限度的。

塞勒的问题表所列出的不少问题，后来一一得到了心理学和行为认知科学方法的验证，发展成各类“偏误效应”。塞勒据此撰写出系列文章，发表在学刊上（共 14 篇，《经济展望期刊》1987~2006 年），成为经济学说里阅读最频繁而且引用率最高的一组论文。这组文章编入一个集子，书名为“The Winner's Curse”，有兴趣的读者不妨参阅它的中译本《赢家的诅咒》。

“偏狭分析框架”是塞勒在表里列出的另一个偏误效应，围绕着这类偏误，塞勒发掘出有说服力的结果，证实市场的自我调节能力实际上也是很有限度的。前文中我们已有介绍，塞勒最不满意的是“市场价格无误”论——有效市场假说（EMH）的两个假定之一，他认定“市场的价格几乎总是错的”。塞勒应用一个经典案例，美国科技公司 3Com 及其子公司 Palm 的市场定价来说明他的观点。

居于宏观经济政策和微观个人决策之间的，是企业的内在价值及其股价表现能否一致的问题，这家公司究竟值多少？眼下的股价是否充分反映出了它真实的价值？想来是读者最有兴趣了解的问题。在新古典经济学的理论里，这个问题似乎根本不值得一提，因为理论已然规定了，股价即价值，两者常处均衡状态。但是投资者最希望搞清楚的则是，两者是否存在显著的差异？当出现很大的背离的情况，我能否逮到机会来“白吃一顿午餐”？塞勒认为，价格和价值远非二位一体，其间的背离常在两倍和二分之一之间。另一位行为金融学家，著名的诺奖获得者席勒教授，则认为背离的程度会更大，在经济周期（4~7 年）中价格高达价值的三倍或跌至其三分之一的状况，也不无可能发生。

1999 年夏天，美国的信息高科技公司的股价普遍暴涨，而著名的创新企业 3Com 的股市表现却是平平。为了抬升自己的股价，3Com 决定实施它的一个子公司 Palm（当时炙手可热的掌上电脑）的分拆上市计划。2000 年 3 月 Palm 分拆到交易所挂牌，母公司 3Com 在 Palm 上市后保留了它 95%的股份。结果 3Com 的股东拥有的每股中包含了 1.5 股 Palm 股份。问题接踵而至：Palm 的股票上市当天的收市价为 95 美元，而 3Com 当天的收市价仅为 82 美元。这就是说，对含有 1.5 股 Palm 股份的每一股母公司股份，它在 3Com 的价值部分是负 61 美元（$82-$95×1.5 = -$60.5，为叙述简洁，取整数 61）。这不但与常情常理不合，而且违背了有限责任公司的一个基本法则，即股价最低为 0，没有可能为负值。套利的机会是如此明显：你要是买进一股母公司的股份，就会白得 1.5 股 3Com 的股份，市场“倒贴”了你 61 美元！

出现如此“荒唐悖理”的情况，各家媒体纷纷跟进报道，但吊诡的是，套利的敞口很久未能合拢，3Com 的股值要等几个月之后才从负值变为正值。其中的原因又在哪里呢？

市场的有限感知能力

上期我们讲到，3Com 公司把所属的创新项目 Palm 分拆上市后，每股拥有 1.5 股新上市的 Palm 股份，上市当天的收市价 Palm 飙升到了 $95，而 3Com 的股价只有 $82，也就是说，母公司的股份每股只及负的 $61！这个巨大的套利机会在股市持续了几个月之久，撼动了股市均衡的“一价定律”的基础。对此“吊诡”现象，经济理论通行的辩解是市场上存在“傻帽”（或说理性残缺的投资人）。那么市场上“傻帽”的比例有多少呢？具有理性计算能力的精明投资人又能不能够乘机大宰“傻帽”一把呢？

一百年前，当杜邦公司控股的通用汽车上市后，它的股价和通用汽车的几乎持平，而杜邦还有其他高盈利的业务。核算之下杜邦自己的价值竟然等同于零。看到这样的良机，价值投资理论的开山鼻祖本杰明·格雷厄姆就曾出手，大量买多杜邦的股票，同时大量卖空通用的股票，结果赚得不亦乐乎。

3Com 及其控股的 Palm 股价的巨幅背离引起市场广泛讨论，不能不对股市常处均衡状态的理论学说——股价即价值，即“不二价定律”的有效市场假定——构成了大挑战。对此，有一种自圆其说的托词认为，两者股价有落差，乃因为 Palm 的股票尽为 3Com 原有的股东持有，筹码在市场上很紧俏，从而激起了股民的投机追逐。

我当时也很感兴趣，琢磨其间的矛盾，老想着要做些追踪研究。机会在 2005 年出现了：中石油上市后股价直线上扬，导致一家企业的市值竟超过了俄罗斯整个国家的 GDP。于是我建议在带教的北大在深圳的汇丰商学院的两个研究生，以此作为论文的课题。不消说俄罗斯的石油蕴藏非常丰沛，数十倍于中石油的储备，它所有的其他自然资源，还有生产设施和技术人力的内在价值，难道都处于大幅亏损的状况吗？调查分析后的说法，类似"一股难求"的筹码紧俏说：中石油的流通股占比很小，绝大多数股份都控制在国有企业手中，是不参加市场交易的。但是，若中石油把公司的"窖藏股"尽数投入市场的话，它的市值难道会超过俄罗斯+法国+德国不成？那岂不太荒唐了！记得我当时向同学解释到，毕加索去世时留下了多达五万件的作品，法国政府为了不让这些珍宝流失，就用高额遗产税的名义将其大部分据为国有，只留下很少给家人继承。一个直接后果是，少数几件作品被家人出让到市场，单价高得出奇，最大的得益者反倒是毕加索家族！设若毕加索的后人随意出售那数万件作品，在市场上泛滥，它们还算得上是珍宝吗？收藏家正是赌定能到市场交易的毕加索作品极为有限，才会有信心出高价来收藏的。梵高作品的市价也大抵如是，家族基金所拥有的四百余件画作，占了其全部作品的大头；誓言绝不出售这些作品，反而推助成了梵高天价。

然而，流通交易的限制在股市未必是刚性的。果不其然，过了没多久，中石油的股价就从百元急剧下泻到了二十元以下。倒是"股神"巴菲特，在接盛了满盆的中石油金雨之后，安全逃了顶。

筹码紧俏的说法显然不能涵盖"市场价格无误论"的困扰。例如，格雷厄姆在对冲杜邦和通用股票套利大获成功的时候，两只股票在市场上都不紧俏。另有一个显著的案例，是发生在石油采掘行业的老大英荷壳牌公司拥有的两只股票：皇家荷兰的股票在纽约和阿姆斯特丹交易，壳牌的股票则在伦敦交易；公司的利润有 60%归皇家荷兰的股东拥有，40%则属于壳牌的股东。如此，皇家荷兰的股份理应等同于壳牌股价的一倍半。然而长期（自1907年）以来，皇家荷兰的股价与壳牌的股价相比，远不及一倍半，而总在后者的70%和115%之间晃动。那么，套利者能不能效法格雷厄姆而轻易获利呢？难。赫赫有名的对冲基金美国长期资本管理公司（LTCM）就曾栽在里面：当它增持皇家荷兰并减持壳牌的股票时，岂料“群众和它不是一条心”，股价反其道而下挫，激起了投资人的资金大量赎回。没过几天，LTCM就轰然倒地了。那次教训够惨痛的，也旁证了“一价定律”很不靠谱，一流的专业投资家还往往失手呢。

经济活动是人类的多元博弈的一大门类，因果关系异常纷杂，远没有物理学的系统那么精准单纯。为了追求数理上的完美和精致，为了展现经济系统本质上所不具备的“科学性”，经济学模型惯用的方法，是除了屏蔽掉各类被假定成“不相干的因素”（SIFs，尽管它们很有影响）之外，还把相关的变量统统折算成钱，九九归一，只用货币一个单位来计量“经济价值”。如此这般处理之后，因素复杂的多目标选择问题就被简化（实际上是被“阉割”）成一个要素单纯的单目标决策。结果，理论的解释和问题的貌似解决，难免沦为缘木求鱼的游戏，也就不是什么费解的事了。

行为经济学则非常明智，把关注的焦点转了个向，集中在究问一个人或者一群人究竟有多大的能耐，来确定某个目标、某种偏好在何种情状下可以替换成货币，而其转换率又该是多少呢？对市场不确定性的有限的感知能力，以及对“折现率”的有限的测算能力告诉我们，常人（包括我们每一个人）是无法“跃迁”成为完全的理性行为人的，不管他是不是立志成为理性人。

这就涉及人对钱的“心理账户”效应带来的偏误困境。存放在银行账户里的钱是个物理单位，100元钱不管在你的各个账户之间怎样挪动，还是100元。但是，财务会计里同样的100元钱，在人们“自设”的不同心理账户里，产生的价值心理感受却可以大不一样。不论是风险感受、快乐效用，还是消费倾向，带给不同的人，或是同一个人在不同情境、不同时段的效果，会发生很大的变化。行为经济学现在掌握了越来越多的证据，表明不同族群的人在不同“心理账户”之间的显著偏差，却是高度类似的。

行为经济学家做过许多心理测试（包括塞勒教授的“马克杯”实验），证实了“心理账户”的一种表现形式——“禀赋效应”的存在，是实实在在的。简单地说，这种心理赋予自己拥有的东西偏高的价值，“一朝拥有，便生偏好”，就像对自家的孩子心生偏爱一样。对于投资散户，这会造成亏损股票“难以割肉”的痛苦；对于市场和社会，则带来不合理的“交易成本”摩擦，挑战着响当当的“科斯定理”。

挑战“科斯定理”浪花四溅

一谈到“科斯定理”，人们的情绪即刻就会扰动起来。它的影响所及，关乎整个社会的体制安排，尽管科斯原本要讨论的问题，范围和性质要小得多。20世纪80年代以来，“科斯定理”在经济和法律学界非常频繁地被引用，试图证明政府越小越好，让市场尽可能自由地决定交易的实现，而政府的任何干预只会增加交易的成本，或是减低经济活动的“效率”。行为经济学对“科斯定理”的检讨，因而不可避免会引发纷争、激起抵触。

显然，这个大问题的解答不是本篇所能展开的。这里只想提醒一下，“定理”一词并非科斯的原意，它的英语原文也只是“Coase Theorem”，即“学说”之意，况且科斯本人还强调了应用他这个学说的若干重要的限定条件。顺便说明一下，学说或思想之类，通常多含有假说和猜想的意思，远非得到证明的事实。即便“定理”或“定律”，说的也不过是“教科书里被广泛接受为正式的诠释”，固然有权威的意味，然而绝非什么“铁律”“铁则”之类。这样的态度，在精准的理化科学领域已经逐渐为人们广泛认同。对人文社会学科（经济学是其中之一）来说，理论学术思想的层次就更低、更软了。

科斯定理可简约表述为，在交易成本接近于零的情况下，交易双方可以无摩擦地进行并完成交易，从而使资源的配置达到最优状态。科斯早年就创造了“交易（的市场）成本”的概念，不过要过了相当久才得到充分讨论和运用。一般认为，构成交易成本有四个因素，即计量成本、实施成本（enforcement）、市场规模和意识形态下的取向和感知成本（ideological attitudes & perceptions）。其中最后一个因素，解释最为困难，歧义也最多。如何权衡利弊及计量它们，怎样形成公平交易的规则并加以实施，其实无不是以个人和团体（如企业等组织）的感知能力为基础的。

广义地看，交易成本无处不在，发生于人际的任何交换活动，包括日常生活中诸如请客、送礼等互惠活动，而不仅仅局限在机构（譬如企业法人）之间的合同交易。在那里（如张五常的企业理论），企业机构内部的交易活动被屏蔽在外而不加讨论。新制度经济学派为谋求突破这个局限，考察具体的人在具体交换中的行为，因此不得不引入具体的社会文化氛围中的人，究竟是如何运用其有限的感知能力，来认知和理解种种的不确定性，据以作出决定，并期待其风险后果的。

有必要指出，决定人怎样感知人际的交互活动，以及自己如何应对才算是有利和合理的因素，固然受到当前社会的文化价值体系的影响，同时也受着千万年的生存进化——竞争和合作的长期积淀之约束，从而造成了各族群所固有的心理倾向。人的感知能力有其意识形态的一面，也有生理和心理的一面。这个方向，历来为经济解释理论所偏忽，正在得到认知心理学和行为经济学的深入探究，而区分不同的“心理账户”怎样在影响现实世界中人们的决策行为，只是其中的一个成果。

回到塞勒教授对“理性只可能是有局限的”（行为经济学的一个主要论点）讲解，除了“交换马克杯”的心理测试，他在谈到人所共有的“禀赋效应”——偏爱自己已拥有的东西，因而天然就产生交易成本时，反复提起自己钟爱的“红酒问题”。在诺奖颁发庆典的晚宴致辞上，塞勒又和大家分享了这个小故事：他有一个同事罗塞特教授（R. Rosset），好饮红酒，也是收藏专家，早前买了 10 元的一瓶红酒，得意地告诉他目前已经涨到了 100 元。

塞勒于是问罗塞特：既然你喜欢那瓶红酒，是否还愿意以 100 元再买一瓶吗？绝不；你愿意以 10~100 元之间的价格卖掉它吗？不清楚；你会喝掉它吗？可能。那么，你认为喝掉这瓶酒你的成本又是多少呢？罗塞特给问住了。既然市价眼下到了 100 元，回答喝酒的成本难道不是显而易见的？尤其对经济学人来讲，100 元不就是市场的"均衡价格"，也就等同于这瓶红酒的"内在价值"吗？

为了发掘答案，塞勒不弃不舍，前后做了几次心理调查。其中的一次是和合作伙伴一起向公众提出问卷，刊登在一份《红酒通讯简报》上。问题是这样的：你先前买进一箱波尔多红酒，每瓶 20 元，目前的拍卖价到了 75 块一瓶。你决定喝掉其中的一瓶，在你的心目里，喝掉这瓶酒的成本是多少？① 0 元（因为我已经付过钱了）；② 20 元（当初的购买价）；③ 20 元+这些年来的利息成本（典型的财务分析）；④ 75 元（将它拍卖之所得）；⑤ -55 元（喝了一瓶 75 元的酒，代价仅为 20 元，即赚到了 55 元）。同样的问题不妨倒过来问，要是你不慎打碎了一瓶，你的心理损失又该是几何呢？

大众的回答莫衷一是。在五花八门的回答里，重要的是，阁下您的心理价格又是几多呢？

可见，不同的"心理账户"之间"机会成本"是大有出入的。在标准的财务分析里，这瓶红酒的"重置成本"大致有两个算法："先进先出"的为 20 元，"后进先出"的则是 75 元。只不过教科书的这些方法，对于你我这样的"常人"如何来定出"心理价位"，并没有多大用处。

因小见大，我们又怎样来核定一间公司的"潜在价值"呢？譬如说麦当劳，拥有店面无数，事实上它是美国最大的地产公司。当初付过的地价和眼下的价值是一回事吗？这又怎样反映在公司的账本上？星巴克值多少也是如此。那么，同仁堂的真实价值又应当怎样来核算呢？价值投资的理论大家说了很多，但要逮到回报丰厚的商机，说到底，恐怕还只是一门艺术。同样，作为城镇居民，特别在国内一线城市，你对自己拥有的房产（很可能不止一处），你的心理价位又是怎样来测算的？假如要放租的话，你心目中的“租售比”又是如何来核定的呢？

人世间没有罗德岛

行为经济学对现实中人的交易行为的考察和揭示，为什么必然激起现有经济理论（包括“科斯定理”）的信奉者的抵触呢？因为它触动了“市场无误论”的奶酪。行为经济学揭示出人所固有的一些心理偏误，证实了市场存在种种扭曲，未必总是政策和管制造成的。即使去除了任何来自政府的干预，人仍然无法全然的“自由独立”，还照样会犯（系统性的）错误。人际的事务，怎样展开竞争，如何互利合作，远比理性与否要复杂得多。简言之，从追求自利的企图出发，未必总能如其所愿地达到自利的目的。

不少人文学科还有脑神经认知科学的研究，同行为经济学一道，已然取得很多实质的推进，指明了一个简单的事实：人是无法一跃而成为完全理性的行为者的。局限主要体现在以下几个方面：人脑有限的感知和处理信息的能力、自利追逐的有限关注力，以及长期生存进化过程中抱团竞争所生成的有限合作形态。这些局限的根子，依照行为认知和决策科学的先驱 H. 西蒙教授的见解，乃囿于人很有限度的感知和测算信息的能力。西蒙主张，受制于这些重要的局限（bounded），人们的抉择要尽力做到满意（good enough）就好。而“完全理性”的假设，无论对人还是对人的行为，不但无谓甚至是虚妄的。在这个方向上，大哲学家维特根斯坦基于对人类日常语言的深刻洞察和辨析，在他的巨著《哲学研究》中就提出了同样的告诫：许多哲学命题的纠缠，要不是受着人类事物的根本性错误假定的扭曲的话，本来就不应当存在的（should be dissolved）。

这个道理，依我的通俗话来讲，就是人世间没有罗德岛。我们不需要也不应当假想，有人到了罗德岛上便可不受任何羁绊，随意一蹦就能超高。

心理偏误正在为人们认识，分类越来越具体而微。譬如，价值投资大师芒格先生列举出25种，塞勒教授在他的问题表收集了50余项，更有学者将之分类超过了百余个。那么，前文里提到的几个心理偏误的小故事，对我们的经济活动和管理实践又有什么实用价值呢？

一个有风险的业务操作，比如说为了打开新产品的市场销路，面对各种不确定条件，公司应当怎么来鞭策营销人员的服务，促其做到尽心尽职呢？是超额完成任务后的红利奖酬呢，还是事前就给予诱因？行为经济学的研究告诉我们，事前预支奖金要优于事后的追认奖金。办法是，让雇员事前提出他的业绩目标，按比例预支费用（而非实报实销的差旅开支）和目标奖金。如果事后完不成目标，预支的钱将从他的薪酬里扣回。要是他提出的业绩目标明显低于同侪，表明他信心不足或能力有限。要是他承诺的目标高于平均水准，则等于有了内在的压力对其构成约束。预支的费用和奖金此时在他的心理账户里便成了一种硬约束。因为拿到手的奖酬再回吐出来，不啻承认自己的失败和亏损，不快乐的程度要比没拿到奖金时要强烈得多。前文已解释过了，输和赢给一个人的感受是大不一样的，没赚到预期的钱的失望远远比不上拿到了钱又赔回去的痛苦——快乐和痛苦是无法简单对冲掉的。于是乎，他完成目标的驱动力就从“试试看不成也罢”转换成为“必须背水一战”的决心。

推而广之，政府在产业结构转型升级的努力，实施创新创业的策略中，怎样激励有潜质的个人来主动承担风险，积极进取，同时能够遏制投机取巧，有效杜绝“搭便车”的行为，非常有必要依据行为科学和认知心理的一些研究成果，来设计并实施激励相容的奖酬方案。

所谓激励相容，就在于设法令实施的效果，做到政策的导向和个人的成败绑定一致：成功的好处落到个人的袋里，失败的苦楚痛到个人的心里。而目前的做法，往往是鱼龙混杂，徒然让钻营投机之徒多了可乘之机，顺着政策的杆子爬上来寻租。

在行为经济学的探索里最有意义的，要算对人们究竟是怎样合作来展开经济生产和交换的。追逐自利者的“自私程度”（selfishness）是否也有限度？在市场或其他体制安排下个人能否最大限度地扩张自己的利益？如此“自由自利”的个人加总起来能不能使得整个群体乃至全社会臻于经济资源配置的最优状态？这些是怎么强调也不为过的重大问题。

有一个被称作“终极博弈”的行为心理实验，得到了最广泛的测试，被引用的频度也最高，为我们回答这类问题带来了深刻的洞察力。

“终极博弈”的测试问题不妨这样来提出：

走出地铁站时，你和另一个乘客被人拦住来做一个小测试。他拿出100元钱说要让你们分享，规则是：由甲方按自己的意愿提出方案来分钱，从100－0到1－99怎么都行；乙若接受甲的方案，甲乙就按此方案分这100元，然后再不碰面；乙若拒绝的话那人就把钱收回，甲乙则空手而归。靠丢硬币来分甲乙，如果你是甲的话，会分给自己几元呢？

由于分钱后老死不相往来的性质，我把它称作“一锤子交易”。这个博弈之所以引起各国民众长久的兴趣，是因为它在测试的是，追求自己利益扩张的同时，人是否还关注别人分到多少？

典型的经济分析假定人是理性的经济人，但求自己的利益有所增加，全不管别人的利益增进与否，也就是说他的利益是独立于他人的。照此推理，“一锤子交易”里乙不应该拒绝甲提出的任何分配方案，除了100－0。即使是99－1也总比0－0强。理由是，从理性人乙的立场，99－1相对于0－0，是所谓的“帕累托改进”。

但是，无数次实地测试的结果再三证实，人世间的乙不仅拒绝 99－1 的方案，而且凡是甲偏向自己的分配超出了 77－23，就会遭到乙“断然否决”。这个结果与理性分析所预期的交易行为出入极大。难道乙是非理性的吗？

在发达经济体的民众，甲乙两方一般会满足于 55－45 的比例来分配这 100 元钱。各地中国民众（不论大陆、台湾还是香港）的倾向几乎没什么差别。我教授 EMBA 课程，多次对班上的同学进行过同样的测试，也印证了同样的结论。

无论如何，这是值得大家来琢磨的。或许，你我在扮演甲的角色时，不能避免产生并体验到乙的心理感受，也就是人类在长期演化中铸就的“同理心”（empathy）。

人际交易的核心在于互惠

我们谈到了“一锤子交易”(即“终极博弈”),行为经济学的一个极具说服力的测试。它之所以激起人们普遍而持久的兴趣,乃因为它触及到了现实生活的一个基本规则:常人在常态生活里究竟是怎样对待彼此的。不难理解,它也激起了对现存理论框架的质疑。

“一锤子交易”揭示出的结果主要有三条:①人们在交换彼此的劳作时,除了“效率”(但问个己的利益有否增进而不及其余)之外还关切“公正”的原则(即对方从中获取的利益是否合理);②交换活动(哪怕是一锤子的)并不局限于当下的单笔交易而是在反复进行的(至少在人们的情感和记忆中是如此);③顾及对方利益较多,交换活动所产生的利益分配较为“公允”的群体,有较高的经济增长和文明进展。

据此也可以明白,人的追求实际上是无法做到全然的自利追求,难以达到完全经济理性假设的前提条件所要求的“彻底自私性”的。人总是“抱团”来展开竞争的,所抱成之团在合作收到成效时才能得到扩展。在文明程度较发达的经济体,合作的利益分配通常在60—40左右,人们通常拒绝接受诸如99—1之类的悬殊分配。长期的调查发现,愿意接受低于85—15分配的族群为数极少,多是苟延残喘于亚马孙莽丛或巴布亚新几内亚荒岛的几个小部落。在那些仅有的部落,趁邻居男主人外出之际强奸其妻女、强占其牲口田地的情节层出不穷,谋杀频繁。即便是那里的人,仍然还是有底线的，也还是难以接受低于90—10之类极端“不公”的分配。

人类文明为什么会发展出这样的结果呢？有学者从生存进化的视角来进行解释，认为自利追求若不受约束，必然导致自利增进目标走向其反面。极端自利的人占绝大多数的族群在文明演进的历程中整体性湮灭，被删汰出了人类的基因池，因为彼等在长期的抱团生存竞争中是最缺乏竞争力的。反之，深谙生存繁衍之道的部落群体无不在其文明发展的早期就定出了规则，来遏阻搭便车（free riding）的行径，在自利追求和信任公平之间求得某种均衡。

能达到和维护均衡的这些规则，或许可统称为“中庸之道”。凡能长期存续并有发达前景的各个文明，对此都有其明确的文字表述。在西方称其为“黄金法则”（golden rule），在东方，则是“己所不欲，勿施于人”。汉文明的孔夫子更以“恕”一字以蔽之，恕道由构成“恕”字的两部分“如”和“心”，即将心比心，表达了它的核心内容——互惠（reciprocity）。

怎样确立互惠的法则，在反反复复的交易活动中持续体现互惠，并使互惠的交换活动扩展到更大的范围，在非亲非故（non-kin）之间建立长久的可信赖的社会信任关系，显然需要复杂精妙的制度安排。其中的关键，是如何有效地抑制、惩戒、杜绝搭便车的行为。“一锤子交易”的测试结果告诉我们，必须要有相应的惩罚机制，否则合作难能持久和扩大。

“一锤子交易”里双方分这100元，甲提出分钱方案时，应当预期到基于公平的原则乙会做出的反制，乙宁可舍弃他在交易中可得的（微薄）利益也要惩戒甲，要是甲提出的分配方案过于“不上道”的话。这种惩罚的成本是不得不付出的，否则交易很难持续，更谈不上扩展，这是前面说到的结果①。

或许有人争辩，不是说好了交易是“一锤子”的吗？你花代价惩罚一个陌生人，事后再不往来，有何意义呢？乙拒绝甲提出的分配，岂不让自己“白白”损失了至少1元钱？（损失多半会在23元以上，在各大发达文明，77—23的分配都很可能遭到乙的拒绝）然而，事实上交易是很难真正做到“一锤子”的。在乙看来（甲也应该合理地预期到），自己哪怕少得23元，甲却因此损失了77元，花代价的惩罚带来的效用是满足，而非亏损。在乙的心目中，甲虽说是陌路人，却代表着日常反复交易的对家，“给这狗娘养的一点教训”，既可平息自己被冒犯的道德情操，又能为维护群体的互惠法则（正义感?）出一点力，自然划得来，这才是符合理性的交易行为。

“一锤子交易”测试的第二个结果有其重大的含义。从中可以推导出来，一个群体里若有相当部分的人乐意牺牲某交易的某些利益，来维系互惠的法则，那么该群体的整体竞争力就大为增强，在文明演化的长跑中就有更多的机会崛起并胜出。这样的宏观后果是测试的第三个结果，可以在文明发展历史上普遍考察得到。任何人类的团体，小至家庭、家族、宗族，乃至民族，大至社团、社区、社会，乃至主权国家，运作而能有序的规则和法制精神，说到底，不就是建立在成员个体的公平意识和防止搭便车行为的努力之上的吗？在这个层次上理解“理性”在合作和竞争中所起的作用，才是符合人类（自利）本性的。

至于怎样的互惠法则，在现实世界如何实施，才能形成竞争力，使得人际合作能够持续开展，的确是非常复杂的社会工程。各种理论假说的争辩，各种价值体系的运作都是围绕这个基本矛盾来展开的，不啻说是一个永恒的问题。

这套互惠法则，我以为，其实包括三个层面：初级层面为“黑铁法则”——他人怎样对待我，我亦如此对待他人；次级层面为“黄金法则”——“己所不欲，勿施于人”；最高层面为“铂金法则”——“人之所欲，乐施于人”。

黑铁法则作为基本法，规定“搭便车”行为必须及时有效地加以制裁，惩罚当事人，并对其他人产生惩戒的效果。黑铁法则的中性表述是

“来而不往非礼也”，说得委婉点儿是“投之以桃，报之以李”，说得不客气点则是“以其人之道还治其人之身”，或者更直白一点儿，是圣经旧约中的“以眼还眼，以牙还牙”。

在生命的漫长进化中黑铁法则发挥着基本的作用，促成了当今人类文明所谓的“自利的（文化）基因”。在生存竞争里无视黑铁法则的物种恐怕早已湮灭。这个基于“报复”的法则，尽管显得不够文明和宽容，表达也需要文藻的簇拥，却是人类社会进展到复杂的组织和高阶的文明才逐渐形成的准则。进化伦理的学说告诉我们，黑铁法则奠定了人类独有的“公平竞争”的基础。

首先，黑铁法则不主张主动侵害他人，对处于“强势”的一方，即有能力主动出击的一方来说，克制不主动出击已经展示出了它有“利他”的成分存在。其次，黑铁法则要求“一报还一报”，即“报复”是有节制的。黑铁法则的本意，我以为，与孔子的“报怨以直”中的“直道”相仿。无论在不同社群之间还是在一个社群内的个体成员之间，它都是适用的。

黑铁法则常常被批评为过于消极狭隘，容易导致“冤冤相报”“以暴制暴”等错误。这主要是因为，现实中的人际互惠关系和交易行为常常不能同时发生，给予和回报之间也存在着时间差，要求付出和回报即刻就能结清或兑现往往不切实际。因此，黑铁法则必得进一步扩展，否则在这样狭窄的框架里，人们的互惠活动是无法充分展开的。先付出的一方施惠于先，受惠的一方回报在后，双方必须在合理的预期下表现出耐性、宽容和信任，各种交易才可以有充分展开的余地，收到互惠的实际结果。

由于人们无法全面了解并确知他人的意图，相对可行的途径是推己度人，推邻人而及远人，即从自己的意愿和好恶出发，以同理之心推断别人的意愿及好恶。于是发展出了几乎所有文明的族群都在倡导并愿意遵从的“黄金法则”。

如何落实黄金法则要复杂许多。细察之下我们发觉，黄金法则里包含两个层次：消极的是“己所不欲，勿施于人”，而积极的则是“己之所欲，乐施于人”。为了分析的便利，不妨把消极的层次称作“白银法则”，积极的层次才叫作“黄金法则”。

与白银法则相比，积极的黄金法则在“恕道”里面更注入“仁”的内容，以自己发自内心的天然纯真的感受来对待他人。无论是白银法则对“恶”的避免，还是黄金法则对“好”的追求，结合两者，就有了圣经新约中基督所主张的“爱邻人如同自己”的精神。不过大家得留意，在生活中长期贯彻积极的黄金法则是相当不容易的。举例来说，连孔子都坦承，自己未必做得到这个高度的“仁道”。孔夫子曾在和子贡的对话中坦承：“君子之道四，丘未能一焉：……所求乎朋友先施之，未能也。”（《礼记·中庸》）

行为科学在这方面已经有了许多有益的推进。一位演化合作的理论家R. 阿克塞尔罗德就设计了模拟测试来验证人类的互惠合作的原则是怎样进化而来的。一场公开的全球竞赛（Axelrod’s Tournament）从数百个方案里优选，胜出者所提交的方案就是“一报还一报”（Tic-for-Tac，TFT）的。后续的比赛进而发觉，TFT 的方案可以更进一步优化，那就是给犯错的对方一个改正的机会，待到他第二次背信的时候才予以惩罚。给合作方增加“容错”的机会，难道不就是文明发展的实质内容吗？

不过，对破坏规则行为的宽容只能限于一次，过于宽容徒然导致合作归于无效。圣经里的故事，若你被打了右脸，别报复，而要把左脸也凑上去，历来是个难以实践的互惠难题：难道左脸又被抽了，再把右脸颊又送上去不成？增加一次容错机会的方案告诉人们，当左脸又被打时，就是该启动惩戒程序的时候了。

黑铁法则、白银法则和（积极的）黄金法则这三个法则都属互惠性质，互惠的程度由弱到强，都是按他人（或者我按同理心推定的他人）

怎样对待我来对待他人的逻辑，在不同层次上的互动。人类文明的历史实践表明，有效的方法是对他人尽量先以白银法则待之，除非发觉他人有违反和背叛的行为；而用黑铁法则制裁了背信的行为之后，人们应当尽力重新回到白银法则或黄金法则，直到有足够的事实证明对方确实是无可救药的。

那么，文明能不能更上层楼，超越我，而仅以他人的立场和利益来规范交易行为呢？人类文明的确有这样的憧憬和表述。譬如，孟子所主张的："取诸人以为善，是与人为善者，故君子莫大于与人为善。"（《孟子·公孙丑上》）

我把这种"人之所欲，乐施于人"的崇高理想简括为"铂金法则"。但是在理想国之外，这类超脱"我"的利他行为是不稳定的，而且没有可持续性。如果执意要在人世间实施这类理想，到头来只会导致严重的混乱。

铂金法则，恐怕积极的黄金法则也是，多半只能算是理想中的目标，启迪着人们的向往和追求。但要是追求过于躁急，效果必适得其反。人类历史上曾有多次乌托邦的社会尝试，试图实施这两个法则。超越了文明发展的限度，陡然拔高人的本性，结果完全背离初衷，导致了人际合作和社会信任的崩解。这类教训的确是十分惨痛的。

贯通任督二脉

前文我们提到过了，2017 年度经济学诺奖颁给塞勒，是表彰他在建立沟通经济学和心理学两类分析的“桥梁”中起到的关键作用。塞勒的杰出贡献，好比是贯通了人类认知活动的“任督二脉”。

何为任脉、何为督脉，读过金庸武侠小说的人想来会有些印象。按照中医理论的传统说法，任督二脉属奇经，以人体正下方双腿间的会阴穴为起点，任脉是从身体正面沿着正中央往上，到唇下的承浆穴的那条经脉，据说有 24 个穴位，主血，“总督阴经”；督脉则是在身体后面沿着脊椎往上走，到达头顶，再往前穿过两眼之间到达口腔上颚的龈交穴的那条经脉，据称共有 28 个穴位，主气，“总督阳经”，手足所有的阳经脉都与之相交。

督脉在生理解剖确有脊椎神经的显性结构支持，任脉却全然没有，是隐伏着的。任督二脉分别代表阴阳两气，有待打通方可融合协力。武林的至高境界，是设法贯通此二脉，武艺才得以精进飞升，成为超拔的高手。

这样的说法在此不加细究，我们借助任督二脉的说法，是为了喻解人类是如何来感知外在世界和内在自身，作出判断反应，以及怎样付诸行动的。个人需要汇合两类认知能力，形成“综观”，方能成就一个健全合理的决策行为。若是将督脉与理智思考对应、将任脉与直觉参悟对应起来，那么任督二脉的贯通同连接心理学和经济学的桥梁，是有高度契合之处的。

2002 年的经济诺奖破天荒地颁给了一个“外行”卡尼曼教授。卡尼曼通过许多敏锐深刻的观察和精巧的心理测试，开创了行为心理学深入研究的新领域。他为大众写的一本书，汇集多个学科的前沿探索成果，影响非常深远。国内的中译本《思考，快与慢》，也十分易懂而有趣，大家读了一定会对了解自己行为的本质和提升自己的决策效果有实质性的帮助。

在书里卡尼曼明快地区分了人的两类认知模式，简约概括成系统Ⅰ和系统Ⅱ。在感知、储存和处理信息方面这两个系统有着显著的差异，主要的特征体现在形成判断做出抉择的速度上。系统Ⅰ可以快到不加思索，凭直觉感悟或本能反射就直捣问题的答案，迅捷做出反应，采取行动，所用的方法是启发式（heuristic）和试错式（trial and error）的；系统Ⅱ则慢得多，倚仗的是理性分析，有板有眼地一步步推导出结论，使用的是逻辑解析的系统方法。

有鉴于这个关键差别，我们不妨直接就把它们称作“快系统”和“慢系统”；也有人更加形象地称它们为“热系统”和“冷系统”。卡尼曼认为，系统Ⅱ的启动和运作之所以慢，因为它要消耗的能量大，系统的惯性也大，不如系统Ⅰ来得轻便快捷。在生存进化过程中，人需要节省能量而且怕麻烦费神，也就“生性疏懒”，导致了面对日常的种种选择，总是倾向于用短平快的模式来反应，做决定时往往依赖俗话里所谓的“拇指法则”（rule of thumb，大致上是“拍脑袋”的意思），而尽可能少动用系统Ⅱ，这是导致行为偏差（不尽理性）的一个主要原因。

过去几个世纪里，人类执着努力于科技和管理的探索，主要的成果积累在理性的逻辑推导，因此系统Ⅱ的思维过程的开发已相当精致，堪称卓越，但对系统Ⅰ的感知和选择过程的了解却依旧茫然。直到二三十年前，学界占统治地位的见解还是极为肤浅，以为人的偏好和取舍多半是在意识层面上进行的，潜意识层面的认知活动即使有的话，影响也微不足道，可以忽略。近年来的前沿探索，包括神经元生理学、行为心理学、演化认知科学以及人类考古等多个领域的发现，正在证伪这样的浅见。进而认识到许多信息的感知、保存、取舍，实质上是在下意识或无意识的层面上进行的，对人的选择决策有着重要乃至决定性的影响，尽管其过程是隐伏的，难以为人所辨识。迄今为止，人们对快思过程的具体机理和步骤过程的领悟可以说尚在初级阶段。

至于这些进展与个人的决策品质有什么关系，让我们引用几个小问题的测试，要求很快（譬如说在一分钟内）回答，来判断自己究竟属于"任脉型"（情感直觉，或说系统Ⅰ的快思型）还是偏重于"督脉型"（理智推理，或说系统Ⅱ的慢想型）。

小问题1：你花了11元买了一副乒乓球拍和球，球拍比球贵10元，那么球值几块钱？

小问题2：一片浮萍飘落在一个池塘，每天会滋生一倍。覆盖满整个池塘得24天，那么浮萍盖满半个池塘得花几天时间？

小问题3：5部机器要用5分钟生产出5个零件，那么100部机器要花几分钟生产出100个零件？

这些问题是从所谓CRT（Cognitive Reflective Test，认知反思测验）里选取出来的，曾在美国大学生中间多次测试，统计结果很令人惊讶。举例来说，麻省理工学院（MIT）的学生里三题全答对的才48%；而耶鲁的学生中全答对的就更低了，只有26%。显然，麻省理工学院的学生较多偏向于系统Ⅱ的"督脉型"。然而，我们能说"任脉型"的耶鲁毕业生的成功率就更低吗？或者用俗世的狭隘角度来测评，耶鲁毕业生在市场上攒的钱难道就比麻省理工学院的毕业生会更少些吗？

很有可能，你三题全答对了。我相信，屡经考场的中国学生在这方面的能耐会更高一筹。可是他们在市场上、在情场里表现又是如何呢？

记得多年前我和教育部的一位老司长有过交流。我说我们的学生考分纵然不错，但是他们的艰辛训练难道就具备了现世博弈的竞争力？既然高考制度很难改革，我的建议是，是不是可以在高考中添若干门加分题目，多混入几个已知条件，而且答案并不漂亮，起码不是整数解，考生能否有信心自己的答案是正确的？毕竟，你所面对的现实生活，没人会给你指出什么是已知条件，哪些是冗余条件，哪些信息是相关的，哪些数据是准确的，而且答案也多半是混沌的。在人世的博弈竞赛中，有能力在诸多噪声里分辨和筛选出有价值的信息和联系，本来就是人类最有价值的洞察力和创造力。

话说回来，我虽然不敢肯定“督脉型”的人一定会替“任脉型”的人打工，不过我敢说，不论“督脉型”还是“任脉型”的人，多半会替贯通了任督二脉的人打工。

逻辑悖论

上文提出的认知反思测验（CRT）的三个小问题，浅显而饶有趣味；这里再提出一个问题来相互对照，这是行为科学里一个著名的吊诡，世称“埃尔斯伯格难题”（Ellsberg's Paradox）。

在美国埃尔斯伯格曾名噪一时，最近推出的好莱坞大片《华盛顿邮报》（*The Post*）演的就是那一段故事，由著名影星斯特里普和汉克斯主演，获得了奥斯卡的多项提名。背后的主角其实是这位埃尔斯伯格，他在兰德公司参与替五角大楼出谋划策越战研究项目，他擅自将秘密文档给捅了出来，让华盛顿邮报把“（五角大楼）越战文件”公诸于世。埃尔斯伯格可算是斯诺登1.0，因此他遭到联邦政府的起诉并定了罪，旋而又被赦免。然而时过却不境迁，埃氏效应的后续发酵，故而有了斯诺登之类的种种事件在美国不断上演。

埃氏可不是小混混一个，他在学术界也留下了赫赫声名，其主要贡献就是这个“埃尔斯伯格难题”。埃氏难题的表述很简单：一个罐子里混有三种颜色的90个球，其中红色球有30个，黄球和黑球共60个，但比例不明，让你抓取一个球，猜对颜色有奖。

你在如下的两个博弈（各有两个选项）里将作何选择？

博弈1：猜一种颜色，若你抽出的球是该色，则中奖100元。

A. 你猜红色；

B. 你猜黄色或者黑色。

博弈 2：让你猜两种颜色，猜对了中奖 100 元。

C. 你猜红色+黄色或黑色之一；

D. 你猜黄色+黑色。

无数次测试的结果是这样的：在博弈 1 里，人们多半选取 A，即选红色；而在博弈 2 里，人们多半选取 D，即猜黄色+黑色。

对这样的结果你会感到奇怪吗？不奇怪。因为它代表了我们大多数常人的常情常理。若不是充分调动了你的"督脉"系统，也就是卡尼曼的系统Ⅱ，进行理性逻辑思考的话，你很难觉察到这其实是个陷阱。

埃氏难题所揭示出这个陷阱的实质，恰恰在于在逻辑上，多数人的选择是自相矛盾的。和 CRT 的三个小问题不一样，几十年来学者们煞费苦心，包括用"量子经济学"等艰深的算法，依然难以证明人类的认知能力总能达到逻辑自洽的高度。回答三个小问题，常人只要慢想一点，也就是耐烦启动系统Ⅱ来做分析，就可以跳出陷阱而得到正确的答案，对于埃氏难题人们却做不到这点。为什么呢？

在博弈 1，猜红色（A）的中奖概率是 30/90，而猜黄色或黑色（B）的中奖概率则是 1/60 到 59/60 之间。我们更偏好稳妥，也就是说常人多是风险厌恶型，这符合常情。

对于博弈 2，猜黄色+黑色（D），中奖概率是 60/90；而猜（C），即红色+黄色或红色+黑色，中奖概率则为 31/90 至 89/90。偏好（D）而不是（C），似乎也是避险型的稳妥选择，对吗？不全正确，为什么呢？

从博弈 1 的选择，你偏好 A 胜过 B，表明你偏爱红色超过了黄色或黑色。然而从博弈 2 你选择 D 而不是 C，却表明了你偏好黄色或黑色胜过红色。换句话说，你对三种颜色的偏好排序发生了逆转。也就是说，你的偏好没有能够做到始终一贯。何以至此？

各类聪明人对这个吊诡费心思量，却提不出解释来自圆其说。埃尔斯伯格的测试之所以成为著名的难题，是它揭示出冰山的一个小小尖角，引起了人们关注：逻辑上的自洽一致究竟是不是人类思维和选择行为的一个本质属性？从而引导出人文社会学科一系列新的研究方向。经济学的分析对此也是难以回避的。

经济学研究范式的传统解释，核心前提在于对人类理性的假定。前文已经多次提到过了，理性假定的基本要求是人在做选择时，其偏好必须保持一致不变，且不说人是否有能力做到“完全理性”。我们谈到了前景理论、心理账户、禀赋效应、终极博弈，等等，对现实生活中人的行为考察，指明了人的理性是难以达到偏好次序始终一致这样的高度的。对于几乎任何凡人的偏好，输和赢不同、短期和长期不同、自己和他人不同、常态和小概率极高风险的“黑天鹅事件”不同，人归属在哪个社团也是不同的…… 总之，你对利益和风险的感知在不同的情状之下是不一样的。作为自利追求的人，当其感知的利益和风险与逻辑自洽的要求不一致的时候，又有什么理由要求或者期待他（她）的偏好能够一以贯之呢？

其实，即使没有埃氏吊诡的提示，我们也能轻易找到“人做不到全然理性”的实际案例。例如，在林林总总的庞氏老鼠会骗局里，人们发现受害的往往是最无能力也最没意愿承担投资风险的人，不少老人却连“棺材板钱”都赔了进去。难道他们是“贪婪成性”的人吗？要知道这些老人平素节俭计较，谨慎有加，连借给亲朋的几百块钱都会犹豫是否安全呢。人为什么会从风险厌恶型一跃剧变成风险偏好型呢？行为经济学的实践告诉我们，除了个别例外，大多数人既不是严格的风险厌恶，亦非严格的风险偏好。随着生活境遇的变化，常人总在两个极端之间徘徊，时不时趋向某一极端，并时不时逆转回摆。

常人通常处于充满着不确定性的灰色地带（fuzzy zone），拿主意做决定时所依赖的，不是数理逻辑，而是生存逻辑——以适应为上（adaptiveness）。人们既没有需要也没有义务来遵守纯粹的数理逻辑所限定的要求，把自己限制在某个类型，从一而终地嫁给“风险厌恶型”或是嫁给“风险偏好型”，一概归类为“利己型”或者“利他型”。难道他们就因此成了“非理性的”人吗！

法国寓言里的那头“卜吕丹驴子”，因为拿不定主意先吃哪一堆草，到头来饿死了。我想常人是不会这么干的。“卜吕丹驴子”的吊诡之处，不在于吃不准哪堆草最优——谁又能百分百地吃得准呢？蠢驴之所以蠢，乃在于它是一头“理性的”驴，一旦做了选择就得信守到底。不管先吃哪堆草，都需要有随时调整——回过头来改吃另外一堆——的可能。难道说，吃了这堆草就必须吃到底吗？谁又做得到像彻底理性的经济人那样，绝不能“出尔反尔”，宁肯坚守逻辑的贞节，以至饿毙而至死不悔呢？

向维特根斯坦取经

在质疑理性这个基础性假设前提的讨论之前，让我们来回顾一下维特根斯坦的思考。维氏是个不世出的智者，他被列为20世纪首屈一指的大哲学家，理由是非常深刻的。我们前面有提到过，贯通了任督二脉，对决策问题产生整体性的把握，从而形成“综观”。“综观”这个概念就是来自维氏，是他创造的一个核心理念。原词在德文是Ubersehen，英语译作surveyability，简单地说是an overview，在中文里是“概览”的意思。

考虑到维氏生前只出版了薄薄的一本《逻辑哲学论》（75页长），他死后问世的《哲学研究》篇幅也很有限，由他的及门弟子整理后出版的，人们也许会惊讶，维特根斯坦的划时代成果到底表现在哪里呢？

维氏的洞察力尤其反映在他的《哲学研究》里，在哲学领域有着颠覆性的推动。基于对日常语言的考察而来的深邃探索，他辨析逻辑到底是什么，以及逻辑的用处是在哪里。将维氏的研究与经济学里理性人行为的讨论并列起来，人们不难发觉，两者是高度契合的。如果把维氏对逻辑的见解同经济学对理性的观点相互参照，作平行的讨论，我认为，对理解和剖析经济行为的理性假设这个极其复杂的问题，将大有裨益。

维氏的《哲学研究》积其二十多年的功力，在1945年他计划出版之前的书序里，维氏谦卑地希望这本书“竟有幸为二三子的心智投下一道光亮，也并非不可能”，显然他深知自己所处理的问题之庞大，探索之艰难。惟其生性孤傲，直到1951年谢世时维氏还是没让该书出版。1953年他的两位弟子整理了书稿（两万多页），增添了第二部分，才出了该书的德文本。

正如从德文本移译成中文的陈嘉映教授在译者后记里所说，“此书用语极平实，其思想和表述则极为精细”，维氏的精义确实很难读得懂。我有一本《哲学研究》的英文德文对照本，几乎没有读懂过。幸亏嘉映兄2016年底再版了他的中译修订本，重读之下我才略有所悟。

我因而思索，若将维氏对哲学问题困扰的破解同经济学问题困扰的解析并列起来，把哲学里的逻辑同经济学里的理性相对照，把逻辑的纯净同理性的完备相对照，将维氏的“语言游戏”和经济学的“市场博弈”相对照，概念的精确界定同选择的模糊条件相对照，知识精英的思辨同俗世大众的日常使用相对照……联系起来相互参照，当能有力地推进经济学诠释的范式转换。

下面不揣粗陋，我从陈译中文本里摘引一二，来展示维氏的思想对经济学范式的转换会产生怎样的启示。

“综观式的表现方式居间促成理解，而理解恰恰在于，我们‘看到联系’。从而，发现或发明中间环节是极为重要的。”（第Ⅰ部分第122节，简写为Ⅰ-122）

“为了使我们的主张不致流于武断或空洞，我们就得把范本作为它所是的东西，作为参照物——就像作为一把尺子——摆在那里；只有这样做，而不是把范本当作现实必须与之相应的成见。”（Ⅰ-131）

“我们有一种幻觉，好像我们的探索中特殊的、深刻的、对我们而言具有本质性的东西，在于试图抓住语言的无可与之相比的本质。那也就是句子、语词、推理、真理、经验等等概念之间的秩序。这种秩序是——可以说——超级概念之间的超级秩序。其实，只要‘语言’、‘经验’、‘世界’这些词有用，它们的用处一定像‘桌子’、‘灯’、‘门’这些词一样

卑微。”（I–97）

“只有把我们的整个考察扭转过来才能消除这晶体般纯粹的先入之见。可以说，必须把考察旋转过来，然而要以我们的真实需要为轴心。”（I–108）

笔者按：经济学目前的范式的基石是理性人假设，理应扭转过来，按照人的日常需要为前提来重新构筑经济分析。维氏对逻辑的批判不妨拿来比照对理性经济人的批评：

“在我们的思想里，理想稳如磐石。你无法摆脱理想；也根本没有理想之外，外边没有氧气，你终必返回理想。”（I–103）

“好像我们的逻辑是为真空而设的逻辑——其实，不能像说自然科学处理一种自然现象那样来说逻辑处理语言——以及思想，最多可以说，我们构筑种种理想语言。”（I–81）

“但是愈细致地考查实际语言，它同我们的要求之间的冲突就愈尖锐。（逻辑的水晶般的纯粹原不是我得出的结果；而是对我的要求。）这种冲突变得不可容忍；这个要求面临落空的危险。——我们踏上了光滑的冰面，没有摩擦，因此在某种意义上条件是理想的，但我们也正因此无法前行。我们要前行，所以我们需要摩擦。回到粗糙的地面上来吧！”（I–107）

笔者按：不要以理性作为超级概念来建造空洞理想中的超级秩序，而要回归到常人在日常生活的粗糙应用来更新经济诠释的构筑。怎样构筑呢，请看维氏的一些对话：

“我们不是也有‘边玩边制定规则’这样的情况吗？而且也有我们边玩边修改规则的情况。”（I–83）

“我要对语言（词、句等等）有所说，我就必须说日常语言。”（I–120）

“哲学不可用任何方式干涉语言的实际用法，因而它最终只能描述语言的用法。”（I–124）

“因为你睁着眼睛看，看不到所有这些活动有什么共同之处，但你会看到相似之处，亲缘关系，看到一整系列这样的东西。像上面说的，不要想，而要看！…… 这种考察的结果是这样的，我们看到了相似之处盘根错节的复杂网络——粗略精微的各种相似。”（I–66）

“但模糊的概念竟是个概念吗？——一张不清晰的照片竟是某人的照片吗？用一张清晰的照片代替一张模糊的照片总会更好些吗？那张不清晰的照片不正经常是我们需要的吗？”（I–71）

“我用到一个我不知其含义的词，就该说我在胡说吗？——随你怎么说，只要它不妨碍你看到的事情是怎么回事。”（I–79）

（譬如，路标是否有用，是一个经验命题，而不是一个哲学命题。）“如果一个路标在正常的情况下能起到它的作用，它就是合适的。”（I–87）

“于是关键就在于我们称为‘目的’的东西。我说出太阳离我们的距离没有准确到一米，或告诉木匠桌子的宽度没有准确到千分之一毫米，那是不精确吗？”（I–88）

“我们想在关于语言使用的知识中建立一种秩序；为了某种特定目的的秩序；许多可能秩序中的一种；而不是唯一的秩序。”（I–132）

笔者按：行为经济学正在致力做的，得益于生物学、演化心理学、大脑神经及其他认知科学的前沿进展的验证。

说维特根斯坦是个不世出的英才，乃因作为创造性的个人，他是历史上极少数的“二次成功应战”的人物（汤因比语），并且不只是有两度重大的创见发现，而是对自己原有创造的否定，从而臻于更高的境界。维氏的《逻辑哲学论》广受赞誉，被维也纳学派乃至全世界学界崇奉追随，然而他却踯躅前行，锲而不舍地自我颠覆，从而成就了更伟大的功业。

那么维氏的自我否定，伟大之处在哪里呢？笔者以为，他从考察语言的日常使用出发，质疑了形式逻辑的基本法则。譬如说同一律，形式逻辑的首要法则——“A”是“A”，和排中律——“A”不能同时为“非A”。从上文的摘引中我们看到了他的挑战。维氏质问道，我们怎么能够准确界定“A”之为“A”，准确的界线在哪里呢？没有，无人有此能耐划定这条界线。但是，当我们说“A”而没有“A”的准确界定，难道就等于在胡说吗？

推而论之，世界万物万象的划定，要么“A”要么“非A”，之间有无可能存在矛盾并立，既是“A”又是“非A”的状态呢？维特根斯坦认定，对日常应用的考察，我们看不到所有这些活动有什么本质的共性，而是看到了它们的相似之处——盘根错节的“亲缘关系”的复杂网络。事物及概念的联系是彼此的“亲缘相似性”（family-resemblance、affinity，是维氏塑造的一个重要概念）。可以说，他的质疑已经含蕴了辩证逻辑的精义。

沿用到经济学的理论模型，何为“理性”？做不到（完全）理性（一种褒扬）难道就成了“非理性”（一种贬斥）的吗？凡人不是常处混沌状态吗？有时候理性，有些事不理性，多半是处在“理性”+“不理性”的混沌之中，处在“无所谓理性”（a-rational）的状态。换言之，理性与否并不能很好地界定人的实际行为。好比你有一些朋友，另有若干敌人，但世上绝大多数人对你来说既非朋友也不是敌人，他们通常是常人，尽管有可能向某个极端变化。

故而，在把经济理性人断定为始终一贯地追逐“自利”之前，我们的确有必要追问，何为“自己”、何为“他人”、何为“利益”？而“自己的利益”是否都可以用钱币来衡量及折算？等等，然后比较哪些行为是因了“自利追逐”而能奏效——包括“有效果”和“有效率”，然后才能权衡什么样的选择是最优的，而不是“理应是”最优的。

经济学范式转换的核心

以上的讨论绕了一大圈，恐怕已叨扰了读者，尽管这类讨论本身是富有意思的，让我们还是回到经济分析的范式变化上来。有人或许会疑问说，维特根斯坦是卓越的思想家，但他是否超前人类的认知过了头？难道说学界就没有质疑经济分析的范式的强烈呼声吗？倒也不尽然。

1985 年 10 月就有过一场在芝加哥大学举行的大辩论。服膺理性主义的和探索行为主义的两大派别各有重量级学者参加。行为经济学团队由 H. 西蒙和 K. 阿罗领衔，主要成员还有 R. 席勒、D. 卡尼曼、R. 塞勒等人，理性主义团队则由 R. 卢卡斯、M. 米勒带队，助阵的包括 E. 法玛等多名大牌人物。参与者当中诺贝尔经济学奖得主就有七八位，日后获得诺奖的又有六七名。塞勒教授把这场双方正式拉开架势的辩论盛会叫成“听证会”，高手过招十分精彩，然而却鲜为人知。当年我念博士学位时，就完全不知道有这回事；多年来我还问过不少同仁，包括当时在芝大读经济学博士学位的几个中国留学生，他们也都没听说过。

塞勒回顾了这场辩论会，他认为会议最鞭辟入里的见解当属阿罗的发言。阿罗引经据典地论证，经济分析的理论和模型实在没有必要以“经济人都是理性的”为其前提条件。这样的假设前提既不是推导合理的结论的必需条件，更不是它的充分条件，由此并不能推导出经济行为的合理预测，无论对市场变化趋势还是对个人消费选择，其实都无必要。完全理性的人在现实生活中相当罕见，经济学家自己的选择行为就往往不符合这个条件。但令人奇怪的，是经济学者硬要把很高的“科学性”赋予常人。学者费了老大的劲才能求证出来的经济难题的“最优”解决方案，却要求常人轻而易举就能实践在各自的生活选择里。阿罗得出结论说，人们不必是“经济人”，更不可能是一模一样的经济人，来做出同样的“最优决策”。假如希望经济学的理论分析对实践生活还能有所指引的话，认识到理性的限度是很重要的。

那两天的论战，高手过招精彩纷呈，但是阵营壁垒，各执一词，有交锋但少交融，可见当年谈经济学研究范式的转型，时机还远未成熟。

作为行为经济学一方的主将，塞勒在评论总结时用了一个机巧的提法，或许是出于缓解争吵不可开交的权宜考虑吧，问听众有没有人会同意：①理性模型是无用的？②一切行为都是理性的？自然没人表示同意。既然如此，塞勒诙谐地说，我们又何必浪费时间在这些基本的“伪问题”上纠缠呢？

总之，沿着两个方向——①经济分析可以不用理性假定为其必要条件；②人类行为做不到完全理性，以及个人认知时常达不到“理性的高度”——展开的探索，对于经济学乃至社会人文学科的理念、宗旨，特别是方法论的日后变革，产生了深远的影响。

塞勒在他人的合作资助下，举办了行为经济学的夏令营，利用暑期对来自全球的优秀研究生进行强化培训，起初的费用预算每期仅十万美元而已。夏令营共办了十期（1994~2014 年），成效非常丰硕，不但发表了许多优秀的研究成果，其中不少杰出的论文还成了社会学科的里程碑，而且有众多学生进入到研究前沿，执教于遍布全球的顶尖学府和政府机构，各领风骚。塞勒获得诺贝尔奖，和他的门徒成了气候应该不无关系，我想，日后行为主义的学者得奖会更加频繁。

塞勒也间接地回答了一位名教授的疑问。那位教授谈到自己的顾虑，问塞勒道：要是你们的理论站住了脚，我还怎么教学生呢？塞勒最初指导自己的博士生以行为经济学为论文题目时，就受到过同事们同样的警告，认为他这是在误人子弟，毕业后找不到饭碗。在研究范式转变之前，这的确是一个严重的顾虑。就业市场的理性选择会阻碍求变、创新和突破。就此意义我们也许可以说，从文明进展的视角，理性行为往往不是人类最优的选择。

至于如何才能“贯通任督二脉”，让我们来回看一下 2002 年获得经济学诺奖的两个学者，是怎样大异其趣的。V. 史密斯试图用实验方法来证明常人的行为符合理性经济人的假设（仅靠督脉足矣）；而 D. 卡尼曼则揭示出常人的实际行为选择，偏离理性的要求往往甚远（任脉很强悍）。不过，卡尼曼对人是否能够克服“动物精神”，完全理性地约束自己的行为，却抱着相当悲观的态度，他认为人很难企及全然理性的高度。这不禁使我想起弗洛伊德曾经说过的话：在日常琐事上你尽可依凭直觉和习惯（任脉）来行事；在出入重要的事情上你得退一步，靠理性来盘算（督脉）。不过到了做至关重要的大决定的时刻，你还必须听从自己内心的指引（二脉贯通）。这里插一句，弗洛伊德的这个洞察，对于在股市博弈的股民们是特别地管用。

塞勒在《“错误”的行为》的前言里讲了书的两层意思：最能对人的行为产生影响的是生动的故事；生性懒散是他自己有所成就的最大优点。该书充满了生动的故事。大家不妨回想一下，自己做选择的时候，跃入脑际的还不就是些寓言、格言、前人的掌故及其教训吗。正是那些鲜活的小案例而非理论模型在“规范着”我们的决定。

也许你会纳闷，塞勒的第二层意思，“懒散”怎么会是个优点呢？我想，读完书后你自然容易明白塞勒的理由，和古人的见解是异曲同工的：“知止而后有定，定而后能静，静而后能安，安而后能虑，虑而后能得。”那么，这里所说的“止”和“定”指的又是什么呢？塞勒认为，正因为自己秉性疏懒，所以能够超脱喧嚣流俗和从众躁动，进而看透种种非理性的“失常行为”其实乃现实中人之常态。

H. 西蒙教授对此也有深邃的洞察，他指出，在数据时代人们苦于短缺的，不是信息量而是人脑的关注力十分有限。不是吗？理性之有限度，说到底，根子难道不就是进化而来的人的大脑，在感知、理解、存储和处理信息方面的能力是相当局限的。而善用关注力这个最紧俏的资源之道，不让纷至沓来的噪声把自己裹卷而去，是别忘记时不时地按下计算机网络或智能手机的“Off-button”，暂停外界的信息骚扰，“免打扰”地回归到自己。

空闲下心来，细读几本有真正价值的书，或许是信息时代最有价值的个人“投资”。当你有了自己思考分析框架的精神支柱，才能很好地跑完人生，甚至跑赢市场。

第三章 认知偏误和市场行为

智力不仅在于推理的能力，更重要的是从记忆里取用相关的资料并给予足够关注的能力。

—— D. 卡尼曼

市场的不对称博弈

希望自己的孩子有怎样的天赋素质，是我们人生的一大期待。聪明、健壮、活泼、漂亮、高情商、有毅力、会赚钱？

认知心理和行为科学近年来的一些突破，都指向了影响一个人的成就——对自己生活的幸福感受和对他人及环境的积极影响——的最显著的因素，是他（她）的乐观态度。有了乐观的人生态度，一个人总能善用其智慧，增强其免疫力，与别人更好互动，捕捉更多机会，从容应对挫折，积极扭转劣势，显出自己亮丽的一面，同时感染与增强众人的信心。

背景和机运尽管不同，禀赋和条件也差别各异，个人要能超常发挥，对人生的乐观态度总是必不可少的。也就是说，对自己的期许要超出“实际状态”，以及旁人对自己的评价——乐观者永远需要高估自己，而不能仅仅安于“实事求是”。事实上，现代行为科学和脑神经认知学找到许多的证据，个人的乐观心态大部分是与生俱来的。

因此，父母若只能满足一个心愿的话，那就请老天赋予你的小宝贝一个乐观的天性吧，它比其他的禀赋都更重要。乐观的人固然容易成功——不乐观的话无以燃炽信心、走出逆境，不足以持之以恒、展望成功。创业家和探索者几乎没有不是乐观的人。当然，反过来看，过于乐观的人无视现实太过的话，失败的比例也要高出平均。

以此出发，我们来解释博弈处于不对称的状况，乃是人生的常态。而在市场上的竞争，斗智较力趋利而动，博弈的不对称，得不到折冲平衡反而被加剧，也是很自然的结果。其中的一个核心现象是 ，人对己和对人，对得和对失，自己和他人态度都是不对称的。因此人们过于自负和进取的态度，也常常反映在他们自以为更公正、更正确、更准确，预测上更有把握，解决问题上更能胜算，诸如此类。

本章的论述里，我将不断提示这个主题，通过提出日常生活和经营中教人挠头的问题，收集读者的观感和反馈，促使互动思索，诠释其底层的动因和逻辑，从而帮助大家摆脱不对称的市场博弈中所处的劣势处境。同时帮助大家增加一些了解，要是你所处的劣势一时不容易得到扭转的话。或者提醒大家多一些包容（在懂得后获得的乐观），要是发觉劣势几乎是个定势，自己改变的希望很渺茫的话。

先提出一个问题，想来城市居民都可能遇到过。深圳某个星期五傍晚的下班时分，突降暴雨，平时出租车难打的情况变得令人绝望。在这类情况下你认为，允许出租车司机和乘客议价，提高计费标准是公平的吗？

我估计，大家对此的反馈大抵是负面的，认为在高峰期间出租车抬高费率是不公平的。我们很少有从司机的角度来看待问题的，除此因素之外，主要是因为大家心中还有杆“公平”的秤，不认同趁需求紧迫之机来提价的做法。

再举一例。你乘坐地铁后出站，忽然发觉外面在下大雨而你却没带伞，站门口摆摊的乘机兜售折叠伞，平时一把 15 元，这时奇货可居竟卖到了 30 元。尽管与被雨淋湿或在站内干等相比，多花 15 元买把急需的伞并不算什么，但你会觉得被人敲了竹杠，心里老大不高兴。

市场上“趁火打劫”的行径往往要厉害得多。例如，2004 年美国佛罗里达州遭飓风横扫，留下一片狼藉。有些商人乘机抬价：输电故障之后小柴油发电机变得很抢手，平时 250 美元一台顿时涨到了 2000 美元；40 美元一晚的小旅社此时则叫价 160 美元；大树倒下压在屋顶上，不搬走的话人住在屋里太危险了，可请人挪走，工人要价竟然超过了 1 万美元！

天然灾变之类的突发事件引起供需的剧烈失衡，把由此带来的价格急增指责为“不公平”，往往不是从满足需求的成本高低应该如何的角度来考量，更多的批评是供应方不该“趁火打劫”。“运气”无论好坏，都不是供应方的“贡献”，单方面牟利因此很不上道。

有个案例很能说明问题，大家或许听说过，NBA 的华裔控球后卫林书豪一飞冲天的惊人表现，极生动地说明了人们是怎样来应对运气的，而领悟和理解背后的统计规律又多困难。

林书豪的事迹是这样的：他在加入纽约队之前被金州勇士队和火箭队两度刷下，即使到了纽约队也随时准备卷铺盖，为此不敢在纽约城买房甚至不敢签约租房，而他的年薪（76 万美元）仅及队里大牌球员的 24 分之一。由于球员伤病和请假，纽约队不得已才让林书豪上场试试，万没想到他在开头的四场比赛表现就很惊人（场均 27 分、8 次助攻），这在 NBA 历史上可从来没有过。纽约队的教头欣喜异常，连称中了超级乐透奖；魔术强生是最出色的控卫，看了林书豪的第二场球后就断定他能胜任先发队员，绝非一时的“发飙”，前途无量；而科比也在湖人队输给纽约队后重申，林的技巧和能力早已就绪，只是以前被人偏忽了而已。判断赛场的态势和把握分球调度等方面，林书豪的确高人一筹，虽然个人的球艺爆发力略逊，但是他的智慧足以弥补，这在我这样的球迷是显而易见的。一个困惑是，林书豪十足的潜力为什么未能早被发掘呢？

职业体育赛事可能是规则最为公允、简洁和透明的商业活动，受到输赢约束的压力最直接，因此最讲效率，也最早打破各类歧视。金州勇士队、火箭队以及所有的行家们为他们的失算而大感懊恼，不过发掘球员才华所要的眼力判断确实也极不容易。林书豪被安上了刻板的印象：亚裔，从来没拿到过体育奖学金，哈佛经济系毕业。要知道哈佛大学为美国贡献了五个总统，却只产出过四个 NBA 球员，在林书豪前面的第三个还是

1954 年的事呢。

林书豪的崛起是个超小概率事件，那么统计分析能发掘这样的“黑天鹅”吗？是有可能的。好莱坞的大片《点球成金》就描述了这样的真实故事。奥克兰运动家棒球队的总经理 B. Beane（皮特主演）依据他的助手耶鲁毕业的统计分析师的数据和建议，用非常低的薪资聘用被冷落但富有潜质的球员，筹建出一支超级强队，取得辉煌的战绩。故事告诉我们，统计工具若能应用得当，同去除成见后的洞察力结合起来的话，是很有可能迎来创新性大突破的。

《点球成金》的源头是极畅销的小说《魔球》（Michael Lewis 著，有中译本），也值得一读，尤其是书的第三章“发悟”，道出如何去发现端倪和洞察机遇。书中揭示出的真髓，大可以应用到我们的投资决策上，从而捕捉被低估的企业、证券，被误判的市场趋势，以及如何避免被过热的表象所蒙蔽误导。为此，我们再编造一个出租车的案例来帮助启发大家，增进这个方向上的思考。

上海某个下雨的夜晚，一辆出租车撞倒了路人却急速逃离。据当时现场二十几米外的一位行人作证，他似乎看到肇事车辆的标志是“强生”出租车。法庭受理这个案件展开调查时，强生公司提出下列事实：它虽是上海最大的出租车单位，但在全市出租车里只占了 5%的份额。同时有专家作证说，科学测定人们在这种状况下辨认出租车标志，准确率在 70%左右。你认为，那部肇事出租车果真是强生公司的可能性有多少呢，超过了 50%还是低于 50%？进一步，请计算一下，可能性的百分比到底该有多大？

他们的话究竟可靠吗？

在上文提出的雨夜交通事故案例中，问卷调查表明，认为肇事逃逸的出租车是强生公司的回答，远超过一半（77%）；而相信肇事者为强生出租车的可能性超过了50%，经过计算，其闯祸的概率具体为53%。同我们长期以来对证券市场是否有严重偏差的观感是一致的。然而，根据统计分析，准确的回答应当是，强生车肇事的概率应该是不超过11%（10.94%），远远低于50%。

我提出这个问题，当然不只是一种智力游戏，而是要指明，这种认知偏差和人们在不确定情况下究竟如何选择，特别是在风险情况中如何做证券投资决策，是直接相关的。在介绍正确的分析方法之前，我们先来看看这方面的探讨背后的一些义理。

明智的决策之所以困难，在于：①这些决策本身是复杂的，不得不在多个往往相互冲突的目标和价值中进行取舍；②这些目标所处的环境是复杂的，它们所能带来的利益和决策者追求它们所冒的风险常常不能测算或估算准确，不但初始信息就不充分，而且过程中本来以为相对固定的条件会变动得很“离谱”；③决策者自身的局限，这层因素的关键意义越来越被认知科学认识到了。

认清自己历来是最难的事，老子、佛家、苏格拉底……，从古至今都是如是教诲世人的。不过，得益于近年来工具设备和实验手段的突破，剖析人脑内部活动的机制和功能，以及它们是怎样来支配人的想法和活动的，都有了深入进展。人们愈益认识到，人脑把握及参悟世界的确有其特有的能力，不过其局限也是系统性和固有的。这些约束加上自然、传统、文化、教育等的条件约束，结果构成的人类的决策框架，是不可能随意塑造或改造的，不论以何种名目。

这就突出了本章意图讨论的重点：多目标的追求、风险和不确定状况、人脑感知世界的有限能力，及其驱动下的实际行为，是如何与市场展开互动的。在市场之外或市场之上，这些因素又是如何影响甚至反制市场的"理性"选择的。换言之，正如本章题目所提示的那样，在市场里博弈从来就不是对称的，其不对称的状况不全是由理性的不充分、信息的不齐备、机构的过度干预和政府对自由的限制约束等所引起的。

回到认定肇事出租车问题的解析，作证的路人看准了那部出租车确为强生公司的可能性虽然高达 70%，我们还得知道他看错的概率毕竟也有 30%。在识别某一辆出租车时，证人看对还是看错的可能性的比率是 7∶3，即有 2.33 倍之差。同时请注意，强生出租车只占上海出租车总量的 5%，证人看到任何一辆出租车，非强生车几乎是强生车的 20 倍（95%∶5%）。因此，证人认为肇事车辆真是强生车的百分比，实际上不过（5×7）/(5×7+3×95) = 10.93% 而已。

这个问题的解析，统计上称为"贝叶斯分析"，应用的范围相当广泛。比如，分析医生对疑难病症的诊断检验到底是否可靠，或者股评人和证券市场分析报告的可信程度究竟有多少，都可以用"贝叶斯分析"来判别，从而扭转你我的误信，纠正大众的盲从。

举行情分析为例，要是一个分析师向你吹嘘他能够打败市场，"证据"是在过去一年里，他推荐的 20 只股票，实际上涨的达到了 70%，而按随机走向的理论假设，股市涨跌的概率接近于各一半。核查了该分析师的记录，你发觉果真如此，难道你就真能相信，该人比市场高明了 20%，甚至达到了 40%（即 70%-30%）吗？

让我们先来做一个试验。设想一个人拿出一副扑克牌，背花只有红黑两种颜色，他要你相信，凡是人头牌（J～A）背后都是红底。并在桌上放了四张扑克牌，朝上的一面分别为红底、黑底、Q 和 5。那么，你至少应该翻出几张牌，才能判断出他的话是不是可靠呢？在美国进行的多次实验表明，大多数的人——包括常春藤名校商学院的高才生和经验丰富的医生们——的回答，是要翻出 Q 和红底两张牌。

要回答这个看似简单的问题，让我们先来回忆一下形式逻辑的基本法则。假如有①所有的 A 都导致 B 的结果，那么②凡是非 B 就一定导致非 A 的结果也就一定成立，两者是等价的。首先，5 那张牌没必要去翻，因为这不能证明或证伪任何事，因为问题并没对数字牌（2～10）的背后是什么颜色作出任何规定；其次，假如你翻出了 Q，那么再翻出红底牌实属多余，因为红底牌的背面大可以不是人头牌；第三，只翻出 Q 牌并不足以证实那人的话是否具有可靠性。所以，你至少得翻出两张——Q 和黑底两张对的牌，才能判断他的话是否有一定程度的可靠性（即能否证伪他的话是否真）。

基于同样的思路，在检验证券分析人荐股的成效如何时，我们必须同时过问，他在牛市和熊市的预测成功率各有多少。于是，我们提出下面两个问题：

问题 A：在沪市的 2000 只股票里，某甲推荐买进 20 只。结果有 14 只果然涨了，跌的才 6 只。因为是在牛市，大盘都在涨，没被甲推荐的股票的涨跌是 60%∶40%。请问某甲的特殊贡献的可信度，在股价上扬的股票中靠他推荐而买进的百分比，实际上究竟有多高呢？

问题 B：在沪市的 2000 只股票里，某乙推荐卖出 20 只。结果有 12 只果然跌了，涨的只有 8 只。因为是在熊市，大盘趋跌，没被乙推荐的股票的涨跌是 30%∶70%。请问某乙的特殊贡献的可信度，即股价下跌的股票中因他推荐而被卖出的百分比，实际上又有多高呢？

得翻出哪几张扑克牌才能验证那人所说的是否可靠的游戏里，我们在解释中提出了“要从正反两个方面看问题”的思路，现在用它来分析 A、B 两个问题中的“股票分析师推荐股票的可靠性究竟是多大”。

先来看分析师甲在牛市中的表现：甲推荐买入的 20 只股票（占整个股市 2000 只的 1%）中有 14 只后来确实也涨了（70%），命中率是 7∶3，赢是输的 2.33 倍，似乎挺灵的。

但是，你考虑到大市涨跌的比例也到了 6∶4，涨是跌的 1.5 倍。在所有涨了的股票（1200 只）里只有 1.16%（14/1200）是甲推荐的，还有 98.84%是他不曾推荐过的。他推荐但结果没涨的股票（6 只）在整个股市未涨的 800 只股票中则占了 0.75%，两者相除（1.16%/0.75%），应该是 1.55 倍。

再来看看乙在熊市的业绩又是如何：乙推荐卖出的 20 只股票（也占整个股市的 1%）中有 12 只后来确实跌了（60%），但考虑到熊市跌和涨的比例是 7∶3，在所有跌了的股票（1400 只）里由他推荐而卖出的只占了 0.86%（12/1400），成功率比他所推荐的百分比反而低了 14%。而他推荐卖出然而没有跌的股票在大市里未跌的股票中所占的比例则是 1.33%（8/600），两者相除（0.86%/1.33%），为 0.65 倍。由于乙的推荐，事实上你反而多亏了 35%。

所以结论是，假如甲和乙是同一个分析师，那么他虽然在牛市里表现超出了大市，不过比印象中的 2.33 倍要低得多；而他在熊市里的表现则跑输大市，亏损的幅度超过了三分之一。

我们将继续提出的许多类似的问题，具有统计性质的，属于不确定状况下多目标的选择和决策问题。现实生活中，怎样对“机运”多些了解和控制，谋求与机运做良性互动，是大多数人终生都在挣扎的追求。华裔篮球手林书豪的传奇故事为我们提供了一个很有说服力的案例。

运动员的生涯与企业的投资项目一样是高风险的，胜出群伦的因素异常复杂，假如，假如，假如……几十个假如，有一个条件不成就没法成功。更糟糕的是，不能脱颖而出的话，恐怕没有谁会有兴趣去了解他们本来是否有成功的潜质。因此，难就难在等待成功之前，最终的成功者是从哪里来汲取他们自信心的。林书豪一再承认，他的自信来自信仰，把一切交付给神来带领，使他足以抗衡压力，不管来自场上还是场外，处在低潮还是巅峰。他坚信自己球打得是好是坏，最终的评判靠的不是收入、媒体，甚至不是观众，而是内心的踏实和自在。

比等待成功更为艰难的，恐怕还是在成名之后。成功者们又怎样保持心灵的平衡呢？十几年前暴卒的巨星迈克尔·杰克逊（50 岁），和数年前早逝的女歌星休斯顿（48 岁），都是天才横溢无出其右的人物，却都败在成功以后的自作孽，搞得一团糟，几乎“形同自杀”，似乎是受着“成功的诅咒”。

市场里企业的成功环节常在市场之外，而不只是在从钱始到钱终的内循环里打旋。球场上的选手也同样，驱策成功的能量也是从球场之外来获得的。球员和企业，从根本上讲，都“需要有一点精神”，他们之能持续成功，自有其超越和升华的一面。

如何领悟“机运”，有不少缘起于人们对小概率事件的态度。本文结束前，让我们再提出两个问题作为引导：

问题 C：许多人对体育彩票乐此不疲。一块钱一张的彩票，从投资效率的角度，请回答你认为彩票的回报率是多少（能值几分钱，1~100）？

问题 D：许多人在乘坐飞机前会买乘客飞行保险。50 元一份保单，失事后将赔偿 50 万元。平心而论，你认为这样一份保单该卖几元钱（1~100 元）才算是合情合理的呢？

风险决策的偏向

从投资回报的角度，体育彩票应该属于最差劲的投资。

以美国洛杉矶的情况来说，一元钱的投入可以期待的回报大约就三毛而已，远远低于拉斯维加斯的任何赌局，也比几乎所有高风险投资项目的平均值来得低。其算法大致是，所有投入的钱只有48%被提出来作为奖金发放，而中奖者还要付高昂的税率39%。政府之所以允准这类博彩，就因为有52%的钱能用来增加公共（主要为教育）经费。而民众尽管都讨厌交税，却“心甘情愿”买彩票来资助公益事业。他们对中奖概率有多少算不清楚，但知道中大奖就能成为巨富。在有人中奖的强烈印象下，在找一点乐子的氛围里，蜂拥购买彩票。据测算，一个人得大奖（奖金超过一亿美元）的机会，其实比他一生当中遭到两次雷击的概率还要小。

以万分之一的单次航程赔率（50元失事赔50万元）来看，航空保单就更不划算了。总结世界民航多年来运营的经验，商用飞机失事概率在150万分之一到200万分之一，即便是经验不足、机型较落伍的小公司，失事概率也在70万分之一到100万分之一。以这样的概率来计算50元的一张保单，在果真失事的倒霉情况下，扣除了运营成本及合理利润，起码得赔上1000万元才算平衡。换言之，一份赔额50万元的保单，合理的价格应当只有2.5元。现在你用信用卡购买机票的话，发卡银行往往会赠送你免费航空保险，事实上它们付给保险机构的费用则不会超过5元钱。

那问题来了，为什么许许多多人会踊跃购买彩票，在乘坐飞机前也会倾向于购买航空保险呢？在反反复复的交易之后，人们还是乐此不疲？

这里面是有其深刻的心理原因的。通常人们对风险的控制和管理是建立在数学期望值的测算上的，它构成了现代经济理论的一块基石，即效用期望（expected utility）的假设。近年来对于人脑究竟怎样认知世界的研究，对人如何决策的行为的深入发掘逐渐表明，效用期望假设——效用的权重乘以相应的概率，并不很现实。人们对微小概率事件的认知敏感度，以及对重大得失的后果判断上，有非常大的偏误，而且这类偏误是定向的、系统性的。换句话说，人们的理性能力是有其结构性的局限，不难预想到却很难纠正得了。因此，行为金融学和进化心理学的研究不但在公共政策的设计和制定方面将发挥越来越大的作用，对个人和家庭的理财决策和规划能否有效，也将扮演越来越重要的角色。

为了增加些感性认知，不妨来回顾一些大家亲身经历过的事件。譬如，2011 年日本海啸+核污染所引发的抢购碘盐事件，就不是“愚蠢”两字所可简单概括的。这类恐慌不但周而复始发生过，今后照样会屡屡发生，它们将与人类的生存同在。

个人记得 1996 年春天访问香港中文大学时，正值英国传来“疯牛病”的讯息，一时间几乎没人再敢吃牛肉。港岛的餐馆有卖牛排的，无不标榜为“阿根廷牛肉”或“新西兰牛肉”。我当时赌气，“千百万分之一的坏运气，难道还会轮到孙某？”硬是去吃了大甩卖的牛排。不过吃了以后心里不免犯嘀咕，据说疯牛病的发作可以等上十几年呢！

2003 年春天 SARS 猖獗起来，北京、广州一时风声鹤唳。看到满街的人都戴上口罩，你顿时会感到呼吸困难，怎样也潇洒不起来。尽管你不断提醒自己，就是北京这样的重灾区，变成“疑似”的机会也不到两千分之一，能有这么可怕吗？当时的反应的确相当过激，市郊的村民为了自保，频频扒开京郊的公路，企图以阻断交通来阻断瘟疫的滋蔓。而到北京出差几天飞回上海的人，也在机场被直接拉到隔离场所，隔离一周才能放人……都市的生活几乎为之停摆了。

5 月底我飞回洛杉矶参加儿子的加州大学毕业典礼，在这种氛围下竟也自愿隔离，从北京提前一周飞到洛杉矶后就租了一间公寓，在同家人见面前足不出户自动禁闭了七天。然而在洛杉矶却完全看不到有什么紧张气氛，不要求任何防范措施。正巧北大的经济研究中心和《中国青年报》联合举行论坛，研讨 SARS 对中国经济和社会的影响，我因为在美国，就以越洋电话接入的方式来参加讨论，我的发言几乎排到了最后。我当时完全不能同意前面几位的意见，断定 SARS 不过是个突发的孤立事件，短期影响正在减弱，长期影响可以说是没有。后来的进展证明正是如此。假如当时我身处北京的话，能有如此“明智的”见解吗？事实上，当时的媒体和网络开始长篇大论 1919 年的“西班牙流感”，那次流感中人口损失超过了两次世界大战的总和，死亡人数达到了 5400 万到 1 亿人。后世的估算之所以不能够准确，是因为缺少中国和东南亚的死亡数据，而中国在这次瘟疫里病亡的人数估计在 1000 万～1600 万之巨。令人惊讶的是，SARS 之前几乎没人知道中国人曾在西班牙流感里死了这么多人，当然更没人会想到，西班牙流感在 SARS 期间会突然变成一只“黑天鹅”，造成极强烈的恐惧效应。

我对人们“无法做理性反应”的成因一向很有兴趣。下面的问题是我参照行为心理学研究设计出的一个实验，供大家来揭示各自的风险心理倾向。

你参加公司的春节晚会，拿到抽奖券一张，可以有两个选择：

a：用它来换取 240 元钱；

b：用它来参加抽奖游戏，有 1/3 的机会中奖，得 900 元现金。

你选择 a 还是 b？

不知你的选择如何，反正历次实验问答中大多数人都选择了 a。这个结果同发达市场经济的民众（如美国人）类似，人们偏好 a 的比例高达 84%；同时也符合主流风险理论的结论——人们为了避免不确定状况通常会选择 a，虽然选择 b 的回报期望值更高（300>240 元）。两鸟在林不如一鸟在手，不是吗？

考察人做选择的实际行为（而非理论学说中的所谓“理性行为”），从而进一步了解个人、社群乃至国家在政策选择的过程，并判断其后果效应，是很有益处的。为此，我这里再提出一个类似的问题，请大家参与回答，以便对你自己有更深入的了解。

你在去参加春节晚会的路上，吃了一张 240 元的交通罚单。你能有如下两个选择：

c：乖乖交付 240 元的罚款；或者

d：买一张 30 元的抽奖券参加抽奖游戏，有 1/10 的机会抽中，得奖 240 元。

你的选择又是如何，是 c 还是 d？

大多数人在这种情况下会“试试手气”，选择 d。如此，数学期望值是 24 元，小于买抽奖券的支出 30 元。他（她）一变而成了“风险偏好型”？难道他们不够理性吗？

接下来让我们谈谈，为什么人们对可能事件的或然概率往往难以把握呢？

大致上有两方面的因素：①人脑“天生”就不善于处理统计现象，因为这得牵涉太多的数据和麻烦的计算，而人脑的“缓存”（套用电脑处理的概念）却是很“紧俏”的。人脑的短期“工作记忆”的局限性，决定着人脑能同时关注的事项必定十分有限。②人脑把握统计规律的能力尽管可以通过长期训练来形成和改进，但这种能力常常处于后台系统，处于被动的待机状态，要靠“前台系统”发出指令才能“被激活”。要是掌控决策过程的前台系统不调用后台的“统计分析程序”的话，宝贵的分析能力走不到前台，就没了用武之地。

蜂拥购买彩券、恐惧飞机失事、SARS和“碘盐”中的过度反应……无数的历史经历和掌故都告诉我们，得失重大而机会极小的事件，发生概率的计算无论是在分子还是在分母，人们都不容易测算得清。

再举一个例子，来谈事件发生概率的分母是怎样计量的。国航的安全飞行纪录一向很好，2002年4月首次失事前，它的无事故飞行保持了长达47年。正在国航开始在市场高调推销自己时，在韩国掉了一架飞机，百余人丧生。我有一位老友，很有学问，平时也很沉稳的，突然打电话给我说，他要改换航班才能来三亚聚会。他不但把国航的票给退了，而且觉得必须和太太分乘两个航班飞来。理由是万一两人在同一架飞机上壮烈牺牲，谁来照顾他们的婴儿小千金。

问题在于，国航飞了几十年已有千百万个安全航次，这个分子值（失事次数）会不会从0突然大变，下一个国航航班失事的机会有无可能陡增呢？据报道，那次出事原因的随机成分很高，国航加强了风险意识和相应措施之后，按理说它接踵出事的概率应该有所降低才对。事实上，群众的反应是如此强烈，2010年由国航持股的深航旗下的一架飞机坠毁，殃及国航连同整个民航产业，股价全面下跌的幅度竟超过了3%！

加强风险防范，远非“惊恐”就能生效的。比如说，那位朋友在北京上下班每天开车，都载着太太同行。他难道就没考虑到两口子在私家车里同时捐躯的可能性？因为公路驾车出事的概率远远高出飞机失事的概率，他们的小千金面临的危险性因此可能更高！

1996年我那次在香港“勇吃疯牛肉”的道理也是同样的。传闻中疯牛病的可怕经过媒体渲染激荡之下不断膨胀，可谁又注意到了，有多少人多少年来一直在吃牛肉，吃了亿万次，区区那几个病例是多年前吃了“真正有毒”的牛肉，眼下才爆发出来的。这么多年来你一直在吃从英国进口的牛肉，现在突然改吃新西兰牛肉，还来不来得及？明后年很有可能新西兰也发生疯牛病例，你再改吃阿根廷牛肉，能管用吗？以我为例，考虑到吃到英国和新西兰的疯牛肉，机会分别为一亿分之一和十亿分之一，你是否还会拒绝吃打对折的英国牛排呢？

2010 年国庆长假我去以色列旅游前，亲友都婉言劝阻：那里太危险了。我当时是这样用“统计分析”来自我安慰的：假如到奥斯陆，出事的概率是 0.00001%（千万分之一），而到耶路撒冷，出事的概率为 0.00008%，即高出有八倍，那你需要“多大勇气”才能去以色列呢？事实上，隔年七月挪威倒是出了大凶杀事故，死了七八十人，事前又有谁曾预想到，做了“风险防范”呢？

突发事件对人的意识和选择有何影响，我们待下期来谈。

得和失从来就不对称

人们究竟是如何感知小概率的高风险事件的，以及怎样把不恰当的权重赋予能激起强烈情感反应的戏剧性事件，从而导致过激行为？在考察之前让我们先来讨论下面的两组问题。

2003年春北京的SARS越来越猖獗，被隔离的“疑似”病例剧增到了6000人。此时高级别专家组提出了两套治疗方案，报请领导拍板决定如何抉择：

甲：要在A和B中择一：

治疗方案A：有1500个病人将为此丧生；或者

治疗方案B：有3/4的机会患者能全部得救，同时有1/4的可能所有病人都无法生还。

乙：要在C和D中择一：

治疗方案C：有4500个病人将得到痊愈；或者

治疗方案D：有75%的机会没人会丧生，然而却有25%的可能全部病人都得死。

反复测试实验的结果发觉，人们的选择，对于甲，是高度偏向于选择方案B。然而在乙里，人们却是明显偏向于选择方案C。

这个结果印证了研究人员在世界各地对同类问题做的无数次问卷调查，有着同样的结果。在行为心理学里，这个实验测试就是有名的“亚洲流感困扰”（Asian Flu Puzzle）。

不用细想，你很容易就会发觉，甲和乙非但相同，而且 A、B、C、D 四个治疗方案，说的也都是一回事：任何一个“疑似”病人，有 1/4 的可能会丧生而有 3/4 的机会能被治愈，它们的期望效用值是同样的。当时对它们的描述，讲法和强调的关注点却有差别：方案 A 突出的是死亡，而方案 C 突出的是生存；与之对应的 B 和 D 方案，就生存和死亡的概率来说，则完全等同。但是方案 B 相对方案 A（死亡）似乎多了一种“没人会死”的印象；而方案 D 则强调了仍有 25%的可能全部 6000 个病人都会死掉，这要比方案 C 里所暗示的 1500 人将丧生，更加可怕。

行为科学家提出了这类案例问题，并反复测试验证，目的是要揭示人类是如何感知“事实”的，以及“被感知到的”（perceived）信息究竟是如何影响人们具体做决策的。

诸如此类的实验生动地反映出了，对“事实”的认知是不能脱离认知它的媒质（此处是文字表述）而独立存在的。人们对“事实”的感知，对“事实”含义的诠释，及其对自己的影响，都和“怎样说事”（文字、语调、音像、氛围，等等）是高度关联着的（highly dependent）。人类早就认识到了这类关联有显著的影响。到了近代更发展出学说理论，认明了人类乃是“讲故事”的物种，人类历史乃由人们自己编造的故事（传统和传说）所构成的，至少在如何塑造人们的价值观感那个最关紧要的“事实”方面，具有重大影响力的实质上就是一批故事。

“SARS 生命拯救方案选择”问题上，人们面临死生关头之际，在选择上存在着严重的“不对称偏向”，几乎是固有的、系统性的，可以推断出来的：无不倾向于选择生而回避死。绝大多数的人自然而然地，都会偏好去拥抱有助于燃起生之希望的故事（这里的治疗方案 B 和 C），而嫌恶和避讳哪怕是提醒死的故事（尽管治疗方案 A 和 D 述说的，是同样的“事实”）。

行为科学研究的无数心理实验得到的结论是，人们高度偏爱甲里面的B选择和乙里面的C选择。在世界各处，在甲里选择B的人占了绝大多数（84%），在乙里大多数人却又挑选了C（87%）。但请注意，偏好B同时又偏好C其实是“自相矛盾”的（选择C和选择A恰恰是同一结果的不同表述）。如果说多数人有着“固有的避险倾向”——如主流风险理论所假设的那样，偏好B（而非A）的话，那么他们选择C（而非D）又是出于怎样的动机呢？人们要是出于避险的考虑而“言之成理”地选择了B的话，怎么又一跳变得“不惜冒险”而去选择了C呢？

这个吊诡曾被不少思维绵密的人觉察到了，其中包括学者P. 萨缪尔森，他写的著名教科书《经济学》启蒙了千百万人。萨缪尔森曾向他在MIT的同仁提出了一个问题，称之为“萨缪尔森问题”：

给你一次丢硬币的博弈机会，硬币的头朝上的话你赢20000元，尾朝上的话你输10000元，你愿意参加吗？

他的同事多数不愿意试试手气。你的意向又是如何的？

我们引用“萨缪尔森问题”，旨在说明在人们心目里，输和赢从来就不是对称的。尽管从财务会计的核算角度，赚10000元和赔10000元应该相抵，然而在心理过程，你赚10000元所得到的快乐远远不足以抵补赔10000元带来的痛苦。对盈亏会保持中立，对输赢能心怀坦然的，毕竟只是少数的“理性高人”。

有一个同事相当精明，他看到了“赔一赢双”博弈里的商机，于是向萨缪尔森建议，能否把这个博弈分解成100个“子博弈”来玩呢？丢硬币100次，每次要么输100元要么赢200元，要是这样，他就愿意和萨氏“百赌”。

在这种情况下，给你100次丢硬币的博弈机会，每次硬币的头朝上的话你赢200元，尾朝上的话输100元，你愿意参加吗？

若是重复100次的“赔一赢双”的游戏，你的“赢面”会有多大呢？

统计分析很容易计算出来，平均来说你可以期望赢 5000 元，而输的概率则不到 0.044%，大输（即输千元或以上）的可能性更是微乎其微，还不到 2/10 万！（概率低于 60 岁以下死于新冠的人。）

那么，通常一个人要赚多少才能弥补赔 10000 元带来的沮丧呢？萨氏又问，那位同事回答说得超过 20000 元才行，否则划不来。这不是很奇怪吗？那些经济学者或商学教授，高智商，有坚实的训练，有充足的理性，并常年在顶尖学府的课堂上讲授期望效用理论，他们在培训学生或咨询商家时可不是这样来盘算权衡的呀。

大量心理分析的实验表明，当一个人处于心态平和的状态时，博弈盈亏的平衡率在 2.5∶1 左右，换句话说赢的机会大约是输的 2.5 倍时，两者方能相抵。萨缪尔森大多数的同事不愿意参加单次的“赔一赢双”博弈，原因可能就在于此吧。

这同时也给我们启发，不妨反过来假设，赢输的机会各半的一次博弈，假如把它的赌注提高 100 倍，即有 50%的机会输 100 万元，另外 50%的机会至少得赢几百万元，你才愿意一赌呢？我的猜想，哪怕是赢 400 万元，常人还是会避免这类“豪赌”的。人们会觉得，赢 400 万元得来的满足还是抵补不了输 100 万元（值一栋房产呢）的痛苦。

上面的简单分析也指明了这样一个事实，当博弈是单次，至少无法重复许多次的条件下，“统计规律”是无从显露出来的，而人们对统计概率的认知也会发生严重的偏误。实际上，我们看到的许多经济和市场预测，对作为前提条件的所谓统计概率分布都是高度假设性的，假设本身就未必服从“统计规律”。人们对高风险小概率事件的高度敏感的直觉反应，以及过度避免风险以求安全的选择，因此是很有道理的。

这就延伸到另一个问题，货币的效用真是线性的吗？对此早就有人开始质疑，比如说，2 万元给你带来的价值到底是 1 万元的两倍，还是 4 万元的一半呢？18 世纪 30 年代瑞士的大学者丹尼尔·伯努利对此有里程碑式的贡献。

伯努利在解释荷兰往返圣彼得堡的航船保险问题——“为什么大多数人愿意投保海险，而另有少数人却愿意卖保险承保呢”——悟出了一个道理：一定量的钱财给人带来的满足程度是会随着该人的财富背景不同而有很大的差异。比如说，增加同样的1万元财富，给只有500元积蓄的穷人的感受和给身价500万元的富人是大不相同的。伯努利进而认为，钱和它带给人的效用（心理满足）存在着对数关系，当资产10万元的人增加到100万元时，他的满意度会翻番（而非10倍）的话，那么他的满意度要再度翻番的话，财富就必须增加到1000万元才行（在统计学中被称为对数线性关系）。伯努利总结出的所谓“心理物理学”（psychophysics）原理，注意到了钱对人的满足效用是受着心理因素很大制约的，从而打破了人们在日常生活和经营中所惯常相信的，并在财会计算里通常规定的线性效用，譬如必须遵守100元是1万元的1%，又是1元的100倍的这样一个“通则”。

伯努利这个重大突破是受到了他在解释“圣彼得堡轮盘赌”难题（我们有机会再来介绍）时的启发。无独有偶，早他一百年的法国天才帕斯卡也正是在赌场里琢磨怎么“积小胜为大赢”的诀窍，“顺便”开创了概率分布理论的雏形。我们做相仿的考察，将伯努利对财富及其效用值描述成如下的对应关系：

财富（百万元）	1	2	3	4	5	6	7	8	9	10
效用（单位）	10	30	48	60	70	78	84	90	96	100

上表列的数字也许不尽符合实际，但从中可以揭示出财富（边际）效用递减的关系，比如说，财富从100万元增加到200万元时，效用增加了20个单位；财富从200万元增加到300万元时效用则增加的少些，有

18 个单位；而财富从 900 万元增加到 1000 万元时效用的增加不过 4 个单位而已…… 简言之，伯努利的发现和学说，为近代的经济分析、风险控制和效益优化奠定了分析的基础框架。

可是，这个意义重大的突破三百年以来未能继续改进（除了些小修小补），而以此作为前提假设的许多模型理论，往往也束缚了人们做更深入的研究和更有效的诠释。这种僵固的状况直到三十年前才被几个行为心理学家的研究逐渐打破。其中做出主要贡献的一位，普林斯顿大学的卡尼曼（Daniel Kahneman）教授在 2002 年得到了诺贝尔经济学奖，他的研究团队对伯努利理论的匡正和扩展是得奖的一个主要理由。

偏好逆转的逻辑基础

先来介绍学术史上的一个著名“公案”，曾经困惑了不少经济学泰斗，提出来请你思考。

阿莱依悖论：

甲：在 A 和 B 两个选择里，你选哪一个呢？

A. 你稳拿 100 万元；或者

B. 你参加一个博弈，有 89%的机会赢 100 万元，10%的机会赢 250 万元，但有 1%的机会什么都得不到。

再问一下自己，

乙：C 和 D 两个选择之中，你又挑选哪一个呢？

C. 你有 11%的机会赢得 100 万元（其余得 0）；或者

D. 你有 10%的机会赢得 250 万元（其余得 0）。

在乙题的 C 和 D 的两个选择里，大多数人会选择 D。

在甲题的选择 A 和 B 之间，大多数的人却选择了 A。

表现出如此偏好的有许多训练有素的经济和管理学者，包括一流的统计学家和决策优化的顶尖学者塞维奇（J. Savage）。

甲、乙两道题是法国经济学家阿莱依（1988 年诺贝尔经济学奖得主）精心设计出来的，他的目的正是冲着塞维奇及其导师 M. 弗里德曼等人去的。

1952年在巴黎举行的一次经济学盛会上，当时许多经济学大师如萨缪尔森、弗里德曼、阿罗、塞维奇等都参加了，阿莱依试图证明，当今的决策理论体系存在着重大的缺陷，其前提假设不但不符合观察到的现实中人的决策行为，甚至在逻辑上都不能自洽（inconsistent）。他提出了“阿莱依悖论”要塞维奇入套。果然，塞维奇掉进了阿莱依设下的陷阱，所犯的错误同常人没什么两样，他选了A同时又选了D。

选择A的理由看起来似乎很自然，尽管选择方案B从数学期望值来说更划算，要多赢14万元。主流风险理论不正是这么假定的吗？常人通常被认为倾向于避险，“两鸟在林不若一鸟在手”。然而问题是出在，一个人既然选了A，那么作为逻辑上的必然推论，他必须在乙题里选择C。同样的道理，若是选择了D，那么他也得选择B，在逻辑上才站得住脚。否则他就是“自相矛盾”的，或者说，他的风险偏好是犹疑不定的。这在学理上，等于说 $A>B$，但是 $A+k<B+k$；或者 $D>C$，但是 $D-m<C-m$！（$k, m>0$）。阿莱依的这招可够阴狠的，直刺市场价格理论的心脏！

但特别讽刺的是，落入圈套的塞维奇是鼎鼎大名的统计学家，许多风险决策理论模型的一个开拓者。塞维奇不但师从数学大师和计算机理论的开山鼻祖冯·诺依曼，而且也是弗里德曼的及门弟子，在国内塞维奇的信徒也不少。按理说，塞维奇是不容易上当的，但阿莱依的“局”设计得如此精妙，除了塞维奇还有许多有名的学者也都落入圈套。令人叫绝的是，直到解出正确的答案后，人们还是感到不可思议，故此几十年来它一直被称作“阿莱依悖论”，持续迷惑着人们。

我在读博士课程时曾对这个悖论推敲再三，仍感到“隔雾看花”，不解其真意。直到20世纪90年代以来认知心理学的实验、大脑神经科学的造影，以及进化心理学和金融行为学的一系列突破，阿莱依问题之所以产生悖论的原因才渐渐清晰起来。其中卡尼曼和他的研究伙伴特维斯基

（A. Tversky）的贡献至关重要。

为了更容易理解“阿莱依悖论”的含义，我用一种游戏来解说。在你面前有个盒子，盛了100个塑料小球，1个为黑色，10个为黄色，89个为白色，充分搅匀后让你伸手到里面去摸一个球。这样，“阿莱依悖论”的四个选择就可以形象地表述成：

问题甲：

A. 你不管摸到哪种颜色的球，是黑是白还是黄，你都赢100万元；

B. 你摸到的球若是黑色的话你得0元，若是白色的话你可得100万元，若是黄色的话你可得250万元。

问题乙：

C. 你摸到的球若是黑色或是黄色的话，你赢100万元，若是白色的你得0元；

D. 你摸到的球若是黄色的话，你赢250万元，若是黑色或白色的话，你则得0元。

大多数参与实验者（在行为实验里称作“被试”），在A和B里大多数选择A，而在C和D里大多数人却选择D。现在你大概能够明白了，你我大多数的人在逻辑上都难免自相矛盾。道理在哪里呢？想一想。

要是你还不太搞得明白的话，请在下面的情况下做一选择。

E. 你摸到的球若是黄色的话，你赢100万元；若是黑色球你也得100万元；若是白色球的话你将得到X元。

F. 摸到的球若是黄色的话你赢250万元，若是黑色球的话你得0元，若是白色的话你将得到X元。

其实，假如X=100万，那么E和F之间的选择就相当于A和B之间的抉择，你选择了A；假如X = 0的话，E和F之间的选择其实就是C和D之间的抉择，而你却选择了D！岂不等于在说，E + 0 < F + 0（相当于D优于C），却变为E + 100万 > F + 100万（相当于A优于B）。这不明摆着有错吗？与我们初中就学到的不等式运算（眼下已经下放到小学教了），是直接违背的。

于是，这又回到了我们前面讲到过的问题，与财富的效用常常是非线性的有着同样的道理：偏好也不能光用钱的数目来衡量，而是高度依赖于情景（context）的。例如，前次我们以 SARS 的例子解释过了，人们的偏好是可以用不同的语句描述来操纵和改变的！

数理分析时产生的矛盾和困惑，在日常生活里却是司空见惯的。常言道，苹果橘子，各有所好。不过当一个人说他更喜欢橘子时，我们又该如何理解他的意思呢？他是指 1 个橘子比 1 个苹果要好，还是 10 个橘子也一定强过 10 个苹果呢？半个橘子对半个苹果又将如何？在日常生活里，甲优于乙，但甲+丙却劣于乙+丙的情况，太稀松平常了。举例来说，主人问客人喜欢哪个，汉堡还是披萨饼，有的客人挑了汉堡；但当主人只给了每位客人热汤（而没有冰镇可乐）时，要了汉堡的客人会后悔起来，他宁愿改要披萨饼的。（披萨饼+热汤 > 汉堡+热汤，但是并不妨碍他更喜欢汉堡，即披萨饼 < 汉堡。）

人们的日常选择行为，容易导致经济分析的难题，因为不能确保在分析比较我们感兴趣的变量时，其他因素不变的假设（ceteris peribus）总能够有效。也就是说，如果不能保证代数处理时“相消性”总能成立的话，模型的结果和分析的结论难免会沦为“悖论”。

我们借助“阿莱依悖论”为例，来说明人类在做选择时未必总能做到“内部自洽”，而经常会违反“相消律”——代数变换的一个基本准则。

卡尼曼和特维斯基是行为心理学研究的一对极富创意的伙伴。他们在偶然间读到了一本基础经济学教材，大为惊讶地发觉，经济理论的一些被“视为当然”的基本假设，显然违背了生活中常人做决定的实际行为。那还是 20 世纪 70 年代初的事情，当时两人还是刚毕业不久的以色列心理学讲师。他们反复查证后确信自己的理解没错，于是决定深入探索，并以此作为学术研究生涯的方向，展开了一系列精彩的心理实验，结果收获异常丰硕。

卡尼曼于2002年荣获诺贝尔经济学奖。特维斯基要不是1996年死于癌症的话，注定会和卡尼曼分享这个殊荣。经济学大奖由心理学家得到，的确是破天荒的。1987年我在数学系旁听统计学的贝叶斯分析课程时，有幸聆听到特维斯基的讲座，当时他在斯坦福大学执教，被邀请到得州大学数学系来客座。他的见解和方法，颠覆了我对经济管理学的一些“信念”。经过教科书的长期灌输，这些信念被课堂和学子们视为当然的事实和业经证实的真理。卡尼曼日后也经常提到两人的“好运气”，一再说自己至今还没整明白，经济学理论和模型的基本前提假设何以能够一直坚挺到眼下，尽管它们之不切实际甚至谬误，是如此之显而易见。

卡尼曼的困惑为大家提供了一个鲜活的实例，证明思维观念的“范式转换”，如同R. 库恩的名著《科学变革的结构》里揭示出的真理：范式之所以能够形成，是因为它能较好地解释和解决许多过去的问题和矛盾；但它成为牢固的“教科书真理”之后，权威的惰性就变得顽固起来，要更新或推翻它会变得异常困难，非有重大契机的触发推动和伟大天才的颠覆性创新，是很难被改写的。

卡尼曼和特维斯基的许多突破，汇总成他们的“前景理论”，以及人脑处理信息达成决策的“系统1vs系统2”学说，成了他们的工作获得公认和诺奖的依据。他们的理论学说符合观察，从常情常识出发，其实并不很费解。可惜的是，人们的常情常识由以往的成功经历积淀而成，有着牢固的粘滞性和惰性。而人脑受着进化、文化、教育、利益的种种影响，早已不是“白板”一块，并不容易写上最新的文字或涂上最美的图画。让我们再举几个形象的例子来帮助大家理解。

我们已有解释，人们的偏好往往逆转，违反了代数运算所依赖的基本法则之一的相消律（如 A= B，则必有 A-k = B-k）的情况，是经常发生的现象。人们的选择做不到“一以贯之”，表现还有多种。比如说，往往也不遵守代数的 另一个基本法则传递律所要求的那样，假如 A = B、B = C，则必有 A = C；或者 A > B、B > C，则必有 A > C。

2020 年是美国的总统大选年，媒体常在讨论，民主党的候选人 B 和 S，哪个更有可能打败特朗普总统（T）呢？不少人预计在党内预选中 S 能赢 B，但 S 要代表民主党去角逐的话，却无可能赢 T，反倒是 B 更有机会打败 T。也就是说，B < S，S < T，但却 T < B。没人把这样的推测指责为荒唐和“不合逻辑”，尽管看起来似乎违反了数理逻辑的基本法则。然而在现实生活里，这类情形却实在太稀松平常了。

经济学的一位大师（K. 阿罗）花了老大的劲，才从数理上完备地证明了这个道理，并作为公共政策研究的一大成就（社会选择中的“不可能定律”）而拿到了诺贝尔经济学奖。日常生活的经验里，这个道理的显而易见，也许小孩子们凭直觉就能明白的。打过乒乓球的小学生都了解，自己打得过同学甲，打不过同学乙，然而乙一碰到甲准输。足球赛也一样：巴西队能吃定德国，如果不出意外德国能赢法国，而法国却喜欢和巴西踢，赢面反而大了许多。同样，大家也不难体会这样的经验：苹果和橘子两者挑一，我选苹果；香蕉和橘子相比，我选橘子；可要在香蕉和苹果两者取一时，我却宁愿吃香蕉。面临更重大的抉择，比如购房，又如择偶，人们委决不下，往往是因为在二二相比的情况。对象之间的优劣一经传递，就会掉链子的！

卡尼曼就老在纳闷，为什么伯努利对人们的风险偏好理论的假设（请见上一篇文章），有如此明显的纰漏，350 年来竟然没有受到质疑和纠正？而吊诡的是，从事风险理论研究的又都是些高智商的人和认真严谨的学者。

这就回到了经济学的价格理论的一个（致命的）假设上。

人们无不知道，凡有价值的决策都会涉及多个目标，比较两个项目的优劣，除非一个项目在所有的目标上都占优，要明白无误地断定它优于另一个项目是很困难的。但是，假定所有的目标都可以转换成货币，而目标间的转换率在两个项目之间又是一致的话，即以“均衡价格”来进行转换的话，多个目标就归并成为单一目标了。于是比较一下“钱”的多寡，得出哪个更优，甚至哪个项目是“全局最优”的，或繁或简，只是个计算工作了。然而问题在于，对于不同的人和人群，在不同的情景之下，这些目标是不能够在“均衡价格”统辖下九九归一的。以上面乒乓球赛为例，我怕左手执拍的乙，而甲不那么怕，就会产生传递律失效的结果，因为左手执拍的威胁（价格）对我和对甲，并不一致，是无法简单折算而达到“均衡”的。

究竟拍哪个脑袋

继续讨论之前先请大家琢磨一个趣味题，这是我在 EMBA 课程里请经理们回答的：

有位经销商送来一箱红酒，要在课堂拍卖，拍得的钱捐给灾区。每一瓶你可以出价 0~99 元。因为拍卖匿名进行，所以请你在纸条上写下

1. 你的手机号码尾数的两位号码××；

2. 你的出价××元。

解决问题时“拍脑袋”，是对做决定的人常见的一种批评。可要是不靠拍脑袋，你靠的又是什么呢？人的一切想法，偏好、意志、念想、决断，说到头，无不是从脑袋出来的，难道还有别的来源吗？这种批评所指的，恐怕是拍了脑袋的那个人不很能干——脑袋不行，而更常诟病的，是那人在拿主意的那一刻，拍了他不该拍的“那部分脑袋”，或者在不恰当的时机拍错了他的脑袋。

对人脑做选择的实际过程的这个深刻洞察，有点像“绕口令”，却来自近三十年来行为认知科学和大脑神经生理活动的一系列研究取得的成果。一群科学家的持续努力，被卡尼曼和特维斯基以最容易懂的方式总结为，人脑处理信息分两个系统：系统 1 和系统 2。

解释大脑的两个信息处理系统的功能和差异时，卡尼曼一再强调，系统 1 和系统 2 其实并没有生理解剖上的固定位置，和右半脑与左半脑之分

不同，也没有相对应的人脑的功能区域。卡尼曼这样形象的表述，是为了帮助理解和区分。以各自的关键特征而论，系统 1 乃基于直感、联想、即兴，与具象情感紧密联系着，以启发跳跃来替代智性推理，快捷形成判断并付诸行动的综合处理系统；系统 2 则是基于理智、推演、解析，与抽象理智紧密联系着，经过逻辑分析有步骤地推导出结论，因而判断迟缓，经过慎重验证后才能有所动作的解析处理系统。根据处理速度这个核心差异，卡尼曼把系统 1 简称为“急思维”，把系统 2 叫作“缓思维”。这样命名的一个考虑，我认为，是要显示判断中立，不欲贬此褒彼，不像“拍脑袋”之类的说法，有明显贬斥系统 1 之意。

任何人在感知和处理信息，从而形成判断时，都离不开这两个系统，产生的行为其实是两个系统配合的结果。不过，系统 1 和系统 2 在感知—处理—判断—行为链条上有着不同的贡献，孰轻孰重、孰先孰后，却是大有讲究的。我们不妨借用电脑处理信息的一些观念来帮助解释。二十年前计算机设计企图模拟人的智能，常常仿效人脑，尽管对人脑到底是怎样处理和存储信息的实际过程，当时的了解还很肤浅甚至是错的。随着计算机的迅速突进和普及，对人脑的理解反而倒了过来，借助电脑处理的一些术语来描述了。

系统 1 如同在前台处于活跃状态的程序，掌控着“随机缓存（cache）”，处理信息的速度很快，对问题的响应不费事；系统 2 则好比居于后台的大程序，启动的速度缓慢而且费时费力，因此不能经常被调用。其实在处理日常琐屑的问题上，应用系统 1 就足以应付了，不需要启动系统 2 来响应，得费大力气。系统 2 不但慢而且“懒”，也乐得把工作信托给“勤快”的系统 1 来处理。因此，系统 1 在不能胜任的时候才会要求系统 2 来参加处理，或者系统 2 在发觉系统 1 不能胜任时会（不经常地）主动出来干预，响应和解决问题。

剖析两个系统或处理程序在人们的选择实践中扮演怎样的角色，施展什么影响，从而趋利避害、扬长避短，是卡尼曼学派的重要贡献，补正了决策科学以往的不少理论。

人类的大脑进化到现今阶段，系统 1 和系统 2 的匹配和协同已经形成了其固有的倾向。教育、训练、分析所能发挥的校正和纠偏，作用是有限度的，需要付出长期而艰苦的努力。

卡尼曼和研究同行深入研究了人类认知的种种效应，以及经常发生的许多偏失和困扰。特别是在情景发生变化后出现的新问题，系统 1 依旧按惯常方式来处理；或者系统 2 疏失其应有的监控职守，过分授权给系统 1 来处理而不加以干预纠正。我们前面讨论过的一些吊诡问题，大多是受了他们的启发。

下图中有个简单的测试。系统 2 明明告诉我们，两条直线是一般长的，但我们的系统 1 感知到的偏误却很执着。也就是，系统 2 需要时时提醒，一不留神人们就会被活跃在前台的系统 1 过度掌控，从而导致判断和决策上的偏误，或说是“非理性”的错误。

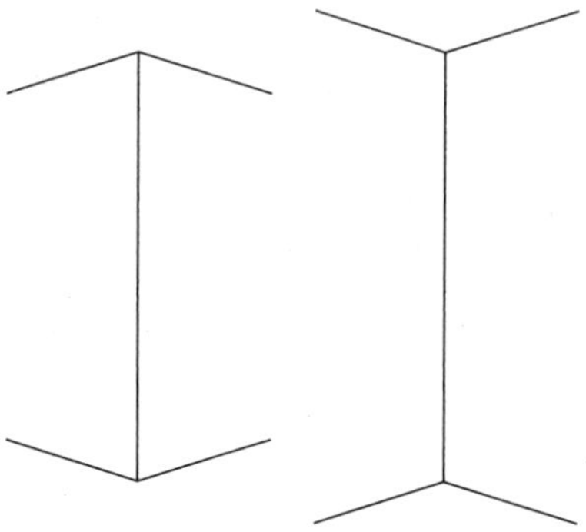

这里再提醒一句，每个人的大脑里都并存着系统 1 和系统 2 ，健全的判断和选择必然依赖两个系统的合作方可相得益彰。关键在于哪个系统在何种场合进行处理更为恰当，而不是哪个系统总是更优。

很自然的，一些人的大脑和心理倾向于系统 1 的处理方式，另一些人则偏重系统 2 的处理方式。比如大体可以说，特朗普明显地偏重系统 1 的处理，奥巴马正相反，偏重于系统 2 的方式，克林顿比较能兼顾两个系统，更加平衡一些。

为了对系统 1 和系统 2 的差别加深理解，请大家即兴（在查证之前）回答下面的问题，以便我们接着展开讨论。

加利福尼亚特有的北美红杉是全世界最高和最长寿的乔木，你认为它的高度超过了 200 米吗？

你认为最高的红杉树高度有多少米？请尽量精确写下×××米。

多数人的回答在 150～220 米之间。显然，他们是受了问题的“红杉的高度比 200 米高还是低呢”的印象的误导。200 米高的说法像是下了一个锚，锁定了你的猜测范围。因为对北美红杉缺乏确切的直感，这种“锚定效应”对你的判断，影响就可能更大了。

（加州的北美红杉非常高，最高的可以接近 100 米，但比 200 米还是差了一大截。顺便说，全世界最高的树王在加州的红杉国家公园，是“谢尔曼将军树”，高达 275 英尺，即 89 米。）

本文开头提出的问题，锚定效应带来的误导就更隐晦了。问题要读者用手机的两位尾号来代表自己，接着写下他出的价格（0～99 元）。调查汇总后发现，读者在竞拍那瓶智利红酒时所愿付的价钱和他们的手机尾号是高度相关的，有时竟达到了 0. 37（相关系数）。

按理说，这两者是完全相互独立的，即它们的相关系数应该是零或接近于零才对，尽管你对智利红酒的了解可能不如张裕干红那么清楚，可是对它的质量、该值多少钱以及你愿出多少钱来买，同你的手机号码是什么，肯定是互不搭界的。

我设计出的这个问题，实际上是卡尼曼的一个心理实验的翻版，那个叫作“非洲国家在联合国的占比问题”，20 世纪 70 年代曾使卡尼曼等专家的名声大噪。卡尼曼请参加实验的人先转一个转盘，转盘会随机地停在0~99中的任何一个数字上，然后再请他给出他认为的非洲国家在联合国成员里所占的百分比（0~99%）。屡试不爽，实验者从转盘上转出的数字和他随后给出的百分比竟有着显著的正相关性。

处理问题时的"锚定效应"和"联系效应"显示出，人们的直觉判断是相当敏感的，容易受到许多因素的干扰。而且，许多因素产生的影响有系统定向性，若你故意加进某类因素的话，就可以定向地扭曲做选择的人的行为。不难想见，你要是把问题里北美红杉的高度锚定在100米的话，那么受试者的估算范围很可能就会下移在80~120米之间了。

我们会不断举些例题来介绍这些误导效用。这里先引入对下面四个问题的思考：

1. 人类为什么必须依赖直觉来做生活选择，包括有重大出入的关键决定？

2. 人的判断所依凭的直觉反应（系统1）为什么往往不甚可靠，甚至有误导的倾向？

3. 人们在什么场合才能觉察到系统1已经严重不胜任，需要启用理性反思（即调用系统2）加以干预纠偏呢？

4. 系统2能不能与系统1协同起来，相得益彰地提升决策的质量？

这几个问题貌似简单，却关系到人类生存和文明进展的根本问题。

近三十年来人们已在认知自身方面取得了长足的进步，这是多个科研领域——从分析方法到观察工具——一大群科学家跨学科努力合作的成果。其中一个具有变革意义的突破是，越来越认识到人类的大脑和心智（brain and mind）是数百万年生物演化和几万年来文明进展积淀而成的，自有其内在的逻辑、规律和法则，是不可能在一代或几代人之间被幡然改造的，无论是出于善的动机还是迫于恶的压力。科学家们同时承认，目前科研取得的进展还只在"入门阶段"，但已经对人们曾经信心满满的一些认识构成了颠覆性的挑战。诸如“存在”和“感知”，“主观”和“客观”，“唯物”和“唯心”，“自我”和“环境”，“自利”和“利他”，“个体”和“群体”，“自由”和“支配”…… 之间的联系、差异和冲突，都必须在新的认知基础上重新检视。

不少先贤曾对这些观念的塑造和揭示做了深具洞察力的卓越贡献，启示我们如何进一步认识自己，但总体而言，还只是感悟、联想和推测，还在人脑这个“堡垒”的外围打转。所幸的是，我们这一代人终于有可能，到迄今为止不得其门而入的“人脑堡垒”里一窥堂奥了。

悄然进行中的突破，经历了几个里程碑，其中之一是由坐落在西雅图的“爱伦人脑研究所”数年前完成的第一张人脑的基因图谱（人类的基因有80%以上和人脑相联系）公诸于世后，人脑研究所再接再厉扩大投入，展开了对人脑感知的基本通路（basic circuitry of perception）的全面研究，为此项目P. 爱伦（微软公司的两个创立者之一）一人就赞助了3亿美元。笔者因此相信，新的突破将指日可待。

纵有弱水三千，只能取一瓢饮

上文我们谈到了，依凭情感直觉迅捷做决断是不甚可靠的。其实，人日常行动的依据大部分来自直觉，至少有 40% 靠的是习惯和惰性。如此形成的选择，质量未必很高，出错的机会却不低。

行为心理学认为，人类常犯这类错误，其背后的原因相当深刻，而不仅仅是“不小心”造成的。我们因此有必要深入究问：①人类为什么必须（往往只能）依赖情感直觉来做生活选择，包括有重大出入的关键决定呢？②人的判断所依凭的直觉反应（系统 1）为什么往往不甚可靠甚至误导呢？

首先得明白，人类进化到智人的阶段后，又经过数十万年生存竞争的严峻考验而获得的认知和处理信息的能力，尽管不可限量，但是有其限度和薄弱环节。人的判断多数是基于“常识”，随后的行动也来自习惯性的反应。比如，一个杯子从桌子跌到地上是会碎的，直觉的反应是要中止下跌把它接住；发亮发热的很可能是火，你的直觉反应是别被烧灼，等等之类根深蒂固的模式。以直觉来指导或控制行为，除了省力之外（很重要，因为你每天都会遇到千百次），响应还得飞快。于是在漫长的进化历程中人类形成了快速行动的模式，不能快速响应并解决问题的同类恐怕早已被进化淘汰了。

试想在丛林里狩猎猛兽，周边的环境非常凶险，一丝声音、一股气味、一缕暗影，你不得不即刻回应，而且注意力得高度集中以便迅疾做定向反应。当你看到一个物体快速逼近，梭镖就得飞掷出手。也因此不奇怪，当看到一条蛇形的东西，你会立即跳开，过后才发觉那不过是一条烂绳而已。过度的反应是正常的，人们在这种情景下不可能有富余时间，有条不紊地启动“理性的大程序”来有板有眼地做分析，从而达到所谓“最佳的”选择。人们必须尽快地综合含义模糊的有限信息——信息从来就不曾完备过——在不确定的情状下迅速拿主意，并即刻付诸行动。也就是说，对于大多数的日常选择，人们依靠系统 1 就可以应付；而应对重大的突发事件，人们往往也得靠系统 1 先期快速处理，直接导致非常规决策，或者立即做判断，是否需要启动系统 2。因为开动慢而费劲，系统 2 往往不能形成“急智”，插不上手而失去用武之地。

然而，系统 1 的特点，除了快速响应和综合（holistic）处理能力外，还有其另一面，容量十分有限，以至于不能同时关注多种信息，不能确切知道信息和“理应”采取的行动之间的逻辑联系，应该是怎样的。因此，系统 1 的处理方式很像驻在电脑的 cache（高速缓存）内随时待命的处理程序。

大家都有体验，要是不用纸笔或其他工具，人的心算能力十分有限。我们上期说到，儿童的心算训练在几乎所有的社会，都只到 9×9 为止。双位数的乘法、三位数的减法、四位数的加法都已超过了人脑的 cache 天生容量。印度的小学生可能是唯一的例外，他们的算术训练要求算出十几乘十几。

我曾向印度学生了解过，发觉其中的方法，是把操作过程分解成一位数乘法和两位数加法的三个步骤：1a × 1b（即十位数是 1 而个位数分别是 a 和 b 的两个数），

1. 1a + b；

2. （1a+ b）×10；

3.（1a+ b）×10 +（a×b）。

以 19×13 为例：第一步，19+3＝22；第二步，22×10＝220；然后的第三步，220+27＝247。

换句话说，印度儿童的 cache 并没有比咱们孩子的更大些，还是止步于一位数的乘法而已。经过训练的印度人，在碰到十几乘十几时，直觉响应上或许会沾点光，可是为了获得这么点好处，是否值得费这么大劲来反复操练呢？

人们常有所谓“过不了 7 的坎”（curse of seven）的说法，意思是指人脑能够同时有效关注的事以 7 项为限。复杂的事项，譬如对人员的管理，一个高级经理能够管好 7 个直线下属经理，超过了 7 人，他的管理效能就会大打折扣。简单的事譬如记住电话号码，记 8 位数电话号码要比七位数号码容易出错得多。幸好手机有来电显示和号码记存等功能，否则大城市的电话系统扩容，号码增为 8 位甚至 9 位，肯定会带来很多的困扰。

人上了年纪，脑的 cache 功能会逐渐衰减，老年人“过不了 6 甚至 5 的坎”的也很常见。有一个网站（你的大脑年龄），号称能测定你的大脑年龄，利用的就是这个原理，要求在同时显示的若干个 0～9 的数字里按小大来排序。一旦数目字增加超过了 7 个，你犯错的机会就会大增，即使你处在盛年，脑力和精力还很充沛，也是如此。

总之，大脑的记忆力虽说是不可限量，但人脑的短期记忆（working memory）所能加载和处理的信息却极为有限。要是没有 cache 般的快速处理并发出指令，是很难及时准确地调用存储在大脑“后台数据仓库”的相关信息，来支持当前的决策问题。这就好比图书馆能向你开放的图籍资料非常丰富，但怎样及时索取到你需要的相关信息，成为你决策有用的依据，却是很困难的。人脑有限的关注力同时能分配到的事项大约在 7 个左右（新近的研究甚至认为只有 4 个），超出过多了就会“顾此失彼”。这些事项的处理若有惯例可循的话，那么我们只需要靠直觉来做快捷响应，还不至于发生故障。一旦遇到不同性质的新问题，或环境发生了始料未及的丕变，处理就会复杂起来，引起偏差。对于后果出入严重的判断和选择，造成的失误就大了。

我们知道，计算机的所谓多工作处理（multitasking）通常并非真正意义上的“同时”，只是在若干项任务之间做非常迅速的转换处理。功能强大的大型主机我们可能完全觉察不到，在个人电脑的多工作处理，打开的窗口过多，处理就变得迟缓，会发生拥堵甚至宕机。人脑也有相仿的情况。

加州大学医学院有一项有名的相关研究，几年前发表在《自然》学刊上，证实了在任何时间点上，能进入大脑“前台”得到实际关注的，就只有一项工作而已。由张教授（Edward Chang）率领的团队，通过调查社交酒会里川流不息的人群在闹哄哄声浪中转换讲和听的对象，分析了他们的脑神经活动造影图像后得出结论说，在任何一个短时间单位里，人脑能够处理的只是一串声响，即使背景里交杂着许多别的声响。

可问题是，许多人以为他们有胜任同时并行处理多项工作的能力。我们本不需要复杂的计算，或核磁共振造影等高级设备，就能体会到自己的限度。比如，在健身房的跑步机上锻炼，你边看小屏幕录像边听耳机传来的音乐，几件工作同时进行似乎很和谐。忽然耳机传来甩卖商店的一个广告信息，你想买的东西打了很大折扣。就这么一个简单要求，便会打乱你流畅的关注平衡：跑步的节奏顿时跟不上跑步机的皮带了，你不得不用手去扶把手以免跌倒；你想记的联系号码多半是记不清的，录像屏幕的内容也看不到了，甚至你的呼吸节奏都乱了套……尽管这样的情形在生活中频频出现，可我们还是相信自己确实有能力同时做好几件重要的事情。研究调查表明，有能力轻易地同时处理多于一项工作的人其实很少，平均 40 人里面才有 1 个（相当于智商 130 以上）。

跑步机上即使没能记住一个电话号码，你的损失也不会太大。然而在高速公路上驾车，代价严重就不堪设想了。现代都市生活里，大量交通事故是因为驾车人在打电话或发短信造成的，比醉酒驾车更严重。驾车的同时打手机通话，一般状况下似乎没问题，但要是在通话中出乎意料得知一个坏消息，阁下的注意力会顿时被“卡住”，此刻周边略有风吹草动来不及反应的话，出事故的危险就会成倍增大。以为边驾汽车边发短信只是小事一桩的“拇指党”，就更容易措手不及而酿成祸害了。编写和输入短信其实是需要相当可观的关注力，无论你操作怎么熟练都不顶用。

据美国的统计，20岁以下的驾车青年中有29%有发短信的习惯。他们为什么有如此高的自信，可以置生命安全于度外呢？这个问题值得我们深入探讨，高估自己能力显然是人类的普遍倾向。

关键的一点，说来说去，是在于怎样合理分配我们有限的也是最稀缺的cache资源，把它集中运用到最有价值的事项上来，因此非常要紧。比如，学习是否有成效，把关注力（attention）配置到重要的内容上，比起一个人的智力总量有多高，有更关键的意义。传统智慧的一个法则，所谓“心无二用”，在小学二年级的课本里就提到了，像“小猫钓鱼”之类的寓言，道理是非常实在的。因此不难推理，一个孩子只是在网上浏览，涉猎杂多，真正能成为他自己的东西反而很少，并不能形成孩子的知识、能力，更别说智慧了。

为什么人们如此热衷于微信、脸书等社交媒体，成了他们交流沟通的主要通道呢？哈佛大学的脑神经学家的一份研究报告，对网络通信的急遽扩张提出了可信的解释。高科技测量工具和现代实验方法成了我们深入揭示大脑幽微的利器，通过对大脑神经活动（血流量的fMRI造影）的分析，那个研究报告证实了，表达自己，谈论自己、自己爱好的人和事、自己的想法意见观点，的确能给人们带来真正的快乐。统计表明，人们每天讲的话里，起码有40%是花在把自己的这些东西告诉给其他人。表达的欲望是第一位重要的，他人是不是赞同或者是否有人在听，相对均属次要。该研究用了不少实验来验证，发觉人们为了表达带来的满足，宁愿放弃的收入可以多达17%～25%。

在和别人交谈或者旁观别人的访谈时，你不免发觉，人们绕来绕去总是回归到讲自己、自己关心的人和事，以及自己对事物的看法。这很正常，因为表达自己，试图让人知道自己，是人的社会性的本质。换句话说，表达本身就是极重要的价值。亟欲表达自己的结果之一，就是产生了网络沟通的广泛参与和沟通如火如荼的多样化。

“费曼原理”、哥伦布和王国维

我们谈到了边驾车边发短信是一个可能致命的坏习惯，可是美国20岁以下的驾车青年中经常这么做的竟达29%。美国最大的银行摩根大通银行的CEO戴蒙（被誉为“最佳风险管控先生”）也披露过银行因为过度冒险，疏于监督，招致投资亏损巨万，同样是很有说服力的例证。江湖老手和少不更事的年轻人都会犯同类的错误：过分乐观地高估自己驾驭不确定性的能力，乃是人类共有的倾向。

例如，在评估驾车技术时认为自己高出社会平均水平的人占了绝大多数。美国的驾车者相信自己比平均水准好的人达到了85%，在瑞典甚至超过了90%，这无论在逻辑上还是在统计学上都是不可能的事。又如，新婚夫妇当被问到将来离婚的概率有多少，回答是接近于0，然而略有生活经验的美国人都知道，新婚夫妇日后离异的概率不低于40%。

人们倾向于如此高估自己，倒不是纯粹有意自欺。在你问到某人的具体身高时，他回答的偏向就不至于这么大，因为测量身高既明确又容易验证，很难打马虎眼的。可是在不确定性难以衡量，结果要很久才能得到验证的场合（譬如说，50年不变之类的），情况就大不一样了。当评价自己的孩子，比如说，坚信自家的男孩子聪明过人，女孩子漂亮出众，这样的父母甚至超过了90%，就很正常了。毕竟，谁也不能精确测量出，什么是聪明，什么叫美丽，特别是几十年以后的事。

市场预测或风险估算也类似，别说结果不明确，即使能够验证也是很久以后的事了。追查对经济走势的预测，如果你做时间序列的分析，其实并不难发现，即使 CEO、CFO 等的预测也不比常人高明多少。其中很大一部分原因，是这类人必须维持其专业人士的形象，否则谁还愿意高薪来聘用他们？（有机会我们再来分析这类言行背后的利益动机）拿学者专家来说，过高估计自己能力的倾向也十分明显。有多达 94%的美国教授学者认为自己的研究能力超出平均水准。咱们的儒生传统也不遑多让，无端拔高自己的倾向（请注意并不是孔夫子的传承）同样显然。记得 1989 年我初访台湾地区的“中央研究院”时，进得大门，就看到大幅的“标语”——“为天地立心，为生民立命，为往圣继绝学，为万世开太平”（名画家欧豪年书），不免哑然，心想，士人“意淫”竟至如此，能不觉愧怍？

针对这种人类共有的倾向，用绝顶聪明的物理学家费曼教授的话来说，“最要紧的是别唬弄自己；毕竟，你自己是最容易被愚弄的对象”。我把这句警戒称为“费曼原理”。

人类何以有过分乐观和高估自己的通病呢？在自欺（而后才能欺人）的诸多原因里，有两个特别值得我们注意：

1. 同人脑前台 cache 的有限容量是分不开的，人很难从众多信息里筛选出自己想要的那一部分，以至于过多关注不相干的信息而对决策不得要领。

卡尼曼对此有深入研究。他认为，系统 1 以直觉感受来快速处理和判断信息，与“你看到的即为全部”（WYSIATI，what you see is all there is）有很大的关系，经常会造成“视而不见”“听而不闻”的后果。

2. 人需要对信息的含义有整体性的把握，才能处理它们。

形象地说，人是无法“管中窥豹”的。看到一个“斑点”，人一定会思忖，它是一个甲虫，一个墨圈，还是能把它联想成为“一头豹”？否则难以产生正确的行动。

这种情况和电脑全然不同。电脑在呈现一幅高精度的图像时，可以在视屏上逐行显示，也可以以粗疏逐渐精细化的方式来显示，两种显示只是算法有差别而已。对于人脑，认知的效果却完全两样：逐行呈现图像的场合，人脑会茫然无知；而粗—精方法却让人有跳跃性理解（直觉地联想和诠释）。

举例来说，当一幅图像显示了37%的内容，不管用哪种方法计算机处理都完成了工作的37%；但是人脑却大不一样，对于逐行法来提供信息，大脑的感知和理解可能接近于零；而对粗—精法提供的信息，大脑的感知和理解可能跳跃到87%以上。

现实生活里，有用信息往往要在过程中才得以展示。逐行显示的模糊信息，增加了“得窥全豹”的难度。许多关键联系（critical links）非到最后的关头是显示不出来的，而缺少了关键信息，其他信息的含义至多是含混不明的。在这类场合，人脑的直觉就会跳出来“补足”（网上将其称为“自行脑补”，倒是蛮形象的），凭借盘踞在前台的印象、惯例、感受、情感，来推测其间的关键联系，并在诠释其他信息含义时自圆其说。

历史一再表明，依靠直觉能带来许多富有洞察力的联想，完成不确定状况下人所不得不做的判断和行动；然而在很多场合，不能否认，靠直觉弥补出来的信息及其联系可能产生重大偏失，往往导致荒谬的“非理性”行为。

那么，人类对信息和决策的“理性处理”即“系统2”，能不能及时地出面干预，来加强和匡正“直觉处理”的系统1呢？换句话说，在什么场合人们会觉察系统1已不能胜任当前问题的处理，有必要调用系统2加以干预纠偏呢？系统2能否和系统1有效协同，来提升我们决策的质量呢？

从上文的分析，我们明白，专业人士做市场预测的许多错失并不是“贪婪”两字所可涵盖的。他们的错误在更大的程度上，是过度迷失在自己以往取得的成功，不断加码，直至超过了自己的“能力圈”才犯下的。

因此针对某个人或某群人的指责，以为只需剔除几个“烂西红柿”就能清除问题，是过于轻率的。可以这样认为，人无不是“西红柿”，缺少了合理制衡，扭曲了激励机制，难保不变烂。

另一方面，我们也有必要认识到，人高估自己自有其非常积极的一面。无论在科技探索还是在市场竞争中，积极高估自己的本身，是人类的“进取心”、“探索精神”、“不服输的信念”、“对未来的期待和展望”的一个主要来源，人类文明的创新活动和突破成果，很多正是由此而得到推进的。你不妨说“成也萧何，败也萧何”，关键在于要认清人脑的限度，以及人脑认知的限度。

且举几个中性的例子。当乔丹跳得比众球员高不了 20 厘米，刘翔跨栏至多快了 2%，就被誉为“飞人”。1936 年欧文斯的百米成绩 10.3 秒，就曾激起人们的幻觉，要他和纯种赛马来竞速，虽然他的时速还不到 36 公里，而马的时速轻易就能超过 60 公里，灰狗、野兔甚至达到了 70 公里。博尔特的百米成绩进入 9.7 秒，就有人奋起欢呼称人类的奔跑速度将“永无止境”……

这些成就，要知道，只是在人和人之间的人际博弈里才显得出类拔萃的。最著名的一个例子，恐怕是哥伦布对新大陆的发现。哥伦布的探索靠的几乎全是（过于）乐观的信念，全无所谓的理性计算基础。哥伦布仗着自己百折不挠的乐观进取精神，几经挫折后终于得以带领三条小船出海远航，那时船上所载的给养还不够他们抵达目的地印度航程的五分之一。要不是哥伦布的绝佳运气，即便再迟几天才巧遇牙买加岛屿的话，濒临饿毙的船员准会哗变，把他给宰了！

哥伦布一举成为人类最大的“地产开发商”，在整个文明史都可以说是空前绝后。偌大的南北两个美洲大陆，“动迁”一点儿没费事：西方的远征队，人员常常不足 200 人，却轻而易举就能击溃数百倍于自己的原住民军队。以至于一百多年后，白人只用了 24 块金币就从印第安头人手里买到了整个曼哈顿岛；以至于五百多年后的今天，你还能到处看到哥伦布的高巍塑像，耸立在欧美各地的显赫景点……

此外，大脑又是如此精细——其复杂超过了宇宙间任何其他的构造，难免会出错，哪怕是一丁点儿的失衡都可能带来大麻烦。最近二三十年来的脑神经、认知心理和行为科学的迅猛进展，给我们带来了新希望。在更新的认识中，非常重要的一点是证实了人的行为，无论是好是坏，在很大程度上乃是大脑生理的运作结果，同传统和成见里相信的那样，靠“意志”或“觉悟”就可以节制、就能够“改正”的认定，是大异其趣的。

这个新的认知，对如实地解析我们所处的环境和市场，乃至文明史的诠释，都甚为关键。

举一个例子，以国学大师王国维的自杀行为来说明。历来的说法，从清帝逊位、国事愁乱、与亲友（罗振玉、郑孝胥等）有过节、不见容于他的独立人格或自由精神，等等，试图找到王国维的自杀根源，均颇不近情理，也不合逻辑。一个统计上大概率的可能，是王国维得了抑郁症，投湖自尽是他厌世的结果。大脑非常精巧的化学物质，受着遗传基因的制约和环境因素的触发，发生些微失调，从而造成抑郁，导致悲观厌世，是太常见的失常了。而人们茫失于一叶障目，屏蔽了大师可能是大脑失衡这个相当有说服力的方向，对王国维死因的探索于是成了无功的徒劳。当然，替伟人讳的“道德大义”的顾忌本身，就是造成众多“历史吊诡”的渊薮。

有不少前辈思想家，如王阳明、叔本华、尼采、弗洛伊德、法斯丁格（Leon Festinger）等人的开创性探索，曾借助考察人的表层行为、各种常态和变态的心理表现，来推测心理和大脑的底蕴联系，有深具洞察力的卓见，启示人类怎样来认识自己。然而总体而言，还不过是在人脑这个“堡垒”的外围打转时生成的感悟、联想和推断。近年来对人脑的研究取得的长足进步，则给人类认识自身带来了崭新的局面。

配置关注力

哥伦布的乐观不仅把西方文明推向兴盛的巅峰，连我们汉文明都很受益呢。譬如说，在新大陆发现的番薯迅速传到了明朝，不出五十年就在中国的瘠地坡地试种，两百年内是遍地种植，大力增强了当时中国的人口和国力，是“康乾盛世”的一大原因。

请别误解，笔者是很推崇乐观和进取的。本章不断提请大家注意，认清人脑认知能力的限度正是为了更能发挥人应有的创新潜能。现在让我们来解释，人脑的系统 2 怎样协同系统 1 才能更有效地提升我们的创新能力。

创新的价值毋庸置疑。就拿苹果公司的系列产品为例，它的两款产品 iPhone 和 iPad 征服了消费者，股价节节上扬，把公司拱到全球市值最高的企业之一；相反富士康为之代工的装配占了其总量的 40% 还多，股价却一跌再跌惨不忍睹。富士康的管理精细严格，工艺上也首屈一指，但议价能力却薄弱得可怜，凡有成本节省下来，必被掌控着食物链高端的苹果公司攫走。这不过是“创新为大”的一个缩影，多数的中国代工制造企业情况可能更糟。

同理，一个人尽管积累了许多数据、信息和知识，堆积在记忆载体——大脑的某个角落，但要是此人处于大脑前台的控制中心不能有效地适时调用信息的相关部分，发掘其间的新联系，别开生面地组合从而形成具有洞察力的创新的话，那么他再有知识再有学问还是难有大作为的。不但历史只褒奖创造性的活动，而且孤立的信息其边际价值也越来越低，在网络云端你甚至一点不用花费就能找到它们。于是，困难和障碍归结到一点，我们应该怎样来建立起“有效通道”，来贯通后台的资料库（存在大脑某处或者存在外界能方便取用）和人脑前台的控制中心？

套用武侠小说用语，我把这种令人臻于卓越的努力称之为“贯通任督二脉”，把它叫作“顿悟”（佛家语）和“天启”（基督教的 epiphany）亦无不可，总之，是表达一个人的智慧和创造力在大脑里霎那间超越和升华的意思。

任督二脉一经打通，以卡尼曼的行为心理学的说法，系统 1 就知道在何时到何处去索取新设计和新决策所需要的素材，并做何种新的联结；若系统 1 在 cache 里找不到这些素材的话（多半不会有或只是些惯常的反应），系统 1 就会求助于系统 2 ——自己大脑的后台积累或者外界的资料中心，或请他人协作。此时系统 2 是充分开放的，流畅地协同系统 1 来完成任务。

贯通任督二脉是一种“惊险的飞跃”，推动了人类文明走向辉煌。其实，创造能力潜藏在很多人的头脑里，只是缺乏开发或开发不当，不能形成“有效通道”，没能转为实际的行为效果。

试举几例说明之。眼下是美国 NBA 的篮球赛季，看一名球员在决胜的最后几分钟的罚球表现，相信很多球迷会同我有同样的感觉，预判他能否罚进：要是他动作很流畅，若无其事就出手，多半不会失准的；而要是他眼神闪烁着犹豫，在刻意校正自己的动作，失手的机会就大增。足球比赛也让我们有机会观察到，在点球生死大战的那一刻，无论门将还是射门的，哪个略有迟疑，试图调用系统 2 的，哪个就有可能错失；打高尔夫球时果岭上的决胜推杆也一样，完全凭直觉和信念的，往往就能入洞，若此刻还得靠系统 2 来盘算坡度、草势、距离、风向，那就悬了…… 总之，动作的自然流畅，可以说就是任督二脉贯通后的境界。

这种境界当然不是凭空得来的，前提是球员必须训练有素，有长期的积累，否则他们的系统 1 不可能做到妙手偶得。但是任督二脉贯通而来的宽松心态，同样不容忽视。拿大提琴家马友友的经验为证。他在大曲目（比如说，巴赫的六首无伴奏）的独奏会前，总会提前几小时就到演出场地，不过绝不再练琴而是和别人说笑，使自己完全松弛下来。这样他演奏时就能举重若轻，乐句乐章浑然天成般从大脑后台源源涌流出来。马友友谈到自己的经验说，要把大作品的全部细节整个填塞进大脑前台的高速短期记忆（cache）是不可行的，就算能不顾此失彼，演奏时的激情和美感也一定大打折扣。

马友友这样天赋极高的大师都能体认到系统 1 的局限，从而非常明智地善用他的 cache，我们的学生又是如何呢？每年高考，考生重复操练、模拟考了一两年的应试内容，大脑几乎已经钝化麻木。可临考的前几天如果考生仍在苦背，把系统 1 折磨得疲累不堪，不但反应大为迟缓，而且阻断了和后台储存的信息联系，成绩安能不受影响？

考生明白了这层道理，相反更应该在考前休憩至少一周，比如玩玩放松的游戏、听听轻松的音乐，处在闲适的环境（比如蓝色和绿色氛围），把绷紧的脑神经充分松弛下来，重新回到直觉灵敏和更适于集中应变的状态，才有可能做超水平的发挥。

总之，要贯通任督二脉，对自己实力信赖的基础上把关注力配置在最需要的状态，从来都是创新活动的英雄本色。在许多场合你必须让直觉的系统 1 来掌控和调用理性分析的系统 2，方可达到高品质的决策选择。

基于对自己的信赖，处于放松心态，从而创新地解决困境，是能够用科学手段观察到的。解析人脑的研究和认知行为，人们发现，在宽松状态下响应难题，得到新思路的成功概率会高许多。此时解决问题者的脑里会经常观察到 α 波——一种低频的脑电波里，会有一种高频脑电波 γ 波频繁闪现，往往伴随着“惊险飞跃”的创新活动。

“了解你自己（know thyself）”，人类梦寐以求的境界，从古希腊的苏格拉底、中国的老子，到现代社会差不多每个人，无不在孜孜探求。正确解释大脑的机理、功能，及其对人的行为的影响，不但能导致诊治各类疾病的突破，改进人们做决定的品质，调解社会关系使之更为和谐，而且可望大幅提升个人的幸福体验。

接下来谈一个基本观点，人必须善待自己有限又弥足珍贵的关注力。我们已反复强调了，依托于快速短期记忆（cache）里的关注力（attention），掌控着人类的情感、价值权重、行动响应。占据关注力的信息配置，控制着存储在大脑后台的知识信息的调用。因此，我们怎样以及什么时候来调用它们，决定着做选择做决定的成效如何。

展现人类旺盛创造精神的最好代表，近百年来除爱因斯坦外，毕加索肯定算是一个。在谈到自己的创造力为什么如此不同凡响，毕加索是这样说的：“每个人的精力潜能（energy potentials），多多少少其实相仿，但一般的人把他们的精力耗费在许多琐屑的事务上了；而我则把精力倾注在绘画艺术一件事情，为此牺牲了其他一切，包括牺牲掉我自己。”毕加索所说的精力，按笔者的理解，就是人脑非常宝贵又很有限的关注力，关注力配置能否合理有效，决定了一个人所能达到的成就的高度。

配置关注力的能力，当然有其先天的条件，不过也靠后天的训练。比如说，球王贝利的直觉感悟能力非常强，处在球场的任何位置他脑中都有全场的动态图景，而且可以预测到跑动后的状态。以林书豪的体能和技能来说，不及 NBA 的许多球员，但他领悟球场态势的能力超群，因此控制分球时常能捕捉到对方的破绽。所以，是否“有全局观”“注重配合”，问题不在“思想觉悟”，而主要是看你有没有动态配置关注力的能力。据说阿姆斯特朗，登上月球的第一人，就能在高度紧迫的压力下瞬间完成操作，接受、理解、发布并执行指令。杨利伟等中国宇航员在受训之前，我想，筛选的标准中必定也以随时调整自己的关注力和瞬息应变的素质为重。

存乎一心

让我们回过来讨论人脑在处理信息时的矛盾，以及对人类的突出业绩，包括创新活动内在心理的解释，都是由“存乎一心”——由你的关注力在大脑记忆缓存（cache）里是如何合理配置来决定的。

在PTA大赛中，老虎伍兹在果岭上打出了一记绝妙推杆，小白球不可思议地进洞，赢得了比赛。人们不禁要问，伍兹是否又要雄起，怎会有这等运气？他以前的教练，当今最著名的高尔夫教头哈蒙（Butch Harmon），在电视访谈中谈到了伍兹的精彩表现。他说在高球里推杆是个最简单不过的动作，距离不过几米而已，却令所有高尔夫爱好者望而犯怵。要做到成功推杆进洞，关键在于那一刻，你脑袋里的姿态如何？信念是不是充足？关注力是否到位？大多数人都因为在那个关键时刻把关注力放到不该放的地方（比如，担忧会输奖金或要丢脸之类的念头），或想得太多以至于被自己挫败。关注力的配置能否到位，也就是所谓“即刻心态”，决定一个球手是伟大还是平庸，也是各行各业、各种活动的成效究竟能有多大的决定性因素。

哈蒙在伍兹17岁时就接手调教他，确有许多真知灼见。我以为，他的话不但适用于伍兹，不但适用于高尔夫球，对孩子的培养，进而对整个创新教育的开发也会有所启发。这里我只举三点。

有才华和潜力的人必定都很执着，这和他（她）坚信自己适合做这件事是相通的，专注的热情和近乎偏执的自信，都须发自于内心。乔布斯呼吁青年人务必倾听自己内心的声音，因为这是一个人之所以出类拔萃的基础和动力。伍兹顺应内心的召唤（calling），因此对他来说练球是乐趣，完全不需要督促，他超群出众的自信心也来源于此。哈蒙提醒说，在进入职业比赛前，伍兹已经赢得了三届青少年冠军和三届业余赛冠军，这六顶冠冕的夺得，都是在最后一洞甚至最后一个推杆才见分晓的。换言之，伍兹所克服的其实就是他自己。

对于教练，重要的是别压制有才华和潜力球手的天性，而是怎样顺势利导加以改进。哈蒙也是许多高球大师（包括 Phil Mickelson）的教练，他的高足弟子们打法招式的五花八门，说明了哈蒙的因材施教法的成功。哈蒙说他并没有标准的最佳方法。有天分的人之所以有其独到之处，是他顺应自己的生理和心理条件的结果，而“移栽”徒然造成伤害。关键在于如何根据他固有的特质加以改进。

哈蒙另一个最重要的经验，是让学生能从成功中学习。通常的做法是从失败（即从博弈对方的成功）中汲取教训，对于能够持续提升的人，还必须从自己的成功中得到锤炼。哈蒙要学生不断琢磨，这下挥杆为什么打准了？那下推杆为什么进得了洞？等等。这给我们以启发，学校的考试内容缺陷到底在哪里呢？

我们的高考制度，最主要功能不外乎在“僧多粥少”的条件下比较公平地分配名额。这种状况在可预见的将来不会有多大的改变，然而至少在考题的内容方面我们还是大有改进余地的。几年前我曾随中国发展基金会去青海考察“留守学童”的教育状况，途中和教育部的资深督导有过深入的交谈。

我们发觉，高考题（理科为例）的答案，很多都是“凑对”的结果。也就是根据有限几个给定的已知条件和数据，套用为数很少的在课堂里教过的公式，“凑对”的话就能得到一个漂亮的解，通常是个整数解，于是学生就相信自己解题成功了。小学启蒙时为了强调单纯的逻辑关联，靠这样的方法或许有其益处，然而到上大学的前夕，还这样来评判学习的成效，不能不说已经严重脱离了生活和社会的实际。

现实世界中的问题，如果还能算是问题值得你费心解决的话，都不会有明确界定的因果联系、确定的影响因素、干净的已知条件、相关的精准数据，当然也不会有什么漂亮的“整数解”。解决问题的关键，就是要求你辨识并找出这些东西，哪怕相当模糊的条件、数据及其间的联系假设，并能够以此为基础，先得出即便是相当模糊的结果也不要紧，然后不断地验证改进，去逼近真实。决策科学里所谓“问对了问题，其实就已经解决了 90%”的讲法，说的就是，在提出问题的同时也提出和寻找这些解决问题的要素。至于具体计算工作，在对的方向上，则变得越来越简单，大凡能用计算机软件来实现，或外包给专业人士来代办。

然而非常令人遗憾的是，我们的优秀毕业生倾注全力学习的，却只有不切实际、过于简化的、越来越能被机器取代的计算或推理。更可惜的是，考分高的学生不能从“考试的成功”里学到什么，反而容易产生误解，以为自己答对了虚假的考题，等于获得了解决问题的实际能力，从而进一步抑制了他们对创造精神的追求。

不妨进行模拟考试来验证我的这个见解。比如，在考试题目里增加一些冗余的数据和条件，在陈述中添加些不相干的“废话”，答案也不能凑对成整数解的话，考生是否还有能力辨识出有用的要素，不受冗余条件和噪声的迷惑，对解题的答案依然能保有信心？只要把考题略微变得“现实”一点，我敢说，优秀考生——用偏失的方法反复操练出的产品——的考分会大大“失常”。这也预演出他们将来走向社会参加工作后的表现。

在这样的考试环境，应付这样的考题内容，居然还有人在问，为什么考出的状元不是最富有创新性的人才呢？这好比是在问，努力爬上了一棵树，高低姑且不论，还很幼稚地疑惑，为什么抓不到鱼呢？一个根本的原因，恐怕是我们的考试制度乃为删汰人而设，至于能否筛选出有创新和独立精神的人才，非它的本意所在。

既然谈到了学打高尔夫的经验，本文就问一个打高尔夫球的问题：

设想你常为交谊或业余比赛打高尔夫。当你打偏了一个球，若是挪动一点，譬如说移一尺的话成绩会改善不少。在没人看到的情况下，你会怎样做（选择一种）？

A. 完全不考虑去挪动；B. 用手去挪球；C. 用脚去拨球；D. 用球杆去拨球。

高潮和结局，幸福感的两大支柱

人的幸福感是从哪里来的？

作为一个篮球迷，我对粉丝人数居世界之首的足球赛一直纳闷：一场比赛 90 分钟，精彩片段不会超过 5 分钟，何以如此令大家着迷？去年观看世界杯比赛，我似乎得到了“发悟”：回顾一项活动、一个事件、一种过程，进而整个人生经历的价值，主要是从两个环节来判定的——它的高潮和它的结局给你带来了什么？至于发展过程的“具体细节”却不是那么重要的。

足球比赛无疑极好地满足了人这两个环节的感受。整场比赛过程虽说相对沉闷，但为数不多的那几个“一刹那”，射门、进球或扑出，极大地兴奋了参与者，不管是观球的还是踢球的。而比赛的结果，无论对胜方对输方，或狂喜或憾恨，都会长久刻在人们的记忆里。篮球赛则难以比拟，篮球的比分逐渐积累，高潮很小，除了不多见的决胜半分钟，胜负的结局多半早早就可预见，惊喜和悔恨的起伏波澜于是大打折扣。足球赛则为了保持强烈的观赏感受又增加了悬念，譬如拒绝增加裁判人数（1 人独裁），不扩大球门，等等；在尝试了以“金球”决定胜负后，足球赛也取消了“猝死”的做法，因为只凭个人射 12 码，过于靠运气的话，我想，恐怕许多人会觉得他们的参与价值就降低了，郁结在心头的沮丧情绪不但影响球赛的快乐，还会有碍健康。

悟到这层道理，我们不妨来回答社会经济可持续发展的一个核心问题：人们怎样才能更好地分享经济成长的成果？在各自的生活里是否体验到了 GDP 高速增长的好处？人们体验到的幸福感又是怎样构成的？

这些历来都是老大难问题。认识到经济增长归根结底是为了提升人们生活的幸福（感），许多组织（OECD、联合国、世界银行等）实验了各种评价体系，试图把经济发展的结果和意义纳入一个关键指标——人们对经济增长的幸福感受。许多学者也在孜孜钻研其间的因果逻辑关系。然而到头来，没有哪个实体能够使用其他的指标来替代 GDP 的评测系统。原因又在哪里呢？

在个人的层面，人们是如何感受到幸福（偏好或偏恶）的？他们在事后又是怎样来评价获得的幸福感呢？社会整体的幸福（和不幸福）感，千千万万个人的好恶的综合，又是怎样加总起来的呢？

我的儿子和我的看法相反，他迷足球，美式足球加英式足球。他认为篮球才 boring（无趣）呢。他告诉我，只看赛后的若干射门集锦片段回放，你是无法体验足球带来的刺激的：第一，你已经知道了结局而无悬念；第二，要是不看过程，只从技巧和配合的精妙片段，因为没了反差，你是无法享受到足球的真实美感的。

人类之能产生幸福感，道理恐怕也是一样的。人脑反映出的“自我”其实有两重性：其一，是体验时的自我（experiencing self）；其二，是记忆中的自我（remembering self），两者常不一致，甚至有很大的出入。

为什么“一以贯之”——孔夫子的儒家训导，是如此难以做到，我们每每感到困惑，人不原本就是统一的吗？人之不能做到一致自洽，毛病是出在儒生的“虚伪”吗？还是因为人性本质上就是“意志薄弱”的？行为心理学和脑神经认知科学的新进展为我们揭示出来，人进化而来的心智构造里，体验自我和记忆自我分别属于两个体系，因而两者的不统一乃是常态。也因此，要维持“一以贯之”的幸福体验，除非有过人的修炼，是很难达到的境界。

有个小实验，你不妨试试。A. 把手浸到冰水（比如说 5 度，刺痛但可忍受）里一分钟后，拿出用温毛巾擦干；B. 把手浸到同样的冰水（5 度）里一分钟后，再由别人趁你不注意时给水略微加温（比如说 10 度，你仍然不感到舒适），继续浸半分钟，然后拿出用温毛巾擦干。你会感到 B 比 A 要舒服，经过这个小实验的人有 80%以上会选择 B 而不是 A。如果不信，你可接着这样来做：把一只手浸到 A 条件的水盆里，同时把另一只手浸到 B 条件的水盆里。人们一般会觉得 B 比较舒服，尽管 A 显然要比 B 少吃一点苦头。两者前面一半的过程尽管完全一样，但是 B 的结局比较平缓，人们因此更乐意接受。

认识到“体验的自我”和“记忆的自我”之间是有出入的，有重大的意义，并有重要的应用。例如，医学就很在乎这种出入，哪一种手术过程更能为病人所接受？研究证明，做非常难受的直肠镜检查时，避免痛楚的高潮即避免难受的峰值，同时在结束前慢慢退出，逐渐降低难受的感觉，对病人来说要好受得多。虽然这样做会延长整个检查的时间，病人体验到的痛苦“总量”（强度乘以时间）增加了不少，但在事后病人都会选择这样做，高潮的痛苦不太剧烈+结局的痛苦平缓会减缓不愉快的感受，至于吃苦或享受的过程有多长本身并不要紧。推而论之可以明白，人做选择时所依据的，是记忆中对将来的效用（趋利避害）的期望，而不取决于过去实际发生过的效用。

老话说的“谁笑到最后，谁笑得最好”是很有道理的。形形色色的“端起碗来吃肉，放下筷子骂娘”的现象，也变得容易理解了。这种理解不但给我们带来启示，怎样来安排各自的生活选择，同时给国家带来有价值的指引，如何来测评经济发展给社会的幸福效应。

阿凡提的汤的汤的汤……

本章的探讨，到目前为止还局限在个人的决策行为，是如何受大脑的驱动和局限的。作为群体成员，人际之间的选择又是怎样发生互动的呢？人类被称为“超级社群物种”（eusocial species），所以能够成为“万物之灵长”，统领宇宙，在于人类有能力做超大规模的社会合作。人类学的考古发掘也证实了，在过去四百万年的物竞天择中人脑至少增加了三倍。那么，社会合作对于推进人脑的进化发育的作用，又是怎样的呢？

考古和进化行为学的研究表明，动物的脑占其体重及消耗能量的比例，和它们生存所需要的合作是成正比的。人类正是在不断扩大的合作沟通的需要下，大脑才得到了突飞猛进的发展，而人脑的一些变异，凡有利于人际合作的也更能得到存续和强化。然而，在过去的一万年文明进展中人脑的体积甚至缩小了10%。也就是说，人脑并没能无限制地进一步扩张，原因又在哪里呢？学界有多种说法，比较可信的解释是，这是为了直立行走和手的自由运用人类不得不付出的代价。直立行走迫使女性的骨盆变窄，连同产道，刚性地约束住了新生婴儿脑的体积。而新生儿的脑壳尚是柔软的而且还没完全合拢，也是为了顺应这个约束把脑发展到极致的缘故。

因而不妨这么讲，在人脑体积受到硬约束下，为了适应扩大的人际合作，任务就落到人类的“文化进化和社会选择”上了。历史发现，能建立起规则，从而有效促进群体内部合作的人群，得到了繁衍和壮大；反之，群体内无序争斗的人群就衰亡被淘汰出局。文化强有力的合作选择，对人群的后果极不相同。

在这对矛盾——扩大的人际合作需要和人脑发育的限制下，怎样才能合理配置人脑所固有的潜力，于是成了“生存和发展”的一个关键问题，无论对个体还是对群体，同样重要。

那么作为紧密合作的基础，一个人能和多少人产生“有效的互动”呢？在150人左右（黑猩猩是人类最紧密的近亲，有效的互动范围约为55只）。这里所谓的有效互动，乃指彼此间有直接交流，相互认识，能够建立起相互的社会联系，包括：熟知彼此的面容、了解彼此所处的关系、能预测彼此的情感反应，并能据以响应和调整彼此关系的成员数目。这样的成员在100~200个之间，他们同你互动频率和合作成效之高，是其他人难以企及的。

至于其他的人，与你的关联及互动则如同“阿凡提的汤的汤的汤”。在阿凡提的故事里，有一次他和朋友一起打到一只兔子，美餐一顿还有所剩；第二天有人来说他是朋友的朋友，阿凡提于是同他分享了剩下的兔肉汤；第三天又有人跑来，说是他朋友的朋友的朋友，于是阿凡提只好请那人喝了凉水，说这是“兔子的汤的汤的汤”……

认识这个问题，对解释人类社会的各种组织的形成和功能有很好的指引。也是我们发觉，人类组织始终是“层级化”的，而不可能充分“扁平化”的原因。举例说明，几个兵士能结成班，几个班再组成排，连长也许能关注全连的战士，进行有感情的具体交流。然而营长就很难和全营的成员做到这样，营长的直接沟通会到班长为止，正如团长的管辖很难具体到班干部、师长的管理下不到营级以下，有同样的道理。

这是一个大道理。比如说，讨论在网络时代人们是怎样互相认知的，而建立起怎样的互动合作能更有效果？乔布斯对这个道理便认识得非常清晰，他不愧是天才的管理高手。乔布斯深知要能紧密工作，激发出团队的创造力，产生综合效能，必须突破个人和组织的惰性，要在人脑的关注力分配上做文章，以确保非常稀缺的关注力和情感资源，配置到最利于合作互动的渠道。

乔布斯主持 Pixar 的开发项目，就是个绝对精彩的案例。当时公司的场地是由一家鱼罐头加工厂改建起来的，三栋楼分别给行政、编程、动漫设计人员使用。乔布斯主张盖一个中间庭院，把三栋楼连接在一起。他不但要求把餐厅、咖啡座、休息室都设在中间庭院里，最妙的是，他把三栋楼的厕所归并成一个，放到中间庭院，让所有的人来"共享"。无论哪波人，要用餐、喝咖啡、放松和方便，就不得不来到"公共广场"，和承担其他功能的同事碰面、交流、切磋。于是乎，Pixar 在"三结合"之下，解决问题更及时，创意也不断涌流出来。

先来问一个打高尔夫球的问题：

设想你常为交谊或业余比赛打高尔夫球。当你打偏了一个球，若是挪动一点，譬如说移一尺的话你的成绩会改善不少。在没人看到的情况下，你会考虑怎样做呢（选择一种）？

A. 完全不考虑去挪动 ；B. 用手去挪球；C. 用脚去拨球；D. 用球杆去拨球。

让我们接着再问：

业余打高尔夫球时你们四人分为两组，小组成绩两人分享。当你的伙伴打偏了一个球，稍加挪动的话情况会改善不少。在没人看到的情况下，你会（悄悄地）帮他挪动球吗（选择一种）？

A. 完全不考虑去挪动；B. 用手去挪球；C. 用脚去拨球；D. 用球杆去拨球。

其实不用做公开回答，你扪心自问，咱们多半会怎样做呢？

不妨回想你自己（或近亲）的重大决策，比如择偶、创业经营，等等，自然会有体悟。事实上我们在做逻辑分析和信息删选的时候，常常只是为了强化自己的直觉选择，把它合理化和正当化。因此，“直觉反应的急思维”做成决定后再引进“理性分析的慢思维”，改善的效果并不会很大的。

那么，怎样来调动“系统 2”的理性思维才会收到成效呢？卡尼曼说，人在进行理性分析的同时，要紧的是能跳出自己的框框来看待问题，包括克服人们自负和过于乐观的固有心理倾向。本章我们一再指出，过分自信和没有确切信息与事实支持的乐观，常常导致人们犯错误。减少这种错误，最好的办法是你找到相同情况下实际发生过的案例作为参照，来检验自己的信念和印象是否确实站得住脚。

人们往往有这样的倾向，过分注意其他人取得的成功或满足，以为很容易就可以实现在自己身上，轻忽由此可能造成的成本或负面因素。

譬如，看别人打高尔夫球很来劲很高雅，因此挺羡慕的。这时你需要实地去反复试试，究问内心的反应，是否真的令自己快乐。又如，羡慕同事同学买楼，会不会越大越贵就越使人感到满足？追问自己值不值得为之牺牲你其他的追求？又譬如，庄子和惠子对游水的鱼是否值得羡慕有过著名的争论，想来大家都知道。对这个争辩众说纷纭，迄无定论。尽管我们无从确定鱼在水里游是否快乐，不过不难推断，鱼不会只是为了图快乐才到水里游的。

有些选择是能够被重复的，不妨去亲历体验，另一些则不然，诸如择偶、择业、迁居到其他城市甚至国外，等等。就像《非诚勿扰 Ⅱ》里的秦奋，搬到了三亚的大宅子里，整天晒太阳泡海水，日复一日，确实是你想要仿效的吗？所以，只凭自己的想象或看他人行为的皮相来指引自己来做选择，往往不太靠谱。

跳出迷思的框框，仔细发掘与你类似的其他人做类似的选择后的实际经验，包括与之深谈讨教，从而了解自己真实的性向和追求目标，避免高估自己的能力和运气，然后实地体验或从别人实际经历中获得教益，要有效得多。这样来运用系统 2，才不会被系统 1 牵着鼻子跑，才能对匡正系统1的偏误有帮助。

回过头来看企业等人群组织的集体决策，道理也是同样的，不过要复杂一些。老板拍脑袋，决策往往已由他的系统1“前定”了，这时要下属来参谋评估，效果多半是适得其反。下属或咨询专家多半会窥测雇主的倾向偏好，不惜过滤信息、删选事实、扭曲评价，来证明老板的决策为什么“如此英明”。这种场合下，其他人的系统2（伪理性）只会助长老板的系统1的偏失。经过“团体讨论的”决策，结果甚至比“个人直接拍板”还要差。

解决之道，卡尼曼的建议是，老板最好不预设他的立场倾向，否则方案计划的取舍就会围着它来转。上级要（暂时）掩蔽自己的偏好，提出另外一个或数个“次优”方案，在宽松开放的氛围里展开真诚的讨论，决策的质量才可望提高。在评估方案实施的可能效果时，对市场竞争对手要做平正的评价，切忌盲目高估本单位的能力和机遇，等等。

至于个人的经验对系统1和系统2的结合会有怎样的影响，卡尼曼认为各有利弊。有利的是，随着年岁和经验增长人会少点冲动，多些体验而来的沉稳。不过经验是否管用，要看取得经验的背景和环境发生了怎样的变动。决策的变量和依据有了很大变化的情况下，过去的经验反而可能是累赘。年轻人的顾虑少反应快，更能学习去拥抱新的变化，成事的概率未必更小。家长们以老经验来训导子女，未必总有道理，却是产生代沟的一个主要原因。

此外，年岁大了脑子的关注力会有所减弱，考虑不周是常见的现象。譬如，各国的老人往往是奸商行骗和愚弄的对象，就是一个旁证，说明他们的决策能力是在下降的。卡尼曼的一个有针对性的具体建议，就是老人退休后就不再适合自己选个股做证券投资了。一来反应会钝些，二来也输不起退休金，万一出差错翻回老本殊不容易，所以委托给基金专业人士代理，更可靠些。

管鲍分金

请大家参与回答如下的问题：

走出地铁站时，你和另一个乘客被人拦住来做一个小测试。他拿出10元钱让你们分享，提出的规则是：由甲方按自己的意愿提出方案来分，从10－0到1－9怎么都行；乙若接受甲的方案，甲乙两人就按甲的方案来分配这10元钱，然后再不碰面；乙若拒绝甲提出的方案，那人就收回10元，两人则空手而归。

靠丢硬币来分甲乙，设若你是甲的话，提出的方案会分给自己几元呢？

这个一锤子的交易是社会学调查里最有名的心理测验之一，旨在检核人的行为是否“充分理性”，在基于利益的合作里人究竟是怎样来扩张自己的份额的？

把它称作“一锤子博弈”才比较准确，因为两个素昧平生的人，被扯在一起分那白得的10元钱，之后老死再不相往来，他们既无交情的纠葛，又无长期利益的绑定。

三十多年以来这个博弈游戏在世界各个角落被重复了成千上万次，结果严重地撼动了人文学科（主要是经济学）里理性人的假设，即以为人总是不遗余力在极大化自身利益。就此意义，经济学上所谓的“帕累托优化”是否能成立，为每个人所认可，成为社会追求的效用目标，也受到了质疑和挑战。

“一锤子博弈”的原名是“终极博弈”（ultimatum game），由德国的一组经济学教授在1982年首先提出，是引起了全世界最多人最长久兴趣的行为经济学实验。之所以能引起各国民众持久的兴趣，是因为这个实验测试出了人在追求自己利益扩张的同时，还会关注别人分到多少。这个结果和经济分析的一个根本性假定是抵牾的。

经济分析的典型假定是，经济人但求自己的利益有所增加，全然不管别人的利益增进与否，也就是说，他的利益是独立于他人的。照此推理，“一锤子博弈”里乙不应该拒绝甲提出的任何分配方案，除了10—0，即使是9—1也总比0—0强吧。因为乙要是拒绝了甲的“自私”方案，至少会损失1元钱。从乙的立场，相对于0—0的结果，方案9—1是一个“帕累托改进”。因为是一锤子的交易，乙对甲纵有任何不满，在博弈后都将无从报复，乙得到1元毕竟总比0强嘛。

然而在现实世界里，乙不但会拒绝9—1的方案，凡是甲偏向自己的分配超过了77%对23%，就有可能被乙“断然否决”。和理性分析所预期的交易行为大不一样。

一锤子博弈的实验测试开始于1978~1979年（发表于1982年），最先的测试对象是科隆大学的经济系学生，结果与“经济理性人”假定推导出的结果大相径庭，大大出乎经济—社会学者的意料，难道这帮学生变得“不理性”了?

各国的研究者于是抱着很大的疑问和热忱，在全世界各地几百个社区反复进行了测试。结果发现，无论是在现代国家还是在原始部落，甲方再怎么自私（秘鲁东部的Michiguenga原始部落），也只提出了7.4—2.6的比例分法。在不少社群里，甲甚至提出4—6的分法来优惠对方（譬如在巴布亚新几内亚的部落）；在蒙古国，当甲提出偏向乙的方案后，比如说4.5—5.5，甚至会被乙拒绝，因为乙“不好意思”占甲的便宜；在发达国家里，甲乙两方则一般会满足于5.5—4.5的比例来分配这10元钱。至于中国（不论大陆、台湾还是香港）民众的倾向，和市场活跃的西方国家几乎没什么差别。

有理由相信社会大众，包括我在北京大学和贵州大学EMBA课程讲课时进行互动的数百名学员，有着同样的倾向。例如，我在北大教的EMBA课程的一个班级，参加者60人分为30对。甲给乙的平均出价是4.2元（最高的9.9元，最低为0.1元，中位值是5元）。我在贵州大学教的一个EMBA班级，参加者34人分为17对，甲给乙的平均出价是4.9元（最高的8.0元，最低为1元，中位值是4.4元）。

一锤子博弈的影响深远，卡尼曼及其同事认为，它就像X光一样穿透了生活在不同的价值文化中的人的实际心理和行为，把经济人的理性假设给“捅穿”了。然而，尽管“完全理性人”的假设与可观察到的人的实际选择有很大的冲突，却是非常强韧，仍然拒绝被证伪，难以退出理论学说。

影响现实中人的选择行为的因素当然要复杂得多。市场理论和活动家于是纷纷设计出问题的变形来反复测试，进行实地考察，来验证一锤子博弈的验证结论并非决定性的。人们发现，当通过分配可以白得的钱从10元增加到10万元的场合，得失成倍扩大后，乙就比较容易妥协，倾向于接受9万—1万甚至9.5万—0.5万的悬殊分配。此间的差异给经济学的（伪）假定挽回了些面子：利益出入显著的场合人终究要回归到理性的。为了不让甲的不公平得逞，乙宁可放弃几元钱不难理解，但是要乙牺牲几万元来惩罚从此不相往来的甲的不上道，代价未免太高了。

一锤子博弈的“变奏”还有很多。有个实验是这样来进行的：一个班级40个人，甲乙各半。主持人给每个甲一个信封，里面有10张一元票加10张和一元票同样尺寸同样厚薄的空白纸。甲可以决定拿走10张包括一元票若干（0到10）张，然后把信封封好交还给主持人，信封里留下的钱就是该甲要分给乙的。信封上没有任何标记，因为都是 10 张且一元票与空白票有同样的厚度，甲很清楚，没谁能知道自己留下了几元，没人能监察到甲有多自私（或说有多理性）。结果又如何呢？实验结果显示，甲在信封里留下的钱显著少于 5 元，往往只有 1 元甚至 0 元。与分配方案公开时的实验结果相比，有不小的背离。

种种行为测试似乎在告诉我们，人的本质倾向还是自利+理性的，凡在确信无人观察得到的情况下，人们的自利行为就表现得比较充分。人们对公平的追求，如此看来，有表现给他人看的成分。人们力图显得自己不那么自私，因为名声很重要，尤其在反复的交易过程里。而人际的交往和合作大都发生在熟人之间，交易的多数属于“管鲍分金”，而非“一锤子博弈”。不过在潜意识里，即便是老死再不相往来，甲对乙的反应，以及第三方是否知情，还是心存顾忌的。这也说明了，人生活在群体中，舆论的监督和规范的透明是非常必要的，既能约束人的行为，也能促进人际合作的扩大。

因此，社会人文的环境，人际合作怎样才“公道”的道德法则对文明的进展是非常重要的。下面的问题，类似于“准管鲍分金”，或许有助于我们深入理解现实社会中的人性，包括反省自己的内心。

走出地铁站时，你被一个陌生人拦住，说他叔叔给了他 100 元，条件是他必须找到人合作才可以拿到钱。他将提出方案同你分享这 100 元，从 100－0 到 1－99 都有可能。你若接受了他的方案，你们就照着分钱，以后再不碰面；你若拒绝即合作失败的话，他就只能把这 100 元退回给叔叔。他至少要分给你多少元，你才不会拒绝呢？

公道自在人心

接着上文的讨论，在“一锤子博弈”怎样考验经济人的理性假设之前，来谈谈何为“公道”，或“公正”“公义”“公平”的说法。

本章在第一篇就希望把读者的关注引向市场交易的“公平性”，里面提出的问题：“深圳突降暴雨，平时出租车难打的情况变得令人绝望。在这类情况下，你认为，允许出租车司机和乘客议价，提高计费标准是公平的吗？”

大约只有三分之一的读者回答，趁机提价不失公平，而大多数却很不以为然。

在经济学里我们要问的问题，则是此时的市场交易是对称的吗？把自己的服务卖出最高价格是否就等于把资源配置到最佳？市场供需的力量之外还会牵涉到哪些因素？等等。总之，在需求急剧上升为刚性的关头，把价码提高了数倍、数十倍的合理性，往往不令人信服，甚至令人反感这类经济分析。

这里有一个实际发生过的例子。

“2004 年美国佛罗里达州遭飓风横扫，留下一片狼藉。有些商人乘机抬价：输电线断了之后小柴油发电机变得很抢手，平时 250 美元一台顿时涨到了 2000 美元；40 美元一晚的小旅社此时则叫价 160 美元；大树倒下压在屋顶上，不搬走的话人住在屋里太危险了，可请人挪走，工人要价竟然超过了1万美元!”

难道是美国人格外的自私吗？只有当“黑天鹅”出现在自己的家门口，你对邻居、同事和自己的检验才是真切实在的。网上有人辩说出租车司机也不得不考虑成本，乘此机会大幅提价因此不无道理。我们也可以来问这样的问题：

“你乘坐地铁后出站，忽然发觉外面在下大雨而你却没带伞，站地铁口摆摊的小贩乘机兜售折叠伞，平时一把15元现在卖到了30元。你觉得合不合理呢?”

假如你认为，与其等到雨停，多给小贩15元不能算太不合理的话，那么要是加价15元的卖方是地铁站内的联华超市连锁店的话，你的感觉又将如何呢？小贩和联华超市不都在争取最大盈利吗？在你看来联华乘机抬价也是合理的吗？

其间的差别既微妙又深刻，经济和社会学家费了不少心思来解释证明，结论还是见仁见智。

回到“一锤子博弈”的合理性的讨论，要看你是站在甲方的立场还是从乙方的角度来对待问题。至少在两个方面大家会有共识：①信息要揭示出来，能尽量预先了解彼此；②交易要能重复进行，才会趋近于“合理”。

比如说，把暴雨中乘机加价的车辆、酒店、人和其他机构当时的作为，记录下来公之于众，加了多少价码，以便下次同他们交易之前有所了解，会有帮助。减少市场博弈不对称的更有效的做法，是重复进行交易。上述的第二点是对“一锤子博弈”的一个有力批评，认为交易前互不认识、交易后再不相往来的“一锤子博弈”，毕竟不是现实世界的常态。多数的交易是反复进行、可以追溯的，而交易双方的风格和诚信程度如何，事前要有所了解，事后要可以奖惩。于是设计了如下的博弈，可以重复进行的“投资资金池”游戏。

四人一组参加博弈，每人分得20元钱。可以自由选择是否投资于一个公共资金池。无论谁出资，每局游戏后池里的钱都会翻倍，然后再平分给这四个人。最理想的情况似乎是，每人都能尽其所能全数投入，即各出20元，结果资金池由80元翻倍为160元，均分后各得40元，每人的投资报酬率是100%。但是产出结果均分，并不意味着投入均等。设想四个人全是彻底追求自利的“完全经济理性人”，其中若有一人不投资，那么其他三个人投入资金池的60元将加倍成120元，四人均分各得30元；结果那个搭便车者却是30元加上他原有的20元，将成为50元的“首富”，而他的投资回报率是无穷大（30/0）。

这不成了三个投资者在为一个搭便车的人“作嫁”吗?！要是不对此人加以惩罚的话，他的卑劣行径会迅速污染全体。不难推定，结果没有人再愿意投资，再生产将趋于停止。因此说，惩罚搭便车的行为是人类合作所必需的。实验的结果充分表明，允许参加者对搭便车的人施行惩罚时，情况就会发生变化，即使惩戒的成本高昂，人们也会积极施行。比如，游戏规定，参加者要实施惩罚的话，罚搭便车者每3元自己得赔上1元钱。结果发现，几乎所有的人都乐于惩戒别人的“背叛”行为，可以说是迫不及待，即使贴上点老本也在所不惜。而有了这样的制约，搭便车者也会收敛，转而投资合作。

这个实验在世界各地重复了无数次，表明无论哪个族群群体，哪种文化传统，都有某种形式的对搭便车者和“背信之人”的惩戒规则。因为要是没有相应的奖惩规范，人群的合作是无法持续和扩展的，那个族群已经在人类基因池被淘汰湮灭了。人类学和演化心理学业已证实，若不能有效惩罚搭便车者的背信行为，人类是不可能进化到我们今天这样的文明高度的。

说到头，人的心理是一条长河。一个人不会，至少不容易，在损害了他人的利益做了“不公道”的事情后竟能浑然不觉，即便被损害的人同你老死再不相往来，对你无法回敬，也是如此。你心里的愧疚羞耻感不会全然被压制，由此而来的不舒服感觉甚至会损害你的免疫机能。这种人类千百万年的“互惠合作”行为演化而成，通常被称为“良知”的情感，也是人之为（文明）人所独有的意识，不会轻易就能被剿灭的，哪怕有人想出各式各样的理由来搪塞掩饰、来扭曲压抑、来自欺欺人。

“公道自在人心”这句古训，自有其深刻的生物和文化背景，我们有机会将再深入探讨。与但求自己利益的扩增只计较个己得失的“充分理性经济人”的假定不同，就人类而言，“我”有时需要超出“个体”的层面，才能得到稳定的界定，家庭、宗族、社区、教派、社团，乃至民族国家，在一定条件下都是“我”的组成部分，甚至能赢得“我”对“我团”做出“甘愿的牺牲”。

人们从两类博弈——战场和情场学到最多。前者是集体的冲突，后者是个人的追逐，最令人着迷的故事，大都是围绕这两个主题来展开的。不过由于经济的发展，现代人类有了余闲余资，博弈能以无伤大雅的方式展开。体育赛场的代价小而娱乐性强，因而成了现代社会极重要的博弈。而人们也转向体育竞技赛事，学习博弈的战略、方法和诀窍。

这里用几个“插曲”来联系人类普遍存在却又道不明白的两个倾向：在群体层面有抱团竞争的倾向，在个人层面有突出自己的倾向。

大家可能还记得，中国选手叶诗文在伦敦奥运会的成绩出奇的好，200米的混合泳超出自己最佳成绩5秒，而且快过了最后50米自由泳的男子最佳的冲刺速度，招人猜疑是可以理解的。奥运会反违禁品的执法机构回答十分得体，他们有的是机会来严格检测，不劳质疑和辩护的两方来悬猜。不过从不同的群体——中国人和其他国家的人的反应和取向来看，不难体会到人们对事实是怎样来判断的：团体归属的倾向十分强烈。

再如，自行车赛的超级明星美国的阿姆斯特朗是否使用禁药的风波。阿氏乃七次环法大赛的冠军，即使在睾丸癌症手术后他还两度夺冠。这种超常表现当初就引人怀疑，有多人举证他曾服用违禁品，终于被主管机构立案正式起诉后，美国国内有众多的人声援阿姆斯特朗，提出种种理由多方阻挠调查，也说明了“实事求是”远非那么简单，必然会受到人们固有的抱团立场倾向的诸般干扰。

话说回来，抱团乃人群之通病。不过，别的团体有此毛病我看得明白较著，但对自己团体我却会（故意）懵懂马虎。然而，这正是抱团竞争的本质属性。

以笔者自己的体验，在洛杉矶所看到的奥运会节目电视转播，必集中在美国队有望得奖项目，而评论的言辞语感，凡能有解释空间的，比如体操、跳水、排球等与中国对抗的项目，也必然偏向美国队选手，觉得很不爽。当我和住在加拿大的外甥谈起这点时，他告诉说，他那里的节目播放则无不以加拿大队擅长的项目和奖牌为主轴。CCTV 报道的内容又岂能例外？由此推想，我所谓“公平”观感偏向，只不过显露出我所属的“团”仍是母国中国，尽管在美国旅居和“归化”已有了大半辈子。

到奥运会作最后的角逐，不必讳言，指向是奖牌，各国乃至各个选手都是如此努力争取的，尽管在奥运会规则上从来没有明文写出“奖牌潜规则”，但是“抱团竞技”和“奥运会精神”有冲突难道不是很寻常的事情吗？

为何自迷迷人

伦敦奥运会闭幕前夕的男篮决赛可谓经典，可以看到人在博弈中是怎样处理为个己和为所属团队的关系的。西班牙男篮的加索尔兄弟，加上签了约马上要到NBA打球的天才控卫卢比奥，是拼了命为西班牙效力，险险乎把东家美国队给干倒了。还记得乔丹参加梦一队到巴塞罗那为美国夺金牌，就因为决赛中库科奇替母国克罗地亚打球“太卖力”而大感不满，硬是杯葛他加盟公牛队，最后库科奇白白等了一年才被公牛队招募，损失不小。因此加索尔兄弟全力为西班牙作战，冒了开罪东家和队友的大风险。好在科比还比较大气，热情拥抱了保罗·加索尔。为团队效力本来就是值得尊重的人类天性，不是吗？

怎样才能摆正为个人竞技和替团队打拼之间的关系，牙买加队短跑名将布莱克和博尔特、美国队十项全能好手伊顿和哈迪之间的瑜亮情结，也非常有意思。又譬如，在女子四百米跨栏比拼里，美国的德姆斯只比俄罗斯的安图尤克慢了0.07秒，得了银牌却懊恼万分，当即扬言绝不止步，决心再苦熬四年来争夺下届奥运会金牌。这里面的逻辑颇为奇怪，难道除了金牌得主，其余的都得感到落寞不成？

人的争胜精神究竟是怎么一回事？行为科学的分析发觉，人们有一种非常独特的心理，在赛前明显高估自己，以鞭策自己的进取心；受挫后又迅速调适，恢复自信以维持积极的心态，哪怕赢的概率依然不大。

这种心理并非“自欺欺人”，一来它的积极意义是很可宝贵的；二来人的自我高估，“愚弄”的对象主要是他自己，而非为了蒙骗他人而牟利。就好比一个演员，必须融入角色才能演活，使观众相信演员就是他在扮演的角色。这也是“领导力”必要的一环，所谓“人无（过高的）自信，谁人信之?”领军人物，无论哪个领域的，单靠“实事求是”，并不足以发挥其领导作用。

因此，自视过高乃人类共有的倾向，无论对自己的天赋能力、努力程度的高估，还是对“本群”的运气的高估。

高估若发生在他人身上，我们很容易辨别明白；若发生在你所关爱的人身上，我们的辨别能力就会打折扣；若是发生在自己身上，那就更不容易看得清楚了。自己的感受体验会很确凿地告诉你，对自己并没有高估而是实事求是的“客观”评价。其中的道理是，在不确定的险恶和生存竞争的压力下，人类需要千方百计创造出良好的自我感觉，从而帮助自己克服困难，激发能量，更好地适应竞争的环境。

行为心理学家发现，婴孩甚至从三岁起就显露出高估自己的天然倾向。比如，学龄前儿童和小学生有超过 70% 倾向于相信自己在班级里是最棒最能干的。到了上高中的时候，这个比例大致会下降到 15%左右，却仍有将近 1/4 的学生认为自己的能力和创意在社会最顶尖的 1%里。又如，约有 90%的大学教授相信自己的能力和才华超过了中上水平，多达 90%的人认为自己的驾车技术超过平均，等等。不过，相信自己的身高高于平均数的人恐怕不会超过 60%，因为实据俱在，测定简便精准，所以糊弄（自己和他人）的空间十分有限。对于前一类的判别，测量则困难得多，变数也杂，增加了糊弄自己和别人的机会。高估自己的偏向还有另一种不对称，在自己得意时（无论在学科考分还是竞技比赛），人们倾向于相信是因为自己的能力和努力的结果；而当失意时，又往往把不如意的结果归因于运气不佳或是他人作梗。

人类的自迷倾向何以如此普遍呢？不同学科的关注点和解释不一。社会心理学者认为，“蒙自己”对提高自尊有帮助，使得自我感觉更加愉快；进化心理学者则认为，成功地“迷住自己”是“迷住其他人”的必要条件，从而引导人们对自己产生更大的信心，更容易受我的影响。这种“自欺欺×”在动物界的表现也是数不胜数，目的是要在竞争中占据较有利的生存和发展的机会，譬如偾张羽毛鬃毛，发出吼声露出凶相之类。然而在人类，由于大脑的超强（想象）功能，独独发展成了精致复杂的博弈艺术。

因此我们说，适度地高估自己有着非常积极的意义。适度高估成功的可能和低估失败的风险，促使人们勇于承担风险去积极探索，增加创新突破的机会。但要是过了合理的度，自负，却会走向其反面。哈佛商学院的诺顿教授（Michael Norton）曾指出，过度自大的破坏性不小，会损坏一种关系、摧毁一个人、使一个计划流产、令一项投资失败，甚至导致一个组织一个国家的崩溃。

本章在不断讨论“不对称的博弈”，过度自信肯定是不对称困扰的一个主要原因。什么是合理的度，怎样加以把握，因此非常关键。怎样认知及把握合理的度，当然要建立在与参加博弈的同类竞争者的比较基础上。这类问题的探索永远令人着迷。

在个人层面，过度自信的倾向相对容易诊断，也比较能够得到纠正。重要的是能有自我约束的修炼，从而对自己保持清醒的眼光。诺顿教授提出了一个简单的自我测评方法，给下面七个问题来自评打分。每个回答你可选择 1~7。

1 代表你完全不同意，7 代表非常同意，而 4 居中，表示在两可之间。

① 我的最初印象总是对的；

② 我不在乎别人实际上是怎样看待我的；

③ 我一旦打定主意，别人就很难改变我；

④ 我对自己的命运有着充分掌控；

⑤ 我从不后悔自己的决定；

⑥ 我是一个十足理性的人；

⑦ 我对自己的判断有十分的把握。

七个问题的回答是这样来评分的：凡答一个6或7者，就加1分；反过来，回答1或2的则减1分。如此，总分越高者有自视越高、自负的倾向；反之，总分越低者（甚至负分）就有退缩被动、自信不足的倾向。

在回答为3~5（被认为是适度的）里面，笔者的体会是，5又比3要好。为什么呢？进取总比退缩强。尤其市场和环境，纵有许多不确定的因素，一个人总得积极进取，所谓“成事在天但谋事在人”。人生的旅程，好比是在没有航图的大海航行，无论如何你得有信念指引，你怎么盘算总还得甘愿承担风险，不然是行不远的。

要命的是，心态在1和2的人，因为在达不到目的多次受挫后，反而很容易受形势忽悠，会从“谦谨”或“保守畏葸”，一下子跳到“冒进”或“大胆一搏”，结果输得可能更惨。我们常常看到不少人在股市和房市波动里，在涨势初成时慑于风险不敢出手，却在看到同事和邻居连连得手后，一变而为大胆，哪知刚一下注，便被“套住”，反倒成了“击鼓传花”中烫手山芋的窝主。这类人在市场博弈里往往“垫底”，从瓜民沦为韭菜，令人令己都是憾恨的事。

前景理论对“风险扭曲”的剖析

作了这些铺垫后，让我们讲解卡尼曼（和特维斯基）的“前景理论”，解析人类风险决策行为，这是理论框架的一块新基石。

我在读管理博士课程时就已知道“前景理论”，当时（直到现在）商学院和经济系都不教“前景理论”，也不把它列为主要参考文献。我得知前景理论纯粹出于偶然，在数学系的研讨会上（1987 年）旁听了特维斯基教授的客座报告。这个基础性的贡献是心理学家卡尼曼破天荒得到了 2002 年的诺贝尔经济学奖的一个主要理由（可惜特氏已于 1996 年病故，未能分享）。听到前景理论时我心里激动不已，不过真正弄明白这个理论的内在逻辑却是十多年以后了。

卡尼曼和特氏从经济和金融的基础教科书中发现，市场风险决策的理论模型的前提假设严重偏离了人做决策的实际心理过程。这令他们难以置信，同时给了他们扬名立万的突破口。这个案例给人带来教益：若真想有大的创新，你就得挑战固有理论的基本前提假定，质疑它是否已经严重背离了事实。

可惜直到今天，囿于惯性和惰性，标准教科书的风险理论和模型能采用“前景理论”分析的还是相当少。究其深层原因，以卡尼曼的话，是“既定的理论诱导的盲区”的缘故（theory-induced blindness）。为了剖开这块“和氏璧”，我设计了检验自己风险决策能力的一对问题。

A 和 B，在昆山工作的两个高科技白领，都是某歌星的粉丝。那歌星在上海大剧院的专场演出是多年来的首次，两人都渴望开车去听。A 比较幸运，买到了一张平价票 500 元；B 没搞到票，就问 A 是不是愿意割爱，以 1000 元转让给他，可是 A 不愿意。演出当天上午传来消息，上海受到“海葵”飓风的袭击，下午起将有大风暴雨。这时 B 接到了 A 的 email，表示愿意 500 元出让这张票。

1. 你要是 B 的话，你愿意要 A 的票吗？(单选)

a. 要（500 元）　　b. 要（<500 元）

c. 白要（0 元）　　d. 不要（< 0 元）

2. 假如你是 A 的话又会怎样，你愿意出让票吗？(单选)

a. 愿意出让（500 元）　　b. 愿意出让（>500 元）

c. 愿意出让（<500 元）　　d. 白送（0 元）

你将怎么来盘算？认真体会一下，对自己的风险偏好会有新的认识。

惯常的风险管理（偏好/成本）分析里，A 和 B 对该歌星的偏好并没有（因为天气）改变，但天气骤然变得恶劣，观看演出的风险成本顿时加大，效益起了变化。

设身处地扮演 A 或 B 的角色，你容易发觉，虽然两者的偏好是相仿的（去看演出的价值起码都在 1000 元以上），但是因为突如其来的飓风，两人感受到的风险却可能很不一样。从 B 的角度出发，选择 b、c，甚至 d 的倾向变得很高；而在 A 看来，会尽量避免选择 c 和 d，这样无异承认亏损，会让 A 挺难受的。

正是这种“怕输”（loss aversion）的心理，扭曲了人们在风险博弈中的理性行为。这一关键被卡尼曼和特维斯基牢牢地抓住，分析后揭示出内中道理，形成了风险决策中独特的前景理论。

前景理论有三个基础：① 报酬递减原理；② 参照水平原理（reference point or adaptation level）；③“怕输+恨输”原理。

前两个原理尽人皆知，任何经济学初级课程一开始就会启蒙说，要素或投入的回报（终将）是递减的；而同样收入 1 万元带来的满足，对于参照点不同的人是不同的，带给身价 10 万的人满足感一般要远大于身价 1000 万的人。瑞士大学者伯努利根据这个原理，260 年前就揭开了“彼得堡保险之谜”（大多数人宁愿花钱投保，却只有一小部分富人乐意承保）。

前景理论的创新突破，在于把“恨输”的心理感受加了进来。观察到人在风险中做决定时，在“赢”和“输”大不相同的“前景”下，选择会发生剧烈的逆转：预期有赚时倾向于规避风险的行为，在预期会赔的时候行为会发生丕变，一变而去大胆拥抱风险。并且他们发觉，一般人赔 1 元带来的痛苦，通常平均要赚 2. 5 元产生的快乐才能平衡得了。

用下面的图形来表示，人们的风险偏好像是一个不对称的“S”形。两维平面在横轴是右盈左亏，在纵轴则是感受到的效益，上得下失。右上方的第一象限是“S”曲线的上半段，较为平缓，是一条报酬递减曲线；以原点（不赚不赔，效益为零）为拐点，左下方的第三象限是“S”曲线的下半段，则是向下陡降，画成了一个长长的尾巴，表示过了由盈转亏的拐点，亏损带来的负效用会急剧地增加。

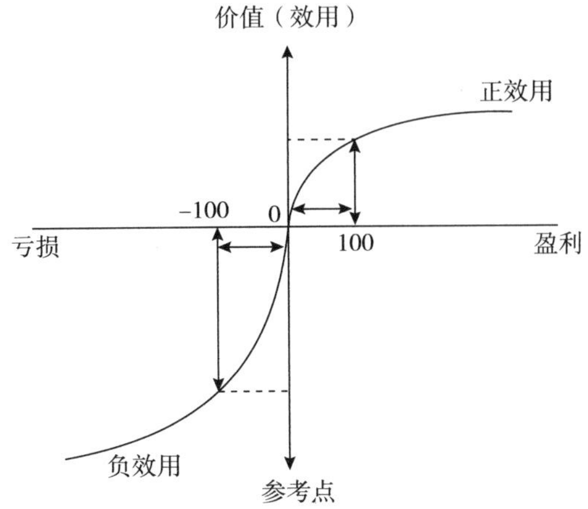

"是输是赢，博弈大不对称"，人类普遍具有的这种行为心理，是以前的风险理论没注意到的，这同金融投资理论中人们一般都"厌恶风险"的假定有着很大的差距。

理解前景理论的第一个关键，是人们的心理关注力的位势究竟在哪里？前景理论证明，发生在博弈输赢之间的拐点：人的行为在这个关键点上会有一个跳跃式突变。此刻常人"怕输"以策安全的心理会因为"恨输"以求扳回失败的心理，令人一跃而变为不惜"铤而走险"的博弈者。

先来简化说明一下伯努利在 18 世纪所奠定的人的风险决策行为原型，至今还在被普遍应用的风险决策模型。伯努利提炼出这样一个规律，每增加 10 万元的收入，通常会给一个人带来满足（效用单元），两者——收入和效用不总是呈线性的关系，见下表例示：

收入（十万元）	0	1	2	3	4	5	6	7	8	9	10
效用（单元）		30	48	62	72	80	86	91	95	98	100

如此刻画出的风险偏好，人自然不敢轻易去冒险。譬如说，有一个 30 万元的投资项目，赚或赔的机会各半，赚的话是 30 万元，赔的话是亏 20 万元，你会怎样决定呢？

虽然期望中收益是 5 万元［（30-20）×50%］，但 60 万和 10 万的效用分别是 86 和 30，（86+30）×50% = 58，要小于 30 万的效用 62。所以，一个理性投资人会倾向于拒绝该项目。

前景理论模型的贡献，主要在于它揭示出了亏损给人带来的负效用更非线性的。最初的亏损（由赢转输）给人带来的痛苦最为剧烈，然后（亏损多了）才逐渐为人接受（痛苦感趋于平缓）。

下面的列表简洁地表达出了卡尼曼等对人们通常的"风险感受"的诠释：

亏损（十万元）	0	1	2	3	4	5	6	7	8	9	10
效用（单元）		−45	−60	−70	−78	−84	−89	−93	−96	−98	−100

也就是说，当面临亏损之际，人们的行为心理会发生剧烈的逆变。

从上表不难看出，当一个人已经输了10万元的当口，他会“理性地”一变而大胆，甘愿冒险去参加输或赢10万元的机会各半的博弈。要是他赢了，能把亏损归零（扳平）；而要是输了，亏损不过是20万元（反正也是输，亏损大一点而已）。此刻人们的心理感受，是 $-60\times50\%+0\times50\%=-30$，要小于 −45（输10万元的心理负效用）。因此，与其亏损锁定在10万元，人们会倾向于不惜一搏来试图扳平。在亏损的前景之下人们倾向勇于一搏，是普遍可以观察到的人的心理行为。

实际上，没有谁是终其一生都“厌恶风险”的。为了生存的需要，人们总会时不时地冒点风险。人类学的历史考证和进化心理学的研究都指明了，人类社会一路发展到今天，是逮到各种契机大胆进取的结果。不敢承担风险、不善抓取机会的人群，恐怕早已被淘汰，是无法在人类“基因池”里留下他们“事事畏缩求稳”的基因的。

为了生存，卡尼曼解释道，人们或许能接受“少赢一点”，但很难接受“输”的结果。为了避免“输”，他们往往会大胆一搏。这个道理在股市投资里是随处可见，如果说在牛市冲天时，人们的冒险行为是受着“贪婪”驱使的话，那么在熊市弥漫时，不肯认输坚拒割肉的“恨输”的人，更比比皆是了。

理解前景理论的第二个关键，是人们对机会（概率）的感知也是非常“不线性”的。卡尼曼学派发现，人们对小概率事件，对0%~2%或99%~100%的可能性的关注，或者说是恐惧心理的过激反应，是超乎寻常的大（见下表）。

概率机会（%）	0	1	2	5	10	20	50	80	90	95	98	99	100
决策中的权重	0	0.055	0.081	0.132	0.186	0.261	0.421	0.601	0.712	0.793	0.871	0.902	1

由上表我们可以了解，对于从0到1%的小概率事件，人们的心理感受所赋予的权重为5.5%，99%到100%的小概率事件被赋予的权重则高达9.8%，然而分配给20%到50%的大概率事件的权重却只有17%……

这等于说，人们为了把输的可能性从1%减低到“彻底安全”，会愿意多付5.5倍的成本；同时人们也多半情愿多费9.8倍的费用，使安全水平极高的99%再增加哪怕是1%。但是，对于处在中间30%的概率事件，重视程度几乎减了半（0.421-0.261）/30%。

以此观照我们就容易理解，为什么人们会蜂拥购买乐透奖券或体育彩票，尽管1元钱投入的期望回报不及5毛钱；又为什么情愿不吃牛肉，即使吃到染上疯牛病的牛肉，机会小于百万分之一；又为何乘飞机时要买航空保险，即便保单的赔率远远不及十分之一；等等。

把这两个关键点放在一起来思考，我们就有了前景理论对列表里的四种状况提出的解释：

	大概率事件（95%）	小概率事件（5%）
赢	风险规避行为（“两鸟在林不如一鸟在手”） （例如，有90%的机会赢1000万） 求稳赢，求稳定回报，低一点没关系 宁可储蓄或放在债券上，不买股票 不参加博弈，不做风险投资，以策安全……	风险偏好行为（“不入虎穴焉得虎子”） （例如，有<1%的机会赢1000万） 买乐透彩票 押宝在垃圾股票、垃圾债券 赌黑马、赌弱队赢……

续表

	大概率事件（95%）	小概率事件（5%）
亏	风险偏好行为（“怎么也得扳平”） （例如，有 90%的机会输 1000 万） 怎么也不能亏 面对输的可能，不惜加码狠博，即使再输也在所不惜 力求扳回保本……	风险规避行为（“保本免得后悔”） （例如，有<1%的机会输 1000 万） 买航空保险 怕染疯牛病而不敢吃牛肉 宁可……，就怕万一……

记得 1996 年春季，我在香港的中文大学访问，当时欧洲的疯牛病蔓延，引起了全球的恐慌。香港市场一时肃然，牛肉价钱减半都无人问津。卖牛排的餐馆有打出“阿根廷牛肉”的旗号的反倒乘机提了价。我当时“毅然决然”去吃了一回半价的牛排，回来跟同事分析道，惧怕疯牛病的过度反应并不理性。吃到有疯牛病嫌疑的牛肉机会不及百万分之一，况且阿根廷牛肉，就算商家没作假，你又怎能有把握它没有沾染上疯牛病？

我的“勇毅”举动，抗衡极小概率风险的极度敏感反应，只不过替自己省下了 200 港币，要是在几年后的非典风波里能乘机出手买房，那就是另一码事了。2003 年 SARS 突然来袭，人们过度惊恐之余，竟令房市霎时间一片哀鸿。当时的京沪、香港的房价暴挫，要是有人能秉持同样的理性思考，毅然出手买房的话，就此一个举措，就能给退休生涯奠定厚实的基础。

总之，巴菲特常开导人们的那句话，“当别人贪婪时你得收手，当市场在恐惧时你该出手”，说得挺直白的，但实践起来却很难。学习“前景理论”，对认知人性的定向偏误和自己的风险决策都会有帮助。

积极应对负面效应

前景理论剖析人的风险决策行为，最关键的是确认了“赢和输大不一样”的心理。就投资决定来说，是你亏了1元钱贬损的幸福感通常需要赚2.5元钱方能加以平衡。近三十年来行为心理学的研究更进一步发现，人们在财富管理上通常有各类“心理账户”。不同的心理账户之间因赚到所带来的满意感，或赔掉所带来的挫折感，比率可以很不相同，有些高于2.5，有些则低。这和财务会计以钱和钱的效用两者成简单线性对应的财会原则，总账户是分账户的简单加总计算的方法大有出入，人们行为的种种扭曲，财务分析的种种偏误，由此而产生。

上星期恰巧看到网球名将纳达尔的电视访谈，纳达尔刚过34岁，多次登上网坛皇座，得到的大满贯桂冠数目打破了费德勒创造的历史纪录。当他被问到：“你赢球时的喜悦和输球后的痛苦，哪个令你印象深刻，影响更大更久呢？”纳达尔回答说：“不幸的是，输球后的痛苦影响更深刻，这恐怕是人的本性，不得不如此。”

纳达尔的感受恐怕我们每个人都须面对，问题背后的道理又很深，这里不妨来简单讨论一下。

按学界的说法，这种所谓“负面效应”（negative effect），比“正面（或积极）效应”（positive effect）要强烈得多。也因此，负面效应常被称为“消极偏误”（negative bias）。一般而言要强烈4倍左右——一件坏事的消极影响需要四件好事的积极影响方可平衡。具体的数值或许因人而异，坏事件或坏消息带来的负面效应要远比好事件或好消息带来的正面效用更强烈，则是可以普遍观察到的。譬如，听到许多褒扬的话你可能并不很在意，但一句贬损你的批评，心情即刻会变得大坏。那么，你个人的“消极指数”（negative ratio）是多少呢？（通常为4）也就是要多少赞许鼓励才能平复你听到一句坏话产生的坏心情呢？

强烈的心理负面效应带来的各种社会问题和困扰，越来越受到关注、要求研析。例如，国际上以“幸福指数”来评测经济发展的社会效益的做法渐趋热门。然而跟踪调查却发觉，评测的结果令人不胜困扰：反而往往是经济发达、社会稳定的国家，人们的幸福感增长缓慢甚至在下降；而贫困国家（譬如印度、非洲诸国）的民众，生活略有改善便会由衷地感到欣然。西方社会流行的一句格言——“没钱没问题，钱多问题多!”（no money no problem，much money many problems!）——其中传递的道理，用咱们的俗话来说就是，“吃饱了撑的”。

随着社会和科技的进步，人们劳作的强度减低、健康状况改善，活得也越来越长，有了足够（恐怕是过多）的余暇时间来担忧、来计较，来对负面信息做过度的反应。而市场上超负荷的选择——实质上多半是冗余的伪选项，又加重了人们在销售忽悠之下的选择负担，结果更叫人感受不到满足。我国正在步入小康社会，人们的幸福感是否能够同步上升，问题将日益显露。

为什么会如此呢？先来谈谈人类感知的生物进化因素。先民在走出非洲到定居中原的漫长征途中，你不妨设想，要是他们听到一阵急促的奔跑脚步声，反应会是怎样的呢？是拔腿便躲呢还是会迎上前去？假设这有四分之三的可能来自一群羚羊的奔跑而有四分之一的可能是猛兽来袭，他们的判断和行动又该如何？失去捕猎羚羊获取食物的机会可以再有，而丧生于狼虎的成本却是无穷大的！采食蘑菇也多少相仿，即使有十分之一的机会这蘑菇是有毒的，人们也会宁愿选择不采不吃，除非“神农（冒险）尝了百草”之后。因此说，对“恐惧”具有天生的强烈反感是人类在演化进程里积淀成的本能。

俗话说，“一朝被蛇咬，一生怕井绳”，其实没被蛇咬过，人对蛇也有天生的畏惧。研究表明，一个婴孩到了一岁多，看到蛇形物体立即就会显出惊恐不安，而见到青蛙（哪怕是有毒的）却会亲近去抓取。可见在人类漫长的进化中惨遭蟒蛇毒蛇侵害的祸害曾经非常频繁，以至于怕蛇的恐惧烙到了人的基因里面。反之，儿童对触电没有天生的恐惧，尽管在都市，触电的危险超过被蛇咬的不止万倍。演化所铸就的恐惧的强烈本能和在现代社会环境下人应该有的风险意识是有出入的，且在增大中。

举例来说，如何应对过度肥胖已成为当今社会的一大难题。靠采摘捕猎为生的先民，获得食物就会饱啖一顿，超过所需要的分量是常有的事。这一点儿也不奇怪，那时谁家都没有冰箱，无法冷藏保存，况且下一顿饭在哪里还没着落呢。所以吃得过饱，要超过三成后肠胃才向大脑发出已经吃饱的信号。饥饿意识的这类反应调节是进化的“理性”选择，却给现代人带来误导。现代人食物营养无虞，而大脑的机制却不能与时俱进，吃到过饱时还在接受怕饿的信号。加之以车代步、用机器代劳的现代人变得怠惰，过度摄入的能量无法及时消耗回复平衡，于是沉淀下来变成脂肪赘肉。

进化环境的变化导致对负面信息的感知偏差，除此之外，人们受现代媒体的误导又加剧了这种扭曲，无孔不入的网络更把负面效应的烈度放大了许多倍。传媒刻意利用人的心理偏误，乐于发掘甚至不惜捏造“坏消息”来耸人耳目，已是彼等牟利的不二法门。网络上流布的坏事、怪事，哪怕没过几天就能被揭穿是伪造的，也会给你留下糟糕的心态，而臆造者却已经通过打劫你的眼球，赚到便扬长而去了。

新冠疫情的暴发，打乱了社会生活的节奏，也给人们带来了极大的困难。一些奸商佞人却耸人视听，利用人们情感的负面效应大发利市，是除了憎恶，我们必须设法制裁的。

信息社会制造和放大的负面效应越来越构成现代生活的一大挑战，以后有机会我们再来讲述这个大问题。那么我们又该如何应对被强化的负面效应的影响呢？这里且简单提示一二。首先是对孩子的培育：屏蔽噪声尤其是负面信息，避免易受感染的幼稚心灵受到负面影响，变得越来越困难，值得家长们严重关切。

你要是有个宝宝即将诞生，宝宝哪个禀赋最值得你期盼呢，智商、颜值、健康？行为心理学大师卡尼曼认为，首选应当是孩子有积极乐观的心态（positive outlook）。

人生充满着不确定因素，如意的和不如意的事即使各半的话，不如意的感受会压过你的如意感受许多。一个人若是遇小挫就沮丧，那么无论取得多大的成功，他都难以体会到总体幸福的。而有了乐观的心智（“情商”的关键元素），我们才能坦然面对。换句话说，是把你内心的“消极指数”调节在一个合理的度——古人和吾人无不孜孜在追求的“达观”心态。有了达观的心态，一个人才能面对种种风险，实际的或感知的威胁，从容自主地选择积极进取。不过话又说回来，达观心态并非全凭天赋，后天的锤炼同样重要。人类进化形成了避险的直觉，同时也赋予了我们抗灾变的潜能。怎么发掘出来和调动起来这部分潜能，是当前“积极心理学”在探索的主要课题。研究发觉，人类在遭遇变故后，恢复平衡心态的能力是不可限量的。

譬如，当你发觉一个熟人朋友，不幸搞瞎了眼，或断了手脚，或患上癌症，没过几个月却又能像常人一样生活而不是悲叹自己的不幸，不免会感到惊喜和佩服。具有这种能力的人，调查表明，在 80% 左右，其实是人们的常态。换言之，进化同时也赋予了人类强韧的意志力和调适能力——人抵御负面效应的潜能也是与生俱来的。不过，调动潜能使之及时地转变为实际的操作能力，需要努力培育，是可以锤炼出来的，是大家常在说的，需要下“理性思考”的功夫。

本文开头说到，纳达尔在谈自己的体验时承认，挫败所带来的痛苦远为强烈，然而他不忘补充说，输球的痛苦却有很积极的效果，更促进你学习，更能从中汲取教训和认识自己，输球往往比赢球时更加有效。在瞬息万变的赛场上纳达尔学会了怀疑自己而不是盲目自负。负面效应促使他怀疑自己，加强努力从而产生正面效果。总之，对“负面效应”善加利用，往往更能激励自己知己知彼。

借用网球的一个术语，纳达尔在输掉和赢得比赛中找到了他自信心的“甜点”（sweet spot，网球拍上击球最有效的那一点）。我们每个人在做许多事上，都有必要找到自己的自信心甜点。

我记得有一次参加绩效管理的研讨会，有人提出企业在推展新产品开拓市场时，怎样发放营销人员的奖金更有效果的问题。他介绍说，根据销售员自己提出的目标把奖金先打入他的账户，若完不成任务再扣回来的做法，要比事后补发奖金更能产生激励效果。因为先期拿到的钱，在销售员的心理账户里是“更值钱”的；扣除已经拿到的钱所带来的痛苦，要比期望中能拿到若干奖励带来的欣喜更要强烈，从而更能激发人们去拼搏。会后我同那人交流，惊讶地发现，这个做法曾在南京的一家民企实行过。那家公司尝试把奖金在事前就发给生产线上的计件工，若没能超额完成的话在下期扣回。结果一个星期又一个星期，效果比事后追认奖金的通常做法更能促使员工格外努力。

我们栽培孩子，也同样能利用“负面效应”来达到正面效果。“棒头下面出孝子”是句老话，眼下早就不时行了，如此做的家长甚至还有可能被告，不过老传统难道就全无道理吗？切实的严格要求意味着，奖惩必须并举。一味呵护，只有胡萝卜而无棒头（当然不必体罚），也是难以济事的，尤其是对于独生子女。运用有理有节的惩罚，人们才会记牢错失不可重犯。同时也要教导孩子别太任性，尤其与同伴相处时切忌伤害别人，特别是语言伤害。从负面效应的角度，讲了一句伤人的话，你要讲多少句好话才能补救？这时造成的“消极指数”，恐怕就远远不止 4 了。凭着自己的丰富阅历和长期考察，卡尼曼估算，事实上要维持友情和亲情，彼此间愉快的交流至少得在不愉快交流的 5 倍以上。

我们对“负面效应”的影响，无论消极的还是积极的，可不慎乎！

真耶伪耶

新冠病毒在全球肆虐，群情汹涌之下，网络的交往爆棚，而冲撞的观点鱼龙混杂、泥石俱下，充斥耳目。我们颇有必要退一步，来审视何以至此的根源。十多年前笔者曾替一本小书写下一则书评，当此之际显得有些新意，故缩节后在此分享。

那是普林斯顿大学著名的道德哲学家哈里·法兰克福（Harry G. Frankfurt）写的短短一万来字的一则随笔，书名 On Bullshit。不意出版后读者反应出奇的强烈，竟在 2005 年全美非虚构类热销书榜上蝉联了数十个星期！它的中译本（《论扯淡》，译林出版社，2008 年）也受到了国内读者的热议。当时假药、假项目、假商品、假数据、假投资、伪信贷、伪合约、伪学历、伪论文……造成的危害逐渐显露，正日益引起公众的关注和批评。那本小书的主旨，判定 B. S.（Bullshit 的简称）的恶质比“真实的谎言”更要不得，因此得到了大家的赞同。

B. S. 一词中文译成“扯淡”，也就是北方话里的“假大空”，笔者以为还有好的译法，譬如，译成上海话里的“捣浆糊”，更为传神贴切。

现代社会里分工越来越细，供应链的环节越来越多，对合作协同的要求，尤其是各个环节的信息真伪的依存度越来越大，对人际合作的诚信要求也越来越高了。B. S. 所导致的蒙混、敷衍、推诿、虚伪，以及对风险、责任、法规的曲解，危害因此越来越严重了。

《论扯淡》（On Bullshit）劈头就是一句结论：我们的文化中充斥着B. S. 。虽说B. S. 无处不在，却没有一种学说、一个理论来剖析它，甚至未曾有一篇像样的论文来描述它。法兰克福教授指出，B. S. 不只是“准谎言”，而是比彻头彻尾的谎言更加恶劣的东西。他强调谎话和B. S. 的相同之处，是两者都意存欺骗和误导。不过谎话的要害在于“假”，而B. S. 的要害是“伪”，错误是在“伪装”，目的是要误导人们对B. S. 者所陈述的事物之间关系的认识。和撒谎者不一样，“捣浆糊”的人所陈述的可以是事实，也可以是虚假，但这不是他所关心的。换言之，他对自己陈述的是真是假完全无所谓，他所要的是听者相信他同他陈述的事理之间的联系是真的。

这里随便举个例子。你的一个朋友看到你女儿在学钢琴，便不无真诚地说，这个孩子天分非凡，努力之下可以成为李云迪第二。这位朋友对于钢琴可能一窍不通，只见了你女儿一面，至于李云迪是何人，也不过略闻一二。其实他根本不在乎钢琴、李云迪、你的小千金，却能毫不迟疑要让你相信他的想法。天才难道不是出自勤奋吗？而眼下谁又能证明，阁下的女儿日后不会超越李云迪呢？于是乎，那朋友的内心很充实，这不是在鼓励你女儿的琴艺飞升吗？起码，有信心期待你对他的这类鼓励会欣然领受。

法兰克福进一步论述道，捣浆糊的人心理负担远比撒谎者要轻。首先，一个撒谎者既然要撒谎，对真相或事实就需要有所了解，以便为了达到他的目的反其道而言之；其次，撒谎者为了得逞，需要策划和设计以自圆其说，因此需要不少事实来充当绿叶，扶出谎言这朵红花。除了这类成本之外，更主要的是撒谎者还得冒险：谎言被拆穿时的尴尬和责罚。既然违背了真实，谎言就有可能被拆穿。

然而捣浆糊的却没有这种成本和风险。他不担心被证伪，毕竟他并没直接编造谎言呀。他甚至会调用不少常识，各种流行的说辞、伟人哲人的语录、圣经佛经的故事，等等，来捣浆糊，谁又有能力、兴趣或有胆识，来挑战那些“大家都认同的真理”呢？捣浆糊人的表白是为了使你相信，他所陈述的是诚挚的。你若能轻信，他的目的便达到了；你若是将信将疑，他部分达到了目的。即便你心中觉得可笑，甚至暗骂他“又在瞎捣浆糊 ”时，也无损大雅，他毕竟没在说谎啊。说到底，尽管他“捣了浆糊”，但或多或少大伙不都在干同样的事吗？!

正因为捣浆糊对事理的真假全不在乎，离真实就更遥远，因此是追求真实的更大顽敌。记不清是哪位前贤说过的，爱的死敌不是恨，而是冷漠。以此观照，真的反面虽说是假，它的大敌却是伪，伪对真横加利用，对真假之别却完全不在乎。

书里指出，捣浆糊的行为充斥当前社会，人们对此也越来越习以为常。民主社会和市场经济里的种种扭曲，事实上，也在推动捣浆糊行为和心理的膨胀，特别是在政治、道德、信仰等分配权益的关键领域。在那些领域真伪难以判别，判别真伪又有风险和麻烦。靠捣浆糊来搪塞、敷衍、扭曲、误导遂成为权宜之计，更有蔚为主流的趋势。

美国在民主和市场的运作方面已相当成熟，然而各种所谓“政治正确”的说辞，以人权和公义的名目、以消除差别待遇和纠正种族歧视的口实、以发展和效率的理由、以反恐清剿邪恶的名义、以秉承上帝意旨替天行道的行为……令捣浆糊多了各种变奏，让捣浆糊的人浑身充满正义使命感，软磨硬扛地要别人相信他们是在主持公道、倡导进步、应和天意、崇尚真理。对于捣浆糊言行的横行流布，美国人日趋厌烦，日渐愤懑，日益感到无奈和无力，就像受到戴棉手套的拳头闷击，嘴里却被塞进棉球无从呻吟。因此，这本小书刊发之后竟也让窝火的大众小小地透了一口窝囊气。

B. S. 充斥美国，引起了严重的不满。其实现代社会这种情况普遍存在。当人们的话语权被牢牢地绑定在意识形态的坚硬板块上，沦为极其生硬的对错准则和唯我独尊的判定，这些板块发生剧烈碰撞乃至瓦解，地震般晕眩过后人们将猛然省悟，相撞的板块中至少有一块，更多的时候是数块，不过 B. S. 而已。然而取而代之的，却未必是对真理的认同和努力追求。今天人们必须面对的，还是改头换面的种种 B. S.，浆糊越捣越柔性，更带着自由选择的迷象。

在这本小书的启发下，我们至少能对捣浆糊多一层审视：假如有人在推介如何瘦身，如何壮阳，能否奏效？他唯一的目的不外乎要你掏钱出来买他的货；假如有人在谈论股经房市民生国计时，充满着为民请命的义愤，其目的不过是要你相信他是个专家，然后开始兜售他的私货；假如有人宣称他坚信西风压倒东风或者主张东风压倒西风，又不愿意招致是否在弄潮使坏的猜疑，你又该怎么办呢？那么，你尽可以面带微笑表示领教，就像笑纳对你女儿日后超越李云迪那类鼓励那样，暗中却该多一层思量，这莫不是又在捣浆糊？

作为社会的成员我们能否避免捣浆糊呢？我告诫，这几乎是不可能的。由于人性的虚荣易变、取巧投机，即便我们真诚地相信“我能”，也不一定靠得住。那又该怎么做呢？法兰克福回避掉了，他确有难处，就像鲁迅先生的私塾老师。鲁迅在他的名篇《世故三昧》里讨教老塾师，说话如何能做到既诚实又不捣浆糊呢？老夫子被问住了，只能“嘿嘿嘿……”

法兰克福教授阅世极深，自然明白捣浆糊在人类社会的弊端是沦肌浃髓难以杜绝的道理。

B. S. 主要有两类根源：①为了润滑人际关系。尤其是充满了乡愿的人们的交往，就像朋友称赞你女儿将要成为李云迪之类，即西人所谓的“无伤大雅的谎话”（white lie）。②为了应付权势者的钳制和强行灌输而不得不领受。

B. S. 在现代社会里越演越烈的另一个主要原因，是市场交易。在种种时尚炫耀的强大压力之下，人们越来越习惯于用 B. S. 来搪塞蒙混，甚至在一些必须明辨真假的题目上便宜行事。

法兰克福教授对于这类“后现代主义弊端”的批驳并没有在《论扯淡》（On Bullshit）中展开，而是在他另一本小册子《论真实》（On Truth）里加以批驳的。他指出，后现代主义的思维认为真伪并无客观基础，认为所谓真假的差异只在感知层面（perception），导致“责任推诿”的虚无，是极其谬误的，对于现代社会的危害是既深且巨。有兴趣了解的，不妨读一下笔者翻译的《论真实》(孙涤译，译林出版社，2009 年)。

真理和真实

上期讨论真伪之大别，并提出问题：在现实生活里一个人该如何甄别真伪？怎么做才能避免“捣浆糊”的干扰，不被荒唐观念俘获，不干出愚蠢的行为？这里先做个简单的回应。我以为，是得时时不忘从噪声的漩涡里挣脱出来，让自己的脑子有个“退思”的余裕氛围。

你我身处“信息时代”，各类信息铺天盖地，多的不是乐音而是噪声，很容易就占据了你的头脑，把你裹卷而去令你手足无措，难以鉴别真伪做出合理的取舍。苦恼的是，人的头脑空间极为有限，一点不比两三千年前的孔子时代的人更聪明些。今天所谓的“网络经济”，凡能吸引你的眼球和关注的，彼等就有办法猎取来牟利图名。网络经济处处号称“免费”，细察之下你会发觉，它们盈利的不二法门其实是在消耗你我的关注力：你若一旦关注了它就难逃日后付费的结果。怎样保护阁下的关注力——人类最紧俏的宝贵资源，于是成了信息时代人们生活的重要课题。

人们常说电脑的信息处理，是垃圾进—垃圾出。进来的垃圾不会轻易出清，会污染您的大脑，久而久之甚至会导致脑残。

拒绝变成脑残的方法，说来也相当简单，是别忘了处处提醒自己，那是不是又在捣浆糊呢？第一，当然是尽量注意你的信息源要多元；第二，别忘了随时按下“关机”键（turn-off）。方法说来简单，切实操作却颇不容易。不唯对自己，对孩子的教育更其如此——防止孩子们堕入“B. S. 的俘虏”，简直成了现代家长的一大功课。

法兰克福的On Truth篇幅也很短，却不好翻译。首先是书名，我为什么没把它译成通常的“论真理”呢？并非咬文嚼字。无论从语意还是从感觉，对大家来说“真理”和“真实”还是有显著差别的。贯穿通篇的这个核心观念，若译作“真理”而不是“真实”，出入可就大了。

真、善、美是人类的普遍追求。三个大致划分的范畴里，“美”和“善”源自人群的观感和情感，相对而言“真”比较能独立于个人而存在，尽管争议不少。那么这里所说的“真”，显然是“真实”之真而非“真理”之真。

很少有人愿意把自己认定为邪恶或丑陋的东西称为“真理”的，尽管邪恶或丑陋的事理是真真实实存在着的。在对自身和对他人关系的认知，以及沟通交流的言辞表达里面，“真理”向来不是孤零零的“真的事实”，而需要与“善”和“美”结合才存在。很要命的是，客观的“真实”往往不得不同某个群体的“善”、某种时尚的“美”绑定在一起后，才能被认同为“真理”。

这是我把truth译成“真实”的第一个理由：真实和真理有实质和程度的差别，而法兰克福所批判的正是“罔顾真实的态度”。

然后来谈谈对“真实”的想法。“真实”能否不通过人的认知而存在？历来是一个大问题。

迄今为止，“我思故我在”仍然是一个迷思。要是能扩展一点“我”“思”和“在”的固有涵义，比如，把“我”扩展到“我们”甚或全体人类，把“思”扩展到“受、想、行、识”，而把“在”扩展到由感官（眼、耳、鼻、身）再加上“意”得到的具象，即色、声、香、味，等等，再加上“法”。也就是说，借助了《心经》的佛法概念，我们也许能多明了一点，究竟什么才算“我思故我在”。

要是现代人对“真”的见解仅仅是针对传统意义上的真理观，其实并无大谬。历史上不少所谓真伪之争，多是一部分人硬把自己所偏爱的“真理”——至于自己的感知是否具有真实性，被感知的真实是否已经过时，则当别论——以整个人类的名义强加给所有人而引起的灾祸。“真理神圣”“献身真理”等狂热的意识形态酿成的惨烈冲突，给人类的教训难道还少吗？随着对这类教训的检讨和反省，尤其是随着物质生产和技术进展带来的不断扩大的合作空间，人们的独立、自觉、理性和多元的选择越来越受到肯定。后工业时代的真理观也逐渐成形，流布广泛。

正如任何物种在有利的境遇里都会尽量复制自己，导致过度繁衍以至于泛滥一样，现代人开始有这样一种趋向，把对排他独尊的绝对真理观的挑战不恰当地推向对真实本身的贬斥。

后现代的观念认为真和伪并没有多大的区别，真伪如何划分可以完全取决于个人（或者个人所处的小群体）的观念，换句话说，“真实”不过是“感知的真”（perceived truth），并非“客观现实的反映”；而假之为假也只是被感知到而已（perceived false）。因此，真实（或虚假）落到了只是从属于你的信念的地步。

后现代观念进而认为，世间本无所谓真实和虚假，两者的区分常常是为了个人的方便而做的诠释。诠释的方便和权宜性则往往是为了驱动自己的利益，或者为了躲避社会的压力。在某个事件的争议渐趋白热的场合，在美国就会有人提醒说：“人人尽可以保留他的观点，但不是人人都可以拥有他的真实。”可惜，引用这句名言的人其潜台词往往是，“你的事实是虚假片面的，而我的事实才是真实的……”

正是这种抹杀真实的价值和重要性的危险倾向和恶劣后果引起了法兰克福的严厉抨击，为此写下《论真实》。他的明确指向是我把 truth 译为“真实”的又一个理由。

假如上述的两个理由还不够充分的话，笔者不妨再引用原书的一些段落来替自己壮胆：

"我将回避对真实和虚假给出定义……否则，我会不得不面对令人生畏的复杂问题……我将假定读者们按常情常理就能了解真伪之间的差别。"

"本书的讨论将集中在真实的价值和重要性上，而不涉及我们对真实的求索或寻找真实的经验。"

"越是发达的文明社会，就越重视事实陈述的诚实和清晰性，越自觉尊重它们，越需要执着地准确界定何为事实。缺乏这种尊重和执着，文明是不可能取得长足发展的……"

"没有任何社会能够漠视或无视真实。一个社会仅在观念上承认区别真伪的正当性和重要性还不够，同时社会对鼓励和支持那些有能力专注于发掘和运用重要真实的人也不可以忽视。"

"真实之所以具有工具性价值，乃因为它们把握和传达了实际情况的本质。"

总之，法兰克福的结论是：任何社会，尤其是后工业时代的文明社会，万万不可漠视真实，轻视或忽视现实和实在的重要性。

我用一个浅近的例子来解释自己的理解。摩擦力的存在是个真实的现象，怎样应用它则有着效用和价值上的差异。在汽车制造商内部，刹车系统和轮轴系统两个部门运用摩擦力的方向正相反。假如刹车部门坚持增强摩擦力的"真理"，而轮轴部门坚持减弱摩擦力的"真理"，摩擦力的存在似乎只是各个部门的不同观感，摩擦力是否存在本身反而成了无关紧要，可就非常有害了。这种谬误不但荒唐，而且对整个人类文明的进展都是非常危险的。

在有名的"休谟定律"（Hume's Law）里，英国大思想家休谟是这样来论证的，仅仅以"实在"命题（descriptive "is-statement"）为前提，是无法推导出"应当"命题（prescriptive "ought-statement"）的。但是人类更容易犯的也更有害的错误是，经常企图从"应当"的结论来倒推出

“真实”的前提！为了平衡不同的甚至互相冲突的多元的“应当”的需要，得出了“真实”本身并不存在至少无关紧要的结论。

有鉴于此，我决定把书中的truth统统译成“真实”。这很简便，在电脑上用“全改”，一按键，全书几百个“真理”一下子就改成了“真实”。可是在其他的场合，同样是truth，何时应当理解为“真实”，何时应该理解成“真理”，讨论将长期持续。

真实对于我们这些常人究竟有多重要？且借用一段网文来喻解。

> 马云遇到了些挫折，找方丈解疑。方丈不说话，拿出热水袋往里倒满热水，轻轻一摇，热水袋就爆了。马云问：大师是说难关会像热水袋一样不攻自破？还是说不该自我膨胀？方丈摇摇头说，我只是要让你知道——这是在淘宝买的。
>
> 第二次见面时方丈也没吭声，只是把一个插线板的插头反复拔下又插上。马云悟道：您是在说人生就像插线板，传递能量比获取利益重要？还是说人要反复历练？还是要告诉我…… 方丈回答都不是，而称：这在淘宝买的，没到一个月就坏了。
>
> 第三次见面，马云直接问方丈：师父，给我透露点修行的秘密吧？方丈答：我怎么能够确定你是不是淘宝上的那个假马云？

这个段子似乎在告诉我们，当源头真假不明的时候，热水袋、插线板是不是假货，都是无关紧要的了。

我在思索这层关系时得益匪浅，可以说已值回投入到翻译这本小书的心力了，其余则是收获。同样地，期待大家能得益于读读它。

第四章 人类如何合作

在群体内部，利己者占优利他者；在竞争群体之间，利他群体战胜利己群体。唯此为大。

——D. 威尔逊 & E. O. 威尔逊

人际合作和抱团竞争

新冠病毒肆虐全球，冲撞抵牾的各种看法和情感随之汹涌而来，此时此刻，对人类究竟是怎样在争夺中达到合作，又如何在合作中保持竞争的探索，更有了其特殊的含意。

本章将围绕这个主题来展开。笔者萦注于这个课题凡数十年，因不揣简陋与大家分享。

在疫情暴发之前，笔者曾问了大家这个问题，并用一张漫画来浓缩：

这张图的意思，不用猜你也晓得，三个火枪手，显然是大仲马——法国的金庸——脍炙人口的传奇里的人物，在研读是否要接纳新秀达特安入

伙的“盟规”。那么，这份“巴黎四结义的天书”里到底是怎么写的呢？是“人人为我、我为人人”？是“人人为我、我为自己”？还是“自己为我、我为自己”呢？

要在个体和群体两个层面来讨论，市场中人是如何进行选择，来提高决策的质量和可操作性，然而以前我们绝大部分谈的，只是个人脑袋里有多种欲念，有多个“小自我”在相互争夺，以及信息处理的不同心智方式，在市场竞争互动之下导致的各类偏误。

我琢磨着先来做个提示，人际之间——小至家族、宗族、氏族，大到民族、种族、国家之间——的合作基础是互惠（reciprocity）。世界上各种文明、各个族裔部落对互惠的法则有着相仿的表述，奉其为“黄金法则”，而据以指导的实践内容也是相近的。互惠规矩的成型是在距今3500~2500年上下的所谓“大轴心时代”，大约在我们的老子、孔子，古希腊的毕达哥拉斯、苏格拉底，以及以色列的大卫、所罗门王等伟人辈出的时代。对于这个核心规则，表述的文字或有差异，但都表达了要遵循“己所不欲，勿施于人”的核心理念。

互惠的理念以儒家伦理的语言来说，就是孔夫子一言以蔽之的“恕”道。从“恕”字的构成是“如+心”，意思已经相当明了。怎样以利己之心为基点展开与他人合作，并形成良性的互动，来维系、促进、扩展人际合作，这是文明进展的核心问题。

从“互”和“惠”的双重涵义，我们又可以把合作细分为三个层次：黑铁法则—白银法则—黄金法则。从“互”的角度，是由强到弱；从“惠”的角度则是由弱到强。黑铁法则是通常所说的“投桃报李”或“一报还一报”；白银法则是“己所不欲，勿施于人”；黄金法则追求的则是“己之所欲，乐施于人”。儒家伦理所遵循的其实是白银法则，或者说是黄金法则的相对较低的层次。

那么，有没有更高的法则，超越互惠性质的“铂金法则”呢？有的。

各个文明都有这样的憧憬，表述为崇高的理想追求。但是，要急切地在没有人性的现实基础、条件远未成熟之前就在人世间实施这类乌托邦的理想，突破了人类的利己之心的底线的话，结果却总是灾难性的。乌托邦的高尚反而堕入“邪托邦”（dystopia）的荒谬。

展开论述之前，让我们先来做一些铺垫。

开放四十多年以来，有关人如何做选择和怎样管理自身的学问上升成显学，而人的“利己”追求也已成为主流的价值观。可是当被裹卷到市场化的大潮里，人们无时无刻不面临各种抉择，却始终像是在“试错”中摸索。

何为“利”、何为“己”，至今未有定论；其所派生的观念，诸如经济理性，合理、公平、效益、效果、发展、进步、规范、价值，等等，一直是热议纷纭，连顶级学者都莫衷一是。若不能明确界定“利”和“己”的范围和内涵，“利己追求”是否实际可行，是否值得为之牺牲其他的价值追求？更别说“利己追求”是否“神圣”，于是大成问题。

过去主流生物学的观点，认为人的自利乃由基因决定的。基因是一切物种进化的单位，越能自私地竞取资源以利于扩张自己的基因，越适于生存从而获得自然的选择。因此，人即使有合作的可能，与别的个体分享资源和生存机遇的话，也只限于有共同基因的亲缘（kinship）之间（有兴趣的读者不妨参阅 R. 道金斯的名著《自私的基因》，中译就有多个版本）。这种观点争辩道，愿意为其他个体忍让牺牲的，会削弱自身的生存机会，哪怕是一丁点儿，也会逐渐从存续的基因池里消失，终将湮灭。所以结论似乎是，在“物竞天择”中，合作不可能是一个稳定的进化策略，即便偶尔冒了出来，到头来也必将出局无疑。

不得不说这样的论点是很难辩驳的。经济学里延绵不绝的争论，主张不遗余力的利己追求，把它拔高到“彻底理性”加以崇仰，在源头上也与这种价值观是同气相求、遥相呼应的。这种价值观至少指明了一个严峻的事实，即合作扩大过度而无节制，以至于无法有效地制裁搭合作便车的行为的话，那么“高传染致病性”的搭便车行为必然迅速滋蔓，导致合作走向其反面——把合我（或合作的基因）撵出竞技场，徒然让背弃合作的人得逞——一个无可违认的可悲结局。

那么，人类在社会实践中又是怎样阻遏搭便车的行为，从而在合作—竞争上达到稳定和进展的呢？回答之关键，当然是对群体——通过合作达到竞争优势的单位——的正确理解。于是就回到了“何为己”的根本问题。近代主流生物学（也是主流经济学）所持的观点认为，合作的范围不可能伸展到个体或血亲之外，非其不可欲，实乃不可行也。

对此，本章开首的引语：“在群体内部，利己者占优利他者；在竞争群体之间，利他群体战胜利己群体。唯此为大。”是由两个同名威尔逊（非亲属）的社会生物学家通过对人类演化史和文明发展史的长期研究分析得出的一个判断。要是说“无私的”合我很难在演化中的基因池存续的话，他们相信，在物种演化和社会文化的竞争中，自私者弥漫的人群会被自利者达到合作平衡的人群整个淘汰，就像人类的先祖智人当年进占欧陆时发生过的那样，把尼安德特人整体逐出了人类的基因池。

人类的祖先智人蛰居在非洲东部时，一度曾萎缩到不满四千人，处于行将灭绝的境地。然而在8万到4万年前他们分批走出非洲大陆，不出数万年就迅速占领了全球。进占欧洲大陆之后，智人就和散布在那里的尼安德特人展开群体角逐，在3万年左右把后者整个群体扫荡殆尽。要知尼安德特人在当时已是人数众多，也使用新石器工具，他们不但体格粗壮，而且大脑的容积甚至超过了智人。但是，人文考古发现，尼安德特人缺少文化——群体合作的征象，比如纹身、信念崇拜、观念符号，等等，表明在群体的合作竞争力上，他们的落后是致命的。

中华文明的发育过程似乎也有着平行的经历。黄帝是怎样战胜蚩尤的？神农、伏羲、三皇五帝又究竟是怎么来相互克服和彼此融合的？《山海经》等的口传历史的背后，一定有大量史实等待我们去发掘。长久以来我们就懂得“天道”——华夏各族的祖先很早就体认到群体合作的价值，把合作的文化赞之为“顺道”，把反合作的文化斥之为“悖道”。

E. O. 威尔逊是哈佛大学讲座教授、研究昆虫的超社会合作行为的世界顶尖学者、社会生物学的开创者，他的名著《世界的社会征服》比较系统地论述了人类社会合作的大问题，包含对“何为利、何为己”的回答，很值得一读。书中威尔逊教授借用了法国后期印象派大师高更的名画及其名句“从何而来？现在是谁？将去哪里？”（D'où Venons Nous，Que Sommes Nous，Où Allons Nous）来说明。也就是说，人类要掌握未来的命运，必须了解我们的现状，而只有挖掘出人类演化而来的本质，才能对现存条件有透彻的了解。

人际合作的基本法则

在一切生命有机体中，人类不但是进化层次最高的，恐怕也是唯一对自己的作为具有反思能力的物种。人类能自觉追寻自身的过去与展望将来，有廉耻意识，能以别人的视角来审视自己，或从自己的感受出发来推断别人。正是这种人与人的互动，构成了道德意识和价值观念的基础。虽然道德和价值的观念可以扩展到其他生命体甚至宇宙，但它们关注的，主要还在于人际的合作和互动关系。

基本法——黑铁法则

这个法则的核心是“他人怎样对待我，我亦如此对待他人”。它的中性表述，是所谓的“来而不往非礼也”；说得客气一点，是“投之以桃，报之以李”；不客气一点，则为“以其人之道，还治其人之身”；更直白一点，则如圣经旧约中的“以眼还眼，以牙还牙”。总之，是“一报还一报”的意思。

黑铁法则在生命的漫长进化中发挥着基本的作用，促成了当今常被称作人类的“自利基因”。其主要的理据，是经过了数百万年的生存竞争，无视黑铁法则的人种早已湮灭。进化伦理的学说告诉我们，黑铁法则是人类彼此互动的基本法，它奠定了人类独有的“公平竞争”的基础。这个基于“报复”的法则，或许显得不够文明和宽容，需要有文藻的委婉表达，却是人类社会进展到复杂组织和高阶文明才逐渐形成的准则。

首先，黑铁法则并不主张主动侵害他人。不主张处于“强势”的即有能力主动出击的一方主动出击，这已经展示出它的“利他行为”。其次，黑铁法则要求的“一报还一报”，即“报复”得有节制，要有适度的比例。在“利他”和“报复”均有相应制约的基础上，“公平的生存竞争”才有可能“文明地”展开。无论在不同社群之间，还是在一个社群内的个体成员之间，这都是适用的。

譬如，孔子主张的“报怨以直”中的“直道”，就和黑铁法则的本意是相近的。鲁迅先生在他的遗言中曾正告他的儿子说，“损人牙眼而又不主张报复的人，是决不可相信的”，指的也应该是这层意思。

黑铁法则在行为经济学中也得到了充分的验证。

前文里我们曾反复引用的著名行为实验——“一锤子交易”（Ultimatum Game，直译为“最后通牒的分钱游戏”或“终极博弈”），甲和乙在游戏前完全不相识，而且彼此也都明白，事后永不会再有任何联系。在这种情景条件下，甲向乙提议两者来分享 100 美元，条件是乙必须同意甲的分法，否则谁都得不到一分钱。

根据“经济理性”的假定，既然是一锤子交易，只要分享的结果大于零，甲方提出的任何比例的分配，再怎么偏袒自己，都应当被“理性的”乙方接受。若以 1 美元为最小的分割单位，甲作为一个“理性的切蛋糕者”，甚至可以提议自己得 99 美元而乙只得 1 美元的分法，乙基于“自利的”计较，理当容忍并接受甲的分法。因为是一锤子的交易，乙对甲再怎么不满，也无从在博弈后报复，而从乙的角度，得到 1 美元总比 0 美元强。对吗？

然而，和博弈的理性分析所预期的大不一样，一锤子交易的博弈实验在世界几百个社区里反复进行无数次，无论在现代社会还是在原始部落里，甲方纵然再自私，也只提出了大约 74－26 的比例分法（发生在亚马孙流域的一个原始部落）。而在西方发达经济体，甲乙两方一般会满足于55－45的比例来分配这100美元，不少社群的甲甚至提出40－60的比例来优待对方。这样的实验结果，不能不说是对“经济理性自利追求极大化”假说的一种挑战和重大修正。

与其说“一锤子博弈”能抽引出人类的基因不是自利的，或者自私不会太彻底的结论，还不如说它揭示出了，人们从自身的体验而能比较准确地预期对方“非理性策略”，对方的反制行动很有可能会损害自己的利益。在现实世界的乙方，往往宁可舍弃可能得到的40美元，也不愿意成全甲方所提出的60－40“偏心”分配方案。

就经济学的一些基本概念而言，“一锤子博弈”对“帕累托最优”也构成了挑战。实验表明了，在现实世界的很多场合，交易双方并不认同“帕累托改进”的原理，也不遵循它来“改进”彼此的交易合作，尽管它被主流经济学理论假定为经济利益分析的一块基石。

基于黑铁法则的“公正性”，也指明了经济分析为了简化的缘故所做的基本假设——个人的效用函数独立于他人的效用函数的分析前提，在现实生活里其实是很不实在的。人们从中获得满足的消费品组合中有一项基本效用（utility），是黑铁法则在长期进化及交易过程中的积淀，我们叫它“公义”也成，称其“妒忌”也罢，笔者猜想，是人类文明里“公义”“制衡”“诚信”“法制”，甚至是“民主的制度安排”的一个根本驱动力。

黑铁法则又常被批评，认为它过于消极，容易导致“冤冤相报”“以暴制暴”等种种罪恶，这类指责的确不无见地。因为人际的互惠关系和“公平”的交易行为经常不能够同时发生。给予和回报、施惠与受惠的行为之间往往存在时间差，要求付出和回报即刻就能结清或兑现，因而常是不切实际的。于是，在黑铁法则主导的交易合作行为，被限制在狭窄框架里，人们的互惠合作活动就无法充分展开，持续地扩大。譬如说，城市交通的乱象就是一个实证显例。随着我们步入小康社会，私家车日趋普及，道路也越来越拥堵。拿北京来说，街道每公里的平均私家车拥有率不及伦敦的四分之一或五分之一，但道路堵塞的严重程度却有过之。稍加观察就会发现，很多拥堵都是“自作孽”的行为，司机、路人、骑自行车者互不相让才酿成的。萍水相逢的开车人和行人就像“一锤子博弈”的参与者，唯恐礼让等于自己吃亏，而抢占了他人的道也不见得会有报应。然而，能抢先则抢先见缝插针，往往导致交通的瘫痪，谁都走不动——一个谁都吃亏的结果。而且在这种氛围下，最要命的是，原本愿意礼让有良好习惯的驾车人也会沾染陋习，理性的选择是以“丛林法则”来行事。本人就有切身体会，在北京工作开了一段时间的车之后再回到洛杉矶，就很容易吃到罚单，至少会挨其他司机的喇叭警告。

因而不难理解，“黑铁法则”必须有进一步扩展：先付出的一方能施惠于先，期待受惠方的回报于后，双方必须在合理的预期下表现出耐性、宽容和信任，各种交易方才能够有充分展开的余地，收到更好的互惠结果。人们通常所说的“情商”，大体上指的不外乎，根据对他人反应的准确预期来合理调整自己情绪和行为的能力。

既然人们无法全面了解并确知他人的意愿，比较可行的途径是推己度人，推邻人而及远人，从自己的意愿和好恶出发来推断别人的意愿及好恶。于是就有了几乎所有的发达文明族群都在倡导并愿意遵从的“白银法则”和“黄金法则”。

高级法——白银法则和黄金法则

我们的祖先，以及其他文明部族的先贤们，在所谓的“大轴心时代”（大抵是起于夏商而止于战国时期的千年，其间人类社会的基本价值取向和文明规则被行诸文字）就确立起一些人际合作的“高级法”——白银法则和黄金法则，通过将心比心，有力地扩展了人类的各种互惠行为，以及文明的组织和律法。

白银法则：我不愿他人加诸于我的事情，我也不加诸他人。也就是论语中的“己所不欲，勿施于人”，孔夫子将它推崇为立身行事之本的“恕”道（恕字由“如心”构成，其意当清晰自见）。

黄金法则：我乐意他人对待我的事情，我也乐意对待他人。与“白银法则”相比，黄金法则的意旨更为积极。套用论语的格式，它的中心含义是“己之所欲，乐施于人”，在“恕”里面更注入“仁”（仁字由“二人”构成）的内容，即以自己发自内心的天然纯真的感受来对待他人。无论是白银法则对“恶”的避免，还是黄金法则对“好”的追求，结合两者，就有了圣经新约中基督所主张的“爱邻人如同自己”的精神。

与黑铁法则相比，白银法则和黄金法则无论对社群还是对个体都提出了更高的要求。《论语》里就有不少喻证。当子贡表示他有心要身体力行白银法则（“我不欲人之加诸我也，吾亦欲无加诸人”）时，孔子坦诚地告诉子贡：“非尔所及也。”孔子对自己的评估：“君子之道四，丘未能一焉……所求乎朋友先施之，未能也。”（《礼记·中庸》）想来这是夫子的实话而非过谦之词。换言之，连夫子都承认他自己要来实践黄金法则，都是颇有难度的。

在人类演化的漫长历程中，白银法则和黄金法则对文明发育的积极推动之贡献，是怎么强调都不为过分的。可以说，白银法则尤其是黄金法则建设得迟早，是否牢固，能否为众人遵从，可以付诸实际操作，是影响各种文明的发展水平和兴盛程度的至关重要的因素。对这两个高级文明法则的内在的心悦诚服和外部的实施法度，促使人类社会的组织、律法、道德、文化、科技进展到了更高级的层次。物质的生产、交易的展开、风险的控制、信用的建立，以及细节处如施惠行为和受惠行为之间怎样来进行补偿的工具，诸如货币的运用、契约的信守、利息的确定、风险成本的核算补偿，等等，现代社会得以升级和扩展的种种机制，也都一应俱全地建筑其上了。

白银法则和黄金法则的确立虽然已相当久远，但迄今为止依然是人类致力追求的理想，它们怎样才能和最具操作性的黑铁法则结合起来，能够切实运作而收到实际的效果呢？人类文明的历史实践表明，有效的方法是，尽量先以白银法则和黄金法则对待他人，除非发觉他人有违反和背叛的行为；同时，在有限度地制裁了背信行为之后，人们应当尽力重新回归到白银法则或黄金法则，直至有足够的事实来证明对方确实是无可救药的。

文明的高级法则

“一锤子博弈”中交易过后老死不再往来，我们已屡次提到，这毕竟不是现实世界的常态条件。于是便有研究者开发了一种扩展的实验，考察要是交易可以重复的话，人们又是如何来进行博弈的。扩展的设计是这样的：四人一组参加博弈，每人分得 10 元钱。他们可以自由选择投资于一个公共资金池。无论由谁投资，投资的总额在每局游戏后会翻倍，然后再平分给四个人。

最理想的情况，显然是每个人都能尽其所能全数投入，都出 10 元，结果资金池由 40 元翻倍为 80 元，均分后各得 20 元，每人的投资报酬率是 100%。可是，结果均分并不能够保证大家都均等地出了力。设想四个人全是追求自利的彻底理性人，其中若有一人不投资，那么其他三个人投入资金池的 30 元将加倍成 60 元，四人均分各得 15 元。结果三个投资者的财产各为 15 元，而那个“搭便车”者却是 15 元加上原有的 10 元，反而成了 25 元的“首富”（其投资回报率为无穷大 15/0）。

要知道，竞逐财富是一种比拼，得到多少财富只是奖酬之一，更大的挑战是相对的财富——我要比你富，从而证明我更优越，往往是更大的激励。这个诱因，很遗憾，会导致人类的“搭便车”行为层出不穷。

“搭便车”的卑劣行为若是不受惩罚没有制约的话，可以肯定，会迅速污染全体，没有谁再愿意投资，结果再生产将趋于停止。因此惩罚个人效益最大化的“背信”行径是持续合作所必需的。

当博弈允许参加者对“搭便车”者施行惩罚时，情况就会发生变化。即使惩戒对施行者成本高昂，人们通常也乐意为之。比如，当游戏规定参加者要对“卑劣”的同伴每罚1元钱，自己必须赔上0.3元时，实验发现，几乎每个人都迫不及待地乐于惩戒他人的“背叛”行为，即使贴上30%的老本也在所不惜。

在世界各地的反复实验也都表明了，无论哪个族群，哪种文化传统，必要时人们都会诉诸黑铁法则。但在一个成熟的文明，为了长远的整体利益，而不仅仅是出于怜悯和宽容，往往体现出“容错”的度量：在可能的情况下尽量给予“背叛者”（无论是团体内部成员还是团体外部成员）改正的机会。一旦黑铁法则的惩戒奏了效，就会随即考虑重新实施白银法则或黄金法则。有了“容错”的安排，扩大规模的再合作才能更有效地开展下去。一个发达的成熟文明，会积极倡导改善的价值，并能“宽容”地给予个体或团体若干改正的机会。就此意义上来说，发达文明的实质，是兼顾“容错”的制度文明。

为了更形象地说明白银法则和黄金法则所倡导的以合作求（扩大）互惠的原则，怎样同黑铁法则中以报复求互惠原则相结合，让我们再设计一个简单的博弈游戏：参与博弈的甲、乙两方都是“经济理性人”。奖惩是这样规定的：要是两人都合作的话，各得2分；要是两人都背叛，则各得1分；如果一人合作另一个背叛的话，则背叛的一方（也是“搭便车”得逞的一方）将独得3分，而合作的“傻客”得0分。博弈重复10次，结果会是怎样的呢？

A. 两人自始至终采取合作策略，结果每人各得20分；

B. 假如甲方极为自私，而乙方则“衣带渐宽终不悔，为甲消得人憔悴”的话，那么甲一路背叛策略玩下来尽得30分，而乙是“左脸颊被打肿了又凑上右脸颊”，最后得0分；

C. 双方都对对方全无信心，从一开始就采取背叛的策略而且一路干到底，那么各得 10 分；

D. 这两个“理性人”都极精明，力图扩张自己的利益，结局就会复杂一些。

假定甲在预计乙无法报复的条件下才采取背叛策略，在最末了的第十次博弈才要赖的话，他的得分上升为 2×9+3＝21 分，而乙的得分则下降为 2×9+0＝18 分，总收益是 39 分，比可能的“最优”损失 1 分。

但要是乙也不是“省油的灯”，采取相同的终极背叛策略，那么两人的得分各为 2×9+1＝19 分，总收益少了 2 分。问题是，甲可以在第九局就先下手背叛，这样他的得分就变为 2×8+3+1＝20 分。乙在第九局吃了亏，再依照黑铁法则在第十局惩罚性地背叛，那么他的得分变为 2×8+0+1＝17 分，于是总收益下降了 3 分。

依次递推，最终又回到了 C 的局面。斗争占了统治地位的时候，甲乙各得 10 分，而总收益蜕变为 20 分。一个经济学上所谓的“纳什均衡”！

想一想，白银法则或黄金法则能给社会的利益带来多大的贡献。回到上面讨论过的交通拥塞的例子，现代社会通行的做法是，在路权不明或不易确定的情况下，车辆在十字路口依次而行，每个方向按顺时针各走一辆。无论是大型球赛结束后驶出停车场，还是卡在十字路口，这种约定俗成的方法都能奏效，以克服见缝插针的自利行径所导致的两败俱伤的局面。

在给学生布置习题时，我有时会要求同学分析他们在实际生活里将采取哪一种法则，才能扩大各自的利益以及总体的成果。不妨就下述的现实案例推敲一下我们的立场和思路。

房地产开发项目案例。包工头和加班劳作的泥瓦工对于加班费的支付，一般是加班在先，加班费发放在后，从而导致拖欠和抵赖付酬的事情屡屡发生，造成了社会很大的不和谐。泥瓦工所关切的是，加班后能否及时和足额得到报酬的“公道”；对于包工头，关切的“公道”则是付钱给干的活能否保质保量。因为交易是反复进行的，策略就有多种选择。一方要是背叛约定的话，另一方将怎样来反制呢？如果是赤裸裸的违约，那么司法系统也许可以介入裁定；然而多半的情况，背叛行为通常是曲折隐讳，为各种借口托词所掩蔽。遭到背叛的一方（绝大多数场合是弱势的一方）即使能够得到司法系统的救援，旷日持久的程序成本也会变得不可忍受。

这就是说，没有白银法则作为依恃，弱势一方的黑铁法则未必能够奏效。上文已经说到了，单单靠惩罚，整个社会的再生产也会受阻，趋向迟缓甚至停摆。此时，政府等公共权力机关和媒体支持弱势一方的意义就凸显出来，它能帮助制止随意的背叛行为，更有责任树立“诚信”环境，伸张白银法则和黄金法则。

黄金法则是否是社会人际关系的最高准则？前文所说的三个法则都属互惠性质，都是按他人怎样对待我我亦如此回敬的逻辑，在不同层次上的互动。黑铁法则强调“互”，最为直截了当（strong reciprocity）；白银法则和黄金法则注重“惠”。因为互惠行为在时间上有先后，程度上有缓急的差隔（weak reciprocity），需要文化组织（道德、习俗、法规、体制）方面对“惠”做出安排和加强保证，也常得到发达和持久的文明的肯定和推崇。故此，白银法则和黄金法则常常被认为有“利他”的成分在。

那么，文明能不能更上层楼，超越“我”，而仅以他人的立场和利益来规范交互行为呢？不少圣贤曾表达过这类理想。例如，孟子就认为最高的理念应该是“与人为善”，而且他主张“善”可以不从“我的本心”出发，而全由接受方来界定，所谓：“取诸人以为善，是与人为善者，故君子莫大于与人为善。”（《孟子·公孙丑上》）

有读者推测笔者将对“更高级的”法则有所阐发，并提出各自的看法。有的认为目前社会道德沦丧，急待提升“利他”的文明。有的则认为过度拔高，不但操作上有困难，反而会造成伪善甚至压制。譬如有人指出，即使作为黄金法则的积极版本——“己之所欲，乐施于人”，怎样来把握“乐”？即使过头一点，把己之所欲，强施于人，自己认为好的东西硬要他人分享，结果就会非常糟糕地变味。人类历史上的许多灾祸，比如宗教迫害，不就是以良善的名义酿成的吗？

因此，笔者不妨在此先亮出倾向性的看法，把理想中的高级法则还原为“青铜法则”。

青铜法则：“人之所欲，乐施于人”。

若非在理想国度，这类超脱“我”的利他行为是没有稳定性可言的。如果执意要在人世间实施这类理想，到头来只会导致混乱。历史上不少大的灾祸，就是在各种崇高的名目之下，比如“改天换地”、“创造××××新人”之类，酿成浩劫的。

笔者将之贬为（吊诡的）“青铜法则”，意在指明这个法则实质上并不是更高级的“铂金法则”，而是像青铜那样，乃铜、锌以及其他杂质的合金，既有孟夫子的“铂金成分”，更有其他各种“镀金成分”。

表面上，青铜法则主张凡他人喜乐的事情我都乐意提供，而不必计较他人的喜好和“我”所认同的有什么关联。但是问题在于，一旦把“我”给撇开，没了“我”这层检核和监控，那么“白银法则”和“黄金法则”是否已经遭到破坏，何时实施“黑铁法则”对搭便车的背信行为加以制止，其实就已失去了判别的本源了。事实上，这是个“超级问题”，贯串着各种价值判断。每一个活着的人，哪怕行尸走肉般活着，对它都需要有自己的解释。

尽管时时萦注这个问题，也涉猎过颇多的书籍，然而笔者必须承认，自己的认知离解答还很遥远，常有“其求弥久，其知弥少”之感。

人际合作的青铜法则

上文我们谈到了，超越黄金法则——“人之所欲，乐施于人”的乌托邦，在现实世界里并不存在稳定性。执意要躐等躁进，实施的结果，反而使浪漫的理想徒然沦为祸害丛生的邪托邦（dystopia）。笔者斥其为“青铜法则”，因为这类拔苗助长的理想背后，是鱼龙混杂的实质。

为了切入主题，笔者在此引荐《自私的基因》一书，作者 R. 道金斯是牛津大学的讲座教授，进化伦理学的全球领军人物，他言辞犀利，观点激进，以强硬的“科学逻辑”著称于世。这本科普读物（已有多种中译本）里，道金斯给出了一系列“实用定义”（working definition）。他认为，“利他”是这样一类行为（而不是主观意识上的，更非行为者的自我宣示），行为者牺牲自己的利益从而增进另一个同类实体的利益；而“利己”则是但求扩张自己利益的行为，不管对同类其他实体的影响如何。这里所说的“利益”乃指生存的机会，有着本质的重要性。如此定义的利他行为，是为了增进受益者的生存机会，结果损害了行为者自身的生存机会。

道金斯进而证明，他所谓的“行为者”不是通常的物种，也非人类、种族、社团、家族、血亲或者个人，而是个体内的基因（实质上是基因组里变异的片断）。基因非常强悍和执着地追求着任何生存机会来保存、延续和扩展自己。基因的变异往往来自随机偶然的突变，为了赢得哪怕是一丁点儿多的生存机会，基因会不遗余力地排挤和取代同类的相应基因，因此是极端“自利”的，强制性地把各类物种包括人类变为保存和延续它的“生存机器”。

道金斯强调，生存环境和条件之“选择”基因，本无所谓目标和方向（正确的汉译，应当是“胜优败劣”而非“优胜劣败”）。他推论道，个人作为“自私基因”的载体，是不可能有真正的“利他行为”的，即便有，也不过是在短暂、特殊的场合里的利他行为，而且多半可以证明是经过了“伪装巧饰的”自私行为。

道金斯的书里颇多惊世骇俗的精彩论断。例如在第五章“进犯行为”里，他给出了一个博弈的模型，来解释人类社会里为何总在“争为贵”与“和为贵”之间反复地争斗折冲，达到某种均衡，形成所谓“进化上的稳定策略（ESS）”。在第六章“基因道德”里，他又论述血亲之间的利他行为，实质上是基因保存延续的自私行为。

他认为母亲牺牲自己，只在能拯救两个以上的亲子条件下，才是“划算”或合理的，因为后者携带着自己二分之一的基因。“母爱”比“父爱”更坚决，对亲子更富于牺牲精神，是因为她通常对于亲子的认定更加确切。不比父体，他不能完全确信配偶的子裔就是传续自己基因的后代。比如《拿破仑民法典》——现代国家民法典的蓝本——就规定了“在合法婚姻状态下妻子所生的子女即为丈夫的合法子女”，然而对妻子的法定义务似乎不必做相应的规定，其着眼点就是为了加强法定义务和权利的辨认确定性。又如，近年来用 DNA 的基因技术来帮助父亲验明亲子关系，就被德国不少人认为是有害社会安定而应当遭到杯葛（boycott）。

尽管词锋犀利，并且持有刚硬冰凉的科学逻辑，道金斯的批驳者还是很多，即使在科学家同行内也是如此。本文显然不是一个评论道金斯学说的合适场所，在此我只想促使大家思考，“毫不利己，专门利人”的假设，其实际可行性究竟有几何？能否作为现实政策和法规的目标，成为社会和道德的基本诉求呢？

此外，笔者还想提出如下的一些看法，希望能引起读者对青铜法则的探索兴趣。

至少在近一万年以来，人类社会的文明演化的主要动力来自文化过程。伦理进化通过观念传播和社会选择对于现代人种的影响，已经远远超过了自然进化的选择力量。（道金斯也在《自私的基因》的最后一章，为他的学说打了一块补丁，提出了类似文化基因 Meme，颇有点画蛇添足的意思。）

先举两个比较极端的例子来喻解这层道理。成吉思汗和贝多芬是人类文明史上两个出类拔萃的个人。成吉思汗天赋异禀，留下了大量子裔，他妻妾成群（据说有他的后代的女子就多达 500 人）；加上他的子辈、孙辈的子女，成吉思汗在 65 岁去世前，直接携带他的基因的人就有两万之多。七个半世纪以来，成吉思汗的基因更是广泛流布人间。据美国《时代》周刊报道，人类学家估计，带有成吉思汗基因的人占了黄种人的（其中以中国人为主体）5%~12%。贝多芬的创造力则完全体现在不同的范畴，他没留下子裔，然而他的音乐激励和升华了无数的人。几乎可以肯定，这些人都和老贝的基因无涉。恐怕也必须承认，无数的人正是经过了贝多芬的文化基因的“塑造”，才成为现在的模样。作为一个汉人，笔者起码有二十分之一的概率是成吉思汗的后裔，但说实在的，自己只体会到贝多芬的精神感召，而丝毫无法体验到自己有什么成吉思汗的传承。

因此，我们可以说，相对于基因，人为的构件（artifacts）对人类社会的演化有着更强有力的干预作用。无论从火的有效控制到马镫的使用，乃至把人送到太空站然后成功回收发射火箭等大制作，无论是粗糙器皿到精致艺文的种种创作，无论从图腾崇拜的祈佑到“涅槃”境界的感知，无论从果腹之物的采集狩猎到宇宙命运的探索究问……，文化构件强有力地改变了人的行为和思维，同时也改变了人类基因延续的“自然轨迹”。

人类在向自然界谋求多一点生存机会，特别是各个部落之间或种群内部在相互竞逐资源的过程中，文明进展到了高级阶段，在这个阶段人类对语言文字的运用能力和观念的塑造能力有了长足的进步。脱颖而出的几个主要的文明——华夏文明肯定是其中最卓越的文明之一——对人类组织和合作实践经验作了长时间的深刻反思，提出了正确的问题，并界定出若干个重要法则——黑铁法则、白银法则和黄金法则为其主轴——来界定人类适于生存的条件，并指明人类有意义的发展方向。“大轴心时期”提出的问题和规定的方向，直至今日依然制约着人类社会的作为和价值取向。就此意义来说，现今社会提升文明的种种努力仍然是“大轴心时期”的延续。

文艺复兴时期萌发的近代科技，通过探索、创造、改进各种文明的构件，也是响应“大轴心时期”所提出的挑战的探索努力，其任务的完成正在持续当中。在中国文明史的讨论中，不少人曾疑惑为什么先秦时代的先贤们具有如此的原创力，而后世不过在诠释他们的思想而已，还往往走偏。其实，其他存活的文明，比如希腊-基督教文明和印度文明，又何尝不是如此呢？对于它们，问题和使命的提出或总结，也是在毕达哥拉斯、苏格拉底、柏拉图、亚里士多德前后，而摩西、佛祖、耶稣、穆罕默德则把它们廓清，作了系统表述，以能指导人世间的实践运作。

中华文明有一些相对独特的贡献，比如对“孝”的规定，就是其中之一。让我们试着在“人际合作的原则”框架里加以申论。

按进化伦理学者（道金斯是其急先锋之一）的说法，“母爱”对亲子的“利他”行为，不过是为了延续她自己的基因。然而母体又是怎样来确认她的基因载体的呢？虽说和父体相比，母体更有能力识别自己的直接后代，但这并不像进化伦理所假设的那样，仅仅靠本能就能做到的。譬如，一个幼儿在襁褓时失散后，就不太可能再被母亲识别，母爱也只有在亲子关系被认定之后才得以重新展现。以此观照，为亲子的牺牲与其说是由“基因”规定的，不如说是由人伦关系——文明的主要构件——来决定的。那么，“母爱”又是怎样展现自己“利他行为”的合理性呢？道金斯等认为，利他者能够出于本能，精确地计算牺牲到何种程度才是划得来，以他的说法，只有在拯救两名或以上的亲子，母亲牺牲自己在进化上才算够本，因为后者携带了她二分之一的基因。这种解释和人们的现实观察大有出入，很难令人信服。

人类在血亲之间的利他行为是下倾的，即基因的承继者对施与者的牺牲行为要明显的弱。此时，“孝”作为一种文明的构件，强化了履行互惠义务的“担保”作用，因此对先期付出的一方是一种补偿机制。“孝”以道义的名义，督促着一种类似社会契约的履行，强固了家庭这一人类组织的基本单元的依存关系。它对于华夏文明的繁衍有非常突出的功能。尽管把“孝”推之极端，失去其应有的“度”，会引致偏误，也常为人诟病，然而中华民族竟在这个星球上占了五分之一的人口这一事实，令人很难否定“孝”在代际合作上的伟大贡献。

在许多高风险领域，例如商场，承诺、履约、付出与回报，往往有明显的时差，如何贯彻诚信的约束，的确是很棘手的。中国人对此通常会凭一个经验法则来判断：一个不孝之徒，要成为你的商业伙伴，你又有多大的把握能相信他（她）会履约，回馈其所承诺的诚信义务？难免推想，他们对“孝”的义务尚且不顾，若想靠司法来追索惩罚其违约行为，你的成本不知又会高到哪里去呢！

就方法论而言，逻辑分析并不是探讨人际原则的，起码不是主要的有效途径。据此可以认为，勉强以逻辑方法来判别人类价值，难免会失之偏误。简而言之，逻辑推论的要求（为了避免所谓“四名词”错误），把人类的行为断然划分成两类，“自私的”和“利他的”，之间没有交集，互成补集，加总起来构成全集。然而在实际上，大部分人，一个人的大部分行为，都是居于两者中间的混合体。就像硬要说姚明之外都是侏儒，非此即彼，非黑即白，会造成莫大的困扰。

任何人，具有强烈的“科学精神”和“彻底理性”的人亦无例外，首先是其他人的子女、父母、兄弟姊妹、亲属、朋友…… 总之是处于各种人伦关系中，且不说他们都有着各自的情感、价值、信念、偏好。故此，信念、善、可欲等价值观念并不来源于“逻辑分析”，显而易见的也不能为“科学精神”所取代。

我们在讨论青铜法则的时候还须注意，经过数百万年的进化，人类的行为乃已熔铸在人的基因里面。认为新生婴儿（的大脑）是一块“白板”，可以任意涂写和塑造，是一种要不得的深刻误解。无论是对“赤子之心”的观察，还是用近代科技手段所做的各种分析测试，都能验证人与生俱来就有其固有的结构倾向（innate structure）。任意拔高文明的理想，不顾人性而赋予人以不能承担的德性，以“文明乌托邦”的标准来要求和改造人的行为，是非常危险的。

在此试举一些浅近的例子来帮助理解。大家熟知的，如“为人民服务”（serve the people）的表述，事实上源起于中世纪的教皇的“圣谕”；又如“我为人人，人人为我”（one for all and all for one），典出大仲马的小说《三剑客》里宣扬的词句；又如“毫不利己、专门利人”所要求的，不过是“对待同志要像春天般温暖…… 对待敌人要像严冬一样残酷无情”……

再如，“博爱”一词则来自法文（fraternité，英文的 fraternity），即“兄弟会”（而非“海内皆兄弟”）的意思。其实，“博爱”一词很早就曾出现在中国的典籍里面，如在《孝经》里。和平等、自由等概念一起，现代汉语中“博爱”一词，是从日文译本引进的。笔者不无惊讶地发现，很少人注意到“博爱”来自 fraternity。当有机会问及我在国内的 EMBA 学生，大多数人还以为它的原文是“universal love”或“general love”呢。

“利他”行为的对象——他人，在教皇，是主内兄弟，即有同样信仰的一群人；在《三剑客》里的达特安，则是颇多斯、艾多斯和阿拉密斯三个拜把哥儿们；而对于雷锋，则是阶级兄弟。无论是按教派，靠结义，或是根据“生产资料的所有关系”来划分，爱都难于“博”到同类的全体。

眼下的“全球化”思潮，设想竞争在全球范围“公平”地展开，人们又提出“地球村”的理想，试图把“利他”的关系，从一个基因高度重叠的小村落扩展到全世界。作为愿景，这个观念或许相当崇高，但把它当作经济和社会利益分配的主要政策依据，恐怕难免堕入青铜法则的后果。

就近取譬，一对情侣要分手时，主动提出的一方会说“我配不上你”，而实际上说的是“你配不上我”。略涉世故的人自不难明白这类“文明的奥妙”。在研读或引用贤人、达人、伟人、大人、名人、闻人或者奸佞之人时，一个甚为重要同时至为简单的诀窍，是要分清他们话里面的我、你、他、我们、你们、他们等称谓，真实含义究竟是什么。留心一点儿，你往往会发现在讲的话里，“我们”变得相当含混。屡见不鲜的是倒错的离奇情节：“我”——说话的那位，经常不包括在“我们”之内，而“我们”理所应当有的“你”——说话的对象，其实往往是“他们”中的一员。

最后，我们不得不时时提醒自己，在讨论有丰富人文价值内涵的原则，特别是青铜法则的时候，请一并考虑“权利”和“责任”。在“权利”层次上最好别忘了把自己“放下”，而在“责任”层次上又别忘了把自己“摆上”。

尽可能做到“对称”，进而尽可能“互惠”，“公平”尽在其中矣。否则，实话尚未启齿，恐怕已被骂得狗血淋头，甚至被“打翻在地并被踏上一只脚”。

子孙照样发达？

《新资本论》的作者皮克迪，对当今社会财富分配悬殊且在持续扩大的趋势，提出了一些解决之道。他主要的政策建议，是用“全球”的公权力来对市场分配的结果进行再平衡——对顶级富人家庭课以重税。方案之一，是对美国年收入超过50万美元的人启征边际税率高达80%的所得税。历史上施行过的累进所得税率，在欧美发达国家（直至20世纪70年代末）曾经超过95%，而美国针对富人的最高税率甚至达到了96%。然而，扼杀性的高税率效果并不如预期，遏制了有效投资、风险承担、创新发明，最终妨碍了生产力的提高，经济增长受阻，而穷人的生计并没有实质性改善。这个严酷的历史教训，可以说是当年里根、撒切尔代表的保守经济政策之能勃兴，弗里德曼所代表的自由市场无误的思潮之所以崛起的最大动因。

皮克迪的解决方案要求各国联手稽征高昂的财富累进税，政治上可操作性其实很低。在信息技术时代资本国际间的流动更加畅行无阻，任何经济体若想实施不利于资本的税率、利率、汇率及各种管制政策，无异为渊驱鱼。过往三十年生成的供应链全球化整合，无不以资本为引擎，引领着产能、技术、就业、市场的综合能力平衡和再平衡。我国肇始于经济特区的开放，成果非凡，关键也在于替资本税率和监管松了绑。跨国公司让巨额盈利趴在分支机构的账面上不挪回总部，主要原因也在于套利税率上的显著差异。因此，要使“全世界的有产者联合起来”平衡贫富，可以说连门儿都没有。

皮克迪的母国法兰西的实际情况正是如此。这里仅举两个微观层面的例子，社会党人二十余年后重新执政，奥朗德总统把富人最高的累积税率提高至75%，影视明星大鼻子迪帕蒂立即迁册比利时，随后又入籍俄罗斯。这和他自己声称的“俄罗斯是我精神上的祖国，因为父亲是个老社会主义活动家”，其实没多大关系。他这么干只因为俄罗斯的最高税率是13%，远低于任何欧美发达经济体。葡萄牙的地产商人甚至拜奥朗德为里斯本的最大财神，因为他把法国的钱财赶到了葡萄牙去投资置产。目前法国人成了葡萄牙海滨高级住宅的最大买家，紧随其后的有巴西人（同样说葡语）、中国人和英国人。中国人又何苦远到葡萄牙去买房子？不用细想你也会懂的。

皮克迪的政策建议既然无法实施，看来也就无从被证伪，然而这种吊诡理论假说的安全性被一项长期历史的实证研究给颠覆了。著名的经济史学家G. 克拉克的新著“The Sons Also Rise”（似可译作《子孙照样发达》）对“皮克迪疗法”来了个釜底抽薪。他的书名很有趣，是海明威的小说“The Sun Also Rises”（《太阳照样升起》）的翻版，因为英语里sun（太阳）和son（儿子）只差了一个字母，发音完全相同。克拉克教授辩解说，这书名是编辑给取的。他的前一部名著“A Farewell to Alms”（《别了施舍》）也套用了海明威《永别了，武器》的书名，alms（施舍品）和arms（武器）的发音很相近。看了这样的书名，不用猜我们就不难想见书的意图：社会上成功人士的后代也将持续成功，而不成功人士的后代同样不太可能成功。

克拉克的分析调用了大量历史旧档和征集了长程历史的实证数据，揭示出跨（多）代的社会粘滞性（social persistence），在世界各国、各个时代都是异乎寻常的高。上层人士以及下层的人要“回归到”社会的平均水准是相当的艰难，往往绵亘数代、十数代而不可得，而且不论在怎样的社会氛围、文化条件和体制安排下，都是如此。克拉克试图证明或业已证明的结论，可说是“惊世骇俗”，岂止是“政治上很不正确”，对经济学和社会学的一些信条也将有颠覆性的影响。

也许你对各种“学”没有兴趣，但是对自家的儿孙能否“发达”是很难不感兴趣的。在个体层面，克拉克的建议是，若想自己的子女继续发达，或者变得发达，你最重要的事是同高素质的伴侣结合，给孩子一个好的生父（或生母），其余则顺其自然可也。而子女出生后的额外补课、小灶家教均无关宏旨，甚或是徒劳的。

相信许多人（曾包括笔者）听了会很不自在，甚至深感侮辱，会拍案而起怒斥其为“种族歧视、帝国主义、唯精英论者、优生论者、天良丧尽……”不一而足。克拉克教授深知他的探索有离经叛道的味道，为避免各种罪名起见，他做了许多细致详尽的实证数据分析；提出结论时也很委婉，他往往以提问的方式，比如问：“要不是基因遗传，那么又是什么因素造成了历史上可观察到的，如此高度一致的现象呢？”

西方 17 世纪肇始的社会进步思潮逐渐型铸成一个基础性假设，主张人在初生时是“一块白板”，所有的知识均得自于后天的经验，人与人之间的差异乃社会环境的产物，可以通过环境条件的合理化，加以无限地重塑（譬如通过开放教育、强制税收重新平衡）或者改造（譬如经过剧烈改制），而成为“新人”。这个基本信念导致了千百万人为之前仆后继的巨大社会变迁和动荡。但是，它经受得住对人类社会长程历史的检视和分析吗？

为了说明基因遗传对于人的行为能力有主导性的影响，克拉克引用了不少长期跟踪的研究，来佐证他的观察和发现。譬如，对在不同环境下成长的许多同卵孪生子的跟踪调查：一对基因几乎等同的同卵双生子（女）在幼年就因为各种原因离散，成长于不同的社会和家境。结果表明，他们的行为能力和习惯偏好倾向受遗传的影响，远远超过了不同环境条件的重塑。又如，对领养孩童的长年追踪调查也表明，他们的行为能力在幼年时似乎还受养父母及领养家庭环境的影响，随着年岁增加这类影响日渐式微。被领养孩童过了 12 岁，智力、偏好、行为倾向等越来越趋近于他们的生父母；16 岁之后，被领养儿童和养父母的相关联系就趋近于零，而同他们的生父母的相关性接近 0.3。同时，被领养儿童的人生表现，无论是在学业、健康、职业表现还是收入水平，都和他们的血亲兄弟姐妹相仿，而与领养家庭的兄弟姐妹看不出有什么明显的关联。

克拉克教授在检测社会流动性（其实是其反面——社会粘滞性）时，所用的方法相当简单，追踪数百年来姓氏在社会综合地位的起落，特别是那些显赫而稀少的姓氏，其所占据的地位高于社会平均水准有多大程度，能持续多少代。书里集中考察了多个社会，包括英国、日本、印度、韩国、中国和美国、瑞典、智利、丹麦等国家，以及犹太人、吉普赛人等群体的长期社会演化。实证数据的跨度有几个世纪，英国的数据更长达九百余年。克拉克经过数据分析后发现，非但两个英国——市场经济和民主制度下的英格兰与工业革命之前的封建体制下的传统英格兰，社会流动率是同样的迟缓，而且美国的社会流动性也不比推崇社会主义平权的瑞典、丹麦的高，甚至和印度、日本等社会的情况也差不多。

教授把这种人类社会的高度粘滞现象称之为“社会执着度”（social persistence，或称“代际相关性”），计算出代际传承率为 0.75 左右，并推定这是一个“普世常数”（universal constant），与文化、制度安排等无关。如此，孙辈和祖父辈的相关性约为 0.75^2，即 56.25%，第四代受祖辈的影响则为 42.19%（0.75^3）…… 直到第十代，祖上持续的影响仍有可观的 7.5%。

这个结论强烈冲击了人们素所“乐意”相信的高流动性的信念——社会越开放则流动性越高。在理想的社会，每代人都应当被“重新洗牌”，每个新生儿都将“生而平等”，面临平等的发展机会。

克拉克的考察和分析认为，风水即便轮流转，速率也很迟缓，远不是人们所期待的那样“三十年河东，三十年河西”，在两代人之间；而得经历十代人的时间——“三百年河东，三百年河西”。据他的计算，一个家庭要在一代之间从社会综合地位的中间水平攀越到社会顶层的0.5%，机会只有五亿分之一。这种情况在英国几乎没有发生过，无论是封建时代还是现代英格兰。至于要通过一代的时间，从社会的底层（0.5%）翻到社会顶层（99.5%），概率更是几乎等于零，克拉克相信，在人类历史上还未曾有过。（对此，我不是太有把握，明朝的开山祖朱元璋家族算不算是个例外？）

究竟哪个更符合历史上发生过的事实？

克拉克指出，人们高估社会流动性的偏误印象，部分是来自误算。他们以物质收入的代际影响替代了社会流动性。其实，竞争社会地位、获取资源的能力是综合性的。除了财富，还有教育（对信息和知识的掌控）、职业（高尚岗位的拥有）、社会联系（抱团网络的紧密程度）、健康状况以及长寿，等等，都是构成“社会成功”（或TSS，True Social Status，意即“真实的社会地位”）的要素。譬如说，盖茨和巴菲特的子女，收入比起父辈准差得远，儿孙们不唯不再孜孜为钱打拼，其主要的职业甚至是在散财（公益基金会之类）。然而，他们的综合社会地位，大半靠祖上遗传得来的综合社会能力（underlying social competence），却不会很快地衰减。如果根据巴菲特的子女收入大不如其父，就以为他们迅速回归到了社会的平均水平，于是得出美国比其他社会的流动性更高、更“公平”，是很不可靠的表象。

至于为什么人们对社会流动性速率的印象与实际的普遍现象大有出入，克拉克解释道，人们意识的重心是短期的，关注的焦点只在代际变化，即两代人之间发生的变动，这时随机因素起了很大的作用，也就是说，“噪音”——各种运气（好的或坏的）很容易掩盖了真实的信号。噪音的影响在长程中会被抵消，在群体里被折冲掉，需要跨越大致四代人，约为 75 年的时间。他提出的实据，是英国工业革命前后的传统社会和现代社会的比较。测算的结果，表明传统英国的代际粘滞系数在 0.80～0.85，而现代英国的代际粘滞系数则在 0.73～0.84。以此来计算，第四代英国人受其曾祖父影响的仍分别为 40.96%～52.20%（传统）和 28.4%～40.96%（现代）。总之，相关度在 2/5 左右，虽说不无改进，但依然都是高度粘滞的。素有“机会平等大熔炉”之誉的美国，社会粘滞度（0.75）比起英国来也实在不遑多让。

在提出“若想孩子成功，替你自己找个好配偶”的建议时，克拉克请大家注意：①配偶的“好”，不在他（她）是否有钱或生于有钱的家庭，也不在其面貌是否姣好，而是其生父母的财富、教育、职岗、社会网络、健康长寿等因素的综合考量（TSS）；②更主要的是，要考察其父母、兄弟姐妹、祖父母、曾祖父母，甚至更上代人是否也曾经成功过。从长计议，才能够确实把握他们本人的成功乃有坚实的根基，而非“噪音”所致的假象（跨多代的 TSS 演化）。

那么，克拉克的发现和皮克迪的研究又有何关联呢？《新资本论》揭露出财富的社会分配严重不均且在扩大之中，也许是个事实。皮克迪着力剖析的困境不只是发达经济体所特有的，与我们的国情也有着相当的关联。例如，国际间常被引用的一个数据，称美国参众两院最富有的前 50 位议员的财富加总起来不到 11 亿美元，而中国的人大代表里最富有的前 50 位代表的财富总值达到了 980 亿美元。要是把没露白的财富也计算在内的话，两者的差别可能还要令人瞠目结舌。克拉克的发现（间接地）对皮克迪的核心理念发难：非但以公权力为杠杆的社会再分配的成效是短暂的甚至是徒劳的，其初衷的公正性都成疑问。克拉克认为以发挥人类本身的规律来运作，即市场带来的结果其实更“公正”（fairness），更深刻，也更为持久。他提出的质疑，要是人“本非白板一块”乃普遍观察到的历史事实的话，那么我们又有何理由相信，依据当代“平等”的观念来干预竞争，对之强行重新分配，结果就更能公平合理呢？

我们主要关心的，自然是中国人的社会流动性现状。《子孙照样发达》里辟有专章，就中国近代的案例展开讨论，这个案例是以克拉克教授和他的博士弟子郝煜（目前执教于北京大学）的合作研究——“中国三个政体下的社会流动性——姓氏研究（1645~2012）”为基础。该项研究主要得自郝煜的贡献，是其博士论文的一个主要组成部分。他们汇集和分析了清朝、民国以及1949年后大陆和台湾的数据后，得出的结论是，三种体制下中国社会的流动性也都与世界各国的相仿，比一直以来相信的要低缓得多。尽管这十几代人，尤其是19世纪末叶直到现今，中国发生的剧烈变革可谓翻天覆地。

我沿用了姓氏变迁的分析方法——通过比较该姓氏占总人口的比例和它在上层成功人士中的占比，来说明该姓氏是处于社会的顶层及上层、中层呢，还是处于下层及底层。这里所谓“成功的社会综合地位”，衡量的要素除了“富”，主要是“贵”，包括科举考中“举人”“进士”的数量。成功获取功名在清朝是地位晋升最主要的社会阶梯，民国以后“贵”的评测内涵大为改变了，科举的功名被替换成现代的上层职岗，诸如名校的教授、学者院士，名医师名律师，高级行政官员，以及企业的董事长，等等。

我追踪前清的“精英十三姓氏”（主要集中在长江下游地区，占全国人口的比例约为0.055%）三百多年来的变迁，证实前朝的精英在现代社会上层的占比仍然超过社会平均（overrepresentation）。如果把社会平均水平设为1——姓氏占总人口的比例和该姓氏在上层成功人士所占比例是同等的话，那么“精英十三姓氏”同“全国三大姓”（张、王、李，占全国人口约22%）以及“地区三大姓”（顾、沈、钱，总数在2000万人以上）

相比，其影响远远超过1，也就是说，他们的“代表比率”（RR，或 relative representativeness）远超过了社会的平均值（5倍以上）。

具体的计算，根据1820~1905年（之后科举被废除）的科考数据，在乡试（“中举”）和会试（“中进士”）里成功的比率，“精英十三姓氏”是“全国三大姓”的8.6倍（张、王、李三姓人口众多，足以代表全国平均水平，故比率为1），是“地区三大姓”的4.7倍。其中，江苏武进县的庄氏，在科考中的表现极为突出，该氏族的RR达到了社会平均的15倍。

废除帝制进入近代共和以来，差别依然巨大。从民国政府的高官名录（1912~1949年）来看，“精英十三姓氏”是“全国三大姓”的4.85倍、“地区三大姓”的2.28倍；从著名大学的教授名录（1912年）来看，“精英十三姓氏”为“全国三大姓”的3.82倍、“地区三大姓”的1.88倍；从企业的董事长名录（2006年）来看，“精英十三姓氏”是“全国三大姓”的4.51倍，是作为对照组的“地区三大姓”的1.62倍；从中央政府的负责官员的名录（大陆，2010年）来看，“精英十三姓氏”则为“全国三大姓”的2.75倍、“地区三大姓”的1.46倍。

事实上，“地区三大姓”（主要分布在江苏南部和浙江北部）在全国范围内也属于“精英姓氏集团”。它也明显超出了“全国三大姓”所代表的全国平均水平。上述的五个测评数据，顾、沈、钱三个姓氏分别是全国平均水平的1.83、2.13、2.03、2.78和1.88倍。

民扬儿在加州大学（戴维斯校区）得到经济博士学位，他曾是克拉克教授的助研，帮助整理了部分资料。我们父子对克拉克的数据、分析方法和结论诠释曾有过讨论。中国幅员辽阔，人口众多，但姓氏却是相当集中：大陆的300个上下的姓氏（每个姓氏至少15万人）覆盖了95%左右的汉族人口，其中前100个大姓占了总人数的85%；而台湾的30个姓氏几乎覆盖了人口的全部（98%）。英国的情况则大不相同，姓氏（5人以上）多达270000个，所以克拉克的模型更适合西方的社会，因此追索（成功）小姓氏样本的长程变迁更简便更容易。郝煜博士显然注意到了这类差别，于是在中国的姓氏上再加上地域的限定，调查了比如像“宁波范氏”“海宁查氏”“常熟翁氏”等精英家族的变迁，得到的结论仍旧不变。

中国社会的流动性从长计议，数百年来依然粘滞，并没有因为社会体制、政治运动、文化价值的剧烈变动而发生结构性的改变，要变的话也是“三百年河东、三百年河西”的长程演变。以克拉克所谓的“普世常数”的社会流动性规律的范围而言，大陆在0.71~0.90之间。其证据之一，是1949年后大陆和台湾的分野，社会体制及其政治干预迥异，但是翻天覆地的折腾之后，社会流动性在两者之间相差却甚小，台湾的甚至还略高一点。有兴趣的读者不妨直接参阅原书。

《子孙照样发达》一书2014年正式出版以来，引起了社会关注和各界的热评。浏览各家包括不少著名经济学家的评议，很少有人能对书的数据模型、方法诠释提出质疑。尽管如此，书中提出的结论还是令人难以“咽下”。譬如，著名的哈佛经济学教授（B. Friedman）认为（笔者亦有同感），“我们只能希望，克拉克揭示的规律不是事实”。

在公共政策设计之上，这涉及一个更根本性问题。在争议社会分配是否平均时，人们常是把“公正”“正义”“公平”“平均”“平等”搅和在了一块儿，难道它们是一个概念吗？如果确有区别的话，我们又应当在哪个层面加以区分呢？

比如说，你不妨追寻自己周边的人，同乡、同学、同事，等等，“发达”或“不发达”的经历，以及他们前代的经历。开放三十余年以来各方面松绑的结果，社会资源的分配确实有了更多的差异，这样的进展难道是更偏离了“公正”吗？

竞争的场地怎样平坦才能更符合人类的生存条件（human conditions），

才能让竞赛博弈一轮又一轮地健康扩展，从而更广泛地激发出全社会的创造能力这个重大考量上，克拉克的研究有其建设性的贡献，为社会分配及再分配建立起长久和公义的基地，可以提供若干靠谱的指引。

有兴趣的读者不妨再阅读语言学和演化心理学大师、哈佛名教授 Steven Pinker 的《人非白板一块》（“The Blank Slate”, Penguin Books, 2002），也许能从中获得一些有用的信息和启示。

第五章 新新人口论

在回答人口如何影响环境那个至关重要的问题时，人们对人口这个最重要问题的认知和界定常是误导的。

——J. 戴蒙德（Jared Diamond）

劳动力供应的规模萎缩

开宗明义，本文旨在呼吁各界关注中国人口的演进。“新新人口论”的提法，绝非耸人听闻，而是要引起对人口正在发生的重大变化的关注。人类历史从未有过的这个变化，20世纪60年代开始在发达国家显现，90年代在全球范围“坐实”，于2002年的联合国人口报告得到“官方”的认定：全球的总和生育率从2.1下降到了1.85。人口规模不只是关系到经济的持续成长，而且是人类文明一切活动的“宿命”（destiny），社会历史学家早就认识到了这个逻辑。

总和生育率（TFR）指每个妇女一生平均生育的存活孩子数。除了抵补父母的2，这多出的0.1是为了补偿孩子未到生育年龄夭亡的损失；在发展中地区，为了补偿较高的婴孩夭折率这个数大约在0.33；而在人类史上绝大部分时间里，直至20世纪，这个数还在4以上。TFR不足2.0的水平，人口的规模就趋于缩小；一旦降到1.8以下，规模的萎缩就难以逆转了。虽然妇女把育龄往后推、老人活得更久，等等，会影响到人口的年龄结构，但女性的生育倾向——TFR的决定因素形成后，要改变是很艰难的事，先进国家的经验如此昭示我们。随之而来一系列的重大变更，构成各种政策的严峻挑战，往往令人措手不及。

这个新变化对于其他国家是新人口规律，在中国却不得不多加一个“新”字，因为中国50年代的一场大辩论对其后的人口政策有深远的影响，可以说直到今天我们还在“还欠债”。马寅初先生的“新人口论”其实并没有什么新意，只是当年的意识形态之争弥漫，又有冷战的急迫压力，他的表达不得不委婉，“臭名昭著”的马尔萨斯人口论，事实上对中国国情也是同样适用的。

马尔萨斯首先提出的“人口定律”，认为在生产力低下的状况，“手”的生产仅能维持“口”的生存，后者的增速远远快过前者，任何丰年的产出很快就会被接下来急增的“口”吃光，而“口”的增加必会被饥馑、瘟疫、灾难、战争悲惨地平衡掉。

人类社会组织经济生产的一万年以来，世界 GDP 的年增长率平均只在0.01%左右，除了极少数精英分子，人活得非常悲惨与牲畜无异。直到1790 年前后，欧美国家的物质生产力才首次超出了人口的增长。此前的2500 年里，世界的人均生产增加了才 1 倍而已，以后的 220 年里则有突飞猛进的发展。例如，美国的人均生产提高了有 40 倍之多。

当时中国贫弱，积累低，技术创新基础差，无法迅速把民众的“消费的口”转换成“生产的手”，更谈不上提高到“创新的脑”。这种约束之下，人口首先是个拖累，必须有计划地加以节制。然而直到眼下，检讨这段历史的时候人们还在“炒冷饭”，似乎马寅初先生当年争辩的人口政策之所以遭到杯葛（boycott），在于它的“新”。本文的目的之一，则要提请大家注意，人口发展的新趋势已明白无误地呈现出来，我们若不能及时改弦易张人口政策，尤其是一胎化的限制，难免又重蹈当年的错误，尽管犯错的方向恰巧相反。

除了人们固有的心理惰性，以及政策（成功）实施而来的惯性之外，人口变化本身的滞缓，也是不容易看清人口规律的主要原因。好比你每天看冰川的头，无论在海螺沟还是阿拉斯加，会完全漠视它的变化；过了三十年再去看，它们可能退缩了好几百米。为了增加一些感性的体认，你不妨在脑子里描绘这样一个模型：画两根平行的垂直线，形成一个“时间通道”；在通道里把每个年龄的人群画成一行小人形，每个小人形代表100万人，比如，71岁的人群有2800万，就居中画成28个小人形的一行，同理5岁的有2100万，就是一行有21个小人形的，如此等等，把1380个小人形安排就绪后的形态，你对中国人口（2016年13.8亿人）的年龄结构便可有个一目了然的认识。然后再把15~64岁、低于15岁、高于64岁这三个区间浓淡不同地标示出来，你就可以看得清楚，劳动生产者和他们需要抚养的人口之间的比例关系是怎样的。并且很简单就可以把这种理解加以动态化：在时间通道里把三个年龄区域往上拖就行了，整个人口大军像是在时间通道里列队向上走，去年n岁的人今年准是n+1岁。加上每年新生儿的一行，略加调整，我们就不难再现过去几个世纪前后，乃至整个历史发生过的人口变迁。

理想的年龄结构当然是纺锤图形，干活的人居多，两头需抚养的人少。不过这持续不了多久，新出生的孩子如果维持在低水平，图形转眼就会蜕变成为头重脚轻的倒金字塔，不过在历史上这还确实没发生过。我们不妨把0~100岁（过100的当作百岁）的那一百行的人看作一个同时活着的生命池，注意点放在每年流入池子的新生儿和流出的死亡人数。1750年前流经生命池子的是“稳流”，许多新生命，或流产或夭折过不了门槛，成年后流出又很快，或战乱或饥馑活不到天年。1750年后在英国率先发轫的产业革命，连同食物营养的增加和医药健保的改善，给人类提供了生机，于是大量的新生命开始汹涌流入。年轻的马尔萨斯洞察到了这个趋势，在他的小册子（1784年发表，比亚当·斯密的《国富论》晚了近10年）里描绘了出来，连同他的悲观预测——人类的超生现象终将被“悲惨地抵消掉”，成为后世所谓的“马氏人口定律”。其后的世界发展印证了马氏定律，长达二百余年，人口的流入湍急（当时全球妇女的TFR在6.0以上），流出滞缓，生命池犹若尼罗河般的腾涨泛滥。

但是当今，这一切已全然改变，并正在走向其反面。这段发展史在中国有着极为戏剧性的浓缩表现：1949～1979年的30年里，中国人口大涨了4.2亿；1980～2010年的30年里，我们的人口比“应该的”少增加了4亿。

引起生命池里湍流激荡的原因是什么呢？论辩很多说法也不一。但是毫无疑问，人们必须严肃对待这个新的严重变化。世界人口增长在锐减中，其间并没有世界范围的战乱、灾变、饥荒和瘟疫。这别说马尔萨斯不曾预见、马寅初未能看到，几乎所有的人都没想到。一言以蔽之，这个变化是人类文明发展的许多伟大成果造就的。

首先是科学技术的一系列突破，给人类的发展拓展出宽广的生存空间。其中医药卫生的进展，成就尤其辉煌，不但大为降低了婴孩的夭折率，而且令老人活得更长寿更健康。这个新变化反映在过去两个世纪人口的膨胀上面：

2011年10月人类总数首次突破70亿，中国人占了其中的19%。近在1800年初，全球人口才攀升到了10亿，中国人约占到1/3；到了1900年，世界人口增加到了15亿（+50%）；1950年世界人口又增加了60%，达25亿，中国人约占总数的1/4；其后的50年里世界人口更大涨140%，在2000年达到了60亿。若是增长一如既往，那么到2100年世界人口将超过200亿，威胁甚至导致全球资源的穷尽和环境的崩溃。

始料未及的是，过去四十年来生命池的流入量同时缩减得更厉害，人口的增长率竟“悄悄地”从2.1%减到了1.1%。由此估算，2100年总人口应当在100亿附近。究其关键的因素，首推妇女的教育、就业和收入发生的巨大变化。妇女参与社会生产的程度越高，她们生育的倾向就越低，这同马尔萨斯人口理论所预示的趋势正好相反。妇女的教育程度、就业比率和收入提升的结果之一，使得她们的生育和成婚的意愿大打折扣。选择晚婚甚至独身的妇女越来越常见，即使结了婚她们也不愿意多养孩子。这适用于世界任何地方。

以 TFR 来度量的一个显著的例子是，1955 年在巴西是6.1，在中国是5.6；到了 2010 年分别下降到了 1.8 和 1.7，在这个期间巴西并没有推行过严格的计划生育。通常以为生育意愿趋低只是欧美发达经济体的妇女的问题，其实在东北亚地区目前这个矛盾更显突出。

例如，2010 年韩国妇女的 TFR 已降到了 1.2 左右，比法国还低。我国台湾地区的 TFR 则下降到了惊人的 0.9，在全世界 196 个国家和地区垫底。大陆的不少大城市的总和生育率早已降到 1.5 以下了，据上海市计生委主任谢丽玲报告，上海市的 TFR 在几年前就下降到 0.9 以下了。东南亚各国（除菲律宾外）的 TFR 都在迅速下降中。如孟加拉，在 1980～2000 年的 20 年间从 6 降为 3。印度南部也是如此。伊朗的 TFR 在 1984 年还高达 7，到 2006 年惊人地降为 1.9，在首都德黑兰地区更只有 1.5 了。

经济统计分析发现，一个社会的人均收入达到 1000～2000 美元，TFR 就开始下跌，在 4000～10000 美元的水平时接近维持简单规模的 2.1，然后继续下行。目前世界上 TFR 低于 2.1 的国家接近 80 个（1970 年仅 24 国），其中包括一些非洲国家。英国作为“产业革命”的发轫地，TFR 从 5 降低到 2 用了 130 年，而韩国只用了 20 年（1965～1985 年）的时间就完成了同样的衰减历程。

我们恐怕必须认识到，人类对环境及自身带来的挑战的响应，本无所谓绝对的“错”与“对”，而必须把握合理的“度”，过犹不及！

年龄结构和抚养比失衡

上篇我们讨论了，怎样建立时间通道里的“生命池”及年龄结构变化的观念，以便增加人们对人口长程变化的感知。人口变化的规律像冰川的移动，缓慢然而不屈不挠。决定人类历史进程转折的，是为数不多的几个“黑天鹅事件”，我们正在面临的人口变化正是这类“黑天鹅”拐点。不过它和突发的剧变，例如蒙古的崛起横扫欧亚、中世纪黑死病摧毁人口或小行星撞击地球灭绝恐龙之类的浩劫不同，乃是在渐变中发生的——这头天鹅是从白色逐渐蜕变成黑色的。这给我们带来了积极的讯息，人口变化既然由人类的行为造成，就能靠人类对自己的调整改变加以扭转，它不应该是注定的。

当人们热衷于讨论股价波动、通货膨胀、人工上扬、房价平抑等短期问题，或研判经济成长、城市发展、制度建设、收入分配、国际竞争、科技创新之类中期问题，请记住，这一切都是在人口兴衰变化的制约和支配的框架下发生的。

以日本为例就不难明白。日本二十年来每况愈下，政策或有不当，但经济趋冷甚至熄火的根本，在于人口增长停滞及老龄化带来的釜底抽薪。不用说房市再起不来，创新活力衰减，整个社会也趋于保守。几个基础数据很能说明日本的困境：TFR 低于 1.2；老龄人口的比例 23.5%，全球最高；支持率（support ratio，15~64 岁的工作人口除以老龄人口，即老龄抚养比的倒数）1970 年以来下降惊人，从 8.6 降到了 2010 年的 2.6，40 年后将一路下降到 1.2！

把时间通道里人口分成三个年龄段：A. 高于 64 岁的称为老龄人口，B. 15~64 岁的称为工作人口，C. 低于 15 岁的称为少龄人口。三者之间的比例如何，非常重要。除了上述的支持率（B/A）外，（劳动）参与率（B/(A+B+C)）、抚养比（(A+C)/B）、幼长比（C/A），等等，能解开许多重大的症结问题，起码令我们对代际合作的趋势有一个清醒的把握。

中国的状况其实不比日本更容乐观，支持率下降的程度和欧盟整体水平同样厉害：2010 年还在 8.33，2050 年就会下降到 2.5 左右（将低于美国的 2.6）。同日本和欧盟相比，我们的基础却薄弱得多，“未富先老”的担忧，因而绝非过甚其辞。

笔者不是人口学的专家，故本文拟从常识出发，就三个方面来谈谈个人的看法，并附带一些对策建议。这三个方面的问题是：老无所依；阴阳失衡；从口到手到脑到创新如何提升人的素质。政策建议的第一步，是尽快结束一胎家庭的限制，然后及早辅以其他相应措施，比如退休年龄、退养统筹、户籍改革、创新教育、市场培植等的配套。

中国人口消长当然得在国际格局下才能讨论得明白。国际互动目前的两大热题：①中国能否取代美国升为第一大经济体；②中国会不会被印度取代落为人口老二。问题①的回答，不确定性颇多；而问题②的答案，可信度很高。这里的讨论用的数据，国际以联合国和 OECD 的人口报告，国内则以第六次人口普查为准。而且我们尽量以“他山之石”为例证，一来，人口规律是个长期过程，发达社会比中国先行一步，或说先行一步已在衰老之中；二来，可以少些惰性、颜面和价值观的纠缠。

先来考察中美的对比。2010 年，中国的 TFR 是 1.56，美国的 TFR 是 2.08；中位年龄（活着的人自幼及老排列的居中者的年龄）中国为 34.5 岁，美国则是 30.0 岁；20~24 岁的青壮年人数，中国为 1.2 亿，美国则是0.22亿；老龄人口在中国占8.2%，在美国占13.9%。两国TFR之间有0.52（即2.08-1.56）的差别，今后40年里这造成的影响将是巨大的：中国的人口规模到2026年就开始绝对下降，美国则还看不到拐点。（这个重要差别下文还将谈到）

以目前的趋势来测算，到2050年的人口规模，中国将缩减3.4%，美国将增加30%；中位年龄，中国将上升到48.7岁（超过欧洲），美国将上升至40.0岁；20~24岁的青壮年，中国将为0.63亿（锐减47.5%），美国则为0.25亿（增长13.6%）。同时人口的年龄结构将有悬殊的变化：少龄人口，中国将减少5.5%，美国将减少1.3%；工作人口，中国将减少11.4%，美国则减少6.9%；老龄人口，中国占比为26%（增加17.8%），美国占比为22%（增加8.1%）。

总之，长跑的结果明显地偏向于美国。美国的优势几乎全部来自移民，本土出生的美国人和其他发达国家并没有不一样，也在减少中，其中白人和亚裔的TFR的减弱尤其明显。美国人口的健康增长，举世独一无二的，乃得益于移民。美国吸纳了全球移民的一半以上。同日本一样，中国几乎没有新血的移入。

反过来看，印度人口目前的TFR是2.5，中位年龄在25岁左右。至迟2035年，它将成为世界第一大人口国，期待坐收"人口红利"，像中国过去三十年所经历过的那样。相对照的是，中国的"人口红利"在迅速用尽，且有被"透支"的趋势：中国的少龄人口缩减很厉害，在2000年还占总人口的23%，2010年却只占了17%。也就是说，靠他们来养老的工作人群将会异常的薄弱，是否可持续则大成疑问。

国际间的生产和资金的互动，到头来是顺着人力数量的聚集和技能质量的起伏来流转的，假如国家能把它的民众有效组织起来，有效投入到经济活动中去的话。重要的是，先把人口变成人手，做的超出吃的；理想的是能继续把人手提升成人脑，到了有相当一群人脑在相互激励的境界，生产力就能源源创生出来。其结果就是大国的兴盛，这是我们要关注的第三个问题。

让我们先来讨论第一个问题，老有所养。

人类社会的合作，在社群和国际之前先是代际的合作。无一例外，每个人都是由口到手（最好能上升到脑），必再返回到口。老而能有所依？从上面的数据推算，中国到2050年支持率将只剩下2.2，低于日本目前的水平（2.6），甚至比2050年的OECD国家的平均水平还低。因此，前景是很严峻的。

前文已经说到，老龄化社会乃拜医药卫生科技的突破和社会文明进展之赐，人活得更长更健康了，流出生命池的速度因此大为减缓。20世纪里人的平均寿命得到了显著延长，从大约45岁上升到世纪末的64岁。发达经济体国民的寿命平均延长了40%，中国人在此期间则增加了一倍还多。举例来说，英国的一个60岁的妇女，在1956年可望活到80岁，在2010年可望活到的年龄是92岁。如此，老龄人口需要颐养的年份提高得更快，然而所有的养老健保体系在建立当初都未能充分估算到这个巨大的进步。比如说，美国在20世纪60年代推出社会退休和医保计划的初期，平均1个退休人员对应着将近19个工作者，到2035年将只剩下1.9人，其间参与计划的人的平均寿命则增加了达7岁。仅此一个变化，社会福利项目就已经入不敷出了。

使老龄化问题并发而作的另一个趋势，也是医药保健成就带来的后果。世界范围发生的妇女TFR一路陡降，是和婴孩（5岁前）的夭折率紧相伴随的。过去50年来每千名婴孩的夭折率从191个减低至78个的同时，世界的TFR也从4.97降为2.69。妇女少生娃娃是理性的选择，因为她们不再需要靠多生来补偿很高的婴孩夭折。中国在20世纪70年代晚期开始强有力推展的一胎化措施，对这个进展规律及其影响力度的测算是很不充分的，结果造成的急停刹车，负面后果正在显露出来。

我们且不谈30年来的低生育导致目前劳动力供应渐趋紧张。工人薪资一年之间增加超过15%（5年翻番、8年两番）在过去数年已几度发生，要知道这是在全球失业普遍，国内增长明显放缓的情况下发生的。劳动力短缺的一个旁证，是简单劳力如城里帮助家务的钟点工，近年来报酬攀升幅度也够惊人的。

这里暂且不谈物价上扬，老龄人口的养老积蓄是否足够达到目的。限于篇幅，我们只谈少龄人口和老龄人口目前比例失调，对中国人的基本价值和人伦关系将会产生怎样的冲击。中国的少龄人口和老龄人口比例（C/A）1975年在6左右，到2035年要降为0.5，也就是说，1个孩子将面对2个退养者。不用知道统计数据的长程变化，看看周围及自己（三代）家庭4—2—1的倒立结构，你其实就能明白，倒立的金字塔注定是站不稳的。

中国的传统文化价值“以孝为本”，来扩大代际的合作，并确立家庭为安身立命的基础，这和其他诸如基督教文明的差别相当远。“孝”讲得滥了，颇有些陈腐的味道，但实际上，“孝”道类似于一种社会契约，强调幼者对长者的责任履行。父母对子女的爱是天然的，不靠律令一样畅行，而子女对父母的爱则差得远。孝作为带强制性的道义约束，是对人类的爱偏于下倾的一种“校正”。作为汉文明价值的一个主要特色，它拓展了代际之间的诚信，成为代际互助的强有力纽带。用乡间的俗话来讲，是“我们替你娶媳妇，你得为我们送终”。“孝”的代际纽带作用，尽在其中矣。

不过以往的历史上，“孝”的履行很少受到过切实的考验。别说“子欲养而亲不在”，亲在的时间原本就很短。直到1950年，中国人的平均生命期望还只在35~40岁之间，活过60岁的相当少。凡有病伤，过不了一年半载就挂了。所以子女即使有心尽孝，压力也不会太大。然而，这一切已经全然改观。

现在的父母、祖父母一般会活过75岁，60岁退休后继续活30年也很正常。其间很多病痛都会出现，癌肿、痴呆症、行动不良，等等，潜伏十几年或几十年的顽症，以前闻所未闻的，全都冒了出来。在现代医疗条件下，老人能卧病许多年也成了通则。造成的结果是过去未曾有过的，老龄人口颐养年头加长，需要服侍照料的时间也大为增加，而且医疗费用增加飞快。在中国，这一切变化却要“4+2+1”里的1来扛，而这个1又是在4+2的百般呵护下长大，把关爱视同当然的宝贝。这个1还有自己的孩子（很可能不止一个）要教养，6个老人能够与其相提并论吗？因此不能想见，无论从精力、时间、关爱还是费用，靠家庭来养老，贯彻“孝”的理念，挑战必然是前所未有的艰巨。其可行性如何，难道还有什么悬念吗？

人们还有一个认知的误区，以为积蓄足够的钱，到需要时就能买到社会化的养老保健服务。养老医保的服务，很不容易通过技术来提高“生产力”，它们和电脑的内存、带宽、生产线的装配制造完全不同，是不能轻易扩张的。你难以想象，一个护理工用流水操作法“改进”给老人快速喂饭，人均服务时间缩短75%是可取的。要是有个“超级月嫂”，声称她有高科技的武装，能同时带四个婴儿，包括你的宝宝，只有半价，你能相信吗？即便是一个发型师，两分钟内就能把你的头发搞定，你难道会觉得舒服？这类人际之间的服务，是无法以效益的名义，来压缩时间、关注、信任和情感交流，或由机器来代劳的。劳动力供应的紧俏，在人际服务项目上瓶颈将日益突出。眼下保姆、钟点工的酬劳涨得飞快，还只是个开端而已。

所以在6∶1的格局下，任何有限的积蓄，都会被腾涨的人际服务费用吃掉。中国这一代的老人，注定不得不“自求多福”了。这个宿命在美国看得相当清楚，在美国所有费用里涨得最快的，要数老龄人的长期照料支出了（十几年间涨了几乎有10倍，到了每年7万美元的地步，除了巨富，几乎没人有能力扛得起）。而且要知道，那是在没有 4+2+1 的倒挂结构下发生的现实情况。

中国问题的棘手，还在于一胎化的家庭政策所带来的阴阳严重失衡。即使我们有心扭转人口规模的萎缩，但比起别的国家困难要更大。中国的人口政策模型，估算有个基本的前提假设，就是 TFR 下挫到 1.5 并不可怕，还了欠债后再让它重新返回到 2.1 就行了。问题是，我们 30 岁以下的年轻人性别结构相当畸形，女性短缺很多——一个历史上极为罕见的现象。人类在其自身生产繁衍上，女性是主力，对此男性的用武之地甚小，即使在其他生产上他们往往是主角。这是下面要谈的第二个问题，阴阳失衡。

阴阳失调制约成长

上两篇我们谈到中国推行计划生育，有效地降低了人口过多的负担，使经济转型在关键时期能够轻装上阵，充分发掘劳动力红利，实现了三十年的快速增长，其中限制生育包括一胎化的措施可说是尤其有贡献的。但是，总和生育率（TFR）十多年来远低于2.1的一个结果，中国的工作年龄人口的拐点和整体人口规模的拐点将分别在2016年和2026年前后到来，则是无可抗拒的。加上社会的迅速老龄化、社会保障体系尚未建成已在弱化的趋向、城市化进程中户口制度缺陷加剧了差别的扩大，等等，无不加剧经济继续高速增长的严峻挑战，也成为代际负担不平衡和社会高速发展难以持续的根源。

社会和经济的长程演进中，人口规律及其影响是能计算出来的，并且可以长期预测准确的，但是因为它的变化缓慢往往遭到忽视。马寅初先生对当时领导的敦促，其实是要把人口负担纳入决策的一个主要前提，而被人称作新人口论。值得注意的是产业革命两百年后的今天，在所有的发达经济体和很大一部分发展中国家，马尔萨斯当年总结出的人口规律正在发生根本性的逆转。

本文的讨论拟集中在新生人口性别结构严重失衡的影响，并试图指明，限制生育尤其是一胎化的措施，始料未及地造成或加剧这些矛盾，理应得到关注和分析，及早纠正或终止。还得重复我们说过（今后还将不断重提）的那句话，“政策无所谓绝对的好或坏，在合适的时机把握合理的度是其成功的关键，过犹不及”。

和许多发展中地区一样，中国人在传统上偏爱男孩。严格执行一胎化的限制以后，这种偏向被进一步加剧了。人类天然的性别配比是平均生100个女婴有104~106个男婴诞生，因为男婴的夭折率要超过女婴，特别是在5岁前。这个差别渐趋缩小，到12岁左右男女儿童达到了平衡。然后女性的优势更显露出来，到了耄耋之年，寡妇要多出鳏夫不少。从进化与生存的角度，女性无论从基因缺陷、疾病抵御、冻馁忍受，还是心智稳定等方面，都好过男性，乃事实上的强者（我们有机会再来讨论）。只是在社会化生产中她谋取生存资料的能力不及他，也因此妇女在农牧和工业生产时代备遭贬抑。不过，在人类最重要的生产——自身再造的功能上，妇女却绝对占优。这个矛盾，平时隐伏不彰，在一胎化的限制下有了意想不到的扭曲，畸形发展的结果，导致目前我国年轻人的性别结构严重失衡。

“阴阳失衡”应该立即得到严肃和认真的关注，挑战的严峻已不容我们再回避和推延了。1954年我国人口普查的数据表明，新生女婴和男婴的比例为100：104.5，属于正常，即使当时的（重男轻女倾向相对严重的）农村人口占了近80%；1982年这个阴阳比例是100：109；到了1990年增高为100：111，然后是1995年的100：116。2000年的第五次普查发觉，阴阳失衡已经高达100：118了（不少社会调查表明实际的失衡更厉害）。目前新生婴儿的女男性别结构甚至达到了100：123，严重偏离了100：105的天然阴阳比例。

长期扭曲的后果是非常严重的，计划生育限制人口的三十年来避免了约4亿左右人口的出生。不难计算，这段时期新生儿的100：120性别比例相对于天然的100：105，女孩比常态下的要少了6.8%，而男孩则比常态多出了2660万（3636万-976万），“剩男”的格局极为明显。阴阳如此严重的失衡，社会将很难安排得和谐妥切。不但在就业、教育等经济条件，就连结婚、组织家庭、培育后代等最基本的要求，都会出现严重的问题。必须及早采取纠偏措施，否则亏就吃大了！

让我们借取韩国的经验加以说明。韩国目前的 TFR 已经降到了 1.2 左右，比法国还低。这个趋势引起举国的担忧已有多年了，却很难扭转过来。过去五十年韩国妇女的教育、就业和收入，随着国家发展和经济崛起有了极大的提升，加上婴孩夭折率大幅降低，掌握了生育规律和避孕技术，韩国妇女的生育和成婚意愿大打了折扣，选择晚婚甚至独身的妇女越来越常见，即使结了婚也不愿意多养孩子。在韩国偏爱男孩的传统是相当根深蒂固的，新生儿的性别失衡近年来虽说已有所纠正，惯性却在延续。来看这一组数据：韩国家庭的第一胎，女男性别的比例是 100：104；但第二胎就变成了 100：113；第三胎更上升到 100：185；第四胎就更离谱，达到了 100：209。可见人为的干预是非常明显的。所造成的劳动力和婚龄人群在性别结构上的扭曲，增加了韩国扭转人口和劳动力萎缩趋势的艰巨性。

科技的累累突破带来了更高的生产力、更平坦的社会、更充分的城市化、更多样的教育机会，妇女有了越来越丰富的自主选择，促使她们少生和晚生孩子。事实上，技术提供的手段，如妊娠早期就能验证性别、有效避孕和安全堕胎等，助长了偏重男孩的传统观念的实现。在印度，城乡都有大量的广告——“你愿意花五万卢比解决日后五百万的嫁妆负担吗?”(印度有付巨额陪嫁才能嫁得出女儿的陋习，嫁妆支付的双方与我国的传统正相反）——来诱劝家庭放弃女胎，政府虽屡禁而不止。我国的某些地区新生婴孩的男女比例扭曲甚至高达 130：100，在传统上也没有这么厉害过，没有相应的技术显然是不能做到的。

如前所述，经济一旦进入正常运行的轨道，人口的成长就成为持续发展最重要的要素。此时，剩男引起的困扰要远比剩女来得严重。历史的经验一再表明，人口的恢复功能，几乎全由女性来肩负。战争的浩劫，男丁的丧失要比女性大很多，但人口并不难迅速得到恢复，就像第二次世界大战后的苏俄、德国、日本的情况。人类的生殖能力结构的性别差异极大，小比例的男性能轻易使大比例的女子怀孕生育，反之却不可能。性别结构严重失衡的情况下，过剩的男性对人口恢复正常难有用武之地。无法正常娶妻生子，剩男们甚至要沦为无后的“光棍”。

不用说，这是一种根本性质的失衡，人们的基本需求得不到调和。更令人不安的是，阴阳得不到平衡，“光棍”过于集中的地方，作乱的可能性就会大大增加。男性荷尔蒙大面积升高，大幅度的失衡，负面影响既深且广，还是多方位的。过剩的男性荷尔蒙聚集到了高危险水平时，社会的安定和正常秩序就会面临根本性的威胁。它导致基础性不安定的社会状态，是十分值得担忧的恶果。历史上不少社会动荡，乃肇因于这类阴阳失衡。所以，与其超支维稳，不如疏导阴阳。

在经济方面它的后果也是极为严重的，历史上各国社会治安和发展的经验，再三体现了这个联系。

- 在经济层面，伴随城市化的现代建设需要的各类服务将越来越倚重女性，不管在数量还在质量上都是如此。以美国为例，2009 年开始就业的人口里女性超过了一半；女性也开始在管理和行政等比较高级的白领职岗里占了多数（51.5%），这个趋势还在扩大。美国的本科毕业生平均 5 个里有 3 个以上是女性，女性获得硕士学位也超过了 60%。目前美国的家庭收入，有 42% 以上以女方为主力，而在 20 世纪 70 年代，还只有 2%～6%。而且 10 家里倒有 4 家，母亲比父亲的收入要高。

中国妇女直追美国女性，正在经历同样的一系列深刻改变，其背后的原因也是同样：①女性的主动拼搏。她们认识到，要能更多发挥自己的价值得通过教育。考入大学的女生在迅速增加，无论人数还是成绩都已领先男生。②女性的时来运转。技术和组织进步到了现今的阶段，所要求的劳务更适于女性的长处：耐心细致、善于语言沟通、敏于人际交流，正符合新增长的服务业的劳动力要求。家庭结构、婚姻状况、子女养育、收入职位，无不随之起了质的变化。不难推论，性别结构的失衡限制着女性工作者的供应，愈益成为高品质城市服务发展的瓶颈。

• 从家庭的层面，人们发觉给儿子娶媳妇变得困难起来。有时你即便买了房子帮儿子娶亲，还不能如愿以偿迎来凤凰；儿子不得不入赘到女家，孙儿改姓女家的姓氏，会变得寻常起来。套一句长期投资回报的俗话，生男孩的回报不如生女孩，那才是男孩家庭的尴尬呢。

• 从政策层面，在替“一胎制”松绑时，不能像广东省目前建议试行的那样，规定要在第一胎是女孩的情况下才能允许生第二胎，而必须直接允许生两个，是否要对可能的第三胎作适当限制，也应该慎重考量。如上文介绍的韩国经验，如果必须老大是女儿才准生老二的话，对纠正阴阳失衡的效果慢，甚至有反效果。如果大众都能明白人类发展的长期趋势，就不难懂得，即使生两个女儿，都可能比两个儿子的“回报”更为可观。

总之，观念要与时俱进，执迷不悟的后果将非常吃亏，无论对个人对国家，道理是同样的。

（本文写于2012年，有些观点放在当下已显过时，收录此文只为反映当时所思所想，同时映照当下。本章几篇文章的写作时间与背景同此，不再一一注明）

人口、人手提升到人脑

我们在不断陈述的一个论点，人口变化的趋势作为国家长程发展的一个关键因素，在经济上，人先是“人口”，在合理的市场环境下能成为“人手”，要是制度和技术对头，才可能上升为“人脑”。如何提升人的素质，从口到手到脑的创新，是本期要谈的第三个问题。

参加全球竞争及合作，形式尽管翻新，结构却没大变，各国按其禀赋的主要生产要素来划分，都在扮演三种角色之一：或贡献自然资源，或贡献劳动力，或贡献资本（技术）。很明显，中国、印度等国家主要贡献劳动力，巴西、俄罗斯、沙特阿拉伯、非洲诸国贡献的主要为自然资源，而发达国家则主要贡献资本（技术）。非洲多的是人口，因人脑短缺而转换不成人手，故乏善可陈。而澳大利亚、加拿大等则身兼两任，人为的优越制度下自然的丰富资源价值就倍增。同为经济强国，日本和美国以人脑见长，发展前景却很不一样：美国既有纵深的内需市场，又能广揽人才，制度建设也富有弹性，一直以来进退裕如；日本则不然，资源匮乏，人则高度同质，一旦受挫就容易陷于困顿。

中国的禀赋要素具有优势的是人力，参与世界市场的主要贡献当然也在劳动力。怎样善待自己优秀的劳动力，通过教育来提高国民素质，培训国民技能，诱发其创造力，和其他的经济体相比就更为关键。显然，中国正确的发展战略是要充分动员和运用我们优秀的国民，从口到手到脑，介入全球的经济体系，登堂入室，不断攀升，以期臻于至境。

一个小例子就能帮助理解，从人手向人脑的提升，价值有多大。苹果公司的 iPhone 的 4S 款，据《华尔街日报》（2011 年 10 月 20 日）报道，批发价为 649 美元，成本合计 196 美元，其中各种零配件加总为 188 美元，组装人工费仅为 8 美元。iPhone 4S 几乎全在大陆组装，获利几何？当苹果公司跃升为全球市值最高的企业时，富士康在大陆雇用了百万名员工为其代工组装，股票竟节节下挫到低谷，惨不忍睹。须知富士康不但是全球第一大的代工企业，其精细管理的能力和成本管控的严格也已经处在世界一流水平。

不妨来看看中国台湾地区的情况，那里的发展比大陆先行了一步，其演化的轨迹在 10~15 年后很可能就会在大陆的大都市区重演。2010 年台湾地区妇女的 TFR 下降到了惊人的 0.9，和港澳一起，在全世界 196 个国家和地区里是最低的。眼下 2300 万人口在 50 年间将缩减为 1900 万。更要命的是，台湾地区的“老年指数”（即前文里的 A/C，65 岁以上的人口除以 15 岁以下的人口）将有惊人的上升：2050 年台湾地区的老年指数将为 4.13，比那时日本的 3.39 还要高出一大截。明白这一层道理，你或许就不难推断，台湾市面和房价长期趋势将如何了。

这也说明了，仅靠人手的勤奋拼搏，在全球竞争里只能处于价值链的低端，有时连“温饱”都难求。更何况国内人口急剧变化，在“4+2+1”的结构里，若要把 4+2 个人的负担加诸 1 双手上，显然断不可行。换言之，要渡过人口急剧变化引起的倒金字塔年龄结构的难关，只有从教育着手，大幅提高生产力，在把劳动者从人手有效提升为人脑方面来谋出路。教育显然是一种公共产品，对教育投资虽说回报很高（一般认为可达到 4~9 倍），却从未变成过真正盈利的生意，因为支付方和受益方往往是“不对称”的。而且在机会和资源的重新平衡上，教育又是现代社会最重要的杠杆。因此，主导教育的投入和经营的职责该由政府来承担。

现代国家培育人才的体系需要多轨配套，既要系统地培养一般学童正常的技能和健全的心智，建立起他们在智性和个性上真正有价值的基础架构，成为社会有工作能力及责任感的公民。同时，又要多方创设环境，让具有天赋潜质的儿童有机会把内在的原创力喷涌出来，引领社会发展。

国内现有的升学考试制度，是从“科举考试”演化而来的，说来吊诡，它是世界上所有现代组织里人员甄别、擢拔、更替的蓝本。科考实在是汉文明对人类文明的一项重大贡献，为世所称道，比“四大发明”毫不逊色。它曾帮助欧美各国建立起文官制度，为近代国家摆脱王公贵族的挟持走向公器奠定了基础。不过，这种考试制度像一柄双刃剑，也把人才擢拔集权化，遏制了人们的创造力和多元竞争，大为削弱了社会与时俱进地响应多元变化的能力。它的最大弊端，是以评选公平的名义阉割掉了考生的创造力和独立性。国内整个高中的学习都在围着考题转，考生在高三得花整整一年时间全力地反复模拟，还没算上高二在应试上耗费的时间精力，而磨炼的全是熟练和技巧，谈不上对知识的深度探索和创造性运用，不能不说是个人乃至整个社会和民族的极大浪费。

有鉴于此，我们呼吁在坚持公平的统考形式下，谋求改革擢拔人才的考试内容的同时，还必须别开生面地创立新渠道，让具有创新潜质的个人得以不拘一格不受羁绊地脱颖而出。

除了积极调整一胎化等人口控制政策，中央政府应当直接组办：

- 大规模展开对流动农民工的技能和素质培训，包括学杂费+薪资方面的津贴。并向雇主和地方机构提供激励，促其在员工培训上配合。工作技能的培训课程要务实，旨在增加劳动力流动的市场选择和竞争力（职业培训的成功经验不妨借鉴德国等国家的）。

- 尽早取消“户口”对学童的歧视，即使整个户籍管理的改革还有待时日。

- 大幅增加农村地区的学生，尤其是留守儿童的学习补助，并免费提供有健康保证的餐宿等。

• 大规模开办职业学校，广泛开展对劳工的技能和素质培训，以适应目前的产业结构和市场就业状况。徒然扩增大学和研究生的学位课程规模（过去十几年扩大了六倍）对我国的综合竞争力的补益不大，甚或有害。

西方先进国家引进中国的科举制度能够青出于蓝，是它们在考试内容上做了大幅调整，适应了市场机制和多元价值。细看美国的教育体制，通过各种互补的擢拔机制，实质上是个精英筛选的过程，富有活力和弹性，提供了充沛的机会，让真正有创新精神和潜力的年轻人得以出头。决胜市场博弈的顶级“人脑”，那些有历史眼光、终极关怀、专业训练，又善于学习应变、不受意识形态羁绊的复合人才，平心而论，在中国是相当缺乏的（尽管哪个国家都不嫌多）。这类人才并不需要极高的天分，可遇而且可求，是可以通过延揽和培训来造就的。

从长期来看，拥有一群顶级人才，能和美欧等发达国家在世界舞台一较长短，需要制度化的支持。其中的关键，是要建立现代化的“吏治”。建立良好的环境，来开发和保有这类“人脑”的尽心尽力的服务：以充分信任、考核激励到位，来诱发其创造力。为此，要尽早建立“职业经理人”制度，区分“官”“僚”“吏”的不同有序通道，形成各自的积极预期。无论大行政结构、大国有企业、大银行等的主管，还是大学校长、重要研究和机构的主任等骨干人才，“吏治”现代化都极为重要。这类“僚”和“吏”，即所谓的“事务官”，只有在得到了足够的尊重和奖酬后，才会把专业生涯当作自己的终身事业——确实需要他们的毕生投入，而不再心神不定地老想和“政务官”攀比，仅仅把目前的工作看成进阶升官的跳板。只有这方面的制度激励安排妥帖之后，执政的效率才谈得上现代化的彻底转型。

为此，还需要全面资助留学生，直接向先进国家等大规模派遣公费学生，着重学习先进科技强国的基础科学和工程学，尤其是组织、流程、规制建设的技术和经验。这些软技术是无法通过惯常的渠道进口来的。

新生代农民工和户口

上文讨论了人口规模演化对经济生产的影响，人口的变化不但是生产投入最重要的要素，更关系着产出目的和成果分配。这里先对中国的发展做个一般性的预测：开放和市场化发展到今天，中国人能在“否极泰来”中继续进展呢还是很快滑落回到“泰极否来”，同城镇化的进程怎样互动关系极大，具体来讲，关键在于新生代农民工和城镇化的关系。

新近的两大新闻替我们带来了讨论这层关系的契机。英国王室添丁，诞生了温莎家的第四代王子小乔治，和美国汽车城的破产，颠覆了全世界对合约承诺的一些看法，这两个事件从相反的视角给人启发。眼下国内民众的关注，似乎集中在“富二代”的惊人不肖，但是新生代农民工的问题，实际上要大得多。大城市可以破产，地方政府的债券可以打折，但是退养人员的健保和退休金，还有市民们，也能被“清盘”吗？有何预示的意义？先来谈后者。

底特律以汽车城（Motown）闻名全球，由于市场条件的变迁加上市政管理的混乱而急剧走衰，过去十年间它流失了约20万人，原本近百万居民（曾经高达180万）现在仅剩下不足70万，其中领退休金和健保福利的人数倒超过了20万。所以市政府的收入（全部来自税收，美国的各级政府和新加坡或中国的不同，几乎没有生利的单位）有40%必须用来支付退保福利或偿付债息。仅公务人员的退休金一项就吃掉了全部的物业税金，而市民的税负，销售税、所得税加上物业税，已是密歇根州里最重的。市政建设在萎缩，公共服务更是捉襟见肘。不但学校教育遭裁撤，连治安都大成问题。过去十年里底特律的警员力量被裁减掉40%，沦落为美国最不安全的城市，对报警的响应要拖延60分钟，而美国都市平均的响应速度才11分钟……

提出破产申请（《美国破产法》第9章适用于政府等机构）在美国的大城市，这么多年还是首例。底特律市无法支付的到期欠债，目前亏空已超过了180亿美元，用法律程序把利益相关人拖到一起谈判，迫使他们进行妥协。好比一个烂疮出了脓，能不能有希望收口痊愈？一个观察是，底特律市已无可能靠本身的能力来解决巨亏。但要州政府和联邦政府提出救助方案之前，底特律市的债权人——市政债券的持有者和退保福利的领取者必须先承担相应的亏损，否则救助不啻是在开方便之门，让地方政府通过破产来出清烂账。

两类债权人的性质很不相同，前者总以为偌大城市不可能倒，贪图高的风险溢利而无视高的倒债风险；后者总以为政府的养老健保承诺不可能减，组成工会有进无退地争。而政客们为谋取权位竞相取悦选民，用空口承诺来相互误导，则是城市胡乱管理的根子。不难想见，第一类债权人还比较容易摆平，打个折扣清偿，债信降级日后再发债难度大些而已；第二类债权人更难应对，对他们的债权——退休金和健保的承诺是无法取消的，至多对后来入行的公务员缩点水而已，这个包袱政府还得长久扛下去。

底特律问题发作了，美国面临同样困境的城市是所在多有，费城、芝加哥等大都市也岌岌可危，加州及其在湾区伯克利加州大学近旁的奥克兰市，情况都很糟糕。它们和中国城市有何联系，对我国的城镇化有什么启示？

中国的国情和美国的千差万别，但一个实体财务发生困难以至于破产的逻辑，差别不会太大，都是收入不抵支出导致无法支付欠债。中国的各级地方政府，财政入不敷出的状况相当普遍。虽说属下有企业可营收，有土地可卖，但是扩张过猛，大半靠的是向银行举债。发地方债尽管颇有限制，但由旁门左道融资的风险（所谓“表外的”）的规模和烈度，更其扑朔迷离。而所投资的项目，自吹自擂的效益能否兑现，极存疑问。与此相对的，是社保基金承诺要长期兑付，缺口却正与时俱增。而最为关键的一点，是中国的各级地方政府无从破产，也就是说，风险是无法被隔离在局部的。所以无论支付危机缘何而起，最终的债务人都将是中央政府，这是非常要命的。

中国的发展能否持续，城镇化是个契机，而城镇化的成效如何，关键在于怎么在城镇化中融合新生代农民工。新生代农民工，具体地是指过去三十余年形成的亿万“农民工”大军的下一代，年龄大致在 10~35 岁。

英国温莎王室新添的小乔治王子，可算作全世界“富二代”的翘楚。时下对“富二代”铺天盖地的集中抨击成了网上的主要风景线。但我想，“富二代”纵有惊人的不肖，人们尽管可借此宣泄内中的愤懑，社稷的安定并不会因为“富二代”而受到多大的影响。“富二代”惟其惊人不肖和急速腐败，会导致“千金聚集还散尽”，把“富一代”聚敛的财产还富于民。就像社会大账本里的“复式簿记”，“富二代”的靡费，直接或间接地会由市场看不见的手，“贷记”给社会的其他成员，变为后者的收益。在笔者的小集子《青铜法则》里，对这类“富不过二代”的现象我已有详尽的解析（请见《虎妈是孟母吗》篇），说明社会财富的“虹吸搬运效应”，比古人所谓的“君子之泽，五世而斩”，效率事实上要高得多。也因此可说，“富二代”的负面作用至多只是陪衬性的。

但是，过去三十年来聚集起来的新生代农民工的影响，则完全不可同日而语。怎样在城镇化的进程里把与生俱来没有城市户口的新生代农民工——人数粗略估算当在 2 亿~2.5 亿之谱——有序地融合进来，有极大的出入，对这个问题的讨论，因而也很有价值。

居住在城镇的人口占比 2012 年高过了 52%，是中国有史以来的第一次，和世界范围里城市居民超出半数几乎发生在同时。以目前在美国为例，每 8 个人中有 7 个是居住在城镇的，GDP 有 90% 产生于城镇，而文明的建树尤其是科技和观念在城市创生的，更高达 95%。城市拥有生活的品质和发展的机遇，能被融合进城市是年轻人的向往，自不待言，但是他们的愿望能在多大程度上得到接纳呢？

要是细看中国的城镇化，一个事实不容我们忽略：按官方的统计，中国目前的城镇人口占总人口的 52.6%。不过，其中拥有城镇户口的才接近 27.5%，打工揾食赁屋而居却无法得到户口的城镇居民，倒占了 25%！换句话说，几乎近半的城镇化是成色不足的。估计到 2025 年，在城镇居住的人口又将增加 2.5 亿（与目前新生代农民工的人数相当），我们有无可能继续这类城镇化？

探讨新生代农民工的潜能和潜在影响之前，让我们来看看他们寄居城市的生活和心态现状。我愿意推荐一本好书——《出梁庄记——中国的细节和经验》，作者梁鸿幸运地走出河南穰县的梁庄，成为作家，她在微观层面对梁庄老乡到城市讨生活做了细节考察，为眼下中国新生代农民工的现状提供了实证经验，她对此的了解要比我深入十倍。

梁鸿书里的细节描述，涵盖了梁庄到各个城市务工的数十人，30 岁以下的年轻人如梁磊、梁清、梁平、梁静、梁雅、正林等，都是“新生代”。他们奋力融入城市的经历都挺感人的。正林在北京蜗居、梁磊现住深圳，两个我分别工作了若干年的城市，他们的观感不由得你不体会新生代农民工在城镇化中的困扰。

“……每天在办公室坐着害怕下班，在家里害怕上班，感觉危险。莫名其妙，感觉在家、在公司都危险。刚上班那两年挺高兴的。现在，没有归属感和安全感，就好像是一条腿插进城市，另外一条腿一直举着，不知道往哪儿放……"

干设计师的正林，毕业于师范学院的美术专业，2004年在清华大学美术学院培训结业后在北京就业。他说自己有可能的话还会回梁庄，前一阵子还回穰县替在北京出生的儿子办农村户口，"……最关键的是，万一儿子以后混不下去了，还能回家，还有一亩三分地可以守住。倒不是稀罕这一亩三分地，主要还是有危机感……"

住在深圳下白石洲沙河街的梁磊，2006年毕业于一个重点大学的机械制造专业，毕业后就失业，换了不少单位，最后辗转来到了深圳工作。他说自己还会回梁庄老家，因为户口在那里呢。"……我们都是农民，只不过不种地而已，只要形势差一点，还得回去。有一块地在家，心里踏实些。我们这边可以办深圳户口，有啥用啊？我不可能作为深圳市民在这儿生活，我所知道的同学，没有可以在这儿生活下去的。房子是个首要问题，孩子上学肯定也不行，上个幼儿园还得去找人。所以，还得回家，你的社会关系都在家里，最起码不受罪……"梁磊感叹道，"我们一个班三十几个人，百分之七八十都是我这种状况；那百分之二十比我们强不是自己强，主要是拼爹娘的背景……"

中国的城镇化多肩负了一个独特的使命：怎样越过一道深坎，或一座高坝。户口的鸿沟造成了城乡之间的落差，新生代农民工融入城镇和城乡之间的落差弥合，是同一个过程的两面，同时也是中国现代化必须跨越的坎。

城镇化必须跨越的“坎”

农民工及其下一代在中国的崛起中，贡献怎么说也不会高估。当4亿以上的农民（超过了美国总人口，比整个欧洲的人数还多）从强制的体制扭曲下边际生产率趋近于零的劳作里被解脱出来，走向更丰富更有效的用途，他们和同时得到解脱的土地结合起来，焕发出惊人的生产力。中国的比较优势其实就是他们，而所有的外来资本，包括港资和台资，无不是冲着他们而来的。拿深圳的城镇化为例，从不到五万农民的小渔村突变为1200万人的大都市，难道不就是他们被松绑之后干出来的吗？难道还有人能说出比这更朴素更重要的道理？

想到这一层，过去三十多年来GDP出奇高的增长率就不会觉得费解了。然而我们在诠释三十年来的成就时，对此往往没给予充分的认识。但是要想持续过去的高成长速度，对这个要素尤其他正在经历的转折，依然缺乏应有的重视，麻烦可就大了。经济分析常常深陷于所谓的“理性计较”里，如果我们罔顾劳动力不“只是一双手”（汽车大王福特的名言），而是充满情绪、有内生的深刻公正感，是能动的、具有反制力的生产要素的话（且慢说“以人为本”），那么冷冰冰的经济诠释，往往推导出本末倒置的荒唐结果。

必要的经济分析之前，让我们还是借用《出梁庄记》的一些考察，以便增加自己的体认。上一篇提到的那个梁磊，对作者梁鸿诉说：“我爹他们那一代人手里没有资源，没有知识，没有技术，他们受过苦，觉得再苦也不是苦，只要能赚到钱就行。我们这个年龄不可能像我爹他们那样，你怎么欺负我，我都行，只要你给我钱就行……（我们）不只是为了挣钱，还得活得像个人样。最起码，你不能过分。我们对生活有自己的感受和理解，有些事愿意做，有些事情不愿意做。”

哪些事情是他们不愿意做的？梁磊并没展开说，可是笔者不难体会。作为“老三届”，被驱到乡下务农短至3年长达10年，我们无法淡忘那段坎坷经历的切肤之痛。近来网上竟有人赞颂，“知识青年上山下乡”是“改造新人”，我只想引用邓小平的一段故事来揭穿之。1979年为中美建交，邓小平率团访美。在华盛顿的国宴席上有个美国人说起，中国的一个女干部同他讲，她由衷感激城市知青上山下乡和机关干部到“五七干校”，把他们锻炼成了“新人”。邓公听了气不打一处来，当即打断那个人的话，斩钉截铁地说：“她在撒谎！”令满座惊愕，要知道这在外交礼仪上是极不寻常的。

邓公一出山，随即推动了两大举措，恢复高考和知青回城，改变了多少人的命运，令笔者（是受益者中的一个）没世不忘。我还清楚地记得，邓公当时的意见是，上山下乡有“四个不满意”：本人不满意、家长不满意、农民不满意、社会不满意。随后的半年里，在农村和边远地区的知青获准，蜂拥回城的多达八九百万人。而这个运动殃及的知青，前后不少于1700万。

至于到农村去“改天换地”并且“改造自己的灵魂”，荒唐莫此为甚。我的朋友，当下的一位著名学者，回忆起这段经历时说，在乡下看到什么是“硬屎撅”，他的整个观念价值的基础顷刻间给打得粉碎。到茅坑拉屎，草垛上插着几根形迹可疑的玉米棒子，问了他才明白，原来那是“手纸”，拉屎后擦屁股用的，用后还不舍得丢，以便后来者可以反复用。要知道那可是共和国建立了二十多年后的水平。

城里的知青被赶到农村落户，最吃亏的还是农民。人稠地瘠的农村，劳动力投入的边际产出已经非常可怜，知青同农民分抢口粮，对异常困苦的农村生活无异是雪上加霜。而知青在农村朝思暮想的，就是如何回城，怎样被招工到工矿。

1978 年下乡的知青终于盼来回城的机会时，稍早几年落户农村的城市居民及其子女却没这个“福分”。比如说，1966 年前支边新疆的上海知青。

随便举个例子，旅美学人中最有才华的数学家林芳华博士，就是在大饥荒时期父母回宁波老家时（1959 年）出生的，他的父亲是响应解决城市粮食供应紧张的政府号召而举家返乡的。政府的承诺，国家一旦渡过难关就会让他们返回城市继续当工人，却从来就没兑现过。林芳华不在被允许返城之列，他是通过高考进入浙大的。当他毕业后到明尼苏达大学深造时，我的姐姐孙理恰巧是他博士班的同学。孙理务农之后坚持学习，所以能在 78 届的高考中脱颖而出，成为上海考生中的第三名（数理化成绩则以 297 分高居榜首），可是与林芳华相比，她自认创造力远不在一个数量级上。林芳华到美国不久，在学期开始前就参加了博士资格考试并一举通过，震惊了整个学院。他的研究成果累累，以至于拿到博士学位后三年不到，他就越级被聘为芝加哥大学的数学正教授，通常新科数学博士都还在博士后课程里熬着呢。然而，又有多少人能有林芳华的幸运，天才不被户籍埋没呢？

在《出梁庄记》里，有对钱保义——一个年仅 9 岁的“贫二代”的描述，他随母亲在深圳的成衣厂生活，除了在课堂就在车间里，不时还做个小帮手。小男孩聪明伶俐可爱，唐诗背得烂熟。他之所以能在车间里逛，还是因为他母亲自学成才，担任了老板器重的首席设计师才挣来的“特权”。小孩被滞留在边远老家的极多，被称为“留守儿童”，估计不下于五千万。

我 90 年代开始参加科委的“星火项目”和农业部的“扶贫办”的工作，对此状况时有所闻。2010 年有机会参与在北京的中国发展研究基金会的贫困地区儿童营养项目，我曾随团去青海考察，对当地的状况感到十分震骇。基金会主任卢迈先生和许多同事凭着爱心推动了不少实事。他们的努力包括增加留守儿童的营养，譬如每天一个蛋，每日伙食费补助 2~5 元，发放营养包，等等，因为孩子整天只吃洋芋，缺乏基本营养，大脑发育都在趋于缓慢。其中有个毕业于清华的博士，在青海和云南贫困地区蹲点了一年多后写出的一份长篇报告，如实地反映了留守儿童的辛酸案例，令我难以忘怀。我们去学校访谈时，发觉到了初二，一个班级就只剩下不到 60%的学生，不满 14 岁就已赶赴城市打工糊口的孩子很多。

这类情况在各级政府和各界人们的关心下，近年来有了改善。2013 年秋天我应邀参加了由南方周末和平安保险公司以及多个公益团体赞助下发起的“幕天讲坛”计划，同陕西商洛地区的乡村中小学生进行了交流。对于商州——秦国商鞅的采邑故址，我是一无所知，除了曾读过从这个山区走出来的文学家贾平凹的名篇《商州记事》。不过短短两天的考察，给了我不少惊喜和信心，那里的校舍盖得颇有水准，操场和图书馆也都宽敞。我们与同学们的交谈得到了他们热忱的响应，从孩子踊跃的提问和递上的字条，看出他们的心态还是相当健康积极的。孩子追寻的答案，多半集中在“怎样同父母沟通”“读书有什么用”“成绩跟不上该怎么办”“如何实现自己的理想”之类，和城里的学童有着同样的困扰。但是他们的机会更少，前景更迷茫。更艰难的是，孩子中有很大的比例，父母至少有一方不能在身边照应，自幼缺失亲情带来的痛楚是城里的孩子难以想象的。

我们也问了教员的待遇，薪资是否能按期发，发觉情况颇有改进，尤其是留守学生得到政府的照顾，比三年前我在青海得到的印象强多了。每天一顿免费的“营养早餐”，价值是 4.5 元，由城镇的中心厨房配送；午餐（对困难家庭的学生免费供应）材质充实，我们还在学校的食堂里和同学一同吃了；学生的书本和杂费也给免了，对孩子们实在有不小的帮助和鼓励。回西安后我们又同从农村考出来的大学生座谈，其中有不少曾是“留守儿童”。在勉励之余，我不由得期冀，他们之中能不断走出像贾平凹这样有作为的人才来。

因此不得不说，发展若还得依赖新生代农民工的一双手，如同他们被透支使用的父母辈那样凭苦干来谋生，而不是靠他们的脑、技能、创造力，中国现代化的前景是不容乐观的。

新一轮的城镇化显然必须面对这样一个严峻的事实，要是“新生代农民工”在父辈加速折旧之后，无法替代他们来支撑生产的话，别说中国经济的持续健康成长没有希望，维持社会的稳定都会大成问题。

“新生代”如果不能够掌握更高的技能和知识，来弥补比上一代大为缩了水的人数规模，中国产业结构和技术升级的依托又在哪里？而舍此而外，中国的经济和社会赖以持续成长的城镇化，如果还是不能突破户口限制，基础和目标又是什么呢？

第六章 伏羲智慧的启发
——理解易经的捷径

夫易之数，由逆而成矣。

——邵雍

在华夏文明的诸多典籍中，易经可能是唯一具有深邃的数理底蕴的。儒家的经传固不待言，学术系统严整的即如道德经、孙子兵法，也难以量化分析。易经的数理逻辑内涵——伏羲智慧，根基在它的一整套符号代码——六十四个卦象，完全是依据其相反相成的核心理念构成的。易学的理解和诠释必须围绕这套卦象来展开。

因此，易卦的正确排序是易经解析的起点。洞悉易学大师北宋的邵雍（谥康节）所揭示的“先天序”并领悟其背后的伏羲智慧，是解读和理解易经深邃智慧的一条捷径。康节先生发抉幽微，从文王之前即已茫失的易学固有传统找回伏羲氏的智慧，得到的先天序启示了我们对易学作现代诠释的新途。

本章简述了运用伏羲智慧的两个问题。其一，是易经所深蕴的数理精义能否以二进制算法为工具，从而得到阐发；其二，是探索易卦幻方和数字幻方的联系来应用先天序，从而对伏羲智慧多一些领悟。希望对易学的新诠释有所促进，并对易经一些“元问题”的切实解答做些铺垫。

（本章的讨论详见我的易学新著《易卦正解——重释易经的新视角》，上海人民出版社，2020 年）

伏羲智慧——易经和二进制算法的关系

2019年11月中旬我应邀拜访了莱布尼茨档案馆，目的是要发掘易经和二进制算法两者究竟有过怎样的交互影响。

汉诺威的莱布尼茨档案馆是德国国家图书馆的一个分馆，坐落在一座精致的楼里。附近还有莱布尼茨大学，最完备地保存着莱氏的文集、通信和学术活动的记录原件。莱布尼茨一生中通信联络极其广泛而频繁，往返的信件据估计多达十五万份，现存有线索可寻的约有七万余封，其中许多是原本。

莱布尼茨很早就对中国文明和文化产生了浓厚的兴趣。他慧眼独具，看到了西方基督教文明必须和东方的华夏文明展开充分的双向交流，人类文明才会取得更有成效的进展。莱氏了解中国事物的态度非常热忱，并执着维持其终身。①在当时的条件局限下，他发觉要了解中国人的思想观念、生产技术、社会治理、语言文化，最有效的渠道是通过和当年在华传教的人员——绝大多数为耶稣会士的交流。

相关的信件保存下来的计66封，其中莱布尼茨发出的信有40封，大

① 莱布尼茨（Gottfried Wilhelm Leibniz，1646~1716），德意志的著名学者、大哲学家、大数学家，历史上少见的通才，曾被誉为17世纪的亚里士多德。他和牛顿各自独立地创建了微积分学。其著作多以拉丁文和法文写成。莱布尼茨通过和欧洲许多学者，特别是在中国传教的耶稣会士通信切磋，对中国事物和观念产生了浓厚的兴趣。他撰写的《中国近事》（Novissima Sinica，1697）在欧洲被广泛阅读，颇具影响。

多数是与在华的耶稣会士的直接通信，已经整理编辑成集在德国出版了。[①]两个译者之一 M. Babin 博士是这次接待我的专家之一，他惠赠了我一册。这本通信文集的内容和格式严整翔实，是我们继续深入发掘易学智慧的极有价值的资料来源。这批信件里的一个核心内容是莱布尼茨和白晋[②]的直接通信，保存下来的共 15 封里至少有 6 封长篇讨论了易学的智慧，以及易经同二进制算法的联系，是我们深入探索易学现代化的一个宝藏。15 封信件有了完整的英文译本，已经刊发在网站上。[③]

那次访问研究虽然不过数天，却是收获颇丰，解答了我一直以来关切的问题，检验或证实我已经取得的一些答案。[④]本文作为简记，仅提出两个例证来佐证此行的意义。请见下面图 1，即白晋随信（第 9 封，1701 年 11 月 4 日从北京发出）寄送给莱布尼茨的附图，世称“伏羲先天六十四卦圆方图”。我所看到的这幅弥足珍贵的存档原图真迹，是目前能够找到的最清晰的原图版本。

图 1 的方图部分，由二进制算法计算得到的卦序，用阿拉伯数字写在了卦象的上方；而在圆图里，这些数字则是写在圆环的外周，向着圆心来写的。两者之间有一个显著的区别：若是按方图的卦序写法，圆图的卦序应该背离圆心向外来写；若是按照圆图的卦序写法，方图的卦序应当是颠

---

① Widmaier, Rita & Malte－Ludolf Babin. GOTTFRIED WILHELM LEIBNIZ, Der Briefwechsel mit den Jesuiten in China（1689－1714）, FELIX MEINER VERLAG, HAMBURG 2006。该书 900 余页，译文 600 页之外还有 200 页的注释。

② 白晋（Joachim Bouvet, 1656～1730），生于法国勒芒市。1686 年被法皇路易十四选派的第一批六名来华耶稣会士之一，于 1688 年抵达北京。他们向清廷进献了许多科学仪器和图籍。其中白晋和张诚长期有系统地向康熙皇帝讲授天文学、几何学和算术。其满文讲稿整理成册并译成汉文，由康熙亲自审定作序（其中如满文本《几何原本》，为故宫博物院所藏，汉文本则收入了《数理精蕴》）。白晋对易经的探究非常深入执着，他把《易经》看作可以同柏拉图、亚里士多德的学说并驾齐驱的合理、完美的哲学体系。

雍正八年（1730）白晋卒于北京（享年 74 岁），遗体安葬在正福寺墓地。

③ Leibniz－Bouvet Correspondence, translation and Annotations by Alan Berkowitz and Daniel J. Cook, https://leibniz-bouvet.swarthmore.edu/letters/

④ 请参阅《易卦正解——重释易经的新视角》（孙涤，上海人民出版社，2020 年）。

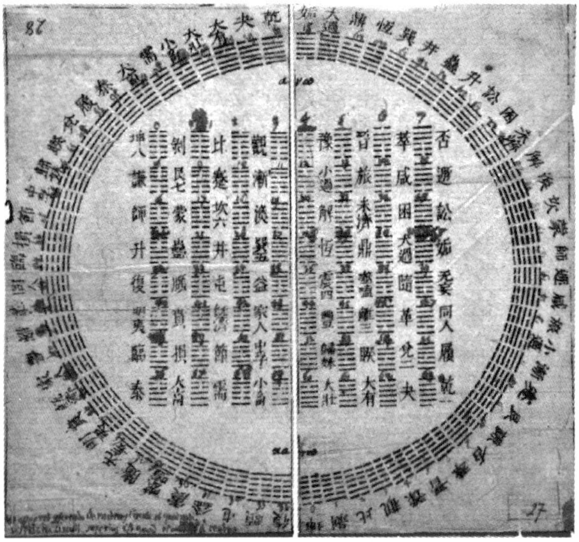

图 1　伏羲先天六十四卦圆方图

倒过来写。这个区别在莱氏来说很容易被忽略，因为他不谙汉文。但是，这涉及到了如何读懂卦象的大问题：卦象该自下而上来读，即以下爻为初爻呢？还是自上而下来读，即以上爻为初爻呢？莱氏以二进制计算出的卦序编号显然是以上爻为初爻，自上而下地来加倍进位的。在回复白晋的信里他的解读是十分清楚的①（图 2a）。

Quant au quarré inscrit, l'ordre y est parfaitement naturel en commençant par

000000	000001	000010	000011
0	1	2	3

etc. où il est à remarquer que l'ordre des nombres va de gauche à droite dans chaque ligne ou rang de nombres[,] et les lignes ou rangs se suivent de haut en bas; et l'un aussi bien que l'autre convient avec

图 2a　二进制卦序

① 摘引自通信文集的第 406 页。

按二进制算法的规范，计算是从右到左进行二进位的。如此，图 2a 里的 000001，卦序排为 1 的卦，应当是复卦，唯一的阳爻在初爻位。然而莱氏是自上而下来看待卦象的，也就是以上爻为初爻；而按规范的视角，我们是自下而上来看，这个卦象却是剥卦，它唯一的阳爻是在上爻位，二进制编码当为 100000，卦序则应该是 32！同理，排序为 3 的 000011，应当是临卦，而非观卦的 110000。显然，莱布尼茨在协调卦象和二进制编码的时候，把卦象统统顺时针转了个 90 度，得到了邵雍—莱布尼茨排序，简称邵雍排序。

而依据正确的卦象视角和按照规范的二进制算法，卦象理当是逆时针地转 90 度来看待，从而计算出其正确的卦序的数值排序（图 2b）。

这个区别的妥协结果，造成了相综的两个卦。在周易里这样的综卦有 24 对。从圆图可以看得很清楚，审视卦象，从圆心往圆周来看还是从圆周向内看圆心，是两个卦象，从而构成了一对周易里的综卦。

从图 1 的圆图部分来看，每一条经过圆心的连线（直径）所连接的两个卦是一对错卦，每对错卦的二进制编号卦序相加均为 63。除了有 8 对卦在周易原来就成对卦的（占四分之一），周易里其他 24 对卦都不是错卦。

在方图部分，这个关系也非常清晰，每对错卦悉以方图的中心（两条对角线的交点）成中心对称，卦序之和也必为 63。这种漂亮的工整对称性揭示出了易学的深邃智慧。千年之前北宋的邵雍就已洞悉，并谨慎披露出了这个“伏羲先天序”。我把它称作“伏羲智慧”。

那么我们是不是可以说，莱氏和白晋对其所做的这个妥协，以及可能产生的对后人的误导，一无所知呢？其实不然。细读白晋和莱氏的那几封通信，可以看到两人对此问题相当了解，并且深入讨论过的。不过当时他们的目的，不在于对易经的透彻理解和诠释，而是旨在推进二进制算法的完成和发表，因而没有展开进一步的辨析。

邵雍—莱布尼茨排序	数值排序	卦名卦象	卦名卦象	数值排序	邵雍—莱布尼茨排序
0	0	2坤䷁	1乾䷀	63	63
32	1	24复䷗	44姤䷫	62	31
16	2	7师䷆	13同人䷌	61	47
48	3	19临䷒	33遁䷠	60	15
8	4	15谦䷎	10履䷉	59	55
40	5	36明夷䷣	6讼䷅	58	23
24	6	46升䷭	25无妄䷘	57	39
56	7	11泰䷊	12否䷋	56	7
4	8	16豫䷏	9小畜䷈	55	59
36	9	51震䷲	57巽䷸	54	27
20	10	40解䷧	37家人䷤	53	43
52	11	54归妹䷵	53渐䷴	52	11
12	12	62小过䷽	61中孚䷼	51	51
44	13	55丰䷶	59涣䷺	50	19
28	14	32恒䷟	42益䷩	49	35
60	15	34大壮䷡	20观䷓	48	3
2	16	8比䷇	14大有䷍	47	61
34	17	3屯䷂	50鼎䷱	46	29
18	18	29坎䷜	30离䷝	45	45
50	19	60节䷻	56旅䷷	44	13
10	20	39蹇䷦	38睽䷥	43	53
42	21	63既济䷾	64未济䷿	42	21
26	22	48井䷯	21噬嗑䷔	41	37
58	23	5需䷄	35晋䷢	40	5
6	24	45萃䷬	26大畜䷙	39	57
38	25	17随䷐	18蛊䷑	38	25
22	26	47困䷮	22贲䷕	37	41
54	27	58兑䷹	52艮䷳	36	9
14	28	31咸䷞	41损䷨	35	49
46	29	49革䷰	4蒙䷃	34	17
30	30	28大过䷛	27颐䷚	33	33
62	31	43夬䷪	23剥䷖	32	1

图 2b　邵雍—莱布尼茨排序

可是谁又能想到，这个问题竟会等待三百多年，留待我们这一代人来解决呢？下面是我的第二个例证。

图 3a 和图 3b 里有用铅笔写的页码 27 和 28 两个数字。经莱氏档案馆的专家告知，这两个阿拉伯数字是唯一不是莱布尼茨添加的，而由档案管理人员写就的原档的页码编号。值得注意的是，27 和 28 两个数字是彼此颠倒着写的。经专家告知，约在 18 世纪中叶档案馆对原档的编号就是这样写的。显然，当时的文档专家是在理解了白晋和莱布尼茨在信中关于“两仪相逆”讨论的基础上，才有能力写成这样的。这是一条很有价值的线索，的确意味深长。

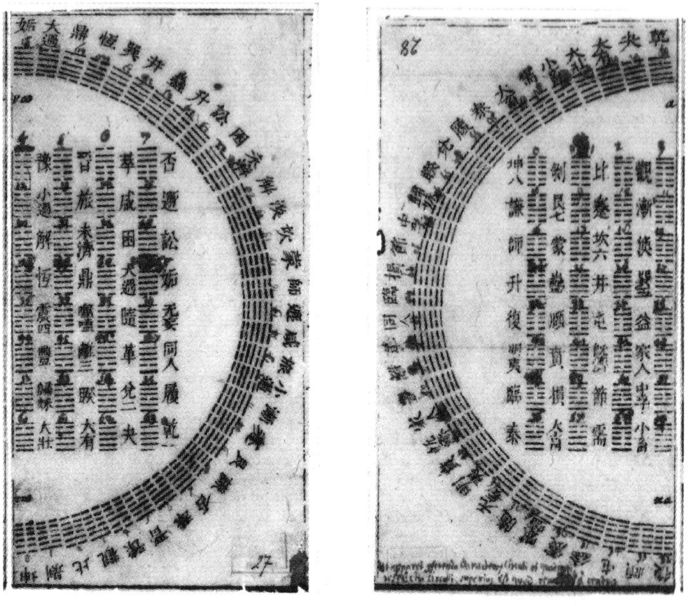

a　　　　b

图 3　莱氏档案

在所看到的原档文献里，我找到了一页莱氏的手稿[①]（图 4），上面

① 莱氏的这页手稿包含的内容十分丰富，显然是在读了白晋的信（第 9 封）后理解了“两仪相逆”和“加一倍法”之后写成的，却没有出现在他的复信（第 11 封）里。

不但对二进制有详细的描述，有易经卦象的排序算法，还有一个小圆图，表明了两仪相逆后的全部易卦应当怎样进行排序。我仔细请教了档案馆的专家们这页手稿，他们表示据推测是莱氏致白晋的信（第 12 封）的草稿。莱氏的解析在图 3a 和图 3b 里可以看得更清楚，依据二进制算法得到的 64 卦，排列不是连续展开的：在圆图里 0～31 卦按逆时针排开，自下而上形成了圆图的右半圈；而余下的一半 32～63 卦则是按顺时针展开，自下而上构成了圆图的左半圈。结果之一，是构成了上文所说的 32 对错卦，是由直径连接起来的两卦成对。

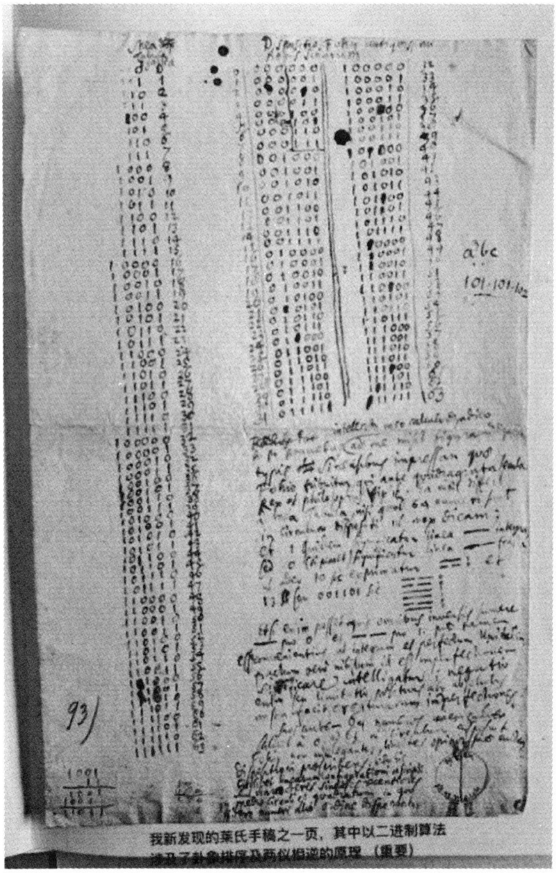

图 4　莱氏手稿

这个对称关系在方图部分里显示得不那么直观，因为白晋寄送的图是印在两页纸上的，每页里圆图半圈的 32 个卦和方图的四列 32 卦并不对应。把两页拼接成一图（图 1）就看得比较完整了。对应半圈圆图的各有 4 行卦象，对应右半圈的 0~31 卦是 1~4 行，从左至右展开的；对应左半圈的 63~32 卦是 8~5 行，从右至左来展开的。两仪相逆的关系与焉昭然若揭，白晋和莱氏当然不会不注意到这层关系。

将这些认知引申开来，能为我们解答易卦排序的各种问题带来许多有益的思路。

譬如，我一直在琢磨的是，莱布尼茨专注于二进制算法的开创已有二十余年，为什么他一读到白晋的信和附图后顿时就领悟了，并在数天内就完成了“临门一脚”，然而却未能注意到四十年前另一位耶稣会士卫匡国①就已在欧陆出版的易卦图呢？否则的话，他完成二进制算法的创建会提早若干年。因为只要做几个简单的对称置换，就可以看清，那幅“卫匡国图”②（图 5）其实和白晋寄送的“伏羲先天六十四卦圆方图”是如出一辙的。

由此也可以明白，运用二进制的数理观念和先进的计算与表达方法，显示出卓越的解析能力，为我们的易学现代诠释工作提供了强有力的思维和工具。

这次去莱布尼茨档案馆学习和发掘，给予我不少思考，也加强了我多年来的感悟。易学的阴阳二元对待，永恒互抱同在，周流不息彼此转化，

① 卫匡国（字济泰，Martino Martini，1614-1661），出生于意大利的耶稣会士。1638 年前来中国传教，1643 年历经艰辛到达杭州。卫匡国主要在浙江杭州一带活动并遍游全国，曾觐见过顺治皇帝。他对中国历史文化极富造诣，被称为汉学大家。卫匡国用拉丁文撰写了四部介绍中国历史、地理和文化的著作：《中国上古史》《中国新图志》《论鞑靼之战》和《汉语语法》。其中《中国上古史》（或名《中国历史初编十卷》，自远古至公元前一年）是编年体历史著作，1658 年首版于慕尼黑，次年又在阿姆斯特丹再版。

② 摘引自档案馆保存的一本善本，卫匡国所著的《中国上古史》（慕尼黑，1658）。卫匡国图在该书的第 6 页。

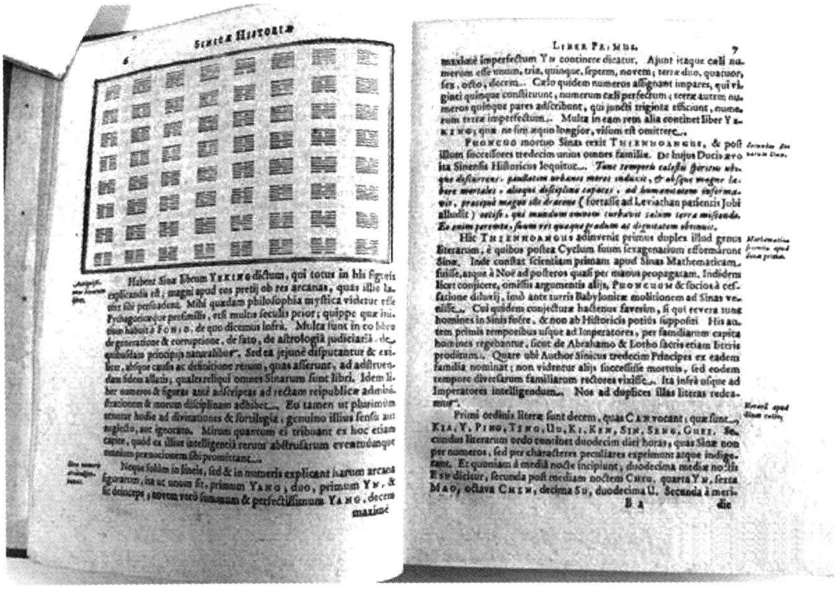

图 5　卫匡国图

相反相成的核心理念，是华夏先祖对人类文明的伟大贡献。在白晋和莱氏看来伏羲智慧的深邃洞察力早在先周就已湮灭。伏羲智慧值得我们为之尽其所能，来探索、发掘、诠释，并发扬光大。

伏羲智慧——易卦幻方和数字幻方的转换

本节来讨论一个有趣的话题，易卦的整体排序和幻方究竟是怎样一种关系。从表面看，易卦的幻方图貌似一种趣味游戏，但从深层次讲，它涉及易学的一个基本要求：把卦序排列准确了，揭示出易经的深邃数理内涵，从而帮助我们为解答不少的易学“元问题”做铺垫。

易卦幻方

全部 64 个易卦构成一个全集：易卦的 6 条爻，每个爻位有且仅有阴爻和阳爻两种可能，故 2^6 是 64 个卦，无一重复、缺一不可。

要把它们排列成一个幻方（8 阶），即 8×8 的易卦幻方图，那么各列和各行的 8 个卦象共 48 条爻，一定是阳爻和阴爻各 24 条。加之，阳爻或阴爻必定是平均分布在 6 个爻位上，即每个爻位上，各有 4 条阳爻和 4 条阴爻。在主轴线和辅轴线两条对角线上的各 8 个卦，也保持同样的关系。

排出这样的幻方甚是费事。而且，易卦幻方有（非常）多种排法，彼此之间又如何转换呢？找到其中的规律，的确很有挑战性的趣味，不少人为之着迷。图 6 就是这样的一个易卦幻方，是按邵雍揭示的伏羲先天序建构的。

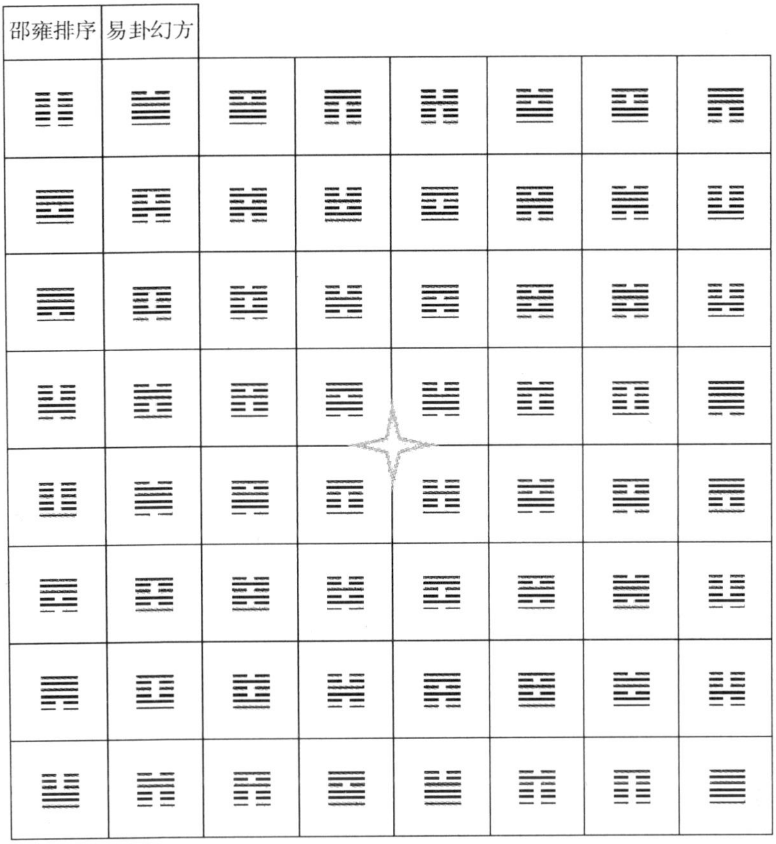

图 6　易卦幻方

你不难核对，图 6 是个 64 卦（8 阶）的易卦幻方，在排成各行、各列及对角线的 8 个卦象加总起来都各有 24 条阳爻，且占据着每个爻位的各有 4 条阳爻。

以二进制算法（以阳爻为 1、阴爻为 0）折算成卦序的话，那么如此排成的 8 个卦，卦序之和皆等于 252，即一个纯阳乾卦的排序 63 的四倍。你不妨把每行、每列、主轴线、辅轴线的各 8 个卦的排序号相加起来，加以验证，如图 7 所示。

252		数字幻方							
	0	62	61	3	4	58	57	7	252
	55	9	10	52	51	13	14	48	252
	47	17	18	44	43	21	22	40	252
	24	38	37	27	28	34	33	31	252
	32	30	29	35	36	26	25	39	252
	23	41	42	20	19	45	46	16	252
	15	49	50	12	11	53	54	8	252
	56	6	5	59	60	2	1	63	252
252	252	252	252	252	252	252	252	252	

图 7　数字幻方

由此可知，对于一个易卦方图及其各种变型能否构成易卦幻方的检验，是各行、各列、对角线的 8 个卦象，序号之和始终保持在 252。①

那么，图 6 的易卦幻方又是怎么得到的呢？方法很有规律，无需靠试错法来排。请先来看图 8。

---

① 鉴于 12 世纪前中国没有 0 的算符，若 64 个卦象的序号是 1～64，易卦幻方的每行每列及两条对角线上的各 8 个卦的卦序之和都是 260（即 65×4）。一般而言，幻方常数 = n×(n^2+1)/2。这里 n = 8，因此 8 阶幻方的常数是 260（=8×65/2）。

反过来看，64 卦的二进制排序是 0～63，故幻方常数 为 252，表示同列（或同行，及同一对角线）上的 8 个卦必然共有 24 条阳爻，且平均分布在 6 个爻位各 4 条。由此也可知，二进制算法不但是个有用的解析工具，而且与易卦结构在数理底蕴上是一致的，因为二进制算法得到的卦序和卦象结构是严格一一对应的。

邵雍排序方图			母	少男	中男	长女	长男	中女	少女	父
			0	1	2	3	4	5	6	7
			地 ☷	山 ☶	水 ☵	风 ☴	雷 ☳	火 ☲	泽 ☱	天 ☰
母	0	地 ☷	2坤 ䷁ 0	23剥 ䷖ 1	8比 ䷇ 2	20观 ䷓ 3	16豫 ䷏ 4	35晋 ䷢ 5	45萃 ䷬ 6	12否 ䷋ 7
少男	1	山 ☶	15谦 ䷎ 8	52艮 ䷳ 9	39蹇 ䷦ 10	53渐 ䷴ 11	62小过 ䷽ 12	56旅 ䷷ 13	31咸 ䷞ 14	33遁 ䷠ 15
中男	2	水 ☵	7师 ䷆ 16	4蒙 ䷃ 17	29坎 ䷜ 18	59涣 ䷺ 19	40解 ䷧ 20	64未济 ䷿ 21	47困 ䷮ 22	6讼 ䷅ 23
长女	3	风 ☴	46升 ䷭ 24	18蛊 ䷑ 25	48井 ䷯ 26	57巽 ䷸ 27	32恒 ䷟ 28	50鼎 ䷱ 29	28大过 ䷛ 30	44姤 ䷫ 31
长男	4	雷 ☳	24复 ䷗ 32	27颐 ䷚ 33	3屯 ䷂ 34	42益 ䷩ 35	51震 ䷲ 36	21噬嗑 ䷔ 37	17随 ䷐ 38	25无妄 ䷘ 39
中女	5	火 ☲	36明夷 ䷣ 40	22贲 ䷕ 41	63既济 ䷾ 42	37家人 ䷤ 43	55丰 ䷶ 44	30离 ䷝ 45	49革 ䷰ 46	13同人 ䷌ 47
少女	6	泽 ☱	19临 ䷒ 48	41损 ䷨ 49	60节 ䷻ 50	61中孚 ䷼ 51	54归妹 ䷵ 52	38睽 ䷥ 53	58兑 ䷹ 54	10履 ䷉ 55
父	7	天 ☰	11泰 ䷊ 56	26大畜 ䷙ 57	5需 ䷄ 58	9小畜 ䷈ 59	34大壮 ䷡ 60	14大有 ䷍ 61	43夬 ䷪ 62	1乾 ䷀ 63

图 8　邵雍方图　邵雍—莱布尼茨排序

易卦幻方的标准型

图 8 是图 1（莱布尼茨所看到的邵雍图）的方图部分经过简化得到的，以便专注于卦象结构。卦象前面的数字是周易里的原卦序，卦象后面的数字则是邵雍—莱布尼茨排序号。图 8 的列序和行序均是按邵雍的伏羲先天八卦序（“母—少男—中男—长女—长男—中女—少女—父”）来展开的。

当我们把图 8 依据图中心的“天元”（小十字星符号）划分成四个 4×4 的小方图，使每个小方图在主轴线或辅轴线上的 4 个卦位置保持不变，即有 32 个卦象的位置无需调整。而把余下的 32 个卦，它们是以天元为中心成中心对称的 16 对卦，彼此的位置做对调置换。于是成了图 7（数字幻方），等价于图 6 里的易卦幻方。因为卦象同它的二进制卦序是严格地一一对应的。

譬如，在图 8 里卦序为 11 和 52 的一对两个卦、17 和 46 的另一对卦的位置发生了对调…… 共有 16 对卦需要做这样的对称置换。结果就是图 7 的数字幻方，等价图 6 里的易卦幻方。

不妨把图 6 称为易卦幻方的“标准型”，因为它有许多很好的特质，对称性极高，方便我们得到易卦幻方的许许多多变型。

你不难发觉，以标准型幻方为基础，任意对调相错的两列或两行，也就是置换相偶的 0 与 7 行或列、1 与 6 行或列、2 与 5 行或列、3 与 4 行或列，那么，对称变换后得到的方图仍旧是个幻方。譬如，图 9 是图 8 里第四列（长女）和第五列（长男）对调的结果，依然是幻方。

邵雍排序幻方变形			母	少男	中男	长男	长女	中女	少女	父	
			0	1	2	4	3	5	6	7	
		252	地☷	山☶	水☵	雷☳	风☴	火☲	泽☱	天☰	
母	0	地☷	0	62	61	4	3	58	57	7	252
少男	1	山☶	55	9	10	51	52	13	14	48	252
中男	2	水☵	47	17	18	43	44	21	22	40	252
长女	3	风☴	24	38	37	28	27	34	33	31	252
长男	4	雷☳	32	30	29	36	35	26	25	39	252
中女	5	火☲	23	41	42	19	20	45	46	16	252
少女	6	泽☱	15	49	50	11	12	53	54	8	252
父	7	天☰	56	6	5	60	59	2	1	63	252
		252	252	252	252	252	252	252	252	252	

图 9　易卦幻方变形　保持数字幻方

通过这样的对称置换，我们可以得到不可胜数的许多易卦幻方。

与图 6 等价，图 7 里的 8 阶的数字幻方，是易卦幻方的数理基础。反过来，我们以易卦幻方为基础，非常便捷地也可以得到各种双偶数阶（4 的倍数）的数字幻方。这种联系证实了，领悟易经的核心理念——二元对待相反相成所蕴含的数理奥义，对数学的应用也有着启发和丰富的内涵。

至于奇数阶幻方的建构，我们不能直接运用易经的相反相成观念，而是从华夏文明的另一个源头——五行相生相克的法则来开创出新的途径。我经过一番探索，开发出一套方法，能够简易地建构任何（高阶的）奇数阶幻方。

在伏羲智慧的指引下，我结合了幻方学历史上的若干方法，轻而易举就能建构出任何高阶幻方的标准模板，并得到各种幻方变型。①

有兴趣深入探索的读者请参阅我的易学著作《易卦正解——重释易经的新视角》。

图 10

① 详见《易卦正解——重释易经的新视角》（孙涤，上海人民出版社，2020 年）第二部分的第 5 章“易卦排序和幻方”和第 9 章“易卦排序和代数群论”；易卦幻方和数字幻方之间转换关系的深入讨论，则参阅蒙格斯报告里的孙涤专栏中“易经与幻方”系列 1~7 篇。

图书在版编目（CIP）数据

蒙格斯文集之更懂自己：行为认知科学的妙用/孙涤著 .—北京：经济管理出版社，2021.5

ISBN 978-7-5096-7980-7

Ⅰ.①蒙… Ⅱ.①孙… Ⅲ.①认知科学—文集 Ⅳ.①B842.1-53

中国版本图书馆 CIP 数据核字（2021）第 094145 号

组稿编辑：李玉敏
责任编辑：李玉敏
责任印制：黄章平
责任校对：张晓燕

出版发行：经济管理出版社
（北京市海淀区北蜂窝 8 号中雅大厦 A 座 11 层 100038）
网　　址：www. E-mp. com. cn
电　　话：（010）51915602
印　　刷：唐山昊达印刷有限公司
经　　销：新华书店
开　　本：720mm×1000mm/16
印　　张：18
字　　数：240 千字
版　　次：2021 年 7 月第 1 版　　2021 年 7 月第 1 次印刷
书　　号：ISBN 978-7-5096-7980-7
定　　价：72.00 元

联系地址：北京阜外月坛北小街 2 号
电话：（010）68022974　邮编：100836

天路骑行

——进出西藏八条公路

罗

上海远东出版社

图书在版编目(CIP)数据

天路骑迹：进出西藏八条公路骑行纪实 / 罗滋湘著.
—上海：上海远东出版社，2019
ISBN 978-7-5476-1476-1

Ⅰ.①天… Ⅱ.①罗… Ⅲ.①纪实文学—作品集—
中国—当代 Ⅳ.①I25

中国版本图书馆 CIP 数据核字(2019)第 080669 号

责任编辑 贺 寅
封面设计 贺 寅

天路骑迹
——进出西藏八条公路骑行纪实

罗滋湘 著

出　　版 上海遠東出版社
（200235 中国上海市钦州南路 81 号）
发　　行 上海人民出版社发行中心
印　　刷 上海锦佳印刷有限公司
开　　本 710×1000 1/16
印　　张 33.75
字　　数 570,000
版　　次 2019 年 6 月第 1 版
印　　次 2019 年 6 月第 1 次印刷
ISBN 978-7-5476-1476-1/I·340
定　　价 268.00 元

序　言

父亲说要出本游记，问我能否给他提点建议或者写个序言，想来确实已有好几年没给他写点什么了。印象里上次给他写信还是在初中，当时他和母亲在做生意，平日里非常忙碌，能顾得上我的时间不多，父子间交流的机会本就很少，回到家大家又把从外面带回来的情绪向家人发泄，于是常常产生一些矛盾，使语言沟通有时变得很困难。用父母的话说，我那时正处于"叛逆期"。受到母亲珍藏的父亲年轻时候写给她的几摞情书的启发，我学会以写信的方式与他"好好说话"，这样容易保持冷静和多一些反思，能够以更柔软的态度来阐述自己的意见。

父亲不是一个善于表达的人，更趋向于那种硬汉形象：内敛、沉稳、坚毅，思虑多于冲动。父亲"骑遍西藏"的经历对于他的性格来说应该是一种必然，而开端却是一种偶然：第一次进藏骑行，仅仅是为了帮我打发掉中考之后的漫长暑假，让我远离网络游戏以及其他各种不良诱惑。而我愿意跟他出门骑行，则是为了逃避各种补习课、兴趣班，还有他们的唠叨。父子俩一拍即合，怀揣着不同的动机，打着一个共同而堂皇的"旗号"——锻炼身体，增长见识——踏上了漫长而艰辛的滇藏之旅。

如今，路上的很多细节我都已淡忘，原因是参与得少，所以印象就少。行程中的很多事情几乎都是父亲一个人在操持：线路规划、食宿安排、衣物清洗、车辆调试等。一路上羸弱的父亲驮着接近他体重的行李，拉着调皮的我，爬着以前他开货车都没爬过的长坡。在荒山野林里面修过车胎，蹲在路边啃过冷馒头，睡过又冷又硬的铺板，雨后带着一身泥水进客栈遭人冷眼，因为高原反应躺在酒店的床上担心能不能活着回去……除此之外，还要为正处于"叛逆期"的我一路做出的各种"叛逆"行为承受巨大的心理压力。回想起来，滇藏线上的父亲真的很累，2 400 公里的路程，一半是骑行，一半是搭车，对于从不轻言放弃的父亲来说，除了无奈还是无奈！

到达拉萨的那天是个晴天，当我们站在布达拉宫广场拍照的时候，我分明感觉到父亲眼里那淡淡的轻松和喜悦，我忽而有一种莫名的感动，并第一次感受到此次行程带给我的意义。

如今六年过去了，我已受聘于一家央企。应聘简历上我曾写着“骑行过滇藏线”，面试的时候，面试官问：“你在那次旅行中收获了什么，或者说你的父亲带你骑行的目的是什么？”

年龄与父亲相当的面试官想必也是一位父亲，我想每位父亲都会希望自己的孩子能够学会自立自强、吃苦耐劳、坚韧不拔、心胸宽阔。我想回答的是，那段经历在我的心中播下了一些种子，并一直影响着我以后的人生。

而那次旅行带给父亲的，则是一个“传奇”的开始：意外地爱上了单车旅行，并先后五次骑行进藏、骑完进出西藏的全部八条公路。

对于“骑遍西藏”的收获，父亲在他的日志中自我调侃道“……西藏我都骑好几次了，也没感觉到我的灵魂有丝毫的净化，我的人品有什么提升。比如我还是爱财如命，还是火气大肚量小，还是提起钓鱼岛就想骂安倍的祖宗……”。而实际上，七年的骑行生涯，已让父亲从一个多愁善感的工作狂，变成一个心胸开朗的户外达人；从一个弱不禁风的骑行菜鸟，变成一个准专业级的业余运动员——已累计参加过全国各地举办的数十场自行车比赛。

这就是我的父亲。

浩 浩

2019 年 6 月

目　录

第一章　滇藏线

一半是海水，一半是火焰

一、彩云之南

云南是一个美丽的地方，我很向往。

到云南旅行是我的梦想，用什么方式去旅行，我等了数年，想了很久，最后我选择了骑行。

有了骑行云南的计划，于是我买了单车；因为买了单车，我爱上了骑行；因为爱上了骑行，让我骑行云南的梦想终于变为现实。

时间：2011年7月12日～8月18日，历时38天。

初步计划：昆明—大理—丽江—香格里拉—梅里雪山。

最终行程：昆明—大理—丽江—香格里拉—德钦—芒康—左贡—邦达—波密—林芝—拉萨，全程2 330千米。

7月10日　晴

骑友们为我们父子举行了欢送晚宴，杯觥交错之间，我有了某种使命感，还有一点淡淡的悲壮。

7月11日　晴

做临行前的最后准备：拆解自行车、打包，清理衣物、证件、药品、备用配件、工具。

打算带面小旗，上面印上队标以及俱乐部的名称，一路招摇，宣传效果一定很好。找了几家广告社，都没法做出彩色的会标，只好放弃。

7月12日　多云

坐安陆到昆明的直达大巴。

虽早有心理准备，但车厢里的汗臭、脚臭，加上一路的颠簸还是让人作呕。幸亏手机游戏和QQ让浩浩忘记了外界的一切，否则他肯定坚持不了。

7月13日　阵雨

上午10点40分到达昆明北站。下了车有点晕头转向，分不清东南西北。就在马路边开始组装自行车，引来路人围观。用了半个多小时才组装完毕。叫浩浩设置了导航，终点吴井路7天连锁酒店，结果因为导航仪是汽车专用的而不太适合骑行，指引我们到处瞎转，一会小巷、一会高速公路，一会东、一会西，浩浩有些不耐烦，我只得沿路找人打听，从城北找到城南，终于找到酒店。

登记完毕，已是下午2点，已两顿没有吃饭，腹中空空。出街口吃了过桥米线，6元一大碗，果然如传说的一样美味而便宜。肚子太饿，吃得酣畅淋漓、碗底朝天，余兴未尽，晚餐如法炮制，再来两碗，可一半也没吃完。

昆明的夏天凉爽如春，行人大多穿着夹衣或小袄，这让我迫切需要买件冲锋衣，以备雪山景区之用。

昆明的户外店很少，价格也很贵。找了好久，勉强买了无抓绒内里的冲锋衣和速干裤，后来证明这件冲锋衣质量还不错，柔软、透气、防水效果非常好，即便下大雨也不用雨衣，只是保暖效果稍差。用了将近1 000大洋，有些心疼，还有一些犯罪感，因为之前已在网上买了一件，只是样子不太合身，质量也不尽如人意。

7月14日　阵雨

天气阴凉，带的夏装基本派不上用场。

原计划今天骑游滇池的计划因下雨而取消。取代的是上街给浩浩买冲锋衣，以及找广告社做面旗子。

街上走了几个小时，找到网上搜到的一家户外店，价格贵得离谱，浩浩说不要了，反正有防寒服和雨衣，于是就放弃了。回来的路上遇一小超市，买了压缩饼干、卤蛋、话梅、牛肉干等，算作明日正式骑行时的备用干粮。

浩浩因为对我买的牛肉干不满意而又耍起了脾气，让人伤心和愤怒。他总是这样，前天从家里出发时，我就给他打了招呼：你自己不去做、不愿做，就不要指责或嘲笑别人做得不好，结果，他还是旧病复发。

俩人都生着闷气，没心情吃午饭。回到房间，我索性蒙头睡了一觉。他继续玩他的手机 QQ，他对什么事都不关心，除了网络。这让我很失望和焦急，却又无可奈何，所能做的就是带他出来旅游，以减少他暑假上网的时间。但他也许对这次旅行根本不感兴趣，之所以愿意随我出来，至少有一种动机是逃避补课——暑假之前就计划放假后到新东方补英语，他还说过想学吉他、街舞，还想打打短工，锻炼一下自己的能力，这让我非常欣慰和憧憬。可是一切还没开始，他就放弃了，我忧心忡忡：这样下去，他能有什么出息？

一觉醒来，我独自一人上街办事，顺便看看能不能找到麦当劳、肯德基什么的，因为浩浩几天前就说想吃洋快餐。

首先找到了彩印店，定做了小旗，价格才 10 元，而且两小时就能取货，只是不能做彩色的会标，也罢，红底白字也还过得去。然后漫无目的地往闹市深处闲逛，居然很容易就碰到上午找了许久都没找到的“人在旅途”户外店。没有想要的东西，只买了一副背包雨罩，大号的，应该勉强可当驮包雨罩用，108 元，贵得吓人。

继续前行，发现肯德基，买了 A、B 两份套餐，打包，迅速往回赶。

浩浩还在睡觉，我敲了门，等了好几分钟。服务员见状，替我开了门，这时他也“刚好”起来开门，表情极其不情愿，然后继续睡觉，对我带回的午餐看都不看一眼，唉……

记得 10 日的欢送晚宴上，一个骑友向浩浩敬酒时说“浩浩，一路上要照顾好你爸爸啊”，回想起来，觉得这是个笑话。同之前每次一样，几乎一切事情，包括行程安排、餐饮住宿、洗衣、调车、问路等，都是我一手操持，他毫不关心；一路上我还要无微不至地照顾他的一切，稍有不慎，他就可能耍脾气，和我对着干。这在接下来的行程中让我身心俱疲，是我成为滇藏线上骑行最辛苦的人的原因之一。

7 月 15 日　多云转晴

线路:昆明—安宁—禄丰

来昆明的几天,一直阴天和阵雨,心情就如天气一样阴郁、情绪低落,浩浩更不用说。昨夜都没睡好,早上醒来,拉开窗帘,眼前一亮,天居然晴了,气温也有所回升,心情一下子兴奋起来。

匆匆吃了早点,检查了车况,捆好行李,8 点准时出发。

导航仪照样瞎指挥,我几乎想丢了它,幸好我已熟记地图,并一路找人问路,好不容易才走出了昆明市区。

西行的路远没我想象的好,浩浩也感叹:这就是云南吗? 简直让人大失所望。一路坑坑洼洼,车辆拥挤,好多路段还在翻修,工地上扬起的尘土、不远处工厂巨大烟囱冒出的白烟、呼啸而过的大卡车卷起的灰粒、排气管喷出滚烫的尾气、裸露的黄土、损坏的植被……一切显得乌烟瘴气,感觉像是到了山西的煤矿。

过了安宁县后路况更糟,老柏油路弯多路窄,一辆接一辆的工程车、教练车几乎都是擦肩而过,让人心惊肉跳,一路为浩浩捏着一把汗。在建的新路宽阔却满是黄土、泥浆、坑洼、石子,最大限度地考验着单车的质量、驮包的强度以及我的捆绑技术。难怪一整天没碰到一个骑友,原来骑行滇藏线的起点都选在大理或丽江。

昆明至禄丰,共 105 千米的距离,这一路没有风景,只有期待和失望,唯一值得回忆的是距终点 30 千米处的一个 8 千米长的下坡,着实让我和浩浩爽了一把。

直到下午 2 点才吃午饭。找了一家餐馆,两个脏兮兮的女人在做菜,还有两个像流浪儿似的小女孩,躺在黑油油的地板上嬉闹。飞舞的苍蝇、油腻的桌面,连进餐的客人也油脂巴拉的,让人进退两难。

爬坡

下坡

浩浩没表示反对，我怕前面再找不到就餐点，只好点了菜：一钵红烧牛肉，一盘油淋茄子，味道还不错，分量也足。浩浩还是没胃口，吃得很勉强，当从碗里拉出一根长头发后，他干脆就放下了碗。我没那么多讲究，一瓶啤酒，大半碗饭，吃得很饱。买单时，老板说 24 元，我以为听错，问了几遍，确是 24 元，实在便宜，这是整个行程中最便宜的午餐。

饭后的行程有点艰辛，浩浩一路叫苦，我只好接过他的背包，尽量减少他的负荷，真怕他累垮。到了禄丰，他已疲惫不堪，我还好，只是腿有些酸。

想找个好一点的宾馆，好好洗个澡，美美睡一晚。看到一家"天意商务酒店"，气派而豪华，远远停了自行车，试探地走到大堂打听，标间 108 元，不算贵。房间很有档次，应该有三星级标准，服务也非常周到，很满意。

晚饭就在酒店餐厅，要了两碗扬州炒饭，18 元，消费不多，服务的人却一大群，还有免费的高汤和几种泡菜，以及味道不错的绿茶。

7 月 16 日　阴转多云

线路：禄丰—一平浪—旧庄—楚雄

昨晚有些消化不良，早餐本不打算吃，可是免费的美食实在诱人，品种繁多，色香味美，忍不住大快朵颐：牛奶、蛋糕、耳丝、炸酱面……

今天的路况比昨天好得多，虽有些颠，可是很干净。汽车不是那么密集，路两旁高山耸立，植物茂盛，古树参天，悬崖峭壁，终于让人感觉到这是在云南。

沿途留影

一早浩浩就慷慨激昂地说，今天要骑 100 千米以上，明天赶到大理，真是壮志雄心。可是出发不久，就是连绵的上坡，坡度虽很缓，但对于都是菜鸟级别的我们来说，真是个巨大的挑战。浩浩的雄心壮志在不断的上坡中慢慢耗尽，还没到 40 千米的坡顶，他的决心已荡然无存，开始不停地叫苦。我只得将他的行李一件件接过，最后只剩下二合一驮包，里面除了几件衣服，重物我都拿来放在自己包里。

出禄丰到一平浪，一直在峡谷里骑行，谷底是条小河，河水浑浊而湍急。G320 线分成两条单行道，一条往西、一条往东，分设于峡谷两岸。我们沿着往西的道路缓缓爬升，速度在 9～15 千米/小时之间，骑得有些吃力。其间有几处隧道，不长，可是一进去什么也看不见，手电筒没多大用处，跟着汽车走是不错的选择。

左边是深沟、沟底是湍急河水，右边是气势逼人的悬崖峭壁，我让浩浩走在前面。忽然悬崖上有碎石落下，浩浩竟停下车仰起头好奇地张望，我赶紧向他大吼：快躲开！真险。其实沿路有很多“小心落石”“落石路段观察通过”等字样的警示牌，以及路面上分布的明显是被落石砸出的或大或小的坑，我不断嘱咐他注意安全，他就是听不进。我追上去，命令他戴上头盔，并改在路的左边骑行，以减少被落石砸到的几率。

今天的路程比昨天要短，但上坡很多，所以浩浩还是感觉很累，不过情绪蛮好。一路上我们说笑、拍照，偶尔我还哼起韩宝仪、高胜美的情歌，浩浩又惊讶又兴奋：第一次发现我也会唱几首曲子，晚上他把这当头条新闻打电话向他妈妈汇报。

进入楚雄，第一件事是找旅馆。受我的影响，浩浩找了一家很豪华的酒店，房费 128 元含早餐，规格不错，价格也算公道。但还是超出我的预算，所以我对他说，单独旅行时，不要像我一样铺张，尽量找青年旅社住，这样才有锻炼的机会。

比住宿更贵的是今天的晚餐，还是浩浩做主，闯进一家“四川风味”餐馆，档次不低，所以价格有些“黑”，一盘牛蛙 38 元，却找不出几片蛙肉；一碟鱼香茄子 12 元，少得几乎一筷子就能夹走。这几天肠胃不好，不敢喝啤酒，于是要了一小瓶劲酒，居然要价 15 元。因为贵，所以不敢浪费，平时只有半瓶的酒量，这时硬生生喝完了一瓶，于是有些天旋地转，今晚一定睡得很香。

7 月 17 日　多云

线路：楚雄—南华—祥云（坐车）

昨晚喝了酒，所以前半晚睡得很沉，半夜醒来，又开始思索来日的行程：到大理还有210千米，分2天走会很累，浩浩肯定难受；分3天的话，明晚的住宿点选在哪里不好确定。想来想去，忽尔冒出一个念头，不如直接坐车到祥云，反正这150千米的路段也没什么风景，节约下来的时间，可用在大理周边找几条一日可以往返的精品线路骑行，把行李寄存在大理，轻装上阵。主意拿定，有些兴奋，直到快天亮，才眯了一会。

自助早餐跟昨天一样丰盛而美味，浩浩不知挑哪种好，我开玩笑说："免费的早餐你就死撑活胀吧。"

饭后已到8点30分，骑着车一路问到客运西站。有直到祥云的班车，票价50元/人，自行车免票。可是把车装进行李架很难，费了不少周折：将单车前轮拆下，"悍马"车身还要折叠（幸亏能够折叠，不然就麻烦了），试着用各种角度、各种姿势，硬是强行塞了进去，心疼啊，真担心车子"骨折"。

班车走的是高速，这样最好，避免了普通公路上的颠簸。只是昨晚吃的太辣，一路内急，忍着很难受。

2小时到达祥云，还好，车子没有大碍，只是手机架破裂，还有几处油漆磨损。

午餐没有多少食欲，就在车站的清真餐馆里要了两碗米线，比昆明的米线差远了。

饭后问清了去弥渡的线路。原以为到弥渡有40多千米，结果只有二十几千米，也幸亏只有20多千米，浩浩一路叫苦，精神萎靡不振。我心里焦急，又不敢流露，怕他真的累坏了。

路人都说去弥渡的路有两条，一条新路（其实就是高速），一条老路。浩浩想近些，于是选择了新路，但不知让不让走。

怀着侥幸和忐忑骑到高速入口，远远看见入口处横着栏杆，没有一点间隙，两个年轻的穿着制服的工作人员向我们张望。我停下车，走上台阶，想找工作人员通融一下。刚好其中一个向我走来，我向他堆起笑脸，他也向我微笑，我对他说："对不起，能不能行个方便？"

祥云通往弥渡的高速公路

其实这是多余的，因为他

就是来给我们放行的。他笑着说“当然没问题”。

他搬开栏杆，我连声道谢。经过另一个人身旁时，他主动向我们打招呼“累不累?”，我说“不累，谢谢啊”。看来他们对我们这些长途骑行者怀有充分好感。

没想到此次行程中，还能上高速公路骑行，真是爽极了，以后还会试试其他高速。至于安全，连日的经验证明，普通公路上安全系数更低。

弥渡是个小县城，建在半山腰。远处群山巍巍、山天相连，蓝天白云、空气清新，能见度极好。这是进入云南来遇到的第一个洁净的城市，没有喧闹，非常安静。

进城十字路口矗立着一家大型宾馆，应该是小县城里最大的一家。浩浩进去问了一下，标间 400 多元，我们掉头便走，吸取昨天的教训，不再盲目地不计成本。找到老城区小巷深处，看到好几家旅社，拣稍体面的一家进去一问，标间才 40 元，有些出乎意料。

住下的第一件事就是洗澡，然后把几天来两人的衣服搓了，晾在楼顶。干完这些，才只午后 3 点 30 分。吃饭还早，开始写日记，计划明天的行程。清理行李，把接下来不是很需要的东西丢掉：水货速干衣、已经损坏的手机架、过时的导航仪，连在昆明买的压缩饼干也丢掉了大半，尽量减轻负荷。

6 点上街找吃的，居然很难找到餐馆，仅有的几家餐馆已经打烊，看来今天吃大餐的愿望要落空。找了几条街，才吃到两碗米线，一共 7 元。浩浩不想逛街，饭后回旅店了，我独自一人上街漫步。

小城非常安静，像是在乡下。街道上其实很脏，人们脸色黝黑，衣着五花八门。

走在街上，许多人投来异样的目光，看得出这里很少有外来(流动)人口，偶来一张陌生面孔，人们不由产生好奇，但这却让我生出一种不安全感。当回到旅店，发现老板用一条粗得夸张的铁链，把我本来已锁在一起的两辆自行车又重锁一遍时，这种感觉更加强烈。

买了一件军绿衬衣，挺合身，也便宜。5 元钱的荔枝带回旅店，浩浩挺喜欢，吃了大半，让我很欣慰。

7 月 18 日　小到中雨

线路：弥渡—鸟道雄关—巍山

昨晚下了雨，天亮后雨停了，现出了阳光，于是决定出发。

沿途留影

昨天进弥渡县城时，看到不远处高耸入云的群山，今早出发时就想：通往巍山的路不会经过这些大山吧？一路打听，居然真的通向山里。

进山口就有一块警示牌，写着“禁止客运车辆驶入”，事实上连过路的货车也没有一辆。这只是一条简易公路，路面全是棱角凸出、胳膊大小的条石铺就。行在上面，车速怎么也超不过 10 千米/小时，即使这样慢，也颠得屁股发麻。

不放心，拦住一辆摩托，仔细地问了半天，得到这样的信息：路况差，很陡，一直上坡，但没有泥石流和滑坡的危险，距巍山县城“二三十千米”（后来实际情况是山路 47 千米）。于是怀着忐忑闯了进去，这一闯就是 8 个小时（含休息时间），8 小时的盼望、8 小时的磨难，如果不是“只有二三十千米”的概念一直让我期待，我根本不会进去，肯定改道绕行。

车子以极高的频率颠簸。才进山就下起了雨，而且越下越大。

好像没有尽头的上坡，哪怕几米的平路也没有，车速在 5～8 千米/小时间徘徊。不知是麻木了还是练就了体能，我居然能始终不很费力地骑行，只是苦了浩浩，起初他还能坚持。早上闹了别扭，一直很少说话，骑了 10 多千米，他没叫一声苦。上到半山，当看到第一块路牌上写着“巍山 37 千米”时，他立刻沮丧起来，叫

巍山垭口自拍

苦不迭，稍陡的坡，就下来推行，走几百米就停下，累得蹲在地上，埋着头，像是在哭。我只得不停鼓励他：就要到山顶了，接下来就是下坡。

然而“山顶”总是那么遥远而又似乎触手可及，每以为到了山顶，转一个弯，却发现更高的群山挡在前面，这样反复多次，我也开始沮丧起来，两腿酸得难受。

雨下个不停，我们本来都穿着皮肤风衣，时间长了，雨水还是渗进去打湿了内衣，冷得直打颤。我赶忙叫浩浩换上雨衣，自己继续扛着，因为背着背包和大部分行李，抗寒能力要强一些。

浩浩还生着闷气，我说的话，他总是抵触，哪怕绝对正确的建议，他就是不听。比如，他的坐垫太低了，骑起来非常吃力，叫他升起来，他偏不听；他累了，让他含片西洋参含片，他说苦，不要。可是 20 千米后，他实在累得不行了，自己还是悄悄升高了坐垫，也接过了我给他的含片，立刻将我甩在了后面几百米，要不是我骗他“小心前面有豺狗”，怕是会走得更远。不一会儿，他在前面兴奋地喊“爸爸，到山顶了，要下坡了”。

这次真的到了山顶，周围云雾笼罩，气温陡降，冻得发抖。我们停下来开始换衣服：浩浩穿上夹袄，外面套上雨衣；我脱下湿淋淋的风衣，穿上新买的冲锋衣。可还是有点冷，可能是内衣已经湿透的缘故，不过也幸亏买了这件冲锋衣，也幸亏临行前带了雨衣、买了驮包雨罩，否则今天的行程会非常惨。

这时已是下午 2 点 30 分，码表显示已爬了 27 千米的长坡。匆匆在雨中照了几张照片，便开始下山。下山的路也是破烂不堪的“比利石”路面，颠得手脚发麻、心里发慌，让人苦不堪言，10 千米/小时左右的速度，再快的话，担心驮包撕裂、车子散架。

20 千米的下坡用了 2 个小时，这时我们已是满身泥水，狼狈不堪，浑身冰凉，流着清鼻涕。

巍山是个比弥渡更袖珍的县城，宾馆不多，倒是不很费力就找到一家“裕兴酒店”，标间 60 元，设施还不错。小地方，住宿就是便宜，和住宿一样低的还有吃饭。

很累很累,但住进旅馆的第一件事,就是迫切清洗今天满是泥浆的衣服、驮包、雨罩、鞋袜,还有自行车,做完这些,已是傍晚6点多。上街找餐馆,很少,都是回民餐厅,随便走进一家。点了红烧牛肉,一盘韭菜炒牛肉丝和一碗花菜,味道不错。中午没吃午饭——因为根本没地方吃,连躲雨的地方也没有。食欲很好,浩浩吃了三碗饭,我也吃了两碗加一瓶啤酒,三盘菜一点没剩,总共才38元。

这一天强度很大,原计划今天骑到大理,结果只到巍山就已千辛万苦。网上看到的攻略明显有误,不过这样的挑战很难得,不论是人还是自行车都经受了极大考验,我想,跑川藏线的艰难也不过如此吧。

7月19日 晴

线路:巍山—庙行—下关—大理古城

天气预报今天有中雨,昨晚心里很纠结,早上醒来,天却晴了。

早餐后,收拾了还没干的衣服,洗了车,调试了变速系统,8点准时上路。

出巍山不久,路况出奇的好,准高速公路,只是没有封闭,宽得像飞机跑道。一路骑得畅快淋漓。

沿途留影

25 千米处遇一小集镇，路边商店家家门前露天摆放着小吃和特产，看着眼馋嘴也馋。买了一张粑粑、两根蜜饯，粑粑松脆柔软，味道地道而美妙，蜜饯是固体的蜂蜜，甜得透心，润滑爽口。

28 千米后后开始上坡，过了一座大桥，停下吃完干粮，竟发现前胎瘪了。这是第一次破胎，也是漫漫滇藏路上唯一的一次破胎，当然也是第一次自己动手修补。有过 10 年的开货车的经历，这点小事当然不在话下。

从补胎的地方可见远处群山上并列分布着巨大的风车(风力发电)，等到将这些风车抛到身后时，已过去几个小时。整整 17 千米的上坡，让两腿酸痛难耐。过垭口后才转了一个弯，前面豁然开朗。居高临下，美丽的大理尽收眼底：右边是湛蓝的洱海，中间是现代的市区，左边是雄伟的群山，上面是蓝天白云，视野开阔，美不胜收，忍不住停下来端起相机狂拍。

10 千米长坡下到下关大街，原来，下关和大理不是一个概念。一路打听通往大理古城的路，已经很累，但想到就要到达第一个理想的目的地时，都很兴奋，水也顾不上买，一路急行找到大理古城。

景区人很多，没找到住宿前，我们都没心情欣赏风景。预计景区的住宿一定很贵，所以外表看起来很体面的宾馆，我问都不敢进去问一下。直到路过一家旅馆门口时，一人在后面问“是不是住宿？”，边问边对他身后的同事说“还有没有房间”，同事说没有了，我接着话向他们打听这里住宿一般什么价，回答是七八十、上百元不等，这么便宜，让我意外和惊喜。

古城楼俯瞰大理古城

古城印象

于是回头找刚才路过却不敢问的几家宾馆。才走不远，一个女人在身后招呼，一问，标间 80 元，条件还不错，明亮干净，也很宽敞。最温暖的是，这家旅馆主要接待骑车、徒步的驴友，装饰很艺术，“驴”味很浓，名字就叫“驴窝驿”，大堂里摆有很多旅游书籍，墙上有驴友留下的涂鸦。

老板告诉我，昨天来过一个 13 人单车骑行队伍，今早刚走，是跑拉萨的。大堂后面的墙上，有骑友手绘的大香格里拉地区的骑行线路，这一切让我感到很亲切，也很安全。

休息 1 小时后，6 点出门吃饭。劳累了几天，中午也没吃正餐，决定“腐败”一下。点了一盘当地特色菜黄焖鸡、一盘鱼香肉丝、一盘番茄炒鸡蛋、两瓶啤酒，收了 83 元，性价比不高，但也吃得很舒服、很饱。两瓶啤酒我喝了一瓶半，微醺的感觉很过瘾。

饭后到古城闲逛。里面很热闹，游人如织，还有不少老外，街道建筑和布局果然特别，拍下不少照片。走了近一个小时，才走完一条街，余兴未尽，决定明天骑车来逛。

7 月 20 日　晴

按计划今天留在大理休整，游览苍山、洱海和古城。

早上刚托房东买了船票，大堂里一女驴友就对我说：“坐什么游艇呀，又贵又没什么好看的，你们不是有单车吗？骑车逛洱海多好啊！”

洱海游船上远眺古城和苍山

我听后有些后悔，可是又不好意思退票。原来老板娘也是掮客，引着我们一行 8 人东等西等，直到 10 点才到码头。

游船挺大，坐游船观景其实还是不错，苍山巍巍、洱海浩瀚、蓝天白云、碧波万顷，让人大饱眼福。4 个小时的水上游览，收获颇丰，期间还观看了白族歌舞表演，感觉 105 元一张的船票还是值得的。

下了游船，已是下午 2 点，有点累，天很热，但还是决定坐索道游苍山，以便明天启程向丽江进发。

大理部分景点

等了半天的车，也问了半天的路，碰到好几个掮客，最后花了 10 元坐三轮车到了大索道，没想到这三轮司机也是掮客，引领我们买了门票和索道票，他提成多少，不得而知。

苍山很高也很美，可是索道并不通到山顶，而是只到半山腰一个峡谷里。游览过黄山，再看这里的悬崖和峡谷，没有多少新意。唯一可让人回味的是居高临下，俯瞰古城和洱海全景，感觉很壮观。

中午没吃午餐，只是吃了些零食，所以决定晚饭铺张一些。还是昨天的那家餐馆，这次看单点菜，没让老板娘乱收钱，总共 58 元，景点的餐饮真的好贵。

回到旅馆一算，今天一天就花了 700 多元，远超预算，心疼。

傍晚看到一个骑贵阳到拉萨的摩托车队，还有几拨单车骑友进了古城，看来，真的能碰上同行的骑友。

7 月 21 日　晴转小雨

线路：大理—松桂—鹤庆

原计划今天骑 60 千米到洱源，明天到剑川，共分 3 天到丽江，这样不会累。

早上出发前在旅馆门前照了合影，住在同一家客栈有一个东北汉子，自驾带着家人旅游，儿子比浩浩略小，两天来对我们父子单车行佩服得五体投地，临出发前硬是要求与我们合影，并说下次出来也要骑单车。拍完照，8 点准时出发。

出发前客栈门口合影

一路往北，路况不错，骑行在苍山洱海之间的平原，心旷神怡。

很快就遇到第一个骑友——大学生，方向与我们相反。双方打了招呼，交换了路况信息。

不久后面又追上来两个，河南某大学学生，言语不多，行色匆匆，超越我们后很快消失在道路尽头。但很快，在他们停下休息时，我们又再次相遇，后又再次分开。

接着跟上来的是广东的两个大学生小刘和小驴，都是大四学生，性格开朗热情，与我们一样是骑行新手，他们却敢跑拉萨，真是初生牛犊不怕虎，让人佩服。自此，滇藏线上，他俩与我们结下了不解之缘。

45千米后遇到第一个长坡，20千米，爬得有些吃力，但浩浩今天却有惊人的表现，一直将我甩在后面，越到后来，差距越明显。后来知道，这是有了年轻人相伴、人多热闹的缘故。

骑到一个小镇，已到午餐的时间，又饿又渴，不见小刘和小驴跟上来，我们只好先找到餐馆，点了一荤一素两菜，一瓶啤酒入肚，冰爽至极，解渴也解馋，借着酒性，想与邻桌的两个老外驴友合个影，可是不懂外语，怎么沟通呢？

正好对方有一个随行的中国女子，猜她肯定是翻译，于是我向她表明意思，她说没问题，果然，她向老外叽里咕噜一番后，老外爽快答应。一起来到门外，将相机交给翻译代拍，我和浩浩扯开队旗，与两老外留下一张合影。拍完后，我向老外说“三克油、三克油”——哈哈哈，这是我第一次与外国人“对话”。

与老外驴友的合影

饭后出发不久，小刘和小驴赶上来与我们会合，一路不断有骑友经过，队伍慢慢壮大，最后汇集成了一个7人车队。与年轻人一起，浩浩干劲冲天，我果断改变计划，直接拉到鹤庆，这样明天50千米到丽江就会很轻松。

到鹤庆130千米，坡很多，路面好，却窄，汽车又多又快，十分危险，一直担心浩浩的安全。

午饭后，已经很累，最后的二三十千米简直疲惫不堪，而且下起雨来，衣服很快湿透，前轮溅起的泥水弄了一身。实在骑不动，下来推行。浩浩则好得多，一直夹在大学生队伍中飞驰，到达终点，好像也没觉得他累。

7人队伍又慢慢走散，只剩下广东的小驴和小刘，4人一起骑到鹤庆，然后一起找旅馆，又一起吃饭。

小县城好像没有青旅，普通旅馆性价比不高。找了半天，没有他们中意的，最后我找到一家小旅馆，标间60元，普间30元，都还满意，他们住普间，我们开了标间。稍作休息，便上街找吃的。还好，他们吃饭的标准基本和我们一样，点了5个菜，四川风味，分量也足，要了两瓶啤酒，饭量都大，4人吃了2桶饭，他们到底年轻，一人5碗饭，让我羡慕。总共70元，人均17.5元，不贵。

路上留影

晚上洗澡时，洗手间镜前吓了一跳，一天时间，脸竟晒得焦黑，只剩下太阳镜遮住的地方还是原样，整一个大花脸，像熊猫一样，本就丑陋不堪的相貌更加难以面对观众。

7月22日　晴

线路：鹤庆—七河—丽江古城

昨天强度太高，很疲劳，晚上一觉睡到天亮，这在我的记忆里已是很久不曾发生过的事了。

早餐后，与两个大学生拍了合影，互留了电话，便一起出发。

路牌指示到丽江47千米，都以为很轻松，结果却很累。一是因为昨天的疲劳还没恢复，二是5千米的上坡加10千米的修路极费体力和时间。施工路段十分难走，不仅颠簸，还满是厚厚的黄泥，一不小心，经过的车辆野蛮地溅你一身泥水，走过这段后，每个人身上、车上、头盔上布满泥土，狼狈不堪。

去往丽江的路上

下午1点到达丽江古城。古城如迷宫一般，比大理古城繁华得多、也大得多，有一种不一样的情调和风格。也许正因如此，这里的吃住也贵得多。

很饿，先找到餐馆，4人点了一荤两素一汤，没舍得喝啤酒。尽管我很想喝一瓶，可是人家大学生要节俭，我只得忍着酒瘾。与昨天一样，4 人吃了 2 桶饭，一共花了 55 元。菜不够，菜汤也一点没留下：立起盘子，把最后一滴油也倒进饭里。这在以后的滇藏线上，大家称作“涮盘子”，开始还不好意思，后来也就习惯了。

本打算在古城里住宿，这样更有情调。里面客栈很多，可是游客更多，正是旅游旺季，所以很贵。问了几家，标间最低 220 元，大学生更不敢问，到处找青旅，始终没有找到，最后来到新城区的小巷里，住进一家家庭旅馆，标间 120 元，普间 80 元，条件还将就。就在老板的院子里大家冲洗了满是泥巴的自行车。

自昨天一路碰到的都是跑拉萨的骑友时起，我就有一种也跑拉萨的冲动，所以今天我借来两个大学生的路书，到街上复印了一份，以后或许真的用得上。

傍晚浩浩和小刘、小驴一起去逛古城，我很疲劳没去。洗了澡，又洗了两人的衣服和驮包，然后躺在床上研究起路书来，直到 8 点，他们才回来。

晚饭就在门口的小馆里解决。店很小，生意却火爆得不得了，吃饭的都是游客。

我不便点菜，怕超出学生的标准。还是小驴做主，点了三菜一汤，没要啤酒，尽管我很想喝。共 44 元，价格不贵，但分量极少，当然不够吃。我还没吃饱，见菜已不多，便放下碗筷，省着让年轻人吃好，毕竟人家是学生，没有经济来源，我很同情。何况他们罗叔前罗叔后地尊称我，我更得像个长辈。

丽江郊外的村庄

7 月 23 日　晴

早上还是 6 点就起床，轻手轻脚地洗漱，怕吵醒了浩浩。出门花了 2 元买了 2 个大包子，解决了我个人的早餐，回来后又轻手轻脚走到阳台，研究起未来的骑行线路。

早晨的古城街道

昨晚队伍里又添进一个年轻人，名叫唐尧，湖南人，在北京读研。

快到 9 点，3 个年轻人整理行装，准备出发，我让服务员给我们拍了合影。唐尧还带了摄像机，边录边自己配音“……今天是第一天了，就要启程了，这是小刘，这是小驴，还有罗叔……”，很有意思。然后分手，他们踏上了漫漫进藏路，我们则到古城里闲逛。

分手前与几个大学生的合影

逛到古城，浩浩又莫名地生气，什么都显得不耐烦，一气之下，我让他单独去玩。

我走到了四方街的尽头，出城取了钱，又回到古城，看到一家肯德基，买了 28 元的套餐。顺着水流的方向，走出了古城，可还是迷了路，找不到旅馆的方向，走了半天，越走越生疏，只好拦了一辆的士，掉头往回跑，原来旅馆在相反的方向。

浩浩比我早到旅馆，向我汇报他给弟弟和妈妈买了衣服寄回去了，还给几个骑友邮了明信片。看来，他一个人没有依赖的时候，办事能力还是可以的。

吃了晚饭，决定逛逛古城的夜景，并不抱有多精彩的幻想，只是了却一个心愿。

夜晚的古城的确精彩无限，像人们传说的一样浓妆艳抹、分外妖娆。从七一街到五一路，从万子桥到四方街，人潮涌动、灯红酒绿。

广场上，纳西人拉着游客围着篝火翩翩起舞。七八家半开放酒吧里，音乐震耳欲聋，台上身着民族服装的歌手卖力地歌唱，台下客人每人手拿一块木砖，随节奏用力地敲击桌面，酒吧的墙壁上偶尔一句“女人是无限的，而人的精力是有限的，不要把有限的精力投入到无限的泡妞中去”——之类的“格言”，让人好笑又别扭……一切都那么疯狂，一切都充满“今朝有酒今朝醉”的激情，一切又散发出一点艺术的气息。

回到旅馆已是夜里 10 点多。

古城印象

7月24日 晴

线路：丽江—石鼓镇—虎跳峡镇

出了丽江，有几千米的上坡，虽不是很陡，可还是感觉累，一天的休整显然不够。还没到坡顶，已经大汗淋漓。

沿途景点(分别是：香格里雄古风景区、长江第一湾观景台、玉龙雪山、金沙江大桥)

浩浩今天没有年轻人相伴，又变得郁郁寡欢，一路闷闷不乐。骑二十几千米后，终于看到了下坡，而且很长，浩浩立刻兴奋起来，一路狂飙，让我提心吊胆，最终还是出现一次险情，在一个岔路口差点让大客车撞到，幸而有惊无险。

10多千米的长坡下到G214线与S225线交汇处，左拐进入石鼓镇，右拐去虎跳峡。攻略上说去石鼓看“万里长江第一弯”不要错过，令人神往，不去会很遗憾。去吗，来回20多千米，会很累，问浩浩，他说去吧。

于是就左拐，但很快就有些后悔，因为一开始就是下坡，意味着回来一直是上坡，那是件很痛苦的事。

11千米后进入石鼓镇，长江第一弯就在眼前，湍急的江水浑浊如泥，没什么特别之处，无非一种心灵上的慰藉：我到过万里长江第一弯。没心情去感受第一弯的壮观，再说也的确感觉不到她的壮观，如何返回岔路口，成了巨大的压力。

镇上有餐馆，也有旅社，我做好了走不动就就地住宿的打算。

首先到“老红军渡口餐馆”里点了一荤一素，一瓶啤酒。卫生条件极差，勉强吃饱。付款后问老板娘镇上有没有汽车出租，正问时，一辆双排座货车经过，我立马拦下，女司机答应送我们到岔路，价格 30 元。我如释重负，车子启动后，这才掏出相机对着第一弯拍下两张照片。

女司机很热情，话语很多，向我介绍江对面就是藏区。

回到三岔路口后，我们下车，然后沿金沙江右岸边向下游骑行。

新的组合

不一会儿就遇到修路，路面坑坑洼洼、弹石遍布，黄泥又溅了一身。

刚通过了这段乱路后，忽听有人在喊，侧头一看，路边有三四个骑友在休息，其中一个很黑、衣服很陈旧，看样子我以为是从拉萨返回的人，他正在向我打着招呼，得知我们去虎跳峡后说一起走吧。

队伍又壮大了，而且都是年轻人，浩浩立刻来了精神，骑得很轻松，倒是我累得总是掉队。

沿途风景不错，过了江，两边高山入云，远处天边隐隐可见一处雪峰，后来得知是玉龙雪山，让人激动不已。接近虎跳峡，景色更佳，数度停下来拍照。

5 点多到达虎跳峡镇，天下起了小雨。旅馆不少，但驴友更多，大部分都是骑友。我和浩浩入住的韵峡酒店，只剩下一个标间，价格 50 元，天黑之前没有热水。另四人去了另外一家旅馆，约好一块吃晚饭。

6 人点了 6 个菜。饭桌上大家天南海北侃着各自的旅游经历，新奇而有趣。

最富传奇的是东北佬，原来他们 4 人并不是一起的，小郑是个小老板，在云南大学里开了一家电脑店；小刘、小张(女)是云南大学的学生，在小郑的店里勤工俭学，这 3 人结伴出游，小郑买单。而东北佬则是单独一个人，也是今天才与 3 个小青年遇到一起的。

东北佬是个牛人，在广东打工，入行 3 年了，一个月前辞了工作，只身上路。

东北佬

没有同伴，没有目的地，没有计划，没有路书，带着帐篷和睡袋，一路骑了桂林、攀枝花、六盘水、贵阳等。而且，这些地方并不是按顺序走的，因为没有目标，所以不存在走错路，走错了，就按错的路继续走下去。他说只要能买到吃的，走到哪都行。一路上只碰到过外国骑友，因为偏僻，所以很少有人骑。

今天是他出来的第 28 天，胡子已有半寸多长，头发乱蓬蓬的，衣服显然多天没洗，红色的长袖体恤已破旧不堪，整一个流浪汉的形象。

他说 28 天里只住过 5 次旅馆，其他日子都是风餐露宿，睡帐篷。扎帐的地点随遇而安，睡过荒无人烟的野外，睡过小镇上乡政府的台阶，最恐怖的是有次早上醒来，发现自己睡在坟堆里。

问他怕不怕，他说，你心里想着害怕，就真怕；你不想或想穿了就不怕，再说每天累得倒头便睡得死人一般，一觉醒来，天已大亮，根本来不及害怕。

问他自行车停在帐篷外面，睡着了不怕被人偷了吗？他说："这也奇怪，我锁也没有，早就有心理准备：偷就偷了，反正已骑怨了、累了，偷走正好有理由说服自己回家，可是每次醒来，它还是在那里。

"因为一个人，吃饭不好点菜，于是大多时候都是一天吃两顿馒头或包子。"

"在大理的时候，嘴馋，想吃个鱼火锅，50 元，嫌贵，向老板说了半天好话，叫老板只放半条鱼，花了 30 元，吃得酣畅淋漓、终生难忘。"

今天和我们一起吃饭，说是出门以来最丰盛的一顿，他边吃边不断感叹："哎呀，一个人太苦了，遇到你们真好！"

我听着有些心酸，像是听一个遥远的传说。

遗憾的是第二天天不亮，他就随另外的骑友踏上了去西藏的路。而我们留下徒步虎跳峡，此后在芒康街头和觉巴山上分别再次见到过他，但两次我都在客车上，来不及打招呼，也没留下他的姓名和电话，让我很怀念。

7月25日　晴转小雨

线路：虎跳峡镇—中虎跳—上虎跳—韵峡酒店（徒步）

昨天凉了胃，又或许是石鼓镇的午餐中毒，晚上肚子胀，非常难受。早上起来，不见好转，没吃早餐，十分疲劳，可又不想错过虎跳峡徒步。

吃了两片药，便同几个学生一起，50元包了辆面包车到虎跳峡。一路上道路险峻、景色奇佳，第一次看到什么是真正的峡谷。

虎跳峡是万里长江第一峡，全长20余千米，金沙江贯穿其中，水位落差200多米。江水奔腾咆哮、震耳欲聋，两边悬崖峭壁，山峰高耸入云，犹如国画，徒步其中，好似腾云驾雾一般。

虎跳峡风景区分上虎跳、中虎跳和下虎跳三段，而中虎跳是其中最美的一段。以金沙江为界又分属两个地区管辖，东岸属丽江市，西岸属迪庆藏族自治州。东岸的景区只有上虎跳，没有到中虎跳和下虎跳的道路，所以西岸是徒步和观景最好的位置。于是，我们选择了西岸的中虎跳。

虎跳峡

从公路下到江边，一个来回几个小时的攀爬，回到“天下第一厕”前，已是筋疲力竭，但还是不觉得饿，感觉这次的凉胃比以往任何一次都严重。浩浩和几个年轻人体力好得多，去了一线天，上天梯，到28道拐，再次会合后已是下午2点多，大家一致决定徒步到上虎跳。

七八千米的盘山公路，我咬牙硬是走了6千米，将他们远远抛在后面。他们走不动，拦了一辆面包车，这才结束了痛苦的徒步。

晚餐和昨天一样丰盛，小郑不是学生，所以点菜铺张一些。我没有食欲，勉强吃了点饭。拉肚子挺厉害，到镇上买了点治胃感冒的药，没有热水，用矿泉水解决。

虎跳峡留影

明天的骑行看来要放弃,一是据说一开始就有一个 47 千米的上坡(后来知道这 47 千米上坡并不是连续的,而且也不陡),二是拖着病体,十分劳累,短期内肯定恢复不了。

听说我想搭车,几个年轻人也想一起包车直接到下一站香格里拉。

7 月 26 日　阴

线路:虎跳峡镇—小中甸—香格里拉

昨夜拉肚子很厉害,不过因为太累,所以睡得很沉,早上起来还是全身无力,有些饿了。像往常一样,肠胃清干净了,也就好了,可以放心进食。

按计划,5 人合包了一辆微型双排座,260 元。沿路看到骑行的人很多,都是学生模样,也碰到一个成人队伍,带着一辆(也许是两辆)越野车做保障,这给我一个启发:将来跑川藏时,也可以效仿。

出镇便是 50 余千米的上坡,海拔从 1 600 米,上升到 3 400 米。进入高原后,地势变得平缓,远处高山也不再那么高,云却更低。车子一直在狭长的草原上行驶。原野上水草丰美、花海绵延,牛羊如繁星一样散落其间。青稞架、木篱笆、狼毒花、藏寨……一派异域田园风光。

小中甸的草原上，第一次见到成群的藏民、藏马，第一次见到现实中的佛塔和转经筒。小藏民做生意有些强买强卖，硬是塞给我一杯酥油茶和一杯鲜牛奶，也好，让我第一次品尝了听了几十年的酥油茶，味道并不是传说的那么难喝。

午后到达迪庆藏族自治州州府所在地——香格里拉县城，入住香格里拉古城，标间 120 元，藏式装饰，规格欠佳，但很安静。满街里都是驴友，老外占相当比例。

餐饮有些贵，午餐 5 人吃了 120 元，小碗小碟，第一次喝了青稞酒，没什么特别，与内地的低度白酒差不多，没加香精，所以感觉蛮地道。

夜晚的香格里拉古城与丽江有些类似，石板路面、木雕门楼、红灯笼。藏民很多，藏式商店和商品占大多数。广场上当地群众与游客互动，手拉着手跳着民族舞蹈，看得出有人在组织活动，目的显然是为了旅游经济。

香格里拉的户外店很密集，户外用品的价格也出奇的便宜，真后悔在昆明买了冲锋衣，这里的价格还不到昆明的一半。

晚餐时，邻桌的食客有几拨都是武汉口音，一问果然是老乡，相互介绍各自的线路和目的地，他们对我们父子俩的单车旅行啧啧称奇，赞赏不已。其中有两个徒步的中年人谈论着稻城、亚丁的景色如何如何美，让我迫不及待，决定走德荣——稻城——理塘——成都一线。

7 月 27 日　阵雨转晴

线路：香格里拉—拉帕海草原—尼西—伏龙桥—奔子栏

香格里拉住宿条件本就差强人意，下半夜猫叫春的惨叫声搅了我的好梦。

6 点多，我依旧蹑手蹑脚起床，悄悄洗漱完毕，独自一人上街，想买件抓绒衣，以备梅里雪山之用，可是商店都没开门，走了一圈，已到 7 点 45 分，连忙回来叫醒浩浩。

像往常一样，他莫名其妙地生气，很不耐烦随我出来找早点。点了两碗米线，10 元一碗，等的过程中，他忽说不想吃了，回旅馆去玩手机。我知道他在生闷气，很愤怒，强忍着没有理他。

直拖到 9 点才出发，这时骑友都走光了，只剩下我俩。

出门不久，浩浩就拖拖拉拉，有意拖延时间，我强压怒火，走在前面。

今天的路程有八九十千米，不赶紧的话，会很仓促的。可是尽管我骑得很慢，他还是掉得远远的，稍有一点上坡，他就推着车，迈着八字步，慢慢踱步。

尼西乡大峡谷

10多千米后,回头一看,他又没影了,停下等他,10多分钟过去了,还是没来,打电话不接,再打,电话里他挑衅地说:“我饿了,在找吃的。”

我返回找他,气得发抖,对他说:“长途骑行需要相互配合,你不但不配合,还处处和我唱反调。每天早上起来,你总无缘无故地发脾气,到底是为什么?”

说着,我的眼泪出来了,并且想出两个极端的惩罚办法:一是给他200元钱和地图册,让他自己去今天的目的地——奔子栏;二是干脆什么也不给,丢掉他,让他自生自灭。

他说:“我要搭车回去。”憋了一路的怒火,终于再也按捺不住了,我吼道:“你还没放假就说暑假要学吉他、学街舞、补英语,结果什么也没干,最后要跟我骑车,实话告诉你,这次你要再半途而废,老子对你不会再有信心……”

他哭了,放在他面前的干粮也吃不进,边哭边跟在我后面骑车,我心乱如麻。

上了一个坡后,纳帕海草原冷不丁横在眼前,草地、沼泽、牛群,远处青山绵延、云蒸霞蔚,只是纳帕海之“海”有名无实,水面小而浑浊。

接着6千米的上坡加修路路段,骑得两腿酸痛难忍。上完第一个坡后,天下起了雨。

遇到一个放羊的老人,叽里呱啦的藏语我听不懂,貌似说前面的路不好走。这时气温很低,风裹挟着小雨打在身上,很冷,换上雨衣和冲锋衣,并把浩浩车上所有行李和驮包都绑在我的单车上,让他裸车骑行。

过纳帕海后一直在修路,因下过雨,所以泥泞不堪。

上了十几千米长坡爬到最高点,然后开始下坡,车速增快,车轮甩起的泥浆很快糊满衣裤和车身,眼镜也不能幸免,完全成了泥人。

35千米后进入尼西乡,在路边藏人开的餐馆里点了一荤一素一瓶啤酒,共35元,不贵。可是味道不适应,浩浩吃了一点点,我硬是坚持吃完两碗饭。

饭后天晴了,烈日似火,浩浩的脸也“晴”了,终于露出了笑容。

站在四川境内眺望金沙江对岸的奔子栏

简单洗了脸和眼镜，脱下防雨外套，便开始下坡。27千米的长坡，是滇藏线上第一个HC级坡，坡陡弯急，路面粗糙，双手捏刹捏得发麻。不过风景让人感到震撼：山高谷深、峰回路转，山上没有树木，也没有人烟，光秃秃的，显得荒芜苍凉，但气势巍峨，宛如泼墨山水画。

下到谷底，沿着一条深沟七拐八弯，沟里红色的江水奔腾咆哮。过一小桥，往右是通向"巴拉格宗香格里拉大峡谷"。我们左转顺峡谷骑行1千米，老朋友金沙江蓦然出现在眼前，江面稍宽，江水浑浊，水流还算平缓。两边高山直插云霄，没有植被，荒凉而贫瘠。

顺金沙江骑行3千米到达伏龙桥，昨天前方骑友发来短信说，伏龙桥至奔子栏路段在修路，不好走，嘱咐不要过伏龙桥，继续在右岸沿江直行进入四川境内，直达奔子栏对岸。

我们按短信提醒没有过桥，直行往德荣方向进发。路况不错，江对岸机声隆隆、尘土飞扬，果然在修路。

14千米后看到对岸的奔子栏，挂在半山腰上，小得像个村落。后来才发现奔子栏并不算小，只是山太大，所以显得镇子很小。其实，奔子栏不仅不小，还非常有名，原因是此地为茶马古道上的一处关隘，另一个重大的原因是这里气候非常特别：年降雨量只有 374 毫米，是典型的干热河谷气候，而直线距离仅百千米之外的独龙江流域年降雨量则多达 4 600 毫米，短距离内极大的差异堪称世界之最。

金沙江东岸是四川地界，通往对岸有一座在建的悬索吊桥，还没通车，但可以走行人，让人惊喜。

桥头有一群徒步的学生模样的驴友在等车，装备、行李堆了一地，互打了招呼，便推着车上了铁桥。风很大，桥面随风摇晃，但不觉得危险。匆匆照了相，直奔奔子栏。

奔子栏很繁华，旅馆很多，想找攻略上说的三江酒店，正寻间，路边餐馆里有 3 个骑友向我打招呼，其中有一对年轻夫妻，贵阳来的，男的小蔡是个老师，他们刚到镇上，正在等餐；另一个是大学生，刚吃完饭，在整理行装，清理单车上的泥巴，准备连夜赶到下一站书松。

得知我们是父子俩，他们很感兴趣，要求与我们合影。

我放弃了继续找三江酒店，也在这里住了下来，标间 50 元，条件还行。果然如路书上所言，奔子栏的住宿性价比最高。可是吃饭很贵，而且从这里开始一直到拉萨，吃饭一直特贵。

今天行装最脏，所以清理起来也最繁琐：洗衣、洗车、洗雨罩，擦拭驮包，干完这些，用了 2 个小时，疲惫不堪。

晚餐还是一荤一素一瓶啤酒，盘子小得像小碟，收了 47 元，贵得离谱，让人有种哑巴吃黄连的郁闷。

7 月 28 日　晴

线路：奔子栏—东竹林寺—书松—白马雪山垭口—德钦

早上再次领略了奔子栏餐馆的“黑”：手指粗细的油条 2 元一根，碗像酒杯一样大小的豆浆 3 元一碗，22 元的早点，两人都没有吃饱。

前方传来消息，奔子栏到德钦的道路因翻修而封闭，不通车，汽车都要绕道四川境内走德荣再去德钦，但行人和单车可以通行。

8 点出发，计划骑到书松，再坐车翻越白马雪山。如果没有车，只能返回奔子栏，然后到德荣，走乡城—稻城—理塘—雅江—成都，放弃梅里雪山徒步。

为什么过白马雪山我非要坐车？这有几个原因，一是这是本次行程中第一座高山，海拔 4 200 米，我怕出现高原反应；二是传说白马雪山是滇藏线上最难翻的一个垭口，34 千米陡坡，海拔上升一千好几百米，到达德钦一般已是夜里。出于浩浩和我自己的安全考虑，只好放弃骑行。

一出奔子栏，公路就断了，一台挖掘机挡住出路，左边一条便道直通山顶。

打电话问前方的贵阳夫妻，接电话的是女方，结果双方对交流的信息理解错误，我们误进了左边这条乱石便道。又陡又颠，走了几千米，直到看到脚下的小房子竟是奔子栏时，才感觉不对劲。再打电话，这次接的是小蔡老师，证实还真的走错了，正确的路线，是在完全相反的方向。白白浪费了一个多小时时间和大量体力，让人哭笑不得。

返回岔路口，绕过封闭路段，就开始上坡，全是烂路，路基挖得面目全非。

东竹林寺

出镇口就见一座寺庙挂在金沙江西岸的山坡上，规模宏大、金碧辉煌，这就是竹林寺。

以为今天我们又是最后一拨出发的，结果出镇不久，就遇一广东仔独自骑行。30 左右的年龄，看装束像是户外老手，但体能不比我们强多少，和我们一道骑到书松。他带着全套露营装备，一路基本不住旅馆，昨晚就在山下竹林寺里搭的帐篷。

天热，坡陡，路烂，再次饱尝爬坡的痛苦，我们奋力地骑行，骑不动就推，推累了就停下歇一会，我的座驾——网购的“悍马”单车出现故障，转向发卡，有几次差点“抱死”，担心能不能坚持到行程结束。

爬了七八千米，爬到“金沙江大拐弯”观景平台，居高临下，放眼望去，蓝天白云下，群山巍巍、沟壑纵横，红色的金沙江像条彩带，弯弯曲曲飘荡在巨大的峡谷之中，极其壮观。

与广东仔互拍了照片，然后继续爬坡。直到午后 2 点才到书松，找到攻略上说的交通旅社，但已被工程队包了，没有床位。旅社工作人员说附近藏民家里可以借宿，可我怕不安全，而且我本就没打算在书松停留。

和广东仔一起吃了饭后，我便坐在门口拦车。不一会儿来了一辆回德钦的小面包车，司机是藏族，穿着红袍。他一边开车，一边不时掏出小瓶品一口小酒。他

金沙江大拐弯

很热情地答应带我们去德钦，车费250元，早上听说包车从奔子栏到德钦，绕道德荣，运费1 000元，所以250元我没有还价，再说我心情很焦急。

翻白马雪山果然很难，不仅陡，沿路还在修。司机开得很疯狂，而且是酒驾，这种酒驾不仅仅是“酒后驾车”，而且是现场版的酒驾——一边开车一边品酒，让我愕然而提心吊胆。

快到第一个垭口时，追上贵阳的小蔡夫妻俩，他们太强悍了，居然从奔子栏直接骑到德钦，而且已经接近白马雪山垭口。

第三个垭口海拔4 200米，第一次到达这么高的地方，有点紧张，感觉气短胸闷，可能是高原反应，而浩浩则流鼻血了。

第一次看到传说中的“雪山”，气势逼人、傲然耸立，很兴奋，叫司机停下，拍了几张照片。

快进德钦县城时，看到对面的飞来寺和飞来寺后面的梅里雪山，虽然云遮雾罩，看不到全景，但还是非常激动。

住进前天小驴和小刘住过的梅里酒店，条件一般，老板藏族。

德钦县城坐落在斜坡上，很小，街上除了驴友，就是藏民。第一次身处“异域”，自己反倒成了少数民族，有些局促不安。

宾馆门口有家“川菜馆”，晚餐有些贵，但分量还可以，食欲不好，没有吃完。

7 月 29 日　晴

线路：梅里酒店—飞来寺—西当（坐车）

西当—上雨崩—下雨崩—神瀑—雨崩客栈（徒步）

昨晚刚睡下，就有人来敲门，喊着罗叔，开门一看，竟是在丽江相遇过的湖南小唐，原来他已和小驴他们分开，换了新的搭档。

他说他们一行有 4 人，定好明天去梅里雪山徒步，问我去不去。我正为如何到梅里雪山徒步而一筹莫展，他这么一说，我十分惊喜，当即决定明天与他们结伴同行。

梅里雪山是此次云南之行最初确定的终点，而且梅里雪山徒步是我此次行程中最大的心愿，因为关于梅里雪山的神奇传说，让我非常向往。

梅里雪山是藏区 8 大神山之一，13 峰傲然耸立，主峰卡瓦格博海拔 6 700 余米。

传说卡瓦格博不喜欢日本人，因而从不对日本人露出真容。据说当年中日联合登山队攀登梅里主峰卡瓦格博的时候，周边自发聚集了成千上万的僧众和藏民日夜诵经，祈祷神山不被外来者玷污。

不知道是否巧合，那次登山的 17 人一个不留地被埋葬在了卡瓦格博峰下，成为世界登山史上的第二大登山事故。梅里雪山因此威名远扬，于是各国登山队慕名而来，先后组织了五次大规模的登山活动，却都无一成功。

中日联合登山队事故发生后，日本遇难者家属有意瞻仰梅里雪山的真容。他们每日在飞来寺后崖壁上守候，可是云遮雾罩，什么也看不见，一连几十天，天天如此，日本家属最终无功而返。刚走的第二天，梅里雪山云开日出、晴空万里，13 峰一览无余。

据说卡瓦格博是世界上唯一海拔在 7 000 米以下却未被人类征服的雪峰。中国登山协会在2004年的年会上，提出了关闭卡瓦格博的提案，准备保留这片人类尚未涉足的净地，并最终得到回应：政府明令禁止攀登卡瓦格博。

小唐他们就住在我们房间的正对门，真是太巧了。

他的3个新搭档分别来自不同的地方：老王，哈尔滨人，57岁，教师，一口地道的东北话让人感觉亲切又好笑。外表精干，衣着朴素而土气，其实很博学，对政治现状有独到的见解，观点很新颖，但也很固执。

张凡，沈阳人，44岁，户外发烧友，户外经历十分丰富。出门已半年多了，起点是海南岛，骑到大理的时候摔断了肋骨，停下休养了2个月。休养期间，爬遍了苍山大小33峰。

小陈，来自上海，大二学生。

都是独自从家里出来，近几天才陆续遇到。

大家约好早上6点30分出发。我和浩浩5点40分就起床，前台寄存了行李和自行车。出门一看，天还没亮，大家为了等几张大饼竟一直拖到7点多才走。包了一辆藏人的面包车，车费170元。

德钦海拔3 400米左右，出城是缓上坡，12千米后路过飞来寺。飞来寺原来很小，很不起眼，据说里面连固定的僧人也没有，可它就是那么出名，这和它有一个神秘的传说有关。

传说当年建造这座寺庙，选址在另外的地方，正准备破土动工之时，所有建筑材料一夜之间不翼而飞，人们最终在几千米外即现在的位置找到了“飞来”的材料，并且梁柱已按规格立在那里。人们认为这是神的旨意，于是“将错就错”将寺庙建在这里，并命名为“飞来寺”，寓意为飞来之寺。另外从形态来看，远观这座寺庙，也竟有飞来之势。

徒步路上

飞来寺后面建有不少宾馆和客栈，房费高得出奇。也难怪，这里是观景的最佳位置，那些能看到梅里雪山全景的房间，每晚房费在800元以上。

过飞来寺后是二三十千米急下坡，一直下到澜沧江边的景区入口，海拔下降到2 000米以下，耳内气压还来不及调节过来,像聋子一样。

停车买了门票,50 元一张,老王有教师证,似乎可以免票。车子过江不久,又开始上坡,简易的砂石路面又窄又破,弯弯曲曲挂在澜沧江西岸巨大的山坡上,让人有如履薄冰的惊恐。简易公路走到头,也就到了西当村。

西当村是梅里雪山徒步的起点,也是藏传佛教信徒们进山转经的必由之路。村里有一著名的温泉,也叫热水塘,据说是山神赐予的神汤,可以消病去灾,延年益寿。无奈我们既无信仰,也无时间和雅兴。

村里没地方吃早点,匆匆在小卖部添加了补给:我买了 37 元的饮料,其中红牛 8 元一罐,全是给浩浩准备的,然后开始徒步。

17 千米的登山路非常烂,石头、马粪、泥坑随处可见,但路外景色极好。一直在原始森林里穿行,海拔从澜沧江边的 2 000 多米,上升到南宗垭口的 3 700 米,很累,背了近千千米的登山杖这时派上了用场。

很多游客选择了骑马。前来转山朝拜的藏民比游客还多,有的是拖儿带老、全家出动,足见梅里雪山在藏民心中的地位。

云雾中的梅里雪山

我和老王体力稍差，一直缓慢地走在队伍的后面。到达上雨崩时已是下午2点。先期到达的小唐和小陈已定下了房间，幸亏还没有付我们的房费。木楼、木地板，房子顶上的瓦片也是木板，很简易。各自吃了早上出发时买的粑粑，然后讨论下午的行程：到底该去哪个景点——登山大本营、神湖、冰川、神瀑……反正都很远。

巍峨巨大的梅里雪山矗立在眼前，感觉触手可及，可是要走近却非常难、也非常远，传统的空间感在这里变得模糊和失灵。要去的几个景点之中，最近的神瀑也有6千米远的距离，最终，大家选择了去神瀑。

站在神瀑客栈二楼看云雾笼罩下的下雨崩和梅里雪山

去神瀑要经过下雨崩，我和老王索性退了上雨崩的房，打算住到下雨崩，而小唐和小陈已付了房费，不好意思退房，决定游览了神瀑后再返回住宿。

到达下雨崩时，已是下午4点多，住到神瀑客栈，放下部分行李，然后匆匆踏上去神瀑的小道。

路上不时碰到从神瀑返回的游客，他们给我的信息是，来回得走6小时，让我有些着急和犹豫：6小时后已是晚上10点多，原始森林里夜行，而且全是乱路，没带电筒，简直寸步难行。可是大家都去了，浩浩也执意要去，有年轻人一起，他很开心，所以不怕累，我没有阻拦，只是暗自着急。

我很累，走了一半还是决定放弃，将浩浩托付给张帆让他帮忙照顾一下后，便独自返回到神瀑客栈，坐在二楼木栏杆边的木头凳子上。

金色的夕阳注视着梅里雪山，梅里雪山注视着我，我焦急地注视着村口通往神瀑方向的小道入口，期盼着浩浩他们早点回来。8点多，当终于看到了他们的身影时，心里如释重负。

客栈条件太差，住满天南海北的驴友，低矮的木楼拥挤而吵闹，木板隔就的墙壁看似严实，却根本隔不住隔壁几个粗心的女大学生的悄悄话，让人想入非非。

受东北汉子的影响,大家吃了一天的大饼,晚饭决定吃顿正餐,6 人吃了 150 元,可想而知的贵,可还不够吃。跑堂的经理模样的小伙子原来是个驴友,河北人,旅行到这里,给客栈藏族老板打短工,赚到路费后继续旅行。

7 月 30 日　晴

线路:神瀑客栈—尼农—维西公路材料场(徒步)

维西公路材料场—梅里酒店(包车)

神瀑客栈里没有标间,整个客栈就一个简易公厕和一个男女通用的淋浴间,但没有热水。

昨夜我们父子俩本来包下了一个房间,为的就是想图个安静、睡个好觉,可是老王鬼使神差地要住进我们房间,晚上鼾声如雷,我和浩浩都无法入睡。浩浩睡不着,索性坐起来玩手机游戏,直到我发了脾气,他才很不情愿地蒙上被子。

我继续忍受着老王鼾声的折磨,直到夜里很晚,整个木楼再也没有除他的鼾声外的任何声音后,我终于坚持不住,下楼敲老板的房门准备换房,哪怕另外出钱,我也在所不惜。可是老板说都住满了,我非常沮丧,返回房间,辗转到天亮,这一夜十分痛苦!

早上起来精神极差,脾气也大。还好,大家没有去冰湖或圣湖的计划,直接徒步到尼农,然后出山。

神瀑客栈院内的合影

早晨的阳光很吝啬，梅里雪山依然被云雾裹得严严实实。前一拨驴友请了向导，先我们出发。老王和张帆两个东北佬是老户外，领着我们凭经验沿溪流向下游方向前进。

这条线看来是大伙计划好了的，非常不错，很安静。沿途都是原始森林，参天古树、巨石清溪，第一次领略了野外探险的刺激。

溪流越来越大，十几千米的距离，海拔下降 800 余米。巨大的落差让山涧好似悬河，或连续的瀑布，冲击着河床巨大的岩石，发出震耳欲聋的轰鸣，异常壮观。

路越走越险，稍有不慎，脚踢到的石子便落下万丈深渊。我一面小心地前行，一面不断嘱咐浩浩：小心、小心……

徒步路上

20 余千米的险路用了将近 6 个小时。走出原始森林后，终于到达澜沧江边，不能确定正确的线路，6 个人分别从 3 个方向找到了过江的铁桥。其中我直接从小道旁钻进荆棘林，走近道(实际没有路)，穿过藏民的庄稼地，翻墙跳进别人的院落，一个年轻的小伙子替我打开后门，指引我从玉米地里穿过，直插到江边，过简易钢架桥到对岸，比其他 4 人早一个小时。而老王更早到达，2 天的徒步证明他是个老驴，经验丰富、体能其实比谁都强。

等车的地点其实没有营运车，也不通车，是澜沧江边的一块平地。平地上方的陡坡上正在修建德钦到维西的公路——几乎是在悬崖峭壁上开凿路基。这块平地被用来做材料场和指挥部，施工队都是汉人。

既然没有营运车，我们只好请当地藏民的货车。

车子驶上在建的维西公路路基上，路基松散，烂石成堆，一边是悬崖峭壁，一边是临江深渊，沿途还在开凿路障和搭高架桥，根本不易走车。

驾驶室里包括司机，一共坐了 7 个人，闷热、拥挤，每个人干渴、疲劳到了极点。浩浩早就没水了，流起了鼻血，表情痛苦不堪。我除了忍受这些折磨外，还多了一份沉重的担心，因为我曾是职业司机，知道此时的危险，此时坐车的感觉好似在做梦，当然是噩梦，那种常常把人惊醒的噩梦。

徒步的浩浩

金沙江大峡谷和挂在山坡上的维西公路（在建）

晚餐大家推举我点菜，自虐了 2 天，一个个表情憔悴，不约而同地想奢侈一回。于是我一口气点了 7 个菜，张凡跑到外面超市买了一箱啤酒，3 元/瓶，是整个行程中喝到的最便宜的啤酒。大家吃得很满意，气氛热烈而轻松。一轮啤酒下肚，大家感叹：梅里雪山徒步，不虚此行！

晚上，我正式决定改变行程，挺进拉萨，原因一是浩浩喜欢人多，和年轻的大学生一起骑车，他快乐、积极，干劲十足；二是原计划的稻城—亚丁—成都线，景色虽好，但可能遇不上骑友；三是骑去拉萨更有意义。

浩浩非常赞同，我很欣慰，

即兴打油诗一首：

才卧金沙水，
又跨澜沧江。
踏破梅里雪，
直捣布达拉。

7月31日　阴转晴

线路：德钦—飞来寺—佛山—盐井

大家约好8点出发。8点前，我和浩浩就吃完早点，收拾好行装。其他人稍晚，张凡感冒加重了，留下休整，5个人先后出发，定好飞来寺集结。

几天高强度的徒步实在太累，一夜的休整显然无济于事，12千米缓上坡到飞来寺，已累得大汗淋漓，衣服先后脱得只剩单衣单裤。

金沙江岸边留影

最期待的飞来寺看梅里雪山又落空了，因为天阴，云雾将梅里雪山罩得严严实实，什么也看不见。看来，梅里雪山不喜欢我这个唯物主义者，或者错把我当日本鬼子了。草草照了几张相，又换上厚衣服，开始下坡。

29千米的长坡放得如行云流水，痛快淋漓。但浩浩飙车让我紧张万分。据说去年这个坡上摔死一个网名叫“嘟嘟”的女大学生骑友。可是我管不住，他也听不进，我跟在后面，速度一度超过60千米/小时，事后想起来就怕。

下到20千米处的岔路口，停下拍照，跟上来几拨骑友，有几个还是前几天在路上遇到过的。我们昨天徒步的几个除张凡外，又汇集到一起。

下到坡底澜沧江边，然后顺红色的澜沧江逆流而上。一直在峡谷里穿行，柏油路面上被落石砸出的小坑随处可见。

2个大学生体能很好，我跟本不适应他们的节奏，所以非常吃力。浩浩则一直能跟着他们，直到盐井，比我早到半个多小时。

老王骑的是公路车，跑平路很轻便，但爬坡比我还难。沿途荒无人烟，我们都没有安全感，所以我和他约定彼此都不要离开对方的视线范围，并且一起休息，互相拍照。

下午 4 点前后，进入西藏境内。这是第一次踏上西藏的土地，心情激动过后，是对未知的担忧。

第一次踏入西藏的大门，从此一发而不可收拾

中午在佛山镇吃了一碗瘦肉面，饭后准备启程时，浩浩意外摔倒在地，这给了我一个教育他注意安全的好题材：不动就能摔得这么惨，飞速下坡时，摔倒的严重性可想而知有多大？他不以为然。

盐井镇是进入西藏的第一个住宿点。进镇口有治安哨卡，路过的人和车都要停下登记，核实身份。

晚上住宿很简陋，没有标间，浴厕公用。晚饭两个大学生还是要我点菜，说我点的菜很合理，也很好吃。

饭桌上小唐和老王为关于中国高校招生标准的话题争得面红耳赤，正儿八经地吵起架来。

饭后总结今天的行程，感觉路况不错，上下起伏不大，都说今天很轻松。可是我骑得非常累，尤其最后的七八千米是上坡，加上下起雨来，我骑得筋疲力尽，最后一个到达终点。

明天要翻滇藏线上的第二座雪山——红拉雪山。我是无论如何都坚持不了的，浩浩想骑，但为了安全起见，我没有答应。老王出现高原反应，也准备放弃。

二、雪域天路

8月1日　雨转晴

线路：盐井—红拉雪山—芒康

客栈的房间其实是用木板隔就的“格子”。我住的“格子”与走廊共用一盏日光灯，一夜不断有人进出，因而不断开关灯，加上脚步声、关门声、外面雨水的淅沥声响个不停，不胜其扰，这一夜没有睡好。

大家天不亮就起床了，叫起旅馆老板，煮了面条，饭后陆陆续续出门，冒雨向红拉雪山进发。我们和老王找到镇中央客运站，上了去芒康的班车，车票40元/人，自行车免费。

出镇不久就开始上坡，汽车在云雾中穿行，像是飞机飞翔在天空。公路一边是万丈沟壑，一边是峭壁；远处山后有山、沟外有沟，千山万壑，蔚为壮观。开始时云在山上，随着道路的不断升高，云在山下。透过车窗俯瞰澜沧江，就像一条红色丝带飘荡在谷底……很美，如神话世界。

云雾中的澜沧江大峡谷

车载电视里播放着藏语 MTV，一个男歌手卖力地边唱边舞，反复播放着几首应该在藏区非常流行的歌曲。虽然我听不懂歌词，但特殊的环境下听到这样的曲调有一种特别的感受。此后在几次搭车过程中都听到过，听多了，感觉有点喜欢，并随车窗外的景色留在记忆深处。

经过的最高垭口海拔 4 447 米，身体没明显的感觉，只是有些犯困，应该是大脑缺氧所致。浩浩又流鼻血了，可能也是高原反应。

11 点 30 分到达芒康。

芒康是进入西藏境内的第一座县城，滇藏线和川藏线在这里汇合。

县城很小，像以后沿途的大多数县城一样，就一条主街，居民全是藏族。

据说这里民风强悍，如何强悍？初到西藏的我无从考证，也不敢“考证”，之前所有给我的信息（后来的旅行证明这些信息并不太准确）让我对藏民有一种畏惧。比如附近公路上总有成群小孩拦路，向路过的骑友强要钱物，甚至偶有抢劫，这也是我不敢骑盐井至芒康这段路的原因之一。所以一进入芒康县城，立刻就有一种不安全感，处处小心翼翼。

傍晚 6 点 30 分，小陈和小唐到了。

晚餐他们还是要我点菜，我只点了一个红鱼火锅，按斤论价，人均 23 元。与昨晚标准一样，非常合算，味道也很鲜美，是整个行程中吃得最为满意的晚餐之一。

用旅馆的洗衣机洗了几天积攒下来的脏衣服，解决了一个大问题。时间很充足，便计划明天的行程：继续坐车到邦达，因为接下来的行程路况不好，100 多千米都在大修，路面稀烂，很不安全，很多车友选择坐车。

今天老王出现高原反应了，他说还较严重，下山很久头脑还有些昏沉，所以也有明天坐车的打算。

8 月 2 日　阴转晴

线路：芒康—竹卡—脚巴山—东达山—左贡

早上起床上街一看，满大街全是驴友，有背包客，更多的是骑车的，有等早点的、有捆绑行李的，也有在和出租车谈包车，或向车顶绑自行车的。原来，川藏线上的骑友比从云南出发走 G214 线的多得多，每天经过这里的少说也有上百人。在云南境内碰到骑友彼此都很亲热，现在人多了，见怪不怪，擦肩而过，招呼有时也不打一个。

到客运站一问，没有座位，拒载，原来车票都是要前一天就买好。最后和老王一起，3 人合包了一辆回左贡的面包车，车费每人 100 元，自行车倒立着绑在车顶货架上。

司机是个藏族老头，白发苍苍、老态龙钟，看起来至少有 70 多岁，后来得知他其实 48 岁，比我长 3 岁，怎么老成这样？让人不可思议。老王告诉我，藏民所处环境恶劣，所以见老。

一出城就是乱路，一直到左贡 165 千米，全是弹石、泥泞、坑洼、急弯和陡坡。到处都在施工，路况非常糟糕，难怪今天坐车的人非常多。

当然坚持骑行的人还是大多数，一路上个个奋力攀爬，也一个个灰头灰脸，之前在攻略里看到有些路段就是推行也很困难，看来不假。

如美镇下的澜沧江

其间有 2 个山口——脚巴山和东达山，脚巴山海拔只有 3 908米，可是起点很低，很陡，还是砂石路，上山难度可想而知；东达山虽坡度平缓，可是海拔 5 008米，缺氧，很冷。修路的工人都穿着厚厚的大衣，骑友们也基本把能穿的衣服都套在了身上，包括雨衣雨裤，尽管还是晴天，头上缠满头巾或毛巾，像是逃避战乱的难民。

脚巴山的坡上，意外看到那个在虎跳峡遇到的东北佬，还是那件陈旧不堪的红色卫衣，还是那副夸张的张着嘴巴大口呼吸的面孔，一丝不苟地骑在别人前面。我探出头大声向他打招呼，他似乎没认出我。

本打算直接坐到邦达，然后在邦达休整两天。邦达海拔 4 000 多米，适应了的话，可以挑战以后的高山，而不必再坐车。尤其想骑 72 道拐，因为 72 道拐太有名了，很有挑战性，征服它的欲望胜过徒步梅里雪山。

司机是左贡的，到达左贡后就再不走了。我们出城到路口拦过路车，直到傍晚也没拦到，只好回城找旅馆。电话联系到广东的小驴和小刘，他们也刚到左贡，一起住到金城招待所。条件很差，标间 200 元，我当然住不起，普间 20 元/人，可是没有两人间,我只好包下一个房间,4个床铺,80元,父子俩住,不想被外人吵到。

房间里充满脚臭味,看得出被褥N天没换了。估计因为生意火爆,骑友住一晚就走,谁还会当回头客,所以老板也懒得收拾和清洗。我也顾不了许多,后到的骑友连20元的床位也没有,我们还有点幸运。

据说明天到邦达的110千米路况不错,大家都决定骑行,老王骑,浩浩也要骑,我也只好决定试试,实在不行,就地拦车。

左贡的海拔3800米左右,身体有些不适,头疼、乏力、发冷、困倦,不知是不是高原反应。看来进藏线上我是最辛苦的一个,这有几个原因:一是我体质本来就差;二是我所背的行李相对于我的体重应该是整个进藏线上最重的;三是我一路要照顾浩浩:洗衣、洗车、安排食宿、安全教育等;四是我的精神压力也最大:担心儿子的安全,还要承受他的不配合给我带来的苦恼。

晚上和小刘以及他的新搭档迈克、三哥等4个大学生一起吃饭,餐馆里就餐的都是骑友,天南海北地谈论着一路的经历,非常热闹。几个人饭量惊人,每人4碗饭,见我只吃了2碗,大家都不好意思。

饭间,进来2个藏民男女,都一身藏袍、长发扎着红绳,衣服和皮肤黑不溜秋。

明天的行程,浩浩决定同小刘他们一道,约好9点出发。我状态不好,骑得肯定比他们慢,打算先行一步,老王也一样,原因是怕晚了到邦达找不到住宿。事实证明他的担忧是对的,暑假里西藏境内沿途的住宿非常紧张。

8月3日　晴转小雨

线路:左贡—田妥镇—邦达兵站

昨晚肠胃还是不舒服,不过基本没影响睡眠。早上4点多,睡意正浓,老王就来敲窗。我怕吵醒了浩浩,轻手轻脚迅速起床,5点准时出发。

这里的时差与内地相差一个多小时,早上5点,相当于老家3点多。外面漆黑一片,伸手不见五指。我装了车灯,凭感觉找到G318线。万籁俱寂,路上没有汽车经过,如果是一个人骑行,绝对紧张。

身体还是不适,头疼、气短,可以肯定是在高反状态。

今天的线路果然很不错,出左贡县城后,沿那曲河逆流而行,河床平坦,道路起伏不大。路两边是草地、缓坡,偶尔能看见几只叫不出名的小动物,地貌介于草原和丘陵之间,天更蓝、云更白,少有人烟,除了流水潺潺,一切都很宁静。

没有大的上下坡,但海拔在缓缓上升。我感到极其艰难,大脑缺氧,昏昏欲睡，半梦半醒之间承受着巨大痛苦。很缓的小坡，就比登天还难，呼吸急促，两腿才蹬几圈就酸得难以忍受……高反状态下的骑行实在太累太累，进藏线上今天是最累的一天，累得我刻骨铭心，累得想放弃一切，累得只想躺下来睡到天昏地暗！

邦达兵站是个小地方，除了旅馆就是餐馆，而且大多旅馆也兼是餐馆。骑友太多，到下午5点前后，当大队人马涌入时，已经是一床难求，有的人不得不睡地铺。

邦达

幸亏我们今天起了个早，下午2点多便到了邦达，很顺利找到住宿。

老王今天状态不错，下午一直跑在我的前面，比我早到差不多半小时。我们一起住在“青年旅社”，双人间50元，条件简陋，门锁也没有。很小的公用厕所在二楼角落里，居高临下，排泄物直接下坠到底下的草原上，而冰冷的北风从下往上倒灌进来，让如厕的人沐浴在臭气当中，还偶尔打一个寒颤，如果不抓紧时间解决，上个厕所就足以感冒……

但总算有睡的地方，这就够了。

喝了2支葡萄糖，然后躺在铺板上立刻睡得人事不省。醒来的时候，已是下午4点多，惦记着浩浩，站在门口望着进口方向，冻得瑟瑟发抖。半小时后他终于随一群年轻人到达，状态比我好得多。

晚饭后他说想吐，像是感冒了，我很紧张，找到诊所一查，体温正常，医生说没有感冒，总算放心。

中午快过田妥镇时，在路边的山坡上，曾遇到一群放牛的小藏民，小的8岁，大的14岁，招呼我和老王喝酥油茶、吃藏粑。

酥油茶是用铝壶搁在几块石头上现煮的，藏粑则让我们自己动手边捏边吃，没有要钱。

他们非常淳朴，大概这就是真正的藏民，淳朴得让人感动。他们都没有手机，从没有上过网。问他们上学远不远，他们说学校很远，但今年年初“党中央送给我们学校一辆校车”，每天接送他们上学。

一壶酥油茶，一盆藏粑，一群淳朴得叫人感动的牧童

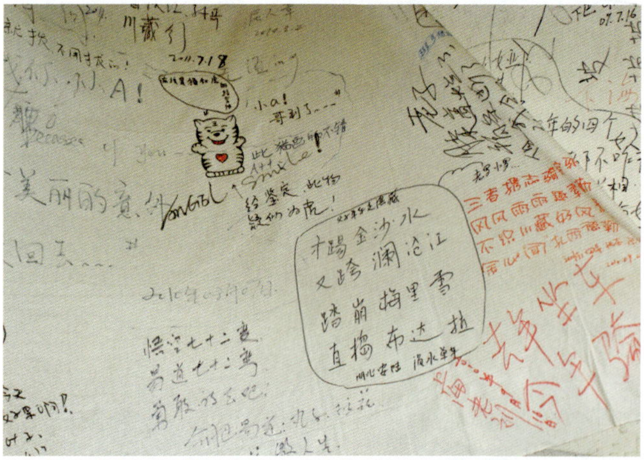

邦达青旅墙壁上的涂鸦

老王决定给他们每人照张像，回家后洗出照片再寄给这些孩子。

告别那群小孩，才走不到一千米，又遇到一个年轻的藏族小伙打招呼。他用不太标准的汉语问这问那，对我的相机很感兴趣，于是我帮他拍了几张照片，他问能不能寄给他，眼里充满期待，我说能，要来他的地址，并决定一定做到这点，为的是不能失信于藏族同胞，辜负了他们的淳朴。后来回到家里后将照片传给老王，他一起冲洗出来后寄给了这些孩子，了却了我的心愿。

“青年旅馆”其实是冒牌，打着“青旅”的招牌，不过“单车驿站”名副其实。墙壁、天花板、楼梯、厕所、椅子靠背、冰箱……凡是能写字的地方，全写满了历年来驴友的留言，内容五花八门，作者天南海北。正好我也带了记号笔，在窗帘上找了一块空挡，挥笔写下了前几天我的那首打油诗，落款：湖北安陆单车俱乐部罗氏父子走滇藏。

8 月 4 日　雨

线路：邦达—业拉山口—怒江 72 道拐—八宿—然乌

原本打算在邦达休整 2 天，以适应高原环境，然后骑行 72 道拐。但邦达的住宿条件太差，加上骑行 72 道拐有极大的风险，让我有些动摇。

半夜醒来就听到淅淅沥沥的雨声，一直持续到天亮后还在下，这更坚定了我坐车直接到然乌的想法。但怎么找车让我一筹莫展。

早上车友们陆陆续续“全副武装”冒雨出发了，也有搭车的。我犹豫半天后，找了一辆面包车，司机要价900元，说是可载7人7车，后来降到800元，他另找了3个大学生车友。3个年轻人叫我叔，可怜巴巴地和我商量，说他们是学生，没有钱，让我多出一些，我答应分摊一半车费，另外400元他们3人平摊。

沿途一直在下雨，72道拐被云雾笼罩，看不到全景，但已足以让我感到震撼，比我想象的更加壮观和凶险，只是不像传说的是灰石路。司机告诉我，今年才铺完柏油，看得出路面很好，飙车一定很爽——如果不要命的话。

72道拐落差很大，40千米盘山路，海拔下降1 800多米。山高、沟深、坡陡、弯急，180度的回头弯不计其数，72道拐因此得名。行驶在云雾之中，像是在《西游记》里的场景，让人晕眩和紧张。

降到谷底，眼前蓦然横着一条湍急的河流，这就是怒江。沿江边在悬崖下穿行，虽有些头痛，但壮观的景色让人兴奋不已。

忽发现路边一个女孩撑着伞、背着背包在徒步，居然是个女孩，独自一个人，在雨中，前后看不到人烟，真叫人佩服和担心。赶紧摇下车窗拍下照片，并竖起大拇指。

接近怒江大桥的时候，远远看见桥头有一辆警车停在那里，旁边聚集着一群人。司机告诉我，昨天下午有一辆货车从那里掉进江里，车上2人先后遇难，人车全被江水吞噬。现在可能还在勘察现场。

怒江天险

怒江72道拐，又有人在这里命丧黄泉。去年也是在这里，2个骑友快到谷底时，大意失控，直接冲下怒江，什么也没找到。司机说，今年4月，一辆旅游大巴冲下悬崖，27人遇难……

怒江大桥地势险要，风景怪异，是川藏线上著名的怒江天险。在金水河与怒江交汇点停下车，拍了几张照片。

下午1点到达八宿县城，司机停下让我们吃饭，找了几家餐馆，价格都非常昂贵，再次领略了西藏餐饮的“高处不胜寒”。我们和3个大学生一起搭伙，5人点了4个菜，一桶饭不够吃，又买了6个馒头，总共90元。大学生们还没吃饱，抱怨老板吝啬，饭不能管饱，而四川口音的老板抱怨我们太能吃。

下午4点到达然乌。这是一个美丽的小镇，然乌湖就在镇后面，湖光山色、云蒸霞蔚、烟波浩渺。

然乌湖与然乌镇

住宿也不理想，但比昨天好多了。双人间80元，有电视，但没电，形同摆设。一年后我再次来到此地时还是这样。

傍晚雨停了，偶尔露出夕阳，站在旅馆的天台上，对面不远处的雪峰在夕阳照耀下金光熠熠。小镇群山环抱，白云飘渺，似乎触手可及，原来这里海拔3 900米，所以云很低，雪峰、白云、夕阳、佛塔、小草原，又是一幅绝美的画卷。

8月5日　多云转晴

线路：然乌—米堆冰川之家—波密

昨夜睡得很好，早上起来，神清气爽，这是进入高原来的第一个好觉。8点前后，成群的骑友陆陆续续从然乌出发。

雨后的早晨，周围山腰和峡谷里云雾缭绕，湖面平静如镜，倒映着雪山、森林和白云，好一幅湖光山色的景象。如果不是湖水浑浊，足可与九寨沟比美。

早晨的然乌湖

帕隆藏布峡谷

天气凉爽，没有太阳，柏油路面平整而干净，很少有汽车行驶，走在上面，心旷神怡。

11 千米后，到了然乌湖的尽头，湖水漫过巨大的石头，在帕隆藏布大峡谷的谷底向下倾泻，以雷霆万钧之势一路奔涌咆哮。公路在咆哮声中沿江而下，两边是绵延不绝的森林和峭壁，峭壁之上是瀑布、雪山和白云，美丽的景色让我忘记了疲劳。

30 千米后到达米堆的岔路口。"中国最美冰川"的巨幅广告牌赫然立在路边，让人迫不及待：今天的目的地就是这里——米堆冰川。

来到售票亭，按路书上介绍的方法，我堆起笑脸，向女售票员一番好言相求，果然得到通融，父子俩只买了一张成人票，50 元。

通往景区的 7 千米上坡路很烂，路面满是乱石和水洼，骑到景区用了 1 个多小时。

米堆冰川、冰湖

入住"冰川之家"——低矮的木棚，屋内凌乱不堪，房间狭小，没有电灯，弥漫着怪味。浩浩立刻阴沉了脸，情绪异常低落。这里怎么可能有他期待的标间，只能将就。

"食堂"其实就是藏民

主人的客厅，也兼做卧室和厨房，墙壁上挂满了藏传佛教的装饰和器皿。屋中央一个大铁炉，用来烧水和做饭，兼取暖功能。两面墙边搁了一长溜铺板，上面被褥、垫子脏乱不堪，看样子从来都没清洗过。

点了2个菜，藏族小伙笨手笨脚，折腾了一个多小时，才弄好，盐放多了，饭也煮成了粥。直到这时，他才告诉我，他不是老板，也不会做饭，他只是替他姐姐看半天门，他姐姐才是老板，有事出门了，晚上才回。

屋里有一个二三岁的小女孩，身上脏兮兮的，非常好奇地打量着我这个外来者。我试着将她抱起，居然没有哭，依然好奇地与我对视，非常可爱。

肚子很饿，所以尽管这顿饭做得很不像饭，但还是吃得很香，用喝茶的小碗，一连吃了4碗饭，浩浩怕脏，但也吃了2碗。

饭后问清了去冰川的路线和时间，便开始徒步。

像在梅里雪山一样，米堆冰川看起来近在咫尺、伸手可及，可实际要走近时，才发现那么遥远。也难怪，米堆冰川主峰海拔6 385米，而我所处的位置只有3 000米，3 000多米的雪山立在眼前，那气势足以让人震撼。

米堆印象

走过独木桥，穿过小溪和森林，爬上一座泥石流堆积形成的小山，眼前出现一片冰湖，冰湖后面，是大片的乱石堆，宽达数千米。乱石下面是厚不见底的冰层，冰层不断融化，使上面的乱石堆出现无数个巨大的裂缝和漏斗，走在上面，提心吊胆，生怕脚下突然塌陷而被吸了进去。可是强烈的好奇心让我和很多大胆的游客继续向冰川爬行。

越来越近，也越来越累，累得我开始考虑抵达冰舌后返回的艰难，再看看前面已接近冰舌的游客小得像蚂蚁一样，就知道其实还有很远，况且已经喝完了带的饮料，很渴，考虑再三，决定放弃。

返回的时候，每走一二百米，就停下休息一下，非常疲劳。

浩浩一直闷闷不乐，这么漂亮的风景，他毫无兴趣。不知头脑里在想什么，除了丢石头打水漂外，对冰川雪峰看都懒得多看一眼，唉，不知其他的孩子是不是也这样。

回到“冰川之家”，心情一直随浩浩的情绪起伏而纠结。他对住宿耿耿于怀，我很生气，懒得搭理他，倒在床上便睐着了，甚至听到自己打鼾，可见疲惫的程度。

迷迷糊糊中，听到外面有人叽叽喳喳，浩浩急迫地进来告诉我，有几个大学生骑友包老板的车去波密，吵着要我一起走。我正犹豫，老王进来说，外面 4 个大学生，加上我们 3 个，正好 7 人，300 元路费，问我去不去。

我本计划好今晚住这里，明天骑行到波密，因为这段路风景特好，骑行强度不高，可是大家都要走，尤其浩浩闹情绪，我只好答应。于是立刻叫浩浩收拾行李，这一点他非常积极。

我们几乎是以“逃离”的节奏和心态，离开了“冰川之家”。

谁知才逃出了“狼窝”，又进了“虎口”。

到达波密县城时已是晚上 10 点，波密的住宿很紧张，也非常贵，浩浩问了数家宾馆，不是客满就是房费二三百元。看样子今天不住标间的话，浩浩是不会善罢甘休的，真叫我为难。

继续和老王一起满街去找，最后在一条小巷里找到了一家“波贸宾馆”，只剩一个标间，房价 200 元，瓦顶平房，应该是私人旧院落改造，是个家庭旅馆，规模远不配“宾馆”二字。不过房间设施还可以，终于用到久违的淋浴。服务态度也不错，老板一家是汉人，妻女兼服务员。

天下着雨，还没吃晚饭，浩浩同意吃干粮，于是出门买了方便面、饼干和蛋糕，20 元解决了两人的晚餐。带着没骑米堆到波密的遗憾进入梦乡。

米堆冰川留影

这个遗憾很深刻，因为米堆到波密一段，景色极其漂亮。路旁笔直耸立的大树，热带雨林一样的丛林，丛林后面是峭壁悬崖，峭壁后面是更高更美的雪山冰川，雪峰在夕阳余晖中金光闪闪。身处同一地点，有时能同时看到四季的景色。

从米堆到波密，海拔一直在缓缓下降，帕隆藏布的江水也一直在翻滚奔涌，怒吼声震耳欲聋，新铺不久的柏油公路随帕隆藏布一直在峡谷、冰川间穿行。

司机就是中午给我做饭的藏族小伙，微型面包车很破旧，7 辆单车中有 6 辆绑在车顶，让小面包车头重脚轻。7 个车友，加上 7 份沉重的行李，将车厢塞得满满的。我被挤在后排狭小的角落里动弹不得，痛苦不堪。尽管这样，我还是争分夺秒地透过车窗饱览稍纵即逝的美景。

像车内几个四川籍大学生谈论的那样，自从踏上进藏路那一刻起，就把生死置之度外。一路处处有危险，危险面前我无能为力，只能听天由命。

又是一段危险的旅程，又是一天侥幸的平安。

8 月 6 日　多云

线路：波贸宾馆—墨脱公路—波贸宾馆

昨晚在车上听大学生们说从拉萨回不了家。我立刻打电话，证实了出拉萨的火车票和机票都非常紧张，10 天以后的都已经卖完了。我心急如焚，最后联系了二哥的战友闵哥，他在拉萨开出租车，答应帮我弄车票。

连日的奔波劳累、高反的折磨、浩浩沿路闹别扭，以及渐浓的乡愁，第一次感到心累和伤感，决定今天就地休整。

旅馆老板 50 多岁，非常好。早上主动建议我们搬到普通双人间住，除了没有独立浴厕外，其他设施与标间差不了多少，而房费只有 60 元。我问可不可以用一下他的洗衣机，他很爽快地答应了，并介绍我可以到 24 千米远的一处不用花钱的景点看冰川。

内地援建的波密广场

我洗了一大堆衣服后，拉上浩浩一起骑车出发。

波密也是个小县城，不过是进藏以来遇到的最大的一个，也是最繁华的。周围雪山环抱、云雾缭绕。帕隆藏布在这里变得平坦开阔，形成大片湿地，岸边是笔直的大树，组成茂密的丛林，一直覆盖到山顶，山的背后，皑皑雪峰在云中时隐时现。

我们要去的景点，是在通往墨脱的路上。墨脱是 2011 年前全国唯一不通公路的县城，现在正在修路。一出城就是乱路，到处都在施工。

浩浩闷闷不乐，骑得很勉强，不到2千米，就说不想骑了，只好让他回旅馆。我独自一人背了相机和两袋饼干、一瓶水，沿墨脱公路上山。

因为不赶时间，又是裸车骑行，所以虽然是上山，又是在修的乱路，但并不觉得累。

盘山公路在原始森林里绕行，路旁的参天大树直刺云天，帕隆藏布江对岸的雪山如妖娆的美女给我无尽的诱惑，我不时回头张望和拍照。

越走越偏僻，没有村庄，只有几处筑路的工棚，也没有营运车辆路过，看来像是没有通车。偶尔驶过的摩托车和施工车辆上的乘员，向我投来好奇的目光。

正在施工的墨脱公路(自拍)

不知不觉已骑到了中午时分，还没看到老板所说的“洞子”，只看到森林后面的冰川。天变得阴沉，像是要下雨，我开始担心透支了体力会影响明天的骑行，所以决定返回。

一个多小时的下坡，才让我知道在不知不觉中骑了很远。

晚饭后，浩浩在玩手机，我一个人坐到波密广场边的花坛上，看夕阳下美丽的波密。忽遇到奔子栏一起同行到书松的那个广东佬，还是一个人，一脸的倦容。他的单车后轴坏了，决定丢掉单车，买个背包徒步。他想在广场睡帐篷，前方有骑友打电话来说城外有个帐篷基地，邀他过去露营，他犹豫不决，后来要了我的电话号码后还是走了，从此再也没见到过他。

8月7日　晴

线路：波密—古乡—通麦—牌龙—鲁朗

今天天气晴朗。早上一出城，便是一个上坡，上到坡顶，环顾四周，森林、湿地(帕隆藏布)、青山、白云、雪山、冰川……早上的波密宛如仙境，骑行其中，心旷神怡。

大约 20 千米后，路边林中一片开阔地上，果有一帐篷基地，吊脚楼、木栅栏、草地、吊床……有点异国情调。

帕隆藏布在这里忽然停止了她的愤怒，变得恬静而舒展，形成宽阔的湖泊和湿地

帐篷基地

刚走不远，就撵上了贵阳的小蔡夫妇，他们昨晚没在波密住宿，而是在这个帐篷基地露营，35 元，经济而又浪漫。打了招呼，交换了行程信息后，我便先走了。

30 千米后到达古乡，帕隆藏布在这里变得更加平缓，水面也更加宽阔，形成湖泊，水面上雾气氤氲，有点像亚马逊的沼泽。水边——有时是水中央，也树立着笔直的大树，还有不少藏民的经幡阵。随着海拔的下降，森林愈发茂密，一直延伸到山顶，直到与冰川相连。飞虫也多了起来，路边林中响起阵阵清脆的鸟鸣声，俨然一派热带雨林的景象。

帕隆藏布峡谷里的森林

通过 102 滑坡群

50 多千米后到达让人谈虎色变的 102 滑坡群。早上天还未亮，先行出发的老王就在前方发来短信，说这里昨夜又滑坡了，堵塞了道路。我到达时，武警部队正在清理，但已可以通车了，只是要绕行，骑自行车很费力。不过心里踏实，总算可以安全通过。

遇到一个武汉的中年骑行队伍，七八个人，互相鼓励后一起骑行。

中午 1 点左右到达通麦。武汉骑行队住进镇口的交通宾馆，看样子早定好了。我和浩浩也在交通宾馆停下，但已没有房间，只在宾馆的餐厅里狠吃了一顿：一大盘青椒肉丝、一大盘番茄炒蛋、两罐啤酒，共 59 元，超标，但餐馆很正规，分量多而且卫生。

时间还早，决定拦车直接到下一站——鲁朗。

骑到通麦镇上，没见到营运车辆。坐在“向大姐客栈”门口，遇到一个广东的独行老头，60 多岁，身材高大健朗，十分健谈，演讲似的对着一大群骑友食客讲述着他的骑行经历，引来阵阵喝彩。他的座驾是辆普通单车改装的，看来真的实力不凡。

等了一个多小时，终于拦到一辆去林芝的空货车，车费 100 元，司机四川人，人很和蔼。车厢里有一堆没有折叠的篷布，正好搁下两辆自行车，绑都不用绑，不用担心颠坏。

通麦大桥

一出通麦就是乱路，路况极糟，灰尘漫天。

前方的小蔡发来短信，说路况又差又危险，也想拦车。原来中午我们停下吃饭时，他们超过了我们。我们饭后等车的时候，他们已走出通麦 12 千米了。

几千米后，到达滇藏线上最危险的地段——牌龙天险。简易铁桥横跨易贡藏布，桥面铺着木板，仅能单向通行。桥头有武警把守，戒备森严，禁止拍照。过桥后，贴着崖壁蠕行，一边是绝壁悬崖、崖体松散，一边是临江高坡、犹如深渊，没有任何防护设施。

道路狭窄，忽上忽下，乱石、坑洼布满路面，名副其实的“颠脏”之路。

司机说崖上随时可能有落石和滑坡，路基随时可能塌方。随处可见曾经塌方或刚刚塌方不久，以及滑坡的现场，有的正在抢修。司机说今天天晴，安全多了。

牌龙天险果然名不虚传，选择坐车通过不知算不算是一个明智之举。

路虽险，但景色奇佳，这正应了那句话——“无限风光在险峰”。

帕隆藏布在通麦大桥与易贡藏布江汇合后，向左拐了个 90°的大弯，从此峡谷变得更深、更窄，森林更加茂密，连直立的悬崖上也长着笔直的大树，铺天盖地的密林，除了壮观，还让人有些压抑。其间一条雪白细小的瀑布从悬挂的密林中倾泻而下、直落谷底，司机停下来介绍说这是“一线天”景观。

经过牌龙村的时候，看到小蔡的“悍马”单车停在村民家门口，看来他们想就地住宿。我想叫司机停车捎他们一程，司机不愿意，我很遗憾，也很惭愧，因为他们是一直骑到这里的，让人佩服！

傍晚 6 点到达鲁朗。镇很小，镇外的景色很有特点：山上森林茂密、缓坡上绿草如茵，篱笆围起来的牧场上牛羊成群，格桑花、经幡阵、木藏寨点缀其间，好一派田园风光。

鲁朗牧场

旅游的车辆很多，看来鲁朗是一个热门旅游景点。旅店非常紧张，而且都很小。

我们住到一家餐馆里，25 元/人，条件很差，电压不稳，连公共浴厕也没有，没法洗澡。

房间其实就是用三夹板隔成的小格子，每个格子里 2 张很窄的铺板。隔壁车友的呼吸声听得一清二楚，他们是一对青年男女，听他们谈话，好像是路上偶遇而临时搭伴的大学生，原本并不认识、也不是一个地方的，这让我感到新奇和不解，并以一种“老封建”的固执和偏见对他们表示鄙视。这种露水搭档在以后的旅行中经常遇到，见得多了，也就见怪不怪了，也在不知不觉中改变了自己的心态。

我们的“房间”同样是 2 张铺板，白色的被褥很多天没洗，散布着异味。狭小的空间连放行李的地方也不够，只好放到床上。想到明天到了八一可以奢侈一下，以此说服浩浩，让他将就一下，怕他又闹情绪。

8 月 8 日　晴

线路：鲁朗—色季拉山口—林芝—八一

昨晚住宿条件是出门以来最差的一次，满身的汗臭和尘土，却不能洗澡，这一夜居然还是睡得挺好，这是因为昨天太疲劳的原因。

早点是青椒肉丝炒饭，吃得很香。饭后带了4个馒头和2个熟鸡蛋，当作中午的干粮，8点上路，满街的骑友，成群结队，一拨接一拨地上路。

一出门便是上坡，很缓，5千米后坡度突然加大，没有一点缓冲的地方，一直持续到山顶，20千米急坡，父子俩爬得大汗淋漓、如入地狱。快近山顶的时候，感到浑身酸软无力，昏昏欲睡，每踩一步，都要比平时付出10倍的努力，像又是高反了，停下喝了2支葡萄糖，似乎有些好转，但还是骑不动，只好推着车慢慢走完最后的几百米，终于到达色季拉山口，海拔4 728米。

这是第一次挑战4 500米以上的海拔，也是第一次进藏骑行唯一一个没有放弃的山口。

冲击色季拉山口

色季拉山口

事后很长一段时间里，我对骑行滇藏线一路搭车之事感到惭愧和遗憾。7年以后，当我骑完进出西藏全部8条公路，从当年的弱不禁风的菜鸟，变成自行车业余运动员的时候，这种惭愧已荡然无存。不仅仅是因为所有的遗憾都已经弥补，还因为每每回想起那次滇藏之行，就为自己当时内心的强大而自豪，也为当年以羸弱的身躯背负着沉重的行李和巨大的心理压力，努力地与高原抗衡而感到些许悲壮。

爬上垭口，浩浩也感到很有成就感。

观景台上拍了照片，吃了干粮，换上冲锋衣，便开始下山。37千米的下坡，风驰电掣。

过山口就是林芝境内，下

到一半，又见参天大树、原始森林，别有洞天。山下广阔的湿地，成群的牛羊，散落在尼洋曲河畔的藏寨鳞次栉比，藏民房屋已不再是平顶夯土墙，而是彩色的坡顶结构，气派而有现代感，显示出这里藏民的文明和富裕程度……

下午3点到达八一。进口遇到2个应城的骑友，也是学生，是真正的老乡，可是进市区后走散了。

八一是个比较大的城市。宽阔的马路、整洁的市容、现代感很强的建筑，藏味淡了许多，让人精神振奋。但接下来的找旅馆让我们沮丧。

这里的宾馆贵得吓人，问了几家，标间几百元，普间也100多元。打电话问了昨天直接从102滑坡群坐车到八一的老王，得知他住资阳招待所，双人间120元，没有热水洗澡，也不让用洗衣机，但房间非常宽敞明亮，于是我找过去还是住下了。

手搓了一大堆衣服，然后准备吃一顿丰盛的晚餐。

街口汉人餐馆里点了一盘平菇炒肉和一盘香菇鸡蛋，盘里几片肉，看不出是猪肉还是牛肉，不成整块，还嚼不烂，像是其他客人吃过的剩菜，让人有哑巴吃黄连的愤懑。

没有米饭供应，只好又点了2碗牛肉面，照样找不到几片肉；要了2瓶啤酒，怕浪费了，放开肚皮死撑，一共花了68元。

八一镇郊外

总抱怨老家的餐饮太贵，但与西藏的比起来，真是小巫见大巫。我跟浩浩开玩笑说，回家后让你妈妈买10斤肉，咱们吃上几天。

从这天开始，再也没碰到过老王，他把单车和行李寄存在资阳招待所，一个人搭车去了山南，然后徒步雅鲁藏布江大峡谷到了墨脱，回到波密，转了一圈后回到八一，让我很佩服。

后来他到达拉萨的时候，我已回家。我原计划在八一停留期间，坐车去雅鲁藏布江大峡谷看一看，但听说道路塌方，以及时间紧张——因为必须在20日之前到家，浩浩上高中要提前开学，于是放弃了大峡谷，这又是一个遗憾。

8月9日　晴转雨

昨天贵阳小蔡夫妇也到了八一，住在汽车站附近，今早坐车直接到拉萨去了，也是因为要赶回家筹备开学，所以提早结束骑行。

昨晚闵哥打来电话，车票还是没有着落，说是凌晨1点再去排队购买。我心里很着急，早上8点，闵哥又打来电话，告诉我终于买到拉萨到武汉的火车票，硬座，16日中午的，并且还给我们计划好了12日布达拉宫的门票，据说比火车票还紧张，"黄牛"手里弄的，2张票700元，后来知道原价100元/张，票贩子真是可恶。

一整天基本待在旅馆里，很无聊，也懒得出去玩，只想休息一下。计划明天坐车到松多，然后骑车翻越滇藏线上最后一个、也是最高的一个山口——米拉山口，海拔5 013米，以挑战和证明自己的能力，赶在11日到达拉萨。

八一比我想象中的大和繁华，与内地的城市基本一样。街上伸手要钱的小藏民少了许多，商铺门前的音响里播放的不再是千篇一律的藏歌，也有港台流行音乐。

步行街宽敞而热闹，做生意的大多都是汉人，商品琳琅满目、品种齐全、购销两旺，偶尔遇到一两个红衣喇嘛坐在街边化缘，才知道这是在藏区。

小驴他们一行6人今天也到了八一，之前打电话托浩浩给他们预订了青年旅社。傍晚浩浩骑车过去和他们一起晚餐，我不想去，一个人上餐馆吃了一大碗牛肉刀削面，味道不错。本打算喝点青稞白酒，服务员拿来的却是听装青稞酒，像是饮料，酒精度只有3度，连啤酒都不如，一共16元。

8月10日　晴

线路：八一—工布江达—墨竹工卡—拉萨

本计划今天坐车到松多，然后骑行翻越米拉山口，可是到车站才知道不卖到松多的车票，只能买到拉萨的全票。而且不支持半路下车，因为自行车上到车顶与其他乘客的行李绑在一起，要想单独卸下来很难。浩浩也没有再骑的兴致，犹豫再三，忍痛放弃原来的计划，坐车直接到拉萨。

骑车去拉萨

出八一沿尼洋曲河逆流而上，道路笔直而平缓，公路边杨柳成阴，尼洋曲河水清澈，泛着淡淡的碧绿，像绸缎一样舒缓地在宽阔的河床上弥散开来，两岸重峦叠嶂、云雾缭绕，偶尔一簇红叶，让人感觉到秋天临近的脚步。

踩着轮滑去拉萨

公路路面不错，却很窄，汽车多了起来，大多是越野车和旅游大巴，车速很快。

一辆越野车追了大巴的尾，停在原地等候警察，身后立刻塞了一长溜汽车。我们的司机兼售票员是个四川人，车开得很泼辣，几次出现险情，惊出我一身冷汗。在这样的道路上骑行，显然不安全——我只能以这种“酸葡萄”态度来安慰自己没能骑行的遗憾。

米拉山不是很陡，难度应该比前天翻越色季拉山还低，遗憾的是我却坐在车上。

进入墨竹工卡县城，忽然下起了冰雹，瞬间地上和车顶都变成了白色。车子没有停留，进入拉萨河谷后，天变晴了，碧空如洗，目光穿过辽阔的湿地和草原，能清楚地看到远处的雪山。

随着拉萨的临近，心情开始兴奋起来，据说大多车友过了米拉山口后，都是一口气骑到拉萨，170 千米的路一天完成。

车子顺拉萨河一路缓下，湿地越来越宽，草原越来越广，青稞、油菜、草场、蓝天和白云，当终于看到远处一座城堡时，大家不约而同惊呼“布达拉宫……”。

拉萨，我来了，来得有点意外，也有点匆忙，而这一切还仅仅是个开始。

下午6点进入拉萨市区，毕竟是自治区首府，果然有大都市的繁华和大气。

下了车有点分不出东南西北，幸亏提前打电话闵哥，他们夫妻俩骑摩托车到路口来接，并替我联系了住处。

拉萨有老乡接待，真的是件令人激动的事。他带我们住到一家旅游宾馆——凤凰钰宾馆，经理居然也是老乡。

正是旅游旺季，房间很紧张，经理把我们安排住到老乡家里，明天再住宾馆，浩浩很不情愿。后来据说赶走了一个客人，才腾出一个标间，终于让我们住了下来。

饭后，与闵哥聊了一个多小时，得知他们已在这里闯荡了十几年，生活很艰难，我很同情！

三、神秘拉萨

8月11日　晴

按计划，今天的头等大事是布达拉宫广场拍照。

像往常一样，很早就醒了，怕吵醒了浩浩，睁着眼躺到7点才起床。

洗漱完毕，催着浩浩起来，等来到楼下餐厅时，已经打烊，大厨认出我是经理的老乡，破例给我弄了早点：6个馒头、2个鸡蛋、已经变凉的稀饭。

早餐后背了背包和相机，沿北京路向布达拉宫方向骑行。遇邮局，取了钱，浩浩买了一叠明信片，分别给他的同学、群里的骑友寄了出去，一直忙到10点。

布达拉宫

布达拉宫很壮观，门前有一个广场，虽不像传说的“中国第二大广场”那么夸张，但也足以让人震撼。布局与天安门广场如出一辙：半平方米大小的花岗岩砖铺就的地面、几十根民族团结立柱、广场中央的纪念碑、国旗、隔离护栏等。

布达拉宫广场留影

参观后回到旅馆，吃了个早午饭，一荤一素一大瓶啤酒，共48元，有点贵。饭后决定休息一下，下午骑到火车站将单车和驮包寄回去。

短信问了贵阳的小蔡，得知他们下榻的宾馆附近有单车专卖店，代办打包托运的业务，很方便。于是顾不得午休，和浩浩骑了车，带了一个驮包和头盔，骑到北京东路找到那家车店，办了托运，的确方便，两辆车运费360元。

拉萨街景

北京东路很宽广，也很繁华。

罗布林卡

罗布林卡内的宗教建筑

太阳毒辣，背阴处却很冷，穿多少衣服总让人无所适从。一会儿冷一会儿热，最后打起了喷嚏，流起了清鼻涕，感觉不妙，可时间还早，便拦了一辆人力车，坐到罗布林卡大门，门票60元/张。

罗布林卡并不像想象的那样有高大的古建筑，只是因为达赖喇嘛曾在这里住过，所以很有名，让我很好奇并决定要到此一游。

参观了达赖的夏宫，里面房间无数却都很矮小，包括电影室，有各国政要赠送的录音机、沙发、灯饰、钟表等，可以想象，在20世纪50年代有这些设施该是多么奢华。

凤凰钰宾馆女经理是我的老乡，与我互相客套，让我退房时再结账，所以到现在我还不知道房费多少，看情形应该在200元左右。

午饭超标，晚餐没必要这么吃，浩浩提议吃泡面，回来的路上他买了2桶方便面、7元香蕉，另外包里还有剩余的干粮，这顿晚餐还是蛮“丰盛”的。

真的是感冒了，都说这里感冒是件很严重的事，有点担心，早早睡了。

8月12日　多云转晴

早上浩浩叫我不用管他，他想多睡一会。于是我一个人下楼吃了早点：1个鸡蛋、3个馒头、几样泡菜和很糟的稀饭，虽差，但吃得香。进藏以来，不知是体力消耗过大还是缺少营养，食欲总是很好，总想吃点什么，如果不是怕消化不良，我可以不停地吃。

今天的目标是大昭寺。背了相机一个人打车来到八角街。

这里出乎意料的繁华和热闹，应该是拉萨的精华地段。二三层藏式民房、石砖墙体、白色墙面、青石步道，拥挤的街道、琳琅满目的商店……大昭寺广场人潮涌动，中外游客、虔诚的信众，香火旺盛、烟雾缭绕。

大昭寺广场

大昭寺白墙金顶、庄严气派。

数以百计的信徒围着大昭寺不停地转经（徒步转圈），我怀着好奇也随人流沿顺时针方向走了一圈。

逛到中午，感冒似乎更严重了，不停地流鼻涕、耳鼓发痒，担心下一步就是发烧。

大昭寺印象

回到宾馆，午饭各吃了一盘青椒肉丝炒饭，15元/份，真贵，想节约都不行，早知如此，还不如吃炒菜，虽贵，但丰盛一些。

饭后没有午休，带着浩浩直接打车到了八角街，人没上午那么多，170元买了2张大昭寺门票。

大昭寺里面很拥挤，但很安静，数不清的各路神仙佛像、数不清的游客和信徒，光线昏暗、烟雾呛鼻。蹭听别人旅行团导游讲解各个佛像、壁画的来龙去脉，历史、传说和神话相结合，新奇而神秘，我记不住，也不感兴趣。所能记住的只有其中一个藏族导游的话"人们心中有佛、有教、有经文、有寺庙，比什么都没有要好"，寓意深刻、耐人寻味。

另一个让我记住的是，毛主席在这里也被当作佛，也有塑像，供人朝拜，让我很欣慰。

感冒很难受，在大昭寺的楼顶平台拍了照片后，走出大昭寺，街上买了感冒药，匆匆回到旅馆。

吃了药，睡了2个小时，直到6点30分，肚子有点饿，浩浩说他吃泡面算了，我只好一人找到北京路，上午等车时看到一家看起来很阔气的刀削面馆，以为门槛很高，实际很"大众"，点了一碗炸酱面，碗大得像河南的面碗，味道、口感非常美妙，又是一顿难忘的晚餐。饭后带了一张肉夹馍给浩浩。

8月13日　晴

早上感冒似乎好了些。浩浩受托去给小驴他们订房，顺便问问北京东路那边的标间，合适的话，我们也换旅馆。

给了他300元，他竟饿着肚子步行几小时到北京东路、布达拉宫等地来回找宾馆，问他为什么不打车，他说没零钱，让人哭笑不得。

直到11点多，他才用别人的手机打来电话，说那边标间120元，于是我赶紧退了这边的房，结账时才知道房费200元/晚。

等我打车赶到木如寺时，浩浩所说的120元标间已没有了，剩下的房间很脏，浩浩不想要。

已到中午，浩浩还没吃早点，走了几十里，肯定很辛苦，懒得再到处去找，决定就住到小蔡所住的青年旅社，标间180元，很窄，行李都没地方放，更别说晾衣服了。然后让浩浩自己下楼吃午饭。

这时我已很累，感冒加重，急待休息一下，可是下午要游布达拉宫，与票贩约好 1 点广场碰头，只好带病出发。

广场很热，参观的时间是 3 点 40 分，等的过程漫长而痛苦。

在布达拉宫院内等的过程中，忽听到久违的乡音：纯正的家乡话，很激动，追上去喊"安陆的"，对方 50 多岁，一行大概四五个，也很惊奇，相互握手。得知我们父子单车骑滇藏，很惊讶，说"原来是骑协的"，问我"认不认识徐安"，原来他是老徐的老领导，后来得知，他晚上给老徐打了电话，要了我的电话号码。

布达拉宫门前留影

布达拉宫规模宏大、气势雄伟，充满神秘感，里面的建筑和设施极尽奢华。有人说布达拉宫里最不值钱的是黄金，足见其文物的众多，而且件件价值连城。进入后禁止拍照。

里面结构复杂，迷宫一般，据说有房间 9 000 余间，开放的只是一小部分，但就是这一小部分，也让人转得疲惫不堪。

从布达拉宫下来，勉强坚持回到旅馆，吃了药，躺下就不想动弹，迷糊了半小时后，好了许多。

布达拉宫后出口

闵哥今天请了假，特意招待我们父子吃晚饭。下午 6 点我们打车到了罗布林卡北路，买了礼物，找到他的租住地。房间很小，就像贫民窟，感觉到他们在异乡打拼的艰难。

酒桌上有他的老板，还有五六个安陆老乡，都是开出租车的，其中有一个以前认识，他是闵哥的堂弟，来拉萨开车 3 年了，看起来身体不太好。

晚饭很丰盛，也很热闹，大家对我们的单车行既惊奇、又赞赏，甚至是崇拜。

推辞不了，也喝了不少白酒，这也许会加重感冒。直到晚上 9 点才回到旅馆。

这一天快乐而又痛苦。

布达拉宫观景平台俯瞰拉萨市区

8 月 14 日　晴

今天没有出游计划。

早餐后第一件事就是搬家，搬到相距几百米远的小巷深处的石桥宾馆，这里别有洞天，幽静舒适，很有情调。大堂其实就是天井改造，布置得很有艺术味道：书架、电脑、长桌、沙发、花草，是一个很不错的驴友客栈，套间 120 元，竟有 2 个独立的卧室，很合浩浩的口味。

石桥宾馆的大堂

今天又与小驴、小刘和迈克会合了，他们昨天到的，今天也搬来石桥宾馆，但很快就会分开：小驴的终点是尼泊尔，还有 1 000 多千米，真是牛人；小刘准备将单车寄回去，然后买个背包徒步，终点是兰州；迈克的骑行终点是珠峰大本营。而我们父子 16 日就要踏上回家的火车。

中午大家一起吃午饭，和每次一样，饭还没吃完，菜已吃光，于是“涮盘子”，很热闹，吃得也香。

下午浩浩随他们逛街去了，我一个人找到超市，买了 1 000 余元的回家礼物：牛肉干、茶、奶酪和一箱青稞酒。酒 500 多元，打电话给铁路托运上门取货，运费竟要 144 元，真贵。

在拉萨的几天，花费太高了，今天一天就取了 2 次款。

晚饭时，团队里又多了一个“三哥”，左贡时一起吃过一次饭的小个子，骑车是最强悍的一个。6 人五菜一汤，居然第一次有剩余。

8 月 15 日　多云转晴

线路：拉萨—羊八井—念青唐古拉山—当雄—纳木错湖—拉萨

感冒今天进展为咳嗽，一路很麻烦。

早上 5 点多就醒了，6 点吃了早点，6 点 30 分等来了旅游车——金杯 10 座面包车，到处接人，直到天亮才出发。

青藏公路与青藏铁路并行，坡度比 G318 线舒缓很多。沿途是广阔的草原，能见度极好，看得见几十千米远的汽车像蚂蚁一般蠕动。极目远望，冰川、雪山、蓝天、白云，心胸豁然开朗；草原上随处可见的羊群、牦牛群和牧民的帐篷，村落房屋千篇一律的平顶、石墙，一切似曾相识，却又那么新奇。

行程 200 多千米，直到中午 12 点才到达纳木错湖风景区，这里海拔 4 700 米，更为辽阔的草原、更蓝的天、更白更低的云、更加壮美的唐古拉山雪峰，像是在梦里，亦或是在天上。

骑着牦牛湖边留个影

纳木错湖和远处的念青唐古拉山

湖边

比天更蓝的是圣洁、神秘的纳木错湖。一直以为三亚的海水无与伦比，没想到纳木错湖水更蓝、更清。

凛冽的寒风迎面吹来，掀起大浪，拍打着沙滩和岩石……很冷，稀薄的空气，让人胸闷、气短。湖边坚持了半个小时，便回到车上。

2 点多开始返回，再次经过那根拉山口（海拔 5 190 米）时，有些犯困，下坡后头还在痛，眼胀，很不舒服，回到拉萨第一件事就是买了止咳药，回到旅馆一口气吃了两包。

本打算今晚接闵哥和他一起的老乡吃顿饭，以答谢他对我们来拉萨的关照。下午我还没进城，他就打来电话，说今晚有事回不了家，不用破费了。

8 月 16 日　雨转晴

天还没亮，就听见淅淅沥沥的雨声。8 点起床，收拾完行李，叫浩浩去找二楼的小刘和小驴，主要想让他们在我的单车旗子上签名，以作纪念。

直拖到 9 点，大家才一起出门吃早点。早餐他们请客，为我们父子送行，饭后，拍了合影，分手。

天还下着雨，我们又冒雨赶到小唐的住处，让他和小陈也签了字。这时已到 10 点，拦了半天的车，才拦到一辆的士，到火车站 30 元。

赶到火车站时，时间很紧张，来不及准备充足的干粮和水，匆匆让浩浩在站内超市买了一些，很贵。

12点5分准时出发，终于踏上了回家的路。归心似箭，满满的期待和激动，对35天未完成的滇藏线骑行，又有些遗憾和莫名的惆怅。

再见了拉萨。

再见了滇藏线。

再见了G318线，我会回来的，因为这一切仅仅是个开始！

临行前浩浩与小驴、迈克的合影

青藏线上火车窗外的风景

第二章　川藏南线

像雨像雾又像风

有人说，走进西藏有数不尽的理由，每一条都足以让任何一个心怀梦想的人怦然心动；也有人说，走进西藏根本不需要理由，仅仅这几个字本身，就足以让人魂牵梦萦。

而对于热爱旅行、喜欢探险和猎奇的我来说，骑行西藏就像是内心积淀已久的顽疾，盼望痊愈的愿望炙如烈火、灼人心肺。

没有太多的犹豫，也不需要太多的理由，只有奋不顾身的勇气和说走就走的坚定。

上一个暑假，我走过了滇藏线，37 天的艰苦旅程，成就了我有生以来最精彩的梦想。那一路地狱般的磨难、天堂般的风景、传奇般的经历，都深深铭刻在我记忆深处，让我常常怀念和感慨，也让我留下许多遗憾：没有徒步雅鲁藏布江大峡谷、没有骑完墨脱公路……而最大的遗憾，莫过于没有骑完滇藏线全程。

于是，从西藏回来的那天起我就想，这一生我一定还要骑一次川藏线。

这一天很快就来临。

时间：2012 年 7 月 6 日～8 月 14 日，历时 40 天。

行程：

川藏小北线：成都—都江堰—映秀—卧龙—四姑娘山—小金—丹巴—新都桥。

川藏南线：新都桥—雅江—理塘—巴塘—芒康—左贡—邦达—八宿—然乌—波密—林芝—拉萨。

徒步地点：青城山，四姑娘山，稻城亚丁，米堆冰川，珠峰大本营。

参加队友：

松品落落（以下简称落落），团队里唯一的女性，骑行风格就像她桀骜不驯的性格一样，倔强而执着，具有过人的毅力和耐力。

淡定人生（以下简称赵哥），团队里的摄影师，正如他的网名一样，淡定而从容，对旅途上的修行和风景有自己独到的理解和品位。

鹏程万里（以下简称老万），性格与他的体格一样彪悍，具有很好的爆发力，骑友们称他为“万老铁”，乐于帮助弱者。

凌宇：团队里最年轻的队员，有一种浪迹天涯、随遇而安的洒脱和与世无争的心态，不在乎风景的精彩与否，只在乎骑行的过程。

川藏线，G318线成都到拉萨段，是逶迤在横断山脉与西藏高原崇山峻岭之间的一条世界上地势最高、路况最为险峻的交通驿道——茶马古道。骑行G318线一度是骑行的最高境界和每个骑行爱好者的终生梦想，关于它的挑战性，借用川藏线上一家客栈墙壁上骑友的这样一段留言：

没骑过318，你不可能体会到它的艰苦；

没骑过318，你不可能想象到它的唯美；

没骑过318，你不可能猜得到它的风险；

没骑过318，你不可能感受到它的魅力；

……

当然，骑行G318线的真实感受和收获，是无法用短短几句话能够概括的。这次行程中我录下475段视频，其中有洪水和泥石流现场、天葬过程、珠穆朗玛峰的日出日落等许多难得一见的珍贵镜头。本文将以文字和照片的形式，尽可能详实地叙述本次骑行川藏线的经过。

一、川藏小北线

第 1 天　晴

早上起来，收拾好行装。像每次远行前一样，把保险单、银行卡密码、业务往来账目以及其他要交代的事以准遗言的方式一一向妻子交代完毕，然后到工地上办好交接手续，回到厂里时已是 10 点多，妻子已为我做好丰盛的送行午餐。

心事重重，一遍又一遍责问自己：我是不是走火入魔了？厂里青黄不接、工地上热火朝天，儿子高中每天需要送饭和陪护，妻子正在学驾照……万事缠身，而我却要撒手远行。

然后一遍又一遍默念那个冠冕堂皇的理由：人生难得有梦想，有梦想就要去实现，能实现为什么不去尝试？现在不去，将来可能永远实现不了。

没有胃口，匆匆吃了几口，妻子便领着两个孩子送我到火车站，其他 4 名队友和他们的家属，以及大批自发前来送行的骑友们早已聚集在车站广场上，让人感动又备受压力。

本来自认为二次进藏对我来说已是一件很平常的事，但骑友们的过分关心、家属们的谆谆嘱托，让我感到肩上沉甸甸的责任和对老婆孩子的深深愧疚，火车起动的那一刹那，望着车窗外亲人和骑友们挥动的手臂、期待的眼神，忽有一种生离死别的悲壮，那一刻，我鼻子发酸！

第 2 天　多云

中午 11 点到达成都火车站。站台上就地组装自行车。

前天刚买的“挑战者 700”出门前还来不及调试，此时才发现许多部件不相匹配。手忙脚乱间竟自己扎破了轮胎。

成都，17 年前曾经来过，除了依然不变的火锅飘香外，已找不到一丁点熟悉的印记。出了火车站便已分不出东南西北，没有设定的目标，临时决定向锦里、武侯祠方向进发。

找到武侯祠附近，已是近下午 3 点，又累又饿，问了几家宾馆，价格让人望而却步。最后住到一家名叫“三益旅店”的小宾馆，50 元/人，在这样的闹市区，这个价格真是让人意外，不算太差的条件当然无可挑剔。

洗去一身风尘，稍作休息，便找到小巷深处，每人一碗担担面，草草打发已饥肠辘辘的肠胃，大家一致决定，晚上吃一次成都的火锅。

成都火车站广场留影

成都既是一个现代化的大都市，又承载着悠久的历史和浓郁的巴蜀文化。成都的美食和慢节奏生活氛围让人向往和怀念，如果不赶时间，有充分的理由和必要停下来小住几天。无奈我们旅途漫长，时间有限，所以这天的行程有些紧促：逛武侯祠，游锦里一条街，品尝辣翻天的四川火锅……

第 3 天 阴转多云

线路：成都—都江堰—紫平铺大坝—都江堰古城

如果按原计划，今天应该还在成都逗留一天，但昨晚大家一致同意今天拉到都江堰。

地图上成都到都江堰的距离是 54 千米，而我们实际到达时已是 70 千米，接近中午 12 点。

常听到“拜水都江堰，问道青城山”的广告语，都江堰的景色的确不错。来之前想象中的都江堰应该是：岷江之畔，鳞次栉比的亭台楼阁，有火锅城、音乐茶座、酒吧，坐在半开放式的木栅栏里，一边把酒品茶，或吃着滚烫的火锅，一边听着音乐，欣赏脚下奔涌的江涛，那感觉何等惬意。

都江堰景区大门

南桥夜景

一进市区，果见有指向“啤酒长廊”的路牌，大家已一口气骑行了六七十千米，又累又饿，见到这几个字，立刻像打了鸡血，兴奋不已。

“啤酒长廊”如我想象的一样：亭台、木栅栏、红灯笼、咆哮的岷江江水……这一切都显得很有情调，只是这里的餐饮真的很贵，比如一瓶“勇闯天涯”就是12元，不过这里吃的是情调和品位，感受的是不一样的氛围。所以，虽然一顿饭人均花了55元，但谁也没有心疼。

我们就餐的店名叫“王大妈”，老板王大妈大概有60多岁，纹着眉，非常和善亲切，让人信赖和感到踏实，以至于晚上到了近10点，我们还是步行2里路返回到这里吃晚餐。

住在古城的家庭旅馆里，标间80元，条件不错，景区里能住上性价比如此高的旅社，让人有些意外和惊喜。

已是下午3点多，稍作休息，便按旅馆老板的建议，裸车骑行11千米山路，来到紫平铺水库。

雄伟的紫平铺大坝横卧在高山峡谷之间，平静如镜的水面，倒映着两岸巍峨的群山，一直向北延伸到云雾之中，看不到尽头。

都江堰岷江之夜

返程后，骑游了一番都江堰的古城，并欣赏了都江堰的夜景。夜晚的岷江之畔，霓虹闪烁、游客如云……又是一个纸醉金迷、醉生梦死之地。只是都江堰的古城远没有丽江古城繁华，不到晚上9点，许多门店就开始打烊，以至于想买件速干长裤都找不到地方。

很累，与队友们的作息时间有些合不来，我习惯早睡早起，而他们总挨到夜里十一二点才休息，真担心一路上会影响我的睡眠。

第 4 天 阴转雨

线路：上午：徒步青城山

下午：都江堰—紫平铺水库—映秀。

按昨晚商定的计划，今早应该 5 点就起床，赶在 5 点 30 分前进都江堰景区大门，可以不用买门票。可是昨天都很累，谁也没有上闹钟，清晨当我决定起床时，已是 5 点 45 分，去看古水利工程显然已来不及，只好放弃，直接坐车到青城山脚下。

青城山老君殿

青城山建福宫

到青城山的公交才 2.5 元/人，但一个面包车司机缠住我们不放，说坐他的车如何如何好，我虽有些犹豫，但还是经不住诱惑，上了他的“贼船”。

司机把我们拉到景区附近，“卖给”另一辆面包车，面包车载着我们绕过景区大门，沿一条蜿蜒曲折的林中小道驶向青城山的背后，然后交给一位忠厚老实的山民(向导)。

这时大家都有一种上当受骗的愤慨，纷纷与面包车司机理论，我劝大家：出来旅行，不用事事计较，怎么玩都是一种难得的经历，都值得回忆。况且这种逃票的感觉也不错，在遮天蔽日、荒无人烟的森林中穿行，在悬崖峭壁间手脚并用、倚藤攀爬的过程，比从正大门进来刺激得多，能得到正常情况下无法得到体验和收获。

青城山的确如传说中的一样山雄水秀、林幽空翠，峰峦、溪谷、宫观都掩映于遮天蔽日的林木之中。道观亭阁依山而建，取材自然，不假雕饰，与山林岩泉融为一体，相得益彰，体现出道家崇尚朴素自然的风格，行走其中，不禁生出虔诚和崇敬之心。

徒步完全程，已是中午12点，十几千米山路，走得两腿酸胀难当，几个人叫苦不迭，骑行映秀的计划有些压力。好在回程的公交上大家打了个小盹，饭后还是决定赶往映秀。

映秀镇5·12地震纪念园

往映秀的路况极好，沿着紫平铺水库西岸上行，一路风光无限。可惜车流量很大，不免胆战心惊。40多千米的山路大多是上坡，强度不言而喻。

紫平铺水库烟波浩瀚，群山环抱，乍一看似曾相识，忽然想起，这就是5.12地震时，天天在电视上看到过的，往映秀运送救灾物资和撤出受灾群众的唯一的水上通道。熟悉的大坝、熟悉的大桥，还有对岸裸露的岩壁，依稀看得见山体垮塌时留下的痕记。

下午6点到达映秀，下起小雨，很累，但有些激动。

站在地震公园祭坛前时，望着眼前的残垣断壁，大家不约而同感到心情沉重，肃穆而庄严的气氛感染着每个人。赵哥后来说他心里发麻，其实，我何尝不是，如果不是在众目睽睽之下，我会在祭坛前叩拜一下，以表达对千万亡灵的哀悼。

映秀镇坐落在渔子溪河岸边一大片平地上，周围群山环抱，山间云雾缭绕，风景绝美、空气纯净。新建的房屋像别墅群一样气派而别致。街上纤尘不染，人们的脸上无不展示着和善和安详，想象得出，这是大难不死后对生命的释然。

今天的住宿很不错，新客栈、新房间、新被褥，看得出映秀崭新的面貌来自于援建。

房东夫妇大约50岁左右，都很热情而随和，像映秀其他的镇民一样，眼里充满与世无争的安详。也许是地震的惨痛经历和震后世人的无私援助，使他们与其他地方的人们不一样，是以一种重获生命后感恩的心对待八方来客。

交谈得知，房东夫妇是个组合家庭，双方的原配都在那次灾难中离世。

第 5 天 阵雨、多云

线路:映秀—耿达乡—卧龙镇

昨晚下了一夜的雨。房间里很安静,使凌宇的鼾声显得格外响亮,加上昨晚喝了一杯白酒,后半夜基本没睡。早上起来,状态很差。

夜里偶有警报声从附近划过,早上老板告诉我,肯定是前面什么地方又塌方或泥石流了。

早餐后向卧龙进发。

出映秀不久,拐上 S303 线,这是一条很破很旧的路,两侧山体巍峨却很松散,地质条件极差,在 5.12 地震时,是被毁最为严重的公路。

正值雨季,河水夹着泥沙和山石滚滚而下,一路汹涌澎湃,咆哮声震耳欲聋。公路沿着河水逆流而上。路上车辆极少,偶有反向行驶的汽车或摩托车,从他们口中得知,前方道路的确塌方了,根本过不去,这是我非常担忧的,因为通向小金和丹巴的路只此一条,如果非得要绕,那得多走五六百千米。

不甘心,怀着侥幸和忐忑继续前进。10 多千米后,遇到第一个渍水处,试探再三,然后率先推车通过。3 千米后,遇到第二个塌方点,刚才擦身而过的几辆越野车都被堵在那里,无法通行。湍急的洪水冲垮了一大段路基,好在有工程车正在抢修。

正在抢修的水毁路段

大家的心情随不断变坏的路况以及随处可见的泥石流现场而紧张和焦虑。

半小时后，道路抢通，正庆幸以为这是最后一处塌方点时，又有反向的摩托车告诉我，前面的路被水完全淹没，根本过不了，劝我们返回。

抱着不见黄河不死心的侥幸继续向前。穿过一条长长的隧道，里面伸手不见五指，路面坑坑洼洼，头顶不断有滴水。出口处果见前面的路彻底断了，断口两端停了近 10 台汽车和摩托，仿佛要吞噬一切的洪水淹没了路基，拍打着岩石，人们一脸的无奈和焦急。

我更是心急如焚，此时已到中午 12 点多，不知有没有人来抢修、需要多久，如果再晚几个小时还不能通过，在天黑前返回映秀也非常困难。

不久两端的汽车陆续掉头而去，只剩下我们眼巴巴看着洪水发呆、不知所措，看来是没有人来抢修了，天下起小雨，气温猝降，套上抓绒衣和雨衣，仍瑟瑟发抖，又冷又饿。

考虑再三，我决定请一辆也被堵在这里的摩托车，载我返回到 3 千米远的道班，打算不惜花重金请一辆工程车送我们过去。当我来到道班时，发现刚才返回的一辆丰田越野车也停在那里，车主与我的目的一样，是来求救的，并且告诉我，他已请好了工程车。

一小时不到，巨大的铲车隆隆开过来，断口对面卧龙管辖区的大型挖掘机也同时到达，两端开始抢修。

铲车铲起泥土填进路基，但立刻就被水冲走，才铲了两斗，便放弃了徒劳的操作，转而去将越野车上的一群男女（应该是熟人），接上驾驶室，小心翼翼地送到了对岸，然后返回就要开走，看来是没有再修路的打算。

巨大的工程车将我们送过水毁路段

我立刻把它拦住，爬上驾驶室，近乎哀求地请他们也把我们送过去。年长者爽快地答应，并只收我 100 元。于是进藏路上第一次惊险而刺激的经历就这样开始了：5 辆单车和驮包胡乱地堆放在铲斗里，5 人从两边爬上驾驶室，死死抓住两边的栏杆，铲车颤巍巍地开上被洪水吞噬的路基，如履薄冰地驶向对岸，谢天谢地，终于有惊无险，如释重负。

接下来的行程依然是连绵不断的上坡，不时遇到泥石流和塌方的现场，到达卧龙镇时，已是傍晚 6 点 30 分。

住到“卧龙生态山珍部落”宾馆。这是卧龙镇唯一的宾馆，藏式风格建筑，外看像是一座堡垒，里面设施很有档次和特色，是出门以来住得最好的一次。

老板“永哥”非常豪爽，对我们驴友有特别的好感。他说他是 5.12 地震的幸存者，妻子在地震中遇难，留下一个女儿。他说现在对什么都看得很淡，唯有情谊重于泰山……非常能侃，并且很有感染力。

永哥和他的宾馆

他的女儿 20 岁左右，是大堂经理，她告诉我们，昨晚下雨，进出卧龙的路都断了，前面 1.5 千米处有人被落石砸中，无法送出去抢救，要等到天亮道路才抢通。还说在 9 月底之前不易走这条路，因为雨水很多，泥石流、塌方、落石很频繁，叫我们如果明天继续下雨就不要走了，以防不测。

看来，小北线远比我预想的要危险。

卧龙镇不大，全是新建不久的藏式风格楼房，而我们下榻的卧龙山珍部落则是其中最高大的一栋。

晚饭大家有意奢侈一下，饭间永哥送我们很多啤酒，并与我们对饮，喝到酣处唱起歌来，大家你来我往，气氛热烈，惹得邻桌一群老外好奇地张望。

这一天路程不长，却身心俱疲。特别的经历让人终生难忘：塌方、泥石流、洪水，一路不下 10 处的灾害现场，还有豪爽、仗义的永哥。

第 6 天　多云转中雨

线路：卧龙镇—邓生—巴郎山垭口（海拔 4 481 米）—日隆镇（四姑娘山）

今天是有生以来最累的一天，也是此次川藏之行中最累的一天。

这一天连续上坡 74 千米，从海拔 1 800 多米的卧龙镇，到 4 481 米的巴朗山垭口，爬升 2 600 多米的垂直高度，这违背初到高原需要缓慢上升、循序渐进的常规。剧烈而突然的气候和海拔变化，对还来不及适应的每个人来说，无疑是一个巨大的挑战，甚至是一种折磨。总共 100 千米的路程，从早上 8 点一直骑到次日凌晨才到四姑娘山日隆镇。

严重的高原反应、没有补给、没有尽头的盘山路、饥渴、寒冷、夜间风雨交加、伸手不见五指、极度疲劳……川藏线上几乎所有的磨难都集中在这一天降临。

有人说想哭。

停下休息时，胆大而乖巧的野生动物爬上肩膀

有人骑在车上睡着了，差点掉下路基……这是后话。

早上出发前，永哥送出门同我们合影，并赠给每人一听饮料。昨晚的酒水也是他免费送的，饭菜极好，也算得很便宜。8 点钟上路。

卧龙到邓生的路况很好，40 千米全是缓上坡，强度不算太大，只是沿途落石和滑坡很频繁，雨季通行的确很危险。

到达邓生时，已近中午 12 点，按原计划——也是路书上建议的今天应该在邓生住宿，明天翻巴郎山。但前面的人没听见我呼叫，一直骑了过去。

巴朗山半山腰

邓生很小，我仔细寻找了一遍，好似没有旅店，既然他们已经走过去了，看来体力都还可以，不如放弃在此住宿的计划，继续前进。

这是一个错误而无奈的决定，接下来为此付出了沉重的代价。如果事先知道接下来是那么痛苦，我怎么也要在邓生借到住宿。

巴郎山，是小北线上第一座要翻越的大山，从海拔 2 700 米的邓生，到 4 481 米的巴朗山垭口，共 34 千米的盘山公路。从夏日到初冬，从森林到草甸，穿越了几个季节、几种风景，也让我们的感觉从享受转为备受煎熬。

爬巴朗山的痛苦过程

骑到半山腰，5 人之中就有 3 人先后出现高原反应，我也不例外：昏昏欲睡、眼冒金星，太阳穴怦怦直跳。本来我在最前面领骑，停下休息时赵哥告诉我说，我嘴唇乌了，于是我立刻放慢速度，并且增加休息的频率，开始是 3 千米歇一次，后来是 2 千米，最后是走 1 千米就骑不动了。

出门前，最担心的是最年长的赵哥和唯一的女队员落落，预计他俩可能会拖后腿，但今天恰恰他俩高反最轻，所以状态相对较好。而最看好的老万和年轻的凌宇，高原反应最为严重。

距山口的最后几千米，每个人都已极度疲劳，饥饿、寒冷，还有对前面道路的茫然。进入云层，开始下起小雨，气温下降，穿上抓绒衣和冲锋衣，每个人都接近崩溃，喝红牛、饮葡萄糖、嚼参片，但都无济于事，看不到尽头的盘山路通向云雾里，让人意识模糊、情绪失控。

此时头脑最为清醒的赵哥成了团队的精神支柱，他不断鼓励大家，叫起躺在地上不想动弹的凌宇，带领大家一点点向前挪动。走一会儿就停下歇一次，后来根本骑不动，再说天黑后，云雾更加浓密，能见度很低，还有悬崖和隧道，骑行很危险，最后的 4 千米只能推行，时速 3.5 千米/小时上下，慢慢接近山顶，直到夜里 10 点多才到达垭口，此时下起雨来，很冷。看到垭口标牌的那一刹那，激动的心情无以言表，凌宇说“我想哭”，其实我又何尝不是。

在垭口上打着手电匆匆拍了合影后开始下山。

深夜雨中的巴朗山垭口

风雨交加、弯多坡急，加上因高原反应而意识不清的精神状态，使下山更是危险重重、险象环生。其间亲眼看到凌宇骑到了路肩的悬崖边上，我紧急提醒，他才返回正道，后来他告诉我说那一刻他睡着了。

我们重新调整队形，赵哥领头，我押后。雾中看不清路面，我提醒大家将灯光照射到公路中间的黄线上，以此为参照物，避免不小心骑到路边发生危险。

25 千米的下坡，一直下到日隆镇街头，雨更大了。我正担心这么晚了能否找得到住的地方，一辆桑塔纳撵上来停在我身边，司机问我要不要住宿，我说要。于是他带着我们拐进一个漂亮的村落——长坪村，住到他的家庭旅馆里，条件还不差，有吃的，还能洗澡。

进到旅馆时，我一时浑身冰凉，双手发抖，赶紧叫老板烧了一壶姜汤，一口气喝了几碗，终于有了一丝热意，感到重回人间。但面对一桌酒菜毫无食欲，有点想呕，我知道我已冻病了，真担心今天这样玩命的体力透支会留下什么后遗症。

上楼洗澡后，倒头便睡。

第 7 天　小雨转阴

线路：四姑娘山景区（徒步）

昨夜又是一夜的小雨，到早上也没有停下。周围山上覆盖着云层，显然看不到四姑娘山。

老板告诉我，按常规，下午应该会有太阳。但愿如此，翘首以盼，来到四姑娘山下如果不去看四姑娘山，那实在是很遗憾。

昨夜直到凌晨 2 点才上床，虽然极度疲劳，可怎么也睡不着，辗转反侧，直到天亮，听了半夜凌宇的鼾声和窗外淅淅沥沥的雨声，怀疑是不是红牛喝多了。天亮后得知赵哥和落落也是如此，赵哥说是疲劳过度的原因，后来的旅行经验告诉我，这其实是一种高原反应。

长坪村

住宿点 3 500 米的海拔，不算很高，但仍然处于高反当中，头昏气短，加上昨日过度的体力透支，状态极差，嘴唇发乌、两腿酸痛。

云雾中的四姑娘山

长坪村是进出四姑娘山的门户，街道两边全是精美雅致的藏式木楼，门面装饰得流光溢彩，村委会办公区气派豪华，休闲广场设施齐全，看来是旅游业给这里带来了繁荣。几乎家家经营着旅馆和餐饮业。

我们所住的旅馆兼餐馆，主人是一个朴实的老头，和他的儿媳俩既当服务员又当厨师。不敢恭维的厨技，和几顿从来都没有煮熟的米饭，只能让人不挨饿而已——而且是在我对卫生标准降至底线的前提下。

中午雨停了。匆匆吃了午餐，便赶往景区。门票 90 元，坐景区专车，蜿蜒到喇嘛寺附近，然后租了雨靴，沿栈道向四姑娘山进发。

山谷中古林木遮天蔽日，流水潺潺，一派世外桃源的景象。如担心的一样，让人魂牵梦萦的四姑娘山躲在云中始终不肯露面，等了几个小时，只看到云缝中或隐或现的冰川，总算可以安慰自己：我到过四姑娘山。

这一天虽没有骑行，但高反之中的我非常疲劳和憔悴。

第 8 天　多云

线路：日隆镇—小金县—丹巴县

自入川以来，一直雨多晴少，担心今天又是个雨天。早上起来出门一看，山间白云飘渺，偶尔露出一片蓝天，好一个清新亮丽的早晨！心情也随之振奋。

早餐是一个鸡蛋，加上管饱的稀饭和半生不熟的馒头。饭后又加了 10 元钱，让老万带了一袋馒头，留作路上的午餐。

沃日土司官寨

一出日隆镇，便是没完没了的下坡。如果说前天的巴朗山是地狱之旅，那么今天长下坡就是天堂之行。

日隆到丹巴县城 121 千米的路程，90% 是下坡，柏油路面，路况较好，一直在峡谷里沿河道顺流而下。两边山峰林立，白云萦绕其间，高原的天空湛蓝如海，路边连绵的果园、山腰别致的藏寨、山下小桥流水人家……一路风景无限，让人心旷神怡。

50 千米到达小金县城。小金坐落在两河分流点的河谷中，房屋依山而建，错落有致，远处的夹金山若隐若现、美丽如画。红军会师广场上矗立的纪念碑，和碑后山崖上一面巨大的党旗雕塑，在阳光下格外醒目。

过小金不远，到达宅垄乡，这里昨晚刚遭到泥石流袭击，我们路过时，人们正在抢险自救。路两边联排的房屋，家家的后墙被冲垮，泥石流从冲开的后墙穿进来堆满房屋，然后涌上街道和公路，流到街对面的店中，屋中的家具、柜台和商品，以及门外停放的车辆，都无一例外损毁严重。人们默默地清理着屋中堆积如山的泥土，只有天真的不知忧愁的小孩还在路边嬉戏，向路过的我们打着招呼。

小金县红军会师广场

丹巴县城

下午3点到达丹巴，又是一座袖珍且很美丽的山城，传说中的美人谷相距不远。

今天是老万的生日，安顿好住宿后，找到县城中央一家川菜馆，为他庆祝了一番，人均66元，他要请客，我没同意，说好回家后吃他亲手做的红烧肉。

饭后到城中闲逛，遇到2个“乞讨”的年轻驴友，装束很专业：背包、登山杖、登山鞋、帽等，蹲在路边，面前摆放一张纸，上写“……无钱吃饭……无钱回家”。我不假思索，掏出50元就给了他们。老万提醒我说那是骗钱的，我说也许吧，可能他们比我有钱，但他们有勇气乞讨，就值得我佩服和尊重。

回到旅馆，妻子如每天一样按时打来电话，小儿子在电话中哭着要爸爸，声声勾起我的思念……

第9天　雨

线路：丹巴—东谷乡—八美镇

今天一直在下雨，于是在雨中骑行了一天。

早上磨蹭到7点多，分别找到路书中所说的包子铺吃了早点，添了雨具、干粮和饮品。

攻略介绍有70千米的上坡，所以赵哥决定今天坐车。

早餐后便下起雨来，而且一发而不可收拾，老万也要搭车，出乎我的意料。我惦记今天行程中的美景，当然不甘心坐在车上走马观花，担心剩下的落落和凌宇也会放弃骑行，哈哈，还好，他俩的决心不比我小。于是卸下大部分行李，交给赵哥随车捎带，只留下必要的补给和防寒衣、雨具，3人冒雨出发。

一出丹巴便是上坡，柏油路面，偶有乱路。因在下雨，不时可见落石和塌方现场。

落落超越大货车时出现一次险情，让我从此对她多了一份担忧。

一路风景绝美，尤其20千米后进入东谷乡——号称天然盆景。据说原中共中央总书记胡耀邦视察丹巴途经此地时，见风光不凡，赞叹称其为“天然盆景”，天然盆景从此名冠天下。

牦牛谷

云雨中若隐若现的雅拉雪山

公路一直在牦牛谷中蜿蜒上升，逆向的牦牛河宛如悬河，波涛汹涌、浪花飞溅，谷底开阔处蒸气氤氲。两岸植被茂密、品种繁多，林海遮天蔽日、郁郁葱葱；一路沟壑纵横、飞瀑雷鸣；悬崖峭壁直插云端，雨天的云雾在山间飘荡，更显得层次分明，犹如国画；山腰堡垒般的藏寨别具一格……神奇的景色犹如人间仙境，令人目不暇接。

遗憾的是，雨中的雅拉雪山看不到全貌，不过云雾中的雪山也有别样风景。

与天堂般的美景形成鲜明对比的，是今天喷血的骑行强度，60千米的缓上坡，加10千米的急上坡，海拔从丹巴县城1 800米，到海拔3 900米的垭口，7小时上升2 100米。像在巴郎山的情形一样，接近垭口的最后几千米极度劳累，昏昏欲睡，两腿灌铅了一样沉重，但我不敢懈怠，硬是咬着牙推到了山顶。无暇留恋电脑桌面般的草场美景，喝完最后一口营养快线，然后站在雨中等其他两个队友。

山顶气温很低，寒风刺骨，坚持不住，躲到一堵石墙后面，还是瑟瑟发抖。半小时后凌宇和落落到达，原来凌宇干粮不够吃，饥渴难当，实在坚持不住，拦车求助，一连拦了几辆车，到第五辆时，终于讨到半包饼干。

草草照了几张照片，便开始下山、飙车。

下山的路有些破，很快黄泥就溅满了车身和衣裤。

经过一个村寨时，小巷里忽地窜出一条大黄狗，对我紧追不舍，我虽跑得很快，但总也摆脱不了，它的嘴始终离我的右脚就那么一尺左右的距离，所以我高抬着右腿不敢踩踏，于是速度开始慢下来。看来，传说中的藏狗咬人事件今天要发生在我的身上了。情急之中，我拐向公路左侧，迎面驶来一辆空货车，到我身边停下，我也停了，狗也停了，司机探出头对我大笑。

进藏路上，这是第一次被狗追咬。

到达八美时，先期坐车到达的赵哥和老万，已站在街头迎接，并且已定好了房间、烧好了姜汤。更令人感动的是他们早已买了五花肉和香菇，借用房东的厨具，亲自动手烧了一大盆红烧肉。老哥俩真是细心啊，料定我们今天又冻又饿。

川藏线上暖心的姜汤、美味的红烧肉，不知要让我怀念到何时。

八美镇

第 10 天　雨转多云

线路：八美镇—塔公草原—新都桥

昨夜身体很不舒服，左胸有些疼，早上起来，发现脸也肿了，显然高反加重了。担心能否坚持下去，怀疑这样拼命是否值得。

高反的当然不止我一个。大家脸色凝重，默默收拾了行李，一起出门吃了油条、包子。

刚吃完早点便下起雨来，各自穿上雨衣，脚上像我一样套上塑料袋，冒雨向新都桥开拔。

昨天鞋子被泥浆浸透，只好又买了一双旅游鞋，48 元，这是进藏路上买到的最便宜的装备。鞋子很轻便，买的初衷是临时换洗，随时可以扔掉，可是最终还是舍不得，一直陪我走完川藏线并带回到家里。

出八美镇便是缓上坡，走出 2 千米，路边窜出一只体型硕大的藏獒，低吼着向我扑来，我赶紧加速逃跑，好在狗没有追赶，惊出我一身冷汗。

大家都处于不同程度的高反当中，加上昨天的体力透支，感觉骑得很吃力、很慢，18 千米上坡爬到垭口，用了 3 个多小时。

垭口遇到 2 个摩友，是从 G318 线拐过来的，说是 G318 线在修路，都是泥巴，很难走，想改走 G317 线进藏。向我们打听 G317 线的路况，听我们介绍完 G317 线后，还是又掉头返回 G318 线去了。过垭口便开始缓下。

过垭口后，雨停了，露出了阳光，坡下一望无际的草原，地势起伏和缓，水草丰茂，牛羊成群。天穹苍苍、白云茫茫，让人感到大自然的浩瀚，个人的渺小。

路过一处军营后，来到塔公寺前。塔公寺金顶红墙，雄伟壮观，像顶金冠镶嵌在碧绿的草原之中，显得格外抢眼。遗憾远处的乌云遮住了雅拉雪山，我们无缘从平坦的塔公草原远眺雪山雄姿。

随拍（塔公草原、塔公寺、塔公镇）

镇口遇到大批从 G318 线过来改走 G317 线的骑友，都说 G318 线路况太烂，无法骑行，事故频发，比我之前得到的消息还要严重。

塔公镇

塔公乡街头午餐，每人一碗牛肉面，15 元／碗，酥油茶 20 元／壶，味道难咽，但为了缓解高反，我还是喝了 2 杯。

出塔公后不断遇到反向骑行的骑友，都带来一样的消息：G318 线新都桥至理塘段在修路，很难走。

当我们下午 3 点到达 G318 线时，看到的情形的确让人悲观：从入口到新都桥镇 3 千米的路段，路面坑坑洼洼，泥巴深及脚背，才走几步，泥巴就塞住了前轮挡泥板的缝隙，骑行非常困难，看来明天只能坐车。

新都桥，传说中的摄影天堂，然而我看到的却是满世界的污泥以及毫无布局、凌乱不堪的建筑，怎么也无法与“天堂”二字联系起来。也许是对路况的失望和接下来行程的纠结，什么居里寺、天葬台等，都不能提起我的兴趣。

住到背包客栈，条件一般，几人分别用客栈洗衣机洗了几天来积累的脏衣服。晚餐时，开始讨论明天到底是骑行还是坐车的问题，川藏路上第一次发生激烈的争论，讨论的结果是明天坐车到理塘，以节省时间去亚丁徒步。

第一次发现和领教落落的傲慢、强势和固执，第一次发现老万的狭隘和偏激，他们成了争论的主体，直争到脸红脖子粗，最后像有仇一样互不言语。

落落说明天不骑的话，就搭车回去，我知道她说的是气话，但我说的是真话：我告诉她回家的方式——在门口拦去成都的大巴，然后从成都坐火车回去。省得我一路的纠结和担心。

晚饭后，正在亚丁旅游的自行车协会会长亲自给她打电话，说是从新都桥到理塘段在修路，泥巴很深，极其难走，劝她不要骑行，她这才勉强接受。

事实上，在骑行圈有一条不成文的、但几乎人人都认可的规则：那就是以搭车为耻辱，坚持骑行为光荣，骑完全程的才是真英雄。于是很多人在出现体能不济，或道路难行，或装备故障等情况后，便有了放弃的念头；但掂量再三，一部分人选择继续撑下去，而选择放弃的人，会遭到鄙视、被视为逃兵，自己也觉得低人一等。

我们也不例外，潜意识里都为这条“潜规则”所束缚和困扰：有的人为了挑战，或为了荣誉、或为了证明自己的强大；而有的人仅仅是出来凑热闹、好玩；还有的人是为了出来看看风景、长长见识，体验一把户外的乐趣……目的不同、心态各异，于是便造成了明天是否坐车的矛盾。而我既想当“英雄”，又怕担当责任——因为我是此次活动的发起人和领队，每一个人的安全对我来说都比天大，所以，在逞强与示弱之间，我面临两难的选择，这一夜我非常矛盾和苦恼！

塔公镇街头聚集了大批从 G318 线转过来改走 G317 线的骑友

6 年后的今天，当我骑完难度比川藏线和滇藏线大得多的新藏线、丙察察线等其他 6 条进出西藏公路全程（没有搭车）而成为所谓的“英雄”之后，再反观当年被那条永不过时的潜规则所困扰的情景，觉得很可笑。如果可以再来，我根本不会介意“当逃兵”，也根本不会在乎别人的鄙视，因为，旅行的目的是收获快乐，又何必计较旅行的方式呢？

二、风雨香巴拉

第 11 天　阵雨转多云

线路：新都桥—雅江—大河边

又是一夜的雨，到天亮后慢慢停了。

睡到自然醒，坐在门前等早餐，看到成群结队的骑友们从门前经过，凌宇动摇了坐车的念头，落落犹豫了好久，也还是决定骑行。

我没有反对，好在昨天路上又稠又粘的泥巴，夜里被大雨淋成了泥浆，这样反而可以骑行。早点后帮他们收拾行李，将路书交给凌宇，让他们卸下多余的行李：落落的背包、凌宇的驼包和相机，一并让我随车带走。

各人都有些心情沉重，我不断嘱咐他们注意安全，然后怀着满腹的担忧，与老万、赵哥包车上路。

昨晚讨论是坐车还是骑行时，我只强调一句话：把有限的时间和精力用在更有意义的事情上。也许大家还没有明白这句话的含义，或者他们没有仔细阅读我发给他们的路书和真正了解我的计划。计划中的行程是走小北线到 G318 线进藏，然后到林芝后走山南，最后骑到日喀则，全程接近 3 000 千米，意义远大于直接到拉萨。加上还要徒步亚丁、米堆冰川、雅鲁藏布江大峡谷和珠峰大本营等，计划中的 50 天时间肯定不够，所以中途的行程必须有所取舍。

事实上如我担忧的一样，因为各人的目标不同、体力的差异，无法统一行动，最终使骑行山南到日喀则的计划流产，不得不随骑行大军继续踯躅在 G318 线上，直到到拉萨，让我重走了 1 000 余千米去年走过的路，计划 50 天的行程，结果 40 天还嫌多了。

泥泞不堪的 G318 线

年轻的包车司机，开车技术与他的微型面包车一样烂，比他技术更烂的是糟糕的路况，路面上的泥浆常常让面包车原地打滑，于是我们不得不经常下来推车。其中一次陷在泥坑无法动弹，赵哥叫开司机，上去三下五除二便开了上来，原来赵哥的驾技这么牛。

路烂，但基本没有泥石流和塌方的危险，让我对骑行的凌宇和落落放心了许

雨中坚持骑行的凌宇和落落

路边农户门口2个辛苦的背包客

多。但我还是怀疑他们能否坚持下去，因为这样的烂路实在折磨人和浪费时间，也没什么景色，我和赵哥甚至断言“落落不骑得哭才怪”，呵呵，后来她说她的确哭了，但还是坚持下去了，我不得不佩服他们的体力和毅力。

车开得很慢，一路我试着与年轻的司机聊聊天，循序渐进了解一些藏族的风俗。

76千米开了4个多小时，近下午1点到达雅江，这是个地形起伏极大的山城，街道的坡度很陡。匆匆吃了午饭，便又拼车赶往理塘。

同车的有一名南京的女大学生，因为高反而离开队友，选择坐车，一路得到老万的照顾，后来他们竟成为了忘年交。

还是破旧的面包车，还是技术粗糙的司机，只是出雅江后的路更难走，一路在修，堵车严重，几十千米的泥巴路，常常要下车推送，行进速度还不如骑车。次日凌晨3点翻过卡子拉山后到达大河边，车子最终抛锚，被困在这里不能动弹，天下着大雨，又冻又困，极度难受。

晚上8点左右，落落给赵哥发来消息，他们已安全到达雅江，让人心里踏实了许多。

第12天　雨转多云

线路：大河边—理塘

年轻的藏族司机自嘲他的驾驶技术如他的车况一样粗糙，却很胆大，车子常常熄火，发电机坏了，不能发电，夜里大灯暗得像鬼火，他居然敢继续往前走。

大河边的高山草甸

山上浓雾弥漫，能见度很差，我和赵哥轮流坐在副驾驶座一边打着自行车电筒给司机照路，一边不停给他抹玻璃上的水汽。还要陪他聊天，防止他打瞌睡，直到最后完全没电，发动机熄火，不能动弹，停在山梁上的泥巴中等候救援。

6 个人挤在狭小的空间里打起瞌睡，我冻得发抖，睡不着。直到天蒙蒙亮，另一辆面包车将客人送到理塘后返回，再将我们转接到他的车上送到理塘。这时已是早上 8 点钟，也就是说从新都桥到理塘 208 千米的路程，我们坐了将近 24 个小时的车，十分辛苦和难受。

早餐后，会长从稻城返回路过理塘，匆匆与我们见面，互相慰问后又匆匆分手。

实在太困，找到旅馆后倒头便睡。

比我们更辛苦的是还在骑行的凌宇和落落。

到达剪子弯山后，便要一直在海拔 4 000 多米以上骑行，这就是传说的“天际云游”，虽没有地质灾害带来的危险，但我还是担心高反会危及他们的安全。再就是这段路上极其糟糕的住宿和饮食，担心晚上他们能不能找到住宿。

因为没有手机信号，无法联系，后来才知道，他们住到了 119 道班。如预想的一样，住大帐篷、睡通铺、吃盒饭，当然不可能有澡洗了，条件极差，但总算能找到住的地方，也算很幸运了。

他们的确不错，出乎我的想象，但他们在单车群聊里极不谦虚的言论，严重伤害了老万的自尊，也让我感到尴尬。老万非常生气，扬言要改变线路，不愿再给落落、凌宇“当陪衬”。

下午天放晴了，我们上街闲逛、取钱、照相。

理塘，传说中的世界高城，海拔4 020米，是一个地地道道的藏人世界。走在街上，有一种异域之行的感觉，与你对视的藏民眼神，总显得那么陌生和隔膜。

中午餐馆吃饭时，进来几个藏民，像是一家三口，一身长袍，色彩鲜艳而奇特的帽子，让人感到新奇且与众不同，我猜是从很远的地方进城赶集的牧民。

理塘的住宿紧张且贵，我们所住的旅馆女老板年轻而傲慢，对入住的旅客有歧视性的选择：衣着干净的(比如自驾的)就接纳，而身上脏兮兮的(比如骑自行车的)，就说没房，幸亏赵哥去找房时，我们都无意中把满身泥巴的自行车停在了门外的街上，等订好了房间我们才推车进去，否则，很可能被拒绝。

第 13 天　阴

线路：理塘—稻城—亚丁村(坐车)

昨晚老万扬言要独自骑行香格里拉，不再去“给落落当陪衬”，看来是愤恨落落在 QQ 群里“损人利己”的言论，所以才决定单独行动。这很危险，因为泸亚(泸沽湖—亚丁)公路还没有通，他没有多少户外经验，我说服不了他，心里着急，给他姑娘发了短信，打算让她劝劝老爸，可她不在线。我很纠结，一夜没有睡好。

早上起来，发现老万神清气爽、春风得意，已放弃了独自行动的计划，决定与我们一起向亚丁开拔。原来他已“想穿了某些事”，我和赵哥随声附和，庆幸他总算找到了心理平衡点，我白担心了一夜。

我把去稻城亚丁的行程，以及我们在理塘的住宿地址、行李寄存处等信息通过短信发给了落落，没想到她不假思索就回信道“请给我个合理的解释，都是几十岁的人了”。

亚丁入口处的藏寨、梯田和盘山公路

呵呵，这女人不仅好强，而且霸道，她也许根本不知道字典里有“迁就”这个词，所以从没有——至少上路以来我还没发现——替别人想一想，她或许认为我故意要甩开他们或有其他什么不良动机。

我只好告诉她：“一、从时间上来推算，你们还有3天才到理塘，意味着我们要等你们3天，而理塘食宿都非常贵，每天人均近200元花费，你忍心看我们在这里干耗？二、之前凌宇明确表示过不去亚丁，你也不是很感兴趣，所以我们乘这个空档去亚丁，来回大约也是3天时间，回来时正好与你们会合。”

她回复“明白了”，但愿她是真明白了。

3个人高高兴兴寄存了行李和单车，坐上了去稻城的大巴。中午12点到达稻城。

稻城县，古名“稻坝”，是一个很干净清新的小城，四周草原广袤、天穹苍苍，进口的山坡上高大的白塔群雄伟壮观。

简单的午餐后，包出租车向亚丁进发。

进入香格里拉镇，崭新的公路笔直且宽敞，比公路更现代和气派的是鳞次栉比的村寨，显示出旅游业给这里带来的繁荣和兴旺。

亚丁景区的售票处设在香格里拉镇，门票150元/人。从景区大门到亚丁村34千米，风景美丽无限。新修的盘山公路在青山白云间蜿蜒曲折，大家兴奋不已，感叹不虚此行。

住到亚丁村如意客栈，三人间150元。并不是传言中所说的贵得吓人，只是条件差些，没有洗手间和洗漱用具。这里海拔3 900米。

已是下午4点，根据旅馆老板的建议，他免费开车送我们到龙同坝入口处，然后我们徒步进入，沿林中小道向今天的目的地——仙乃日徒步。一路山涧咆哮、森林茂密、古树参天，小动物随处可见。

去龙同坝路上的景色

藏族小朋友

通往仙乃日和珍珠海的木栈道

过冲古寺，来到最摄人心魄的仙乃日神山的脚下，见识了著名的珍珠海。

路上遇到一群放羊的藏族小朋友，非常大胆和友好，叽叽喳喳吵着与我们合影。

回到旅馆时已是晚上 8 点多。旅馆的饭菜实在太差，也太贵，尽管如此，这一天我们还是过得非常开心，出门以来第一次这么放松和愉快，因为亚丁的景色的确绝无仅有。

这一天是考验凌宇和落落意志和耐力的时候。连续几天的泥巴路，已使人极度厌倦和疲劳，从 119 道班到理塘虽然只有 76 千米，但他们骑到距理塘还有 28 千米的红龙乡时，再也无力前进，不得不在红龙乡住宿，足见他们的辛苦程度。

第 14 天　阵雨

线路：龙同坝—冲古寺—洛绒牛场—央迈勇—牛奶海—五色海—洛绒牛场

这是川藏旅途中最养眼的一天。

因为亚丁的景色实在太美，美得那么深邃和神秘、那么朦胧和含蓄，美得让人刻骨铭心、回味无穷。不像珠穆朗玛——虽然分量和意义无与伦比，但一生去一次就足够了，而亚丁不同，她就是一场梦、一个谜、一个年轻时暗恋过的情人。

昨天在仙乃日山脚下遇到四五个大学生骑友，他们也是把车寄存在理塘，然后包车来亚丁的。几个小伙子穿着新买的藏式短袄，说是计划今天早上 6 点就起床，向央迈勇徒步。我们 6 点 30 分起床后，不见他们的踪影，后来得知他们睡到 9 点才起床，不得不坐车到洛绒牛场，而且他们最终没有到达终点——五色海。

亚丁的部分景点(冲古寺、贡嘎冲古、洛绒牛场、圣水门)

早餐是每人一碗难咽的白水面条,15 元/份。等餐的过程中,我们分别从客栈门前的杂物堆里挑了几根塑料水管当登山杖。饭后背了防寒衣裤和昨晚就买好的干粮,还是坐老板的面包车到龙同坝入口处,然后开始向山谷深处步行。

过冲古寺后,徒步的游人稀疏了许多,最后完全没有了,只剩下我们 3 个,一步一步贪婪地打量着每一处神话一般的美景,载着游客的电瓶车源源不断从我们身边驶过,无一例外地向坚持步行的我们竖起大拇指、喊着加油。

遗憾今天还是天阴,无法看到 3 座雪山的全貌,不过云雾飘渺中的亚丁如诗如画,小溪、草场、森林、雪山和圣湖,还有路边随处可见的小动物,无不显示出这里是一片祥和静谧的净土、传说中最后的香格里拉。

关于亚丁的景色,我无法用我所学的词汇来形容和概括,有一首歌,在我心里一遍遍吟唱:

“有一个地方
雪域高原就像自己的父母一样
有一个地方
花鸟草木就像自己的兄妹一样
在这里,与山水的良缘

人们变得更加淳朴善良
在这里啊，对自然的膜拜
心地变得更加平和安详
哦——稻城亚丁
日松贡布居住的地方
哦——稻城亚丁
这里是我们灵魂的故乡
……”

35千米的艰难徒步，一丝不苟地丈量了亚丁最精彩的美景：圣湖、雪山、森林，强度不亚于翻越巴朗山垭口，很累，头痛得像要炸裂。

洛绒牛场

五色海

牛奶海

央迈勇冰川

亚丁景区留影

亚丁的住宿太差，没澡没厕，公共卫生间堵塞，粪便溢出一地，臭气熏天；饭菜贵得离谱：用来喂猪的老白菜帮子也用来炒给人吃，没有一点油花，而且 25 元一碟。

于是出龙同坝大门，几人就拼车连夜赶到了稻城，住到了圣山大酒店，三人间 150 元，条件不错。

夜里 9 点多，找到对面的川味餐馆，点了白切牛肉、番茄鸡蛋、回锅肉和花饭。一路都馋着白酒，终于控制不住，也顾不了还在高反当中，3 人共饮了一瓶，外加几瓶啤酒，扎扎实实"腐败"了一把，犒劳了几天来备受煎熬的身躯。

听着赵哥"啧、啧"的品酒声和"过瘾、过瘾"的感叹，我很欣慰。

这一天我们很累，但这一天我们过得非常有意义。

还在高反当中，头痛、气短、疲惫。感到很虚弱。

第 15 天　阴转多云

线路：稻城—理塘

昨夜一直为即将到来的 5 人团聚而烦恼，没有睡好。早上起来，头痛好了许多,但脸还有些浮肿——还在高反当中。在对面川菜馆吃了馒头和稀饭后,包车赶往理塘。还是微型面包车,还是藏族司机,所不同的是这次是个看上去 60 多岁、而实际只有 50 多岁的男子,面相和善,技术娴熟、不骄不妄,是川藏线上唯一让我放心的司机。12 点到达理塘,昨天就已到达的凌宇和落落已在街口等着我们吃午饭。

5 人终于又重逢了,有此尴尬,也有些无奈。性格不同、目标不同、态度不同、体力不同,注定在接下来的日子里还会分分合合。有人是为了休闲,有人是为了自虐,有人是为了享受自然,有人是为了挑战自我而违背初衷……而我,尽管内心里也有着极强的"英雄主义"思想,也想逞强、冒险、自虐,但受着某种束缚,还有实实在在的高反的折磨,只能怀着矛盾和烦恼,有时还有委屈——尽可能地以折中的态度处理团队中的分歧。

长青科尔寺留影

实际上,此次川藏之行中我个人的主要目的是亚丁徒步,对于是否重走西藏境内的 G318 线,则不是那么重要。

如今我徒步亚丁的目的已达到,接下来的行程很大一部分原因是为了陪他们到拉萨。

原计划的徒步墨脱、骑行山南以及珠峰大本营之行，因为风险很高、需要团队齐心协力、步调一致和极高的安全意识和清醒的头脑——而我们恰恰缺乏这些，所以我感觉很渺茫。

出发前的酒宴上，家属和队友千叮万嘱：千万注意安全、不要冒险、不要逞强，遇到危险就要放弃，坚持不住就回来等，这些嘱托我时刻铭记在心。但我能约束自己，却约束不了别人，有的人是不需要约束的，有的人是约束不了的。川藏线上，我艰难地当着和事佬。

结伴远行，其实人不在多，情投意合就好；路不在远，安全就行。这是此次川藏之行的一个教训。

站在长青科尔寺楼顶俯瞰理塘县城和理塘草原

几天不见，大家的气色变化惊人，5 张脸上，都写着同样的疲惫、同样的倦怠，仿佛一下子老了几岁。赵哥瘦了；老万的脸显窄了；凌宇的少年白发和胡子似乎一下子多了许多，皮肤明显黑了；我的脸色苍白，而且已连续多天持续浮肿；落落眼圈多了几许皱纹，脸肿得像被蜂蜇了一样……

川菜馆里五菜一汤，白酒加啤酒，庆祝会合。饭后一起游览长青科尔寺。

寺庙占地 500 余亩，坐北朝南，背靠崩热神山和多闻正神山。以“君临天下”的姿态俯瞰理塘县城，是理塘最大和最奢华的建筑，这正说明宗教在藏民心中至高无上地位。

相传三世达赖路过理塘，见景色奇特：北山像一尊财神盘腿而坐；西山像一只大鹏展翅欲飞；东山如一头巨象从北向南伸直长鼻，两腮处的清泉像两条洁白的哈达，左侧是无量寿甘露，右侧为莲花生甘露；南面草原广袤，远处奇峰耸立，汹涌的理塘河如青龙般在草原与山峦间蹒跚而行……奇观美景、美不胜收，于是修建了长青科尔寺。

从寺里出来，我提议去看看天葬场。落落不敢去，赵哥有些犹豫，但还是随我们坐出租车去了。

出城不到5千米，到一个草地缓坡上停下，远远看见对面的山坡上一个红衣人坐在地上砍着什么，身后是一大群动物，司机说那就是天葬。

赵哥不敢下车，我拿了DV走在前面，距百米处停下，对着那人开始拍摄，拉近镜头后，非常清楚地看见红衣人正在肢解尸体：剁、砍、撕、割，嘭嘭有声，面前还摆着半截尸体。

红衣人没有戴手套、口罩什么的，像是屠夫切猪肉一样娴熟和从容，把剁碎的尸块扬手丢向等在旁边的一大群体型硕大的秃鹫，秃鹫懒散地啄食着，姿态像红衣人一样淡定……

虽听说过天葬，但此时亲眼所见，我还是极感震惊。进一步了解得知，天葬是藏族的传统，神圣而环保。据说天葬有专门的喇嘛操作，第一刀就是人的后脑勺，这里是人的神经和灵魂，一刀下去，灵魂即刻升天，然后是四肢，总共肢解成360余块。

第16天　阵雨

线路：理塘—所波大叔客栈

下了一夜的雨，理塘到巴塘169千米，路书上是一天的行程。前方骑友（去年滇藏线相遇的云南大学生）发来消息说，他们用一天骑完很累，到夜里很晚才到巴塘，并且下坡时几个骑友都摔倒。建议我们用2天时间，中途可住所波大叔那里。

天色阴沉，显然还会下雨，听说还有几十千米泥巴路，赵哥放弃骑行，坐车直接到了巴塘。

老万的长处是很会睡觉，到了休息的时候说睡就睡，一落枕便立马鼾声大作，让人羡慕不已，因而体力恢复总是快些。今天也不例外，仗着今天体力充沛，不顾我关于"一块儿走可以相互照应、方便对付狗子和防止可能的抢劫(网上传言理塘到巴塘段、尤其海子山一带有打劫现象)"的叮嘱,带着修车工具,一会儿便跑到前面不见了踪影。

所波大叔客栈的帐篷

后来得知他一直骑到晚上8点多赶到了巴塘与赵哥会合,让人刮目相看,总算争回了面子。

出理塘一直是不见尽头的烂路:坑洼、泥巴、石子,而且一直在海拔4 000米以上"云游",最大限度地考验着人的耐力和车子的强度。

30千米后,凌宇的货架断了,没有必要的工具,胡乱地绑了一下,继续赶路,勉强走了半个小时,便落在后面没有跟上来。等了半天,也不见人影,后来得知是货架又断了,捡了一段钢筋安在上面,随学生队伍前进。

只剩下我和落落顶着小雨和逆风,夹杂在一拨拨骑行队伍里慢慢向前蠕动。57千米后到达禾尼乡,住到著名的所波大叔客栈——理塘至巴塘间惟一好口碑的住宿点,很小,条件非常差,四人间加通铺,无水无厕,G318线上典型的驴友之家。

老板所波大叔是一个干瘦的藏族老头,一个有30年教龄的退休教师,和蔼可亲,所经营的客栈虽简陋,但收费非常便宜,住宿加两餐饭,只收50元/人,而且饭菜很地道,青椒瘦肉新鲜而量足,大学生们喜得眉开眼笑。

木板格成的房间没有门,4张铺位,被褥显然N天没洗,但比起门前的大帐篷来,我们还是幸运的。没有水洗手,厕所在50米开外的路边,用彩条布搭设的大棚大坑,不分男女,大坑上用木椽条做成的网格状的蹲位,一次可容纳上十人方便。

定了铺位,收拾了行李和衣裤后,看着公路来的方向等凌宇,但始终没有等到,凌宇的手机一直没有信号,无法告诉他我们已住在这里。后来他没有看到我们,便一直骑到距巴塘还有50千米的小镇住宿。

很累,人声鼎沸中也能打一个小盹,然后坐在门前看车友来来往往,听五湖四海的驴友聊着各自的经历,欣赏眼前一望无垠的毛垭大草原。

毛垭大草原

毛垭大草原是沙鲁里山脉中最大的山间草原，G318 线沿着草原北部穿行数十千米，一直延伸至海子山脚下。此时正是草原的黄金季节，只见满目的草地毫无遮挡地向远处天际延伸，郁郁葱葱，牛羊成群，盛开的野花姹紫嫣红。

一连喝了 3 杯酥油茶后，骑上单车随大学生车友们到 1 千米远的山脚泡免费的温泉，还没骑到地方，忽又大雨倾盆，寒风呼啸，只好放弃。

简陋、嘈杂、加上一身臭汗不能洗澡，还有旁人的鼾声，几十人睡在一个大屋里，今晚注定是一个不眠之夜。

第 17 天　多云

线路：禾尼乡（所波大叔客栈）—波戈溪乡—巴塘县

昨夜，简陋狭窄的所波大叔客栈里的地铺、通铺上睡了几十人，乌烟瘴气，鼾声、木板的磕碰声此起彼伏；因铺盖肮脏、气味呛鼻，所以不得不穿着衣服睡觉；为了避免起夜的麻烦，睡前水也不敢喝。

然而这一夜居然睡得很好，看来我不仅战胜了高反，还适应了极端的睡眠环境。从这一天起，我基本摆脱了高反的折磨，恢复了 318（我的网名）的本来面目，在接下来的行程中一路高歌猛进、所向披靡。

出门依然是坑洼路。天慢慢明朗起来，偶尔露出的阳光，洒满广袤的大草原和远方的藏寨。

所波大叔“大堂”显眼位置悬挂着所波大叔从教30年所获得的荣誉

24千米后终于结束了烂路骑行，通向海子山顶的是崭新的水泥路面，让人欣慰。

在半山坡路沿下的溪流里洗了自行车和驼包雨罩，半包饼干解决了午餐，这时才有骑友从后面跟过来，于是结伴一起向海子山顶冲刺。

海子山垭口海拔4 685米，两侧山峰寸草不生，偶有积雪，裸露风化的山崖，如月球表面一样荒凉和科幻。

骑到垭口，如释重负，第一次感到翻越大山已不是那么痛苦，身体没有任何不适，有的只是刺激和征服后的快感。过垭口几千米，是美丽的姊妹湖和湖背后有些退化的冰川。

观景台上遇到湖北的自驾驴友，照相留念，然后是80千米的下坡一直到巴塘县城，与先期到达的赵哥、老万、凌宇会合。巴塘的住宿有点紧张和小贵，原因是前方进藏路上塌方，许多驴友滞留在这里，好在赵哥已为我们订好了房间。

姊妹湖

本计划明天到芒康，但前方传来确切消息：巴塘至芒康间又塌方了，道路中断，明天可能走不了了。

老万昨天带着情绪，独自

一人骑行 170 千米，于晚上 8 点多到达巴塘，证明了他的实力和能力，很自豪和有成就感。我对他说："万老铁就是万老铁。不过以后不要再有情绪，必须一起走哦。"他爽快答应。

第 18 天　晴

线路：巴塘—温泉山庄—塌方现场

早上天还没亮，旅馆老板就逐房告诉房客：昨夜有从芒康过来的车辆——前方道路已经通了。

大家赶紧起床收拾行李，吃了馒头稀饭，带了干粮和饮水，向西进发。

出巴塘路面极好、缓下坡，30 千米到金沙江大桥——四川与西藏的交界。

非常兴奋，大桥上拍照留影，然后排队过安检，经过半个月的艰苦路程，终于踏入西藏境内。

过金沙江大桥后开始上坡。一路塌方、落石现场无数。

金沙江大桥和桥头的芒康竹巴龙检查站

通过落石路段

骑行近 70 千米后路彻底中断，成群结队的车友和自驾车陆续调头回撤，前方塌方很严重，武警已经封路，有传言说 3 天也不易修通。我犹豫再三，提议返回巴塘等待。落落、老万同意回撤，赵哥、凌宇不甘心，决定等下去，这次没有争执，赵哥沉着冷静，是最让人放心的队友。

我、老万、落落 3 人与其他车友拼了一辆面包车，司机还是粗糙的驾驶技术和心不在焉的态度。一上车，我们就不断提醒他"前方有电杆倒塌，钢丝绳横在半空，注意避让"，但最终他还是忘了，径直冲了过去，车顶的自行车立刻被挂飞一辆，显然受损严重，面包车瞬间失去平衡，左右摇晃几乎失控。大家都在心疼自行车，却不知道路边悬崖下是宛如悬河的波涛，如果掉下去后果不堪设想……万幸几个蛇形摇摆后，面包车停了下来，我惊出一身冷汗，并在此后很长一段时间里，想起当时的情景就后怕不已。

途经金沙江大桥时，上来一对年轻夫妇，一身泥土、满脸倦容。

交谈得知，他们是宁波人，是从塌方区死里逃生出来的。具体情况是：清晨他们开车经过时，遭遇泥石流，路上全是泥巴，看不清多深，抱着侥幸想开过去，结果陷在里面，下来推车，泥深及膝，推不动，这时泥石流又下来了，赶紧弃车、连滚带爬往后逃，退出来的路上又遇塌方，总共塌方3处。

天亮后来了武警，才把他们一家“三口”（包括他们的宠物狗）送到安全地带，此时搭车返回巴塘县城，然后找公安局向老家宁波发传真，应该是联系保险事宜。

和他们一样被埋的有好几辆车，乘员大多没事，但据说有一家连人带车冲到了河里。他们对我们说：“唉呀，人没事就好，钱可以再赚。”看来是大难不死后对人生的感悟。

而我们也打消了一时半会儿不能过去的焦虑，安心回到巴塘等待天晴，等待通路的好消息。

沿途随拍（分别是金沙江、竹巴龙检查站、泥石流区）

遗憾塌方区没有手机信号，想通知赵哥他们早点后撤，但无法联系上。

还是回到那家旅馆，但才半天时间，精明的老板已将房价上涨了50元。要了一个标间，里面再加了一个铺位，3个人住在一起。反正已走不了，便安心上街漫步，认认真真打量这座城市的面目、周边群山的风景、街上悠闲的藏民和他们的生活方式。

第19天　晴　偶有阵雨

昨天返回巴塘还是住到康巴商务宾馆，老板掌握了塌方信息，房价涨到了150元，尽管如此，还是供不应求，我亲眼见到一对摩友夫妇来住遭拒。我们是“回头客”，没有涨价，还是50元/人，不同的是添加了一张床位，3个人住到一个标间里。

大批的骑友和我们一样从前方返回巴塘，而从理塘方向又有大批驴友源源不断涌来，于是小小的巴塘县城满街都是骑车的、骑摩托的、徒步的、越野e族的，如果真要堵上三四天，怕是要聚集上千人。

巴塘随拍

巴塘是一个干净明亮的袖珍小城，街头的治安看起来出乎意料地好，一派太平盛世、民族和谐的景象。走在街上，全没有在理塘时那种紧张和异域之感，做生意的也大多是汉人。

前方的赵哥和凌宇依然联系不上，看来还被困在路上，又在下着小雨，不禁为他们捏着一把汗。

有人说还得一天通车，也有人说已经可以走行人了，只是武警不让走，而昨天那对逃出来的宁波夫妇说，有100多米道路被冲到河里、300多米山体垮塌，没有10来天怕是通不了车。于是有人改走香格里拉，绕道滇藏线，那可得多走好几百千米、多用一个星期的时间啊。

我们只能抱着“既来之则安之”的心态耐心地等待，悠闲地逛街、找美食、睡觉、发呆。

中午游览了巴塘佛学院，原以为与色达佛学院是一个概念，看到规模远非传说的“僧众达 2 万多人”那么大时，才知道此佛学院非彼佛学院，但对于第一次游览此类佛教圣地的我来说，还是感到新奇，见识了喇嘛们的日常功课。

巴塘佛学院内僧人做功课的情景

赵哥他们借宿在藏民家的情景

出了佛学院，3 人买了 3 张大饼、20 元的卤牦牛肉回到旅馆，抽屉当桌、床铺当凳，就着昨晚喝剩的半瓶泸州老窖，吃了一顿别样的午餐，简陋但也有滋有味。

后来得知前方的赵哥和凌宇的情况很艰苦，周边数十千米没有旅馆和餐馆，不得不借宿在路边藏民家里，与很多年轻的驴友一起睡通铺、煮烧饼度日。熬了 2 天，想吃大米，欲找藏民购买，15 元/斤，嫌贵，只好作罢。好在有来自天南海北的驴友聚在一起，操着天南海北的方言，谈论着天南海北的故事和各自的旅行经历，使漫长的等待虽无聊但不寂寞。

第 20 天　晴　偶有阵雨

线路：巴塘—塌方处—宗巴拉山垭口（海拔 4 170 米）—芒康

窗外又是一夜淅淅沥沥的雨声。

天还没亮，走廊里便有说话声和脚步声，老板娘传来好消息：清晨来了一对夫妻，是从芒康搭便车过来的——就是说已经通车了。啊哈，终于可以走了，大家兴奋不已，决定坐车到塌方区，因为骑过的路谁都不愿再骑一遍。

草草吃了早点，便上街找车。坐车的人很多，因而司机要价不菲，问到出城口，终于和另几个骑友合租了一辆回芒康的面包车，如果直接到芒康是 80 元/人，我们只到塌方点，则是 60 元/人。

被泥石流冲到河里的私家车

塌方处

上来一个东北的骑友，55岁，诙谐而直爽。他说他从成都出发，一路见坡就搭车，到山顶垭口就下车、照相，然后骑车放坡。今天也打算如此，他要一直这样走到拉萨，然后还要把单车“整”到珠峰大本营、拍照留影，再“整”完青藏线。他说他有了这些照片作为“证据”，回家后，“看谁还敢跟我得瑟”，他“肯定是英雄”，“半年内自己不用烧火做饭”，粉丝们肯定挨个接他吃饭……一车人被他逗得哈哈大笑。

过温泉山庄不久，看到成群的骑友往回跑，拦人一问，说前方武警又封路了，到明天才放行，大家的心一下沮丧到了极点。

到达前天的折返点时，果见大量的汽车排成长龙，武警设卡把守，但忽听人说自行车可以放行，老万找一战士确认，情况属实，激动万分。

赵哥和凌宇肯定早已出发，我料定今天大批驴友一下子涌到芒康，住宿肯定非常紧张，于是打电话叫赵哥到达后先把旅馆订下，我们随后就到。

骑行10多千米后，开始陆续见到泥石流、塌方的惨状，包括被冲到河里的小车，最严重的一处，100多米公路完全损毁，形成300多米长的泥石堆积区，武警部队已从旁边的山腰开辟了一条临时通道。河里躺了一台大型挖掘机，旁边侧翻了一辆吊车，看得出是抢险时发生的意外。看来，前天那对夫妻所言属实。

宗巴拉山垭口海拔4 170米，没有出现高反症状。距垭口1千米处，居然碰到赵哥和凌宇还在路边歇息，我状态正佳，问过平安后，就率先到达山顶，一会儿大家陆续到达，5 人在宗巴拉山口会合，并且都安然无恙，我如释重负。

芒康，我又来了！去年我住过的丽江兴隆宾馆，标间已涨到 180 元/间，嫌贵，要了一个五人间，50 元/人。这是第一次 5 人住一个房间，有点大家庭的味道。

芒康，是去年让我感到紧张和害怕的彪悍之地，今年已完全是另一番景象，新建的休闲广场设施齐全，街上的藏族群众脸上的表情洋溢着安逸和平静，证明这个边远小城的变化日新月异。

安顿好住宿，已是下午 5 点，烈日如内地盛夏的正午一样耀眼。

取钱、洗衣。旅馆女老板还依稀记得我去年来住过。

从今天起，我将重复去年走过的路，700 千米左右直到林芝。

沿途随拍

三、重走 318

第 21 天　晴

线路:芒康—拉乌山口(海拔 4 068 米)—如美镇

今天天气极好。芒康镇的出口,去年拦车的地方新建了一座宽敞明亮的公安检查站,排队、登记,男女干警态度友好。过岗亭后是 13 千米的上坡,还是去年的那种土石烂路。

拉乌山口

难得赵哥今天选择骑行,我怕他落在后面会气馁,便陪在他身后慢慢骑行。走了五六千米,他说我跟在后面让他有压力,叫我先走,于是便放开手脚,一口气上到拉乌山口。

过拉乌山口是 30 多千米的长下坡,海拔下降 1 600 多米,到达澜沧江边的小镇如美镇。

路况与去年相比已大为改观,大多是新修的沥青路,以至于我安装在车把上的 DV 可以拍下流畅的画面:蓝天、白云、从山顶延伸下来的电脑桌面般的草甸、葱郁的树林、成片的牛群和羊群,还有散落在半坡草场间的藏寨,一派宁静的草原风光。与此极不协调的是,我连续三次被小孩拦截和扔石头,最后的一次是在一座小桥上,桥头有个急弯,几个小孩从路两边夹击,拐弯处我差点摔倒。最后都强行冲过来了。

因为前几天塌方,道路阻断,使昨天从巴塘涌到芒康的骑友达到四五百上下。推算今天这波人潮将会到达如美,而如美是个小镇,远远容不下数百人入住,所以从拉乌山垭口开始,我便先行一步,提前一个小时、于 11 点 30 分到达如美,并顺利定到一个五人间,藏民家庭旅馆,房费 20 元/人,无水无厕,很简陋,不过大家已做好三天不洗澡、不洗衣的准备。

如美镇脚下的澜沧江

老板是个五六十岁的男子，很友好，但也很精明，他说我到得早，房费只收我 20 元/人，下午来的住客就是四五十元/人了，并一再叮嘱要我替他保密，不要告诉其他骑友我们的房费是 20 元/人。

小镇的住宿不算贵，但吃饭则是高档的价格、低档的饭菜。想吃得好一些，便去到镇招待所餐馆吃午餐。旅馆老板很不高兴，认为我们住在他家却在别处吃饭，很不地道，于是晚餐不得不在他家解决。

赵哥今天在我们的一再鼓励下，参加骑行，但明后两天的强度和难度极高，他决定从如美坐车直接到左贡。

凌宇对传说中的旅途艳遇似乎有些好奇，早上一出门便邂逅一名湖北汉川的女骑友，两人骑着骑着便落在后面不见踪影，到晚上还没消息。后来的情况是：因为没有手机信号，到达如美后，他无法与我们取得联系，无法判断我们是在如美住宿还是走了，便继续前行。骑到很晚才到下一站——登巴乡，距如美镇 40 千米。那儿的住宿也非常紧张，他找了很久，才勉强住下来，这一天他最辛苦，据说翻越觉巴山，他用了 5 个小时，后半程他硬是推车走上去的。

第 22 天　晴转大雨

线路：如美镇—觉巴山（海拔 3 940 米）—登巴—荣许—东达山（海拔 5 008 米）—左贡县（海拔 3 877 米）

今天我也“逞强”了一次，一天跑完两天的行程，一天翻越两座高山：觉巴山和东达山。关于觉巴山的难度，网络上是这样介绍的：

“觉巴山并不高，垭口的标高也只是 3 940 米，但由于澜沧江千百年来的深深下切，使得江岸壁立千仞，一派荒凉与坚硬，给人以山高谷深的感觉。这里是横断山区的著名险段之一，30 千米盘山路，近 2 000 米的相对高差使觉巴山成了川藏线上最难爬、最费时的一座山。公路在绝壁上延伸，既没有护栏也没有路标，不少地方都是紧靠山体硬生生地开凿出来的，上依绝壁，下临深渊。

“川藏线虽然号称天险，但最危险的地方其实只有几处，比如排龙天险、通麦天险和怒江天险。与这几处名声在外的天险相比，觉巴山的知名度确实不高，只有身临其境的人，才知道这个没有名气的天险与其他几个名声显赫的天险一样，同样让人望而生畏。”

去年经过时，觉巴山给人的印象的确如此，但今年的路况已大为改观，新修的沥青路直达山顶，使骑行难度降低不少，正因如此，才有一天连翻这两座山的可能。

而东达山海拔 5 008 米，艰苦程度可想而知。全程虽只有 115 千米，但连翻两个山口、垂直高度累积上升 3 100 余米，这个新的记录我自己都觉得不可思议，但我真的做到了，所以很有成就感。

高反已完全消失，腿再也没有酸痛的感觉，也许是突破了极限，或者是已经麻木，更科学的猜测应该是适应了连续的骑行，反而不觉得累。

这一天，一路上只有我超越别人，而没有人能超越我。到达觉巴山顶观景台时，刚好上午 10 点。而接近东达山垭口的最后几千米时，几乎所有的骑友都在艰难推车，而我还在骑行；所有的骑友都穿上抓绒衣、冲锋衣、或雨衣，惟独我一条单裤、一件短袖 T 恤外加一件皮肤风衣；直到垭口才换上防寒衣服。所有看到的骑友都表情严肃、木讷，唯独我还在亢奋当中。——这一天，我当了一回“英雄”。

觉巴山的盘山公路一部分

过登巴不久，遇到 2 个广东籍大学生，一直在前面疯跑，直到荣许，本来他们今天的行程是到荣许住宿、等候队友，但受我的鼓动，也随我冲击东达山，到最后 10 千米时，已累得筋疲力尽，我不断鼓励他们：坚持、坚持，骑不动就推。终于跟随我一起到达垭口，又一起照相，一起遭遇暴雨，一起住到左贡金城招待所——去年我住过的地方。我提前给赵哥打过电话，他帮我们订好了房间。

东达山口与残疾摩友的合影

早上出发前，已计划好今天的目的地是登巴。7 点一起上路，由老万压后，陪护落落。而我则要先赶到 42 千米处的登巴订房（昨天凌宇到登巴时连地铺也没有了）。

当我于 10 点 30 分到达时，还没有一个人住宿，以此断定老万他们到达时不愁找不到住宿。

没有手机信号，无法与老万联系。我状态极好，时间又早，在登巴小卖部里吃了一桶泡面，便决定继续前进，赶到左贡与赵哥和凌宇会合。

谁知老万到达后见我不在，竟也往前赶，到达荣许时，住宿已经很紧张。决定坐车，落落不愿意，老万便带了落落的行李包括工具和雨衣，独自坐车赶到左贡。

落落一个人裸车骑行，结果过东达山后大雨倾盆，雨衣在行李包里被老万带走了，8 点多到达左贡时，已全身淋透。

这是一个天不怕地不怕的女人，因为胆大，所以没有顾忌；因为没有顾忌；所以敢于挑战。

这是一个强悍的女人，川藏线上我再也没有见到过比她更强悍的女人了。

凌宇虽年轻，但体能并不突出，贵在坚持。他今天从登巴出发，还没到东达山，便已出现高反，我追上他时，他正像死人一样平躺在路边睡觉。我叫起他继续赶路，叮嘱他在海拔这么高的位置千万不要停留，骑不动就推着走。还好，我到达左贡 1 个多小时后，他也到达了。5 人又会合了。

第 23 天　晴转大雨

线路:左贡—田妥镇—邦达(海拔 4 120 米)

今天虽有 121 千米的路程,但强度在川藏线上只能属于休闲级别。大多是平路,上下坡少而短,也没多少险段,稍有危险的位置,都已安上了防护栏。

海拔上升 300 米,但全程平均海拔在 3 900 米以上,如果没有高反,应该是较为轻松的一天,所以 5 人都选择骑行,只是状态大多不太好:老万、赵哥相继感冒;落落可能是因为昨天强度太大,加上淋了雨,今天似乎有些吃力,才出发就抱怨前面的人骑快了。

玉曲河畔载歌载舞的牧民,似乎在举行婚礼

坦途大道沿着玉曲河一路向北,只看这河的名字——玉曲河,就知道今天是一路的风光,一路的享受。

田妥镇至阿四村是极美的河套风光,草场、青稞,还有大片大片金色的油菜花,足可以与塔公草原相媲美。河套的两边耸立的山峰,因为海拔极高,山体裸露风化严重,显得极其荒凉和怪异,让人浮想联翩。

最后一个小山坡上到克色村后，远远的就可以望见邦达镇和邦达草原了。

邦达是个小地方，历来住宿都很紧张。去年我走这段路的时候，因为怕晚了找不到住宿，凌晨 4 点 30 分便起床，摸黑打灯上路，咬牙骑到邦达，总算顺利订到房间。今天订房的任务又非我莫属。

去年的滇藏线上，左贡到邦达是我最辛苦的一天，因为是在高反状态下骑行，痛苦不堪，5 点出发，下午 3 点才到。而今天 8 点出发，还是下午 3 点到达，感觉良好，一路上被我超越的学生不计其数，最后半段，几乎是一个人孤零零骑行在玉曲河畔，寂寞而又刺激。一路猛跑到邦达，顺利订到床位，条件不错，只是有点贵，三人间 200 元，双人间 150 元，老板告诉我，睡地铺是 50 元/人。

如预料的一样，5 点以后陆续到来的驴友，都在为住宿发愁，老板说晚上有睡在露天广场的。

邦达广场

邦达广场已焕然一新，去年我住过的“青年旅社”已经拆除，很怀念墙壁上密密麻麻、千奇百怪的留言，但已成记忆。广场上新立的雕塑，显示是武汉援建的。

午餐是在路上吃的干粮，晚餐大家一起“腐败”了一回：啤酒、白酒、165 元的火锅，味道鲜美、内容丰富，吃得酣畅淋漓，最馋的当数 318 了。

沿途留影

第 24 天　晴

线路：邦达—业拉山（海拔 4 658 米）—怒江大桥—八宿（海拔 3 280 米）

从今天起的一个星期，将进入川藏线骑行的另一个精华地带：荒山与森林、雪山与大河，最爽的下坡和最险峻的山沟……

站在业拉山口看到的邦达和邦达草原

天公作美，今天是个晴天，清晨红彤彤的阳光洒在镇后的山坡上，把草地染成一片金黄。满街的骑友都在整装待发，气氛热烈，我的心情也随之变得兴奋和期待。

出门便是13.5千米的急上坡，G318线呈之字形来来回回地从镇口一直绕到业拉山垭口，海拔上升500多米，骑行用了不到2小时。

回头一望：邦达镇还在脚下，宽阔平坦的邦达草原夹在光秃秃的群山之间，一览无余地向远处伸展。阳光洒满大地，能见度极好，给人海阔天空的感觉。

站在业拉山口的观景平台上极目远眺，湛蓝的天空飘浮着云朵，云层中若隐若现因海拔极高而风化的山脊，红的、白的，感觉像是电脑特写；山脊下是万丈沟壑，深不见底；完好的沥青路在沟壑间以极高的频率呈之字形蜿蜒曲折，如同羊肠一样伸向谷底、不见尽头；汽车在羊肠上如蜗牛般蠕动，而骑车的车友远望小得像蚂蚁一样在羊肠上向山下冲去。

蓝天白云下的72拐最大限度地展示了它气势磅礴的壮美胸怀，我们也最大限度地体验了征服她的惊险与刺激：飙车，爽得忍不住大声尖叫，我车把上的DV拍到谷底怒江大桥时，内存刚好用完，回放的感觉像是玩电游，畅快淋漓。

怒江天险，还是那么戒备森严，过岗亭时，我向战士打个招呼“你好，辛苦了”，那哨兵也回敬“你也辛苦了！”。

怒江大峡谷

金沙河峡谷

过怒江大桥后，在金沙河入口处停下休息、拍照和啃干粮，然后沿金沙河逆流而上，两边绝壁千仞、沟壑万丈，褐色的山体寸草不生，一派荒凉。河谷中烈日当头，气温闷热。

老万和落落不知是有意还是无意，像比赛一样在前面飙车，不一会儿老万消失在前面的骑行队伍中。

我陪在赵哥后面骑行，他说他反而有压力，叫我先走，我正忧心修车工具在老万手里，还有八宿的住宿可能会紧张，于是加速赶上老万，与他一起，以接近体能极限的速度赶到八宿，订到了房间——“骑友驴友客栈”，一个双人间和一个三人间，40 元/人，性价比比昨天高得多。旅馆兼餐馆，看看墙壁上驴友的留言就知道，这里的饭菜很实惠。

老万还在感冒中，自己找到医院打了点滴。

第 25 天　多云

线路：八宿—安久拉山口(海拔 4 475 米)—然乌镇(海拔 3 960 米)

八宿县城只有一条街，昨晚我们住在“骑友驴友之家”二楼。

半夜很吵闹，没有睡好，但没影响今天的骑行。

今天全程都是大起大落，从八宿到安久拉山山口是 60 多千米的上坡，海拔上升 1 280 米，强度比昨天要大。一路天高云淡，有点秋天的感觉。终点然乌是一个美丽的小镇，G318 线上最美的景色就从这里开始，所以我告诉大家一定不要坐车。

冷曲河畔的藏寨和青稞地

因为害怕今天 60 千米的上坡，赵哥和老万还是选择了搭车。

今天我状态依然极好，出门不久，见有凌宇陪护落落，便一个人按自己的节奏跑到了前面。

上坡是我的强项，于是一路超过一拨拨学生队伍，一拨拨把他们远远甩在后面，到达安久拉山口时，已成孤家寡人，想找个人照张相都难，不得不自拍，但效果不满意，还是等了好久，才等到一个骑友。

一路没有午餐的地方，两罐红牛、一瓶营养快线、几块饼干解决了午餐。

今天路过两个标牌，男骑友都围着拍照，而女队员们大多都以川藏线上最快的速度迅速通过，一块是 3 838 的里程碑，一块是“外出打工百分之百要使用安全套”。

过安久拉山口后开始缓下，坡度很缓，还有一点小小的逆风，所以尽管是下坡，还得要不断蹬踏。

十几千米后，进入峡谷骑行，前方开始出现绵延不断的雪山。

然乌沟又险又奇，路上塌方和碎石也很多，路面上到处散落着大大小小的石头。临近然乌镇的几千米路段较窄，坡陡，有飞石，最危险的路段，修建了近 2 千米的长廊，长廊尽头，远远就看到安目错湖了。

然乌镇只有一条街，因为毗邻著名的安目错和然乌湖，所以是很多旅游者的目的地和中转站。湖面的海拔高度为 3 850 米，意为“尸体堆积在一起的湖”。传说中湖里有头水牛，湖岸有头黄牛，它们互相角力，死后化为大山，两山相夹的便是然乌湖。

实际上这两个湖是由于山体滑坡和泥石流堵塞河道而形成的堰塞湖。湖的西南有岗日嘎布雪山，南有阿扎贡拉冰川，东北方向有伯舒拉岭。四周雪山的冰雪融水构成了然乌湖。

然乌沟的防泥石流长廊

然乌湖的湖水从这里汇入帕隆藏布江

安目错东西走向，和南北走向的然乌湖有季节性水道相连。

然乌虽有较多宾馆和旅社，但正是旅游旺季，住宿很紧张，好在赵哥和老万坐车先到，已定好一个五人间，50 元/人，很挤很窄，无水无厕，如去年我来时一样，有灯却没电，电视成为摆设。

因为床离得很近，晚上老万、凌宇和落落的鼾声此起彼伏、躲也躲不了。

各自洗了几天来累积的脏衣服，挂在楼梯栏杆上或楼顶平台。站在楼顶眺望，然乌周围的雪山，已没有去年我见到的那么壮观，甚至有的雪山已没有雪了，让人有些失望。

第 26 天　多云

线路：然乌镇—米堆村—冰舌—米堆村

然乌周边可去游览的有 3 个冰川，而米堆号称中国最美冰川，也最顺路。

去年我去过米堆，所以今天我本计划去来古冰川，但最后还是选择了米堆，这仅仅是为了陪队友去看最美的风景，其中最主要的是赵哥，因为他对风景的执着与品位与我相似，这让我很感动。而其他人昨天都表示看不看冰川无所谓。

米堆冰川留影

正如昨天一群骑友议论的一样，浩浩荡荡的进藏骑行队伍中，真正对骑行热爱而执着的很少，其他因种种原因而一时冲动的，当真正踏上征途时，才知道原来是这么累、这么苦、这么枯燥和无聊，毫无浪漫可言，于是有人后悔、有人怨恨、有人崩溃。

米堆冰川的确无与伦比，徒步米堆是本次川藏之行中继亚丁徒步后又一个重量级的行程，如果都放弃，骑行川藏将成为没有多少实际内容的旅行，而缺少内涵的川藏骑行有多少东西值得将来回味与追忆呢？

早餐是 15 元/碗的瘦肉面。餐后整理行装的时候，老万和落落又莫名地吵起架来，已记不清这是第多少次发生摩擦了，吵架过后不欢而散。

清晨的然乌湖依然美如仙境，只是周围的山峰少了往年的积雪，不免有些遗憾，但即便如此，大家也兴奋不已。唯独老万闷闷不乐，表示对景色不感兴趣，才出门不到 5 千米，便丢下一句“有什么好看的，费时费钱”，独自一人直接赶往波密，让人莫名其妙，又无可奈何。

凌宇不知是贪恋然乌湖的景色，还是又有什么新的旅途奇遇，落在后面，怎么也等不来，电话也没信号，后来才知道他也直接去了波密。

我、赵哥、落落 3 人按计划来到了米堆村，住到藏族家庭旅馆。条件简陋不堪，藏餐谁都不愿尝试，到另一家餐馆一人要了一碗鸡蛋面条，23 元/碗，太贵，但很饱，解决了午餐。

饭后赵哥迫不及待地与落落一起先往冰川去了，我感觉有些疲劳，本没打算走那么远再去看冰川，午睡了一会儿后，恢复了状态，决定还是去一趟冰川。

向冰川徒步

米堆冰舌

从旅馆到冰舌，来回 12 千米的路程，比去年的米堆之行要轻松得多，所以有足够的体力一直走到冰舌之上。向往已久的冰山终于让我踩在脚下，神奇美丽的冰川以及周围直插云霄的山峰，最大限度地让我感受到大自然的壮美和鬼斧神工。

通往冰川的路显然经过了整修，搭建了巨大的木制观景平台和栈道。只是冰川上冰雪与去年相比，已经退化了很多，冰雪上覆盖了些许尘埃的颜色，很幸运她最美的时候我已来过。

晚餐在下榻的家庭旅馆解决，藏族夫妇显然做不出满意的汉菜，一钵土豆烧腊肉，一钵白菜炒鸡蛋，四瓶啤酒，加上我们自带的牛肉干、鱼干和榨菜，边吃边与几个广东骑友和藏族房东聊天，也算得上一顿丰盛的晚餐。

第 27 天　阵雨

线路：米堆冰川—中坝（海拔 3 330 米）—松宗—波密（海拔 2 720 米）

昨晚睡之前坐在房东厨房里，趁给手机充电的机会，一边喝着酥油茶，一边与藏族房东和 2 个广东骑友聊天，进一步了解了藏族奇特的婚姻习俗。比如一妻多夫现象，就是一女可有几个丈夫，但这些丈夫必须是亲兄弟。换句话说，就是一家兄弟几个可以共娶一个老婆，晚上谁与之共眠，只需将腰带挂在房门上，其他兄弟就“望带止步”。而生的孩子，以相貌来确定谁是亲生父亲。

又是一夜的雨，也许昨天没有过多的体力消耗，晚上难以入眠，听着从屋顶漏下来的水滴“噗噗”地砸在床头柜上，感觉这一夜特别漫长。

清晨早早起来，一起去等日出，期待看一眼日出之初冰川的雄姿，遗憾天气阴沉，难以如愿。

离开米堆村

路两边的森林与雪山

吃了藏家的鸡蛋面条，12 元/碗，便踏上去波密的行程。7 千米的乱石路加 100 千米的沥青路，随帕隆藏布的滔滔江流在冰川雪山、高山峡谷间蜿蜒曲折、一路向西。

波密，号称“冰川之乡”。去年路过时，正是晴天。路旁笔直耸立的大树，热带雨林一样的森林，丛林后面是峭壁悬崖，峭壁后面是更高更壮美的雪山冰川。雪峰在夕阳余晖中金光闪闪，站在同一地点，有时能同时看到四季景色。

站在宾馆楼顶平台看城外的森林和雪山

遗憾今天天气不佳，云雾遮住了高处的雪山，所能看到的冰川已退化了许多，但即便如此，依然心旷神怡。鬼斧神工、云蒸霞蔚、气势磅礴……所有我能想出来的词语，也无法描述出这一路奇特的美景。这是 G318 线上最美的路段，但去年的滇藏之行我没有骑行这一段，这也是我重走 G318 线的一个小小原因。

因为不愁今晚的住宿(老万已在波密预定)，所以 3 人走走停停，一路拍照无数，到达波密县城时，已近下午 4 点。住汽运宾馆，双人间 70 元，三人间 75 元。

5 人再次会合，但渐少了初上路时的亲热和融洽，就像波密县城周围的冰峰上少了许多积雪一样，多少让我有些惆怅和失落。

因为相互间有了些许不满和过节，一点小事就可能导致争执。今天为晚餐点菜一事，老万与赵哥搞僵，老万拂袖而去，一个人去吃自助餐；落落在玩电脑，表示不吃晚饭；于是我、赵哥、凌宇 3 人搭伙，上街点了一个四川火锅，就着小酒，吃得酣畅淋漓、回味无穷。

从新都桥开始，老万已先后分别与凌宇、落落、赵哥产生矛盾，只有我还艰难地强装大度，努力当好和事佬。

从家里出发前，落落老公表态负责购买我们回家的火车票，今天得知很难搞到卧铺票，但落落说继续找熟人操作。其实我有备选方案，那就是找去年我找过的闵哥。他在拉萨工作，去年给我买过票，今年我实在不好意思再麻烦他，所以既然落落已在操作，我也就没必要提出我的方案，因为我确信落落会办妥这件事。

第 28 天　阵雨

线路：波密—古乡—102 塌方区—通麦

早晨雨后的波密云雾缭绕，如诗如画。波密到通麦 92 千米的路段号称景观大道，的确名不虚传。如果说昨天行程上的景色让人觉得险和奇，那么今天一路的风光则是幽和秀。

G318 线上的景观大道

看着帕隆藏布湿地上的云蒸霞蔚，以及铺天盖地的原始森林，森林外云雾之上的冰川雪山，聆听路边鸟叫虫鸣，一日骑行在四季当中，的确感到心旷神怡。

路上经过两块著名的里程碑，一块是 K4081，2010 年一个骑友在此遇难；一块是 K4083，2009 年一名骑友遇难于此。证明这条景观大道不仅景色美丽，而且险象环生。最危险的路段，莫过于 102 滑坡群，不过今年路过时，看到的是崭新的水泥路，显然已经得到了彻底整修。

通麦是个小镇，所以住宿让我非常担心。

对于是否骑行，赵哥总是很保守，难得今天他选择骑行，我想陪他慢慢欣赏风景，于是欲让老万和落落先行。不料都很谦虚，或者是因为他俩在一起就会吵架，不愿一起走，我只得再次一马当先，老万乐意与我快骑，于是我们提前 1 小时 40 分到达通麦。侥幸找到住宿，稍后到来的骑友就没那么幸运，此时天正下着大雨，真不知他们该怎么办。

开始计划回家的行程，因为出拉萨的机票和车票都非常紧张。

原定的这次川藏之行是 50 天的时间，也就是从 7 月 6 日到 8 月 25 日，但现在大家已有不同程度的疲倦，归心似箭之情溢于言表，于是昨天我决定把集体回家的时间改为 8 月 20 日。

一直以为落落让她老公在代办车票，谁知她和凌宇刚才竟悄悄网定了他们自己的车票，13 号的。这让我非常意外和气愤，要知道一路除了雅江段外，每天的食宿都是我们为他们操心准备，甚至每天的车子保养都由老万代劳，几乎没让她操心……为什么？因为我们是一个团队，而他们今天的作为，简直形同路人。

帕隆藏布江和两岸铺天盖地的森林

我说过，此次行程我的主要目标是亚丁徒步，这之后的旅程很大程度上是为了陪他们到拉萨。尤其是这些我去年走过的路段，我没有必要再走一遍，但我还是在坚持，为什么，因为我们是个团队，当这些天团队成员各自心存芥蒂、缺少融洽时，我努力当好黏合剂……唉，失望，还是失望，看来，我这个领队当得很失败，也很窝囊！

老婆说得好，都是三四十岁的成年人，哪需要你去为他们操心？

也罢，由他们去吧，我也自由轻松了。

只是接下来的行程全被打乱，骑行山南和日喀则的计划仅从时间上来说已变得根本不可能，还有徒步雅鲁藏布江大峡谷、珠峰大本营……休闲、愉快的旅行忽然变得紧迫起来，不得不临时决定明天从通麦直接到八一，以节约时间徒步大峡谷。

沮丧、沮丧……

家里的骑友们正在策划欢迎我们凯旋的仪式，如何让 5 个人一起到家，我很为难。

通麦，是川藏线上西藏境内的海拔最低点，空气湿度很大，周围是漫山遍野、铺天盖地的原始森林，有点热带雨林的味道，云雾飘浮在山腰和峡谷间，显得幽深而梦幻。

通麦的住宿很拥挤，小吃也非常昂贵。通麦最闻名遐迩的小吃当属墨脱石锅，但 280 元的价

波密到通麦的骑行路上

格不配骑行川藏的时候享用。

近一个月的朝夕相处，每个人的个性得到充分的张扬，“风雨同舟”已变得有点奢侈。

5个人一起进行的晚餐，显得异常珍贵，六个菜、一瓶白酒、记不清数量的啤酒。

川藏线上，我总馋着酒喝，每每小酌一杯，听着赵哥“过瘾、过瘾”的感叹，心里特别惬意和有成就感，今天没有多加控制，喝了很多，感到天旋地转、腾云驾雾，散宴后，坐在桌边不敢起身，怕走不稳让人笑话……

这一顿很丰盛，这一顿很放纵和忘情，这一顿也很愉快，像是最后的晚餐。事实上这的确成了川藏之行的最后一顿团圆饭，从这一天起，“每个人都本分地表演着自己的角色”，我也不例外，我该终止“领队”的角色了，没有约束、没有纪律、没有迁就，也许更加快乐。

第29天　多云

线路：通麦—东九乡—鲁朗—乌季拉山口（海拔4 720米）—八一

又是一夜的雨声，到早晨慢慢停下。雨后的通麦，笼罩在云雾之中，显得更加神秘和梦幻。

通麦雨后的早晨

昨晚酒喝大了点，怎么走进房间的已经记不清了，躺在床上便不省人事。

西藏的夏夜，宛如内地的冬天，半夜冻醒，才知道没盖被子，喉涩、脑涨、腿软——感冒了，感觉在发烧。摸黑找了几片感冒药吞下，睡到早上7点多，还不想动弹，显然今天带病骑行已很困难。

色季拉山口海拔4 720米，25千米的急上坡，很有挑战性，是去年我骑过的最高点。按原来的理念，只要队友有人在骑，我都尽可能陪骑，哪怕是我去年骑过的路，但昨晚开始，我已重新定位自己的角色，或者说我找到我该扮演的角色。

犹豫到8点，还是决定陪老万、赵哥坐车。通麦没有汽车站，过路的客车也难

通麦大桥

得停下，正好门前停着一辆送货后返回八一的货车，几句寒暄，一拍即合，3 人车费 100 元。

司机四川人，跑这条线 10 多年了，他说沿路哪里有个坎、哪里有块石头，他都了如指掌。一路见人就打招呼，或者别人见了他就打招呼，哪怕路边的一个牧羊的村妇，都似乎与他很熟，证明这条路他的确跑了不下百次。

G318 线西藏境内的路况与去年相比，已得到大幅改观，惟独排龙天险依然如故，悬崖边开凿出来的羊肠小道，坑洼不平、起伏跌宕。

20 千米的排龙烂路，匍匐在万丈沟壑之间、悬挂在绝壁悬崖之上、掩映在不见天日的原始森林之中，一路听着易贡藏布江的怒吼，看着云雾飘渺中的峡谷、峭壁、黑洞洞的林海，一瞬间忘记了人间烟火，不知是身在天堂还是在地狱。

幽深的易贡藏布峡谷

鲁朗林海（2016 年骑行丙察察线时拍摄）

遗憾第二次进藏路过此处时还是坐在车上，而且一路发着烧，到 2016 年第三次路过时，排龙天险已不复存在，已由两座现代化的钢索吊桥和由数个隧道组成的隧道群所取代。排龙天险这段路成为我进藏骑行中少数几个没有骑行的路段，也是唯一一个永远也没有机会再体验的险段。

鲁朗，开满小黄花的草场铺天盖地，小溪、森林、帐篷、牦牛，一派世外桃源景象。去年住过的鲁朗老镇已经拆除，新建的鲁朗镇靓丽气派，但过多的商业味道，让我还是怀念去年蓝天白云下朴素的鲁朗。

司机说有人投资几十个亿，正在开发鲁朗，打造鲁朗旅游区。呵呵，有经济回报的项目进展神速，而排龙天险永远停留在战备状态。

司机告诉我，色季拉山口可以看到南迦巴瓦雪山，但到色季拉山腰就下起雨来，山顶乌云密布，什么也看不见。色季拉山口已建起了厚实的石碑和其他标志性建筑，但周边的草场和山头，如阴云中的帕隆藏布峡谷和鲁朗林海一样，远没有去年我来时蓝天白云下的景色壮观和美丽。也懒得多看，还在低烧，喝了感冒药，躺在驾驶室后排，一直睡到八一。

八一的住宿依然很贵，问了几家，价格接受不了，只好又找到去年住过的资阳招待所，三人间 120 元，没澡没厕，不过房间宽敞明亮。

感冒进行中，没有胃口。还在低烧，硬扛着不去打针，喝了大量的药后倒头便睡，待老万、赵哥午餐回来小憩后，3 人一起逛街、取钱、买数据线，计划明天去大峡谷的行程。

第 30 天　多云

线路：八一—巴河—工布江达（海拔 3 440 米）

按原来的计划，今天应该徒步雅鲁藏布江大峡谷。昨晚找房东老板了解情况，他告诉我，所谓到派镇看大峡谷，“其实是骗人的，500 元的门票，什么也看不到，要真正看大峡谷，还要往里走 3 天”——这其实就是我原计划的徒步墨脱线路——从派镇到墨脱，号称天下第一徒步线路。

美丽的尼洋曲河

去年滇藏线上与我同行过一段路的东北骑友王老师，当时一个人成功穿越大峡谷到达墨脱，让我羡慕不已。而如今队友们个个精神疲惫、归心似箭，加上时间紧迫，再谈徒步墨脱，简直是痴人说梦。

看来此生我无缘大峡谷、无缘墨脱，遗憾、遗憾、遗憾！

老板建议我们去南泥沟转转，我网上百度了一下，南泥沟远没有亚丁漂亮和出名。亚丁的美景我都领略过了，当然没必要去南泥沟，不如节约时间去拉萨做更有意义的事，那就是去大本营看珠峰，如果能够成行，也不妄我二次进藏之旅。

感冒中，盼愈心切，喝了过多的感冒药，昏昏沉沉睡到天亮。终于退烧了，感觉好了许多，决定向工布江达进发。赵哥决定要去南泥沟，其实他的主要目的是要留下来等落落，转交落落家汇过来的路费，这样很好，让我减少了某种后顾之忧。因为我虽对落落和凌宇单独买回家车票一事耿耿于怀，口里说不再管他们的闲事，但心底里还是惦记着他们的行程，赵哥默默地接过这个担子，每天把我安排的住宿点再介绍给随后赶来的落落和凌宇，让我感到心安。赵哥的胸怀值得我学习，也让我惭愧。

老万则有些幸灾乐祸，这老顽童经常有一种惟恐天下不乱的心态，让人哭笑不得。他的心思不在欣赏风景，不在享受旅行的乐趣。到底在哪里呢？我也说不清，整天喋喋不休地指责别人的不是，肯定自己的“英明”，让人不胜其烦，却又无可奈何。

工布江达大桥和桥另一端的工布江达县城

八一至拉萨406千米的路段又是G318线上另一番景色：宽阔的湿地，清澈的河水，婆娑起舞的垂柳，蓝色的远山，碧绿的草原，或蓝或绿的彩钢屋顶的藏寨……笔直但不太宽敞的柏油路沿清澈的尼洋曲河缓慢上行。

今天心情轻松，天气不错，和老万实力相当，沿途快骑，无牵无挂。虽感冒未愈，但也骑得如行云流水、酣畅淋漓，131千米到达工布江达刚好下午3点30分，大批骑友被远远丢在后面。住下不到半小时便大雨滂沱，雨停后现出两道彩虹，真是风调雨顺。

住雪山宾馆，标间120元，老万感叹今天洗了一次上路以来最舒服的热水澡。

晚餐难得老万慷慨，张罗着点了两荤一汤，他白酒我啤酒，喝得有点大了。他趁着酒性，缠着宰客没商量的老板还价，居然打了 8 折，2 个人吃了 100 元。

晚餐后找到菜市场，买了明天路上的储备：黄瓜、西红柿、红牛和饼干。

工布江达又是一个美丽干净的县城，规模比一路见到的县城都大。地处尼洋曲宽阔的河床西岸，河水碧绿如缎，清澈见底，平坦的湿地和河床上植被茂密、郁郁葱葱，河谷两边青山耸立，气候温暖湿润，雨量充沛，人称“西藏江南”。

回家的行程也已经确定，妻子为我们 3 人网定机票，14 日下午 3 点多从拉萨登机，17 点到成都转机，21 点 30 分到天河机场，当天就可到家。遗憾的是无法做到 5 个人同时回家，不过这也是离凌宇他们回家时间最接近的行程了。

第 31 天　多云　阵雨

线路：工布江达—金达镇—松多(海拔 4 288 米)

八一至拉萨是 G318 线上路况最好的，也是最繁忙的路段，络绎不绝的旅游大巴和越野车风驰电掣般狂奔，几乎贴着自行车把手嗖地驶过，稍不留神，就会吓一跳，令人心惊胆颤。

高原上汽车尾气格外浓烈，一路上呛得人难以忍受。

一处景点——中流砥柱

八一至拉萨 400 千米路段是最为富裕的地段，别墅群一样的新式藏寨，设施齐全：太阳能、卫星天线、健身广场……应有尽有，比这些硬件更为现代的是住民，路边不时有衣着干净的村妇向路人热情地打着招呼——自信满满。

今天 98 千米的行程，海拔上升 800 余米，强度比昨天稍高。

出工布江达县城不久，尼洋河开始慢慢变窄、慢慢变急，表明海拔上升加快。

终点松多镇是进拉萨前最后一个住宿紧张的地方，所以昨晚就计划好今早早点出发，可是早上起来找不到服务员办退房手续，一直拖到 8 点才上路，大批骑友已走到前面。

偏偏今天老万状态极差，说是早餐的花饭猪油太多，吃得胃不舒服，怎么也骑不动。见我心急如焚，主动让我一个人先走，好早点赶到目的地抢住宿。

于是我像冲击东达山、邦达、通麦的情形一样：一批批骑友被我超越，然后远远甩在后面，越往后，人越少，70 千米后，已经前后见不到一个骑友，即使停下吃饼干或换雨衣耽误上 10 分钟，也等不来一个骑友。

中途曾经有两拨年轻的骑友总计上 10 人，有意与我飙车，从我身边呼地超过，并很快把我甩开。我不慌不忙，依然坚守自己的节奏，一会儿便撵上并超过他们，他们不服气，又呼地超过去。这样反复几次，几个长上坡后，这些学生便偃旗息鼓了，除一个后脑勺上戴着一只大熊猫玩具的年轻人以外，其他的无一例外被我甩在后面再也没见踪影。

原来超越别人的感觉竟是这么爽的，难怪那么多人要挑战 G318 线，也难怪有人总想挑战“318”。

路遇一块著名的里程碑——G318 线 4 444 千米路碑，自拍了照片。据说此处不宜如厕，传言有一个骑友在此小解后，一上车便连翻两个跟头，呵呵，看来藏地佛法无处不在。

2 点 5 分到达松多。这是米拉山东南坡上一个孤独的小镇，进入拉萨前最后一个住宿紧张的地方，海拔 4 280 米。天蓝得感觉像是到了太空，能见度出奇的好，放眼远眺，可以没有任何遮挡地看到几十千米远山体的细节。

一组对我来说有特殊意义的数字组合——G318 线、K4318 路碑、梦回 318（我的网名）

住到南方宾馆，大堂经理见到我的第一句话就是“啊哈，这么早就到了？”，并告诉我，早到的好处是可以自由挑选房间，还可以先洗澡，用洗衣机不用排队。

三人间 120 元，性价比不错，刚办完手续，赵哥从八一坐车也到达松多，两人各吃了一碗肉丝面条，解决了午餐，计划等老万到达后，晚餐好好“腐败”一下。

傍晚，大批骑友涌入松多镇，楼道里熙熙攘攘，嘈杂不堪。洗衣机旁、澡堂门口果然排起了长队，幸亏我早已洗漱完毕。

老万结识了一个山东骑友，晚上一起吃饭。菜的分量极少、质量也很差，虽点了牦牛肉、红烧肉等，但吃得很勉强。

晚上，东北骑友王老师发来短信，说是从派镇进入雅鲁藏布江大峡谷可以不用买票，有一条便道，他去年走过的，穿越大峡谷进入墨脱只需 3 天时间，可惜我已离开八一 2 天了。

也幸亏现在才收到他的短信，如果 2 天前我得到信息，或许会改道进入大峡谷，结果一样是无功而返，因为当时武警已经封路，禁止徒步墨脱，原因是今年天气不好，接连有徒步者遇难。这是回家后得到的确切信息，正应了那句话：塞翁失马焉知非福——我只能这样安慰自己又一次错过大峡谷。

松多镇外不到一千米的地方有露天温泉，遗憾我还在感冒中，第二次错过泡温泉的机会。

明天到拉萨 175 千米，是单日行程最长的一天，其中出门便是 27 千米的上坡，翻越最后一个也是最高的山口——米拉山口，海拔 5 013 米。大家不约而同感到压力重重，不约而同地开始丢东西——衣服、鞋子等，最大限度地减轻行李重量。我虽已是感冒第三天，但胸有成竹。

第 32 天　多云转阵雨

线路：松多—米拉山口（海拔 5 013 米）—墨竹工卡—拉萨石桥宾馆（海拔3 650 米）

本打算早上睡到自然醒，再去挑战 175 千米的路程，这样会事半功倍，但学生队伍凌晨 4 点就开始起床，楼道里吵得天翻地覆，让人无法再睡。

向米拉山攀爬

勉强熬到 6 点多，反正已睡不着了，索性叫起赵哥和老万，排队洗漱、上厕所，然后排队吃早点，一人塞进一碗半生不熟的“肉丝面”，便披星戴月、打着车灯上路。

出松多便是缓上坡，赵哥和老万有些压力，骑得很慢，半小时后天已大亮，才只走了几千米，大批骑友纷纷超过我们。

赵哥知道我的节奏，陪着他爬坡，他压力山大，建议我先走，他和老万在后面慢慢骑。

清晨，通往米拉山口的路，冷风轻抚，空气清新而稀薄，尼洋曲河源头的细流清澈而委婉，宽阔的草场没有遮挡地延伸到两边高耸但很舒缓的山坡上，显得安静而荒芜，只听得见自己和骑友“吭哧吭哧”的喘气声。

一个人的骑行，多了几分寂寞，但也赢得自由和轻松，可以随心所欲地按自己的节奏前进。

早晨体力充沛，加上是进拉萨前最后的一段路，心情变得急不可耐和亢奋，因而学生们每个人骑得都很卖力，以冲刺的速度向米拉山口迈进。我今天没有找住宿的压力，所以不用刻意去抢时间，到达垭口前，还真有七八个被我超越的学生又重新超到我的前面。

米拉山口随拍

米拉山是川藏南线最后一座山，而米拉山口是川藏线上海拔最高和最著名的山口。可爱的米拉山口，美丽的迷拉山口，川藏线最难翻越的山？川藏线最容易通过的山？……总而言之，最后一个山口，总让人爱恨交加、百感交集。

爬到山口，登高回望，一个月来所有的痛苦、磨难、委屈，蓦然间变得像山下刚走过的路，显得那么细小、微不足道。心里惟有喜悦和激动，面对早上初升的太阳，我放开嗓子，尽情地长喊一声，不过瘾，再喊一声，前后的骑友受到感染，顿时山坡上的呐喊声此起彼伏！

米拉山口观景平台上设施很丰富，除了海拔标识、牦牛雕塑等，还有很多经营纪念品的小贩，俨然一处市场，还专门有好几名警察在维持秩序。

9 点 5 分我到达时，已是人山人海，乘旅游大巴的、自驾的、徒步的、摩友和骑友。

没有队友，想占据好位置照张相也难。只能先后与陌生骑友相互帮忙拍照，然后在寒风中录像、闲逛、等待。

等待的过程中，居然先后有数次被美女驴友当作"偶像"要求合影，表示很崇拜和向往，问这问那。有个细心的女人发现我驼包雨罩上的字，询问"梦回 318"的含义，并索要微博名，我告诉她，这就是我的网名……被美女当英雄，这感觉真好。

不好的是山口寒风刺骨，一个半小时的等待，让还未痊愈的感冒又严重起来。

一小时后老万到达，一个半小时后赵哥到达，警察说是有警务，开始劝离和疏散滞留的驴友，我已被劝了几次了，实在不好意思去补拍一张像样一点的照片，3 人草草合影，便开始下山。

从米拉山口到拉萨还有 150 千米的路程，好在没有上坡，二十几千米的下坡后，便一直是平路。看着路碑上的数字缓慢上升，以及拉萨河的水面慢慢变宽，150 千米真的很漫长、很难熬、很痛苦。我担心赵哥坚持不住，于是，我与老万轮流在前面领骑破风，三人一线，相距不到 2 米，以减轻风阻。

松赞干布出生地

后来得知，我的担心是多余的，赵哥其实状态很好。

中途游览了松赞干布出生地；拉萨郊区停下来在路边的瓜园吃了西瓜，种瓜人是河南的。

下坡的时候，车链条居然断了，幸亏老万带了魔术扣，要不然最后的 100 多千米要坐车了。

沿途随拍

从拉萨河的源头开始，我就发现一路污染严重，拉萨河已不是我去年来时看到的清澈明亮、两岸水草茂盛的情景，灰暗的感觉用一个“枯”字概括比较合适。

住到去年住过的石桥宾馆，标间涨到 150 元/间，还没得选择，老万嫌贵，但也只好接受。

历时一个月的骑行，终于到达拉萨，如释重负、百感交集……

四、珠峰大本营

第 33 天　多云

拉萨的住宿有些紧张，昨天傍晚到达时石桥宾馆时，只剩下一个标间，住不下 3 个人，得有一个人去和别人拼房。老万最容易入睡、也最容易和陌生人相处，并且鼾声如雷，我与赵哥任何一个与他住在一起都会受影响，所以去和别人拼房非老万莫属。但当赵哥与我先一步住到标间时，老万还是十分生气，抱怨赵哥“不地道”，我只得耐心向他解释和安慰他。

终于结束了川藏骑行，忽然没有了骑行的亢奋，身体反倒变得懈怠和脆弱，感到极度的疲劳。楼道里的嘈杂声、邻房小孩的哭叫、闷热的天气……让人不胜其烦，一夜没有睡好，早上起来感到喉塞脑胀——感冒加重了。

拉萨对我来说已没有新鲜感了，惟让我怀念的，是北京西路的美食。去年吃过的炸酱刀削面，让我回味已久，于是决定带老万和赵哥一起，一边向北京西路骑行，一边慢慢欣赏拉萨街景。

找到那家面馆，遗憾没有早餐，到对面一家卤面馆，20 元/份的猪蹄面，味道美妙而特别。

返回的时候，在布达拉广场一丝不苟地浏览了布达拉宫的雄姿和广场美景，直到中午。

布达拉宫倒影

广场留影

午饭后的第一件事是邮寄自行车回家。还是那家车店，还是那种方式，只是邮费已涨到 180 元/辆，还不包括超出的行李的重量。

今天要做的最重要一件事是联系旅行社，定下去珠峰大本营的行程。我原以为就我一个人要去，没想到赵哥也决定参加，这是我的第一个意外，也可以说是一个惊喜，因为有人和我一起去当然再好不过。

第二个意外是，老万说过我们 3 个“老弟兄”的活动，他一定参加，但这次去珠峰他不参加，说是对山水不感兴趣。第三个意外是，赵哥说落落也要参加，于是我和赵哥一起，定了明天去大本营的行程，团费 1 450 元/人。

似乎在发烧，非常难受，坚持办完最后一件事后，回到旅馆倒头便睡。

第 34 天 多云

线路：拉萨—曲水—浪卡子县—白朗县—日喀则

昨天傍晚凌宇和落落相继到达拉萨，赵哥出门迎接，把落落带到石桥宾馆，与我们住在一个地方。凌宇出于经济方面的考虑，住到另一家很便宜的旅馆。

今天凌宇和老万都留在拉萨，各自自由行动，我、赵哥和落落 3 人按既定的计划向大本营进发。

从岗巴拉山半山腰远眺雅鲁藏布江河谷
（这是 4 年后骑行中尼公路时拍的）

宇通客车，17 座，不是期盼的豪华大巴，但也不是太差，何况无意间和一个独行的美女驴友并坐在一起，使漫长的行程多了一份色彩和暖意。

拉萨到贡嘎机场 60 余千米的路，大概是西藏惟一的高速公路，客车行驶平稳，适合浏览窗外拉萨河畔美丽的风光。

4 年后（2016 年）骑行中尼公路时拍摄的羊卓雍措

4 年后（2016 年）拍摄的卡若拉冰川

过曲水后，海拔开始急剧上升。岗巴拉山荒凉而贫瘠，公路如鸡肠般弯弯曲曲在云雾中伸向山顶，站在第一个垭口观景平台放眼远眺，雅鲁藏布江河谷宽阔平坦、雾气氤氲。我想这要是骑行上来，一定很虐，一会儿居然真的看到五六个骑友在艰难爬坡，不禁自惭形秽，他们是真正的勇者。

羊卓雍措像是镶嵌在高原上的一块碧玉，晶莹剔透，生机勃勃。在远处雪峰的映衬下，更显得神秘和冷艳，岸边成片的油菜花，又使冷艳中多了几许妩媚。

扎什伦布寺一角

卡若拉冰川上云雾飘渺，积雪从云中一直延伸到离公路只有几百米的路边，晶莹幽蓝中，捎来几许凉嗖嗖的感觉。也许是长年受公路上灰尘的影响，冰川整体呈黑白分层形态，但冰川上半部在偶尔的一丝阳光的照耀下，依然熠熠生辉。

江孜平原的青稞一望无际、一片金黄…… 一路景色无限。

下午5点到达日喀则。一路在低烧，感觉比骑车还累，勉强支撑着游览了著名的扎什伦布寺，吃了难咽的团餐。天黑回到房间，实在难受和担心，找到诊所一查，果然还在发烧，输液、吃药，搞到10点30分才回旅馆。希望一觉醒来，精神百倍，因为明天要去大本营，海拔5 200米左右。

我知道高原感冒是一件很严重的事，带病去大本营的确有点奋不顾身。但行程不能更改，没去成雅江大峡谷已让我深为遗憾，我绝对不能再放弃珠峰的行程。

第35天　多云

线路：日喀则—拉孜县—定日县—大本营

早上起来，精神不错，感冒症状消退了许多，看来昨夜的点滴打得非常及时。

日喀则远不是我想象和期待的那么美丽。周围山峦十分荒凉。而且越往西走越是这样，一连数百千米见不到一棵树(除了城镇)，孤独清冷的G318线穿行在这些巨大的群山之间，冥冥之中不禁怀疑这是地球么？

因为第一次面对这样的地貌，觉得新奇无比，除了这些巨大的群山，还有高原上特有的美丽的蓝天白云，白云下连绵的雪山，拉孜平原上一望无际的青稞……无不让人感觉此时正在奔向又一个童话，只是这个过程有点漫长和痛苦。

行程350千米、经过2个边检站、近10个小时的颠簸，终于抵达本次川藏之行的最终目的地——珠峰大本营。这时已是晚上8点，太阳还很高，夕阳下的珠峰薄云轻罩，虽已在电视上无数次见过她的身姿，但当我终于站在她的脚下时，依然被她的雄姿所震慑和陶醉。

第一次到达距国境线这么近的地方，也是第一次过边检站，感觉很新奇。同座的美女在她的《边防轶事》里是这样记述的：边防战士的军装真酷，每一个战士穿上那身绿装都特帅。边防的建筑也没什么特别，可是在军徽军旗军号的映衬下却如此神圣庄严。

大本营，有点像难民营，上百顶黑不溜秋的藏牧民式帐篷，杂乱无章地散落在一片乱石滩上，每一项帐篷就是一家“宾馆”。

今晚我们就宿在其中一家“宾馆”里，过一次游牧部落一样的生活：没有厕所、没有电、没有水洗口洗脸。屋中央一只巨大的藏式铁炉前，一个中年藏民赤手抓起羊粪和牛粪添进炉子里生火取暖、烧茶；然后给我们煮了一锅缺油少盐的鸡蛋面条，20 元/碗，算作晚餐。谁也没有吃饱，幸亏都备有干粮。

铁炉的四周，围了 12 张藏铺，就是那种白天当凳、晚上当床的床铺，12 人就这样头顶着

嘉措拉山口两边连绵的雪山

排队过边检站

二号营地留影

头、脚抵着脚，没有脱衣、外套当枕巾睡在上面。其实谁都有心理准备，谁都能忍受这样艰苦的条件，难以忍受的是近 5 000 米的海拔高度，氧气稀薄，呼吸很困难，打个哈欠、伸个懒腰也累得人气喘吁吁。

赵哥预先在日喀则花 60 元买了一袋氧气，我在感冒中，担心扛不住，但还是硬挺住了。夜里气温 0℃左右，一日之间从盛夏到严冬，我不得不小心翼翼地照顾自己。

第 36 天　晴

线路：大本营—日喀则

昨夜极端的环境居然能够睡好，早晨醒来，神清气爽，感冒已彻底痊愈。

早上的珠峰大本营

清晨的大本营寒风刺骨，宛如严冬，但却是个大晴天。巍峨的珠穆朗玛峰在朝阳的照映下，洁白无瑕、摄人心魄，太美了，在电视上也没见过她如此完美的画面。

拍照，拍到手机没电，于是用 DV 长镜头，仔细搜寻雪峰上每一个细节，猜测昔日登山队员的行进路线。

大本营的帐篷、小贩、游客和边防武警

9 点，坐上环保车，到达一号营地，经过最后一道边防线，在武警指定的区域，最近距离、最大限度地欣赏和感受珠峰的壮美。

回程的路总感觉快捷得多，一路看到不少骑行珠峰的骑友，心里不禁升起一丝沉重的遗憾。在我的规划里，今年原本是骑行大香格里拉。

也罢，二次进藏的经历已经足矣，够我回味终生。

G318 线 5 000 km 纪念碑

日喀则市区

又是近 10 个小时的车程，谁都看得出藏族司机杰布已极度疲劳。2 个东北团友豪爽而幽默，轮换着陪司机说笑，以防止司机打瞌睡，常常逗得一车人哈哈大笑。尽管如此，我们还是免不了提心吊胆，傍晚 8 点总算安全回到日喀则。

晚餐没有团餐，司机说退钱，让我们自己解决。于是我、赵哥和落落 3 人点了白切牛肉、水煮肉片、土豆丝、三瓶啤酒、一小瓶白酒，好好慰劳了一下几天来清苦的肠胃。

明天就要回拉萨了，再过几天就要回家了，与朝思暮想的妻儿团聚，期盼、期盼、期盼！！！

第 37 天　雨转晴

线路：日喀则—拉萨

早上睡到自然醒，宾馆餐厅里吃了团餐：馒头稀饭。才出发便阴雨绵绵，几千米外什么也看不见。今天没有重复前天走过的浪卡子——白朗县一线，而是走 G318 线到拉萨，路程近 80 千米左右。

旅行车一直沿雅鲁藏布江行进，两边也是高山峡谷，但远没有雅鲁藏布江大拐弯处的大峡谷壮观，景色很一般，倒是正在穿山越岭的拉日（拉萨-日喀则）铁路工程让人印象深刻。

接近曲水，天慢慢晴了，气温回升，行进在雅鲁藏布江北岸，宽阔的湿地、成片的垂柳、远处高耸的群山、清澈见底的江水，一切让人心旷神怡，一切都让人有凯旋而归的喜悦。

曲水，最后一顿团餐，也是最丰盛的一顿团餐，藏族艺人的歌声，让这顿午餐

拉萨河的杨林（2016 年骑行中尼公路时拍摄）

变得更加难忘。

回家的感觉真好，回家的过程也不错。

快进拉萨，老实的司机杰布小心地对我们说，按常规，要把客人拉到购物点购物，走走过场，买不买无所谓。

于是先到食品商场，牛肉干、藏香猪、尼泊尔点心等，我正计划带些吃的回家，于是买了 500 多元的东西，省了回拉萨单独去找商场的麻烦。

接下来到藏药商场，没有我想要的东西，倒是导购员的讲解，让我了解了许多关于藏药、藏文化和历史知识。最后是到布达拉宫旁边的礼品商场看各种饰品，天珠、绿松石等，我虽有买的冲动，但考虑到实用性，还是什么也没买。赵哥和落落分别买了绿松石项坠。

终于回到拉萨，与老万和凌宇会合。

老万昨天单独去了纳木错，告诉我路上又结识了一个女大学生驴友……呵呵，这老顽童还真有女人缘。

八角街夜景

凌宇出于经济方面的考虑，单独吃住。

开始考虑给协会的骑友准备什么礼物，披肩、佛珠、藏刀……本来 10 天前在通麦，对于送什么礼物、什么价位和什么方式，5 人已达成一致。但今天老万说他已单独给群里几位骑友买了礼品，对于其他骑友，他不准备参与。他的理由是，谁和你玩得好，你就给谁买。

于是争论加争吵，然后是

妥协和无奈，再说他这种逻辑也不无道理，所以由他去吧。最后，我、赵哥、落落、凌宇 4 人以团队的名义共同出资，计划给协会的骑友每人挑选一件礼物。

第 38 天　晴

上午老万一个人悄悄去了布达拉宫。赵哥一早便去预定明天的布宫门票，然后与我一起参观博物馆，11 点 30 分出来直奔北京西路找美食。还是去那家刀削面馆，但还没有营业，转到 100 米远的另一家特色小吃店，点了独特的牛肉面条和卤鸡；无与伦比的味道，加上泸州老窖，让西藏留在脑海中的印象更加深刻和美好。

西藏博物馆

凌宇和落落明天中午的火车，一早我就催她赶紧去邮寄自行车，结果他们抢时间赶到布达拉宫广场照相。

中午趁他俩吃饭的时候，我和赵哥去给他们寄车。车行师傅已下班，等待打包的自行车停了一大片，为了节省时间，我只得亲自动手拆解、捆扎、打包，赵哥帮忙，半小时后搞定。

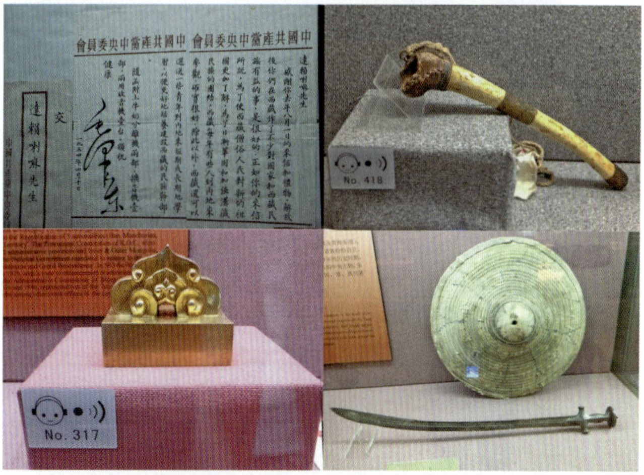

西藏博物馆珍藏的文物（分别是毛泽东写给达赖的信、人骨法器、五世达赖喇嘛金印、古兵器）

下午 4 人用了近 4 小时，精心挑选了带给协会骑友的礼物——手织披肩。礼物让我很满意，价格合理也实用，这得感谢落落的建议，女人对于挑选什么礼物总比男人精明得多。4 人一致同意，买了店里同类商品中最好的一款，估计每个骑友，或者说每个骑友的老婆或女友都会喜欢。

凌宇带我们找到他前几天

买过藏刀的商店，我、赵哥、落落 3 人分别买了藏刀寄了出去。

然后委托凌宇去书店买了相同数量的明信片，再到邮局排队近 3 个小时分别盖上邮戳。

明天大家就要分手，本打算今晚 5 人好好聚一次餐、庆祝骑行川藏的胜利，然后去布宫广场照一组 5 人的合影，但老万很不配合，到了餐厅门口，听到我们在打电话约凌宇一起吃晚餐，立刻拂袖而去。

唉，也难为了他，G318 线上每个人都在吃苦和受累，所不同的是，他还在受自己个性的累，一路总在跟人斗气，对于风景他根本不感兴趣。

对于骑行 G318 线，他说很后悔，感叹“哪晓得这么造业（吃苦）”。出发前，他对此次活动没有明确的目标和足够的了解，仅仅为了凑热闹而已，所以，当体会到骑行川藏是如此艰难后，有一种“误入歧途”的后悔。

其实每个人内心都有“展示自己强大”的冲动，但因种种原因，大多时候都能保持冷静和低调。唯独老万不加掩饰地将这种冲动发挥得淋漓尽致，如今到拉萨后有些失控，我也有些灰心，只能是尽量请他参加集体活动，如果他不愿意只好由他去了，于是他单独住宿、单独吃饭、单独逛街。

布达拉宫广场之夜

晚餐4个人点了4个大菜，买了一大瓶50度青稞白酒，5大瓶西藏啤酒，尽情地品尝和狂欢。邻桌的5个上海自驾驴友受到感染，也加入我们的欢乐行列。祝酒辞中，大家一致感谢我策划的此次川藏骑行活动，让我很欣慰。

凌宇喝吐了，有些晕头转向。

闹到8点30分，跌跌撞撞步行到布宫广场照相，大家非常开心，有点童心焕发。

返回的时候，遭遇倾盆大雨，顷刻之间路面变成河面，没想到西藏也有这么大的暴雨。在治安岗亭里躲了半天，见雨没有停歇的意思，脱了外套顶在头上冲回旅馆，衣服透湿，鞋子灌水。于是洗衣、洗澡，直到11点30分才睡下。

第39天　多云

昨晚蹚着齐脚背的水跑进旅馆，鞋裤透湿，早上没有鞋换，只好穿着湿鞋出门。9点与赵哥一起送走了凌宇和落落，然后赵哥去游览布宫，并约好中午一起去找美食。

回到旅馆，继续发挥“和事佬”的作用。落落走了，空出一个床位，于是请老万上来与我们一起住宿，免得他有被孤立感而产生更多隔阂。并劝他中午与我们一起找美食，然后一起逛街，还好，他没有拒绝。

11点多，赵哥逛完布宫，相约到北京西路西藏大酒店侧门会合。我和老万拦了半天出租车，拦不到。拉萨出租车的营运方式像公交一样，拉上了客人，只要还有空位，路上还可以继续拉人，尽管如此，在旅游旺季，还是一座难求。

我和老万不得不坐人力车，辗转半个多小时，才赶到目的地，终于赶上那家刀削面馆营业，3人各点了牛肉、鸡肉等刀削面，外加两盘卤肉，一小瓶白酒，久违的刀削面及其美妙绝伦的味道，与雪域高原的美景一起，永远留在了记忆深处。

下午踱到大昭寺广场附近，继续添置回家的礼物：藏刀、还有儿子想要的牦牛骨手链。

得知家里的骑友们正在为迎接我们回家而大张旗鼓地筹划时，我很感动，也有些惭愧。

其实骑行西藏不是什么惊天之举，没有必要被他们当英雄一样接待。如果他们能看一眼进藏线上成群结队的骑友，就知道骑行西藏已不再是什么传奇，以后更不是传奇。何况骑行难度在逐年降低，比如去年来时，西藏境内（芒康至拉萨）有200千米左右很烂的烂路，今年除了排龙20千米依然如故外，其他地段已修成了崭新的沥青路；而四川境内的G318线在大幅翻新、改道、打隧道，川藏线上的12个山口将随隧道的贯通而逐年减少。

布达拉宫广场的夜景

第 40 天　晴

清晨，一缕阳光透过窗帘缝隙，暖暖地撒在我的枕边——又是一个美丽的早晨：美丽的天空、美丽的拉萨，社区屋顶上的五星红旗在微风中轻轻飘扬，仿佛是在向我挥手告别。

于是我开始收拾行囊、收拾心情，准备踏上回家的路。

再见了，西藏。

永别了，拉萨。

还是在小巷出口的川菜馆里，吃了拉萨最后一顿早餐，油条、豆浆、包子，告诉餐馆里打工的湖北监利籍的大嫂，我们要回家了。

怕误了飞机，早早赶到布宫右侧的民航局，搭上机场专用大巴，沿前几天去珠峰走过的路，向贡嘎机场行进。回家真好，每个人都激动万分，老万和赵哥可能是第一次坐飞机，更是充满憧憬和期待。

下午 3 点 30 分，坐上飞成都的客机，17 点 50 分到达成都双流机场，本来是转 19 点 50 分到武汉天河的飞机，可是遇到晚点，直到次日凌晨 2 点多才起飞，达到天河时，已近凌晨 3 点。5 辆车、近 20 个骑友已在机场等了我们半夜，感动感动！

第三章 新藏线

远方的诗和诗的远方

又到了一年一次远行的时候，今年的行程计划得有点“野”，原因？一是时间节点极不合适：辞去好不容易等来的工作，对自己，是一笔不小的损失；对集体，虽算不得过河拆桥，也接近于釜底抽薪……

二是此行路程之远、强度之高、风险之大，前所未有。如下的描述，足以让绝大多数有过新藏梦想的骑友望而却步，也会让像我一样的疯子三思而后行：

沿途跨越天山山脉、昆仑山脉、喀喇昆仑山脉、冈底斯山脉、喜马拉雅山脉、唐古拉山脉。其中，两次翻越昆仑山脉；两次穿越无人区——羌塘无人区和可可西里无人区。

其中，独库公路堪称“中国公路病害博物馆”；新藏线（G219 线）则是世界上海拔最高的公路，沿途横卧着逾千千米的荒漠戈壁、永冻土层和常年积雪的崇山峻岭，和数百千米的高寒缺氧无人区……

相对如此艰难的旅程，我的身体显得弱不禁风，是否能承受旅途的折磨，我毫无把握。也许，我根本没有这样的体能，所以我做好了当逃兵的准备：不介意搭车、不介意半途而废、不介意无功而返，总之，保命要紧。这是对自己负责，更是对亲人负责。

有了这样的心态，也就有了去尝试的勇气。于是，有关骑行、有关草根的故事，从此以浓墨重彩的篇章得以续写：

2015 年的元旦前后开始准备：搜集资料、编制路书、体能训练、网上约伴、添置装备……

最初设定的行程是 7 月底出发，9 月中旬到达尼泊尔，然后徒步尼泊尔安拉普尔大本营。

4 月 25 日尼泊尔地震后，改变原计划，提前到 6 月底出发。先走独库公路，再走新藏线、青藏线,放弃尼泊尔。

6 月 15 日辞职,没有告诉老总我辞职的真正原因。

6 月 17 日,骑友们设宴为我和队友安皇践行。

6 月 20 日,孝感火车站托运自行车,托运费 105 元/辆。不到 40 个小时,就到了目的地——乌鲁木齐南站,有点早,保管费 3 元/天。

6 月 22 日,几个热心的骑友提前为我庆祝生日,其实这天根本不是我的生日,我的生日是哪天,连我自己也不知道,妻子把每年的农历七月十四日(恰巧在中元节的前一天)定为我的生日,而今年的七月十四日,我已经在新藏线上了。

6 月 22 日晚,二哥很郑重地动员我去临县承接一个诱人的项目,如何诱人?2 个月的收益,足够我玩户外玩到 70 岁。

这一夜我心情沉重、辗转反侧,不是纠结新藏线去与不去,而是心疼这次旅行的代价一下子变得异常高昂,高到足以让我遗憾终生。

6 月 23 日,早上起来,没有胃口。等到 8 点刚过,来到项目部找到经理,认真核算临县那个项目的成本,核算结果,让我喜出望外:项目确有其事,但预计收益,远没有二哥描述的那么乐观。

原来,二哥得知我即将远行的消息,知道拦不住我,于是炮制一个善意的谎言,想以此让我放弃“危险的”旅程……感动啊!

6 月 24 日,出发前最后一个与家人相处的日子,有些期待、有些伤感、有些愧疚,怕妻子伤心,所以装作若无其事。心烦意乱间竟找不到火车票,只得补票。

午后 2 点 30 分,小区的广场上与家人告别,二哥意外地也下楼为我送行,更意外的是他忽然与我拥抱在一起,说“注意安全”,我答“放心好了”。故作轻松,其实那一瞬间,我差点落泪。头也不回钻进车里,以避免在妻子和骑友们面前失态,免得让快乐的旅程搞得像生离死别般的悲壮……

下午 3 点 30 分到达孝感火车站,大雨将至,天气闷热难当,候车室如蒸笼一般。

17 点 45 分,终于踏上西行的列车,正式开始了梦想之旅。打油诗一首:

又别妻儿泪潸然,
夏出家门秋日还。
目尽黄沙千里雪,
踏遍西陲万重山。

一、独库公路

6月26日 多云转阴

39小时的煎熬，3 650千米的颠簸，让我又一次见识了祖国母亲的博大胸怀和沧桑面容：河西走廊至乌鲁木齐，绵延2 000多千米的黄土、草原、雪山，一路冲击着我的视觉神经。而更多的、无边无际的荒漠戈壁，是那么干枯、贫瘠、苍凉，让我十分震惊。

我有一个奇怪的想法：庆幸自己今世投胎没有投到关外。安陆真是个好地方啊，有山有水，鱼米之乡……

8点30分到达乌鲁木齐南站，站里站外的警戒级别，早在我的意料之中，退票、取行李的过程中，3次扫描身份证、2次过安检门。

这里的时差晚至少2个小时，行包房要到10点才上班。等待的过程中，又有2个骑友陆续到达：河南的往事（网名）、江西的小江。早几天到达的山西闲散野陌（网名）和衡阳初吻（网名），这时也骑车来到车站接我们。他俩领路，6人骑到麦田青年旅社，这里还有一个女队友——成都非想（网名），已来几天了。

旅馆条件很差，我有点失望，我想要住的至少是普通间，这儿没有，可不得不遵从大家的意见。六人间、上下铺，无空调，拥挤而凌乱，还有比我们更邋遢的外国人……青旅嘛，还是有些情调，走廊墙壁上铺天盖地的涂鸦，让我又找到川藏线上的感觉。

时差的原因，等到1点多才上街觅食：羊排手抓饭、酸羊奶。手抓饭不错，饭上的羊排，是我吃过的最美味的羊肉，可是餐馆不让喝酒，沮丧、沮丧！

后来得知，乌鲁木齐的民族特色美食真的不错，如手抓饭、烤肉等，可是无一例外地不让喝酒，而准许喝酒的汉人餐馆里，同样的菜肴，却不是那种正宗的味道，痛苦啊！

午饭后，又到了一个兰州的骑友——老蚍蜉（网名），总共8人，休息到4点，一起上街调车、骑游、闲逛。

逛哪里？据说大巴扎是内地来的游客必去的地方，那就大巴扎了。

乌市的马路上，似乎没有非机动车道，更没有自行车绿道。整个骑游过程，基

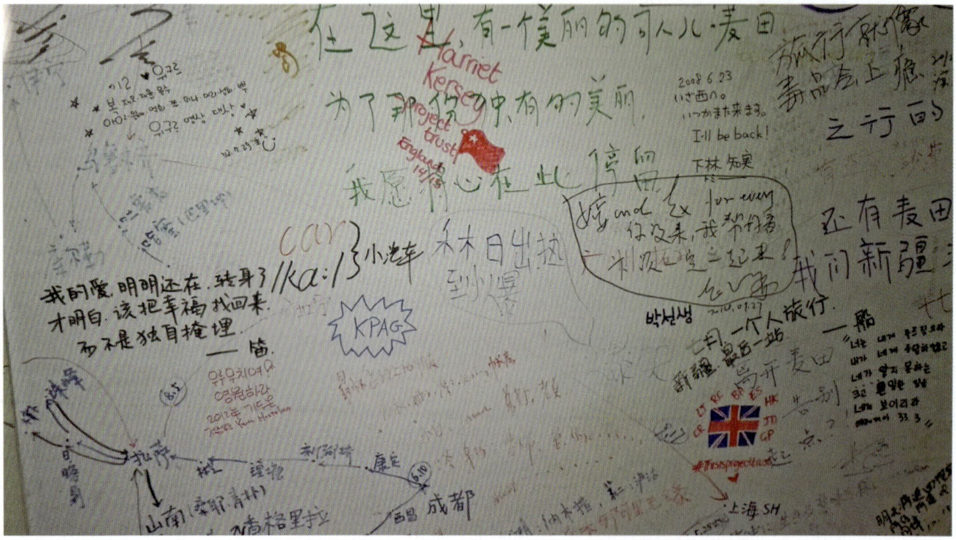

麦田青旅走廊墙壁上的涂鸦

本都是在快车道上和汽车抢道，让人胆战心惊；又或者在人行道上的人流中小心地穿行。这个城市不适合骑行，包括摩托——街上没看到摩托车，大概是禁摩了吧。

从火车站到住地，满街的行人，找不到几个维族面孔，只有到了大巴扎附近的街道，才感觉自己变成了少数民族——那里遍地都是维族人。

这里晚上 10 点过后天才会黑。8 点前后，大家一起上街吃饭，为了喝酒，放弃了吃烤肉和手抓饭，找到一家准许饮酒的面馆。拌面、凉菜、大盘鸡，集体到超市买来啤酒和白酒，包括刚刚到达的一个女队友——江西的千洛(网名)，一共 9 人。虽是初次见面，但其实都神交已久，更像是故友重聚，一直吃到夜里 10 点 30 分，才在我的催促下结束。

回到旅馆，发现又到一个队友——杭州的小兵(网名)。小兵其实不“小”，57 岁，满头白发，呵呵，还有比我还更老的队友。

到此为止，六人间就算住满了，拥挤不堪，好在大家都是老驴，轮流洗漱、如厕，秩序井然、相安无事。

时差还没有倒过来，很累，也还没有适应这样一个有别于以往任何一次的旅程环境。总也无法静下心来写日志，所以这天的游记写得很辛苦、时间写得很长，到半夜也没写完。没等到最后一个室友回来，我就睡了。

6 月 27 日　阴　白天零星小雨　晚上大雨

乌鲁木齐集结、休整、发呆、当吃货……

今天办的惟一一件“正事”，是协助“往事”落实明天去独山子的计划。

坐车去独山子有两种方案。一是汽车站乘车：车票 60 元/人，单车 80 元/辆，合计 140 元/人，最早上午 11 点发车。时间有点晚，而且 14 个人至少得分两批走，因为一辆大巴装不下这么多单车。

另一种方案是包车：47 座大巴，200 元/人(含单车)。经过大家表决，最后选择包车。原因是简单，安全，避免去汽车站乘车时繁琐的安检和周转。

时间定在明早 9 点上车，中午到达独山子，下午骑车 30 千米，到独山子大峡谷露营、野炊。

今天到达的队友是：广州的阿娇(网名)、成都的云朵(网名)、广州的和尚(网名)和他的队友阿涛。到此为止，骑行新藏线，从独库公路出发的全体队员集结完毕，共 14 人，10 男 4 女。最小的 90 后(小江)，最老的 50 后(小兵)，年龄段横跨近半个世纪。

除了找美食和喝酒，今天一整天都很无聊，坐也不是，躺也不是，大多时间是待在大堂里蹭网、发呆。

旅馆的大堂

所谓的大堂，其实更像是个酒吧，或者像个文化沙龙，是供驴友休息、看书、喝茶、上网的地方。

好不容易等到晚上 8 点 30 分，天下起雨来，大家一起打车，来到“三桥烤肉王”——维族人经营的烤肉店。吃烤肉串、烤羊肝、烤羊排，正宗的新疆特色，遗憾还是不让喝酒，不过一人一大杯店家自制的饮料，倒也不错。

中午吃得太饱，肚子还不饿，重要的是怕晚上吃那么多烤肉难以消化，所以我吃得很少。可惜了如此美味的大餐，真是暴殄天物啊！

14 个人吃了 1 000 元的烤肉和馕，成就了乌市最后一次“腐败”，也许是整个新藏之行最后一次集体“腐败”。

乌市最后一顿“腐败”

6 月 28 日　阵雨

线路：乌鲁木齐—独山子—大峡谷

经过 2 天的休整，身体状态基本恢复到在家的水平。因为不困，昨晚临近午夜还一直没有睡意，好不容易睡着，不久又醒了——这一夜没有睡好，但并不感到累。

天蒙蒙亮，便爬起来洗漱、烧开水、到前台蹭网，整理和发表昨夜来不及发表的日志，然后收拾行李。

8 点前后，大家陆续来到楼下餐厅吃早点。我和往事讨论独库结束后的行程安排，包括用什么方式到叶城：乘火车还是大巴、哪里买气罐，等等。

9 点左右，大家已整理好行李和装备，旅馆楼下匆匆照了合影，然后来到百米开外早已等待的大巴旁边，各自卸下行李。我和几个男骑友拆下所有单车的前轮，花了近 10 分钟，硬生生将 14 辆单车全部塞进了行李箱。

9 点 15 分开车，向独山子进发，一路无话。

出发前乌市麦田青旅门口 14 人的合影，从左到右分别是：阿涛、云朵、阿娇、千洛、闲散野陌、往事、安皇、初吻、老蚍蜉、非想、318、小江、和尚、小兵

下午 1 点左右到达独山子独库公路的起点，卸行李、组装单车、合影，然后骑到独山子市区，各自吃了面食，补充了干粮和水。

正要开拔，小江的车出现状况，链条打滑，无法骑行，只得找到市区捷安特车店更换，耽误近 2 个小时，接近 3 点钟才正式上路。14 个人、14 辆车，浩浩荡荡沿 G217 线向南挺近。

烈日炎炎、酷热难当，大多人都很久没骑车了，所以一直骑得很辛苦，也很慢。这样也好，反正今天就 30 千米的路程，晚上 10 点后天才会黑，时间富得流油。而这样的速度对我来说，实在太过温柔，于是我有足够的时间和精力一路停下拍照。

大峡谷在离开 G217 线 10 千米远的地方，但从哪里拐弯，谁都不能确定。问了几个路人和司机，没有确切的答复。后来和尚的网友（也是一个骑友）老狼开车从独山子赶过来，把我们带到大峡谷的岸边，并带来西瓜和水，真是雪中送炭，让人感动；更让人感动的是，夜里 12 点，他们夫妻俩人又开车送来啤酒、干粮和水。

大峡谷并不大，但很特别，更准确的描述，应该是横穿草原的一条深沟。虽然算不上壮观，但在“天苍苍野茫茫”的草原，忽然有这样一条深沟穿过，并向南一直延伸到天山山脉的雪山之中，这足以让人惊叹。

这里人烟稀少，视野开阔，广袤的草原、草原上的骆驼和羊群、峡谷里极具沧桑感的土坡、远处的群山和雪山……还有蓝天、白云、明月。此时此刻，我们就用一种特殊的方式，认真享受这个美丽的黄昏和夜晚——那就是露营。尽管没有水、没有餐馆和商店，甚至连一个住户也没有，但这一天注定让我，以及每个队友毕生难忘。

独山子草原

独山子大峡谷

6 月 29 日　中雨转晴

线路：大峡谷—巴音沟卡子（K578）—毛柳沟道班（K590）—乌兰萨德道班（K631）

码表记录：骑行里程 87.4 千米，骑行时间 7 小时 34 分，平均速度 11.5 千米/小时

仅看这 11.5 千米/小时的均速，就可知今天的骑行强度。累计 50 多千米的上坡，是从平地进入高原的过渡路段，好比川藏线上的折多山，或者滇藏线上的白马雪山，是给每一位敢于挑战的骑友一个下马威的地方。

早上 8 点左右从大峡谷出发，当最后一名队友到达乌兰萨德友谊回民饭店时，已是夜里 10 点 22 分。大部分队友几近崩溃……

在大峡谷岸边的草原上露营，的确是一件非常有意义的事，但也为此付出了不小的代价。这一夜我严重失眠，天快亮时，下起雨来，而且越下越大，丝毫没有停的迹象。

我收拾好自己的帐篷和行李后，催促并协助大家冒雨收拾帐篷。千洛感冒了，咳嗽不止、一脸憔悴，却没有带药，我将自备的感冒药给了她。

大峡谷岸边我们的露营地

营地到 G217 线之间，有 5 千米左右的土路，雨后变得泥泞不堪。自行车几乎寸步难行，不得不沿着岸边的碎石烂路，绕到另一个出口，等回到昨天进峡谷路口的 K566 路碑处时，已整整走了 23 千米。

如果能从头再来，相信谁都不会再选择去大峡谷——包括我，何况今天一路走过的奎屯河大峡谷，比独山子大峡谷壮观得多。

“守望天山”的纪念碑前留影

老狼已经替我们预订了今天的午饭，是在 K577 巴音沟卡处，从 K566 到巴音沟卡 11 千米全是上坡，而且是逆风，大家都骑得很辛苦。

我提前 35 分钟到达路口，老狼一家人已在这里迎接，再次让人感动。

我告诉老狼，千洛在感冒之中，能否去接应一下，他爽快答应。于是我们俩开车返回 3 千米，他接过千洛的单车骑行，我开车，连人带车，将千洛接到餐馆。

半小时后，14 人全部到齐，大多已筋疲力尽，很多人对接下来的行程忧心忡忡:从这里到今晚的落脚点还有 54 千米,其中有 40 多千米的上坡,中途没有补给和食宿的地方,基本是无人区。

老狼建议千洛留下休整 5 天,等病好了再跟随下一拨队伍骑行,但这孩子不愿留下,坚持要走。这给大家出了个难题。

我提出三个方案:一是全体留下休整半天,这里有吃有住,明早出发;二是千洛搭车到今天的落脚点,其他人全部骑车,体力跟不上的可以将行李放车上随千洛带走;三是分两组,体力不好的留下休整,想继续走的,饭后就开拔。没想到大家都选择继续骑行。

呵呵,那就走吧,可是阿娇提出一个貌似合理、但其实让我很无奈的建议:几个体力好的分担千洛的行李,我首当其冲分担一个背包。

14 人的队伍,实力相差悬殊,我无法做到跟在家里自己的车队一样去收尾什么的,何况这一天我已帮过别人很多:至少帮过 4 个人收拾帐篷,帮 2 个人从泥巴里推过车,替 2 个人修理和调试单车;一次将自己大饼(馕)给队友充饥,一次将自己的感冒药给别人救急;等等。

多管闲事,有时会给自己带来麻烦,那为什么还要帮呢? 除了已经形成了习惯外,有时帮别人也是帮助自己。比如,团队的行进速度是由最慢的那个人决定的,这就是所谓的“木桶效应”,你骑得再快,还是要停下来等候,所以,为什么不帮帮他、让他走得快一些呢?

这天的落脚点——乌兰萨德克友谊回民饭庄

但是下午的骑行,我放弃了等候,因为放慢自己的节奏,反而很容易造成精神疲劳。

晚上 8 点 30 分,我第一个到达乌兰萨德克友谊回民饭店——前后近百千米惟一的可以吃饭和住宿的地点。

听老板说,一到冬天,大雪封山封路,惟独乌兰萨德前后几千米从不下雪。

没有正式的房子,只有蒙古包、通铺,没有卫生间、没水洗澡……非常简陋。

我叫老板留了 3 个蒙古包,预订了大家的住宿。然后问有没有水洗澡,冷水也行,没想到他给我开了一个天大的玩笑,他指着坡下的溪流说,那里的水不冷,是温的，可以洗澡。

我信以为真，和安皇两个脱了衣服，踏进水里，立刻被冰得打颤，这分明是山上流下来的雪水，冰凉透骨……生平第一次用雪水洗了个澡，但愿不要感冒。

很累，却没有食欲，勉强喝了两碗汤。

洗了衣服，然后将早上雨中弄得透湿的帐篷挂在树枝上晾干。

饭后大家陆陆续续到达，我叫老板烧了几瓶开水留给女队友们洗漱，因为她们不便像我们一样可以用冷水解决。当最后一名队友到达时，已是晚上10点30分。无不疲惫不堪，估计最累的是千洛，因为她除了正在感冒外，她的行李似乎也是最重的。

其实第一次看到她，我就有些怀疑：身材瘦小、装备过多，连手机架、登山杖这些根本不需要带的东西她都带了，所以行李特别多。

在随后的日子里，她的病情越来越严重，无法坚持下去，两天后不得不打道回府。怀着新藏梦想而来，没想到才刚开始就梦断独库。

14个人，3个蒙古包，都是地上的通铺，大家挤在一起，铺盖很脏，散发着怪味。

第一次用自己的睡袋打底，上面再盖上旅馆的被子，并且用自己的抓绒衣当枕巾。所有这些措施，只是为了不让自己的皮肤直接接触旅馆的被子和床单，这种习惯一直保持到后来骑完所有进藏线路。

早上雨中用手机拍照时，无意中点了“航空模式”，显示“无卡”，无法使用，我以为手机进水了，其实是脑子进水了。纠结了一整天，只得借安皇的手机救急，给家人报平安，并打电话叫妻子迅速将我另一部手机寄到叶城……

今天沿途的景色非常丰富和壮观，从“风吹草低见牛羊”的独山子草原，到雄奇巍峨的天山山脉，而最为险峻的是奎屯河大峡谷，据说电影《七剑下天山》就是选在此地拍摄的。

电影《七剑下天山》的拍摄地段

一路没有见到过村庄和房

屋，却遇到放牧的牛群和维族牧民。过一个被羊群占满的路面时，骑在马上的牧民教给我穿过羊群的方法：边往羊群里骑边大声发出“吼……吼……”的驱赶声，羊群果然让出一条通道。这个方法让我很受用，在以后的行程中，常用不衰、屡试不爽。

通过羊群

6 月 30 日　晴

路线：乌兰萨德道班（K631）—哈希勒根达坂（K661.5，海拔 3 450 米）—乔尔玛

码表记录：骑行里程 55.89 千米，骑行时间 5 小时 34 分，平均速度约 10 千米/小时

今天的骑行里程虽只有 54 千米，却成了压垮部分队友的“最后一根稻草”——他们决定明天留在乔尔玛休整 1 天。

今天的强度确实很大，出乌兰萨德到哈希勒根达坂全是上坡，比昨天骑过的路还要陡，而且中途毫无缓冲，30 千米的路程，海拔上升 1 700 米。

与预料的一样，昨夜睡眠很差，早上很早就起来捣鼓手机，居然弄好了，非常惊喜。让人发愁的是，因为手机罢工，耽误了我一天整理照片和写日志的时间，让本就珍贵的时间变得异常紧凑。

写日志其实很累的，每天骑行结束后就已经筋疲力尽，却还要花费大量本该休息的时间写日志。不仅如此，日志写完后，往往又变得兴奋起来，很难入睡……

9 点前后，我所在的蒙古包的 5 个人陆续起床，各自吃了早点、备了午餐和水，与其他队友打了招呼，5 人提前开拔。

出乌兰萨德，依然是如昨天一样的路况和景色：高山、深谷、绝壁，谷底波涛怒吼，两岸高峡万丈……这有点像怒江大峡谷，不同的是怒江大峡谷两岸没有雪山，而这里能看到连绵不断的雪山，因而景色更加雄奇壮美。

挂在陡峭山坡上的独库公路

公路一直在岸边的绝壁上蜿蜒曲折、随奎屯河逆流而上……

我爬坡的节奏向来快于大多数人，这并不是我要逞强，而是只有按自己的节奏爬坡，才能坚持更久、更不会累。何况，我骑行的过程中，并不耽搁欣赏风景和拍照。

哈希勒根达坂北坡的盘山公路

今天也一样，10 多千米后，回头一看，离我最近的骑友也还有很远距离。索性放弃等待，一个人边走边拍，偶尔停下来喝水和吃零食，于 15 点 30 分到达防雪长廊入口处的观景点，在水泥防护栏上作打油诗一首：

十四骑友上天山，
奎屯谷深路通天。
千山万壑难不住，
踏破天竺谈笑间。

停好单车，跑到冰川上，释放久违的童真和兴奋——炎炎夏日里，踩在冰川上，能不兴奋吗？

请游客帮拍的哈希勒根达坂冰川和防雪长廊

请游客帮忙拍了照片，然后坐在石头上等待。40 分钟后，还没见到队友，有些冷，决定先走。进长廊前，还是回头看了一眼，发现安皇已经走近，于是返回来等他，并给他拍了雪上的照片，然后两个人一起向山口的隧道爬去。

过了隧道，便是 24 千米的长下坡，从白雪皑皑的山头，下到水草丰美的乔尔玛，很爽。

乔尔玛草原绿草茵茵、溪水潺潺，马群、羊群、蒙古包，这一切让人感到舒爽和安静。

我预订了大家的房间和晚餐，并给坐车过来的千洛联系了医生。

乔尔玛是前后 200 千米内惟一的集镇，却没有诊所，更没有医院。我通过旅馆老板联系的所谓的“医生”，其实是一名中年女牧民，可能连“赤脚医生”的级别都达不到，只有少量的感冒药，不能打针。

很困很困，没有热水，在澡堂里用冷水洗了个淋浴，用洗衣机洗了衣服，躺了一会儿。

当最后一个队友到达时，已是傍晚 8 点，太阳还在老高。

9 点开饭：大盘鸡、大碗羊肉、大盘牛肉……一顿很丰盛的晚餐，也是 14 人队伍的最后一顿晚餐，从明天开始，队伍将进行第一次自然分解。

14 人的队伍，能坚持到第三天，已经很不错了。分手，虽在我的预料之中，但多少有些惆怅，好比并肩作战的战友忽然要分开一样，而且也许再也没有机会重逢了……事实上最终没有再重逢。

再见了，朋友们，一路珍重！

7 月 1 日　晴

线路：乔尔玛(K685)—玉希莫勒盖达坂(K727)—战斗道班

码表记录：骑行里程 81.13 千米，骑行时间 5 小时 21 分，平均速度 15.1 千米/小时

与担心的一样，昨夜还是睡眠不足，安皇的鼾声，不知我何时才能适应。

天蒙蒙亮，索性坐起来打开手机，赶写完了昨天的日志，了却一桩心事。

按昨晚与往事商定的计划，今天一部分人留在乔尔玛休整，而我和安皇、小兵、和尚等5人向拉那提进发。这是14人的队伍进行第一次自然分解。才3天时间，各自的性格特点、骑行风格、骑行目的等，便有了初步的显现。比如往事，半年以来，他是最向往和积极准备此次长途骑行的人，但此时，我发现他目的不明确、态度模糊。后来更让人意外的是，除千洛因病退出外，他是第一个放弃新藏线的人——这是后话。

乔尔玛是个极美的小镇，被称为“美得让人震撼的地方”。如果不赶时间，在此小住几日，那真是神仙般的享受。但我们路途遥远，时间有限，骑行独库，本就是为新藏线热身，所以不能停留。

乔尔玛草原

旅馆餐厅里吃了馒头、稀饭、鸡蛋和几碟泡菜，然后与往事等人告别，我和安皇等5人出门往下一站进发。

出镇口有一座大桥——乔尔玛大桥，是独库公路与乔伊公路的交汇点——一处咽喉要地。我们左拐过桥，上到烈士陵园，了解了独库公路这条“英雄之路”的来龙去脉，瞻仰了镌刻着100多位烈士名字的石碑，然后正式上路骑行。

乔尔玛烈士陵园

今天虽然要翻越一个达坂，但其实是最轻松的一天。20多千米的起伏路，13公里左右陡坡，上到玉西莫勒盖达坂隧道，过隧道后34千米的急下坡——很爽，20千米左右的缓下——因为是逆风，所以还得使劲蹬踏。

乔尔玛通往那拉提公路两边的草原、森林和雪山

感到轻松的原因，除了本来强度不大外，今天一路的景色让人心旷神怡：草甸、牧场、杉林、溪流、格桑花、蒙古包，还有随处可见“牛羊满山坡”（哦对了，应该是马群和羊群）的景象，有点鲁朗牧场的味道，但比鲁朗牧场的景色更加丰富，比如一路可见绵延的雪山，而鲁朗牧场到夏天是看不到雪山的——至少我没有看到过。

早上出门不久，便遇到前天见过的两个骑友，一个是福建的，另一个年轻人是武汉的老乡，单骑走天涯的牛人，牛的不仅仅是他超强的体力，还有他乐观的心态，他每一句话的结尾，都伴有开心的笑声。他的行程是漠河—北京—乌鲁木齐—独库公路—喀什—新藏线—拉萨……他说到库车后不打算坐火车，而是一直骑到喀什去。

下午 4 点多到达 G217 线与 G218 线相交附近的“战斗道班”，而不是路书上说的拉那提镇，因为拉那提镇在完全相反的方向。

住到道班隔壁的“避暑山庄”——维族人开的家庭旅馆。除了蒙古包，最好的房间是四人间，100 元/间，没水洗澡、没有厕所，连公共厕所都没有，没有网络信号……

玉希莫勒盖达坂南坡的盘山公路

不过不用扎帐篷，还有可口的“大餐”：5 人点了大盘羊肉、酸辣土豆丝、啤酒和米饭。

有源源不断的自来水（不用关龙头），但不知为什么，老板不愿意我们用自来水龙头洗澡，只好下到河边用冰冷的河水擦洗，这是上路来第三天洗冷水澡，已不担心会否感冒了。

床上的铺盖脏兮兮的，不过没关系，被子当床垫，用自己的睡袋，抓绒衣当枕巾。

房东买买江是个 40 岁左右的维族汉子，既是老板，也是厨师和服务员。两个七八岁左右的女儿非常淘气，能歌善舞，并大方地表演给我们看。

买买江的两个女儿给我们表演歌舞

刚住下，门口就来了 3 个外国骑友，很嚣张，旅馆老板告诉他们：过了这里，前面五六十千米内没有住宿。一个红 T 恤外国人拍拍长满红毛的腿，表示：没关系，我们有的是力气。于是继续往前走了。

沿途留影

7月2日　小雨转多云

线路：战斗道班（K772）—那拉提达坂（K806）—巴音布鲁克（K834）—巴音郭楞（K873）

码表记录：骑行里程 107 千米，骑行时间 7 小时 31 分，平均速度 14.2 千米/小时

昨夜院里聚集了一群维族人吃饭、跳舞、唱歌，闹腾到很晚，尽管如此，我还是睡了自上路以来第一个好觉。早上起来，神清气爽，一身轻松，状态极佳。正因如此，今天的骑行强度尽管比昨天大得多，但并不觉得很累。

出战斗道班不到 2 千米，居然有一个漂亮的村庄（或集镇），这里有许多看似不错的旅馆，后悔昨天没有骑到这里住宿。出村庄沿一条清溪逆流而上，一路杉林、牧场，美不胜收。遇一“巴依山庄”，好像是一个旅游景点。山坡上有两个成年男女在唱歌，坡下一群小孩策马奔跑，技术娴熟。

过巴依山庄后，进入高山草甸，山大多没有棱角，山坡很缓。漫山遍野的绿草，像一张巨大的地毯，洒落其间的羊群如繁星一样密集如黑白珍珠一样夺目。

拉那提达坂山口是独库公路上第三个达坂。山口遇一对放牛的父子，很友

沿途留影

好，也很淳朴，主动招呼我们骑他们的马，让我们体验了一把骑马的感觉，不要误会，他们不是跑马场供游人玩的那种，而是真正的牧民，没有商业活动和目的。

过了拉那提达坂，映入眼帘的是无边无际的草原，没有上坡，笔直的公路直插远处的地平线，这样的路况本来应该骑得很轻松，可是五六级的逆风和侧风，使下半程的骑行变得很辛苦。

巴依山庄

那拉提达坂下的山坡和溪流

那拉提达坂上的牧童

傍晚8点左右，我和孤（武汉的牛人）率先到达今天的目的地——巴音郭楞乡，订下了住宿。这儿除了有网络外，住宿条件比昨天还差，最糟糕的是没有水，连洗漱的冷水也没有，只好再次用上折叠脸盆，从“餐厅”的水桶里倒了一点水，擦洗一下身子。

住宿条件很差，餐饮倒还不错，晚餐点的大盘鸡（今天的早餐也是大盘鸡和米饭）、炖羊肉、啤酒和米饭。餐

巴音布鲁克草原上的骑行

馆的老板(厨师)是回族,很年轻。开始不让喝酒,后来还是容许我们喝些啤酒。

后方传来消息,千洛因病放弃骑行,老狼已将她接回独山子,大概要打道回府了。

成都云朵也病了,在拉那提治疗。

新藏线还没有开始,便有2个女队友出现状况。

草原的夜像冬天一样,寒风刺骨,但愿今天也能睡一个好觉,明天要爬独库公路上的第四个达坂。

7月3日　晴

线路:巴音郭楞(K873)—山口大桥(K895)—铁力买提达坂(K933)—大龙池(K950)—库如力(K994)

码表记录:骑行里程112.47千米

巴音郭楞的住宿实在太差,最让人难以忍受的是没水洗漱。

昨夜大概我睡得很好,这至少从两件事上可以得到印证:一是早上起来,几个人说半夜来了房客,小孩闹腾得厉害——而我根本不知道;二是夜里我不知做什么美梦,竟笑出声了——笑醒了……呵呵,看来我睡得很沉,这得益于我和孤两人住在最里面的一间房里,而他非常安静(不打鼾)。

早上起来,小兵生起炉灶,用高压锅煮好昨晚没有吃完的羊肉,给大家一一泡上方便面……

小兵不小,是队伍中的最年长的一个,已退休的科研工作者。他是个老驴了,真是一个难得的队友,丰富的生活阅历、淡定而开明的人生态度,让我越来越佩服和尊重,最值得我学习的是他"不管闲事"的态度和淡定。

巴音郭楞草原和远处绵延的雪山

今天的骑行强度,理论上讲,与昨天的差不多。站在巴音郭楞的路口,南望即将翻越的草原尽头的山梁,感觉近在咫尺,可是实际向它迈进时,才发现竟是那么远,10千米,再10千米,又10千米……广阔的新疆草原,以及藏北荒漠,常常颠覆着我的空间感。

出巴音郭楞,30千米笔直的公路,略有上升,坡度缓得很

路边劳作的牧民

难让人用肉眼感觉得到。

30 千米后走出草原，进入山区。延续着“蓝蓝的天上白云朵朵，美丽河水泛清波，雄鹰在这里展翅飞过……牛羊满山坡”。其间几次遇到牧民集体劳作的场景：将大群的羊赶到一起，羊与羊的角捆绑起来，并排连接，像是在挤奶，又像是在剪羊毛，不管在干什么，肯定“工作量”很大，要不怎么有这么多人帮忙，有些类似内地的农忙季节，农民互相“赶活”一样。

20 千米左右的起伏缓上，再 10 千米左右的急坡，到达铁力买提达坂隧道，便算是征服了独库公路上最后一个达坂。过隧道后便是库车地界。站在隧道出口远眺，山高谷深、坡陡弯急、峰回路转……一幅大气磅礴的景象。

10 千米的陡坡，以极大的坡度和弧度，从寒冷的隧道口下到谷底的滩地，像是从初冬一下进入了盛夏，满眼的绿色，释放着生机和活力。

铁力买提达坂(垭口)

铁力买提达坂南坡的盘山公路

半坡上有一个旅游景点——大龙池，看似很繁华，主要看点是一个面积不算大、水也不算蓝的水库。在缺水的新疆高原，大龙池显得很突兀和珍贵，但对于从千湖之省过来的我来说，则感觉平淡无奇，根本算不得景点。所以，我们只是在大龙池吃了午饭（牛肉面、烤肉串）后，便继续赶路。

过滩地后又进入一个峡谷骑行，峡谷景色不错，但没有植被，显得太荒凉了。

这段峡谷里的骑行速度很快，安皇与孤两人大概有意想拉一拉小兵，或者是想拉一拉我。哈哈，在没有高反的情况下，我也是一个“狠人”，而整个独库公路，海拔最高处也不过 4 000 米，所以，我还没有出现过高反，总能笑到最后。

和尚和阿涛是广东人，不太适应中午的路餐，所以基本每天中午他们都在路上煮米饭吃。今天又因为停下煮饭而落在后面，不过我们的队伍依然是 5 个人，因为加入了孤和福建人——这是他们两个最后一次与我们同行。傍晚，福建人与我们分开，孤则独自连夜向库车挺进，于夜里 11 点到达库车，真是一个狠人，让我羡慕！

今天的落脚点是库如力，虽然可以赶到库车，而且有几个队友跃跃欲试，但最后还是放弃了。

库如力好像是个煤矿，环境很差，全是内地人（河南人），我们找遍了几乎整个集镇，只有两家“旅馆”。最终住到镇进口一家条件稍好的“渝容饭店超市”，条件比前几天好很多，最难得的是隔壁的“职工澡堂”可以免费洗澡，如果不太挑剔，也可以洗衣服，于是我洗了几天来积压的脏衣服。

荒芜的天山大峡谷

晚餐，吃了一顿进疆后第一顿内地口味的大餐。

7 月 4 日　晴

线路：库如力（K882）—库车大峡谷（K1025）—康村（K1042）—库车（K1089）—火车站

码表记录：骑行里程 109.62 千米

都以为从库如力到库车全是下坡，所以昨天曾有过直接赶到库车的念头，今天的感受是，这段路其实并不轻松。这主要表现在以下 4 个方面：

1. 库如力到库车有 100 多千米的路程，路况并不是想象的都是下坡，而是连续起伏，中间还有个 11 千米的缓上，后 40 千米基本都是逆风。

2. 过库如力煤矿后，一路尘土飞扬、乌烟瘴气，运煤的大货车川流不息，一辆接一辆从身边呼啸而过，让人胆战心惊，严重影响了骑行的心情。

库车神秘大峡谷留影

红山石林

3. 这一段的山体和戈壁十分荒凉，如果不是绵延几十千米的“红山石林”和“雅丹地貌”，实在没什么让人留念的景色。而“红山石林”和“雅丹地貌”，只是一个地质奇观，让人感到新奇，仅此而已，一生看一次就够了。除此之外，找不到多少的美感。

4. 这一天(难道这里的夏天就是如此?)出奇的热，尤其到了库车境内，更是酷热难当，因而，骑行格外吃力。

早上出门特意换上了短裤，到库车时，小腿上裸露的皮肤已经晒成红色。

库如力的环境很差，遍地灰尘，好在早上没风，街上有洒水车洒过水。在旅馆对面餐馆里各自吃了早点，便逃也似地离开小镇。出库如力，一路起伏缓下。这里海拔不高，山体却荒凉如外星球。

走了几十千米，还有煤的味道和颜色。里程碑 999 千米和 1 000 千米处分别停下拍了照，然后开始进入一个童话般的世界，或者像美国科幻大片里的外星球：红色的山体、红色的岩石，还有一片红色的河床。不知道这条河滩的名字是什么，很欣慰她哺育和承载了一汪绿色，镶嵌在满目红山林中，使这里的景色绚丽多彩，颜色十分明亮。

走出红山石林，进入戈壁荒漠。天气更加炎热，上百千米没有一处树阴(没有

红山石林地段的骑行

涵洞内休息和躲避高温

进入雅丹地貌

树哪有阴?),歇息的时候,我第一个钻到公路底下的涵洞里躲避烈日和高温。

然后是"雅丹地貌",这个名字对我来说很新鲜,自己很幸运,刚知道这个名字,便有机会实地参观。

下午3点前后进入库车城郊,又累又渴,看到路边的西瓜摊,欣喜。一个大西瓜,3个人吃得酣畅淋漓、一点不剩,感觉还没过瘾,新疆的西瓜真是好吃。

4点左右到达库车火车站,买了去叶城的火车票,夜里0点37分的站票。经过几次安检,到行李房办理了自行车托运,运费35元。

很累,找到火车站广场边一家旅馆,钟点房,20元/人。洗澡、睡觉。

意外地碰到老蚍蜉和云朵来车站了解托运行李的事。原来,老蚍蜉自行车坏了,而云朵感冒严重,两个人昨天坐车来到了库车休整……

傍晚7点,来到隔壁餐馆,5个人,7个菜,15瓶啤酒,开怀畅饮,以庆祝顺利地走完独库公路,这也是5个人在一起的最后一顿晚餐。今夜,和尚和阿涛将乘车北上回乌市,而我和安皇、小兵3

人，则南下叶城，继续下一个行程——新藏线。

经过 5 天半的骑行，行程 580 千米，翻越四个达坂，穿过雪山草原、森林河谷、戈壁荒滩、见识了高山湿地、草甸牧场、红山石林、雅丹地貌，终于将天山山脉甩在身后。

心得是，独库公路的确算得上是一条经典线路，但作为一条单独的线路，不远数千里来完成，代价有点大了，好在对于我和我的队友来说，骑行独库只是一个热身，因为我们的真正目标是新藏线——G219 线。

二、喀喇昆仑

7 月 5 日　多云

线路：库车—喀什—叶城（火车）

都说“没到过新疆，不知道新疆有多大”，而这些天我真实地感受到了新疆地域的辽阔。从地图上看，库车到叶城只是很短很短的一段细线，而实际上，却有上千千米的距离。

这是一段非常艰苦的旅程：火车上没有空位，非常拥挤。赶上学生放假，满车厢都是年轻的少数民族面孔——更确切地说，此时我们变成了少数民族，有一种莫名的紧张和小心翼翼……

车厢里的情景

过道上连站立的地方都没有，座椅底下的地板上都躺满了人。幸亏我找到可以放下托包的角落，而我可以一直坐在托包上……

从凌晨0点37分上车，到下午2点30分左右抵达叶城，14个小时的煎熬，比骑车还累得多。

火车上遇到赶来叶城集合、同走新藏线的小蒋(安徽)和小包(浙江)，于是我们的队伍又恢复到5个人。

叶城的市容似乎比库车干净和整洁，但天气一样酷热难当。

感到意外的是，这里居然有人接待：安皇的老乡柯总，已在广场等候多时，把我们安置到"乔戈里登山宾馆"，然后设宴为我们接风。

宾馆没有水，据说叶城正处干旱时节，每天晚上11点后才供应自来水。

非常疲惫，饭后一觉睡到晚上10点多。

7月6日 晴

除了用水紧张外，昨晚的住宿是最好的一次，也是睡得最香的一晚。

早上自然醒，已近8点钟。洗漱完毕后，5个人裸车出门，一路骑，一路逛，一路添置各种用品：安皇买了脚撑，小包买了捆绳，我买了气罐和药膏，小兵买了裤子和气罐，等等。

找到超市，各自买了未来几天的干粮和饮料：方便面、牛肉干、巧克力、红牛、矿泉水……，而其中最便宜也是最实用的是"馕"，一个才2元，足够我吃两顿，每人至少预备了2个。

叶城比我想象的要大，也比我想象的漂亮。

餐厅里的乐队

中午回到宾馆，柯总又来接我们吃午饭。

柯总把我们接到一家非常豪华、也非常"民族"的酒店吃饭，手抓饭、羊肉粉、大盘鱼、烤肉架……几个维族老人组成的乐队，用传统的民族乐器，演奏传统的民族音乐，为食客伴奏。

我们享受了一顿纯民族特色的美餐，让我感到不安的是，这些全是柯总招待的，包括两晚的住宿。

傍晚，后方的“往事”忽然告诉我，他明天回家，不骑新藏线了，让我感到非常意外和不解。

新藏线 0 千米路碑和门楼留影

晚上 10 点多，天还没黑。我和安皇、小兵 3 人，出门逛街。

11 点前后，逛到一家小馆晚餐，3 个人点了 5 个菜，有点“腐败”，但想想从明天起，就要风餐露宿，啃干粮、喝白水，也就不心疼了。

7 月 7 日　晴

线路：叶城（K0 海拔 1 365 米）—格克亚乡（K62）—普萨村（K72 海拔 2 183 米）—南京矿山工程有限公司（原水泥厂）（K93 海拔 2 650 米）

码表记录：骑行里程 99.45 千米

今天的实际里程应该是 93.5 千米，之所以码表记录多出五六千米，是因为出门骑到 17～18 千米处时，安皇的车胎破了，而我们到 K20 路碑处停下休息时，才看到未接电话，于是又骑回来几千米帮他补胎，这一补，竟然在不到 5 千米的距离内，连续补了 3 次。

在叶城休整的一天半时间内，吃住都十分奢侈，因而体力恢复很好。

今早 8 点不到，便整装待发。吃完早点，在新藏线起点 0 千米处拍了合影，柯总给安皇打来电话，说是在 K6 千米前后等我们，要与我们道别……真是一个好人啊！

出发前在新藏线起点0千米门楼合影

进入沙漠和雾霾地带

今天的行程，理论上讲，很有一些强度，几乎一直是上坡，海拔上升1 200米左右；还有天气非常炎热，是出门以来最热的一天。空气质量很差，这里居然也有雾霾天气，让人错愕。

一路戈壁，沙漠，雾霾……本就荒凉得让人触目惊心，而偏偏原野上是灰蒙蒙的一片，蓝天不蓝、白云不白，使今天的骑行，变得非常枯燥。不过，也许是休整后有充分的体力，加上今天一直是顺风，我并不觉得太难，几乎是不知不觉间便到了目的地。

进入山区之前，查看地图显示，这里位于塔克拉玛干沙漠的西南边缘和昆仑山的北部边缘。

路边售卖梅子的维族村民

昨天大家都预备了过多的补给，使行李的重量空前增大。而今天的实际情况是，沿途虽然人烟稀少，但还是可以买到补给的：62千米处的格克亚乡，从位置上讲，是一个很好的补给点：这里的馕很多，也有小卖部，可以买到各种饮料。而我们骑到这里时，仅买了一个大西瓜，骑行的路上，能吃上新疆的西瓜(非常甜，也很便宜)，真是一件极爽的事，而这样的经历，出门来这是第三次……

下午4点，到达“南京矿山工程有限公司”的院子，这里并不是旅社，也没有餐馆，早先是不得已为路过的驴友免费提供借宿和其他帮助的，但现在已改为收费了，住宿费30元/人，原则上不提供就餐服务。条件极差，得用自己的睡袋。

老板的态度极好，她告诉我们，原先并不收费，但驴友在墙上乱涂乱划、乱扔垃圾等恶习，给他们造成很多麻烦，所以，现在是有偿服务，这也符合情理。

我当然不在乎收费，甚至庆幸收费，因为这样才感到心里踏实。

老板说我们来晚了，加上今天骑友太多，不能给我们做晚饭，但后来又说可以煮面条我们吃，呵呵，这当然好，既不用扎帐篷，也不用啃干粮。

面条20元/碗，似乎有点贵，但等煮好端到桌上一看，才觉得物有所值：不是每人一碗，那简直是每人一盆，每盆里还有3个鸡蛋。吃面条、喝啤酒，虽简单，但也是一顿美味而特别的晚餐。

这个单位的老板应该是南京人，院里打杂的都是四川人，进进出出的工人里还有维族人。院里有五六条狗。

进入昆仑山脉，大地满目苍山、荒凉不堪

床位有限，到傍晚8点多时，基本住满了骑友，我所在的房间里除了我，还住了一对青年男女。闲聊得知，他俩是四川人，没有骑行经历，还是“菜鸟”的级别，居然敢来骑新藏线，他们自己就觉得唐突，所以都没有把握，显得忐忑不安……第二天下午分别后，就再也没见过他们。

7月8日　多云

线路：南京矿山工程有限公司—（K93海拔2 650米）—库地达坂（K111海拔3 250米）—127道班（K127）—K130兵站—库地（K160海拔2 970米）

码表记录：骑行里程67.31千米

昨晚的一盆鸡蛋面条吃得非常到位，于是又预订了今天的早餐，一人一海碗

雾霾中的库地达坂盘山公路(北坡)

肉丝面条,20 元管饱。

吃完早餐,8 点 40 分启程。

出门先是缓上坡,坡度越来越陡,10 千米后,开始翻越新藏线的第一座大山——库地达坂。从此,一头扎进了昆仑山脉的怀抱。

库地达坂又名阿卡孜达坂,维吾尔语称“赛里亚克达坂”,语意为“猴子也爬不上的山崖”。

正与维语形容的一样,库地达坂非常凶险,是我爬过的最陡、也是最险的长坡。之所以险,是因为路边没有防护栏杆,脚下是万丈深沟,让人胆战心惊。难怪早上出门前,老板娘说库地达坂太陡了,不能骑,只能推。今天确实有很多人是推上来的,不过我们 5 人全是骑上来的。

沿途随拍

正因为凶险，所以，库地达坂的景色非常雄奇险峻、气势磅礴，这正是我感兴趣的景观，因此今天骑得很兴奋。

过垭口后是 15 千米的下坡，比山的另一边更陡、更险、更曲折，所以骑得更加刺激，一路超越骑友无数。

下到谷底，开始在峡谷里逆流而上，地貌有点怒江大峡谷的味道，遗憾被浓浓的雾霾笼罩着，拍不出好照片。

库地，是一个小集镇，大概因为有骑友的原因，显得有点繁华。但这里的环境实在太差，到处乌烟瘴气的。

凶险的库地达坂南坡

我们所住的“甘肃饭店”，实际上是一个“中国动物卫生监督”机关院子，条件当然很差，被子太脏，只得用自己的睡袋。只有一个公共厕所，水很紧张，不过勉强用院子里储水桶里的水洗了衣服，又擦洗了一下身子。

这里有餐馆，因为可能从明天开始，就要接近无人区，可能会吃不到像样的饭菜，所以趁现在还有机会，以“今日有酒今日醉”的心态又奢侈了一把：炖羊肉、青椒肉丝、回锅肉、西红柿炒鸡蛋、啤酒。

昨天就下决心上高原后不再喝酒，但今天还是忍不住喝了，给自己放纵的借口是：这里的海拔只有 2 900 多米，明天再戒吧。

7 月 9 日 多云

线路：库地（K160 海拔 2 970 米）—194 道班（废弃）—204 道班（K206 海拔 4 300 米）—208 道班（K208 海拔 4 400 米）—麻扎达坂（K217 海拔 4 950 米）—麻扎兵站（麻扎道班 K241 海拔 3 850 米）

码表记录：骑行里程 83.76 千米

今天的骑行强度空前巨大，所以骑得实在太累了。

83 千米的路程，57 千米是上坡。也许是重装骑行的原因，感觉坡度比川藏线

哈拉斯坦河峡谷

大得多。早上出门时，有 20 多个骑友，爬到最后，纷纷改为坐车。只有我们 3 个老家伙一直骑到麻扎兵站。

麻扎达坂是新藏线上最长的达坂，也是最容易诱发高反的达坂，很不幸我中枪了，而且从这一天开始，我的高反越来越严重。正如安皇调侃我说的："海拔 4 400 米以下你牛，过了 4 400米后，你就是行尸走肉。"

83 千米的距离，本来计划的是 2 天的行程，路书中将今天的住宿点(露营)设在 K208 处的道班，而为什么我们用一天完成了全程，这有几个原因：

1. 原 K208 千米处的废弃房子已经拆除，已不适合扎帐，就算住到那里，可海拔有 4 400 米，从 2 950 米的海拔，突然升高到这个高度住宿，很容易产生高反。

2. 麻扎兵站这里有住宿，尽管条件极差，但总比住帐篷好，而且这里的海拔不是那么高，只有 3 850 米，更重要的是，这里有餐馆，不用啃干粮、烧泉水。

3. 我们 3 个老家伙有信心直接骑到麻扎兵站，一是耐力比年轻人更强，二是我们的单车比他们好得多。他们大多是 24 速的，走川藏线没有问题，但翻越新藏线上的达坂，则非常艰难，很多人不得不推行，或者干脆搭便车过去。

早上 8:40 出发，库地出口过边检站，耽误很长时间。

麻扎达坂与队友安皇的合影

爬到 4 000 多米的高度，看到路边河床上的冰川，兴奋不已，跑下去站在冰上脱下衣服，光着上身拍了几张跳跃的照片，这为加速高反埋下了祸根。

骑到海拔 4 000 米的时候，开始出现高反：嘴唇发乌，昏昏欲睡，4 500 米后，神志不清。最后的 2 千米，自行车像

沿途随拍(分别是库地边检站、哈拉斯坦峡谷、麻扎达坂、麻扎兵站)

醉酒一样,摇摇晃晃,怎么也扶不稳,几乎是在半醒半梦间爬上麻扎达坂(海拔4 950米)。兴奋,有成就感,拍照……

然后套上布帽、头巾、护膝、两件抓绒衣,开始下坡。

苍山、冰川,公路如羊肠般在如外星球的山谷之中向下盘旋……下山的路非常壮观,我不断停下拍照。

接近谷底,终于看到阳光,身上有了一丝暖意。出谷口有一片低矮的房子,不知道这就是兵站,没看到先到的安皇在门口等候,我和小兵直接骑了过去。下到谷底的河滩,只见更小更低矮的房子,感觉不妙,与安皇打电话,才知已经走过了500米。返回时,异常艰难:不仅是上坡,而且麻扎兵站的位置正处在一个风口,七八级的大风吹得人站立不住、冰冷透骨、十分难受。

一到住宿点,就找开水泡了两包板蓝根喝了,预防感冒。

都说我高反了,包括房东,最明显的标志是我的嘴唇乌紫、脸已浮肿。房东说是要化红糖水给我喝,但我不愿承认是高反,强装硬汉,觉得疲惫是主要原因,吃羊肉、喝羊肉汤……吃完饭,坐在桌边喝糖水、听当兵的闲聊,慢慢地有了一些感觉。但愿明早一觉醒来,精神百倍,再翻越新藏线上的第三个达坂——黑卡达坂。

麻扎达坂南坡如外星球的峡谷

前两次的进藏经历说明，我是容易出现高反的一类，而且高反周期很长，这次有过独库公路的热身，但愿问题不大。

今天的住宿点是东北人在这里搭的几个棚子，条件非常简陋，像是难民营。

晚饭很奢侈，今天我是“病人”，由小兵点菜，一盆炖羊肉、一盆猪肉炖粉条，这是5个人的量，包括还未到达的小蒋和小包。后来其他骑友告诉我们：小蒋和小包还在半路，今天肯定来不了，他们应该在46千米处的道班落脚……于是，5个人的队伍又剩3个人了。

7月10日　阵雨

线路：麻扎兵站（K241 海拔 3 850 米）—黑卡道班（K290 海拔 4 060 米）—K301 铁矿旧址（K301 海拔 4 400 米）—黑卡达坂（K309 海拔 4 930 米）—赛图拉哨所—三十里营房（赛图拉镇）（K364 海拔 3 660 米）

码表记录：骑行里程 124 千米

这124千米其实是2天的行程，我们又是仅用一天的时间完成了，原因？一是我有些被迫，因为我很想停下来休整一天，而队友们选择继续前进。二是中途没有合适的露营地点，路书中所说的几个可以扎帐的地点，如“铁矿的旧址”和“无人小破屋”等已消失。事实上，新藏线上很多违章建筑和废弃房屋都已拆除，意味着这些地点不再适合扎帐，只有黑卡道班还在那里，但早已废弃，没有任何补给，谁都不愿在此受罪。而赛图拉镇有吃有住，是前后几百千米除红柳滩外，唯一有条件休整的地方。

昨晚很累，而且有高反症状，对今天的行程有些担忧，他们都说今天要直接赶到赛图拉镇，强度极大，我不甚赞同。

“难民营”里非常嘈杂，几十个骑友，睡在用夹板隔开的几个“房间”里，还有“厨房”“餐厅”等，都是直接与我们的床铺相连……这一夜谁都没有睡好，而我尤为严重。

早上天不亮，就有6个男女骑友爬起来，叽叽喳喳地吃早点、收拾行李，提早出发，说是要骑到赛图拉镇（三十里营），看来他们的压力很大，只是这严重干扰了还在睡觉的我们。

他们走后，我就起来了。天色阴沉，喀喇昆仑山脉笼罩在乌云之中，宽阔的叶尔羌河一片沉寂。昨晚像是下了一场雨。

感觉还很疲劳，对今天骑到赛图拉镇没有把握，但充满期待，因为我很想赶到那里休整一天。对于我的这种想法，他们不是很赞同，小兵甚至开玩笑说“独库公路上你拉着我们走，现在我们要拉着你走”。后来事实是，到达赛图拉镇时，他们也累得根本不想走，更想留下休整。

还是 8 点 40 分左右出发，出麻扎兵站后，一直沿叶尔羌河逆流前行，一路起伏路面，基本是缓上坡。偶有小雨，中途换了几次雨衣。麻扎兵站出口的河对岸，有一条小道延伸向大山深处，据说是通向世界第二高峰——乔戈里峰的道路。

10 多千米后，遇到泥石流挡住去路，武警工程车正在清理。武警士兵非常友好，帮助我们推车，从河床上绕过泥石流。

开始的几十千米，我的状态很差，这不仅有客观的原因（没睡好觉），还有主观的原因，那就是高反和对高反的忌惮，自己把自己当成了病人，他们也把我当成了病人。不过三四十千米后，便进入了状态，期间还帮助一个年轻的骑友补过胎。

泥石流处，武警帮我们推车从叶尔羌河河床上绕行

50 千米后，到达黑卡道班，果然有废弃的空房子，但谁也没有停下看一看的打算，继续前行，再也没有看到过路书上说的空房子。

过黑卡道班不久，我们追上了清早出发的 6 个骑友中的大部分，这时雨大了起来，纷纷穿上雨衣雨裤。

K292 处开始急上坡，新藏线上“最变态”的达坂，就此开始。

之所以被网友称为“变态”，一是坡度极大，17 千米的距离，海拔上升 900 多米。二是最后的 6 千米是“冻土融沉试验观测路段”，这是新藏线唯一的非柏油路段，著名的 6 千米盘山土石路。

非常不幸的是，我们赶上下雨，土石、泥巴，让骑行变得非常艰难和痛苦，这时，支撑人坚持下去的，就真的是所谓的“意志”了。

我给自己定下的规矩是，必须每爬2千米，才能停下休息一次。如果不是这样，不知要爬到何时才能到顶，因为总想停下休息。而这2千米此时变得极其漫长和难熬，路边的百米路桩，反复给人希望，又反复让人接近崩溃……

因为缺氧，不得不张大嘴，大口大口喘气(深呼吸)。我的经验是，保持呼吸的频率是踏频的1/2，就是每蹬踏2圈，呼吸1次，一点也不能变更，否则就很难受。比如，就算是吞一次口水(造成呼吸滞后)，也会产生短暂的缺氧……

黑卡达坂半坡上的午餐

爬到半山腰，又累又饿，雨还在下，没有躲避的地方，只得在路基下架起炉灶，煮了一包方便面，滚烫的面汤，此时胜过山珍海味。

黑卡达坂不仅坡陡，而且发夹弯一个接一个，一个比一个令人畏惧。今天终于明白了黑卡达坂为什么被称为新藏线上最凶险的路段了。

凶险的黑卡达坂

土石路上我摔了一跤，而整个 6 千米土石路，小兵没有骑行，艰难推车，付出不小的代价。

终于爬上垭口，海拔 4 930 米，非常疲惫。等待小兵的过程中，飘起雪花，很冷，套上抓绒衣和冲锋衣，还是冻得瑟瑟发抖。此时我的高反很严重，面色发乌，嘴唇几乎变成了黑色。

翻过达坂，开始进入峡谷。一辆货车侧翻在山坡上，物资散落一地。半个月后，一名女骑友在这里遇难。

总共 40 多千米的下坡，坡度很缓，而且是起伏路。不幸的是今天逆风，因而，虽是缓下，但还是要使劲蹬踏，越到最后，风越大，骑得也越艰难。晚上 9 点左右到达赛图拉镇时，每个人都接近崩溃，极度疲劳。期间我的车胎破了，好在漏气很慢，所以懒得修补，一路走，一路加气，这样反复加了 3 次气后，终于支撑到了目的地。

住到镇进口的招待所，三人间，整个院子就一个公共厕所，用水极紧张，我自己买了脸盆(并打算一直带上)，找了一盆水擦澡……

原以为骑行新藏线的难度仅仅是高海拔，现在才发现，新藏线上的达坂，比川藏线上的山口起伏大得多。生活条件也艰苦得多，因为条件艰苦，不得不带上更多的补给和装备，因而负重成倍增加。

不过到目前为止，3 个老家伙仍然是同一波几十个骑友中，最“强悍”的一组。

今天终于摆脱了雾霾，进入高海拔地区，一路河滩、峡谷、沙丘，还是那么荒凉不堪，像是行走在外星球上一样。

傍晚路过著名的赛图拉哨所遗址，关于赛图拉和赛图拉哨所，有过许多传说：

逆风中骑行(队友小兵和安皇)

“赛图拉哨所所在的区域，原本是丝绸之路的南方交通线，可由此前往印度，是英国殖民者十分渴望的战略要地，占据此地可窥视南疆内地。赛图拉是古老的商贸通道，是通往印度拉达克首府列城的古丝绸之路上最后一个居民点。

“赛图拉哨卡的最早历史要追溯到1877年，左宗棠收复南疆后，100多名清军敢死队员骑着骆驼、马匹，带着粮草，历尽艰难，跋涉1个月，艰难来到了如今的赛图拉，并迅速与当地民众联手，拉土运石，建立了军事哨卡。从此，这里成了当时政府最高海拔驻兵点，是中国最西边境的防御大本营，承担着西部边关800多千米的喀喇昆仑山的守防任务，由此清朝政府就在赛图拉、克里阳卡和麻扎达拉设卡。”

7月11日　晴

赛图拉镇休整：修自行车、清理行李、洗衣服、喝水、睡觉、闲聊、补写日志、看小镇夕照……

我们用4天的时间，跑完原计划6天的行程，所以有足够的理由停下休息1天，也非常有必要休整，也不得不停下休整，因为太累了，也是为了争取更多的时间来适应高原稀薄的空气和环境。

赛图拉镇坐落在一片泥石流冲击后形成的乱石堆缓坡上，镇后雪山连绵。

没有电，所有用电装备不能充电，只有晚上才发电几个小时。

赛图拉镇顺达招待所——我们的住宿地院内

没有水，整个白天，只供应给我们一瓶开水，剩下的，是自己买矿泉水烧。早上厕所水龙头终于有水了，很浑浊，刚洗完衣服，就又停了。

赛图拉镇

还好，这一切都不影响休整，明天一天，将又要完成路书上计划的 2 天的行程，原因？还是为了赶到有吃住的地方。

傍晚 6 点，招待所来了个 4 人组骑友，其中 3 个超过 65 岁，最老的 67 岁，都白发苍苍。他们早上 9 点从麻扎出发，下午 6 点就到了赛图拉，比我们快得多，真是牛人啊！不过今天天气很好，而且大概他们人品好些，没碰上逆风。

后来得知，他们从北京出发，一直骑到这里，已经骑了 80 多天了。而年龄最大的一个叫蒋绍奇，67 岁，是玩铁人三项的，据说在全国比赛中拿过名次，曾代表八一队出国参加过比赛。

还有一个 65 岁的白发老头名叫俞连杰，中国摄影家协会会员，对玩黑白胶片有极高的造诣，骑过北京—滇藏、北京—川藏，每次都是五六千千米。而这次是北京—新藏，刚从帕米尔高原骑过来。

俞连杰的行李看起来很少，只有一个二合一托包，后来他告诉我们，该用的装备，他一样都没少带，只不过他的东西数量更合理、重量更轻、体积更小，当然价格也更贵，比如他的驮包就是 2 000 多元，冲锋衣是他女儿从美国买回的始祖鸟品牌的……不牛才怪。

7 月 12 日　晴

线路：赛图拉镇（K364 海拔 3 660 米）—K386 兵营－K410 道班（废弃）—康西瓦达坂（K425 海拔 4 250 米）—烈士陵园（K435 海拔 4 010 米）—红柳滩（K487 海拔 4 200 米）

码表记录：骑行里程 126.16 千米

经过一天休整，体力得到一些恢复，高反症状暂时得到缓解。

一进新藏线，物价就开始贵了起来，赛图拉镇一个西瓜30元，想吃，但没舍得买。

早上8点多，在招待所餐厅吃了早点：3个花卷、一个鸡蛋、一碗稀饭，共15元。

8点30分左右出发。

昨天我们3人讲好，路上不要离开彼此视线，以防万一发生单车故障或其他意外，可以互相照应。可是今天安皇状态大概不错，一会儿就跑得无影无踪，我在后面修车、上厕所耽误一些时间，幸亏没有出现需要队友帮助的状况，否则会很麻烦，因为没有手机信号，彼此无法联系。

康西瓦达坂的雪山

康西瓦达坂留影

不过我还是有些生气，又不好责怪，唯一的发泄手段是，下午我也以同样的方式予以回敬：从烈士陵园到红柳滩53千米的路程，缓上、起伏、大风，我一口气骑完，将他们远远甩在后面，并超越两波其他车队的骑友，赶到红柳滩订好房间和晚餐。

我这样疯跑的原因，并不是斗气，也不是逞强，只是用这种方式告诉他们，保持团队精神，坚持互相照顾，不要因为某一天某人的状态好，就可以丢下他人，如果是这样，那邀伴干什么呢？

其实这些天来，我们一直是这样做的，而且配合得很默契：总是在一起骑行，并约好多少千米停下休息，有问题（比如破胎）一起解决。

晚饭的时候，我也告诉了

他们我的意图。

今天的行程，其实是完成了路书计划的近 2 天的行程，路书规划今天应该骑到康西瓦道班住宿，但康西瓦道班已经废弃，没有补给，只好赶到红柳滩，这里有吃有住，是进入无人区之前，最后一个可以吃住的集镇。

路况：出赛图拉镇，翻一个大坡，道路沿河谷缓上。

40 千米后，开始爬康西瓦达坂，10 千米达到垭口，海拔 4 250 米，这是进入新藏线上后，遇到的第一个很“温柔”的达坂，坡度很缓，有点像安久拉山口，不过因为海拔已超过 4 000 米，爬得并不轻松，蒋少奇推着自行车一路小跑着爬到垭口。

垭口上与 2 个年轻骑友互拍了照片，开始下坡，10 千米下到烈士陵园入口。烈士陵园是每个新藏线骑友必去的地方。这里安葬着 62 年对印自卫反击战牺牲的 68 名烈士。

康西瓦烈士陵园

陵园在国道上去 2 千米处，笔直的上坡，很陡、逆风，很艰难地骑上去了。缅怀英烈、拍照、午餐（我的午餐是：牛肉干、咸蛋、巧克力）。

山下几千米有一大片房屋的废墟，有人说那是个战时的临时野战医院，反击战中被偷袭，医院没有战斗力而全部阵亡。也有说是各个战斗部队来不及送往后方的伤员。

不管烈士们怎样牺牲的，他们今天仍然在这里，陵园里气势威严。

从烈士陵园下来，我开始疯跑起来，起伏路、缓上、10 千米左右的逆风加沙尘暴、15 千米左右的顺风，剩下的是侧风和乱七八糟的大风，我一口气骑到目的地——红柳滩，时间 18 点 18 分。

住到“青年旅社游客之家”，其实是一排低矮、简陋的平房，一对四川中年夫妻经营。有吃有住，还能洗澡，用冷水淋浴有点冒险，因为这里海拔 4 200 米，如果感冒就糟了。

他们俩住双人间，我怕吵，便一个人住单间，明天将翻越奇台达坂，路程远、强度高，没有好的睡眠，会很辛苦。

我们3个搭档的一个最大特点是，在吃住上不会吝啬，每到一地，只要有条件，都会尽可能吃好一点。今晚也不例外，大盘鸡120元，多得没有吃完，还喝了啤酒，尽管每个人嘴唇发乌，但还是禁不住诱惑，不过我只喝了半罐。

饭后，各自预备了2天的干粮和水，因为从明天开始就正式进入无人区了，2天半的时间内，再没有补给点了。

7月13日　多云转小雨

线路：红柳滩（K487 海拔 4 200 米）—509 道班（海拔 4 500 米）—奇台达坂（K535 海拔 5 200 米）—甜水海兵站（K597 海拔 4 890 米）

码表记录：骑行里程 113.76 千米

今天太累了——这句话出门以来似乎说过不止一次，但今天的累，如2012年爬巴郎山一样，注定让我刻骨铭心一辈子。此时——赶到目的地的时候，我躺在兵站的床上一动不动，我说我此时想哭一场，大概没人会相信；若干年后，当我再重温这篇游记时，我自己也许还不会相信，就刚才一会儿，我需要队友服侍：帮我倒开水、泡红糖……

之所以如此累，大概有以下这些原因：

1. 事实上这些天一直是在和疲劳作战，前4天的时间跑完6天的行程，而昨天和今天2天时间里，走完路书规划的3天的行程。

2. 昨晚我住在厨房的隔壁，夜里有香港游客到来，房东做饭、安排客人住宿、收拾厨房等，搞到凌晨2点多才消停，而今早又很早起来在厨房倒腾。这一夜理论上我有三四个小时的睡眠时间，而其实等于整夜失眠，所以今天状态极差。

红柳滩外的雪山和乱石滩

3. 今天的强度虽不如第三天爬麻扎达坂，但实际情况是，今天一直在平均海拔超过4 500米以上骑行，我已出现严重的高反。

出红柳滩（海拔 4 200 米），就开始缓上，50千米后，爬上奇台达坂垭口，海拔5 200米，已有明显的高反症状，而且很累。以为接下来的60多千米就容易了，殊不知这 60 千米是起伏路，更要命的是，这 60 千米都在海拔 5 000 米左右，氧气稀薄，一个很小的上坡，就得用最小档位、就得张大嘴巴大口大口喘气…… 60 千米，实在太漫长、太难熬、太痛苦……

4. 今天是进入“无人区”的第一天，因为预备了 2 天的补给，所以今天的行李是整个新藏线之行中最重的，心理负担也是最重的。为什么？担心高反、担心无人区没吃没住、担心露营挨冻，等等。

无人区的骑行（队友安皇）

非常幸运的是，进入“无人区”的第一天，甜水海兵站“收留”了我们：答应我们在这里住宿，住宿费 100 元/人，晚饭 50 元/人。没有水洗漱，但供应我们 2 瓶开水。这些对我来说，就像是天堂般的待遇了，因为，如果不收留我们，今晚我们将住帐篷、啃干粮、挨冻，而且，刚才还在下着雨和雪……

非常值得记录、并注定怀念一生的是今天的晚餐：兵站的食堂里，七八个士兵一桌，桌子上一脸盆炖菜，我们 3 人坐一桌，也是一大盆同样的菜：鸡肉、粉条、豆筋、海带、土豆……，不知有多少种食材炖在一起，热腾腾、香喷喷，对于此时饥寒交迫的我们来说，无异于山珍海味……

每天同一地点出发的，有接近 30 个骑友，而今天，只有 1/3 左右的人仍在继续骑行，其他的人无影无踪，很显然有人放弃了无人区，直接坐车过去了，也有人留在红柳滩休整。总之，几乎每个人都经历了川藏线的洗礼，但几乎每个人都有同样的感慨：新藏线的强度比川藏线大得多。

今天的风景继续是寸草不生的荒漠、无尽的荒凉，没有“万物”、没有喧嚣，沉寂得让人恐惧，如果不是绵延的雪山和吝啬的蓝天白云，实在让人有种不在人世的陌生感和空荡感。

只有早晨红柳滩外飘荡在山腰的云雾，给苍凉的 G219 线和喀喇昆仑山增添了一丝生机和梦幻的感觉……

今天第一次拍到藏羚羊。

奇台大坂是新藏线上第一个海拔 5 000 米以上的山口，爬到上面正好下起雪来。过垭口后的下坡，看似不陡，却很危险。红柳滩旅馆的老板告诉我们，一个星期前有一个骑友在这里下坡时失控，摔成重伤，被解放军救援，送到三十里营抢救。后来我们到达拉萨遇到伤者的队友，证实确有此事。这是我在新藏线上骑行的时间里听闻发生的第二起骑行事故，而黑卡达坂那个女骑友遇难则是第一起事故。

下了奇台达阪后，进入阿克赛钦盆地里，这里就是真正的无人区了，看不到任何生物，像是另一个世界。

站在奇台达坂山口俯瞰下山的盘山公路和阿克赛钦盆地

阿克赛钦盆地里骑行非常辛苦，内心焦虑，对终点极其渴望。当看到远处有一汪淡绿色的小湖的时候，心里涌起一丝希望——这大概就是著名的“甜水海”了。甜水海湖水已接近干枯，结晶的盐碱，看起来像是凝固的海浪，或是千万个挣扎的精灵。

从码表显示的里程数推断，应该已到了终点，可是还没有甜水海兵站的影子，看着远处袭来的雨雪，心里十分着急。极度疲劳，还是硬着头皮向前骑行，走过一个山包，忽然看到左边三栋气派的楼房成品字形分布在几千米远的山坡上。此时下起雨来，累、冷、着急，顾不得换上雨衣，拼命向兵站骑行，看起来没什么坡度，也感觉不出有多远，但骑起来才知道很陡、很长(3 千米)、骑得非常吃力。

7 月 14 日　阴转多云　傍晚小雨

线路:甜水海新兵站(K597 海拔 4 890 米)—K672 无名垭口(海拔 5 193 米)—泉水沟(死人沟 K672 海拔 5 118 米)

码表记录:骑行里程 92.2 千米

今天的行程,是踏上新藏线以来强度最小的一次,没有大起大落,开始的几十千米基本是平路,而且是顺风。要是在内地,这是跑 30 千米/小时的节奏,但今天全程在海拔 5 000 米左右骑行,所以谁也不敢骑快,也根本骑不快,除非找死。尤其是我,感觉并不轻松,最后的几个长坡,虽然很缓很缓,但还是骑得很辛苦,最难受的,是屁股和手腕……

一直以为自己的体能不错,但新藏线上,当我出现高反以后,便成了"老弱病残"的一类。

昨天因为太累,晚上睡得很沉。非常庆幸睡了一个好觉,早上起来,尽管脸有些浮肿,但感觉身体状况不是很差,除水肿外,没有其他明显的高反症状。

兵站的士兵每天只吃两顿饭,早上不做早点。我们只得自己在房间里生起炉灶,烧开水和煮方便面吃——当然所谓的"开水",最多也只有 80℃。

8 点 40 分前后,我们和另外四五个骑友(徐主任、蒋绍奇等)一起离开兵站,回到 G219 线,继续向下一站——死人沟进发。上路不久,看到路两边插满整齐的铁柱(仪器?),猜想大概是解决"永久冻土"的设施,这在以后的行程中经常遇到。

永久冻土层处理(或检测)设施

据说甜水海地区地质状况复杂,气候变化较快,经常上午天晴下午就开始暴雨、冰雹、大雪胡乱下一通。昨天傍晚我们到达时,就是以一阵大雨加冰雹的方式给了我们一个下马威。

该地为沉降地形,含氧量低,容易发生重度的高反症状,兵站的人会根据客人的状况而决定是否接纳你住宿,如果判断你是老弱病残的一类,会婉拒客人留宿,因为怕你出现高反后死在这里,据说以前出现过这种情况,还打过官司。

而我在极度疲劳加高反的情况下,在这里住了一晚,安然无恙,体能得到了很好的恢复，是不是就此克服了高反？

哦对了，感情忽然变得很脆弱，不知是不是高反的症状，如果是，那我今天的高反极其严重。

因为睡了一个好觉，才有了一些精神，思绪恢复了活跃，出门后，慢悠悠骑着，想着很多的事情，当然不是关于油盐酱醋，不是关于功名利禄，也不是关于张家长李家短……

从此进入西藏

红山湖

身在这个荒凉的如外星球的世界里，已 20 天了，对内地、对家乡、对亲人、对昨天的一切……我姑且把这些统称为“尘世”吧，尘世——恍如隔世，我忽然充满无尽的怀念和感动。家乡真好啊！哪怕平时极其讨厌人和事，我也充满怀念和感激，而最让我感激、感动、愧疚的是我的亲人，我不知有没有勇气在回家见面的那一刻，对他们说声“对不起”……想着这些，我哭了，回头看一眼队友，都在离我 10 米开外，况且我戴着头巾，开着音乐，他不会感觉到我在哭，于是索性不再强忍了，一路哽咽着，从 K625 路碑附近，一直哭到 K637，才感到舒畅了好多……

今天是进入“无人区”的第二天，而今晚的落脚点，则是整个新藏线上最无奈、也最令人恐惧的一个：没有补给、没有吃住的地方。于是，千辛万苦背了上千千米的帐篷、睡袋、气罐和炉头，终于排上了用场，也是新藏线上唯一一次派上用场：明天，这些东西都将成为鸡肋——留着压人，弃之可惜。而小兵打算直接送给藏民。

死人沟

泉水沟

今天落脚点的地名有点雷人——死人沟，海拔 5 118 米。据说只是字面上可怕，这里的氧气含量比甜水海要高，所以身体感觉更好。只是生活条件非常艰苦：煮方便面、啃干粮，用空矿泉水瓶到山沟里装泉水，开水的沸点很低，估计不到 80℃。

死人沟海拔约 5 118 米，在一片开阔的盆地里，盆地的大半被一个湖泊占据着，湖面平静如镜，四周的山体显出各种斑斓的色彩，让人觉得有一丝的诡异。

这里没有居民，攻略上所说的工程队早已撤离，只有一个边防检查站，驻有武警部队和特警，检查和登记来往的车辆、人员。而每个进入西藏的骑友都必须在此领一张有关自行车的表格，以后的每一个边检站都要在这张单子上盖章。

好在旁边有两间专供路人临时歇脚的活动板房，里面有两张破铁床，当然没有被子以及其他任何生活设施，连地坪都没有打，一股尿骚味，显然有人在里面拉了尿……

床上有一张纸条，是刚刚路过的骑友留给他的队友的，“此床是留给你们的，其他人不要用”。一小时后，纸条中所说的“你们”到达，是 2 个女骑友——婉容和麦苗，她们看了看床铺，嫌脏，去找边检站借宿，居然答应了。只有蒋绍奇一个人留在这里与安皇一起住活动板房。

我和小兵将帐篷搭在活动板房外面的空地上，这里的夜应该很冷，我为此带了两床羽绒睡袋，还有充气气垫……

安皇只带了一床薄睡袋，这是他不得不忍受着尿骚味，将帐篷搭在屋里的原因。

此时外面在下雨夹雪和冰雹，还好，雪落地即化。我看过一篇别人的新藏游记，他在死人沟的雪夜里住了一晚帐篷，所以，我为了死人沟之夜，专门带了两床睡袋，即使下雪也不怕，因为我的装备是为下雪准备的……

死人沟我们的露营地

没有商店和餐馆，我拿着脸盆和空矿泉水瓶，下到桥洞底下，装满泉水端上来开始烧开水、做晚饭（煮方便面），因为缺氧，端水的过程很辛苦，每走一步，都要急促地呼吸几次。

今天的风景开始还是平坦的荒漠，寸草不生，荒漠的两边10千米（20千米？或者更远，反正我无法判断出大概的空间）外是绵延的雪山，30千米后，开始有了黄草、湖泊、鸟类，还有珍贵的藏羚羊，今天拍到了真正的藏羚羊，纠正一下，昨天拍到的是黄羊。尤其进入西藏境内，风景慢慢好了起来。

给人印象最深的是红山湖，非常干净和美丽，尽管因为是冰雪融化期，湖水有点浑浊，但在千里荒漠的高原，忽然出现这样一汪湖泊，让人十分惊喜。湖水平静如镜，倒映着蓝天、白云、雪山，让我想起“天堂”二字。

过红山湖不久，便进入西藏境内。跨过门楼的那一刻，我百感交集。

沿途随拍

终于离开了新疆，离开了昆仑山脉，离开了喀喇昆仑山脉，离开了让我累、让我痛的新疆达坂，因为刻骨铭心的累，才让旅途的风景、旅途的人文，深深地铭刻在记忆深处，让我怀念和品味一生！不信？你随便发一张这些路上的风景照，我能准确说出这是什么地方——即使再过 10 年，也是如此。

三、秘境阿里

7 月 15 日　晴

线路：泉水沟（K672 海拔 5 118 米）—界山达坂（K685 海拔 5 347 米）—龙木措湖（K704）—松西达坂（K714 海拔 5 248 米）—松西乡（K728 海拔 5 218 米）

码表记录：骑行里程 58.18 千米

我的致命弱点是“不能睡”，新藏线上的日子，我十有六七是没有睡好的。昨夜尤其如此，对于露营，即使在平时的家乡，我也从来不会有好的睡眠；而昨夜，是在死人沟，在海拔 5 118 米的无人区，先是冰雹，后是下雨，半夜里天晴了，却冷得出奇，我虽然盖了两床羽绒睡袋，还是冷得蜷缩成一团。

于是，这一夜大半的时间里，我是在听着风雨吹打帐篷的声音、队友小兵的鼾声（这老哥真能睡，所以状态总是很好）、大货车的刹车声和启动声（门口是边检站，所有车必须停下登记）中度过。

离开死人沟向界山达坂挺进

早上很早，小兵就起来收拾帐篷，他打算再加 2 天的行程，而我是无论如何不会再这么拼命的。因为我实在太累了，高反继续加剧，双腿和手臂也肿了起来。想起 2011 年看过孝感骑友洛神的游记“梦断新藏线”，里面讲述她骑行新藏线到第七天时，发生全身水肿，不得不撤了下去，而今天，我也全身水肿，是否要考虑后撤呢？

新藏线上遇到的第一拨反向骑行的骑友

今天将走出无人区，从此以后，每天的落脚点都将有吃有住，所以我决定以骑游的节奏，熬过余下的行程。

外帐和脸盆都已结冰，难怪夜里冻得我睡不着。

清晨的泉水湖很美，湖水倒映着雪山……拍照，然后收拾行李、煮早点。

帐篷和睡袋完成了新藏线上唯一一次使命，大家都在丢东西：安皇丢了充气垫，减负一两斤；小兵说是要将帐篷送给藏民。

我也想减负，丢什么呢？铝箔垫很占空间，地布因下雨已经弄脏了，那就丢这两件最便宜的东西吧，从重量上来说，等于没减什么，因为两件东西加起来不到半斤重，但至少有一个心里安慰：我也减负了。

各自煮了方便面，用完最后一点燃气后，开始上路。

今天58千米行程，是整个新藏线上海拔最高的一段路，全程基本在5 100米以上，对于还在高反中的我来说，难度可想而知。也因为海拔过高的原因，路书将今天的行程只安排到松西乡——出无人区后的第一个村落，也是进入西藏境内第一个村落。

今天翻越两个达坂：界山达坂和松西达坂，不过仅从坡度来说，两个达坂加起来的强度，还不如新疆境内的一个达坂高，所以今天对大多数人来说，是很轻松的一天，而我依然在延续着疲惫和煎熬。

龙木措湖

中途骑到荒僻处，一个人又“莫名地”哭了，哭什么呢？我也说不清，反正想起家人就禁不住抽泣……这在以后的高原骑行中出现过多次，我感觉是一种高原反应。

进入西藏境内后，景色越来越美，也越来越丰富：高原湖泊（今天一天就路过3个湖，最美、也是最大的是龙木措）、蓝天白云、辽阔的草原、如云的羊群、伸手可及的雪山、还有藏羚羊……

松西乡入口的标志碑

下午2点多到达松西乡，住到藏民家庭旅馆，条件极差：通铺、无水洗澡、没有厕所——好像整个乡没有厕所，小便随便撒，大的就到羊圈解决。这些不重要，已经习惯了，重要的是这里的海拔5 218米，是住得最高的一次，压力山大。

还有就是和藏民，语言交流不畅，中午叫她给我和安皇（小兵直接去下一站了）煮了面条和包子，面条是“水煮盐拌”的那种，包子是死面包的羊肉，但对于已2天没有吃一顿正餐的我来说，这些已经很奢侈了。至于卫生问题，没有心情和必要去担心，因为缺水，所以不用怀疑碗筷是否卫生——肯定不卫生……

安皇害怕羊膻味和酥油茶味，晚餐自己煮方便面吃。而我与其他偶遇的骑友搭伙：几个年轻人自己动手，在藏家的厨房做了一大锅土豆烧牛肉，煮了一大高压锅挂面。7个人，围坐在火炉四周，每人一大碗挂面，上面浇2勺土豆炖牛肉。这顿晚餐，注定会让我怀念很久很久……

我和安皇都出现了水肿，而我更严重一些，持续的时间也更长。带了相关的药品，一直不敢吃，害怕副作用，今天住地海拔太高，不敢大意，吃了2粒速尿片，果然管用，不到2小时小解了五六次，水肿总算没有继续加重……

明天开始，将进入相对安全的地带，明天的驻地海拔4 400米。3天后，将到达狮泉河（阿里地区行政所在地），我们将在那里休整，把这些天失去的损失夺回来。期待！

7月16日　晴

线路：松西乡（K728 海拔 5 218 米）—红土达坂（K739 海拔 5 380 米）—多玛乡（K827 海拔 4 400 米）

码表记录：骑行里程 100.28 千米

松西，这两个字因为昨天和今天的经历，在我的神经上留下深深的烙印，估计

这一天拍到的藏羚羊群和和黑颈鹤

在以后的很多年时间里，只要看到或想到这两个字，我都会产生后怕，都会感到痛和累。原因？现在到达了安全地带，身体得到真正的恢复，不怕家人看到了当时的情况而担惊受怕，才敢还原过去 2 天的真实状况：

1. 其实，死人沟之夜，让我的高反急剧加重，使昨天的骑行变得非常艰辛，翻越界山达坂，凭的是早上的“一鼓作气”，而翻越松西达坂，则完全是在生死边缘挣扎。

2. 松西，海拔 5 218 米，一个极其偏僻、荒凉、寒冷的村落。松西之夜，我的高反非常严重：手指和嘴唇发紫，头痛欲裂，胸口疼痛，呼吸困难……尽管带了应付各种情况的药品不下十几种，可是看着一袋子药盒，不知该服哪一种。似乎都有用，但担心同时吃几种药会产生毒副作用，所以什么药也不敢吃，只吃了 2 粒速尿片。

这一夜很痛苦，很难熬，过得迷迷糊糊，对隔壁房间藏民的彻夜狂欢也不感到厌烦。我开始考虑应急措施：天亮后，丢下单车和行李，拦车落荒而逃（前人有过这样的先例）……

昨天选择房间又是一个天大的错误，隔壁房间（都是活动板房）是房东的“客厅”,也是夜晚藏民的娱乐场所。

入夜后,聚集了一大屋年轻的藏族青年,喝酒、唱歌、跳舞。歌声、笑声,肆无忌惮,音响里播放的藏语摇滚音乐,声音震耳欲聋。

我睡觉时一向对声音非常敏感,但此时对他们的狂欢,我并不反感,而是感到好奇,甚至还有一种莫名的欣慰。

白天我还在想:在这么极端的环境下,这里的人们是怎么生活、怎么度日的呢?我对他们充满同情,甚至将我背了快10天的士力架送给了门口的老太太,以获得一点心里安慰。

而此时的狂欢,虽然我听不懂他们说的和唱的是什么,但我能感受到他们真实的快乐和无忧无虑。我忽然明白,原来,他们的生活并不枯燥……这就是我感到欣慰的原因。

新藏线上最高的山口——红土达坂

早上起来,状态极差,还是头痛欲裂。不想动,勉强收拾了行李,安皇帮我将单车和行李搬上了公路。

没有食欲,但不得不预备早点,叫房东蒸了10个小笼包,只吃了一个就想吐。看到房东在喝热腾腾的酥油茶,便讨了一杯品尝,感觉不错,于是坐在炉子旁边,一杯接一杯慢慢地喝着酥油茶,大概喝了4杯后,身体感到了一些暖意,索性将自己的大保温杯倒满酥油茶,作为今天路上的饮料,这应该是一个明智的选择,因为酥油茶对缓解高反有帮助。

一切准备就绪,我很无奈地拖着疲惫的身子,又踏上了征程。

今天是个极好的晴天,天色蓝如太空。早上的松西草原,婉约如少女般恬静和纯美,散落其间的羊群洁白如云、多如繁星,偶尔几只藏羚羊——长角的是雄性、无角的是雌性,受到惊扰后慢腾腾地走向远处……这一切给极度虚弱的我增添了几分骑行的动力和好心情。

说来奇怪,我之于骑行,就是一个“贱”字:本来像死人一样,一骑上自行车,便来了精神,骑着骑着,慢慢恢复了状态,虽有些吃力,但很顺利地爬上了新藏线上

红土达坂后的下坡

最高的达坂——红土达坂。之后一路缓下，80 千米后到达多玛乡，海拔 4 400 米，在 G318 线上这是一个让人恐惧的数字，但在新藏线上，尤其是从平均海拔超过 5 000 米的无人区下来后，4 400 米是一个让人放心的高度。

多玛，这是一个相对漂亮和繁华的小镇，四周环抱着奇特的群山，一条清水河穿镇而过，流向西北面的湿地……满街的汉人面孔、汉人商店、还有小桥流水，感觉像是重回了江南。

住到四川饭店，二楼，最好的双人间，40 元/人，干净明亮，床铺整洁，今天终于可以不用盖自己的睡袋、也不用拿抓绒衣当枕巾了。

用老板的洗衣机搅了几天来积压的脏衣服，然后端到院后的小河里清洗……

四川人真好，也真勤劳和能吃苦，最艰苦的地方，总能看到他们的身影，也最先能吃到他们的饭菜和享受到他们的服务。2 个人，点了鱼香肉丝、肉沫茄子、番茄蛋汤，高压锅新鲜米饭，安皇买了啤酒……又尝到了人间美味，怎一个爽字了得！

今天的风景：红土达坂，雪山，盆地，湿地沼泽，成群的藏羚羊，珍稀动物黑颈鹳、野鸭，多玛的落日……

红土达坂海拔 5 378 米，是新藏线上最高的达坂。从松西村到山口，相对高度其实只有 160 米。因而征服它不是太难。山口温度很低，寒风刺骨。周围的山体都是红色的，“红土达坂”大概因此而得名吧。

过达坂后一路下坡，坡不算陡，却很美，因为有了成片的草地，使这里的景色绚丽多彩充满生机：红的是土、绿的是草、白的是雪山和云朵、蓝的是天空。崭新的 G219 线，像一道美丽的弧线划过草原，而我们则是弧线上跳动的音符。

遇到一家三口在剪羊毛的牧民，感到好奇，停下来拍照，那个小孩发现后向我跑来，我怕是来向我要钱的，便赶紧走了。后来想想觉得没有那种可能，因为这里的藏民(包括小孩)非常淳朴。

从红土达坂下来 10 多千米后，进入一个宽阔的河谷，河床上没有水、却有厚厚的冰雪。我很好奇：河岸的高山上没有雪，而海拔低很多的河滩上，竟有大片未融化的冰雪。

荒野上剪羊毛的一家人

“冰河”岸边，一大群藏羚羊好奇地仰起头来打量着我，我也好奇地打量着它们，让我想起“自然”与“和谐”的词语。打量了半天，也许判断出我没有恶意后，它们放弃了警觉，又悠闲地开始吃草和嬉戏。

才走一会儿，又一群藏羚羊呈一字队形，在冰河的边沿奔跑，这个场景有点童话的意境，而它们简直就是童话中的精灵。

随后进入一个广阔的盆地，路边指示牌显示这里就是“羌塘自然保护区”，大概是羌塘无人区的一部分，或者就是羌塘无人区吧？看来这里是动物的天堂，有水有草，没有人的干扰。

盆地的边缘，山体呈现出多彩的颜色，我非常喜欢看这种彩色的山。在我眼里，无法将她与印象中传统的“山”联系在一起，或者说，这根本就不是山。是什么呢？我也说不清，只是觉得很美、很科幻，而进入西藏境内，一路都是这样的景色。

走出盆地，便到了多玛。拐弯处五六个藏族男女养路工在清扫路面，看到我来了，主动打招呼“Hello”……我戴着面罩和头盔，也许他们把我当外国人了。但不管是对汉人、还是老外，这里的藏民是真心的友好，而我回敬的唯一用语是“扎西德勒！”——我也是百分之百的真心和友好。

羌塘自然保护区的湿地和彩色山

多玛处在两大片湿地的结合处。多玛湿地，水草丰美，有好多种高原鸟类栖息在这里，其中最珍贵的当数国家珍稀保护动物——黑颈鹳。很幸运，我路过时，正好有2只黑颈鹳在不远处嬉戏。

牧场、湿地、七彩山、小镇……多玛真是个美丽地方。遗憾的是，镇周围的草地上到处是白色垃圾——新藏线上的普遍现象。

多玛的入口，是一个边检站，排队登记、盖章，用了差不多20多分钟。

所住的四川饭店，是一个深受驴友喜爱的落脚点，旅馆的墙壁上，写满了驴友的留言。我也挥笔写下了我的诗句：踏破西陲千里雪，一路梦中皆妻儿。此时，真的思念亲人了！

晚饭后出门踱步，再看一遍多玛的湿地、草原和七彩的山，直到夕阳下山。

7月17日　晴

线路：多玛乡（K827海拔4 400米）—K875无名湖—班公措湖（K895）—日土县城（K934海拔4 250米）

码表记录：骑行里程105.21千米，骑行时间5小时44分18秒，平均速度18.3千米/小时

如果把骑行无人区比作地狱之行的话，那么今天的行程则是天堂之旅，之所以称为“天堂之旅”，是因为这样几个原因：

1. 路况极好，没有大起大落。虽有十几千米的长坡，但坡度很缓，强度远没有无人区和新疆境内的那么大，这点从今天的平均速度和骑行时间就可知道。在一处长下坡路段，极速一度达到70多千米/小时，创造了我骑行生涯中的最快纪录。105千米的骑行，下午3点就到了日土，住到“河北宾馆”，还能睡个午觉，时间非常宽裕。

2. 主观感受。经过无人区的折磨，回到低海拔（其实也不低，一直在4 200米以上）区域，身体状况得到恢复，吃住条件越来越好，心情也随之越来越好、越来越轻松。

3. 风景。最能体现“天堂”一词含义的，是今天一路的风景，有川藏线上熟悉的风景，更多的是川藏线上不曾有过的风光。绵延10多千米的多玛湿地，栖息着各种珍稀鸟类，一路聆听它们的叫声，欣赏平坦宽阔的沼泽地在朝阳下水汽氤氲、充满生气，感到心旷神怡。

而今天最美的风景，也是最大的收获，是班公措湖，和湖里栖息的成群的各种鸟类。

多玛湿地和渐远的多玛镇

我到过纳木措，也去过羊湖，但环骑高原湖，今天还是第一次。虽只环骑了班公措的一角（大约 25 千米），但感觉非常有意义。

班公措之“班公”是印度语，意即“一块小草地”；而班公措在藏语里被称为错木昂拉红波，意为“长脖子天鹅湖”，卫星图显示其形状的确如此。湖面海拔 4 200 米，湖面东西长 155 千米，南北窄，最宽处 15 千米，最窄处只有 40 米。湖的东面 2 / 3 隶属中国领土范围，余下西面 1 / 3 则属于印度。据说班公措在中国境内的是淡水，而在印度境内的则是咸水。

多玛湿地上的牧马

创造我最快骑行速度的长坡

彩色的山体

盐碱湖畔休息

今天一路也有连绵的荒山，但与新疆境内的山不同的是，这里的山呈现的是五彩缤纷的颜色。据说西藏的传统染料，都是取材于这些天然的山石。

而这些山最大的特点，是非常明显的岩石断层，重重叠叠，呈现出夸张而美丽的曲线，因为这些特点，我感觉这里的山更加高贵，也更加梦幻，有如美国科幻大片里的外星世界。

这天拍到的班公错湖湿地上的牧马和鸟类

还有与川藏线不同的是，川藏线上的骑友太多，因为太多，已经变得很普通了，而新藏线上的骑行者，一路被人尊重，被人仰慕，被人当成英雄。无论是自驾游客、摩托车手、军人警察，还是当地居民，都对我们十分友好，并很愿意提供帮助。

总之，骑行新藏线的意义，从今天开始，将更能得到充分的体现。

日土县城不大，据说只有 1 万人，满街商店的店主，以及各机关公务员，全是汉人，更确切地说是四川人。县城很漂亮和安静，一派和谐气氛……

傍晚，徐主任和蒋绍奇、芹菜、麦苗、婉容一行 5 人也到达日土。我午休醒来后，得知麦苗他们已将帐篷寄走了，于是迫不急待地清理不用的衣物、炉灶、帐篷等，与安皇的一起，到邮局装箱寄了回去。心里感到一阵轻松，这是今天最令人开心的一件事了，明天就可以轻装上阵了(轻装？其实还是骑川藏线上同样的辎重)。

7 月 18 日　晴

线路：日土县城(K934 海拔 4 250 米)—日松乡(K965)—拉梅拉达坂(K1025 海拔 5 191 米)—狮泉河(K1062 海拔 4 250 米)

码表记录：骑行里程 127.21 千米

日土县城是个不错的地方，昨天忙着吃喝，忙着寄东西，忙着买补给，忘了看今天的路书(也幸亏没看，如果看了会增加格外的心理负担)。只知道今天要翻过一个达坂，以为海拔只有 4 500 米左右，而今天实际爬上拉梅拉达坂，才知道海拔有 5 191 米。也就是说，今天又爬升了近千米的高度，加上今天的总骑行距离达 127 千米，而且后 62 千米全是逆风，所以今天的强度，不比穿越无人区低。

早晨的日土县城

所不同的是，身体状况很好，再也没有高反，因而，不像无人区那样辛苦。加上今天的目的地是狮泉河——新藏线上几乎每个骑友必须在此停留的最佳休整地点，所以有一种归心似箭的感觉,骑得有点亢奋。

下午5点30分左右到达狮泉河,以一种"赶本"的心态,住到一家上档次的宾馆——湘副楼商务宾馆,标间150元,洗了20天来唯一一次热水淋浴澡。然后到隔壁的川菜酒楼,点了凉拌牦牛肉、粉蒸肉和番茄蛋汤……干嘛这么奢侈?赶本呗!再说,真的很馋、很馋,像是坐了几年牢刚出狱一样。安皇不吃肥肉,于是一盘粉蒸肉,我一个人吃得精光……

狮泉河很漂亮,比我想象的要现代得多,也繁华得多,充满生机和活力。进城口的山坡上,5个巨大汉字"毛主席万岁",静静地诠释着岁月的沧桑。满街的汉人面孔,让人感到踏实。

狮泉河镇,是以其所依傍的狮泉河而得名。狮泉河是印度河上游的支流,源于冈底斯山北麓。相距不远还有马泉河、象泉河。狮泉河镇是阿里地区政府所在地,又称"噶尔",意为"帐篷、兵营",这样称呼是源于当年抗击克什米尔军队入侵时,有大将曾率兵在此处扎营。

今天沿途的地貌:前60千米是水草丰美的湿地,后60千米是干枯的草原,越往南,草原生态越显得脆弱,拉梅拉达坂以南,基本没有放牧的牲畜,只偶尔看到几只野驴。公路两边用铁丝网封闭,不知是防止动物窜上公路,还是防止人畜下公路破坏了草原生态。

一路的风景:清晨的日土县城像一泓清水般清澈和通透,天空和城外的雪山显得格外纯净。街上没有几个行人,因为这里通常的作息时间是从上午9点开始。

城外路边的湿地上,一群我叫不出名的水鸟,一边享受着和煦的阳光,一边懒洋洋地梳洗打扮,显得憨态可掬。

过湿地300米,有一岔路,右边不远处是一个漂亮的村庄,大概是德汝村。而新藏线则从岔路口往左拐了一个90°的弯,一头扎进冈底斯山脉的怀抱。

一个特殊数字的路碑

骑行30千米到达日松乡,

一个美丽的小镇，镇上一排气派的房子，大概是援建的政府机关，要不就是部队营地。镇外的草场宽广而美丽，连接着几片湿地，牧场上牛羊如云。G219 线穿行在草原与山体的边缘。

过日松乡几千米，有一个边检站，只有一个藏族干警在值班，源源不断的自驾车等着登记，他有点手忙脚乱，示意我们骑自行车的不用登记，可以直接走人。

这时蒋绍奇追了上来，一起骑了一段，到达一个上坡时，他几乎没减档，很轻松地骑到了前面，让我见识了他的“牛”并不仅仅只是个传说。

骑到中午，路过新藏线上两个具有标志性意义的里程碑：999 和 1 000 千米路碑，于是我以初恋的热情和童真的姿态，拍照留影。

前 90 千米基本都是在上坡，很缓，只有接近拉梅拉达坂垭口最后 5 千米，坡度才突然变陡，而且遇到逆风，骑得膝盖酸痛。

拉梅拉达坂的山体依然是彩色的，很美，但并不显得苍凉，因为岩体下是一片片草甸，虽然草很稀疏，但至少有一些绿色，还有几只野驴——这是我在高原上见到的最大的野生动物，让人感到一些生机。

山口上歇息时，一辆路过的军车停下来，几名军人对我们充满敬意，要求合影。

过拉梅拉达坂后刮起了强烈的逆风，因而尽管是下坡，依然骑得很辛苦。

拉梅拉达坂垭口最后 5 千米的陡坡

在拉梅拉达坂与军人的合影

达坂以南大概因为接近阿里首府——狮泉河镇的原因，G219 线得到很好的呵护，不时可见养路的武警和沿路捡拾垃圾的藏族养路工。遇到养路的武警战士，我总会主动对他们挥手致意，因为我真的对他们充满感激和同情。“同情”一词不知是否准确，我要表达的是，我以一个父亲心疼儿子的心态，对他们把青春奉献给了祖国的边疆，而心怀同情和敬意。要知道，这里是世界屋脊的屋脊，环境极为恶劣。

几十千米缓坡后终于走出山区，拐过一个大弯后，草原变得开阔，一望无际的荒漠里，偶尔的几座七彩的山体，显得更加突兀和漂亮。其实这已经称不上“草原”了，因为几乎没有草了，当然也就没有放牧。漫漫荒漠上，点缀着一些顽强的绿色植物，使这里显得不那么荒凉。远处的雪山，我还分不出是冈底斯山脉或是喜马拉雅山脉，但我知道，山的那一边是异国他乡。

山口附近草地上的野驴

经过一个边检站，登记身份证、电话号码，收走自行车随行单。2 千米后遇一三岔路口，G219 线往右直行可到昆莎机场，往左是进狮泉河镇。左拐 2 千米后，一片漂亮的城镇出现在眼前，这就是阿里地区的首府——狮泉河镇。

7 月 19 日　晴

按预定计划，今天包车游览古格王朝遗址和扎达土林。之前曾有过游与不游的困惑，比如：如果安皇不去，或者拼不到车的话，我就不得不放弃。今天从扎达归来的感受是：此行不虚，幸亏没有放弃。

冈底斯山脉上的湖泊

冈底斯山脉的彩色山

地质奇观——扎达土林

扎达土林的壮观和神奇，古格王朝遗址的神秘和苍凉，是我见过的最独特的、最让我震撼的景观。比如，扎达土林是世界上独一无二的地质地貌，很幸运这一生我能见识一次——也只能见识一次。为什么呢？

我有个心愿，凡是我骑过的好线路，将来一定会自驾带家人再走一遍。但新藏线是个例外，因为太艰苦了，扎达土林和古格王朝遗址（两个景点在同一个地方——扎达县），更不会再来，因为不仅艰苦，而且太“千里迢迢”了，已经接近国境线，荒芜的地貌和恶劣的环境，让人感觉到了世界的边缘。

古格王朝遗址中，一座土山上，遍布数百个洞穴……让人产生很多好奇和疑问。最不可思议的是，人类曾经这里居住和生存过。据说古格王国上千臣民，在一夜之间全部死亡，古格文化从此销声匿迹……

关于包车，有过一些感想和周折。

感想：在狮泉河包车去扎达，好比在安陆搭车去白兆山一样平常，但从安陆去白兆山只有15千米，而从狮泉河到扎达县城（包括土林和遗址），来回580千米。沿途要翻越海拔超过4 500米的山口6个，过至少4个边检站……从这点可以说明西藏地域有多辽阔了。

周折：昨晚饭后，我在街上拦住一辆的士，谈好包车的事，车费1 000元，可坐4人。可是我们就2人，必须找人拼车，找谁呢？直到晚上10点30分，才与同行了几天的芹菜和麦苗敲定一起包车的事。

今天的行程：

清晨6点30分起床，天还蒙蒙亮。7点出门找早点，早点还没吃完，联系好的出租车就到了。新车，桑塔2000，车况极好，司机小马，甘肃人，技术一流，人不错，车费1 000元，比攻略上说的还便宜200元。

在200米远的另一家宾馆，接了麦苗和芹菜，八点钟准时出发。行驶130千米到达巴尔兵站，然后离开G219线右拐，两三千米后就开始爬山，坡很长很陡，我想，要是骑行去札达，该是多么艰难。爬上山顶，极目四望，山更红、湖更蓝……虽满眼没有一点植被，但大地的颜色居然这么绚丽多彩。

公路穿行在扎达土林之中

翻过4个垭口，经过一个边检站，终于站在了象泉河谷的东岸，雄奇壮美的扎达土林展现在面前：一眼望不到尽头的白色土林，像无数个金字塔，或千万个城堡，或遍地的碉楼……远远望去，满眼的金碧辉煌，在蓝天白云和远处喜马拉雅山脉的映衬下，宛若神话世界。

这样的地貌实在太奇特了，奇特得让我感到很奢侈，奢侈得让我十分庆幸能站在这里，贪婪地品味这一顿独一无二的视觉大餐。

这里，也许——肯定一生只能来一次，因为太遥远了。荒芜恶劣的环境，让人感觉到了世界的尽头，远处的雪山的那边，就是印度。

土林随拍

出租车沿蜿蜒曲折的盘山公路，在迷宫一样的“土林”中穿行，五六千米下到象泉河边，过大桥便是札达县城，桥头又一个边检站。

札达县城在象泉河的南岸，是个袖珍小城，三面被高大的“土林”包围。

这时已是中午 12 点 30 分，我们找到街上的回民餐馆，一人吃了一碗拌面，20 元/碗。

午餐后向 10 多千米外的古格王朝遗址进发。一路继续在巨大的土林中穿行，一步一景，不知该在哪里观景和拍照，难得让车停一下，下车后便手忙脚乱地乱拍一气，反正怎么拍都是美景。

古格王朝遗址像座城堡——或者说本来就是一座城堡。整座城堡建在一座 300 多米高的黄土坡上，地势险峻，洞穴、佛塔、碉楼、庙宇、王宫有序布局，自下而上，依山叠砌，直逼长空，气势恢弘壮观。

密密麻麻的洞穴遍布山坡，这是曾经的“居民楼”，现在已是满目凄凉，唯有寺庙保存完好，山腰中部的几座寺庙分别为渡母殿、红殿、白殿和轮回殿。

除此之外，更显眼的是重重叠叠的残垣断壁，静静诉说着曾经的辉煌。

历经千年，城堡还有如此的轮廓和框架，让人感到惊叹。我想，这得益于高原湿度极低、雨水极少，要是在内地，怕是几年时间就会坍塌。

古格王朝城堡的由来：公元 9 世纪中叶，曾经拥有百万之众的吐蕃王朝崩散瓦解，部分王室后人逃往阿里，建立了 3 个小王国，其中德祖衮在 10 世纪前后建立古格王朝。其后裔偏居此地 700 余年，传承 20 余代国王，距今有 1300 年的历史，于 17 世纪灭亡。

古格王朝古城堡

城堡后面另一个山坡上密密麻麻的古代穴居遗址

远观古城堡只不过是一个山包，走进去才感到非常雄伟壮观。我们计划的停留时间只有 2 个小时，而这 2 个小时的时间根本没有机会和体力爬到山顶，毕竟，从山脚到山顶的王宫有 300 米的垂直高度。

爬了不到 1／3 的高度，便就很累了，骑过车子的双腿已经很酸，而且时间有限，只得下撤。边下边远眺象泉河河谷两岸壮观的土林。导游（司机小马）说山下那片长满绿草的河沟里有骷髅墙。

骷髅墙——这个名字有点吓人，因而更让人感到好奇，决定去看一看。

沿着河岸崖壁的栈道，步行近 200 米，便真的看到了藏尸洞，里面还有人骨和骷髅，刚到洞口就闻到一股恶心的怪味，于是便逃也似地离开了。

离开古城，重新穿行在土林之中，我摇下车窗，一边随车而行，一边拍照……

早上 8 点上车，晚上 8 点回到宾馆，游览扎达土林和古格王朝遗址，用了整整 12 个小时，比预计的早回 2 个小时，感觉不错。

晚饭继续“腐败”：今晚硬是让安皇点菜，这家伙下手比我还狠：水煮肉片、泡椒羊肚、大白菜；我馋酒了，于是一人一瓶啤酒（跑这么远，喝的竟是老家东西湖生产的啤酒）……明天开始，将又是艰苦的生活。

古堡随拍

7月20日　多云转阴　下午暴风雨、沙尘暴

线路：狮泉河(K1062 海拔 4 250 米)—狮泉河达坂(K1082 海拔 4 785 米)—那木如村(K1134 海拔 4 500 米)—雅切拉山口(K1142 海拔 4 636 米)—巴尔兵站(K1192 海拔 4 700 米)

码表记录：骑行里程 136.67 千米

今天的骑行距离是路书规划的一天半的行程，按路书今天应该骑 76 千米到那木如村住宿，但那木如村的住宿不可靠，大家都有意直接赶到巴尔兵站。

从狮泉河到巴尔兵站 136 千米，昨天我们包车去扎达县走过这段路，知道有些强度，但今天实际骑行才发现，强度比坐在车上感觉的还要大得多，主要体现在以下几个方面：

从狮泉河镇出口回望，狮泉河镇已消失在大山脚下

1. 骑行距离远，平均海拔高，中间要翻越两个达坂。

2. 非常不幸的是，我们在爬上第二个达坂后，刮起了五六级的逆风和侧风，而且越刮越大，使最后的 45 千米骑行变得非常困难。即使是平路，有时也只能骑六七码，而且非常危险：大风把自行车吹得左右摇晃，我被吹倒一次，差点摔下路基。最危险的不是这些，而是常常有汽车冷不丁从身边呼啸而过(因为风声太大，无法判断后面是否有来车)。

站在狮泉河达坂上看到的冈底斯山脉

期间还遇到几次沙尘暴。不幸中的万幸是，周边都在下雨，只有我们骑行的中间地带没有下，直到傍晚到达巴尔兵站后，才下起雨来。因为大风，最后到的 40 千米，我们骑了 4 个多小时。

3. 整个巴尔兵站，今天就我们 2 个新到的骑友，就是说只有我和安皇骑到了这里，芹菜等都在那木如村落脚，从这点就可以说明今天强度有多大了。

此时我的感受不是很累，状态较好。我终于可以吹一次牛了：高反的我是只病猫，而适应了高原后的我就是只老虎……

巴尔兵站是个小集镇，物价贵得离谱(也难怪，什么东西都是从千里之外的拉萨运来)。住到藏民家庭旅馆，很幸运，集镇上有家四川人开的“川渝饭店”，可以不用吃藏餐了。

晚餐：回锅肉、西红柿炒鸡蛋、土豆丝、高压锅米饭。这里海拔 4 700 米，我没有任何感觉，所以有胆子喝啤酒，晚饭两人一共花费 126 元。

今天的行程，前 80 千米不错，后 50 千米因为天气恶劣，只顾埋头拼命踩车，拼命跟雨赛跑，拼命跟大风对抗，基本没有心情和机会欣赏风景和拍照。

行程细节：

早上 8 点不到，便吃完早点，2 个人离开狮泉河镇，骑行 2 千米后，重新回到

G219 线，一上国道，就有一个边检站。再走不到 1 千米，出噶尔县牌楼——这是个地标性的地方，理所当然要留影。

然后开始爬狮泉河达坂。12 千米的上坡，中途有一处“阿里暗夜公园”的景点，“暗夜”——我想这里应该是观看高原星空的最佳位置。

狮泉河达坂，原名沙子达坂，据说垭口风很大。很幸运，我们在这里没遇到大风，也没看到沙子。

过垭口，刚准备下坡，眼前呈现出一幅壮阔的美景：巍峨雄伟的冈底斯山脉横亘在广袤的河谷对岸，崇山峻岭之上冰川绵延不绝、云雾飘渺；狮泉河达坂的山脚，是平坦的草原和湿地，连接到冈底斯山脉的边缘，向南延伸几十千米。

因为平坦和开阔，阿里地区的机场就建在这片河谷上——昆莎机场。

狮泉河达坂的南坡长约 9 千米，站在坡上远眺，藏地的草原和雪山，又一次刷新我的空间感：冈底斯山脉看起来近在咫尺，可是看一眼脚下的村庄，才知道这片河谷有多宽、冈底斯山脉有多远和多高了。G219 线就如一条细线，划过沙滩、穿过草地，消失在远方的山脚。

雅切拉山口的上坡

我原计划下午 2 点前能到那木如村的话，就继续赶路，如果超过 2 点，就住在那木如。结果 1 点前后就到了，于是继续前行，过那木如村几千米，开始翻越今天的第二个达坂——雅切拉山口。坡长只有 5 千米，也不陡，但还是爬得有些“欲速而不达”。

雅切拉山口海拔只有 4 636 米，比今天的目的地——巴尔兵站的海拔还低几百米。

又一个特殊数字的路碑

过雅切拉山口后，开始刮

起了逆风，而且越来越大。不远处乌云密布，狂风裹挟着暴雨，在周围的山梁上肆虐。在这样荒凉的地方，和如此恶劣的天气里，忽然看到一群羊，焦急的心情得到一些抚慰。

暴风雨越来越近，狂风转起沙尘，打在脸上，微微刺痛。于是，我们的骑行，变成了是在与风雨赛跑，这样一直持续到巴尔兵站，总算没有淋到雨。

7月21日　晴

线路：巴尔兵站（K1192 海拔 4 700 米）—加果拉山口（K1217 海拔 4 810 米）—门士乡（K1244 海拔 4 710 米）—K1256 无名垭口—K1286 无名垭口—塔尔钦村路口（K1304 海拔 4 600 米）—塔尔钦村（海拔 4 650 米）

码表记录：骑行里程 116.54 千米，骑行时间 6 小时 27 分 55 秒，平均速度 18 千米/小时

藏家旅馆条件很差，最大的特点是被褥不知几年洗一次，一是他们的生活习惯使然，二是藏地高原大多数地方缺水导致。

昨晚用自己的脸盆兜水擦洗了一下身子，还是用抓绒衣当枕巾，还是用自己的睡袋打底，上面再盖上脏兮兮的棉被……这一夜睡得不错，就是盖厚了，出了一夜的汗……

早上起来，天晴了，并不冷。我敲开“川渝饭店”的门，叫老板炒了两大碗花饭，吃得很过瘾，就是太贵，一碗 20 元。

早晨的巴尔兵站

9 点出发，下午 3 点 30 分到达塔尔钦村，骑行近 6 小时 30 分。攻略上对这段路上的强度轻描淡写，实际上还是很有些难度的。感觉一直是在上坡，但很缓，只是到了最后，才有 18 千米的下坡，照样很缓，需要蹬踏，而且今天全程基本都在海拔 4 600 米以上骑行。

幸亏全程没有逆风，还有一点小小的顺风，因为今天的目的地是神山脚下的塔尔钦，所以有点兴奋和迫不及待，骑得很快，有点赶路的节奏。与昨天一样，我完全没有了高反症状，所以状态始终很好。

路左边的冈仁波齐神山

塔尔钦村很繁华，规模抵得上西藏的一个普通县城，这得益于这里是神山的入口，只是物价太贵，晚饭一荤一素两瓶啤酒，110 元。

住到“成都饭店”，住宿费 30 元/人，三人间。另一个房客也是骑友，竟然是安皇的老乡，湖北蕲春人，他今天用了 14 个小时完成了转山，强悍！

旅馆里住的全是来转山的房客，大多是虔诚的藏民，他们千里迢迢（很多是甘肃的）赶来，并不是转一圈就走，而是要转很多圈。刚才吃饭的时候，看到几个藏民走路有点瘸，一问，才知道他们来了 4 个月了，已转了 108 圈……

本打算用 2 天的时间转山，旅馆老板建议我们一天转完。原因是，山上海拔高、住宿条件很差，干什么都不方便；骑单车的人体力好，一天转完没问题。

于是我们决定明天一天转完，不知我的脚伤是否会有影响。

攻略上说今天的景色是新藏线上最美的路段，因为赶路，没太留意（或者是审美疲劳），到了最后的二三十千米，才注意到两边远处的雪山：右边是巍峨的喜马拉雅山脉，左边是雄伟的冈仁波齐……

行程细节：

巴尔兵站有几家小旅馆，可是看不到有房客的迹象，一片冷清。

早上 9 点出发，门口的边检站还没上班，省了我们过安检的麻烦。

出兵站就是一个上坡，然后在贫瘠的草原和溪流边起起伏伏，一路向南。

早上有点顺风，骑得很快。也许是审美疲劳，沿途更纯净的蓝天白云、更斑斓的彩色山体、更绿的草原，依旧没有放慢我前进的步伐。

骑行 25 千米后，翻越加果拉山口。下山坡度不大，公路顺着溪流蜿蜒缓下。因为有水，岸边的草地格外茂盛。

骑行约 50 千米，到达门土乡。这是一个繁华的小镇，有汉人经营的餐馆和旅社，看来条件还不错，是个理想的住宿地。不过我们今天的目的地是塔尔钦村，所以只是在门土乡买了饮料和干粮后继续赶路。

路右边的巴嘎大草原、玛旁雍措湖和远处的喜马拉雅山脉

过门土乡再骑行 45 千米，终于看到广袤的巴嘎大草原，期间翻过 2 个无名垭口。

巴嘎大草原景色丰富而壮观，牧场、毡房、湿地、圣湖、雪山……而最让人振奋的是传说中的冈仁波齐神山，忽然，就这样真实地出现在我的眼前，激动不已！

神山门票 120 元 / 张，进口处有边检站，窗口登记的干警是我们遇到的对骑友最友好的武警。

从游客中心到塔尔钦村还有 4 千米上坡。远看塔尔钦村很小，走进去才感觉很大，满街的旅馆、餐馆、游客和自驾车，其规模和繁华程度，抵得上一个县城。

远观塔尔钦村挂在神山南坡上

塔尔钦村街景

7 月 22 日　多云—雪—冰雹—晴

线路(徒步转山):塔尔钦—色尔雄大经幡—曲古寺小桥—格萨尔马鞍石—茶馆(马头明王石)—哲日普寺—卓玛拉山口—第三不动地钉(茶馆旁)—空地母秘道出口—环山道东段茶馆—仲哲普寺—宗堆茶馆—塔尔钦。总路程 52 千米

我们用 1 天的时间徒步走完 2 天的路程,这是个严重的错误,因为实在太累、太累。

凌晨 4 点被早起转山的藏民吵醒,5 点 10 分我叫起安皇,各自吃了一碗自热米饭,收拾行李。

5 点 50 分两人打着手电出发。上到街头的丁字路口左转,沿碎石公路走了 2 千米左右,感觉好像走错路。看到山上有手电光在晃动,我便大声问"请问转山的路怎么走?"山上的藏民回答:"走我们走的路。"

于是我们离开公路爬上去,在山间小路上打着手电前行。

2 个小时后天亮,到达山门入口,有一条大路直通山上,我们拐了进去。走了半天,碰到朝圣的几个女藏民和小孩,告诉我们,这里是天葬台——我们又走错了。

在藏民指点下,我们原路返回,走上正确的转山路线:在巨大的神山峡谷里,沿着溪水逆流而上,时而河滩、时而涉水,而更多的是乱石路,极其难走。

10 多千米后,腿部肌肉和脚开始疼痛,步履维艰。

20 千米后,开始爬卓玛拉山口,很陡、很长,在巨大的乱石堆里穿行,我的脚伤开始添乱了:脚踝不能弯曲小于 90°,所以上陡坡不得不踮着脚尖……爬垭口的过程非常漫长、艰难和痛苦。

大约下午 2 点爬上垭口,海拔 5 630 米,空气稀薄,环境极其恶劣,但风景极好。非常疲劳,安皇也累得没有多少兴趣拍照,遗憾。

峡谷两岸巨大的岩体和山峰

垭口的乱石堆上午餐:一人一碗自带的自热米饭。饭还没吃完,下起雪来,不大,但有点冷,穿上冲锋衣,开始下山,还是陡坡、乱石堆,还要穿过冰川,下得很艰难……

下到山谷，有一个补给点，有吃有住。找人打听距塔尔钦还有多远，藏民回答还有 15 千米，给人带来一点希望。但后来的实际情况是，远不止 15 千米。我遇到过的藏民对数字似乎都不敏感，对时间和里程没有确切的概念。

刚出补给点，又下起雨夹雪，很大。

腿脚很痛，每走一步，都非常艰难，我们都是在咬着牙硬撑，心里只有一个信念：快到了，回到旅馆泡脚、喝酒……

仰望神山

从下午 3 点到傍晚 8 点，我们像是走了一个世纪，太痛苦了……队友们都说我意志坚定，无人区高反那么严重都没有放弃。但此时我想的是，我快崩溃了，我要搭车！最后的时刻，如果有车，哪怕只剩下几百米，我也会选择坐车的，可是没有车（这点与其他所有景区不同）……

回到旅馆，安皇做的第一件事便是直接躺倒在床上，衣服也没脱。饭后澡也没洗，就这样睡了一夜。

我进门的第一个举动是一屁股坐到餐桌边，喊："老板，拿菜谱过来。"回锅肉、西红柿炒鸡蛋、一人一大瓶拉萨啤酒。等菜端上桌，我懒得起身，打电话叫安皇起来吃饭——尽管只有不到 20 米的距离。

饭后再站起来时，两腿痛得几乎迈不开……

从早上 5 点 50 分，到晚上 7 点 55 分，历时 14 个小时，我走了一生中最长的一段路，一生中最难走的一条路，一生中海拔最高的一段路，一生中最痛苦的一段路。

最长：转山一圈是 50 千米，而我们走错了一段，绕到了天葬台，所以至少多走了 2 千米。

最难：山坡、河谷、乱石、沼泽、冰川……全程基本都是碎石加乱石路，如果偶尔踩在石头上，脚会磕得很不舒服，而 50 千米全程都这样踩在石头上走，那就不仅仅是"不舒服"了……

最高：从最低点（旅馆）海拔 4 650 米开始，一直走到最高点海拔 5 700 米，然后再回到旅馆。

峡谷里的山峰

转山，是骑行新藏线的一个重要内容和目的；转山，在许多人心中是神圣的，因而是许多人的梦想。然而，转山回来，我在思考：对于一个没有任何宗教信仰的人来说，转山的意义是什么呢？

我的唯一目的就是看风景，但转山的 50 千米路程中，只有几千米的路段能看到神山。为了这几千米，我所付出的痛和累，足以让我铭记一辈子。

峡谷的尽头通向卓玛拉山口的路

转山的意义，是否就是承受痛和累，这种付出就是圆满？

如果是，那我做到了；

如果是，不知是否能够感动神山？

如果能，我祈求神山保佑我一家老小健康平安，保佑我的亲人和朋友幸福安康！

行程细节：

清晨 5 点 50 分摸黑出发，徒步七八千米，8 点左右到达色尔雄大经幡，误入天葬台。在藏民的指点下，又返回过山门，进入一个巨大的峡谷。两边高耸的山体十分荒凉，却非常壮美，谷底是湿地和草场，转山的路在河谷和山坡间蜿蜒上升。

常常看到远处一块巨型岩石，走近一看，其实是一座巍峨的山体，它的背后就是神山。

走到河滩的尽头，海拔已到 5 000 多米，终于看到了神山冈仁波齐，圆中带方、方中带圆，巍然屹立，直刺蓝天。她周边的每一座山梁，也都是那么雄峻和威严。

河对面的哲日普寺，远看显得很小，但其实是很有名气。关于创建过程，有一个神奇而复杂的传说。原建筑在“文革”期间被毁，现在看到的是1986年的重建。寺内供有古仓巴大师像、释迦牟尼等佛像，各种经籍，佛塔及四臂吉祥怙主等。

哲日普寺的上方有一个天葬场，称为“清凉寒林天葬场”。这是阿里地区最有名、最神圣的天葬场，藏民都渴望自己离开人间后，能把躯体送到此处天葬。电影《冈仁波齐》里的那位老人，从2 000千米外的芒康，步行数月来朝拜圣山，到达时已是冬天，最后死在这里，实现了自己最后的宏愿。

不过，此时我们已经很累了，没有时间和精力过河去游览哲日普寺。

原以为转山的路上可以和神山零距离接触，实际上始终在神山的外围行走，不仅如此，能看到神山的路段，只有几千米。

过桥后，山路越来越陡，遇到越来越多的转山藏民，有顺时针转山的，也有反向的，看来他们大多是分几天完成的。

希夏邦马宾馆其实是一个活动板房和几个帐篷，是翻越卓玛拉山口之前最后一个补给点和住宿点。我只是在此处买了一罐红牛(这已是今天第二罐红牛了)，然后继续赶路。

转山的信徒

爬到卓玛拉山半坡，已经筋疲力尽，回头俯瞰刚才路过的希夏邦马宾馆和哲日普寺，已经显得很小很小。抬头仰望坡顶，以为那里就是垭口，等爬到那里再看，前面还有一个更高的山坡挡在那里……反复几次，让人极度沮丧。

积雪越来越多，经幡越来越密集，意味着垭口真的快到了。

很多转山的藏族妇女、老人和小孩，大多步履维艰。可以想象，他们的体能不会比我更好，但他们有一个我所不具备的精神支柱——信仰。一直对他们的执着和虔诚感到不可思议，今天尤其如此。信仰的力量真是无穷伟大。他们的精神，给了我一些激励。

卓玛拉山口简直是经幡的海洋。卓玛拉山口是迄今为止，我用双脚丈量过的海拔最高的位置。

翻过垭口，有几汪冰雪融化后汇集成的小湖，很绿，像是镶嵌在卓玛拉山口下的几颗绿宝石，显得突兀而美丽，这大概就是圣湖或圣水了。

卓玛拉山口的冰湖

休息的频率越来越高，其实此时我们还不知道转山的路才只完成了一半。

过冰湖不远，天下起雪来，我们坐在乱石上午餐：自带的自热米饭。

就在我进餐的时候，一个反向转山的藏族老人停在我面前，身体几乎弓成 90°，双手撑着拐杖，头无力地靠在双手上，表情十分疲惫和痛苦，看得出，他已极度疲劳和饥渴。

老人歇息了大约 2 分钟，又继续艰难地前行，才走了上 10 米远，又停下来撑在拐杖上休息，反复这样，直到消失在石坡的另一边。这样子让我十分同情、感动和担心，以他这种状态转山，真太艰难了。

也是从这件事后，我对藏传佛教和其信徒充满敬意！

午餐后到达一座冰川。冰雪上有很多不太显眼的冰洞，洞内有咕咕的流水声，我很担心冰面突然塌下去，但见藏民们行走自如，我也就打消了顾虑，但还是小心翼翼、如履薄冰，走到中间，确信没有塌陷后，才停下与安皇互拍照片。

转山沿途的人文景点和歇脚点

穿过冰川，继续在乱石堆里下坡。越往下，坡度越陡。下到坡底，回头再看一眼刚才走过的路，想起鲁迅的一句话“其实地上本没有路，走的人多了，也就成了路”。但这片乱石坡上，走的人千千万万，也没有成路。

坡底有一个茶馆，是过卓玛拉山口后的第一个茶馆，有吃有住。在茶馆的旁边，有“第三不动地钉”，什么是“不动地钉”？

原来，“不动地钉”是指冈仁波齐的“释迦牟尼的脚印”，环绕冈仁波齐山周边总共有4个。

相传阿里地区原本都是平原，后来突然出现了伟岸的冈仁波齐山。消息传到印度，印度罗刹王贡布崩想将冈仁波齐搬走做他的宝座。正当他套上绳索拉冈仁波齐的时候，身边突然出现一群仙女跳舞，把他看呆了，因而忘了搬山。

原来这是佛祖释迦牟尼布下的幻影，他考虑到阿里这里众多教派相争，冈仁波齐山又是各教派的中心，不能再搬至他处，于是小施计谋吸引罗刹王的注意，同时和五百罗汉立刻赶往冈仁波齐，用脚在神山四角各留下一个脚印，被称为“底斯不动四钉”，并令其看守此山。

当罗刹王看完舞蹈后再拉山时，因为有释迦牟尼踏下的4个脚印、留下的“底斯不动四钉”，罗刹王再也无法把它背走了。

过茶馆，开始在峡谷里缓下，路面依然是乱石。才走不远，下起了雨夹雪，越下越大，不敢停留，穿上冲锋衣裤，继续赶路，此时已经非常疲劳了，不断停下休息。

因为实在太累了，累得根本没有兴趣再掏出相机或手机拍照，最后的 5 个小时时间里，只拍过 2 张照片。

好不容易走出谷口，终于看到巴嘎大草原，也就看到了希望。再转过一个山坡，看到了塔尔钦村，一阵欣喜过后，又是沮丧，因为它其实还有四五千米远，如果此时有车，我会毫不犹豫坐车的。可惜没有，于是这最后的四五千米走得极为艰难，尽管这是整个转山线路中路况最好的一段，却成为我一生中最痛苦的一段路。

这段路上遇到几个年轻的徒步者，他们比我们“牛”得多，背包上写有“环行中国”“第 145 天”等字样，佩服啊！最让我佩服的是，他们是虔诚的环保主义者，每人手上都提着大袋子，一边徒步，一边捡拾路两边的垃圾，装满后倒在垃圾桶里。

傍晚 8 点前回到塔尔钦村，历经 14 小时，终于完成转山。

7 月 23 日　晴转阵雨

线路：塔尔钦村（K1304 海拔 4 650 米）—巴嘎（K1343）—霍尔乡（K1364 海拔 4 620 米）—玛旁雍措（圣湖）—霍尔乡

码表记录：骑行里程 52.9 千米，骑行时间 3:07，平均速度 16.9 千米/小时

因为太累，昨晚睡了一个最长、最熟的好觉，但也是一个有点辛苦的睡眠：腿部肌肉疼痛，翻身时无法动弹，不得不用手搬动双腿……

回头再看一眼塔尔钦村

今天的行程只有 40 多千米，而且全是平路，是新藏线上强度最小、路程最短的一次，路书之所以这样安排，是这样几个原因：

1. 转山，不论是用一天还是两天，都会很累，而转山后只安排 40 多千米的路程，有利于消除转山后的疲劳和疼痛。

2. 霍尔乡(圣湖在旁边)也是个旅游景点,早早骑到这里落脚,可以花半天时间游览玛旁雍措湖。

3. 过了霍尔乡后的100多千米内,再没有集镇,也就是说没有住宿点,而且中间要翻过一个达坂,骑行强度很大。从这个意义上讲,今天在霍尔乡落脚是唯一的选择。

9点30分左右出发,12点前后就到了霍尔乡。住到"东北四海饭店",东北人一家在经营,住宿很宽敞、明亮,屋后院内就有一条清溪流过,所以冷水想怎么用就怎么用,我洗了积累了几天的衣服。

但厨师烧菜的手艺不咋地,轮到安皇点菜,基本没有肉,我一瓶拉萨啤酒都没有喝完……

饭后睡了一个质量很高、也很必要的午觉,昨天留下的疲劳和肌肉疼痛感基本全部消失。

起床后,安皇的腿痛还没有消除,仍在疲劳之中,加上他对风景的关注度远没有我这么强烈,不想出门。我带上相机和雨衣,一个人出镇,沿土石路向7千米外的圣湖骑去。

距圣湖还有2千米的时候,发现南北东三个方向都在下雨,而且越来越近,加上我还有点舍不得圣湖150元门票,便放弃了进入景区的念头,就近登上一座小山包,远观纳木那尼雪山和玛旁雍措圣湖,拍照,然后迅速后撤,刚到旅馆,就大雨滂沱……

补充一下:后来才知道,我们转山时买的门票其实是套票:包含玛旁雍措圣湖的游览,可惜当时我没看仔细,遗憾!

雨下一阵就停了。继续休息,写日志,整理照片,忙到晚上近8点,找到后街"老陕大碗面",一人要了一大碗烩面。我天天馋酒,忍不住跑到小卖部买了一小瓶白酒,一人一半,很过瘾,喝后没什么感觉,看来我是完全适应了高海拔了。

今天的风景,是新藏线上最美的路段之一:左边是冈仁波齐神山,傲然耸立在众多的雪山之中;右边是冷艳矜持的纳木那尼雪峰,在白云中欲抱琵琶半遮面,雪峰下是碧蓝如玉的玛旁雍措。

纳木那尼峰,藏民称之为"圣母之山"或"神女峰",海拔7 694米,位于喜马拉雅山西段,与海拔6 638米的神山冈仁波齐峰遥遥相对。

冈仁波齐是为神山,玛旁雍措是为圣湖,与纳木那尼、拉昂措合称神山圣湖。

早晨的冈仁波齐

关于冈仁波齐、纳木那尼、玛旁雍措还有段凄美的传说，也许是受这个浪漫传说的影响，今天我也浪漫一回：我在一块马卵石上写下“黑嫂我爱你”，然后将石头搁在新藏线上一块最著名、最浪漫的路碑上。

那个传说是这样的（以下为引用）：

相传，喜马拉雅山系和冈底斯山系是两个很有名望的家族，纳木那尼是喜马拉雅山系中一位美丽出众的女子。

一天黄昏，纳木那尼在草原放牧，忽然听到远处传来一阵悠扬的歌声，细听这是唱给她的情歌，唱歌者就是冈仁波齐。第二年，冈仁波齐带着重礼到了喜马拉雅家族求婚，迎娶纳木那尼为妻，结为幸福的姻缘。

不久，一年一度的赛马节开始了。参加赛马的有冈底斯山系、喜马拉雅山系、昆仑山系、唐古拉山系数百名骑手。冈仁波齐以精湛的骑术夺得了桂冠，就在他接受姑娘们献来的鲜花时，突然被一个姑娘那双美丽动人的眼睛迷住了，从此，他再也忘不了那双眼睛。

一天黄昏，冈仁波齐坐在湖边因思念而伤感的时候，这个女子出现了。她叫玛旁雍，是特提斯海龙王的女儿，因为厌倦海里的生活，喜欢魁梧英俊的冈仁波齐，于是对他施展了所有魅力，并如愿以偿。后来他们常常在湖边幽会。

纳木那尼始终对丈夫体贴入微，爱之深切、忠贞不二。刚开始她不在意丈夫的每晚外出，可是后来她发现冈仁波齐郁郁寡欢，脸色很憔悴。

直到有一天晚上，她去寻找一只丢失的羊来到湖边，发现冈仁波齐正和一位陌生的女子相拥。纳木那尼用自己的一片真心来感动他，可是冈仁波齐已无法控制住自己。

纳木那尼无法挽回丈夫的心，但对他的爱恋丝毫未减，在极其痛苦中她产生了回到喜马拉雅山系大家族中去的念头。可是必须在夜间通过巴嘎尔大草原，如果到了黎明还没有走出大草原，黎明之神会施用点穴法，收去她的灵魂，使她变成一座山。

就在她在巴嘎尔大草原上一步一回头，泪如泉涌，恋恋不舍时，天色渐亮。纳木那尼只觉四肢僵硬不能动弹，胸脯开始被冰雪包围，全身都变成了石头，孤零零地屹立在天地之间。人们为纪念她，就把此山取名为纳木那尼峰。

冈仁波齐清早发现妻子不在身边，寻找纳木那尼时也被定化成了山形。玛旁雍去寻找冈仁波齐时，却变成了一个湖泊，即玛旁雍措。她就在纳木那尼峰和冈仁波齐大雪山之间。两山一湖，三人就这样千年万年地组成了神山圣湖。

……

玛旁雍措湖和远处的纳木那尼峰

玛旁雍措是中国湖水透明度最大的淡水湖，也是亚洲四大河流的发源地。自古以来当地人都把她看作是世界的中心，是藏地三大“神湖”之一。

在当地人心中，玛旁雍措是最圣洁的湖，是胜乐大尊赐予人间的甘露，圣水可以清洗人心灵中的烦恼和孽障。她是所有圣地中最古老、最神圣的地方，她是这个宇宙中真正的天堂，是众神的香格里拉，万物之极乐世界。

玛旁雍措旁边的鬼湖

很幸运，到这天为止，这三大圣湖我已全部朝拜过了。

7月24日　晴

线路:霍尔乡(海拔4 620米)—亚热乡岔口(K1390)—公珠措垭口(K1410)—马攸木拉山口(海拔5 211米)—马攸桥检查站(K1477 海拔4 900米)

码表记录:骑行里程116.96千米

昨天没有受累,加上睡了一个好午觉,到了晚上怎么也睡不着,辗转反侧,浪费了大半夜的好时光。

在想什么呢?当然是想家。出门已整整一个月了,时间越久,牵挂越重。与以往不同的是,这次更多了一份愧疚:一路让亲人们为我担心,真是惭愧……

另一件事是,打算骑到尼泊尔去。本来做过尼泊尔的功课,后来尼泊尔发生地震后,便没再深入准备,现在得临时抱佛脚,重新了解在尼泊尔吃喝拉撒睡的细节,以及不懂外语,怎么应付各种情况、怎么回家,等等。

早上很早就起床,并不觉得累。满街里找早点,大多还没开门,只有一家内地老头开的餐馆兼旅馆在营业,馒头、稀饭、花生米、一人一个鸡蛋,管饱,25元/人。8点30分出发。

早上的纳木那尼雪山格外美丽和梦幻,让人惊喜,还有玛旁雍措圣湖和渐行渐远的霍尔乡、巴嘎尔大草原……走走停停,一路走一路拍。

回头再看霍尔乡

有点纠结的是,安皇对拍照比我还"外行",没有这个爱好。现在与他互拍之前,我几乎每次都先示范一番(当然,我自己的手艺也不咋地)……一路不知少拍多少照片,遗憾、遗憾!

出门便是上坡,到了海拔更高地域,还是草原和雪山。不同的是,草原更枯竭,几乎没有人烟和牲畜,偶尔看到几只死藏羚羊;雪山更小更矮,云层更低,低到在山间环绕,低到有时比我还低,为什么?因为大地太高了(起点太高了),大约在海拔5 000米附近。

全程117千米，基本都是起伏路，最长的上坡是爬马攸木拉山口，坡长13千米。

今天的强度？攻略上已有提示：很高！到底有多高，这取决于天气。很幸运今天天气不错，蓝天白云，前80千米没有逆风。不幸的是，从翻马攸木拉山口开始，便刮起了逆风。最后的25千米下坡，不得不使劲蹬踏，再一次证实我的人品不行！

经验证明，新藏线上，一般上午无风或顺风，到下午3点前后开始，就会刮起大风（逆风或侧风）。所以，每天总是想早点出发，赶在下午3点前到目的地，但这又出现两个矛盾：之一是太早了没有早点吃；之二是，海拔这么高，骑快了会特别容易累。

早上的玛旁雍措被云雾笼罩，纳木那尼峰像是悬浮在天上的海市蜃楼

海拔太高，使骑行强度成倍增加。举两个例子：

1. 因为空气稀薄和干燥，不得不张大嘴快速呼吸，时间久了，呼吸道会干得很厉害。为了解决这个问题，我总含2粒益达口香糖，每过10分钟左右就嚼一下，以促进唾液分泌，湿润一下嗓子。但就在嚼的那几秒钟里，会造成呼吸滞后，从而造成短暂的缺氧，不得不猛烈地大口呼吸几次，才能回归顺畅。

2. 安皇有点感冒，他有时在前面忽然“轰”鼻子，我立刻屏住呼吸，就是这屏住呼吸的几秒，简直快使人窒息……

因为缺氧，路上的每一个小上坡，都相当于内地的一个长坡。不同的是，内地爬坡可以有多大劲就使多大劲，而这里不行，必须慢悠悠的，绝对不能使猛力，否则会造成呼吸跟不上而缺氧。

下午4点40分到达马攸桥检查站——一个非常小而简陋的小集镇。

好像只有两家“旅馆”，所谓的旅馆，其实是低矮的棚子，一个“房间”8个铺位，还好，比住帐篷好多了。

没有正规餐馆，晚饭吃什么呢？房东说有花饭，这也不错啊，不用吃泡面，还有开水喝，还能打盆热水擦了个澡呢。

等到晚上 8 点多，房东还在和矿工玩牌，没有给我们做饭的意思。看来花饭吃不成了，我们只得在他的小卖部里买了泡面和咸蛋，简单地打发了晚餐。

海拔超过 5 000 米的草原

总之，比无人区好多了，最开心的是自己身体杠杠的，心情乐乐的。这里海拔虽然 4 900 米，但没有任何感觉，安皇跟我开玩笑说：“你没高反了，该你牛！”

想吃肉、想喝酒！——明天吧，明天的落脚点——帕羊镇什么都有。

四、天上日喀则

7 月 25 日　晴

线路：马孜木拉检查站（K1477 海拔 4 900 米）—拉若铁桥—帕羊大桥—帕羊镇（K1580 海拔 4 600 米）

码表记录：骑行里程 105.26 千米，骑行时间 5 小时 14 分 44 秒，平均速度 20 千米/小时

昨天的落脚点是最差的一次，有住的，没吃的，晚餐和今天的早餐都是自己冲泡面，冲泡面的开水不开，今早用的还是隔夜的温水。

出马攸木拉山检查站进入日喀则境内

没有电，昨晚很早就睡了，到了夜里 12 点，又来了 3 个年轻的骑友。我都认识，是在松西乡搭伙吃过他们自做的土豆炖肉的那几个小伙子。

这一天他们一路玩、一路拍摄，玩到半夜才到马孜木拉检查站。喊门，吃泡面，房东半夜进来收房费……折腾了近一个小时。

快到天亮的时候，又有人来喊门——新来了一个房客……这一夜被打扰了几次，但我的睡眠时间还是足够的。早上起来，精神不错，只是很冷，用昨晚储存的温水泡了“热干面”，再吃了一个咸蛋，8 点 40 分启程。

出门便是一个门楼，是阿里与日喀则的分界线。门楼上有欢迎词，阿里这边是“欢迎再来祝您吉祥”；日喀则这边的是“藏西秘境天上阿里欢迎您”。跨过门楼，就是日喀则了，意味着新藏线的终点不远了。

今天的行程虽有 100 多千米，却是攻略上说的最轻松的一天：全程基本平路，没有达坂可翻。事实也的确如此，这点从码表记录就可看出，平均速度 20 千米/小时，是走新藏线以来第一次达到均速 20 千米/小时，也可能是最后一次，如果不是又遇到 40 千米的逆风，可能还会快很多。

道路右侧喜马拉雅山脉连绵的雪山

前 60 千米风平浪静，还有点小小的顺风，从 60 千米处休息、吃零食后开始，便刮起了逆风，偶尔侧风，先小后大，一直到帕羊镇，骑得很辛苦。当然骑得辛苦的原因，不仅仅是因为逆风，还有速度：今天有意以赶路的节奏骑行，基本是“有多大劲使多大劲”，目的是尽早赶到帕羊镇吃午饭，结果基本如愿：下午 2 点 40 分（相当于内地的正午 12 点前后）到达帕羊镇。

站在旅馆的楼上看帕羊镇街景

帕羊镇有点规模，吃住的“宾馆”到处都是，但没有霍尔乡现代和繁华。

街上的狗很多，体型也很大，吠声低沉浑厚，让人不寒而栗，大概是藏獒的近亲，但并不可怕，因为基本不咬人。

从街头找到街尾，住到“成都饭店”。没到过西藏的人，看到这个名字，以为是家豪华的宾馆或酒店，其实只是一家小家庭旅馆兼餐馆而已。四川夫妻经营，二楼用复合板隔的双人间，住宿费 20 元/人，没电、没厕、没水，还是用自己的脸盆到厨房弄一盆热水擦澡，换下脏衣服，手搓洗后，到厨房舀水漂净。

有点饿，到店的第一件事是点菜吃饭，记不清已经多少天没有正儿八经地吃顿午餐了，所以今天的午餐有点奢侈：回锅肉、葱爆牛肉、青椒茄子、两大瓶拉萨啤酒。好久没吃正餐了，很馋，安皇怕吃肥肉，一盘回锅肉我一个人吃得精光……

今天的风景：长长的草原，偶尔有几处湿地，还有好几条河流——不要误会，不是内地的那种河流，而是宽宽的、浅浅的、在碎石河滩上稀稀拉拉流淌的溪水。

草原上没有动物，前 60 千米很少看到有放牧活动和牧民居住点；草原两边是看起来低矮的荒山，没有雪，只有右边远处的喜马拉雅山脉连绵的雪山，在烈日下晶莹剔透，一路注视着我、我一路注视着她，10 天后我将跨过她的脊梁，长驱直入尼泊尔、直捣加德满都……

7 月 26 日　晴

线路：帕羊镇（K1580 海拔 4 600 米）—朔格拉山口（K1602 海拔 4 770 米）—新仲巴县城门楼（K1652 海拔 4 580 米）—老仲巴山口—老仲巴（K1704 海拔 4 650 米）

码表记录：骑行里程 89.34 千米，骑行时间 5 小时 57 分 47 秒，平均速度 14.9 千米/小时

新藏线上的住宿与 G318 线上一样，都很便宜，只是条件更差，而吃饭和生活用品等都很贵。昨天在帕羊镇吃住总共消费 120 元/人（包括今早一碗花饭），不含另买的零食和饮料。

今天的行程虽不到 90 千米，但大多是起伏路面，期间还要翻越 2 个垭口（相对高度不高），比昨天的强度要大。但不幸的是，今天一出门就是逆风，偶尔也有侧风，一直持续到快接近终点，使今天的实际强度大大增加。

骑行结束后，并没有太累的感觉，这得益于从一开始就有意将体力和速度控制在一种“细水长流”的状态，原因是：

1. 因为知道今天强度较高，没有可能赶到目的地吃午饭，索性就不赶了，全程慢悠悠地骑行，不急不躁，尽量保持不出汗、不喘粗气、腿不酸……

2. 每天上午急着赶路的一个重要原因，是想赶在下午刮大风前尽可能多跑点路。而今天从早上就开始刮风，已没有抢时间的必要了，倒不如慢慢骑，说不定中途刮起了顺风呢？呵呵，这个假定到最后真的变成了现实：过新仲巴县城后不久，居然有近10千米的顺风。

3. 几次(包括昨天)匆匆赶路，早早达到目的地后，一般会很累，于是便睡个午觉，当然睡得很扎实，可是因此严重影响了晚上的正常睡眠。

昨晚又是到半夜才睡着，睡着后被隔壁房门被风吹得叽叽嘎嘎的声音吵醒，起来弄了几次才搞定，这一夜没有睡好……

像每次一样，早上离开住地不远，总要回头看一眼，今天也不例外。出镇口回头再看一眼帕羊镇，发现在建的房屋和公共设施不少，看来规模在迅速扩大。镇外还是草原、湿地，一直延伸到远处的喜马拉雅雪山脚下。但喜马拉雅被厚厚的云层压住，帕羊镇的房东说“翻过那座山就是尼泊尔”——这我当然知道，可是谁敢在这里翻？

进入日喀则地区后，湖泊和湿地越来越多，生机勃勃。

翻越第一个无名垭口后，居然有一片沙漠，面积不大，恰到好处地出现在这里，使此地的风景非常特别：沙丘、草原、羊群、毡房、湖泊和雪山……沙漠与绿洲交相辉映，大自然的鬼斧神工，在青藏高原上又一次刷新我的视觉感受。

过沙漠后是8千米左右下坡，然后一直在马泉河岸边起伏前行。偶尔有几只藏羚羊，看到我停下来将镜头对准它们的时候，便如惊弓之鸟一样逃向远处。

沙漠、湖泊、湿地、草场、牧马、水鸟和雪山

沙丘、雅鲁藏布江(湖)

出门40千米后，开始沿一条宽宽的河流骑行。我一路在想，这是什么湖？怎么不是蓝的？骑了快10千米，忽然看到路边的广告牌“欢迎入住雅江源宾馆”，这

才想起，这就是举世闻名的雅鲁藏布江，心理立刻有了一种惊喜和方位感！

雅鲁藏布江

骑行 70 千米到达新仲巴县城的入口门楼，在旁边加油站门前停下解决午餐：一个乡巴佬卤鸡蛋、几块沙琪玛、2 杯红茶。

刚吃完，就见南边乌云和狂风，裹挟着雨雪向这边移动，是走还是留在加油站躲雨？犹豫不决，安皇说“吉人自有天相”，那就听天由命吧。

于是两人迎着六七级逆风，开始与风雨赛跑，三四千米后，终于逃出了这片风雨区……

老仲巴县城

下午 3 点 30 分到达老仲巴县城，比我预计的要早很多。

老仲巴县城很小，还不如一个乡镇的规模。

低矮破旧的房屋、冷冷清清的马路……

住到藏民开的“老仲巴牦牛宾馆”，一个大大的院落，房间倒还不少，但没有房客。双人间，很窄，60 元，说是晚上 8 点才发电，到夜里 12 点结束(新藏线上几乎所有的集镇都是如此)。冷水可以用，但得自己在院中间的深井里打水……

还好，今天基本没有出汗，不用洗衣服，只是打了一盆冷水，稍兑一点热水(两人只有一瓶开水)，擦了个澡……

非常幸运的是，对面还有一家汉人经营的餐馆——“四方缘川菜”，生意惨淡，我担心店家还能支撑多少时间。菜品很少，也很贵，晚餐：回锅肉、炒饭、啤酒，没吃饱，回到旅馆又吃了 3 块沙琪玛和花生米，才有饱意。

7月27日　晴

线路：老仲巴（K1704 海拔 4 650 米）—突击拉山口（K1728 海拔 4 720 米）—久嘎村—拉藏乡（K1760 海拔 4 650 米）—大吉岭乡（K1819 海拔 4 600 米）—萨嘎县城（K1846 海拔4 500 米）

码表记录：骑行里程 145.84 千米，骑行时间 8 小时 33 分 33 秒，平均速度 17 千米/小时

今天一天跑了两天的行程，为什么要如此赶路？

1. 这 145 千米如果按两天来完成的话，的确有点浪费时间，而用一天来完成，虽然很累，但对于适应了高海拔的我来说，已不是什么难事。如果是新藏线的第一天就这样跑，怕是累得没有命在了，之所以现在能够搞定，除了适应了高海拔外，那就是高强度下不间断地“练”了一个多月，极大地提高了体能。这点与上次跑川藏线不同，川藏线上，我是越到最后，身体越疲惫和虚弱……

突击拉山口下的草场

2. 出门已一个多月了，思家心切、归心似箭，多跑一天的路程，可以早一天回家。

实际上这 145 千米的强度非常大！有多大？海拔 4 500 米高原上 145 千米——这个距离本身就是一个标杆，何况期间要翻越两个达坂。

拉藏乡外草原上的藏羚羊群

对于喜欢爬坡的我来说，达坂不可怕，可怕的是逆风。今天下午，毫无悬念地遇到猛烈的逆风，不多也不少，30 千米，期间两次穿过暴风雨区，很幸运没有淋到雨。

30 千米的逆风，足以消耗掉我们所有的体力，尽管中午在拉藏乡吃过面条,但到最后的一个小达坂时,都已筋疲力尽,不得不吃些干粮再爬坡……

昨晚的住宿很差,因为今天想直接赶到萨嘎县,早上 7 点 25 分就起床,在对面川菜馆一人吃了一碗肉丝面,还没吃饱,8 点 15 分启程,是到目前为止出发最早的一次。

出县城后回头看一眼昨晚的住宿地,老仲巴的破旧和冷清,几乎让我不忍直视。骑出几百米再看,少了被污染的草场和湿地,连接着远处被阳光照得金碧辉煌的喜马拉雅山脉,这景色其实有说不尽的美丽。

预计是 1 点左右到拉藏乡,结果 12 点前就到了,很快,用时 3 小时 10 分。

拉藏乡漂亮而繁华,比老仲巴好得多,是个理想的住宿点。我们一人吃了一大碗肉丝面,25 元/人,也幸亏饱餐了一顿午餐,要不后半程会很辛苦。

拉藏乡到萨嘎县还有 86 千米,本来强度不大,但用半天的时间来完成就有点压力了,所以下午还是以“赶路”的节奏骑行。这一天因为“赶路”,基本没多少时间和心情欣赏风景。

出拉藏乡是一片开阔的草原,不大,围绕草原的群山,色彩斑驳、巍峨大气。

两个人的骑行很寂寞,骑行路上极少说话,当然与外人说话的机会就更少,以至于 50 天的骑行,给我留下了短暂的后遗症:回家后,处在人群中我会很紧张,没有话说——这是后话。

路上常常重复着一个很有代表性的场景:孤寂的新藏公路上,骑摩托的藏民从骑友身边经过的时候,互打招呼“扎西德勒!”。

走过那片开阔地,公路开始起伏不断,坡度很缓。这里的蓝天白云更纯净,不过我更喜欢这里彩色的山,还有成群的藏羚羊(或是黄羊?)。

拉藏乡与萨嘎县城之间唯一的集镇是吉岭乡,街上有餐馆和旅馆,很有人气,是个可以落脚的地方,遗憾没有留下照片。出镇口路边有一家人(母女)正在侍弄一大群羊,把它们角对角整齐地拴在一起,像是在挤奶,场面很特别。我想拍下来,于是走过去,比划着对那位母亲说“可以拍照吗?”。

没有反应,不知是听不懂还是在犹豫。

我又对她女儿说“扎西德勒,可以拍照吗?”。

姑娘像是要表示同意,可是那位母亲这时抢着摇头——不行。遗憾!

过吉岭乡又开始缓上,风景更佳,却有风雨袭来。虽是逆风,心情还是很轻松,在这样的美景里,该是记录一下好心情的时候,于是突发奇想,摆出图中的姿势拍照。

彩色山和羊群

“燕式平衡”

后来朋友告诉我，这个姿势叫“燕式平衡”，呵呵，管他什么姿势，好玩而已，难得放松一下心情。

照片中可以看出我的行李比日土县城之前少了近一半，因为在日土县城把露营装备都寄回去了。

很多人对我驮包上的脸盆感到好奇和新鲜，我要说的是，自带脸盆非常有用、也非常必要。估计很多人想象得到它的好处，却几乎没有人带过，新藏线上，我大概是第一个，而安皇是第二个——他见我用得很方便，于是也买了一个。

其实自带（三十里营买的）脸盆的灵感，来自库地兵站拉练的部队——每个士兵的行李都包括一个脸盆。

拍照后，走出大约3千米，开始爬今天的第二个大山口——查藏拉垭口，坡不长，只有3千米，却有点陡。爬坡前，已经很饿了，于是在山下吃了一些干粮。

过垭口后9千米的下坡，下到萨嘎县城入口的门楼，很有成就感，而看到城外一小片金黄的油菜花，则抑制不住地兴奋——因为从叶城到这里，骑行了上千千米的距离，却没有看到一株庄稼，而此刻终看到了。

萨嘎县城

傍晚6点30分左右到达萨嘎县城。这是一个颇具规模的县城，现代而繁华，居然还有自来水厂，昼夜有电……

住到"兰州宾馆"，洗了新藏线上的第二个淋浴澡——尽管是公共浴室。

晚饭都想奢侈一把，找到"重庆川菜馆"，安皇想吃火锅，可是女老板说两个人吃一个火锅"划不着"——太贵、吃不完。于是他点了水煮肉片，我点了粉蒸肉，他肚子不舒服，不能喝酒，我单独买了一大瓶拉萨啤酒，一盘粉蒸肉一个人吃得精光。

7月28日　晴

线路：萨嘎县城（K1846 海拔 4 500 米）—愧拉山（K1890 海拔 5 089 米）—22道班（K1912 海拔 4 950 米）—切热乡（K1940 海拔 4 800 米）

码表记录：骑行里程 96.16 千米，骑行时间 6 小时 5 分 31 秒，平均速度 15.7 千米/小时

萨嘎县北有冈底斯山，南有喜马拉雅山，中间有愧拉山。而今天就要翻越的垭口就是愧拉山。

萨嘎县城是一个不错的地方，吃住条件仅次于狮泉河。可是不知为什么，昨夜怎么也睡不着，辗转到近凌晨1点，索性打开手机查看资料。安皇的鼾声如雷，而且与以往不同，以往很均匀，而昨夜的鼾声由低到高，然后忽然卡住，像是要窒息……周而复始，听着极其担心，难怪早上他也说没有睡好。

早上起来，吃了3根油条、一大碗豆浆，用大保温杯泡了2包咖啡，8点30分

萨嘎县城外的雅鲁藏布江

左右上路。

出城口有一个边检站。过边检站就见宽阔的雅鲁藏布江，此处的雅鲁藏布江水质很好，水面平静，微有涟漪，像是磨砂镜，倒映着草场、山坡、蓝天、白云，如诗如画。但很快就离开了雅鲁藏布江，草原变得干枯和稀疏，没有了生机和人气，难得见到村庄和牲畜，也没有我喜爱的雪山。

因为睡眠不足，加上昨天体力消耗较大，今天一开始状态不是很好，好比宿醉还没醒，次日又接着推杯换盏一样。好在今天的行程只有 90 几千米，没有多少压力，不慌不忙，以“骑游”的节奏，慢悠悠地向愧拉山口挺近。

从萨嘎县城到愧拉山口之间，基本都是大起大落的起伏路，很有些强度，而爬愧拉山口的长坡，并不是攻略所说的只有 7 千米，实际上从达琼村就开始上坡，只是先缓后急，最后的 7 千米陡些而已，骑得很辛苦。

爬上了愧拉山口，时间比攻略上说的早很多，也许是征服的山口已经太多了，感官略有麻木，已没有最初的那种成就感，不过拍照留影是必须的。

过愧拉山口后，只有 6 千米缓下，然后小幅度起伏，风景平平。大约 20 千米，到达加加村，有很小的茶馆和藏餐馆，出村有一个边检站。已记不清这是新藏线上第几个边检站了。

愧拉山口

有些饿了，都带了足够的干粮，出村 200 米后，就在路边干沟里解决午餐：饼干、沙琪玛、八宝粥。此时天气已阴，风渐大，不过不是逆风，不远处的山间，已经在下雨或者雪了，白茫茫一片。

吃了午餐，便急匆匆与风雨赛跑。最终没有跑过风雨，但也不是很糟：当我们换上雨衣后，雨便小了，而前面的区域雨已停了。到达时，路上满是雨后的积水，两旁山坡上覆盖了一层薄雪——我们来得恰到好处。

逃过暴风雨

更幸运的是，回头看刚才路过的地方，那里已经被雨雪（或者冰雹）笼罩。

还有幸运的是，等我们到了终点后，便刮起了逆风，2 小时后，开始下起了小雨。

今天的运气为什么这么好？难道我昨天做了什么好事？没有啊！就是一个人把一盘粉蒸肉吃得精光，这能算做好事吗？如果能，那我今晚再吃一盘肥肉！

哦，对了，今天吃不成肉了，今天的落脚点——切热乡没有餐馆。

街上搭有好多救灾帐篷，都已很旧了。我们刚住下来，就下起了小雨、刮起了逆风，幸运！

整个切热乡，今天就我们两个“客人”，非常冷清和荒僻，住宿条件很艰苦：没水没厕没电，还不如老仲巴。

切热乡

没厕所——不仅仅是房间里没厕所，而是整个旅馆、整个切热乡没有公厕，解手怎么办？只有入乡随俗了：找一偏僻角落，以掩耳盗铃的方式低头解决，所谓“解手不看人、看人解不成”。

关于没水，其实不到 200 米的村口，就有一条清澈的河流，家家（包括旅馆、餐馆和单位）都是用塑料桶从河里背水回去。

我很费解:乡政府为什么不建个水塔或水池,从河里抽水上来呢?如下的情节,似乎找到了答案:我到房东的储水桶舀水洗漱的时候,房东跟我闲聊,问我"你们经常洗脸吗?",我回答"一天至少2次,早晚各一次"。房东一脸的惊奇……原来,水对他们不是那么重要,所以类似切热乡"没水"的状况,在新藏线上以及整个西藏,好像是个普遍现象。

挨到下午5点40分,找到街对面的藏餐馆,阴暗、拥挤,屋里坐了一圈中年藏民,对我们很友好(新藏线上接触到的藏民都十分友好)。

我们一人点了一碗面条,没有吃饱,我回到旅馆又吃了3块沙琪玛和半袋花生米。

7月29日 晴

线路:切热乡(K1940 海拔4 800米)—索比亚拉山口(K1950 海拔5 098米)—无名高原湖—结拉山口(K1988 海拔4 936米)—拉聂村(K2001)—桑桑镇(K2025 海拔4 570米)

码表记录:骑行里程86.12千米,骑行时间5小时05分46秒,平均速度16.8千米/小时

昨晚没电,8点就躺在床上,打算早早睡个好觉,可是情况比前天更糟,根本就睡不着。就这样静静地躺着,9点、10点、11点……直到凌晨,打开手机看一眼,电量不足,又关了。

切热乡的夜非常寂静,只有夜风吹拂屋梁的铁皮和经幡的声音。

新藏线行将结束,想着许多事,许多事也到了需要考虑的时候了:比如樟木口岸开通了没有,如果没通怎么办,等等。

早上很早就醒了,又是静静地躺着,直到天蒙蒙亮,才起来洗漱、收拾行李,然后催促房东生火烧水。沿途藏民唯一的生活燃料就是牛粪和羊粪,常常看到他们一边用手往炉子里添牛粪,一边又用抓过牛粪的手来抓面条往锅里下。

早餐:一桶方便面和4个麻花。太阳刚出,我们便出发,逃一样地离开切热乡,满怀希望,向桑桑镇进发,因为想象中,桑桑镇应该是个好地方。事实上,桑桑镇的确是个好地方,吃住条件抵得上一个县城,甚至更好——这是后话。

出门4千米就开始爬索比亚山口,坡长5千米,有些陡。爬到半坡,再回头看一眼切热乡,又有不一样的感受:壮观、大气、空灵,如远处高楼上渺茫的轻音乐,让人感到平静、舒畅。

不在状态,好在知道今天的行程只有80几千米,所以不急不躁,以细水长流的心态和节奏慢悠悠地骑行，倒也得心应手。事实上，今天的整个行程，都骑得很休闲，一路骑，一路玩和拍照，而且昨天的好运气今天继续延续：没有逆风……

翻过山口，一路缓下，慢慢有了让人不得不驻足和频繁使用相机的景色：高原湖泊、湿地、峡谷……这是一个让我很震撼的画面，笔直的 G219 线穿过袅袅炊烟的村庄，直插前面的山脚。画面上看不出这段直路有多长，其实有 5 千米多，其间有 2 个对我们来说极有意义的路碑，一个是 1965，一个是 1966，分别是我和安皇的生日。

笔直的 G318 线穿过炊烟袅袅的村庄

走到这条直路的尽头，然后向左转弯近 90°，进入一片平坦、开阔的大草原，草原上水很充足，近似沼泽，因而草很茂盛，足够养育大量的牲畜和牧民。

再走 2 千米，沼泽变成了一汪碧蓝的高原湖，湖水很纯很清，像一面镜子，倒映着明净的蓝天，显得比蓝天更蓝。水面上成群的鸟类，我叫不出名字，但她们的神态安静而优雅，我索性停下来拍照，认真感受一番这难得的美景，像是品尝一杯陈年红葡萄酒，直到微醉后才依依不舍离开。2 千米后向右拐进峡谷。

高原湿地和水鸟

日阿嘎藏布江峡谷

在宽阔的草原和荒漠上骑了近 2 000 千米后，又忽然走进峡谷——日阿嘎藏布江峡谷，感到一种久违的刺激和畅快。不过这个峡谷不长，只有十几千米，最后以 5 千米的长上坡结束，爬上今天的第二个山口——结拉山口。

今天的 2 个山口坡度正合适，对于喜欢爬坡的我来说，显得恰到好处：少了过不到瘾，多了又抵不住。

下了结拉山口，眼前豁然开朗：宽阔平坦的草原湿地一片连着一片，水草丰美，生机勃勃，每一片草原上，都散落着数不清的、望不到边的牦牛群……

慢慢接近和进入西藏的核心地带和繁华地带，生态环境、文明程度（或者说现代化程度）和人气，都越来越给人一种清新的感觉。比如：藏民房屋的屋顶，渐渐是五颜六色的彩钢瓦坡顶结构，而不再仅仅是泥土平顶。

而沿路的藏民，不论是走路的还是骑摩托车的，基本都会主动向我挥手打招呼，我也频繁地腾出一只手来回敬“扎西德勒”……

哦，对了，今天路上有几个特殊的里程碑，值得我停下来记录：

1965——是本人的元年，拍照、留念；

1999——象征专一和永恒，我用记号笔在别人涂鸦的空隙里，写下半首古词，表达对妻儿的思念——我对爱人的牵挂是真实的；

2000——这是一个新的标杆，是我第一次在一条公路上骑行 2 000 千米，脚伤未愈，但我还是让安皇给我拍了几张跳跃的照片……

下午 2 点整到达桑桑镇，从街头选到街尾，住到“茂源宾馆”，照例是四川人经营，大院、一楼、标间（真正的标间），150 元 / 间。宽敞明亮，水电充足，服务周到，比狮泉河住的更方便和人性化。

桑桑镇真好啊！

宾馆兼营餐馆。午餐：凉拌牛肉、回锅肉，一人 2 罐拉萨啤酒，135 元。不怪我奢侈，实在是嘴馋，也实在是西藏物价太贵……晚餐就将就一点吧：一人吃碗面条或者盖浇饭什么的——其实这也不错啊！

一组特殊数字的里程碑

午饭后，用宾馆的大洗衣机，洗了所有该洗的和可以不洗的衣服（比如抓绒衣、骑行服等）。

明天，就将结束新藏线骑行，踏上我“梦里寻她百千度”的 G318 线。期待、激动、亢奋……不知今晚能否安然入睡，哦，对了，刚才有点累，还有酒精的作用，睡了一个午觉，时间不长——30 分钟，但很沉，我自己听得见自己的鼾声……

后方传来消息：

“今日一女骑友在翻越黑卡达坂时摔倒，不治身亡，军医车已收尸回叶城，短短几天已是第二起悲剧……”

为遇难的骑友默哀！

7 月 30 日　晴

线路：桑桑镇（K2025 海拔 4 570 米）—嘎拉山口（K2036 海拔 4 778 米）—帮拉山口（K2054 海拔 4 710 米）—无名山口（海拔 4 375 米）—达卡嘎镇（K2087 海拔 4 300 米）—昂拉山口（K2093 海拔 4 517 米）—雅江大桥—拉孜（G219　K2138＋7 G318 线 5050 海拔 4 030 米）

码表记录：骑行里程 120.16 千米，骑行时间 6 小时 43 分 26 秒，平均速度17.8 千米/小时

早上的桑桑镇

为了樟木口岸是否开通、以及如果没有开通怎么办的问题，昨晚几乎操心了一夜，通过各种渠道打探中尼公路的情况，今天各方陆续反馈来的信息是：樟木口岸工作人员早已撤离，聂拉木县城是“一座空城”，包括从白坝去樟木口岸的沿途所有餐馆、旅社均停业，没吃没住——樟木口岸没有开通，尼泊尔去不了。

于是想了几种预案：

1. 从拉孜直接坐车去拉萨，从拉萨直接回家。

2. 安皇很想去大本营和日喀则，这两个地方我都去过，那么他明天搭车去大本营，我坐车去拉萨等他。3 天后拉萨会合，再反骑青藏线（11 天），15 日前从格尔木回家。

3. 让安皇放弃大本营，明天骑 150 千米到日喀则，以满足他两个愿望中的一个——游览扎什伦布寺，后天一起坐车到拉萨，休整一天后，再反骑青藏线。

最后决定采取第三种方案。

其实我很想直接回家，之所以选择了反骑青藏线，是基于这样的原因：

记得我第二次进藏，离开拉萨时在日志中写道：永别了拉萨！——以为（发誓）今生不会再踏上西藏的土地。

桑桑镇外的草原

有一个普遍的现象是，一个真正的驴友，除非他（她）从来没有进过西藏，只要有了第一次，基本会惦记着再有第二次、第三次……事实的确如此，比如，队友杭州小兵，从 1999 年开始到现在，已来西藏很多次，自驾走过西藏几乎所有的地方。他说，西藏的路况，他比当地的司机还要熟悉。尽管如此，他还是又来了西藏，只是这次是骑行。

西藏情结，也许常人无法理解。

我的西藏情结根深蒂固，所以我再也不敢说“永别了拉萨”。

骑行进藏的线路据说有 12 条之多，但主要的只有 4 条：青藏、新藏、川藏和滇藏，其他的线路，都是这 4 条线路的分支。到今天为止，我骑行了这 4 条进藏线路中的 3 条，只有青藏线没骑，这肯定会让我惦记，也肯定会成为我下一次骑行西藏的理由或借口。与其以后再为此大动干戈，倒不如趁现在最方便的时候，“顺道”就把它完成了。

骑完青藏线后，我真的可以说，再也不骑西藏了，也绝对不会再一个人来西藏了，要来，肯定是陪伴家人。

今天的行程，是新藏线的最后一个，很有一些强度，一路大起大落，居然要翻越大小 4 个山口，像是有意要给即将告别新藏线的我们(以及每一位骑友)加深印象一样。

不过，不论是心情还是体力，我今天的状态极好，好到对几次翻越山口，都有一种期待和满足感。

下午 3 点左右，到达新藏线最后一个路碑 K2138 处，拍照留念。

江嘎村和昂仁金措

昂仁金错湖和湖对岸的昂仁县

至此，圆满完成新藏线骑行。全程实际骑行 2 163.5 千米(不含独库公路)，翻越大小 27 个达坂(山口)，穿越 261 千米的无人区，历时 24 天，除去一天休整、一天游览古格王朝、一天转山，实际骑行 21 天，比路书规划的 26 天少用了 5 天时间——我们还是蛮牛的！

想起新藏线上的累、苦、险，想起我为此流过的汗和泪(也许若干年后，我会汗颜，会无法理解我在新藏线上哭过，所以我不得不用一句话简单还原一下无人区我的状况：到了生死边缘的时候，难道不特别想念家人？想起每一位亲人我都会哽咽不止……）。

这一刻我很激动，感慨万千！作打油诗一首：

新藏风寒独库雪，
千里西陲已逾越。
策马中尼扬鞭累，
直捣拉萨朝天阙。

——秒杀 217，完胜 219，又回 318，觊觎 109

（注：独库——独库公路。

中尼——中国至尼泊尔公路，中国境内是 G318 线。

217——独库公路是其中一段。

219——新藏线，从新疆叶城到西藏拉孜县。

109——青藏线是其中一段。）

新藏线上最后一块里程碑留影

下午 4 点前后到达拉孜县城，住标间（南湖宾馆，50 元/人）、吃肥肉（回锅肉和水煮肉片）、喝啤酒（每人 2 罐），以示庆祝完成 G219 线。

拉孜县城

今天的风景：草原、湿地、浪措湖、越来越气派和现代的村庄（太阳能路灯、健身器材等，可与内地发达地区农村媲美）；跑了 2 000 多千米，今天终于第一见到成片的庄稼，见到第一棵树，闻到第一缕家乡三月才有的油菜花香，我醉了……

7月31日 雨转多云

线路:拉孜县城—措拉山口—吉定镇—曲美乡—日喀则市—日喀则火车站—市区

码表记录:骑行里程166.66千米,骑行时间9小时27分31秒,平均速度17.5千米/小时

计划中,没有骑拉孜到日喀则的行程。骑行这段路,对我来说,没有多少意义(如果说有什么意义的话,那就是我又回到了G318线,又骑行了一次G318线),因为除了风景一般外,这段路早在2012年我已坐车走了一个来回,虽然不是骑行,但走过的路,不想、也没必要再折腾一次。

而今天还是骑了一趟,这仅仅是为了满足安皇一个愿望而已,就是这个临时决定的行程,却是出门以来骑得最远的一次,强度也是极大的一次,大到什么程度?——除了这个距离本身足够长外,还有10多千米的雨中骑行、10多千米的爬坡翻越措拉山口,而对于已经经过了一个多月高强度骑行"训练"的我来说,这些都只不过是小儿科而已。真正的强度,体现在今天100多千米的大风:从G318线5 000千米纪念碑开始,一直到日喀则,基本都是逆风加侧风,是整个新藏之行中遇到逆风最久的一次,骑得非常辛苦。因为今天路程太远,还要赶在工作人员下班之前游览扎什伦布寺和办理自行车托运,所以即使是逆风,也得拼命"赶路",这更增加了体力消耗。

站在嘉措拉山口回望拉孜平原

G318线5 000千米纪念碑

碑前留影

吉定镇外的青稞地

打算到日喀则后，坐明天早上8点的火车到拉萨，但当我们赶到郊外的火车站时，得到的消息是：自行车不能托运到拉萨，也不能随人上车。意味着坐火车到拉萨的计划无法实施，于是又返回市区，打算明天坐汽车……

这时，我俩都已经筋疲力尽。骑到汽车站附近，问了几家宾馆，都有些贵，累了，也不想再到处找了，住到一家稍便宜的旅馆，标间140元，是出门以来住得最宽敞、最干净的一次。

放下行李后，要做的第一件事是催促安皇一起下楼找饭吃。宾馆隔壁就是家川味餐馆，我馋酒馋肥肉，今天尤其嘴馋。我问服务员：有没有粉蒸肉？服务员说没有，但有扣肉，哈哈，那不是更肥更过瘾吗？于是点了扣肉、口水牛肉、家常豆腐，我一大瓶拉萨啤酒，安皇一杯梅子泡酒，喝完后还嫌不过瘾，又要了一杯梅子酒，两人均分……

今天的风景：从拉孜到日喀则，开阔平坦的地带不再是草原和湿地，而是一望无际的、金灿灿的油菜花和绿油油的青稞地，看来，这里的藏民是以种地为主，而不是放牧。

扎什伦布寺广场留影

今天见到日喀则，比 3 年前多了一些全新的感受，3 年前的日喀则，有些冷清、有些拘谨，而今天的日喀则很繁华、现代，充满生机和活力。

3 年前我在日喀则打过点滴，身体非常虚弱，而今天的我，经过新藏线的折磨、锤炼和洗礼，已经是钢筋铁骨……

8 月 1 日　晴

线路：日喀则—拉萨

按计划，今天坐车到拉萨。

一大早，起床收拾行李，骑到街上找早点：油条、豆浆。然后问路，找到去拉萨的汽车站，规规矩矩地买票、进站。费了九牛二虎之力，将自行车上到大巴的顶棚货架上。

9 点 30 分发车，下午 3 点多才到拉萨。其实，如果路上拦车（最方便的是皮卡），可能快得多，也方便得多。

这段路 2012 年我坐旅游车走过，所以没有什么新鲜感，一路迷迷糊糊打了几次盹。清醒的时候，将前几天买的干粮（如牛肉干、台湾松糕等）吃得精光。

时隔 3 年，第三次来到拉萨，感慨万千。第一次的拉萨，留给我的印象是神秘和紧张感；第二次的拉萨，我感到的是懒散和躁动；而今天一进入拉萨，第一感觉是，拉萨的发展正处于井喷状态，满街的塔吊、满街的楼盘广告，与内地的发达城市没什么区别。

通过导航找到杭州小兵所住的“追风客栈”——纯驴友居住地，不是我想要的标间，很失望。也罢，既来之则安之，至少这里有淋浴、有洗衣机，大房间，可以听天南海北的骑友侃天侃地……

川藏、青藏公路纪念碑

吃午饭的时间正是在大巴上，只吃了为骑行准备的干粮，傍晚5点多，肚子就饿了。出门找到川菜馆，我点了红烧肉，安皇点了尖椒炒肉、红薯尖叶，要了2小瓶红星二锅头，一人一瓶，我另外又喝了一大瓶拉萨啤酒。饭后有点晕眩，趁着酒性，打算去逛北京东路——前几次来拉萨的居住地，也算是故地重游。

走了不到1千米，下起毛毛细雨，只得返回，看到满街的水果摊，十分嘴馋，不光是馋水果，见到什么都想吃——尽管肚子已经胀得很饱(难道是缺少某种营养?)于是买了一个小西瓜，3块钱一斤，20块钱，跟安皇一人一半，味道无法跟新疆的西瓜相提并论。

明天将在拉萨休整一天:逛街、睡觉、美食、寄点礼物回家……

第四章　青藏线

与天路的约会

一、唐古拉山

8月2日　晴

昨晚五人间住满5个骑友，基本个个打鼾（包括我自己），邻床老罗的鼾声尤其恐怖，安皇的鼾声与之相比，显得温柔多了。也许是酒精的作用，我居然睡得很好。早上起来，神清气爽。

8点，开始裸车骑游拉萨市区。这是第三次来拉萨了，每次都有不同的感受、不同的心境。

我怀念北京西路的卤肉面很久了，于是带着安皇一路找过去，虽然已过去3年了，餐馆居然还在那里。

骑游布宫广场

还是大碗拉面、大块的猪蹄子，可是我还嫌不肥，安皇点的是卤牛肉面，也嫌肉少了，又加了10元钱的牛肉。

早餐后，再逛布达拉宫广场。

与3年前相比，拉萨的街景和市容变得更加漂亮，但也显得有些拥挤：满街的游人摩肩接踵，挂着全国各地牌照的汽车塞满大街小巷的空地，十字路口常常发生塞车现象，这与内地的大城市已没什么区别了。

在拉萨的马路上骑行，已不再是那么轻松和自在，而是处处得小心翼翼，偶尔还不得不强行抢道通过。我想，如果是自驾来拉萨，估计找停车位是件很费心的事。

带着自行车逛街很不方便，逛到 11 点，回到旅馆睡了一个午觉。

午后 1 点起来，迫不及待出门找饭吃。我的宗旨是，难得来拉萨一次，而且明天就要离开了，所以不要浪费了“吃”的机会，必须找有特色的美食。

拉萨以神秘、美丽和浪漫而著称，但现在我最感兴趣的、或者说最吸引我的是“吃”。拉萨几乎汇集了全国各地的美食，如果有时间，我可以待上一个星期，每顿可以吃不同的小吃，吃一个星期也不会重复。

找了一条街，终于找到安皇想吃的“羊杂汤”，20 元/份，外加一斤切饼，感觉真的不错。

饭后，找到三四年前光顾过的“益佰超市”，买了给家人的礼物寄了回去。

剩下的时间，就是逛布达拉宫广场了。

广场上游人如织，正在进行歌舞彩排，大概是在为什么节日准备吧。

广场上正在进行某项盛大活动演出彩排

拍照、闲荡，然后坐在广场南侧的柳树下看人来人往，看布达拉宫上空的云分分合合……直到傍晚。

临近吃饭的时间了，又想着吃，晚饭吃什么呢？不管吃什么，喝酒是必须的。中午逛超市的时候，顺便买了一瓶(半斤装)青稞白酒，进广场过安检的时候，被禁止带入，暂时寄存在安检门处。

从广场出来，时间还早，顺着北京中路往南闲逛：北京南路，大昭寺、小昭寺路，边逛边留意餐馆的门面和名称，最后看到一家羊杂火锅店，再也不想往前走了，就在这家羊杂店，吃了一顿超级“腐败”的晚餐：一大盆羊杂汤，一斤羊杂、肥牛，豆腐，大白菜，半斤装青稞酒我喝了二两，我单独又喝了一罐拉萨啤酒……这一顿我们吃了 170 元，贵吗？我也觉得贵，但从明天开始，我们又要踏上艰苦的旅程，想着这些，又觉得理所当然。

饭后，到隔壁超市买了明天路上的午餐：八宝粥、沙琪玛、红牛等。至此，结束了在拉萨的休整，回到客栈，洗澡、洗衣服、写日志，然后期待在拉萨的最后一个夜晚睡个好觉，明天一早，将踏上反骑青藏线的行程。

8 月 3 日　晴

线路：拉萨市第三小学(海拔 3 650 米)—古荣乡—德钦乡—羊八井镇(海拔 4 284 米)

码表记录：骑行里程 92.03 千米，骑行时间 5 小时 23 分 52 秒，平均速度 17 千米/小时

青藏线不是我非骑不可的行程，从欣赏风景的角度来说，骑了川藏、滇藏和新藏线后，没有多少必要再骑青藏线。

说实话现在很想回家，但我还是踏上了青藏线，没有当年骑行滇藏的忐忑和期待，没有行走川藏时的激动和好奇，更没有新藏线上的惊心动魄，今天的心情很平静。此时的感觉是，骑行青藏线，仅仅是为了完成一个心愿、为了不留下遗憾。

休息了 2 天，精神状态很好。8 点不到便收拾好了行李。

出拉萨市区的路居然有 20 多千米长，从北京西路拐上青藏公路后，道路变得很窄，大货车、旅游车、挂着全国各地牌照的自驾车、藏民的农用车……将青藏公路塞得严严实实。骑在上面让人胆战心惊、没有安全感。

码表里程数字到了 25 千米后，汽车才稀疏了一些，但即使这样，依然比新藏线上的汽车多得多，也危险得多，我常常被大货车挤到路肩上。

从拉萨到羊八井，海拔上升600多米，全程上多下少，总体是缓上。今天没有逆风，也没有“赶路”的必要，一路骑得休闲轻松。

羊八井兵站

下午2点到达羊八井兵站，一条新街，满街都是四川餐馆，可是好像没有旅馆，打开手机地图一看，这里还不是羊八井镇，真正的镇子还在前面2千米处。

于是继续前行，1千米左右有个岔路，左拐进去就是羊八井镇，街上冷冷清清，没有一家汉人餐馆和旅馆，大失所望。于是又返回羊八井兵站，不管这里有没有旅馆，决定先吃饱肚子再说。

还是川菜馆，还是我点菜，猪头肉、卤鸡子、麻辣豆腐。安皇肠胃不适，我倒是又能吃又能喝，自己到超市买了大瓶啤酒，自斟自饮。一盘肥猪头肉我一个人吃得精光，还有三碗饭……

饭间问餐馆老板这里有没有旅馆，老板说门前检查站隔壁就是旅馆，藏人开的。

真是太好了，不用再返回老羊八井镇找住的了，虽然这里的旅馆空间狭窄、卫生条件极差，但住这里吃饭方便很多，街上到处是川菜馆。

住宿费30元/人，是出门来住得最狭窄的一次，但有电、有水，可以擦澡……

今天的风景？这段路4年前我坐车走过一个来回，依然记得沿途的地理和地貌特征，所以今天已感觉不出什么新意。再说，这段路真的没什么风景，也许是太接近拉萨，或者说更多地被现代文明所熏陶，所以找不到新藏线上“藏西密境”的神秘感和苍凉感。

一路遇到三波反向的骑友，加起来人数不超过10个，看来，骑行青藏线的人也不多，反骑的更少。

除骑友外，还遇到一个正在拦住一辆私家车谈价钱的“徒搭”背包客，和一个轮滑走青藏的。徒搭——徒步+搭便车，路上遇到的徒步者，大多是这类“徒搭”，这种方式的旅行一般不被推崇。而那位轮滑者，则着实让我佩服和感到新奇，青藏线上不知是我们牛还是他更牛。9 天以后，当我遇到一位跑步走青藏的年轻人时，终于知道了谁才是真正的牛人。

8 月 4 日　晴

线路：羊八井镇（海拔 3 284 米）—宁中乡—当雄县（海拔 4 307 米）—古露镇（海拔 4 702 米）

码表记录：骑行里程 151.49 千米，骑行时间 8 小时 20 分 11 秒，平均速度 18.1 千米/小时

昨晚的住宿没有厕所，晚饭后不敢喝水，勉强支撑到了天亮才出门到街对面的加油站解决。

早上很早就被房客吵醒，想今天直接赶到古露镇，所以 7 点 30 分就起床，到街上吃早点，可是满街的餐馆都没开门，于是又返回旅馆（兼小卖部），各自吃了泡面和零食。8 点出发。

青藏线纪念碑前留影

出羊八井兵站就是缓上坡，大约 20 千米，上到念青唐古拉山观景台，然后又一路缓下、起伏……中午 12 点 40 分到达当雄县城，比预计的早到 1 个小时，强度比预计的要大，但感觉比预计的要轻松，所以更坚定了下午继续骑行、赶到古露镇的信心。

当雄县城一人吃了一碗面条，20 元/碗。没有吃饱，好在都备有干粮，不过最终还是没有吃干粮。

下午的行程虽然只有 72 千米，但比上午强度要大，因为一天要走完路书规划的两天路程，而且我害怕天晚了起逆风，所以基本是以“赶路”的节奏骑行，非常幸运，全程几乎都是顺风。

也有不幸的事情，那就是下午的骑行基本是在和风雨赛跑：4 次遇到雨，2 次跑赢了风雨，2 次被风雨袭击，于是 2 次换上雨衣在雨中骑行。

下午 5 点 50 分到达古露镇。

古露镇看起来很繁华，但没有一家汉人开的旅馆。从街头找到街尾，住到一家藏民家庭旅馆（兼餐馆），房费 20 元／人，是最便宜的一次，但条件还不是最差的，总算还有电，50 米外有个公共厕所。最可贵的是老板娘能做汉菜，虽然做得不算好，但总比吃藏餐和面条好。

一人吃了一盘青椒肉丝盖浇饭，分量很少，吃不饱，又一人吃了一碗水饺。我喝了一大瓶啤酒，海拔 4 700 米，应该忍一忍的，可是我没忍住。

老板娘的外甥很真诚，一个二十岁左右的小伙子，在武汉上大学，现在正休暑假，来这里做客，与我们很谈得来。

饭后坐在床上写日志，老板娘忽然进来说这个房间房费 50 元／人，要我们换到隔壁多人间去，原来外面又来了几个骑摩托的房客……

念青唐古拉山雪峰

今天的风景：草原，牛羊和马群，流过草原的溪水和河流。青藏铁路一路伴随，偶尔有一节绿皮列车从草原与雪山间驶过，感觉很壮观，想起了一首歌，《坐上火车去拉萨》。

而最让我感兴趣的，是念青唐古拉山的皑皑白雪和冰川。4 年前我到纳木措去时走过这里，看到的是冰川一直延伸到山下，让人感觉触手可及，但今天看到的唐古拉山冰川，已严重退化，让人遗憾和忧心。

还有让我遗憾和担心的是，青藏线上的汽车实在太多。最多的当然是自驾车，但威胁最大的不是小车，而是一辆接一辆的加长大货车，无一例外地从身边擦肩而过，常常把我挤到路肩的石子上去。看牌照，大多是内地的车辆，看来，青藏线是内地物资进入西藏的主要（甚至是唯一）通道。这就意味着，整个青藏线骑行，我都要面对这些大货车的威胁。如果可以重来，我宁可放弃骑行青藏线。

记得 4 年前的当雄县城非常冷清，而今天看到的当雄，繁华程度可以用“超级”2 字来形容了：满城的餐馆和宾馆，满城的游客和食客，满城的大街小巷都停满了来自全国各地的自驾车……这一切全因为离这里不远有一个非常著名的景点——纳木措。

念青唐古拉山观景点

香港骑友与安皇的合影

今天一路遇到不少骑行青藏线的骑友，前后不下 30 个，迎面而过，大多互相挥手打个招呼，不会留下任何印象。唯一一个例外，是遇到一个香港的年轻骑友，据说百度骑行贴吧里有他改装单车的照片，以及从香港出发时的记录，大概很火。

在人们眼里，他应该是个超级牛人，但我觉得他是个超级笨人：一辆很笨重的老式普通载重自行车，没有变速，没有减震，后面还拉着自制的拖车；车上每一个位置，都挂满他用塑料盒或者铁盒做的各种容器，每个容器里放着不同的生活用品。

不论是非带不可的，还是可以不带的东西，这个香港小伙都带了，而且不计大小和轻重。比如水，他不是像我们一样只带几瓶矿泉水，而是带一个 20 升的桶装水（家用的饮水机上的那个桶）。

他的车有多重？他说光行李和补给就 200 多斤。

那么他是怎么骑的呢？我不知道，因为我们迎面碰到他时，正是在一个很长很缓的坡上，他往上推着车慢慢走路，因为上坡他根本骑不动——这么笨重的车子怎么骑得动呢？

他的旅行是多么艰难啊！我难以理解……

8月5日　晴

线路：古露镇（海拔4 702米）—香茂乡—罗玛镇—那曲县城（海拔4 514米）

码表记录：骑行里程93.89千米，骑行时间5小时3分44秒，平均速度18.5千米/小时

昨晚的大房间有8个床位，住了7个驴友，很挤，但还好没有人打鼾，睡得不算差。

早上7点30分不到，便收拾好了行李，到街中间的"川味小吃"（镇上唯一的汉人餐馆、也是唯一这么早开门的店家）吃早点，饺子按斤下锅，要么半斤、要么一斤，半斤我肯定吃不饱，于是要了一斤，30元，大概30多个，没吃完。

8点出发。90几千米的路程，基本都在海拔4 500～4 800米之间起起落落，下午1点40分左右到达那曲县城。有点赶，所以很累。赶的原因，是因为与一个朋友有个约定。

早晨的古露镇和对面的唐古拉山

唐古拉山雪峰

秋风(网名),是我的老乡,在青藏线上服役 10 多年了。虽然从没见过面,但神交已久,从 2011 年就约定:若有朝一日青藏线上相遇,定然畅饮一杯。

草原、雪山、青藏铁路,还有挂在蓝天上的月亮

没想到这一天真的到来。前天,他得知我即将路过那曲,打电话执意要接待一下,时间定在明天下午,可是我昨天一天跑完两天的行程,今天就赶到了那曲。

驰骋在草原与雪山之间的绿皮火车

不巧的是下午 4 点他有任务，要我来后一定在那曲休整一天，后天再走。这当然不行，一是我们行程已定，二是过分打扰他人不是我的风格。于是我决定赶在他上班之前到达。当 1 点 40 分左右到达县城时，他正在营房门前等候着。

一见如故，没有多少寒暄。秋风请我们(我、安皇，还有路上偶遇的河北小伙)吃饭，叫来与他同是老乡的战友作陪，点了满桌的鱼肉和啤酒……已经是老朋友了，所以我没有拘束和客气，以“大口喝酒、大块吃肉”的姿态狠吃了一顿，其中一盘手抓羊排，我一个人吃了大半，估计我的馋相让他们记忆深刻！

与朋友的合影

饭后他要安排我们住宿，我坚决谢绝了，因为已经很不好意思了，留待他回老家后再还这个人情。

那曲是地级城市，规模看来比一般藏区县城大一些，可是满城在翻修马路，有点凌乱。问了几家招待所，都没有水，最后找到一家“雪域商务宾馆”，普通间 100 元，总算有公共浴室、厕所，于是洗了青藏线上第一个淋浴澡，然后洗了几天的脏衣服。

河北小伙嫌贵，住到另一家旅馆去了。

今天的风景：广袤的草原，如镜的湖泊，唐古拉山绵延的冰川。

忽然发现青藏线上的草原更宽、更广、更舒缓，也更有柔和空灵的感觉，也许是没有过多的山的遮挡，视野更加开阔。其实，很多的山也是草原的一部分——草原覆盖了这些山脚的每一处角落。

8 月 6 日　小雨转中雨

线路：那曲（海拔 4 514 米）— 二道河兵站（海拔 4 500 米）—申格里贡山口（海拔 4 881 米）—安多县（海拔 4 706 米）

码表记录：骑行里程 137.41 千米，骑行时间 8 小时 8 分 15 秒，平均速度 16.8 千米/小时

昨晚太安静了，反倒没有睡好。早上很早就起床，满街里找早点，只有一家藏餐馆开门，一人吃了一碗肉丝面。没有吃饱，又到另一家“千层饼”店买了一个大麻花。

8 点 20 分左右出发，出门便是 20 千米的缓上坡。遇到一群同向骑行的骑友，他们是昨天从拉萨直接坐车到那曲的。原因？他们说汽车太多了，才选择从那曲开始骑的。

今天一天又骑完了路书中两天的路程，强度当然很大，全程都在海拔 4 500～4 900 米之间上下起伏、蜿蜒曲折。这些都不重要，重要的是今天的天气非常糟糕，几乎下了一整天的雨。137 千米的骑行中，淋雨将近 100 千米，其中还有 40 千米是逆风。

雨中驶过身边的大货车

翻越申格里贡山口之前，雨停了，于是脱下雨衣雨裤。20 多千米后，距安多县城还有 2 千米的时候，突然下起了暴雨，又赶紧穿上雨衣。但雨太大，还是淋成了落汤鸡，鞋子里灌满水，不知明天穿什么。冲锋裤和雨衣上满是泥浆，都是要命的大货车造成的结果……

躲避大货车

今天的感觉？当然很累了，但比昨天好得多。这是因为我知道今天的强度极大，所以从早上一开始，就骑得很休闲，并一再告诉安皇，让他在前面走，拉开一点距离，可能他并不明白我的用意。

两个人“形影不离”地骑行固然可以互相照应，可是这又带来另外一个问题，那就是互相干扰了对方的节奏。这就是杭州小兵所说的“你跟在后面我有压力”，而我尤其介意这点。不过今天还好，大多数时间，都是我一个人在路上，按照自己的快慢节奏骑行、休息和补给。

住到藏民开的旅馆，条件不算太差，清洗了几双淋湿的手套和唯一一双鞋子，没有出汗，所以用不着洗衣服。至于雨衣和冲锋裤，满是大货车溅洒的泥浆，懒得清理了，回家后再洗。

安多草原

住宿点不是主城区，没有很满意的就餐点。找到街对面青海人开的餐馆，我问老板“可以喝酒吗？”，老板说他不是回民，可以喝酒。于是我进去点了猪蹄膀和西红柿炒鸡蛋；安皇感冒，不能喝酒，还是我一个人买了啤酒，还是一盘肥肉（猪蹄）一个人吃得精光。没办法，他总是要我点菜，而我每顿必点肥肉……

今天的风景？没留意，再说雨淋得眼睛都难得睁开，哪有心情看风景？也基本没有拍照，怕弄湿了相机和手机，可是相机包防雨罩效果不好，相机包里面还是打湿了，相机受潮。

雨中的青藏公路更加危险，太多太多的加长大货车，卷起的雨水和泥浆，像一团团浓浓的沙尘暴，迎面飞快地“砸来”。每一次都溅满一身泥水和满脸的泥浆，汽车卷起的那股风，常常几乎把人吹停。而从身后“砸来”的大货车则更加危险，一路不得不集中注意力听着身后汽车的声音，并准确判断汽车的远近；更要判断相向行驶的两辆汽车（或车队）是否会在我身旁会车，如果是，必须提前躲避：骑到路肩上去。下午有次骑到路肩上差点摔倒……

早晨的安多县城

8月7日　晴

线路：安多县（海拔 4 706 米）—小唐古拉山—天下第一道班（海拔 5 100 米）—唐古拉山口（海拔 5 231 米）—无名小村（海拔 4 951 米）

码表记录：骑行里程 126.42 千米，骑行时间 10 小时 26 分 36 秒，平均速度 12.1 千米/小时

今天太累了——这句话在新藏线上说过多次，而在青藏线上还是第一次说，但愿也是最后一次。

今天的行程创造了几个“之最”和几个“第一”：

骑行时间最长、累计爬坡距离最远、遭遇逆风时间最久也最猛烈，是青藏线上骑得最辛苦的一次。

第一次到达计划的住宿点却没有住宿，不得不继续赶路。第一次住到一个攻略上没有记载的小村里。

连续几天睡眠时间很短，都是到下半夜才能入睡，包括今晚。尽管今天极度疲劳，但躺到现在，还十分清醒，此时已经深夜 12 点了，毫无睡意……这不知是不是高反的症状？索性打开手机，记录这一天的经历：

早上一出安多县城，就开始爬坡，39 千米的缓上，加 9 千米的急坡，爬上小唐古拉山口(妥巨拉山口)，用了 4 小时 10 分。

拥挤的青藏公路

天下第一道班——唐古拉山道班

过小唐古拉山后，就一直在海拔 5 000 米以上骑行。海拔 5 000 米以上的骑行是什么概念？那就是极易疲劳，一个很小的坡就会爬得很累。何况从小唐古拉山口到“天下第一道班”之间是起伏路，所以，尽管只有 28 千米，却骑得很辛苦。18 千米的起伏和缓下，再 10 千米的缓上，爬到“天下第一道班”的院子里，已是筋疲力尽，我想今天一定要住在这里，因为实在不想再骑了。

然而，我最担心的情况还是出现了——道班不能住宿。道班给我的答复是：今天住满了，实在没有空位。建议我们翻过唐古拉山口，到唐古拉兵站去住。说是只有二三十千米，我手机导航显示是 40 千米。后来实际情况是，兵站距道班有 57 千米，我们最终因为疲劳、逆风和暴雨，而没能赶到兵站。

道班的婉拒让我极度沮丧，不得不打起精神，很无奈地做出赶到唐古拉兵站的决定。

在道班门口的便民点灌满开水，喝了一罐红牛，顶着逆风开始翻越著名的唐古拉山。9 千米上坡，用了一个半小时爬到唐古拉山口，很累，拍照、留影。

山口上建有军人垦荒戍边色彩的大型石雕，以及海拔标识碑。唐古拉山口的名气，大过新藏线上的任何一个垭口，并不是因为她的高度和景色，而是她的位置，这里更早地被人类文明所裹挟，每天有更多的人在这里路过。何况唐古拉山山口的景色也的确壮观和丰富：冰川、草地、彩色山体、高原湖泊。这样的景色一直延续到唐古拉山兵站。

以为过了山口就是下坡，其实根本不是，而是一直大起大落：很长的上坡和很长的下坡，因为逆风很大，所以下坡也得死命地蹬踏。

天色渐晚，逆风越来越大，骑得越来越慢、越来越痛苦、越来越失去信心。骑到最后，骑得心烦意乱、几近崩溃。想象中的兵站应该不远了，可是永远也看不到兵站的影子。

骑到夕阳西下，北边黑压压的雨云连着天和地，像是要吞噬一切，眼看一场大雨就要袭来，心情极其郁闷和焦急。当终于看见远处几幢房子的轮廓的时候，才有了一点盼头，可是要走近它却是那么难熬，剧烈的逆风，常常把人吹停……

唐古拉山口的冰川和草地

骑到还大约还剩 2 千米的时候，还是下起雨来，几次停下来准备穿上雨衣，几次又怀着侥幸放弃，最后终于赶在衣服被淋透前到达那片房子。

原来这根本不是兵站，距唐古拉兵站还有 10 千米。这里只是一个小村庄，更确切地说，只有两户人家，幸运的是居然有住宿——藏民家庭旅馆。条件？此时哪顾得上条件的好坏，能栖身就不错了。

实在太累了，又冷又饿，没有吃的地方，只得在藏民的“小卖部”里一人找了一桶方便面和两袋点心，还好，没有过期。

如果没有这个村庄，我肯定会拦车了，因为强烈的逆风、暴雨，让人寸步难行，而且天色已晚，极度疲劳。

落在后面的河北小伙就拦车直接去了格尔木。

这一天很痛苦，这一天很难熬，因为太累，这一天的经历注定让我终身难忘。

今天的风景：唐古拉山的雪山和冰川很壮观，有的离得很近，似乎触手可及；尤其夕阳西下的时候，更是十分美丽。可是我此时正在“炼狱”，没有心情和时间拍照，遗憾！

大小唐古拉山山口的留影

二、可可西里

8月8日　晴

线路：无名小村(海拔4 951米)—唐古拉兵站(海拔4 980米)—雁石坪镇(海拔4 712米)

码表记录：骑行里程62.62千米，骑行时间3小时34分14秒，平均速度17.5千米/小时

昨晚严重失眠，早上起来，状态极差，满身的疲惫。好在今天的只有半天的路程，期待早点赶到雁石坪镇，吃肉喝酒，然后睡一个午觉——我的这种状态，非得有一个好的午休才能恢复，要不然，明天153千米的行程怎么应付得了？

早晨清冷的草原上覆盖着一层薄霜

从昨天翻过唐古拉山口开始，其实就已经离开了西藏，进入了青海境内。不知是心理作用还是情况的确如此，青海境内的风景有点灰暗，没有西藏境内的开阔和靓丽。

世界上海拔最高的兵站——唐古拉山兵站

早上没地方吃早点，吃了几块点心，便拖着酸腿，冒着寒风，离开了住宿地——一个攻略上没有记载的无名小村。10千米后，到达唐古拉兵站，兵站楼房墙壁上大大的标语“世界上海拔最高的兵站欢迎您！”，让人感到安全和亲切。这里有吃有住，可是昨天就是无法赶

通天河畔的草原和荒山

到这里。

一人吃了一碗鸡蛋面条，很饱，饱胀的感觉让我怀疑自己的肠胃是不是有什么问题，不过骑了几小时后，终于有了饿的感觉了。

骑了不到30千米，又开始刮起可怕的逆风，而且从小到大，骑得非常沮丧和辛苦。我不怕下雨、不怕爬坡、也不怕路程遥远，我怕的就是逆风。

顶风骑行，如果与队友配合得好，会节省不少体力。可是这点是安皇的一个短板，如果他在前面骑，总是忽快忽慢、左右摇摆，也许他根本没有配合的意识。今天我实在忍不住，提议轮流破风骑行，终于第一次跟在他后面骑了12千米……

中午12点前后到达雁石坪镇。

镇子比我想象的要大和繁华，这正是我想要的结果，因为我想住得好一点，期待有一个好的睡眠。

雁石坪镇沿通天河左岸稀稀拉拉绵延两三千米，我们从镇头选到镇尾，住到“甘肃宾馆”——其实是一排低矮的旧房子，双人间60元，倒还干净自在。

驰骋在草原上的列车

等不到太阳能热水器的水热，我先用自己的脸盆倒了热水擦澡，换下脏衣服洗了。折腾到下午2点，到隔壁的“中华手抓大王”餐馆吃饭。

我怀念那曲的手抓羊肉，于是点了一斤，70元，过瘾、解馋，可是这家餐馆不让喝酒。海拔还高，身体有点不适，不喝也罢……

饭后回到旅馆，迫不及待地躺在床上，却很难入睡，但最终还是睡着了。时间不长，可是极其珍贵，醒来后，浑身舒畅……

晚饭吃什么呢？什么都想吃，担心睡不好，不知能不能借酒催眠？吸取中午的教训，找到一家四川餐馆，梅菜扣肉、家常豆腐、啤酒……

8月9日　晴

线路：雁石坪镇（海拔4712米）—开心岭（海拔4773米）—沱沱河镇（海拔4543米）—乌丽站（海拔4330米）—二道沟站（沱沱河保护站，海拔4728米）

码表记录：骑行里程156.74千米，骑行时间8小时45分36秒，平均速度17.8千米/小时

昨天半天的休整，加上一夜好觉，几天的疲惫烟消云散。早上醒来，神清气爽。

7点起床，看到屋顶的经幡和旗子一律向北飘扬——今天终于是顺风。心情振奋，看来今天骑到150多千米外的二道沟没有问题。

日出三竿，雁石坪镇却还在沉睡，以至于还没有一家早点摊开门。满街里找早点，到出镇口才找到一家清真餐馆，叫起老板娘，炒了两盘鸡蛋花饭，8点不到便开拔了。

蓝天白云、草原、湿地、青藏铁路、通天河、快活岭、可可西里、成群的野驴、藏羚羊……一路的好风景，带来一路的好心情，最重要的是大多是顺风，所以骑得很快、也很爽。

成群的野驴

青藏交界的门楼

因为今天路程有点远，所以上午的骑行，都是以“赶”的节奏快速骑行。基本每20千米才停下休息几分钟，包括喝水和“倒垃圾”，然后继续赶路。

从雁石坪镇到沱沱河镇91千米，只用了4小时20分，中午12点40分到达沱沱河镇。

沱沱河镇是进入可可西里无人区之前最后一个集镇和驿站，也许正因为这个原因，沱沱河镇非常繁华和忙碌。而这里也是长江的源头，所以沱沱河镇非常出名。

满街的旅馆、餐馆(如果不赶时间，今晚住在这里真的不错)，我看到“卤肉面馆”几个字，想起拉萨的卤肉面，于是就选择了这家餐馆。

我点了卤肉炸酱面，还特意要求要肥肉，没想到店家给我称了45元的卤肉，切好端到桌上。卤肉很大一盘，炸酱面也是很大一碗，炸酱面我吃得精光，一盘卤肉吃了一小半，剩下的打包，正好今晚的住宿点据说没有吃的。

安皇则称了60元的卤牛肉、20元的牛肉面，牛肉吃了一半、打包一半。这一顿他花了80元，我花了65元。

进餐的过程中，有几个自驾的游客问长问短，得知我们的行程后一脸惊奇和敬仰。

午饭耽搁半个小时，饭后继续赶路。出镇口有一个钢架牌子，上写“三江源”“中华水塔”“民族命脉”。

稍走不远，路边又有一个标识牌，石头上刻着“可可西里自然保护区”。从这里开始，就已经进入了无人区了，当然，在穿过无人区的青藏线上，并不是真的“无人”，与新藏线上的无人区相比，则是“此无人区非彼无人区”。

繁忙的青藏铁路

拥挤而危险的青藏公路

下午的运气远远没有上午好，出沱沱河镇就开始刮风，顺风、侧风，更多的是逆风。公路起起伏伏，坡度不是很大，但很耗费体力和耐心；络绎不绝的大货车、自驾车、旅游车，呼啸着从身边擦过，极影响心情。

从沱沱河镇到二道沟62千米，前42千米基本是与上午一样的速度骑行，如果是以这样的节奏一直持续到终点，那么今天的行程(青藏线上行程最远的一天)，可算得上是轻松和愉快。可是距终点 20 千米的时候，刮起了强烈的逆风和沙尘。如何强烈？就算是平路，死命地蹬踏也只能骑到 10 千米/小时左右，何况这 20 千米大多还是缓上坡，因而骑得很辛苦。

傍晚 5 点 40 分左右到达二道沟。传说二道沟住宿很艰苦而且紧张。我们首先去道班救助站(免费为过路司机或驴友提供住宿等帮助)寻求帮助，工作人员倒还客气，翻窗进入一个房间替我们安排床位，可惜没有铺盖。我们只好出来住到隔壁藏民的家庭旅馆——一个低矮的大棚子，房顶就一张遮阳布覆盖，没有任何防雨设施；棚子里堆满杂物，4 张简陋的床铺挤在边缘，进出棚子还得低着头，几次忘了低头，结果额头碰到门楣上。

长途跋涉去朝圣的信徒

还好，总算有住的了，还有吃的：每人吃了一大碗鸡蛋面条，面条很清淡，于是又另买了一袋榨菜。

住宿费 40 元，面条 20 元，遗憾中午打包带来的卤肉没派上用场。

今天的风景——更确切地说是几个响亮的名称：通天河、沱沱河、三江源、可可西里“无人区”；黄羊、野驴、藏羚羊。如果仅仅从美学的角度说，今天一路的风景并不漂亮，千篇一律的大草原，低矮的没有什么特点的几座荒山；始终与青藏公路分分合合、一路并行的青藏铁路……相比之下，新藏线的景色要壮观和美丽得多。

今天脸又肿了，嘴唇还是乌的。

距格尔木还有 3 天的行程，距家还有 5 天的时间，期待！

这天住宿的“房间”

8 月 10 日　晴

线路：二道沟站(沱沱河保护站，海拔 4 728 米)—风火山口(海拔 5 150 米)—五道梁镇(海拔 4 670 米)

码表记录：骑行里程 84.95 千米，骑行时间 5 小时 36 分 05 秒，平均速度 15.1 千米/小时

昨天的距离远、速度快，拉得有点猛，尤其最后 20 千米的逆风，简直让人累得筋疲力尽。

而昨晚的住宿很糟：一个棚子里中间用彩条布门帘隔开，一边堆满藏民的杂物和 4 张床铺，我们就睡在这些床铺上；另一边是“娱乐室”，摆了两张台球桌。天黑后陆续来了好多年轻的藏民，聚集在一起玩台球，一直打到深夜。尽管我们很累，可哪里睡得着？

再见了二道沟

这一夜都没睡好。

早上起来，状态很差，心情也差，尽管今天的行程只有 80 几千米，可明显感到了压力。

二道沟的早晨很冷、也很寂寞。没有早点吃，而且我似乎有点肠胃不舒服。敲开房东的门，买了一桶方便面，将昨天打包带来的卤肉夹了几块碗里，连同方便面一同泡了。水是隔夜的“开水”，大概只有四五十摄氏度，也顾不了许多，虽然没有食欲，还是勉强吃了。

8 点不到，冒着寒风，两人默默上路，心想：此生再也不来二道沟了。

出门便是 15 千米的上坡，而且是侧逆风，身体有点僵硬、头脑有点麻木，硬是咬着牙死命地蹬踏。爬到半坡上停下歇息的时候，风把自行车吹倒，差点掉下路基。幸运的是，离垭口还有 2 千米的时候，公路转了一个 90°的弯，侧逆风立刻变成了顺风。

爬上风火山口，拍照留影。然后 10 千米左右的下坡，进入“热融沉降”路段。因为“永久冻土”等原因，这里的路况损坏严重，沿途在翻修，加起来有 10 多千米的翻修路段，骑得很心烦。

风火山，一个很神话的名字

包括维修路段在内，一路起伏很多、幅度也很大，就我们今天这种状态而言，强度可想而知。一路骑得很慢、也很吃力，格外留意里程碑数字的变化——总嫌变化太慢。

中午 12 点多，当翻过今天的第二个山口（路书上没有标注这是个垭口，但我感觉无论是从坡长还是难度而言，它就是个山口）后，终于看到了今天的目的地：五道梁兵站，此时是下午 1 点 40 分。

住到“成都宾馆”，普通间 100 元，条件比昨天好多了。很困，什么也没干就躺在床上，打算睡一觉再起来吃饭，可是躺了半天，睡不着，索性爬起来去吃饭。

这顿硬是让安皇点菜：回锅肉、豆腐干、酸菜汤。我担心凉胃了，不敢喝啤酒，于是买了一小瓶二锅头，一人一半。我选择喝白酒的唯一原因，是借酒催眠——打算饭后睡个午觉。

五道梁很繁华，是走出可可西里无人区后的第一个集镇，这里最气派的建筑依然是兵站。小卖部里买东西时遇到一大群士兵，问我们怎么不到他们兵营里住，说是条件很好，而且夜晚房间里有自动供氧。遗憾我们已住到了民营旅馆。

今天的风景：今天有风景吗？还是没有颜色的高原湖、青藏铁路、奔驰的列车、远处的雪山……不知是审美疲劳，还是本来就没有景色，自进入青海境内后，风景越来越平淡、路面越来越乱、环境越来越糟；山不像山、草不像草、水不成河……同样是荒漠、草原和沙丘，新藏线上的非常原始、干净，显得唯美，而青藏线上一眼望去，有太多的被人侵扰的痕迹，仅公路两边丢弃的白色垃圾，就足以让人扫兴……

还有两天我就要结束青藏行程，不妨提前谈一谈我对青藏线的感觉：无论是自驾、还是骑行（包括摩托），都不适合走青藏线。原因？

1. 汽车太多，尤其大货车，其密度和危险程度，是没走过青藏线的人无法想象的。我是一个安全意识非常强烈的人，对于规避道路汽车风险也特别敏感，但即使我这么谨慎，也遇到过不止一次的危险。

2. 景色。青藏线上的景色很平淡，根本不能与滇藏线、川藏线和新藏线相提并论。

荒漠、青藏铁路、火车、防沙固沙围栏

3. 青藏公路大概是条老路，也是条太繁华的路，已经“老态龙钟”，加上自然因素，路况远不如新藏公路。

4. 青藏线上的吃住条件很差，甚至还不如新藏线，每一个住宿点的环境卫生都不如新藏线。

8月11日　晴

线路：五道梁镇(海拔 4 670 米)—索南达杰保护站(海拔 4 479 米)—不冻泉站(海拔 4 600 米)—昆仑山口(海拔 4 768 米)—西大滩乡(海拔 4 100 米)

码表记录：骑行里程 144.16 千米，骑行时间 6 小时 57 分 26 秒，平均速度 20.7千米/小时

连续两天都很疲劳，谢天谢地，昨晚睡了青藏线上第一个好觉——尽管因为房间在公共厕所旁边而闻了一夜的臭味，早上起来，精神百倍、状态奇佳。

今天的行程有 145 千米，是青藏线上最后一块难啃的骨头(至少昨天是这样认为的)，所以几天来一直像有块石头压在心里一样。

吸取前天死命赶路的教训，今天一开始就将心态和速度控制在不急不躁、细水长流的状态。

早上 7 点 30 分左右出发，是青藏线上出发最早的一次。

出门便是起起落落地翻越几道山梁，从“五道梁”这个地名推断，应该总共要翻过五道山梁。山梁不高，如果不是路书提醒在翻五道梁，我还真不知道这是山梁。翻的过程中，两次遇到藏羚羊群，数量很多。

藏羚羊群

骑行 60 千米左右到达索兰达杰保护站，免费参观博物馆，了解了可可西里保护区的来龙去脉，以及众多的野生动物的介绍，记住了一个英雄的名字——索兰达杰。

出保护站后，G109 线继续在草原上起起落落，幅度很小，路面严重变形，像波浪一样全是皱折，庆幸今天没有逆风。

一群摩友与我们“伴骑”了几十千米，每次超越我们时，都竖起大拇指向我们致敬。最后一次我们超越他们时，他们在路边草地上睡午觉。

中午 12 点 40 分到达不冻泉保护站——一个小集镇。有吃有住，在回民餐馆里一个人要了一碗羊肉汤(其实里面有很多肉)和 2 个花卷，味道不错，从位置和时间上来说，这个就餐点恰到好处。

保护站的出口有一眼泉水，这就是著名的不冻泉。过不冻泉，沿一条河道逆流而上。所谓“逆流”，其实没有水流，只有干枯的河床。越走河床越窄，等完全消失后，便到了“三江源自然保护区”的大门口，大门的左边还有一个“曲麻莱县生态旅游示范基地”的门楼和一个“玉珠峰冰川”的指路牌，这一连串的名字让我很有成就感。

沿途的部分景点

正纠结就我一个人如何留个影时，一辆武汉牌照的越野车停了下来，车上架了5辆山地自行车，下来四五个骑友。交谈得知，他们果然是湖北老乡，带着保障车骑完川藏线后，再坐车反穿青藏线。与他们相比，我有种自豪感。

部分景点留影

过门楼 2 千米，便是青藏线上最后一个山口——著名的昆仑山。垭口上拍照留念，然后一路下坡近 40 千米，于下午 3 点 40 分到达目的地——西大滩乡。

总结：今天虽然有 145 千米的骑行距离，却是整个青藏线上骑得最轻松的一天，也是骑得最快的一次，原因有三：

一是今天身体状态不错，并合理分配体力；二是今天除了翻越昆仑山的 20 千米缓上坡外，全程基本都是平路和下坡；三是大部分时间都是顺风，尤其爬昆仑山口，顺风助了一臂之力。过昆仑山口后，下坡加顺风，骑得爽死了！看着反向骑行的骑友，感觉我们今天的运气真是太好了！

今天的风景：先列出几个响亮的名称：可可西里自然保护区、索兰达杰保护站、不冻泉、三江源保护区、昆仑山口、玉珠峰冰川……

沿途拍摄的玉珠峰冰川和雪峰

也许，昨天我对青藏线的结论下得早了些，今天昆仑山的风景给了我一个响亮的耳光：从昆仑山口到西大滩 35 千米的沿途风光，美轮美奂而又大气磅礴，让人感到惊喜和心情舒畅，毫无疑问，这是青藏线上最美的一段。

宾馆对面的玉珠峰和青藏铁路

过昆仑山口后在峡谷里急下，10千米左右出峡谷，坡度变缓，眼前豁然开朗，青藏公路和青藏铁路并行在宽阔、平坦而又干枯的河滩上，河滩宽约五六千米，河滩左边是冰清玉洁、高耸入云的玉珠峰雪山和冰川群，从昆仑山口一直延伸到西大滩；右边是雄伟的七彩群山。

特别值得记录的是，今天一路看到过好几次大规模的藏羚羊群和黄羊群，一路不断有关于保护野生动物的警示牌，而经过可可西里的这段（上百千米）青藏铁路，大多都是以“高架桥”的形式通过，据说特意留下成百上千个桥洞，以方便藏羚羊繁殖季节的迁徙。

西大滩好像就一家旅馆——“玉珠峰美食城”，活动板房，2张床，50元/人，这是最好的房间了；稍差的房间是多人间，上下铺，40元/人。我当然选择了“豪华间”，条件？今天的住宿是此次西藏之行住得最美的地方：坐在床上就能欣赏对面的玉珠峰冰川。

西大滩

午饭是羊肉汤，晚饭是羊肉汤砂锅，不知是西藏之行让我变馋了，还是这里的羊肉的确比内地的做得好吃，反正我特别爱吃羊肉，并打算明天到格尔木后专找手抓羊肉吃。

晚饭后再看门前的玉珠峰冰川，等待西大滩日落，等待玉珠峰夕照……

8月12日　雾霾、沙尘

线路：西大滩乡(海拔4 100米)—纳赤台—格尔木市(海拔2 815米)

码表记录：骑行里程127.95千米，骑行时间8小时5分27秒，平均速度15.8千米/小时

只剩下最后一程，就要回家了——昨夜很兴奋，难以入睡。按惯例，每完成一个行程，我都会以一首打油诗的形式做个总结，这次也不例外，该写些什么呢？

早晨的玉珠峰和西大滩

回首过去50天的风风雨雨，百感交集，想要表达的实在太多，三言两语无法表述全部感受。想来想去，最后以《满江红》的格式，填词一首：

满江红·雄关漫道

雄关漫道，走独库，萧萧雨寒。
新藏路，千里迢迢，难于登天。
八千里路惊魂梦，三十达坂鬼门关。
莫回首，回首多余悸，泪潸然！

库地凶，麻扎远；
黑卡恶，奇台险；
迈红土，踏破唐古拉山。
壮志哪怕青藏苦，再跨昆仑谈笑间。
论英雄，藏地再煮酒，难再见！

这一首打油诗耽误了我半夜的睡眠。早上起来，明显感觉睡眠不足，但想到今天是最后一程，而且是上百千米的下坡，还是充满信心。后来事实证明：骄兵必败，比如，早上出发前我连路上的水都没有准备，最后不得不在半道找道班讨水喝……

早餐：砂锅羊肉汤。有点奢侈，但这是唯一的选择，因为餐馆里就这一种早点。8点不到便上路，开始了最后一天的行程，也是一场噩梦般的骑行：

沿途部分地点

1. 天气。早上很早我就起来打算拍玉珠峰的日出，但出门一看，西大滩上灰蒙蒙的一片，只有玉珠峰上还有一片蓝天。越往格尔木方向，能见度越差。开始还有一点阳光，后来完全变成了阴天，甚至比阴天更“阴”，天地间满是黄色的沙尘，真的是暗无天日，让人觉得世界末日也不过如此……

2. 都说青藏高原的天气变化无常，这些天还真的应验得淋漓尽致。昨天的顺风让我占尽便宜，而今天 100 多千米强烈的逆风让我吃尽苦头，本来 5 个小时就能到达格尔木，结果骑行了 8 个多小时，骑得非常艰难。

3. 从西大滩到格尔木这 100 多千米的路段，大货车格外拥挤和疯狂，危险程度成倍增加，用胆战心惊来概括今天我面对大货车的感受，一点也不夸张。能安全到达格尔木，我真是感到侥幸。

基于以上三个原因，我的感想是：今天的这种状况和天气，根本没必要骑行，仅吸进肺里的灰尘，怕是就有好几克。最明智的选择是从西大滩或者纳赤台坐车到格尔木。其实路上我有过这种念头，但最终还是放弃，原因当然是不想留下“晚节不保”的遗憾——前面 4 000 千米都骑过来了，还在乎最后的 100 千米？还有一个原因是安皇的执着让我打消了搭车的念头。

雾霾中的昆仑山

4. 昨天早晨刚刚将备用内胎丢在了五道梁，今天路上就破胎了。安皇今天状态不错，一个人跑在前面。我打电话没人接——打电话的目的是想直接换条内胎了事，因为风声太大，难以判断内胎破损的位置，而安皇备有内胎。既然没联系上，就只好动手补了，还好，补胎是我的拿手好戏。

傍晚 5 点 50 分左右到达格尔木市区，比预计的时间晚了 3 个小时以上，当天托运自行车和行李的计划搁浅。又累又饿，骑到市区中心中山路，住到“中山宾馆”，标间 168 元，不贵，原计划今天就是 300 元一晚，也得住一次。

住进宾馆的第一件事，是洗了出门以来最彻底的一次大澡；第二件事，是出门找“手抓羊肉”，其实不用找，隔壁第三家就是，买了一斤手抓羊肉，75 元；再到另一家川菜馆，点了肉末茄子、爆炒肥肠，安皇买了半斤白酒，我又要了一瓶啤酒……两人推杯换盏，直喝得天旋地转，以这种方式庆祝圆满完成全部行程。

今天的风景：“巍巍昆仑、万山之祖”，昆仑山的荒凉和雄壮的确名不虚传，遗憾的是两次翻越昆仑山都遇到雾霾，如果是蓝天白云的日子，我想一路的景色定会让我震撼。

这次进藏骑行的一路上遇到过好多牛人，并一次次刷新“牛人”的概念。今天路上两次遇到不同概念的牛人，第一次

昆仑山上的道观——无极龙凤宫

是遇到 2 个反向骑行的外国男女，看他们的行头，就知道他们是“国际牛人”。安皇与他们打招呼，大概是互相告诉各自的行程和前面的路况，但肯定谁也听不懂对方的语言，各说各的，叽叽喳喳，像模像样，一本正经，让我觉得好笑。

第二次是一个年轻的徒步者，昨天他从昆仑山口走到纳赤台，徒步 70 千米，而今天他要从纳赤台跑到格尔木市，距离是 100 千米，他是以跑步的方式走完青藏线。

沿途随拍

8 月 13 日　晴

昨夜下了一场雨，使今天的格尔木与昨天的格尔木判若两个世界：昨天暗无天日，今天蓝天白云。雨过天晴后的市容还是很美的。

早上自然醒，洗漱完毕后，便分拣了行李：随身带的和要快递寄回家的，分别装在不同的包里。

早点：家乡吃不到的小吃——水煎包，一口气吃了 4 个，刚刚饱。

然后骑上单车、带上驮包，手机导航上街找快递公司，都还没上班，便直接骑到火车站找中铁快运，这里邮寄单车和行李都很方便，有专门的袋子将要邮递的行李杂物一并装袋打包，省去不少麻烦，而且可以直接托运到安陆。

格尔木街景

寄走了单车和行李，一身轻松。一路漫步、闲逛格尔木的街景，安皇想买点青海特产带回家，却找不到大型超市，也不知道到底该买些什么，所以最终没有买成。

回到旅馆，已是 11 点，稍事休息，便下楼退房，到隔壁餐馆吃饭。还是想吃手抓羊肉，可是那家回民馆还没有开门，也懒得到处找，就到昨晚吃过的那家四川酒家，肥肠、水煮肉片、啤酒。遗憾没有吃到手抓羊肉！

午饭后，按计划，拦了一辆的士，包车去 60 千米外的胡杨林，车费 300 元，门票 50 元/人。

游胡杨林的感觉是，名不符实，或者说徒有虚名。几堆沙丘、几片低矮的灌木丛……与想象中的胡杨林根本就是两回事。再说，现在根本不是看胡杨林的季节，最美的观赏季节是在 11 月份。

正午也不是赏景和拍照的时刻，天气炎热，只进去逛了一圈就出来了，没有什么感兴趣的景色。也许，刚刚走过几千千米的“天路”，一路奇景无数，早已视觉疲劳了吧！

胡杨林景区

从胡杨林返回，直接到了机场，此时才下午 3 点，距晚上 9 点 55 分的飞机还有六七个小时。机场非常小，也非常冷清，没吃没喝没商店，时间难熬。

进入机场也就基本算是离开了格尔木，离开了青藏高原，离开了慢慢天路，正式结束了此次新藏 + 青藏的疯狂行程。

临上机前，对此次行程总结出一组数字：

——实际骑行里程：

独库公路：580.51 千米

新藏公路：2 163.5 千米

三一八线：166.66 千米

青藏公路：1 177.6 千米

合计：4 087 千米

——实际骑行时间：38 天（平均 107.55 千米/天）

——翻越达坂（山口）：

独库公路：4 个

新藏公路：28 个（含徒步翻越冈仁波齐垭口）

三一八线：1 个

青藏公路：6 个

合计：39 个达坂（山口），其中海拔超过 5 000 米的 11 个；徒步走过最高的垭口——冈仁波齐神山卓玛拉山口，海拔 5 630 米。

——沿途穿越两大无人区：羌塘无人区和可可西里无人区

——跨越著名的五大山脉：天山山脉、昆仑山脉（两次）、喀喇昆仑山脉、冈底斯山脉、唐古拉山山脉

——一天骑过最远的距离是 166.66 千米；一天（也许是一生）徒步最远的一段山路是 52 千米；爬过最长的坡是 57 千米（海拔上升 2 000 米）；爬过最陡的坡是黑卡达坂，17 千米海拔上升 900 多米。

——一路上我吃过的回锅肉、粉蒸肉、扣肉、手抓羊肉，以及其他各种肥肉无数，因为体力消耗巨大，营养欠缺，一路饥不择食、食量惊人……

第五章 丙察察线

去往天堂的地狱之路

一年一次的长途骑行，总是策划得有声有色，行进得风生水起，游记叙述得荡气回肠，唯独今年的远行计划，像是未婚先孕的胎儿，尽管早已成竹在胸，却因为一些顾虑和困扰，迟迟不敢拿出来告人。眼看十月怀胎，到了一朝分娩的节点，还是没有勇气告诉家人。何故如此？

一是不忍心辜负了家人的叮嘱。去年的新藏之行，给亲人们带来了无尽的担心和牵挂，自那以后，我承诺，不再跑超过 20 天的长途，不再骑行西藏，而如今……

二是难以解开自己的一个心结。不知从什么时候起，对于远行的态度，我有了深深的“不务正业”的自责，随着失业愈久，生活压力愈重，这种感觉愈加强烈。

有个骑友曾问我“你那么卖力地骑车为了什么？”

我猜测他内心要给我的答案，大概是为了逞能、为了哗众取宠、为了证明自己的强大，等等，这也是很多年轻的网友(骑友)与我聊到骑行时常有的心态。

不错，这个世界的确有很多傻瓜(甚至有的从来就没有骑过车)，想通过一次、两次的“惊世之举”，来证明自己的存在感(千万别对号入座啊，要不你真是个傻瓜)。殊不知，在这个网络泛滥的世界里，每时每刻都在发生和传播着从未有过的奇闻趣事，对此，人们的神经早已麻木不仁。如果是 10 年、20 年前，骑一次西藏，或许能收获一些掌声，而现在，得到的可能更多的是轻蔑和嘲讽。

所以还是低调一些好，千万不要说骑行西藏能让灵魂脱胎换骨，让人品浴火重生，让意志超凡脱俗……

西藏我都骑好几次了，也没感觉到我有什么改变、人品有什么提升，比如我还是爱财如命、还是火气大肚量小……

如果真有什么改变，那就是对生活的态度，更着重于享受，而懒于去创造。简单来说，就是玩物丧志（试问，不去创造，何来享受？），从这个意义上讲，骑行西藏给我带来的是负面影响，而不是正能量。

所以，我郑重地奉劝年轻人，还是把心思放到找工作、创业上去，不要学我，否则，我的游记就真的成为毒害年轻人的毒药了。

那么，到底是什么理由，让我一年一次的远行非去不可呢？

那个骑友的问话，着实让我陷入深深的思考，并在这个“十月怀胎”的日子里，认认真真地加以梳理和沉淀，并最终找到了答案——其实就是没有答案。就像连续几天几夜坐在麻将桌上摸牌的赌友，明知道这是个伤财、伤感情、伤身体的游戏——却不能回答为什么不能放弃一样。

也许，不甘寂寞是男人的天性，每个男人都有一根放荡不羁的骨头，非得在平静的生活中整出一些动静不可。而我除了这根贱骨头外，还有一条顽强而又浪——漫（看清楚，不是“浪漫”哦）的神经，经过数年的锤炼和这“十月怀胎”的反思，确信真的还没有被短路，于是，最终毅然决然地做出决定：第四次进藏，骑行第五、第六条进藏线路——丙察察线和中尼线。

什么，又是西藏？

是的，还是西藏。在我还算“年轻”的岁月里，除了西藏，实在找不到让我感到更刺激、更特别、更美丽、更适合自虐的地方。

澄清一下：西藏的风景（更多的是人文）的确非常特别，但千万不要以为真的是最美的。美与不美，看你的品位、心态和文化修养。我不会将我看到的西藏加以神化，我要说的是，在大多数人眼里，西藏的土地是荒芜、苍凉和与世隔绝，而我正是钟情于这种苍凉和荒芜，才陷入对西藏初恋般的迷恋，钟情于骑行在天地里的那种累、那种苦、那种对亲人的思念、那种恍如隔世、那种时间感和空间感的颠覆、那种特殊的环境特殊的心境以及因此产生的许许多多特殊的思索、那种一餐的饭量在家时三顿也吃不完的感觉。什么感觉？不去亡命地骑一次，你永远也体会不到。

记住，是“亡命”地骑行，而不是坐在车上或飞机上浮光掠影、走马观花，什么是“亡命”？就是奥运小将傅园慧所说的“洪荒之力”呗。

如何说服家人？其实不用“说”，就有“服”，无言的默契让我感到踏实和感激，也多了一些愧疚。

关于约伴，是每次长途的难题。3 年前的环台和 2 年前的黔东南骑行，因为约不到伴，不得不一个人走在路上，享受自由的同时，也忍受孤独的煎熬。

意外的是，今年的约伴出乎意料的顺利，甚至根本没有"约"就有伴了：还是老搭档安皇，在我正为约伴发愁的某一天，他突然发来消息，说：一起走 317 吧?，我说今年走丙察察到尼泊尔，明年再走 317 怎么样，他爽快答应。

于是，这个"意外"的长途计划在不声不响中尘埃落定，为什么是意外？因为在去年的路上，我已经说了：已走完进出西藏的 4 条主要公路，此生不再进藏了。安皇当时大概也是这种想法，而现在我们不约而同地都"出尔反尔"了。

好了，闲话少说，先来熟悉一下丙察察。

狭义的丙察察公路起点为怒江州丙中洛乡，经西藏自治区察隅县察瓦龙乡，翻越齐马拉山等 3 个垭口，到达察隅县竹瓦根乡，经西藏省道 201 线，到达察隅县城。公路全长 283 千米，其中丙中洛乡到竹瓦根乡段 267 千米，于 2000 年左右动工修建，为山区四级路，实际上就是石头路。同时，这也是继滇藏线 G214 线后云南通往西藏的又一条重要通道。

广义的丙察察，就是我们实际要骑行的线路，从大理古城出发，经抗战时期修建的滇缅公路、怒江自治州、丙中洛、察隅县，最后到然乌镇与 G318 线汇合，全程 1 200 多千米。

丙察察线沿途还可欣赏到丙中洛、怒江第一湾、石门关、哈达瀑布、通天瀑布、玉立石壁等著名景点和神奇景观。

骑行丙察察公路的难度是所有进藏公路中最大的一条，与其他 8 条进藏公路相比，丙察察具备两个"之最"：平均海拔最低(这当然是件好事)，另一个就是路最烂。虽然被称为进藏的一条通道，实际上在电子地图上是不存在的；一年有几个月的时间汽车是走不通的，即使在通车的季节，也只能走性能不能太差的四驱越野车。因为"烂"，在雨季，丙察察线也因为自然灾害而变得非常危险，这也是我避开雨季，选在秋天出发的原因。

一、怒江之怒

2016 年 8 月 22 日　阵雨

昨夜 10 点才到昆明车站，接着改签车票：硬座改卧铺，我所在车次卧铺已售光，安皇只得改乘下一趟列车，相差半小时，实际上几乎同时出发。

晚点的列车好不容易才启动，很困，赶紧爬到铺上休息。以为这一晚会很安逸，结果眼睛一闭一睁，并没有到大理，火车静静地停在荒郊野外，外面漆黑一片，车里也熄了灯，除了旅客的鼾声，一片寂静。

不知过了多久，火车才重新启动，迷迷糊糊中，一路走走停停。直到天亮，才得知因为暴雨，火车不得不减速慢行，最终晚点近 2 个小时。

9 点抵达下关火车站。找到中铁快运，取了两人的单车和行李，拆包、安装、给安皇补胎……一切收拾停当后，已到了 10 点，然后像傻瓜一样站在行包房门前等待。

直到 11 点 30 分，安皇才到。

开了手机导航，饿着肚子，沿着 5 年前我和儿子骑过的路，向大理古城进发。

刚出下关就下起了雨，抬头一看，蓝天白云，心想：走吧，这雨不会大、也不会久的。

但很快，衣服就湿透了，雨还没有停的迹象。坚持不住，还是停下来套上雨衣，刚骑不久，雨就停了，像是吞了只苍蝇般郁闷和沮丧！这简直就是中了高原骑行的魔咒：下雨一照骑一雨大一换上雨衣一雨停了。

大理古城

下午 1 点到达古城入口，找到 5 年前住过的驴窝驿栈，已经面目全非，老板已不是原来的老板，门面已不是原来的门面，大堂布置得很文艺但显拥挤，完全失去了原来那种浓浓的“驴友之家”的味道，原来那种满墙铺天盖地的涂鸦，让我感到温馨。而此时的驴窝驿栈，有醒目的提醒标志：请保持墙面清洁，就是说禁止涂鸦。

房费 118 元，性价比还是不错的。

整整 48 小时的旅途劳顿，让我们疲惫不堪，早知如此，不如直接飞过来，1 200 元的机票，相比这两天的时间和精力耗损，还是不贵的。

下次吧——扯淡，还有下次吗？

在旅馆旁边的街口解决了迟到的午餐：大理名吃黄焖鸡、油炸小虾、炒松尖（原来松树嫩枝也可以吃的），服务员是白族妹子，有些奢侈吧？火车上吃了两天的素，不赶本的话实在对不起身体。

古城墙、苍山

我一个人喝一瓶啤酒，为什么是一个人？安皇出门前，同事给他饯行喝酒，把痛风病喝发了，紧急打了几天点滴，才稍有缓解，勉强踏上行程。此时脚还肿得老高，哪里还能沾酒？明天能否按时上路还是个问题。

这家伙也是一个疯子，疯狂程度，与我相比有过之而无不及，至少，我是不会带病远行的。

饭后回到旅馆洗了澡，安皇骑车找到古城北门解放军六十医院打针，而我趁机睡了一个迟到的午觉。

午觉刚醒，又一个“疯子”给我打来电话，是老家临县的一个 QQ 好友，骑行历史不长，却因我的帖子而“中毒”太深，坚决要赶来跟我们一起骑行丙察察。

我劝他放弃，因为我们明天就上路，他根本来不及撵上。

他说，那就赶到 G318 线上再会合吧。

我说 G318 线我们都骑了几次了，不再重复了，到了然乌后，就坐车直接跨到林芝。

哪知他还不死心，说那就到拉萨等我们。

我说我们不经过拉萨，拉萨到尼泊尔平均海拔是 4 000 多米，身体再好，也得一个多星期才能适应，加上等签证的时间，怎么都是来不及，况且这样走事倍功半、很不科学，劝他还是放弃吧，以后有机会的。

他回答得很坚决：不放弃，一定要跟我们骑一次。

无语，纠结。他不急，我急！佩服他的勇气，焦虑于他的盲从和糊涂。

古城夜景

傍晚陪安皇逛古城。旧地重游，没有多少新意，何况这些年看过多座其他古城，与之相比，大理古城有些逊色。

到大理不得不尝一尝云南特色小吃——过桥米线。街头餐馆一般5～10元/碗，但古城里的一家是30元/份，有点贵，但吃法和用料很不一样，脸盆般大小的一碗滚烫的汤料，外加上十种下料食材，有荤有素、有生有熟……难道这就是正宗的过桥米线？如果是，那么我今天才是第一次吃过桥米线了，想到此，30元还是值得的。

回到旅馆早早睡了，期待一夜醒来，安皇痛风痊愈，明早按时启程。否则，还得等他打一天吊针，行程时间会拖得更久。

8月23日　阵雨

线程：大理古城—下关镇

因安皇的脚疾恢复缓慢，不得不将出发的时间延迟一天。

一大早，安皇就骑车去北门军医院打针，直到10点才回。

丙察察线的起点——大理古城南门留影

之后一起收拾了行李，退了房，骑到古城城楼前。这里是骑行丙察察线的正式起点，走丙察察的骑友，一般都会在此留个影，我们也不例外。此时正是游客高峰，门楼前人头攒动，勉强拍了几张，以示到此一游，然后向下关进发。

才骑两三千米，就下起雨来。吸取昨天的教训，懒得穿雨衣，躲到马路边小卖部的遮阳棚下等待。一会儿雨停了，继续沿 G214 线向南挺近。

下关镇是大理市主城区，大理古城与下关之间，有两条平行的公路相连，一条是沿洱海边的快速公路，就是昨天来时走过的那条路，其实很窄。

另一条就是苍山脚下的 G214 线，双向八车道，宽敞得像高速，只不过没有封闭而已。这条路上车流量更大。因为地势较高，所以能更好地欣赏风景：右边是巍巍苍山，左边是碧波万顷的洱海，苍山洱海之间广阔的山坡上，是绵延数十千米城镇，这一切构成了闻名遐迩“苍山洱海”风光。

路过“妙香古国第一寺”——观音塘

骑游洱海（队友安皇）

中午 11 点 30 分进入大理市区，住到城西物资宾馆。总共骑行 19 千米，还不够热身。

午餐：砂锅过桥米线，10 元/锅，感觉比昨晚 30 元的好吃。

饭后回到旅馆睡觉、弄手机、发呆，很无聊。待到下午 4 点，骑车陪安皇去看洱海。来回 10 千米，回来的路上又下起雨来，好在不很大，勉强扛到旅馆，没有被淋湿。

晚饭后，找到商场，准备骑行路上的物资：干粮、饮料、储存卡、橡皮手套、塑料脸盆。至此，才真正有了一点出征前“风萧萧兮易水寒，壮士一去兮不复还。探虎穴兮入蛟宫，仰天呼气兮成白虹”的感觉。而之前的这几天，无所事事，像是个打酱油的，白白浪费时间。

明天，将正式骑行丙察察线，风雨无阻。

8 月 24 日　晴

线路：下关镇(海拔 1 980 米)—太邑彝族乡(海拔 1 620 米)—梅子箐(海拔 1 330 米)—顺濞乡(海拔 1 377 米)—黄连铺(海拔 1 537 米)—大坡岭垭口(海拔 2 360 米)—博南镇(海拔 1 600 米)

码表记录：骑行里程 101.77 千米，骑行时间 6 小时 59 分 44 秒，平均速度 14.5 千米/小时

昨天是二十四节气中的处暑，理论上标志着雨季正式结束。早上起来，蓝天白云，气温凉爽，像是特意为我们今天的出师而准备。

下载的路书上，把第一天的行程说得很饶舌，半路上我被误导而差点走错。其实从下关到博南镇线路并不复杂，基本是一条主干线，即 G320 线，也就是抗战时期的滇缅公路，古代的博南古道。

出下关，便进入苍山南麓的峡谷，沿西洱河一路长驱直下，虽然有数处在修路，但这是今天最好的路段，也可能是整个丙察察线最好的一段路。G320 线与杭瑞高速像两条飘带，在峡谷里一路伴随、向西飘去：

30 千米后，下到梅子箐村，此处是今天的最低点，从下关到梅子箐，海拔下降 400 多米。

西洱河在这里与顺濞河汇合，向南流入黑惠河，最后汇入澜沧江。

从梅子箐开始，G320 线沿顺濞河逆流方向起起伏伏，一路缓上。又 30 千米后，到达黄连铺——一个袖珍级别的小集镇，从这里开始，G320 线进入烂路，有多烂？下午 35 千米的路骑了整整 5 个小时，其中包括 17 千米的下坡。

到达黄连铺镇时是中午 12 点 10 分。烈日炎炎，气温骤升，又热又饿，很累。在街心小卖部里添了矿泉水，吃了泡面，稍作歇息，然后开始翻越丙察察线上的第一个垭口——大坡岭。

从黄连铺到垭口 17 千米的上坡，海拔升高 800 米。理论上说，坡度并不大，路书上也说“大坡岭没有想象的难爬”。事实上我们爬得很辛苦，尤其是安皇，带病在身(除了痛风，今天又拉起了肚子)，爬得极其艰难，一度腿抽筋。

从中午 12 点 50 分，一直骑到傍晚 5 点才到垭口，中途歇了 7 次。何故如此？除了安皇状态不好外，还另有两个方面的原因：一是全程都在修路，路面稀巴烂，沿途还有数十处塌方，显然这是刚刚过去的雨季留下的杰作。二是没有一点风，又晒又热，过路的汽车和工程车卷起的灰尘让人窒息。真不敢想象，要是下雨，肯定泥泞不堪，那该是多么难行。

过垭口，是同等长度的下坡，因为路烂，下坡骑得很郁闷，有坡不能放，颠得两手发麻、屁股生痛。

下到坡的尽头，眼前蓦然出现一大片建筑，这就是永平县城。走近了，才知道永平县城其实就是今天的目的地——博南镇。

永平县城

路口找一个戴头巾的大嫂问清了温泉的方向，径直骑了过去。才 1 千米，便找到温泉宾馆，标间 60 元，惊喜！

泡温泉有三个档次：5 元、10 元、20 元。我选择了 10 元的单人间，偌大一个池子，显然是为两个人一起泡准备的，无奈俺没本事给人当经纪人，只好一个人享受了。

今天出汗太多，不敢久泡，才十几分钟，便大汗淋漓、头晕目眩，赶紧逃了出来。

回到房间，忍着饥饿，将一身臭汗和布满黄色灰尘的衣服、头巾等，草草洗了，然后一起上街吃饭。

吃什么呢？其实根本不用考虑，因为这里就是永平县城，而永平黄焖鸡是黄焖鸡的鼻祖。

永平是个回民聚居区，几乎家家餐馆都是回民在经营。很担心不让喝酒，没想到系着头巾的大嫂爽快地回答“可以喝酒”，更没想到的是，她说：“你们就两个人，来半只鸡吧。”——好厚道的姊妹！

不一会儿，满满一大盘黄焖鸡就端了上来，味道的确非常不错，是我出门来吃得最香、最饱的一顿。这也充分说明我是个贱骨头：只有出了夯力、累得半死，才会有饿狼般的胃口和饭量。

而这半只鸡的分量，绝对比我家乡人民做出来的一整只鸡还多。难道这里的鸡个头大些？当然不是，原因？你懂的，还有你不懂的：这大嫂干嘛不把这半只鸡充当一整只卖给我们，或者一开始就不应该建议我们只点半只鸡呢？

补充一笔：上午在顺濞乡碰到 2 个反向骑行的骑友，学生党，恩施老乡，晒得像非洲人，从拉萨骑过来的。

温泉宾馆

我问他丙察察好走吗，他说“没通”，我的天，吓了一跳。

再问他：“那你是从哪里过来的？”

他说走丙察察过来的（自相矛盾）。

臭小子，这不就行了？你能过，难道我就不能过啊？——我心里这样想着。

不过他说：怒江大峡谷塌方很严重，有的地方能扛车，有的不能扛，他们硬是从 2 米高的坡上把单车丢下来的……

有那么邪乎吗？我们吉人自有天相，等我们到了，估计路也修好了，大不了雇当地的马帮驮过去。

小伙子最后建议我们把时间卡到周末两天通过那里会有保障些——这点与我之前得到的消息相吻合。

8 月 25 日　晴

线路：博南镇温泉（海拔 1 585 米）——大尖山（海拔 2119 米）——澜沧江永保桥（海拔 1215 米）——瓦窑大桥（海拔 1232 米）——瓦窑镇（海拔 1330 米）——漕涧镇三岔口（海拔 1980 米）

码表记录：骑行里程 77.76 千米，骑行时间 6 小时 1 分 9 秒，平均速度 12.9 千米/小时

昨天有些累，写完日志已到夜里 10 点 30 分，脑子反倒变得兴奋。躺在床上，辗转反侧，怎么也睡不着。心里着急，强迫自己不再想“日志”的事，换作数数，或者把安皇的鼾声硬是当作催眠曲来聆听……

这一夜睡眠时间很短，但睡眠质量却还行。早上起来，浑身畅快。

7点起床，收拾了行李，出门在隔壁清真菜馆里吃早点：一人一碗饵丝，一笼小笼包。

7点40分左右启程，出门便翻今天的第一个山口——大尖山，14千米上坡，海拔升高540米，很缓，加上早上气温凉爽，路况也不是太差，因而爬得很顺利。

大尖山下的景色

过垭口后，一条巨大的深谷横亘眼前，两岸苍山巍巍，白云飘荡其间，谷底红色的江水像条巨龙，匍匐在崇山峻岭之中——这就是我的老朋友澜沧江。5年前我第一次横跨澜沧江，是在上游的梅里雪山脚下，那里水流湍急，而这里江水平静，水面宽阔。红色的江面，与植被茂密的群山交相辉映，显得色彩瑰丽、波澜壮阔。

11千米的下坡，很陡，沿途正在施工，路况差了很多，也较危险。

下到澜沧江边，过永保大桥，此处之前是抗战时期功果桥。从永保大桥到瓦窑大桥之间的沿江公路，是原滇缅公路的重要组成部分。

澜沧江大峡谷

平静如镜的澜沧江

过桥后在澜沧江西岸起起伏伏，路况很差，常有泥泞和积水，我为此次行程特意准备的挡泥板和溯溪鞋派上了用场。

骑行 8 千米到达瓦窑大桥，桥头有武警检查点，正在检查过路行人和车辆。地图显示，此处距国境线的直线距离不到 30 千米，难怪有检查站。不过我们不过检查点，过桥后右转，进入 S228 线，原以为这路很烂，实际上是一条二级公路，很宽，路面极好。

瓦窑大桥头的岔路口

拐弯后不到 1 千米，望得见瓦窑镇。此时已是中午 11 点 30 分，在路边餐馆里，点了两碗肉丝面。老板做得非常认真和细心，感动！价格 7 元/碗，我没有吃完。

从瓦窑镇南边镇口开始，爬今天的第二个长坡，全长 35 千米。前 14 千米稍陡，后 21 千米很缓，缓到有时忘了是在上坡，只是感觉到骑得很吃力，像是轮胎破了一般，等回过头看一眼身后骑过的路，才发现原来是在爬坡。

总之，下午从瓦窑镇到漕涧镇 30 余千米的长坡，骑得非常慢，也很辛苦，而且正是午后气温最高的时段。

下午 3 点 30 分到达今天的目的地——漕涧镇。其实并没有(也没必要)进漕涧镇，因为明天的目的地是六库，这里只是一个三岔路口，六库往前，漕涧镇往右。如果进了漕涧镇，明早就得往回走，所以我们住在了三岔路口的一家小旅馆——“永兴住宿”。双人间 30 元，房间宽敞明亮，只不过没有独立卫生间，尽管如此，还是让我感到惊喜——便宜是硬道理。

时间尚早，各自洗了沾满泥巴和臭汗的骑行服和内衣，下午 5 点才过，便饥肠辘辘，准备吃晚餐。吃什么呢？安皇说吃驴肉，他刚才进镇就留意到街口有几家驴肉馆，并得到旅馆老板的推荐：镇口那家“林家驴肉”馆是最地道的。

于是，两人骑了单车，来到这家外表看起来很小、很不专业的驴肉馆，要了一斤驴肉的火锅，65 元。以为像家乡的“一斤”一样肯定不够吃，结果多得差点吃不

漕涧镇外的村庄

完，而味道，真的很好很好很好……那种细腻、那种鲜嫩和润滑，瞬间秒杀了之前吃过的所有的所谓“驴肉”。最后我得出结论：到漕涧镇不吃驴肉，绝对就像路过永平县不吃黄焖鸡、住博南不泡温泉一样，充分证明自己是个傻瓜。而我们既吃了永平的黄焖鸡、泡了博南的温泉，又吃了漕涧的驴肉，不枉千辛万苦走了一趟滇西，一个字——爽，两个字——明智。

8 月 26 日　多云转阵雨

线路：漕涧三岔口（海拔 1980 米）—怒江大桥（海拔 800 米）—上江镇（海拔 850 米）—怒江州（六库镇海拔 830 米）—秤杆乡（海拔 945 米）

码表记录：骑行里程 112.27 千米，骑行时间 6 小时 4 分 31 秒，平均速度 18.4 千米/小时

昨天收工早，吃得爽，住得宽，晚上 8 点多便写完日志——这一夜睡得很轻松。

早上起来，蓝天白云、空气清新，又是一个好天气。收拾了行装，在街对面吃了砂锅米线（做砂锅米线的眼镜妹子很漂亮哦），8 点出发。

出街就是下坡，从三岔口到怒江大桥，31 千米的路程海拔下降 1180 米。前 20 千米很陡，下得很爽、也很危险。

又见怒江，兴奋不已。

怒江，在藏区境内的上游叫那曲河，因江水深黑，古代曾称之为黑水河；进入云南境内后径直向南流淌，经怒江傈僳族自治州、保山地区和德宏傣族景颇族自

出漕涧镇后的下坡

怒江大桥上留影

治州，最后流入缅甸，境外称为萨尔温江。

我所要骑行的怒江段，奔腾于高黎贡山和碧罗雪山山脉之间，两岸山岭海拔均在 3 000 米以上，最高为5 060 米。因落差大，水急滩多，十分壮观。两岸山坡和河道上巨石频现，有“水无不怒石，山有欲飞峰”之称。

怒江峡谷山高谷深，江水湍急，因而成为一道天堑。一直以来，怒江上有着世界上最惊险的“桥”——溜索。不过，现在已看不到溜索了，取而代之的，是这种悬索吊桥，数量很多，基本不到 10 千米就有一座。

从怒江大桥开始，我将沿怒江逆流而上，在怒江大峡谷里骑行一个多星期，一路感受怒江之怒，亲历怒江之险。我骑行丙察察的意义，也将从这一天、这一地点开始，逐步得到体现。

过大桥是一岔口，直行往腾冲，路口有边检站。

过边检站后，S228 线便一直在怒江西岸小幅起伏。路况极好，但车流量很大，如果不是偶尔有武警部队车辆从身边驶过，还以为这里是内地某繁华经济开发区。

骑 26 千米后到达怒江州政府所在地——六库镇，此时才 11 点多。早知如此，昨天就不该住到漕涧镇，而是应直接赶到六库，强度并不太大，可以节约一天时间。我们决定不按攻略所说住六库，而是继续往福贡方向进发。

如果不是此次丙察察之行，我还真不知道在西南边陲的大山深处有一个怒江州，州首府六库镇竟是个中等规模的地级市。六库镇横跨怒江两岸，主城区绵延在怒江西岸狭长的山坡上，很美，很繁华，也很拥挤。

悬索吊桥

在出城口小餐馆里，一人吃了一碗盖浇饭，添了开水，冒着午后的酷热，继续向北进发。

通过几天骑行，感觉滇西午后的气温很高，空气湿度特别大，所以下午总是骑得很累，今天也不例外。

不能确定过六库后哪里有住宿，只是想再骑三四十千米就住下来。

怒江岸边的六库镇

第一个有旅馆的小镇是大兴地镇，太近，时间尚早，继续骑行。从这里开始，怒江大峡谷越来越窄，江水越来越湍急，塌方和落石的痕迹也越来越多。

我打开手机地图，发现 K144 千米的地方有一个“秤杆乡”，乡上有家食宿，位置恰到好处：距漕涧镇 110 千米，距明天的目的地福贡县城 80 多千米，当机立断，骑到秤杆乡住宿。

中间第二个有住宿的地方是维拉坝，没有停留，刚出维拉坝 2 千米，下起雨来，而且很大。懒得换雨衣，况且距目的地只剩下 14 千米，没必要赶路，就近躲到路边农家屋檐下。

半小时后雨小了，上路继续骑行。距秤杆乡还剩 3 千米的时候，又下起大雨，正好此处有家加油站，于是又躲了十几分钟的雨。

直到傍晚 5 点才到秤杆乡，饥肠辘辘，全身汗水和雨水湿透。

秤杆乡颤巍巍地挂在怒江西岸的山坡下，走在街心就听得见沟底怒江的咆哮。这是一个非常繁华的小镇，但街道很狭窄拥挤。

从镇进口找到镇出口，筛选了几家旅馆，最后住到“大众宾馆”。大概这是最“高档”的一家，条件不错，标间 60 元，惊喜！

遗憾整条街上没有一家像样的餐馆，都是黑不溜秋的。这一顿晚餐吃得很潦草。

天气很热，看来今晚要开着空调睡觉了。

8 月 27 日　雨转多云

线路：秤杆乡（海拔 945 米）—古登乡（海拔 1 030 米）—洛本卓白族乡—匹河镇—福贡县（海拔 1 190 米）

码表记录：骑行里程 80.46 千米，骑行时间 5 小时 19 分 8 秒，平均速度 15.1 千米/小时

如果按攻略所说昨天住六库，那么今天到福贡就有 133 千米的路程，肯定会骑得特别辛苦。事实证明，我们临时改变行程是非常明智的：从秤杆乡出发，到福贡仅 80 千米，强度恰到好处，再多一点就会崩溃。

怒江上的简易钢索桥

昨晚很热，开了一整夜的空调。

大概真的累到了，一夜基本没有听到安皇的鼾声——不是他没有打鼾，而是我睡得很沉，没有机会去听。

早上很早就醒了，睁着眼躺到 6 点 30 分才起床，街上一片寂静，早点摊还没有开张，况且都没有食欲，决定骑到下个集镇再说。7 点 30 分出发。

怒江从秤杆乡开始，米白色的江水，一路咆哮奔腾，两岸重峦叠嶂、山高入云。S228 线越来越窄，如履薄冰似地挤在江边、挂在山坡上；一路向北，起起落落，随怒江蜿蜒曲折。不时可以看到路基下以及江水中，堆积着以前从山上滚落的巨石。其中最大的一块，叫作“虎跳石”，传说曾有老虎从此地腾跃过江。

16 千米处，终于有一个集镇——古登乡，又渴又饿，小笼包加稀饭，这顿早餐吃得很香。

出古登乡后，天下起雨来，知道这不是阵雨，所以赶紧穿上雨衣。

30千米后离开怒江西岸，过又一座怒江大桥，进入福贡县境，在东岸继续溯流而上，坡度变得大起大落，骑得很累、很慢。

山坡上的村寨

雨中的大峡谷白云飘渺、雾气氤氲，两岸山坡上的村庄和水稻梯田在云雾中若隐若现……我们放慢节奏，不时停下观景和拍照，以“游山玩水”的心态，认真享受这难得的时光和风景。

穿着雨衣骑行很难受，好在雨下了一个多小时后便慢慢停了。K96千米处，收拾了雨衣，坐在路边水泥栏杆上，用两块从大理一路带过来的月饼和着矿泉水解决了午餐。

原以为滇西边境的怒江沿岸，是一个土地荒芜、人烟稀少的不毛之地，而实际看到的是一路村庄密集、人气旺盛。峡谷两岸的山坡上，不时可以看到层层梯田，排列清晰的是水稻，杂乱无章的是玉米。

从沿途村民不断变化的服装判断，这里是个多民族地区：白族、独龙族、傈僳族……不变的是竹背篓，好像是他们共有的标志性用具，不论大人还是小孩，好多都是背着背篓，或走动、或站在一起闲聊——大多数背篓里其实什么也没有。

少数民族儿童

集镇（包括福贡县城）上满地的垃圾和少有秩序的机动车，显得有些凌乱。

午后云开雾散，气温骤升，骑行变得艰难起来。有了对目

福贡县城入口

的地强烈的期盼(这种感觉,骑车的人都懂的),当终于看到怒江拐弯处的山坡上一片气派的楼房时,心里一阵惊喜,因为我知道,那就是福贡县城。

住到城中怒江大桥桥头附近的宏富宾馆,标间 60 元(滇西的住宿原来都这么便宜)。时间才只午后 2 点,骑行 4 天来,第一次能睡一个午觉,能有足够的时间在街上漫步、逛一逛小城的风景。

晚饭吃什么呢?宾馆老板说福贡的特色菜是手抓饭和漆油鸡。手抓饭就算了吧,因为 20 多天后我们就进尼泊尔了,相信尼泊尔的手抓饭更正宗。

那么漆油鸡是什么鸡呢?刷了油漆的鸡还是刷了油的鸡?为此找了几里路,最后还是回到宾馆楼下的餐厅,点了漆油鸡火锅。

原来漆油鸡中的"漆油",是怒江地区特有的一种高山植物的种子榨出的油。

漆油鸡的确与普通方式做出的鸡大有不同,美味,但价格实在太贵:一个漆油鸡火锅,烧掉了我们 170 元。真是美在舌尖上、痛在心坎里。我安慰自己:这一生不会再来福贡了,也不可能再有机会吃漆油鸡了……这样想着,心里平和了许多。

看来我不适合当吃货。

明天 110 千米的起伏路,任务艰巨。

8 月 28 日　晴

线路:福贡县城(海拔 1 190 米)—石月亮乡(海拔 1 330 米)—马吉乡(海拔 1 330 米)—贡山县(海拔 1 450 米)

码表记录:骑行里程 114.35 千米,骑行时间 7 小时 24 分 33 秒,平均速度 15.4 千米/小时

长途骑行的前三四天一般会很累,这次也不例外。今天是第五天,刚好过了这个适应期,加上昨夜睡眠不错,还有那个迟到的午休,所以今天尽管是 110 多千米的大起大落路段,尽管是非常热的一天,状态却很好。

怒江大峡谷

早上 6 点 40 分起床，吃完早点，7 点 30 分出发。天色阴沉，怒江两岸的山峰被云雾笼罩。沿着怒江东岸，一路向北，慢慢地，云开雾散，渐入佳境。

还是怒江大峡谷，山高谷深、奇峰秀岭、白云飘渺，不同的是，今天的大峡谷在阳光下多了一些灵秀和梦幻。

还是在怒江东岸溯流而上，一路聆听谷底波涛怒吼、路边林中鸟叫蝉鸣。

还是一路村庄密集、人气旺盛。穿着民族服装、背着背篓的妇女和老人，或在劳作、或悠闲地在路边漫步。

还是成片的水稻梯田，挂满峡谷两岸的山坡，层层叠叠，煞是壮观。走进细看，发现水稻种在几乎没有田埂的地里，而山坡上没有——也不可能有水塘之类的蓄水池。我感到惊奇，原来水稻可以像麦子一样种植的，这让我见识了滇西独特的地理和气候特征。

怒江岸边的水稻梯田和村庄

还是一边骑行一边欣赏风

沿途部分景点留影

景，偶尔冷不丁从路边蹿出一条土狗，狂吠着跟在屁股后头追赶，有的还龇牙咧嘴做扑咬状，可是当我停下来瞪它一眼或呵斥一声，它立刻就怂了；当我重新起步时，它又汪汪起来，让人烦不胜烦。有时我真希望它能来点真格的，这样我也好给它个痛快，大不了与它主人干上一架。

骑行约 40 千米路过石月亮乡，这里是高黎贡山山脉的中段。此处有一个著名的景点：峡谷对岸 3 300 米高的峰巅上有一个巨大的溶洞，洞深百米，洞宽约 40 余米，高约 60 米。远看溶洞是贯通的，透过洞的蓝天白云，形如弯月，故名石月亮。相距不远，还有另一个景点——江中松。

65 千米后骑到马吉乡，已是午后 1 点，吃了盖浇饭，添了开水。刚吃完，门口路过一名骑友，一看就是骑丙察察的，赶紧将他喊下。

交谈得知，他是贵州人，姓吴，网名东华。昨天从滇藏线坐车到福贡，今早也是从福贡县城出发，打算一个人走丙察察，终点是西藏阿里。遇到我们，他显然很高兴，于是我们两人的丙察察，从此变成三人行。

从马吉乡开始，S228 线变得越来越窄，车流量越来越少，最后基本看不到一辆货车。显示贡山是多么偏僻，道路是多么容易被阻断。

傍晚 4 点进入贡山县城，城中三岔路口有一块 0 千米路碑，不知是不是丙察察线的起点，拍了照再说。

贡山县的全称为“贡山独龙族怒族自治县”，是丙察察线进入西藏前最后一个县，东与德钦、维西两县相连，南与福贡相邻，北与西藏毗邻，西与缅甸接壤。地势呈“三山夹两江”的高山峡谷地貌特征，是滇西乃至整个西南地区风景最为丰富和优美的地区之一。主要景点有碧罗雪山、高黎贡山、担当力卡山、怒江、独龙江等。

峡谷对岸的彩虹

贡山县城坐落在怒江西岸一片狭长的山坡上，背靠高耸入云的高黎贡山，俯瞰波涛汹涌的怒江。城区街道弯多坡陡、房屋依山而建，显得鳞次栉比、错落有致；市容干净整洁，清新靓丽，如小家碧玉般精致而朴素。

入夜后的贡山县城

可能是物资进出困难的原因，这里的物价，比福贡的高出了许多，主街道上的宾馆标间大多在百元以上，我们爬了个陡坡，住到“金星宾馆”，房费 80 元。站在宾馆的楼顶，就可欣赏和俯拍县城全景，还幸运地看到峡谷对岸山上的两道彩虹。小吴带着帐篷，给了宾馆 20 元，在楼顶晾衣棚扎帐。

晚饭打算就在隔壁餐馆解决，一看菜单，价格贵得离谱，又找到一家四川人开的小餐馆，三人四菜，120 元，吃得如同完成作业一般敷衍。

入夜，晚霞尚存、华灯初上，几道朴素的霓虹灯点缀了山城的夜景，此时的贡山县城，则像一个略饰粉黛的少妇——素雅而不失华贵。

像每次西藏之行一样，嘴唇都会上火了，这次也不例外，赶紧买了维生素 C 和 21 金维他。

明天将离开 S228，正式踏上丙察察线，对丙察察的未知，让我期待和激动，也让我忐忑不安。

8 月 29 日　晴

线路：贡山（海拔 1 520 米）—捧当大桥边防检查站（海拔 1 530 米）—景区收费站（海拔）—怒江第一弯—丙中洛乡（海拔 1 745 米）。

码表记录：骑行里程 44.08 千米，骑行时间 3 小时 12 分，平均速度 13.7 千米/小时

“丙察察”其实是三个地名的简称，即丙中洛、察瓦龙、察隅县。今天的终点即是“丙”之“丙中洛”。

通往丙中洛的县道还是柏油路，很窄，不过路面不错，而且极少有汽车行驶。村庄也不是那么密集，非常宁静，是个骑行和摄影的绝佳线路。

这也是怒江大峡谷最美的路段：一路山高谷深、云雾飘渺、如烟如梦，山坡水稻梯田重重叠叠，精致的小村庄掩映其间，农舍炊烟袅袅……不仅风景宜人，还是富庶之地。用“仙境”来形容，一点也不夸张。

除了美如仙境，这里还是“秘境”。之所以称其为秘境，是觉得这里太偏僻了，偏僻得不为外界所了解。即使很多人知道有这段路，但能来此一睹芳颜的人很少。即使有机会来，也很可能只在车上走马观花，无法像我们一样可以在任意地点停下观景。

贡山境内的怒江大峡谷段，是怒江大峡谷风景的精华，而从贡山县城到丙中洛乡的石门关之间长约 50 千米的地段，则是精华中的精华。如果把怒江大峡谷比作一条华贵的项链，那么，这 50 千米的怒江峡谷，则是挂在项链上的一个吊坠，而丙中洛则是镶在吊坠上的一颗宝石。

我把今天的骑行距离控制在 45 千米之内是有原因的。今天的主题是观景而不是骑行，而把落脚点定在丙中洛，也实在是再明智、再恰当不过了。

我一边走一边拍，3 个多小时的时间，只骑了 30 千米，中午 12 点左右到达“怒江第一弯”观景平台。

怒江从北面的西藏高原奔腾而下，经秋那桶和石门关蜿蜒向南，在丙中洛附近形成了几个“U”形大转弯。最南端的一个大转弯，就是大名鼎鼎是“怒江第一弯”，第二个转弯则在丙中洛的正前方。遗憾我到达时第一弯时，正是中午，烈日当顶，有光无影，不是拍摄的好时段。

怒江第一弯

稍作停留，继续骑行六七千米，于下午1点达到今天的目的地——丙中洛乡。

住玉洞宾馆，房费60元，没有卫生间。因为丙察察在修路，汽车不通，所以现在的丙中洛旅游比淡季还淡。整条街上，好像就我们3个驴友，以至于丙中洛入口处根本没有人把守和售票，我们没有买票就进来了。

下午1点30分在宾馆对面东北夫妻店里吃了午餐：一碗盖浇饭、一瓶啤酒。饭后回到旅馆洗了衣服，终于又可以午休一次，可是睡不着，索性起来梳理一下记忆和思绪，准备写日志。写着写着，昏昏欲睡，于是关了手机，再次躺下休息。

从下午4点躺到5点，感觉还是没有睡着，但精神恢复了许多。爬起来约上他们两个，骑车上街找攻略上所说的景点，发现都分布在周边的村落里，而主要的景点则在明天即将路过的路边，所以今天没必要去。

他们回旅馆。按照老板娘的推荐，我一个人返回到镇入口，沿着一条小道，打算骑上山腰的观景台，那里可以俯瞰和拍摄丙中洛和怒江大拐弯全景。可是坡实在太陡，长度有11千米。才爬了几百米，就放弃了，改骑到镇口“丙中洛”石碑处的观景平台。正好此时有一抹阳光透过厚厚的云层，射在坝上，于是拍下几张出门来感觉最好的照片。然后站在那里等待日落，看观景平台上关于丙中洛的文字介绍。

丙中洛怒江大拐弯

丙中洛小镇坐落于怒江西岸、高黎贡山东麓一片缓坡之上。这片缓坡是地表受河流亿万年的冲刷、侵蚀和堆积而形成的一个坝子，坝上土地肥沃、作物茂盛，层层梯田从谷底的怒江水边，向上一直延伸到山腰上的云雾之中。

沿途的部分景点

小镇四周被群山环抱，峡谷对岸是碧罗雪山，北边是雄伟的石门关峡谷，西边是高黎贡山和格瓦卡普神山，南边是巩当神山。而被群山和原始森林包围起来的丙中洛，则是一片园风光。强烈的反差，构成了丙中洛奇特的自然景观，也造成了丙中洛与外界的隔绝，也许正是这种隔绝，才成就了丙中洛的神秘，神秘得如此古朴而美丽、如此遥远而亲切、如此宁静而让人敬畏，让人觉得这里的一山一水、一寺一庙，都藏着太多不可泄露的天机。

当然，丙中洛让人向往的不仅仅是奇异的自然风光，更多的是丰富的人文历史、民族风情和宗教文化。

丙中洛乡是一个多民族居住区，人们言谈举止无不透着平和谦卑的心境、和与世无争的态度。

徜徉在丙中洛的街头和镇外的小路上，幽美的自然风光、浓郁的宗教气息、祥和安宁的人文环境，立刻让人忘了城市的喧嚣，心绪慢慢得以歇息和平静，平静之后，是对自己生活态度的反思和反省。

我在观景平台直坐到傍晚，一束阳光透过厚厚的云层，照射到怒江第二个大转弯中间的坝子上和镇后的山谷里，奇异的光芒，让丙中洛显得更加梦幻和神秘。

丙中洛镇

回到镇中心的旅馆，夜幕降临。夜晚的丙中洛是如此宁静，没有明月、没有繁星，只有渐浓的薄雾，如纱如梦，小镇之夜婉约如少女的长发。

总之，丙中洛的美丽和神秘，让此时的我如获至宝般激动，哪怕丙察察的千里骑行就为这一天，也是值得。

8月30日 阵雨

线路：丙中洛（海拔1 745米）—石门关（海拔1 668米）—秋那桶边检站（海拔1 587米）— 滇藏界（海拔1 686米）—松塔村（海拔1710米）—龙布村（海拔1 788米）

码表记录：骑行里程46.02千米，骑行时间4小时33分23秒，平均速度10千米/小时

如果说昨天的骑行是在天堂漫步，那么今天的骑行，则好比是在地狱门前一边踩着高跷，一边窥视天堂的美景。

早上8点出丙中洛，下午3点20分到达龙布村。46千米的路程耗时7小时20分，刚好10千米/小时的均速，刷新了我单个行程中的最慢的骑行记录。

晨雾中的丙中洛

之所以把今天的行程与“地狱”二字联系在一起，有3个原因：

一是指路况。

从丙中洛开始，丙察察线云南境内全线在大规模翻修。这种大修是颠覆性的，接近于在怒江大峡谷的崖壁上重新开凿一条路基。沿途机声隆隆、尘土飞扬，根本不可能通行汽车，而行人也是限时放行。这个“行人”其实是不包括骑自行车的，因为出丙中洛后第一个限行栏杆处的工作人员，是不让我们进去的，幸亏另一名工作人员示意我们闯进来了。

过石门关不久，第二次遇到限行，100米的路段暂时中断。路上方四五十米的坡上，3台挖掘机正在清理松散的山体，巨大的石头不断被机械臂推下山坡，砸到路上，然后滚入江中，而稍小的石头则堆满路面。

部分险段集锦

把守警戒线的工作人员说中午 12 点钟才放行，可是此时不到 9 点。我向他抱拳行礼，恳请他放我们过去，要不然我们今天到不了目的地，中途没地方住。

一会儿，他用对讲机通知上面的铲车停止作业，于是我们像逃命般推着车迅速冲过了第一段滚石区。通过第二段作业区时，虽然坡上的铲车停止作业，但坡中间还有碎石不断向下滚落，而路上堆积的石头比刚才大得多，无法推行。我们只得扛起自行车，一边观察坡上石头的动向，躲避着向下滚落的石头，一边没命地深一脚浅一脚地快速通过。

走在我前面的小吴因为行李太重，动作迟缓，挡住了我的去路。眼看一块小石头向我袭来，我无处避让，不幸脚背被砸中，还好没有骨折。

10 点 30 分时，遇到第三个限行警戒线，12 点至下午 2 点之间放行，实际上就是施工队下班的这段时间准许通行。这次没得商量，一直等到 12 点才走，并抢在下午 2 点之前，死命地赶路，冲过了所有的警戒线。

这其中包含一处完全被炸开的山石挡住去路的地点。我先赤手上去探查一遍，然后返回卸下驼包，先扛着行李过去，再返回来把自行车扛过去。他们如法炮制，顺利通过了今天最难通过的地方。我错以为从此开始，我们的丙察察之行再无障碍。

最险地段

二是指今天的住宿条件。

从前几天的三星级宾馆，一下子变成今天的家庭旅馆——简陋、肮脏、没厕、没电，被子上布满灰尘(幸亏我带了睡袋，而且这些天一直在用)……像是从天堂跌入地狱。

三是指今天的晚餐。

房东不会做菜，也基本没菜可做。全部的食材就是大米、鸡蛋、2个自家地里摘下的西红柿，还有20个青辣椒。

安皇、小吴也都做不了菜，我只好自告奋勇当了一次大厨：2个西红柿、20个辣椒，先洗后切，打了6个鸡蛋，清齐全部调料，炒了半锅西红柿炒鸡蛋。味道？信不信由你，真的不错，吃得锅底朝天。

补充一下：房东的厨房用具脏得令人作呕，我让安皇专门洗了我们3人用的碗筷。其实，如果不是亲自下厨房，谁知道(或装作不知道)这里的厨房这么脏呢？

部分景点

还是不知道的好些，道理，你懂的。

今日的风光：从丙中洛 6 千米处的石门关开始，进入怒江大峡谷最为险峻、最跌宕起伏的路段。怒江之“怒”在这里爆发得更为淋漓尽致：峡谷更窄、山更挤、崖更陡，悬挂在崖壁间的茶马古道与在建的现代公路平行在怒江两岸……这一切诠释了云南境内最后一段大峡谷的原始、古朴、神秘、惊险和刺激。

非常有意思的是，一直茂密的植被，到滇藏交界处便戛然而止。一进入西藏境内，虽然海拔并没有大的变化，可是山体立刻显得荒凉不堪。

行程细节：夜里下了雨，天亮后就停了。

8 点左右出发，3 千米后下到重丁村，天主教堂还没有开门。

6 千米处下到今天的最低点——石门关，道路已面目全非，沿途在大规模施工。

7 千米时江面在一个大拐弯处变得暂时宽广和舒缓，对岸一片斜坡上庄稼茂盛。散落其间如积木般的房屋，就是今天云南境内我实际看到的唯一村子——雾里村。

2 千米后遇滚石区，过朝红桥。老朝红桥还在那里，也就是田壮壮拍摄的电纪录片《德拉姆》里面的吊桥，看样子早已经废弃，不能通行。

约 18 千米处，遇到丙察察线上第三个边防检查站。

约 35 千米时到滇藏交界处，“老鹰”嘴里拍照留影，然后过隧道——一条极简易的洞，进入西藏境内。西藏境内很少有施工，还是原来的土石路，非常烂。看来，即使云南境内竣工通车，还是不适合自驾走丙察察。

约 40 千米处路过西藏境内第一个村庄——松塔村，看到一个“住宿”的牌子。

46 千米到达龙布村，此时是下午 3 点 20 分。

雾里村

今晚的住宿地——龙布村

8 月 31 日　晴

线路：龙布村(海拔 1 788 米)—扎恩村(海拔 1 800 米)—小流沙(海拔 1 750 米)—大流沙(海拔 1 720 米)—察瓦龙乡(海拔 1 935 米)

码表记录：骑行里程 37.35 千米，骑行时间 3 小时 53 分 47 秒，平均速度 9.5 千米/小时

昨晚的住宿地——龙布村很偏僻，不通电、不通网络。村民照明用的是太阳能蓄电池，估计村民的电视机和洗衣机都只是摆设。

一进旅馆，我注意到房东的厨房很大，房中央摆了一张台球桌。根据以往的经验，我判断这就是村民的"娱乐室"。

果然，刚入夜，就有年轻的藏民，骑着摩托，摩托上安装的低音炮放着震耳欲聋的音乐，陆续来到门前。他们集聚到那间厨房里，津津有味地打着台球，那种投入、那种快乐、那种无所顾忌的争论(可惜我听不懂他们在说什么)和大笑，让我惊讶。直到夜里 12 点，老板劝阻，他们才又驾着摩托，放着震耳欲聋的音乐，一溜烟散去。

沿途部分留影

他们的喧哗，让疲惫不堪的我损失了半夜的宝贵时光——这一夜我没有睡好。

早上起来，手机没电。等不及房东用木柴把水烧开，用昨夜的温开水泡了方便面。没有胃口，只吃了一半，然后备了一罐八宝粥作为路上的午餐，不到 8 点，三人鱼贯骑出村子，继续丙察察上最危险、最难走的旅程。

挂在陡峭山坡上的丙察公路

说危险，是因为狭窄的土石路，以极大的坡度和弧度，悬挂在石质松散的山腰，左边是绝壁，右边是悬崖，悬崖下是湍急的江水。路面宽不过一个车道，被车轮碾出两道车辙，中间是一道埂，自行车只能在车辙里骑行。

我常有这样的纠结：我是该走靠近山的一边呢，还是走临江一侧的车辙呢？如果靠山一侧骑行，被落石砸中的几率要大得多，而如果靠江一侧骑行，则担心跌下悬崖。

这个问题我反复进行论证，最后决定，在没有特殊情况的时候，还是走右边的车辙，即靠山的一边。理由是，就算被砸中，也不一定有生命危险，即使有生命危险，至少这 100 多斤的肉体还能带回家。而如果走左边，虽然跌落的可能性比走左边被落石砸中到可能性小得多，但一旦跌下去，就像往怒江里丢一块石头一样，不会留下一点痕迹。我可不愿意老婆孩子一下子都成了别人的！

说难走，是除了极陡的坡度外，还有极烂的路面。很少有人骑过 40°的上坡，更少有人骑过这种碎石路面以及深及脚背的浮土路面的陡坡，而今天，我们骑得太多太多，骑得大汗淋漓，骑得如挑千斤重担，骑得

难得一见的坝子和庄稼

第一次厌倦骑行，骑得对今天总共里程才只有36千米的终点是如此渴望……当终于到达察瓦龙时，我如释重负！

总之，丙察察线之"丙察"段的危险程度，足以秒杀"通麦天险"数次，与之相比，通麦天险简直就是"平安大道"。今天36千米的骑行，也因此刷新了我昨天刚刚打破的单日单个行程骑行的最慢记录：从龙布村到察瓦龙，耗时5小时20分，实际骑行3小时54分，平均速度9.5千米/小时。

怒江岸边的骑行

下午1点10分到达察瓦龙。

察瓦龙，是进入西藏南部的第一个边界小镇，西与印缅相邻，东靠梅里雪山。小镇的规模，在藏区算是很大的了，街上大多数楼房，看得出都是新建的，街道路面正在改扩建。

找到"丽江饭店"，一个星期前我曾给张老板打过电话询问丙察察的路况，现在才知道，其实他们也并不能及时了解丙察察路上的实际情况。房价80元，不错的标间，虽然顶灯不亮，但住宿条件像是又回到了天堂。

楼下餐厅点了3个人的菜，可是落在后面的小吴给安皇打电话，说他继续往前走，不住察瓦龙了，其实就是一个人单飞去了。这在我的预料之中，只是没想到这么快就分手了。

为什么我有预感？因为我发现他与我们骑行的态度、方式和目的都不同。据说他出来已经好久了，而且还只是个开始，他要走阿里、大北线、尼泊尔等，一直骑到过年才回去。这让我感到困惑和不解：他的家庭、他的工作……？

愿他一路平安！

午饭后的第一件事是清洗满是泥巴的自行车，第二件事是洗澡和洗衣服，然后发表昨晚因没有网络而没有发表的日志。干完这一切，睡了一个午觉，弥补昨晚的失眠。

晚饭，本来没有多少食欲，但从明天开始，又将进入条件艰苦的地段，于是以

“今朝有酒今朝醉”的态度继续“腐败”：水煮肉片、麻辣豆腐，我一个人喝了一杯“怒江荞酒”——不多，才一两。

以为察瓦龙的手机信号会很好，结果到了晚上就只能打电话了，看来今天的日志只能等到明天发了。对了，明天的住宿地在齐马拉山腰的村子里，更没有信号了。

今天的风景：除了体验和感受怒江大峡谷的惊险和刺激外，没有特别的风景。西藏典型的光秃秃的山体对我来说已经非常熟悉了，之前对大流沙、小流沙、200米飞石区既充满恐惧，又怀有期待；尤其去年看过一个视频，内容是一名徒搭驴友通过飞石区时，被飞石砸下怒江的镜头——而一直心怀忐忑。今天实际穿行时，感觉平淡无奇，这样也好，安全是硬道理。

明天继续烂路，强度可能会更高，因为从明天开始爬齐马拉山。期待今晚睡个好觉。

察瓦龙乡

二、察隅之殇

9月1日　多云

线路：察瓦龙乡(海拔1 935米)—左布村(海拔2 075米)—怒江第一桥(海拔1 865米)—目巴村(海拔1 909米)—梦扎村(海拔2 650米)

码表记录：骑行里程37.37千米，骑行时间4小时47分55秒，平均速度7.7千米/小时

我一直以为丙察察线过了察瓦龙就是柏油路，至少是正儿八经的公路，而实际情况让我万分沮丧：丙察察线上最烂的路、最陡的坡、最危险(是修路造成的)的路段是在过察瓦龙之后。

从察瓦龙到察隅县约200千米的通道，原来竟是条极其简易的土石公路，本就难走，而现在正在大修，根本不适合骑行。但我们还是来了，因为无知和莽撞，这一天我骑了一段一生中(到目前为止)最难骑的路，爬了一段我的骑行历史中最陡的坡，经历了一件一生中最危险的事。

沿途通过险段的情景

37 千米的距离，耗费了 7 小时 20 分，实际骑行 4 小时 48 分，7.7 千米/小时的平均速度，连续第三天第三次刷新单日单个行程骑行平均速度最低记录。

还是从头说起吧。

昨夜安皇的鼾声特别响亮，看来他的鼻息肉切除手术做了比没做更糟。至少去年在新藏线上我四五天就能习惯，而现在变得毫无规律，最让人难受的就是“间歇式的呼吸暂停”……

我半夜醒来，再也没有睡着，十分痛苦。想起白天看到隔壁多个房门都没关，于是决定睡到隔壁房间去，起床出去一看都已锁上了……

天还没亮，安皇就起来洗漱、烧开水，真是饱汉不知饿汉饥——此时我已很困……

——这一夜我没有睡好。

不得不随他起床，清理好行李后到楼下，房东还没有开门，只好坐在通道内等待，浪费了半小时左右。等一切准备就绪，已到 7 点 30 分，找到街心早点摊吃了油条和炸饺，约 7 点 50 分出发。

一出镇就看到碎石烂路加上坡，而不是期待的柏油马路，沮丧至极。

最险的位置

又窄又陡的道路，在怒江东岸大起大落，路面时而碎石，时而浮土，没有栏杆及其他任何防护设施。听着谷底江水的咆哮声，感到有点恐惧。

冒险拍摄的通过施工点的情景

攻略上是这样介绍从察瓦龙到梦扎村这 41 千米（实际 37 千米）的：

“……不要小看今天的 41 千米哈！前半程路烂、坡陡，边上就是怒吼的怒江；后半段路烂、坡陡，再加上风景不错，所以你的速度就不会很快哈！今天起移动全程没有手机信号哈！电信也只有村子附近才会有。与世隔绝，回归原始！如果5天没电话回去，家人就可以报警了……”

——这是2014年的攻略，道路上还没有施工队。而此时修路大军正在从察瓦龙至察隅县200千米的整条线路上大规模施工，路况比2014年差得多。

全线分为8个标段。我们骑行到14千米处，也就是第二标段，道路被封。300米远的地方，尘土飞扬，路上方100多米处，几台挖掘机正在开挖新的路基，挖开的土石，滚下来完全掩埋了下面的公路。此时的状况，相当于一次不小的塌方，200多米长的路段，已完全消失。

把守警戒线的工作人员告诉我们，公路改道，每周有5天时间只开挖不清理，只有到周末才清理挖下的土石方，确保周末两天道路畅通。他建议我们等到周末再过，此时根本不让通行、也不可能通行。

我们哪知道利害关系，坚持要过，他说，那就等到12点他们下班后再过吧，不过非常危险。

沿途通过部分施工区的情景

一会儿他的对讲机里传来对面有藏民要过来进镇治病的消息，必须放行。终于，他准许我们趁此机会一起通过，并用对讲机通知铲车暂时停止作业。

我们欣喜地下到“塌方区”跟前，立刻被眼前的景象吓傻了眼：巨大的土石方沿50°左右的坡度，从坡顶一直延伸下来，漫过公路右边的路基，不断滚下悬崖下的怒江，这怎么能过？

正在施工的盘山公路

但此时我们无法回头。看到对面的藏民驾轻就熟地走过来，我们决定冒险通过。分两次：先卸下驼包，扛在肩上，腾出右手，扶着土石，踩着藏民刚刚踩过的脚印，极其小心地向对面爬去。此时心里紧张到了极点，因为只要脚下的土石松动，或者上面滚下土石，人就会落入怒江，命丧黄泉。我也做好准备（也提醒他们俩）：万一失去平衡，立刻丢掉肩上的驼包和相机，保命要紧。

好不容易把行李送到另一头，已累（更多的是紧张）得上气不接下气，容不得歇息，立刻返回再扛自行车。

我习惯用右肩扛东西，但此时我特意用左肩——因为左边是怒江，为的是方便随时丢掉单车，确保人身安全……

长度200米左右的“塌方区”，我们用了40分钟才安全通过，此时个个都已是“灰人”，行李、单车都像是从灰堆里爬出来的一样。这些都不重要，重要的是，我们都还活着。我非常庆幸和感动——事实证明，我的人品还是不错的，好人一生平安！

尽管安然无恙，但注定会让我后怕一生。如果可以重来，我宁可选择在察瓦龙住两天，等到星期六再走，甚至干脆就待在家里，放弃这次丙察察之行。

骑行24千米后，过“怒江第一桥”，从东岸来到西岸，终于有一段2千米的平路，却也正在施工。铲车堵在路上，正在破碎路面上的大石头，另一辆铲车不知是什么时候翻下路基，落在江水里。

工作人员都很友好，停止作业，给我们让出通道，于是我们迅速搬车通过。在后面的路段，这种情况重复过多次。

原始森林和山涧地段

2千米平路结束后，左拐上坡进入一个小村庄。有一个小卖部，买了矿泉水，他们吃了泡面，我买了一个午餐肉罐头，太腻，还没吃掉1/3。

午饭后，开始在一个溪流宛如悬河般向下倾泻和怒吼的峡谷里，以极陡的坡度盘旋上升，也从此离开了与我相伴了一个星期、让我爱恨交加的怒江。从这一刻开始，我告别了怒江之险，进入相对安全的骑行路段。

如果说上午在怒江峡谷的骑行，让我领略到什么是艰难、什么是危险，那么下午的长坡，让我感受到什么是崩溃、什么是痛苦。烂路、40°的上坡、因施工而开挖的临时便道……最大限度地摧毁着我的意志和耐心。

上坡、上坡、还是上坡，实在上不动了就推，推不动了就停下休息。其中一个约2千米的之字形上坡，每走几百米就得停下来大口喘气、喝水和休息。

爬了六七千米，峡谷中开始出现森林，其中好多参天古树，气温也变得清凉。涉水时，水冷刺骨，抬头看得见裸露风化如外星岩石的山峰在云雾中若隐若现。但此时，没有心情看风景，最关心的是到终点还有几千米？

梦扎村入口的卓玛客栈

下午3点20分，终于到达梦扎村，看到路口“卓玛客栈”的牌子，那种感觉真好！

村子很安静，也很干净，并不是攻略所说的处处有“地雷”（牛粪）。卓玛客栈比想象的气派，已很久没来过客人了。

老板是一个中年藏民，汉语水平一般，不会做菜，除了腊肉和院子地里的芹菜外，再没有其他菜品。于是，在丙察察骑行路上，我第二次亲自下厨，做了一盆芹菜炒腊肉。

我的制作程序是：洗锅，放油；冒青烟后放入辣椒、拍扁的蒜头；出味后，放入腊肉，炒一会儿盛起；再放油，烧热，放入芹菜，炒一会儿放盐，最后倒入腊肉一起炒；四五分钟后放入葱、味精，就 OK 了。关于味道——3 个人把菜吃得精光，这是硬道理。

补充一下，昨天小吴过察瓦龙后没走多远，就在察瓦龙出口不远扎下帐篷，早上出门不久，又与我们会合了。3 个人一起骑到梦扎村。他本打算也住到卓玛客栈的，但吃完晚饭后又说要出去扎营，房东很气愤，我赶紧打圆场，藏民都是直肠子，不喜欢出尔反尔。

今天的住宿地什么网络信号都没有——电信、移动、联通，完全与外界隔绝，幸亏昨天已告诉了家人：有几天的时间会没有信号。

9 月 2 日　雨

线路：梦扎村（海拔 2 650 米）—锯木厂（海拔 3 345 米）—流沙区—达争通（海拔3 885 米）。

码表记录：骑行里程 28.35 千米，骑行时间 4 小时 39 分 25 秒，平均速度 6 千米／小时

梦扎村掩映在原始森林里，位置非常偏僻。半夜有狗狂吠，屋后和房顶好像有野生动物乱蹿，我不禁担心起独自一个人野外扎营的小吴。

早上起来，天下着小雨。收拾了行李，开始准备早餐：昨天的剩饭、一把葱、几颗大蒜头，这便是全部的食材。还是我动手，用这些食材炒了两碗花饭，把自己的盛少了，没有吃饱。

8 点出发，出村口与小吴会合。卓玛客栈是进村口的第一家，昨天到来时，我并没有出门走走，今早离开卓玛客栈，才知道村子并不小，而且那么漂亮、精致，客栈也并不止卓玛一家。

原始森林

还是幽深的原始森林，如果不是修路大军的进入，这里可能难得看到人烟。如果是独自走在里面，肯定会感到阴森可怖。

一路推车的情景

徒步去察瓦龙的民工

还是那条落差如悬河的溪流，一路吼叫、一路伴随。

还是一路机声隆隆、把本就极烂的老路挖得支离破碎。

还是没有止境的上坡、上坡、再上坡。不同的是，因为下雨，今天的路泥泞不堪，更增添了骑行的难度，也使今天推车的时候比昨天多得多。

还有不同的是，随着海拔的上升，可以看见远处的高山草甸和近处路边的小花。因为海拔的急剧上升，我开始出现高反症状：嘴唇发乌、昏昏欲睡。用劲太猛就会缺氧，不得不放慢节奏，稍陡的坡便下车推行，每骑 2 千米左右便停下休息一次。

难得看到前面有一个房子的屋顶，走近一看，原来是施工队的工棚。停下倒杯开水、歇息一下还是不错的，施工队的做饭的汉族妹子很友好，像一缕阳光，让人暖暖的。

路过一个流沙区，是山体风化脱落的碎石形成的，不过没有危险。

雨忽停忽下、忽大忽小，雨衣穿了又脱、脱了又穿。

遇到一队马帮，马背上驮着货物，这是自出丙中洛后4天来遇到的唯一一支物资运输队伍。马帮是茶马古道上最原始的运输方式，也是最可靠的运输方式。还遇到一群徒步去察瓦龙的民工，用斗车推着行李辎重，不知他们已走了多久，还要走几天，因为不通车，他们不得不这样。

马帮

中途唯一有居民的地点是锯木厂，但“厂”早已废弃了，现在是个小卖部；也有客栈，也是卓玛在经营。我们只是在这里停下买水和小憩，然后赶往下一个村庄。

也许是对今天难度估计过高，当我们到达达争通时，简直不敢相信真的就到了目的地了。28.35千米的路程，耗时6小时30分，实际骑行4小时40分，6千米/小时的平均速度，连续四天第四次创造我骑行历史上单日骑行平均速度最低记录。

“达争通”这三个字我不知道是不是一个村名，反正附近再没看到有村庄的影子，只有“达争通”客栈，很小，很简陋。卓玛一家人在经营着客栈和小卖部，所谓的客房，其实就是一个用防雨布搭起的棚子，棚子里摆有七八个简易的单人铺，不过被面和床单，用的是标准的条纹白布，看着干净。不过藏族女老板卓玛太“商业化”了，住宿费要价45元/人，好不容易还到40元，不住也得住，雨越下越大，实在不想再往前赶了。尽管这里什么也没有，包括手机信号。

非常有意思的是，只有卓玛的床上，才偶尔有微弱的电信信号，不过时断时续。我给家人发了个短信报平安，发了好几次，才显示“已发送”；而安皇的怎么也发不出去，只好用我的手机代发。周围修路的工人，也是把手机放到卓玛的床上与外界联系。看来，丙察察比新藏线更加偏僻。

小吴的行李太重，骑行比我们困难得多，早上一起出门，却落后我们一个多小时后才到达。不过他不住这里，继续冒雨往前走了。

虽然客栈的“房子”太差，但厨房的食材足够，鸡蛋、辣椒、新鲜猪肉、大白菜等；更重要的是，这个卓玛会做汉菜，终于不用我自己动手了，谢天谢地。

路上的午餐只吃了几块点心和牛肉干，下午 4 点多就饿了。叫卓玛用高压锅煮了米饭，做了两个菜：青椒炒肉、清炒白菜，这一顿晚饭吃得很香。

从昨天怒江大峡谷，爬到今天的齐马拉山山腰，气温像是从夏天一下子进入了初冬，我穿了两件抓绒衣还感到冷。不过，每个床铺上都有两床厚厚的被子，这个夜晚不会冷，期待睡个好觉。

9 月 3 日　雨

线路：达争通（海拔 3 885 米）—齐马拉山垭口（海拔 4 645 米）—目若村（海拔3 750 米）

码表记录：骑行里程 31.36 千米，骑行时间 4 小时 24 分 21 秒，平均速度 7.1 千米/小时

如果不是此次丙察察之行，我不知道世界上还有这么烂的“公路”；如果不是亲自骑行，我不会相信 14 千米的上坡，要用 4 个小时来爬，而 16 千米的下坡，则走了 2 小时 30 分。齐马拉山 55 千米的上坡，从前天中午开始，今天中午才爬到垭口，用了 2 天的时间，成为我爬过的最难爬的坡。

昨晚的住宿地——达争通（大树底下的棚子就是我们的“房间”）

昨晚高反当中，脑和胸都痛，很不舒服；没电、没信号、没处可逛。很冷，傍晚 7 点多就上床休息，却怎么也睡不着（高反症状），一夜聆听那条“悬河”稀里哗啦倾泻的咆哮声、门外两匹马脖子上清脆的铃铛声、还有雨点打在棚子防雨布上的声音……

早上起来，状态很差。头还在痛，没有食欲，20元一碗坑爹的花饭，我还没吃掉1/3，倒是久违的酥油茶让我很感兴趣。其实我并不喜欢、也不讨厌它的味道，但它能缓解高反症状是硬道理，于是我喝了两碗。

8点5分出发，腿很酸，头还在痛。看到一片蓝天白云，一阵惊喜，但太阳最终也没有出现，而且天色越来越阴沉。

出门便是极陡的之字形盘山公路。昨天下了一天的雨，使本就暴烂的路面泥泞不堪，工程车压出的深深的轮辙，常常让自行车趴在里面不能动弹。这时只有死命地把车推出来，就这推车的功夫，便累得停下来大口大口地喘息半天，然后继续骑行。

攻略上说从达争通到垭口是9千米，实际我的码表测得是14.5千米，可能是现在修路，将原来40°坡的路段，重新改道而延长了几千米。但目前还只是堆起或正在堆起路基，路面的情况，简直不堪入目，加上下雨，骑行难度，再次秒杀前一天的路况。

去年的新藏线骑行，最难爬的是黑卡达坂，我是每爬2千米才休息一次，但从没有推过车；而今天的齐马拉山口，我是每爬一千米就停下休息一次，其间还频繁地推车前进。

出达争通后的上坡

齐马拉山口留影

过齐马拉山口后的下坡(仔细看，
路上有很多工程车像蚂蚁一样正在施工)

此时的骑行感受，已与“享受”二字没有丝毫关系，只有持续的疲劳和痛苦。

高反的症状，随着海拔的升高和体力透支而愈加明显。感情脆弱，在接近垭口的那几千米，恍惚又回到了新藏线上无人区的那一刻，此时特别想念亲人、想念外面的世界……莫名的想哭(事实证明这是一种高反症状)，别以为我像个娘们儿，有本事你来试试！

因为已经3天没有手机信号了，正好齐马拉山口有一个电信基站，终于可以发一个报平安的消息：“齐马拉山口，海拔4 645米，有一个基站。感谢中国电信，终于又把我纳入到这个多彩的世界！借此向亲朋们报个平安:我们还活着!

“前天中午逃离怒江大峡谷作业区后,进入至察隅县200千米施工区,以每天三四十千米的进程、五六码的骑行速度向远在天边的柏油路冲刺!此时的感觉:身体缺氧,大脑缺弦……”

如果可以重来,我会放弃今年的丙察察骑行(看清楚,是今年哦),沿途的施工工人和客栈老板,都对我们两个(加上小吴就三个)傻瓜今年走这条路表示不解和惊叹。下午推车走在泥泞中时,雨中一个四川口音的修路工人的一句问候“老乡,不好走哦!”差点让我泪奔……

过垭口后,雨大了,极烂的泥巴路如鸡肠一样,在极陡的山坡和峡谷里盘旋而下。挖得支离破碎的公路上,远看像蚂蚁般大小的工程车正在冒雨作业。

川藏线的怒江72道拐号称天险,但看一看、走一走齐马拉山口的盘山公路,就知道怒江72拐真的算不了什么。

10多千米的下坡,用了2个多小时。按里程计算,应该到了攻略上所说的目若村,但放眼望去,前面雨蒙蒙一片,没有村庄的影子,只有一个工棚。不禁有些焦虑和害怕:难道已经走过了,或者村庄已经搬走了?如果是这样,那就糟了,此时正下着大雨,又冷、又困、又饿,时间已到下午3点多。

这天骑行烂路的部分照片

硬着头皮继续往下骑行，转过一个山坳，眼前蓦然出现一片草甸和村庄，心里的一块石头总算落地，这就是目若村。

今天 31 千米的路程，如果不是有一半是下坡，那么绝对会连续五天第五次创造我的新的最慢骑行记录。

目若村看似比较繁华，有多家客栈和“宾馆”。今天是星期六，也就是丙察察线放行的日子，路上有成群结队的越野车呼啸而过，基本都是路虎和丰田。因为今天是放行日，目若村的住宿很紧俏和昂贵，“目若宾馆”，要价 80 元／人，当然住不起；又找到“平安客栈”，30 元／人，多人间，老板是个川妹子，让人感到亲切，于是就住这家。

第一件事是清洗单车链条齿轮上的泥巴，第二件事是换下满是泥水的裤子、护膝和鞋子，倒一盆热水擦洗一下身子，然后泡了 20 分钟的脚，慢慢恢复了精神，高反症状得到缓解。

目若村居然有电信信号，于是，把几天的日志和照片发出去成为最迫切的事情。

都没有食欲（安皇也有高反），索性等到傍晚再吃：青椒炒肉、西红柿炒鸡蛋。我没能控制住自己此时对喝酒的欲望（为什么要控制？因为喝酒会加剧高反），没问价就拿了一杯“怒江荞酒”（不多，才一两），喝完后，没什么感觉，一看说明，才 40°，问老板多少钱，她两手食指一叉——10 元？坑死爹了！察瓦龙才 5 元呢！

我们住的是五人间，但愿能睡个好觉，明天将征服两个山口。阿弥陀佛！

9 月 4 日　阴转中雨

线路：目若村（海拔 3 750 米）—目若山梁（海拔 3 960 米）—嘎达垭口（海拔 4 510米）—嘎达曲（海拔 3 896 米）—嘎达村扎西客栈（海拔 4 118 米）

码表记录：骑行里程 39.05 千米，骑行时间 5 小时 7 分 50 秒，平均速度 7.6 千米／小时

虽然今天的路况比昨天的稍好，但今天是丙察察上我骑得最累、最痛苦、最接近放弃的一天。原因是连续多日高强度的烂路骑行，不论是身体还是精神都已极度疲劳。

昨晚我们的房间与客栈的“大厅”只隔着一面木板墙，大厅里的电视声、打麻将声、客人的喧闹声响成一片，让人无法睡觉。躺了几个小时，烦躁不堪，十分焦急，考虑是不是该把耳朵塞起来，用什么塞呢？

目若村外的景色

忽然想起包里有红景天胶囊，椭圆形的，也许正合适，于是取了2粒，一边一个，严丝合缝，十分管用，这一夜就这么打发过去了。后来知道，适应能力最强的安皇，这一夜也忍受不了隔壁的喧哗，采取了同样的方法：把耳朵塞起来，不过他用的是手机耳塞。

早上起来，状态很差，还是一身的疲惫，头痛欲裂。

客栈生意很好，除我们外，都是自驾的驴友，门口停满了满是泥巴的越野车，连上厕所都得排队，等早点也不例外。

吃了一盘花饭，8点左右出发，还是烂路加泥巴。

骑行2千米后停下观景，这里的海拔接近4 000米，高原雨后特有的奇美风光让人留恋：绿的是草场，黄的是青稞地，蓝顶的农舍散落其间；村前溪流潺潺，山谷雾气氤氲，山腰白云飘渺，如梦如幻。

转身开始爬今天的第一个山口——目若山梁，不高，海拔才上升200米左右，但都是施工便道，我们连骑带推，累得眼冒金星。不过，与爬第二个垭口比起来，这还只是热身。

站在目若山梁半山腰回望目若村

目若山梁上的牧民和牦牛群

过目若山梁后路况有所好转，也有了人气，沿途都有牧民赶着成群的牦牛，不像前几天那样让人有一种与世隔绝的孤独和恐惧。这些藏民都很淳朴和友好，都会主动与我们打招呼“扎西德勒！”。

但愿这种淳朴和这里的原始风景一起，永远存在下去。

嘎达山口半山腰回望峡谷里爬过的路

从目若山梁到嘎达山口17千米的距离。前10千米是起伏路段，路面大部分都还不错，而后7千米是之字形盘山公路，正在施工，被弄得乱七八糟，路面泥泞不堪，只好骑骑推推，极其艰难。

开始还可以爬一千米才休息一次，后来走几百米就走不动了，到最后走几十米就得停下大口大口喘气。此时的腿已不仅仅是酸了，而是疼痛……总之，今天噶达山口的骑行，带给了我刻骨铭心的痛苦，也第一次因为一个山口，而使我改变一些决定和骑行的态度……

下午1点爬到山口，风很大，下起雨来，气温很低，头痛加剧。躲到涵管里穿上抓绒衣和雨衣，和前几次一样，懒得穿雨裤，以为雨不会下很大。

过山口就是15千米的下坡，很陡，满是泥巴，路面被车轮压出的槽沟深及膝盖，在家里新修过的车闸才几天时间就磨损得快失灵了，这个坡下得极其小心。

雨越下越大，下半身开始打湿，浑身冰凉，大约下了十二三千米，雨更大了，实在坚持不住，躲到路边的工棚里。好心的四川民工给我们倒了开水，与我们聊天，让人感到温暖。

此时的状态极差，担心感冒，甚至怀疑自己是不是已经病了，赶紧倒开水冲了2包午时茶(药)，然后呆呆地坐在炉边等待雨停。等了近半个小时，雨还是没有停下，倒是因为喝了午时茶和开水，精神一下子恢复了好多，头也不痛了。于是起身上路，冒雨向5千米外的目的地进发。

才骑了两三千米，被一处刚刚发生的塌方挡住了去路，几台挖掘机正在清理土石，一边清理，山上的石头一边往下滚落，而我第一次现场观看落石是如何发生的。

等了半个小时左右，冻得发抖，穿上冲锋衣。此时已聚集了几台藏民的越野车，都等着要过。雨也停了，对面有马帮和越野车过来，我们这边也开始放行。于是，我们一边推着单车，一边眼望着山上的动向，逃命般飞快通过落石区。通过后，我已累得上气不接下气，肺上像撒了一把盐般难受。

下午 4 点到达嘎达村，很冷清，几家都是藏民开的客栈。大多没有营业，只有攻略上所说的扎西客栈还开着门，房费 40 元/人。木板隔起来的“房间”，没水没厕没餐馆，条件仿佛又回到了新藏线。

嘎达山口涵管里躲雨

没有饭吃，只好吃泡面、八宝粥、花生。非常疲劳，不知今晚能否睡个好觉。明天将走完丙察察线上最后一段烂路，到达察隅县后，就能走上柏油路，期待、期待、期待！

沿途部分场景照片

9月5日　雨

线路：嘎达村扎西客栈(海拔 3 850 米)—垭口(海拔 4 723 米)—草坝子(海拔 3 570 米)—桑久村(海拔 3 052 米)—丙察察路口(海拔 2 509 米)—察隅县(海拔 2 330 米)

骑行里程：约 70 千米，骑行时间……平均速度……(码表坏了)

丙察察骑行的日子里，每天都在刷新记录和创造意外，如果这样的日子继续下去，我永远不知道路破烂路况的极限在哪里、骑行难度的极限在哪里、自己身体和心理对困难承受能力的极限在哪里……

沿途给安皇拍摄的部分照片

今天至少有两个意外值得记录：一是第一次爬一个垭口是推车走上去的，而不是骑上去的；二是丙察察最后一段烂路(既第八施工标段)实在太烂，烂到没见过的人是无法想象的，幸亏这是一段下坡，如果是反向骑行，绝对是寸步难行。

昨晚我和安皇睡在扎西客栈二楼狭小的木板隔成的格子里，其他格子里住着藏民旅客，半夜还有路过的内地自驾驴友(一对小夫妻)来住。我知道会很嘈杂，所以一开始就用药丸塞住耳孔，实在太累，所以这一夜睡得还可以。

没有厕所，下楼的简易钢筋楼梯很不安全，安皇把房东摆在走廊地上的一只脏兮兮的塑料脸盆拿到我们房间当夜壶，免了夜里下楼的危险。澄清一下：这只脸盆绝对不会有人真的当脸盆用过，拿它当尿壶的也绝对不止是我们。

房东是一个矮个中年藏民，不太懂汉语，不会做饭。没有早点，我们只好吃了泡面，备了八宝粥和红牛，还是 8 点出发。

出门就是上坡，路况比前两天的稍好，可是连日的劳累，使身体状况一天不如一天。骑得很吃力，每个坡、每道坎、每条沟，几乎都是咬着牙去完成的。

涉水路段

从嘎达村到垭口 14 千米上坡，前 9 千米稍缓，勉强可以骑行，后 5 千米是回形针似的盘山公路，正在施工。便道、泥巴、车轮压出的深槽……路面状况惨不忍睹。

爬到山腰，下起雨来，我实在骑不动了，就下车推行，即使最后 2 千米路况很好，我还是没有骑……生平第一次推车上一个山口。

这 14 千米的上坡，用了 4 个多小时。

如昨天一样，到垭口后，雨大了起来。戴上橡胶手套、穿上两件抓绒衣，外面再套上雨衣，匆匆拍照留念，拍完照，相机已在滴水。

过垭口后是 30 多千米的下坡，开始的 15 千米，路基已基本成型，路况不错。进入丙察察 6 天来，车速第一次超过 20 码。

雨很大，很冷，吸取昨天的教训，在下半身被淋湿前赶紧套上冲锋裤。

后 20 千米的道路，以极大的坡度和弯度，在一个古树参天的峡谷里急剧下降，谷底一条落差特大的河流向下倾泻，发出震耳欲聋的声响。这段路的破烂程度，瞬间秒杀之前的所有路段，烂到我无法用语言来形容。

在接近烂路终点的时候，我的码表磁铁颠掉了、后车闸磨损得基本失灵、后拨盖子震丢了，安皇的车胎爆了。

到达桑九村路口，看到水泥路的那一刻，我激动万分，禁不住跪下来吻了一下路面——虽然有一些作秀的成分，但逃出生天、劫后余生的喜悦和感动是真实的。

过垭口后的下坡

这一点以后很少有人能体会得到，因为丙察察线改造工程年底前就将结束，来年的丙察察将没有“烂路”。

出桑九村路口，有一个边检站，这是进入西藏自治区内第一个边检站，也是丙察察线最后一个边检站。

过边检站后，进入西藏省道S201线。往右是去然乌镇方向，也就是明后天我们即将行进的方向。往左是察隅县城的方向，极好的柏油路面，看着真舒服，骑着格外省力。这时海拔已下降到2 000多米，身体状况一下子回到平常的水平，所有的高反症状都已烟消云散。

路面的泥巴

穿过森林的泥巴路

从边检站到察隅县有18千米的起伏路，骑得很爽。只是满身的泥巴极其狼狈，还有单车链条和齿轮被泥巴糊得严严实实，每踩一下，都会发出响声。

快进县城时，看到路边一个洗车店，我试着问一下店家愿意洗自行车吗？她很客气地说“推上来吧”。

她用高压水枪很仔细地替我们冲洗，而我们用水管和刷子清洗驼包、裤腿和鞋子。清洗完毕用了10多分钟，问店家多少钱，她说“不要钱，都是出门在外的……”，好人啊！忘了她洗车店的名字，只知道她是湖南人。

傍晚6点进入察隅县城。城区很小，就两条主街，很干净，四面高山环抱。虽是傍晚，山腰依然云雾萦绕，水流湍急的桑曲河从城边穿过。

我们找旅馆的时候，意外遇到小吴，他是昨天到的，也是一路的惊险一路的感慨，约好明天一起包车去下察隅游览。

住到蕃源宾馆，标间100元，用洗衣机洗了几天来的脏衣服。

劫后余生

晚饭：在“云南餐馆”里吃了一个羊杂火锅，很有特色，味道极美。安皇因为痛风，已20天没有喝酒，今天终于破戒了，一人一杯白酒，庆祝安全抵达察隅——狭义丙察察线的最后一站。

奢侈？想想这一个多星期地狱般的生活，也就觉得今晚的吃住都理所当然了。

9月6日　阵雨

在察隅县休整，游览下察隅、中印战争烈士纪念园。

察隅因与印度接壤而一直让我感到神秘，而下察隅镇是当年中印战争的主战场之一。

去下察隅要重办边境证，程序是：先在察隅公安局开介绍信，再持介绍信和身份证到武警边防大队办边境证。我们花了近一个小时才办妥。

沿途部分景点

去下察隅有 70 多千米的路程，班车一天只有一趟，9 点之前就出发了。我们(包括小吴)只好包车，车费来回共 500 元，司机甘肃人。

因为独特的地理环境和气候，造就了察隅县独特的自然风光。这里雨水充沛，山高谷深，森林茂密，河谷和山腰间常年云雾缭绕，而今天通往下察隅 70 多千米的沿途，都是这样的风景。司机说这里有印度虎出没，山林里有狼，进山架设和检修电线的工人，不能单独行动，必须三人以上才能进山。

贡日嘎布曲河

途经一处有名的景点——清水河，清水河河水碧绿清澈，在此处汇入乳白色的桑曲河，两股河水颜色分明，形成一道独特景观。当地人尊奉清水河为“神河”。河水无论春夏秋冬，还是水位涨落，总是清澈见底。砾石点点，游鱼如梭，两岸青山倒映水中，令人心旷神怡、美奂绝伦。据说，清水河的河水有美容的作用，每天都有许多年轻姑娘来此沐浴，以求得到“神河”的垂青眷顾，希望获得仙女般的美貌。

桑曲河的尽头就是察隅大桥，桑曲河与贡日嘎布曲河在这里汇合，形成察隅曲河，然后向下流入印度。

仅仅从风景的角度来说，不值得花这么大的代价跑那么远去看下察隅，因为察隅镇并没有或没有机会欣赏到更好的风景，只是参观了一下“僜人部落”。

遗憾我们没有见到部落首领本人，只是参观了他的居所。

昨晚不知是羊杂火锅的作用，还是海拔突然下降几千米的原因，尽管非常非常累，但就是睡不着，索性写完日志，到今天凌晨才关灯睡觉，还是用红景天胶囊塞住耳朵……这一夜其实只睡了半个晚上。今天一天状态很差，好在不用骑车，从下察隅回来，补了一个午觉，精神好了许多。

察隅县城

英雄坡烈士陵园

下午骑车爬上城郊山坡上的英雄纪念园，瞻仰了烈士陵园。察隅县是1962年中印战争的主战场，为了那场战争的胜利，数百位英烈长眠于此。

傍晚检修了单车，昨天被颠落磁铁的码表，以及磨损得快失灵的后刹无法修复，很纠结，只好等到八一或拉萨再修了。

9月7日　阵雨

线路：察隅县城（海拔 2 326 米）—丙察察路口（海拔 2 494 米）—龙古村路口—古玉乡（海拔 3 311 米）

码表记录（安皇的码表）：骑行里程 75.8 千米，骑行时间 5 小时 39 分 18 秒，平均速度 13.4 千米/小时

因为嘴馋，前天晚饭的那顿羊杂火锅，带给了我非常严重的后果：从当晚开始，肚子一直胀气，非常难受。今早起来，没有好转，早点也没吃，直接上路。

从目若村开始，每晚都是堵住耳朵睡觉，已经形成了习惯。昨晚也不例外，还是浪费了两粒红景天胶囊，换来一夜的好睡眠。这瓶红景天的医用价值没得到体现，倒是发挥了额外的、极其重要的作用。

桑久村路口（边检站）

没吃早点，担心今天骑行会很艰难，实际情况是：状态很好。与前几天的烂路比起来，今天流畅平整的柏油路实在太好了，虽然全程都是大起大落、上多下少，海拔总体上升 1 000 米，强度很大，但与丙察察的烂路比起来，这真的是阳光大道。

还有一个原因就是，今天的骑行，我是有意"满负荷运转"，基本是有多大劲就使多大劲，何故如此？

在烂路上所遭受的磨难，使我对柏油公路充满极度的憧憬和渴望。今天终于如愿以偿，回到了正常公路上来，禁不住以一种"赶本"和"过把瘾"的心态，非常"任性"地"撒"了一回"野"。这种情形，与前晚非常奢侈地点了一个羊杂火锅如出一辙，那顿火锅让我得不偿失，但愿今天"任性"的骑行，不要（也没有）如那顿火锅一样"拉爆"了身体。明天的强度极大，48 千米的上坡，翻越丙察察线上最后一个、也是最高一个山口——德拉姆山，海拔 4 900 米。

古玉乡进口的观景平台

察隅大峡谷的尽头

今日的行程：

8点10分出察隅县城，在察隅大峡谷里沿着桑曲河逆流方向，一路起伏缓上。9点30分到达丙察察路口，即前天进来时路过的边检站，但今天不过边检站，而是左转向然乌方向进发。

过路口500米后，从桑曲河右岸过桥来到左岸，继续以极大的坡度上下起伏。一路聆听桑曲河水以巨大的落差奔腾咆哮，咆哮声常常淹没了我的车载音乐声。

骑行50千米后，有上10千米的平缓路段。没有起伏，骑得很畅快，以为从此到目的地的路都是这样的状态，结果最后的15千米中，有两个5千米的陡坡，爬得非常吃力。

下午3点20分左右到达古玉乡。乡进口处有一个“察隅大峡谷”观景平台，平台上有一片转经筒，风轮驱动、自行旋转——古老的宗教设施，倾注了现代的科学原理和环保理念，形成了一道别样的风景。站在观景平台上远眺察隅大峡谷的尽头，那里有绵延的雪山和冰川。

冷清的古玉乡街头

远远看到古玉乡有几幢楼房，以为一定有比较好的食宿点，进街一看，却非常冷清萧条。找了有几家旅馆，一半没有营业，在营业的两家中，藏民经营的比汉人开的一家条件要好，于是住到藏民的这家。房费35元/人，三人间很狭窄，我担心挤在一起睡不好，正好有一单间，房费50元。于是，此次行程中，我第一次一个人睡一间房，住下后，立刻睡了一个“午觉”，非常及时和宝贵。

今晚不用塞耳朵了。

都没有吃午餐，等到傍晚5点30分，三人一起来到对面的邛崃饭店，中晚餐一起解决：两荤一素。我一个人买了一小瓶二锅头，喝了1/3，就不敢喝了，担心高反。他们两个，一个痛风，一个怕高反都没敢沾酒。

明天将走完丙察察线上最后一段路。

9月8日 雨

线路：古玉乡(海拔3 311米)—博学村(海拔3 530米)—德姆拉山口(海拔4 900米)—然乌湖—然乌镇(海拔3 960米)

码表记录：骑行里程92.5千米，骑行时间8小时8分14秒，平均速度11.3千米/小时

昨晚一个人睡个房间，非常安静。这一夜睡得很好，也幸亏睡了一夜的好觉，要不然今天会骑得非常辛苦。

古玉乡外的峡谷

早上7点起床，7点30分下到楼下，街上非常冷清，门店都没开门。

邛崃饭店的老板放了我们的鸽子：昨晚说好今早给我们做早餐，但快8点了还不开门，打电话不接。只好另找了一家，炒了三碗花饭，分量“羞涩”，我没有吃饱。

8点多上路，出门便是上坡。从古玉乡到德姆拉山口46千米的上坡，海拔上升1 600多米。前三十五六千米是大起大落的起伏路段，后10千米左右是之字形盘山公路，爬得很吃力。

如爬丙察察线上每一个垭口一样，都会遇到下雨，今天也不例外。雨下个不

沿途部分景点留影

停，雨衣穿了又脱、脱了又穿，好不容易爬到“德姆拉山口观景台”指示牌下面，以为大功告成，结果拐个弯，发现真正的垭口并不是这里，而是还要爬两三千米的坡，那一刻简直沮丧到了极点。

今天海拔最高，我却没有一点高反症状，证明已适应了高原气候，不用再担心高反了。下午 2 点 30 分到达垭口，队友到达后，互拍了照片，换上抓绒衣和雨衣，开始下坡。

以为过垭口后就是长长的下坡，实际上只下了三四千米，就又是起伏路段。因为前 46 千米的爬坡消耗了大量体力，所以，过垭口后的十几千米起伏路，以及后来的然乌湖边的十几千米起伏路，骑得非常辛苦。

德姆拉山口后的草场和湿地

傍晚 6 点 30 分到达然乌镇，用了 10 个多小时，创造了我在柏油路上单日骑行的最慢记录。可见这一天的强度有多大了，幸亏全程都是不错的柏油路面，假如是3天前的那种烂路，估计至少得3天才能完成。

今天一路的风景给我留下深刻印象，尤其从德姆拉山口至然乌镇这40多千米沿途的风光，是丙察察线上的精华，可媲美丙中洛，但又与丙中洛的风格不同。这里是绵延的冰川、雪山和湖泊，最让我感到惊艳的是然乌湖畔一片广袤的平原，绿的是草甸，黄的是青稞，密集的农舍散落其间，草场上牛羊成群，一片“阡陌交通、鸡犬相闻”的世外桃源景象。毫无疑问，这是一块富庶之地。此时我又想起韩红的歌——《家乡》。

然乌湖畔

然乌湖畔的藏寨和青稞地

这一天是丙察察线上骑行时间最长的一次，但不是最辛苦的一天。

这一天行程的结束，标志着我的“丙察察骑行”圆满完成，也意味着我的第四次进藏、骑行第五条进藏公路顺利结束。明天将转场拉萨，进行下一个行程——

骑行中尼公路(拉萨——加德满都)。

丙察察的骑行难度,是我始料未及的。有人说新藏线是骑行者的终极线路,原因是新藏线的骑行难度太大,但我的结论是:与 2016 年的丙察察线比起来,新藏线的难度真是小巫见大巫。仅从如下一个数字就可说明这一点:去年我骑行新藏线平均每天骑行 107 千米,而今年我骑行丙察察(丙中洛——察隅路口)平均每天只能完成不到 30 多千米的路程;去年的新藏线骑行,我没有推过一次车,而今年丙察察,我们推车、扛车是家常便饭。也正因丙察察的艰险,所用的时间超过我的计划:原计划 15 天完成,最终用了 20 天时间。

我的每一次进藏骑行,都有不同的目标和收获,而这次丙察察骑行,带给我的是惊险、磨难、煎熬、对体能和意志的终极考验。因为这些,我重新反思和调整我的骑行目的、态度、方式、规划,而首当其冲要调整的,是放弃山南的行程,直接骑行中尼线,以节约时间,赶在国庆节前回家。

9 月 9 日　阴

线路:然乌—八一

然乌到拉萨不在骑行计划之中,因为已经走过两次了,没必要再走第三次,最重要的是没必要将那么多时间浪费在“回头路”上。

昨晚住的是然乌镇入口第一家客栈——老兵饭店,老板四川人,曾经在这里当过兵。服务很周到、热心,还帮我们张罗着包车去拉萨的事,让我有宾至如归的感觉。

早上 8 点 30 分在门口拦了一辆从芒康到拉萨的破大巴,车费 350 元,比包车便宜。

370 千米,走了 12 个小时,没有准备足够的干粮,又着急又挨饿,到晚上 10 点 30 分才到八一。

下车第一件事是找一个餐馆吃饭:一碗牛肉面 15 元,分量很少,只有四五粒骰子大小的牛肉。吃不饱,又买了点心和花生米带到旅馆去吃。

G318 线的路况已与 4 年前大有不同,原来的好路变坏了,而原来的坏路变成了好路。如波密前后 100 多千米的柏油路,已都成水毁路段,正在大刀阔斧地翻修,还有色季拉山 50 余千米的上下坡,原来都是不错的柏油路面,现在变成了土石烂路,一路堵车非常严重。

而原来 G318 线上最难走的“通麦天险”和“帕龙天险”,即通麦至东久段,已改建成了包括由两座现代化的钢索斜拉桥和隧道群组成的非常好的柏油路。

新的通麦大桥与老通麦大桥

再走川藏线的感受是，进出西藏的所有线路中，还是G318线上的风景最丰富——强调一下，是风景，而不是情调，现在的G318线上，已找不到四五年前的那种情调了。

现在的G318线上车水马龙、游人如织，显得拥挤和嘈杂。沿途与旅游相关的建设和村镇发展，如雨后春笋般风起云涌。举几个例子：

色季拉汉口看到的鲁朗林海和远处的南迦巴瓦峰

1. 然乌镇往北5千米处，原是稀稀拉拉几间民房，现在建起一处观景栈道；而围绕观景点则建有大量的餐馆和旅馆，其规模，已超过然乌镇，并且比然乌镇干净和繁华。以后走川藏线的骑友，可以不住然乌，住到这里更好。

2. 波密县城，已比4年前大了数倍，并还在快速扩张。公路两边的建筑工地一个挨着一个，以至于我想拍一张没有

“干扰”的雪山照片都难。

3.5 年前的鲁朗，还只是一个袖珍小镇，想找一家有水、有厕的旅馆都难；而现在，已是一个绵延好几千米，既现代而又非常具有民族建筑风格的新城镇，规模抵得上藏区一个中等规模的县城。

4. 最大的变化还是八一。我到达的时候虽已是夜晚，但见霓虹璀璨、高速公路环绕，现代建筑鳞次栉比……与内地的发达城市无异。

不过，从旅行的角度来说，我更喜欢原来 G318 线上的原始、古朴和宁静，还有可以接受的物价，更能找到和体验到旅行的感觉和情调，而现在一切都在改变，很多已经改变，包括奇高的物价。

我把即将抵达拉萨的消息告诉已在拉萨等了几天的汉川骑友，他回复说他高反严重，打算坐飞机返回。这虽在我的预料当中（我特意让他提前到拉萨适应一个星期再说），但还是有点意外，幸亏还没有随我们上路。

关于陆路进出尼泊尔的最新消息是，樟木口岸还没有开通。我通过我哥在西藏工作的战友了解到，可以从吉隆口岸进入尼泊尔，但路况可能不好。不论怎样，能去就好，但愿不要像去年一样无功而返，还得我来年再为骑尼泊尔走一趟西藏。

坐在车上拍到的鲁朗林海

9 月 10 日　晴

路线：八一—拉萨

5 点 30 分起床，天还没亮。还是昨天那辆破大巴，昨晚自行车和驼包都丢在车上没下。6 点 30 分准时发车。

出门居然是高速公路，很爽。初升的阳光，把尼洋曲河河谷两岸高山的山头和飘荡在山谷间的云雾，都染成一片金黄。这是一个绝佳的拍照时机和拍照地点，可惜我在客车上，客车是不会为你拍照而停留的。就算是内急，我也很不好意思向藏族司机开口，这两天的坐车，我水也不敢喝足；尽管这样，今天还是两次都是我要求司机停车方便的，真心佩服整车乘客的膀胱容量。

从八一到拉萨，全程都在修高速公路和川藏铁路，有一半已经建成通车，即八一至工布江达段，和墨竹工卡至拉萨段。而还未竣工的路段，G318 线老路损毁严重，车子颠簸得厉害，坐得很辛苦，难怪两个月前一个女队友骑得泪奔。

如昨天的情景一样，还是一路的喧嚣和嘈杂。尼洋曲还是原来的尼洋曲，松多还是原来的松多，米拉山口还是原来的米拉山口，拉萨河还是原来的拉萨河……

一切都还在那里，但一切都已发生翻天覆地的改变，第一次来时的那种神秘感和内心的忐忑已荡然无存。看到拉萨河谷广袤的平原上，麦子(实际上是青稞)已收割的情景，如果不是清澈的蓝天白云提醒我这是西藏，我还以为是到了河南豫中平原。

还没到拉萨，去年新藏线上的队友——广东的和尚发来消息，要请我们吃藏餐。他已来拉萨好久，似乎在这里常住创业。

另一个新藏线同行过的骑友芹菜，也在拉萨开客栈，已与安皇联系好，给我们留了房间。

还有一个在新藏线上与我们结伴骑行最久的骑友——杭州小兵，也将于明天到达拉萨，他这次是自驾给他的骑行新藏线的骑友作保障。

也就是说，去年新藏线上我们一起同行过的队友，有 1/4 将在同一时间在拉萨相聚，这说明一个问题(或一种现象)：西藏是一个让人中“毒”的地方，一旦上瘾，便欲罢不能。所以进入西藏的驴友中，有相当大一部分是我们这种“回头客”。

下午 4 点 30 分到达西郊客运站，下车后骑到布宫广场，导航显示距芹菜客栈有 3 千米多，距和尚有 5 千米多，而且他们两个完全在相反的方向。我们坐了 2 天车，已经很累了，不想走太远，决定既不去芹菜那里，也不去和尚那里，而是想就近住到布宫广场附近。

找了半天，打算住到 4 年前我住过的“石桥宾馆”。刚到往石桥宾馆去的入口，看到一家“芷燕宾馆”，一问，标间 80 元。非常安静，老板竟是湖北老乡——天门人，老乡见老乡，格外亲切和有安全感。

坐车比骑车还累，安皇有些小恙。在街口川菜馆吃了两天来第一顿正餐：水煮肉片、砂锅鸡，还是我一个人一瓶拉萨啤酒，共 70 元。吃饭的时候，门口又遇到一个卖卤肉的钟祥老乡。

明天将在拉萨休整一天，找车店修车、添置冬衣(翻越喜马拉雅山时可能会遇到下雪)。

第六章　中尼公路

穿越时空和文化的旅行

一、再向珠峰行

9 月 11 日　多云

拉萨休整:调车、拍照、逛街、会友、当吃货。

昨夜睡得特别好,早上 7 点 40 分才起床。顾不得吃早点,赶到布宫广场拍照,还是有点晚,太阳已老高了。

布达拉宫的早晨

这次只在拉萨逗留一天，时间显得有点紧张，也许这次真的是最后一次拉萨之行，所以，想做的事似乎很多，却又不知该做些什么，拍照是唯一比较明确的选择。

而关于拍照，以前不太重视，所以没有学一点哪怕基本的摄影知识，以至于前几次的西藏之行，总把单反相机当手机用。拍的照片都非常糟糕，浪费了无数精彩瞬间，真是暴殄天物。从去年的新藏骑行前开始，便恶补摄影知识，现在已自我感觉偶尔可以拍出拿得出手的照片。今天拍摄的布达拉宫，是四次拉萨之行拍得最好的一张照片。

布达拉宫广场部分留影

布宫广场不仅仅是个拍照的最佳地点，还是个让人久待不厌的地方。如果有足够的时间，可以天天在这里从清晨待到夜晚，呼吸高原纯净的空气，看广场上来自五湖四海的游人来来往往，守候布宫的日出日落、蓝天上的云起云涌，感受信众转布宫的虔诚……

为了拍这张照片，我跳出了高反

下午，我们去广场拍照，为了拍跳跃的照片，我前后跳了不下 10 次，直到跳得气喘吁吁、嘴唇发乌——跳出高反了。

今天最重要的事情就是修车和添置防寒服，前后找了三家自行车店，总算修好了后刹车：原来是刹车油漏光了，加油花了 50 元。

拉萨的户外店特别多，户外用品也便宜，看着很诱人，不过我只买了当前必须要用的羽绒马甲和抓绒帽。

今天最开心的事情莫过于会友了。

会友

先是与都市和尚会合。他请我们到八角街前面一家很高档的藏餐馆吃藏餐。

关于藏餐，我一直以为就是藏粑和酥油茶，我讨厌那种酥油茶、藏香、羊膻味等混合起来的气味，所以尽管前后四次进藏，在西藏待的时间加起来有几个月，除了藏粑和酥油茶，基本没吃过藏餐。今天第一次吃，而且还是朋友请客，终于知道了藏餐并不只有藏粑和酥油茶，还有很多好吃的东西，看着也很有品位。藏餐厅生意火爆，食客在门口排起了长队。

再后来是与杭州小兵重逢，我们已帮他订好了房间，并留下了车位。一直等到晚上 10 点，他才到达。至此，去年独库公路一起骑行时间最长的 5 个骑友中，有 4 个不约而同在拉萨会合。故友重逢，分外亲切……

这一天是出门来最开心的一天。

9月12日　多云转阵雨

线路:拉萨—曲水桥北头—曲水大桥南—岗巴拉山(海拔4 999米)—羊卓雍措“羊湖厨房”(海拔4 442米)

码表记录:骑行里程117.2千米,骑行时间8小时49分18秒,平均速度13.2千米/小时

今天一天完成了攻略上一天半的行程,并不是刻意为之,纯粹是个意外。

原因是攻略上所说的住宿地——岗巴泽波村,可能是因为淡季,唯一的一家藏民客栈大门紧锁,没有营业。只好硬着头皮,仗着连续3天的休整所获得的较好的体能,继续往前骑行,翻越本应该明天早上翻越的岗巴拉山。

24千米上坡,回形针似的盘山公路,从下午3点30分,一直爬到晚上7点30分才到垭口。非常累,期间还遇到下雨,很冷,像包粽子似的穿上抓绒衣、冲锋裤、雨衣,头上套上头巾、布帽、头盔和雨帽。

站在垭口,可以一览无余地俯瞰羊湖,以为这个时间(晚上7点30分)是拍羊湖的好时机,但还是太晚了,羊湖已淹没在阴影里,两岸山尖的阳光也很快消失了。

站在岗巴拉山口透过经幡回望岗巴拉山的盘山公路和远处的雅鲁藏布江

站在岗巴拉山口俯瞰羊湖

山上没有一个游客，路上也基本没有汽车行驶了，就剩下我们两个傻瓜。冷、累、饿……心情如气温一样冰冷，非常担心找不到住宿。

6 千米的急下坡，下到羊湖岸边，岸边只有一家很不起眼的“难忘羊湖厨房”，以为仅仅是家餐馆，没注意到其实是有“住宿”二字的。

继续骑行到景区停车场，仅有的几家门店已关门，只有一个藏民蹲在墙角，似乎在等人。看来没有住宿，我叫安皇准备车灯，打算继续骑行 50 千米，连夜赶到浪卡子县城去住。

此时天色已黑，问了一下那个藏民，他说前方 20 千米有住宿，当我们正要出发时，他指着我们刚刚路过的那家“难忘羊湖厨房”说：“那里也有住宿。”喜出望外，赶紧往回骑 1 千米，一看果然有住宿。谢天谢地，不用拼着命骑半夜的车往浪卡子赶了，住到这里，说不定明早还可以观赏羊湖日出呢。

房费按人头算，分 40 元、50 元和 60 元；前两种是睡大厅的沙发，只有 60 元的才有床铺，三人间，不算太差，我当然选“最豪华”的那一种了。

老板和服务员全是藏族“卓玛”。

晚饭一人一碗盖浇饭，20 元，口味较差，加上本来没有多少食欲，吃得很勉强。一罐啤酒只喝了一半，既不想喝，也怕高反，因为这里的海拔 4 442 米了。

昨晚因为朋友相聚，没有时间写日志，此时想补写出来。但实在太累，加上高海拔，头脑一片混乱，没有一点头绪。胡乱地写下还记得的几件事后，已经上眼皮贴着下眼皮了。

今天的路况和风景：

除了拉萨市郊有 5 千米在修路外，G318 线从拉萨到曲水大桥这 70 千米的路段，都是宽阔平整的柏油路面，没有上下坡，如行云流水般蜿蜒在宽阔的拉萨河右岸。

拉萨河的河套风光很美，绵延不绝的杨树林已经是一片片金黄色，可媲美额济纳的胡杨林。不足的是 G318 线上车流量太大。

曲水大桥，曾经的战略要地，不过现在似乎不那么重要了。桥头的岗亭还在，设置了限高横梁，只能通行小车。桥头是 S307 线的起点，从 S307 线往右，是新铺的柏油路面，只是稍窄，车流量一下子少了许多。

去日喀则有两种走法，一种是全程走 G318 线，既近，且路况更好。

沿途留影

另一种就是我们的骑行线路，即从曲水大桥拐弯，走 S307 线。优点是后藏地区的风景更美，沿途经过羊卓雍措、卡若拉冰川、江孜县城等。其实这两条路我都坐车走过，再骑后藏，一半的原因是陪安皇，因为他没有见过羊湖。

过曲水大桥后5千米，有一个很繁华的村子，有汉人开的餐馆和客栈。从位置来讲，是个很不错的住宿点，也是这一天最后一个可靠的落脚点；可惜我们错过了，迷信攻略上所说的再骑8千米到岗巴泽波村住宿，结果未能如愿，只得硬着头皮爬山。

爬9千米到第一个垭口，并没有攻略上所说的“有住宿”，仅有几间藏民搭建的简易房屋，是藏民用来做生意用的栖身之所。有销售藏刀、牦牛角等旅游纪念品，提供藏獒供游客拍照，有偿使用厕，等等。还有写着“岗巴拉山口”的牌子，也是藏民自制的，有偿供游客拍照。这个“游客”当然是指自驾的或坐大巴的，而我们可以随便使用。但厕所都一样收费：安皇露天小便，也被收费1元。翻越第二个垭口——也就是真正的岗巴拉山口，则非常艰难。

总之，中尼公路的第一天很累，估计得几天身体才能恢复。

9月13日　阵雨

线路：羊卓雍措（难忘羊湖厨房）（海拔4 442米）—浪卡子县（海拔4 500米）

码表记录：骑行里程50.8千米，骑行时间3小时14分55秒，平均速度15.6千米/小时

昨晚很累，睡之前还是用红景天胶囊塞住耳朵——这已成为习惯，估计一直要坚持到回家。这一夜睡得很沉，但早上起来还是没有好的状态。原因：一是昨天太累，二是今天一整天都在海拔4 400米以上。因为这样的原因，今天虽然才50千米的路程，而且路面很好，没有大的起伏，但一直感到很累，头也一直痛，直到下午休息一会儿，并喝了很多开水后，才有所好转。

关于我的身体对高海拔环境的适应极限，去年在新藏线和青藏线上已得到结论，那就是4 400米。用安皇的话说，“4 400米以上，你就是行尸走肉，而在海拔4 400米以下，你就是一只老虎”。

早上7点30分起来。天气不好，云层很厚，湖面没有我想要的雾气，刺骨的寒风更让人对羊湖的早晨大失所望。

不过，骑出10多千米后，终于露出了阳光。有了阳光的沐浴，蓝天更蓝、湖水更绿，与清晨的羊湖比起来，此时的羊湖像是梳妆打扮过后的少女。

在西藏三大圣湖之中，羊湖距拉萨最近，因而成为来拉萨旅游的必游之地。不过，能有机会看一眼羊湖早晨的人一定很少，因为早晨从拉萨开车或坐旅游车出发到这里时一般已到了中午，所以我们非常幸运，而且是骑着自行车，可以在任何时间、任何地点停下观景和拍照。

羊湖的唯美让我陶醉

湖边的村庄和青稞地

我很喜欢阳光透过云层，从缝隙中照射到高原七彩的山体上产生的那种奇妙梦幻的感觉。

高原的土地很贫瘠，这是造成人烟稀少的原因，有一方水土，才能养育一方人。偶尔——难得有一个村庄，像一颗颗纽扣，扣在湖水与山坳之间，让湖光山色多了一些生机和灵气：

玛旁雍措、纳木错和羊卓雍错，这是西藏的三大圣湖，到今天为止，我已逐一朝拜过了，而且今天的羊湖，我是以骑行环湖的方式朝拜的，尽管只“环”了羊湖的一角，总共不到 50 千米，但还是觉得有种圣神感和成就感。

骑到快到浪卡子时，遇到一个洋人骑友(后来才知道前面还有几个)，轻装、锁鞋，速度比我快多了。与之“寒暄”了“几句”，手势加单词，不知他是否听懂了我在说什么，也不知我是否把他的意思理解正确了，大意是：

——你好！你他妈的真牛！

——好路，你牛！到浪卡子还有多远？

——还有4千米。你是去尼泊尔吗？

——不是。

——我是去尼泊尔的。

——OK，你真牛！

——还是你牛，你跑得快，你先走吧。

于是，他一溜烟去了，外国人体力真好，后来他停下整理行李和给藏民拖拉机让路时，我又追上了，于是又叽哩哇啦搞了几句。

湖边的牧场

骑到浪卡子县城时，下起雨来，看到街角还有几个外国骑友在那里等待，互打了手势，我们便去找旅馆。

从城（很袖珍的）入口，一直找到快出县城，终于找到路边一家汉人开的旅馆，三人间，100元。热水器坏了，我想修一下，结果弄坏了（或者本来就是个坏的）水龙头，差点水漫金山，幸亏没找我扯皮。

羊湖岸边的藏寨

一到旅馆，迫不及待地塞了耳朵，躺倒在床睡了一个午觉，精神恢复了许多。起床后，已到午后1点30分，到楼下吃午餐，还是水煮肉片、麻辣豆腐，住宿地海拔超过4 500米，不敢喝酒。

在藏北和藏西高原骑行的一个好处是，空气干燥，气温低，“不会”出汗；即使几天不洗澡（当然是没条件才不洗），身上也不会感到“黏”，衣服也不容易脏。今天的住宿条件，也只能满足于用自己的脸盆，装一盆热水擦一下身子、泡一下脚。除了袜子和头巾，其他的衣服也懒得换了，明天的落脚点——江孜县，将是一个大而繁华的县城，也许能“奢侈”一下。

不过明天的强度也不容小觑，将翻越海拔五千多米的卡若拉山口，但愿今晚睡个好觉。

9 月 14 日　多云

线路：浪卡子县—卡若拉山口（海拔 5 110 米）—斯米拉山口（海拔 4 345 米）—江孜县

码表记录：骑行里程 106.5 千米，骑行时间 7 小时 15 分 26 秒，平均速度 14.7 千米/小时

昨晚可能是高反的原因，兴奋得大半夜睡不着觉，下半夜虽然有所好转，但还是介于半梦半醒之间——这一夜的睡眠质量很糟。

早上 7 点 30 分起床，没有食欲，一海碗鸡蛋面条没吃到一半。8 点 10 分左右出发，天气不错，城外的雪山上洒满金色的阳光，立刻让人心情振奋。

沿途的部分景点（卡若拉山口、斯米拉山口、江孜古堡、卡若拉冰川）

出门便是缓上坡，从浪卡子县城到卡若拉山口28千米的路段，其实都是上坡，前15千米很缓，后13千米稍陡。海拔虽然只上升600米，却因为都在4 500米以上，所以骑得很费劲。最不幸的是骑了不到10千米后，刮起了逆风，而且一直持续到终点，使今天本就很“硬”的行程，骑行强度大大增加。

卡若拉冰川之前的28千米上坡，是今天整个骑行中强度最大的一段，却又是整个行程中风景最美的一段。从出浪卡子县城开始，S307线就一直蜿蜒在雪山夹缝之中。

浪卡子县城外的景色

4年前我曾坐车走过这里，知道沿途的路况和风景，并且知道这28千米是上坡，心情绝对不能急躁。我一边听着音乐，一边随着节拍慢悠悠地蹬踏，不时抬头欣赏两边的雪山和冰川，偶尔停下来拍照，如果不是恼人的逆风，这样的骑行，真的是一种享受。

还有一个有趣的事情是，骑了上10千米后，昨天遇到的一队外国人中有2个骑友追了上来，并很快超过我们。

他们的骑行风格与我们(俱乐部)一样：体力好的在前面狂奔，体力差的掉在后面很远很远，前面的人也是每跑一段距离就等一下后面到骑友。总共大约五六个洋人(包括一名女的)，前后拉开差不多有10千米的距离。

我曾有过与他们飙一下车的念头，但最终还是放弃了。因为自己今天的状态本就极差，哪还能飙车，况且他们全部是轻装、锁鞋，与他们比拼，简直就是找死。于是任由他们一再轻松地把我们甩在后面，不过总的进度是一样的，都是下午5点前后到达江孜县城。

尽管他们很牛，但还是有人搭车，那个搭车的外国人到了卡若拉山口下了客车，本来要在“卡若拉山口”标志牌下留个影，看到我们两个，立刻脸露尴尬之色——看来是对搭车感到羞耻。

出城5千米有一个岔口，往左的土路通往洛扎县，进口有边防检查，洛扎县与不丹相邻。往右则通往江孜。

通往洛扎县的路口，往右是去江孜

垭口海拔标识牌这里是个必须留下纪念的地点。我正愁如何与安皇合影时，一个自驾的美女主动问我们要不要帮忙拍照，当然求之不得。

卡若拉冰川的最佳观看位置并不在垭口，而是过垭口后几百米处。这里居然有人在拍婚纱照。

观景台是电影《红河谷》的拍摄地之一，上面还留有拍电影时炸开的豁口。不知是因为有了卡若拉冰川才有了电影《红河谷》，还是先有了《红河谷》，然后才有了这处观景平台。

过卡若拉山口就是20多千米的下坡，坡度不大，因为刮着逆风，大多时候，还得死命地踩车。

下到坡的尽头后，接着是20千米左右的起伏路段，路边的风景很像新藏线：寸草不生的七彩山体一座连着一座，山坡下或河谷中是连绵的青稞地，此时已经成熟，有的已在收割。尤其是江孜平原，一望无际的青稞，泛着沉甸甸的金色，丰收的景象，让我想起“农业学大寨”时代的宣传画。

骑行至60千米处，有一个极美的人工湖——满拉水库。碧绿的湖水像一块不规则的绿宝石，镶嵌在苍凉的群山脚下，让人感到无限的生机和灵气。

满拉水库

年楚河谷的青稞地

从满拉水库的岸边开始，爬今天的第二个垭口——斯米拉山口。有 2 个上坡，加起来不到 4 千米。从海拔上来讲，斯米拉山口算不得是个山口，但从位置上来讲，正是体力消耗过半的时候，又值正午气温最高，所以爬得很费劲。

过了斯米拉山口，我开始格外留意里程碑的数字。因为疲劳，开始对终点充满强烈的渴望。

离江孜县城还有 12 千米处，有一个公安检查站，过检查站就远远望见江孜县城的标志建筑——江孜古堡。喜出望外，不由自主加快进度，最后的上 10 千米，速度大概在 20 多千米/小时了(注意，是逆风加高海拔)。

傍晚 5 点左右到达城区。

沿途部分留影

江孜，一座有过英雄历史的英雄之城：清光绪二十九年(1903 年)驻印英军 3 000 人从亚东、帕里一线发动对西藏的大规模入侵，在江孜受到西藏军民的英勇抵抗。江孜保卫战，是西藏人民反帝战争中的最大一次战役。电影《红河谷》的故事背景就是取自这段抗英历史。

江孜县城在藏区算比较大的一个，但居然难得找到一家旅馆。我们骑车来回找了几条街，都没找到满意的住宿，要么没水，要么太贵，如江孜宾馆起价 300 元。

找的过程，浪费了大量的、本应该在旅馆休息的时间。很累，最后找到一家“楚古宾馆”，标间160元，有点奢侈，但不得不住了。

江孜县城的旅馆太少，餐馆却满大街都是，还是川菜馆。安皇点菜：扣肉（为我点的）、羊肝（为他点的）、小白菜、一桶饭，共100元。我喝了一罐啤酒，收了8元。

西藏的物价，已经涨到快游不起西藏了。

9月15日　多云

线路：江孜县城—白朗县城—日喀则—拉孜县城（海拔4 023米）

码表记录：骑行里程95.2千米，骑行时间4小时46分2秒，平均速度20千米/小时

楚古宾馆的房费有点贵，服务员吹嘘说是星级宾馆，被单确实是一天一换，很干净，闻得到“太阳的味道”，以为终于可以不用自己的睡袋了。但发现床垫很薄，席梦思的弹簧有点硌背，还是不得不用自己的睡袋当床垫。

昨晚因为高反和疲劳，脸肿了，嘴唇乌了，支撑到晚上9点30分写完日志，便赶紧睡下，一会儿便不省人事——这一夜睡得极好，160元的房费没有白花。

江孜古堡

早上起来，神清气爽，状态极好，几天累积起来的疲劳和不适都烟消云散。我想，要是今天翻越如卡若拉冰川一样 5 000 多米的山口，肯定是小菜一碟，但恰恰今天的路程是整个中尼线上最轻松的一段：从江孜县城到日喀则市区，90 多千米的 S204 线，全是极好的柏油路，笔直平整地穿行在年堆河谷狭长的平原上。没有一点起伏，也没有风，虽然达到 20 千米/小时的均速，但与之前的骑行比起来，最多只能算是休闲骑行，一边"赶路"，一边听着音乐，一边欣赏年堆河谷青稞的丰收景象。

从江孜平原到日喀则，我惊奇于西藏居然有这么长一段平路，也惊奇于这么长的一片平原，平原上肥沃的土地，种植着一望无际的青稞。这里应该是西藏的粮仓，村庄密集，人气旺盛，眼下正是收获的季节，田野上一片忙碌的景象……

赶集的农牧民

下午 1 点 30 分到达日喀则市，时间尚早，状态也不错，决定连日赶到拉孜县城。

日喀则到拉孜段去年已经骑过，加上我曾经坐车走过 2 次，所以没有必要再骑，按计划直接坐车过去。

江孜平原

吸取以前的经验，不用去找汽车站而浪费时间，而是直接骑到日喀则去拉孜的城出口拦车。几乎没耽误一分钟，便坐上了一辆去拉孜的 8 座面包车，车费 60 元/人(包括单车)。本来可以在车上打个盹，但年轻的藏族司机开车的风格，如狂草一样放纵，让人一路提心吊胆。

傍晚 5 点到达拉孜县城。人上了年纪大概都会念旧：还是找到去年住过的"天湖宾馆"，正遇藏民开会，房价涨了不少。安皇说明我们是老顾客，终于按标间 120 元计算，但还是比去年涨了 20 元，可以用洗衣机。

今天可能是进入尼泊尔之前最后一个有机会“腐败”的落脚点。从明天开始，将连续3天跨过3个海拔超过5 200米的高点，5天内翻越4个海拔超过5 200米的山口。而且这5天的落脚点，除明天的白坝稍好外，其他的将非常艰苦，所以晚餐还是以“今朝有酒今朝醉”的态度奢侈一回：鱼香肉丝、宫保鸡丁、大白菜、一大瓶拉萨啤酒，总共90元，是进入西藏以来价格最便宜的一次。

一座废弃的古堡

今天是中秋，想念家人。拉孜今晚笼罩在乌云之下，没有月亮，就算有，肯定还是家乡白兆山的月亮更亮更圆——尽管这里的月亮比白兆山的月亮要“高”4 000多米。

9月16日　晴

线路：拉孜(海拔4 023米)—加措拉山口(海拔5 248米)—白坝(海拔4 349米)

码表记录：骑行里程82.6千米，骑行时间7小时5分37秒，平均速度11.6千米/小时

今天翻越G318线上最高的山口，即中尼线上第一个海拔超过5 200米的山口。这也是中尼线上第二个海拔超过5 000米的山口，强度之大可想而知：25千米的上坡，海拔上升1 200米，8点30分出拉孜县城后开始爬坡，午后1点30分才爬上加措拉山口，用时4个多小时。

而前天的卡若拉冰川28千米的长坡，海拔只上升600米，到山口才11点多。就是说今天的加措拉山口的强度，数倍于翻越卡若拉冰川，但我今天的状态比前天要好，所以并不感到太辛苦。

今天真正的困难，并最终让我筋疲力尽的是遭遇了强烈的逆风。从接近山口七八千米处开始，就刮起了逆风，而且越刮越大，过山口后是四五十千米的缓下坡，本来可以下得很爽、很轻松，但四五级的逆风，让下坡变得跟上坡一样难骑，不得不死命地踩车，这样一直持续到终点。

部分景点留影

很累，住下来的第一件事是塞上耳朵，倒在床上躺了一会。

今天分别遇到一男一女2个很牛的年轻骑友。第一个是早上在拉孜县城吃早点时遇到的一名美女骑友，武汉人，一个人骑中尼线；不过她不去大本营，也不进尼泊尔，终点是吉隆县城。

吓增曲河畔的草场和彩色山

这样一个纤弱（而不是女汉子形象）的女子，敢一个人骑行中尼线，让我感到惊奇。藏西的高海拔、荒僻，恶劣的自然环境和气候，对一个独自骑行的青壮年男性骑友来说，也是一种极大的挑战，何况是她；要独自处理和面对意料中和意料外的各种情况，其中包括修车、补胎等。看来湖北不乏骑车的疯子，这样的女疯子，在安陆是没有的。

我们与她同骑了一小段，得知是老乡，彼此有了一种亲切感和信任感，但男女的体力还是有差距的，最终她说不愿拖我们后腿，想一个人在后面慢慢骑，于是我们先走了。

第二个“狠人”是一个年轻小伙子，我们下午 5 点到达白坝村找旅馆时遇到的，与我们住到一个房间，并一起吃晚饭。

小伙子是湖南人，刚结婚不久，出门已 2 个月了。老婆是个铁杆骑友，骑行历史比他更长、更辉煌：骑过川藏、新藏、青藏等，而这次是小夫妻俩一起从云南大理出发，骑行大理—卢亚线—川西—甘南—兰州，然后老婆回家，他继续骑行新藏线（因为他老婆已骑过新藏线了），珠峰大本营—羊湖—拉萨。出门之前，小伙子辞了工作……这世上骑车的，还有比我疯得多的！

落落藏布河谷的藏寨（罗罗辖村）

行程细节：

早晨 8 点，红彤彤的阳光已染红了城外的山头，街上还一片冷清。我们整理好行装，到街对面去年光顾过的那家川菜馆吃了早点，吃的时候遇到一个独行美女骑友。

出城 2 千米，回头看一眼拉孜县城及拉孜平原，一望无际的青稞地，在蓝天北云衬托下，一片金黄。

出拉孜县城 3 千米，就是一个公安检查站，扫描身份证。

过检查站不到 1 千米，有一个三岔路口，往右是新藏线方向，去年我们是从这里出来的。往左是 G318 线通往尼泊尔的方向，也就是我们今天的骑行方向。

不论往哪条线，从这里开始，就进入了藏西的高海拔地区，也就是高原上的高原，而 G318 线最艰难的路段也是从这里开始的。

我们左拐翻越加措拉山口后，就可看见喜马拉雅山脉连绵不断的雪山，而其中最高的就是珠穆朗玛峰了。但此时已是秋末，是一年中冰雪融化最多的时候，所以没有 4 年前看到的那么壮观。

过山口约 30 千米，到“珠穆朗玛国家公园”和“珠穆朗玛观景平台”，其实这里是看不到(至少我两次路过都没有看到)珠峰的。与 4 年前比，这个观景点也是发生了翻天覆地的变化，新修了停车场、售货亭、食宿点等与旅游相关的配套设施。

下午 5 点到达白坝乡。

白坝乡

与前两次看到的不同，现在的白坝规模大了许多，这些都是旅游经济的功劳，更确切地说，是靠近珠峰的原因。站在宾馆的楼顶，可欣赏小镇的全貌：小镇显得很干净，市政设施如太阳能路灯等，看起来很齐全和现代。从嘉措拉山融化的雪水向下流淌形成一条小河，从白坝穿镇而过。小河的对岸，有一幢气派的楼房，不知是寺庙还是政府机构。

我们下榻的宾馆，感觉是白坝住宿条件最好的一家。老板四川人，对骑自行车的很照顾，三人间 120 元，有独立洗浴间可以淋浴，还有洗衣机用。

9 月 17 日　多云

线路：白坝—珠峰牌坊—切村珠峰检票口—加乌拉山口（海拔 5 205 米）—扎西宗

码表记录：骑行里程 63.5 千米，骑行时间 5 小时 4 分 25 秒，平均速度 12.5 千米/小时

昨夜虽然是 3 个人住一个房间，却睡得很不错。

早上 7 点 40 分起来，收拾了行李，来到街上找早点，都还没有开门，只有一家川菜馆在营业。等早点的自驾驴友很多，我点了肉丝面和水饺，等了近半个小时才弄好。吃完早点，9 点 10 分左右才上路，是出门来开工最晚的一次。

出村沿 G318 线向尼泊尔方向骑行，六七千米后，排队过边检站，登记身份证和边防证（或者已签证的护照），这是第二次过这个边检站了。

部分景点及留影

过边检站五六千米后，左边出现一个崭新的门楼，这就是珠峰的入口，也是售票厅。门票 180 元。

一进门楼，就开始爬坡，坡度不大，崭新的沥青路面。三四千米后过切村，然后开始爬加乌拉山，也就是我说过的中国最壮观的盘山公路。

一个真正的骑者，一定对藏地的长坡充满敬畏和征服的欲望，对我来说，这种情结尤为强烈。

在 6 年的骑行生涯中，征服过的长坡不计其数，但我觉得最壮观、最让我感到震撼的只有两个：一个是天门山 99 道拐，长 12 千米，海拔上升 1 100 米，因为是内地低海拔地区，所以爬起来并不费劲，我只用了 51 分钟。

第二个就是加乌拉山的盘山公路。2012 年我坐车去珠峰时，第一次看到这条山路，立刻被她的神奇和壮观所震撼，并从此留下一份牵挂和遗憾。从这个意义上讲，此次珠峰之行，目的并不仅仅是珠峰，还有就是冲着加乌拉山的盘山公路而来的。

上山的路全长 21.5 千米，海拔上升 900 米左右，全是回形针似的回头弯，没有树木或其他遮挡物的遮挡。当数十个回头弯一览无余地展现在眼前时，任何一个爱好骑行的人，都会对这一幕感到震惊。而我今天认认真真地用我的心和车轮丈量了这条天路，感觉真的好爽、很有自豪感。

10 点 30 分左右进山门，下午 1 点 40 分到达加乌拉山口，用时 3 小时 10 分，是我在西藏长坡骑行中最轻松的一次。没有疲劳、没有高反，究其原因，一是昨晚睡眠不错，使今天有一个较好的状态；二是加乌拉盘山公路的坡度并不算陡；而最重要的原因则是心情，今天爬加乌拉山，其实就是了却我多年的心愿，所以满怀激情，充满干劲。

加乌拉山口上的“党员服务队”

以前加乌拉山口的海拔是 5 205 米，现在是 5 198 米，显然是因为新修道路时，开挖山口，将路面降低了几米。山口扩建了观景平台，修建了停车场。观景台有支藏民“党员志愿服务队”正在养护道路和打扫停车场，让人感到亲切和安全。

站在加乌拉山口，俯瞰甩在身后的盘山公路，有一种前所未有的成就感。

过山口后是 29 千米的下坡，而加乌拉盘山公路最壮观的部分，则在过垭口后的下坡。

从山口下 2 千米，新建了一个漂亮的观景平台，这里是俯瞰盘山公路的最佳位置。站在平台上，可以最大限度地领略这条天路的壮观和神奇，还能远观包括珠峰在内的喜马拉雅山 7 座雪峰。遗憾此时云朵密集，能看得见连绵的雪山和冰川，却看不见峰尖，分辨不出哪是珠峰。

加乌拉山盘山公路的一部分

卫星地图显示的加乌拉南坡盘山公路

我们在观景台上等了一个小时，也没等到云开雾散。其实我很想一直等到夕阳西下再拍照，最后还是放弃，怕晚了下山找不到住宿。

下坡 20 千米左右，穿过一个山洞——不知算隧道还是山洞，在难得见到隧道的藏西和藏北，忽然有这么一截隧道，显得很突兀，也很漂亮。过洞口后，继续向下，几千米后出现一处景点——“阿爸阿妈山”。这个名字有点新奇，阿爸阿妈——是指山的形状，还是有一个传说呢？山坡上散落着许多废弃和倒塌的土坯房子。

29 千米下到山脚的扎西宗村，也就是今晚的落脚点。4 年前的珠峰路从扎西宗穿村而过，而现在已经改道。此处是(以前是)白坝与大本营之间唯一的住宿点,所以我们沿着新路骑过了村子,然后又从岔道返回到村子找住宿。

阿爸阿妈山

从然乌镇开始,一路看到的西藏村镇变化都很大,唯独扎西宗村还是老样子,甚至比4年前我看到的更萧条。也许是因为公路改道后不从村中穿过的原因吧。

住到一家藏民客栈——珠峰班巴旅馆餐厅。条件较差,狭小的房间,摆满5张床铺……今晚我自带的睡袋将发挥最大作用。

房东是一个50多岁的藏族妇女,坐在地上使劲地舂捣锅里的东西,我看了半天也看不出在干什么。后来问她,才知道这是在用传统的方法和原料制作染衣服的染料。

加乌拉山下的藏寨

村里没有汉人开的旅馆，却有至少有3家四川人开的餐馆和2家四川人开的超市(其实就是小卖部)。四川人真好啊，在最艰苦、最边远的地方，总能享受到他们的服务。去年的新藏线上有几处没川菜馆，今年的丙察察上也有几处没有，但愿余下的中尼线上有四川人一路相伴。

下午4点到达扎西宗，用自己的脸盆装热水擦了一下身子。很饿，5点刚过，便找川菜馆吃晚餐：牛肉丝、猪肉丝、白菜，一大瓶拉萨啤酒，共115元。很奢侈吧？其实分量很少，只有628毫升的拉萨啤酒是货真价实的。再次惊叹于西藏的物价已今非昔比，以前的西藏之行，同样的“腐败”，一般30元/人就够了。

房东用传统的方式制作染料

餐馆老板是一对成都籍中年夫妻，生意惨淡，主要顾客是附近的大多同样贫穷的藏民。把小孩丢在家里，不远数千里来到这么艰苦和偏远的角落讨生活，不免让人同情。老板告诉我，这里3家餐馆、2家超市(小卖部)，都是四川同一村子的老乡在经营。之所以能在扎西宗做生意，全仗着扎西宗所在的乡里，有一位援藏干部是他们老乡……

今天，是骑行丙察察和中尼线的日子里，少有的很轻松的一天。没有疲劳，没有高反，晚饭后第一次有时间和兴致一个人到村外的青稞地里散步，看日落时荒凉的群山一片斑驳……

9月18日　多云

线路：扎西宗(海拔4 164米)—巴松村(有食宿)—绒布寺(海拔4 987米)—大本营(海拔5 020米)—二号营地(海拔5 200米)

码表记录：骑行里程54.7千米，骑行时间5小时28秒，平均速度10.9千米/小时

昨晚房间空气中弥漫的牛粪燃烧的气味、被单上散发的脚臭和汗臭味、十几米远处厕所里飘来的臭味……各种气味混起来的怪味，熏得我大半夜睡不着觉。

这天不同时段拍摄的珠峰

经验证明，住宿条件的好坏，直接影响到我的睡眠质量。昨夜尤其如此，因为这次的被单最脏，浓烈的怪味始终刺激着我脆弱的神经，并提示着我“你是身在异乡为异客”。

安皇没带睡袋，对住宿环境的适应能力极强，但这次也没敢忽略脏兮兮的被单，出门来第一次穿着长袖长裤睡觉，居然一夜鼾声如雷。也许是床铺挨得太近的原因，尽管我塞着耳朵，还是听得见他恐怖的鼾声。

一号营地拍的珠峰

早上8点起来，逃命似的逃出客栈院子，到对门的川菜馆吃早点：15个黑不溜秋的死面小笼包、两碗稀饭，没有菜，一共 33 元。

早晨天气阴沉，8 点 30 分后才上路。出门便是上坡，很缓。事实上扎西宗村是加乌拉山与珠峰之间的最低点。从扎西宗到珠峰大本营，海拔上升约1 100米，这个高度用了 45 千米来完成，所以显得坡度很缓，只有最后的 10 千米才稍陡。

这样又长又缓的上坡，一般是爬得非常“磨人”的，需要愚公移山的耐心来慢慢完成。45 千米，我们骑了 5 个小时，下午 1 点 30 分到达一号营地。

营地密密麻麻停满越野车，大多是日本的丰田霸道、路德酷路泽。不过下午三四点后，差不多都走了。

大本营共 59 顶黑帐篷，住宿费 80 元/人，我首先找了其中一家的“卓玛”，给我们炒了两盘花饭，吃得很香，实在是太饿了。能在大本营吃上花饭，已经是很奢侈了，到过大本营的人都知道，大本营的食宿条件是极其艰苦的，比如有水喝，没水洗脸，晚上只能和衣而睡。

与 4 年前相比，帐篷内干净了许多，大概是因为管理规范了，虽然还是烧的牛粪，但“房间里”没有怪味。

珠峰留影

“卓玛”的帐篷床位已被预订一空，她把我们引见到她弟弟的帐篷，房费70元/人，通铺和沙发，我不能接受与陌生人睡一个通铺上，便选择了睡独立的沙发。

虽然烈日炎炎(很奇怪，大本营的中午竟是这么热)，但珠峰还是被云层掩盖，只看得见山脚，而看不到顶峰。我叫安皇不要着急，先休息几个小时，傍晚后再骑车上到二号营地拍照。

此次行程我最担心出现高反的地方就是大本营，今天是连续第三天第三次爬上海拔5 000米以上的高点，而且今晚就在海拔5 020米的大本营住一夜。

去年新藏线上的松西乡之夜，我的高反很严重，至今让我记忆犹新并“谈虎色变”，所以此次对大本营有些担心。非常幸运的是，今天感觉良好，基本没有高反症状，这个夜晚会很平常。

二号营地观景台拍摄的边防哨所和背后的山梁

等到傍晚5点，骑车往二号营地进发。5千米烂路、上坡、加逆风，骑得很费劲，好在卸了驼包，只带相机，轻装骑行，不到一个小时，骑到二号营地观景点。

观光车将游人一车接着一车地拉来，又一车一车地将返回的游客拉走。二号营地观景点游人很多，以至于想在珠峰标志石碑前留个影都很难。于是暂时放弃了拍照，等到天快黑时人少了，便挤上去举起自行车拍了几张。一名女游客尖叫道“帅哥，你好酷啊！我能和你合个影吗?”——随便吧，她不知道头巾遮挡起来的其实是个又丑又老的家伙。她挤在我旁边让同伴“咔嚓咔嚓”……

观景点风很大，非常冷，本打算等到六七点钟拍“夕照珠峰”，实在坚持不住，便骑车返回营地。

又冷又饿，叫帐篷老板煮了两碗鸡蛋面条，没有盐，只有酱油。顾不了那么多，狼吞虎咽地吃完，赶紧出去拍夕照珠峰，运气真是太好了，此时的珠峰已经云开雾散，在夕阳照耀下呈现出晶莹剔透的金色……

大多数人到珠峰都是无功而返，什么也看不见，包括前几天骑行大本营的骑友都没见到珠峰的真面目。而我的两次珠峰之行，珠峰都是对我敞开胸怀，以她

珠峰金顶

矜持、冷艳、美丽的身躯，充分证明了我的人品！

拍珠峰金顶的时候，寒风刺骨，可是我怕错过了机会，硬是坚持到夕阳落山、夜幕降临，才回到帐篷。怕冻感冒了，赶紧喝了两包板蓝根。

此时帐篷里已住满了一辆8座旅游车拉来的游客，大多数是内蒙人，带了2个氧气钢瓶，轮流吸氧。相比之下，我们才是强者！

今晚10个人挤在一个帐篷里，不能洗脚，不能洗澡，不能脱衣服睡觉，真担心又是一个不眠之夜！

二、挺进尼泊尔

9月19日　晴

线路：大本营—巴松村—珠峰牌楼—岗嘎镇

昨夜没洗澡、没洗脚，穿着长袖长裤、戴着帽子、塞着耳塞。10个人挤在一个帐篷里睡觉，居然睡得很好。

6点30分(相当于内地4点30分)就有游客起来，只好也跟着起床。趁房东不在，赶紧到“厨房”“偷”了冷水洗脸刷牙(老板不让洗脸)，然后收拾了行李。

那一队内蒙游客租的两大钢瓶氧气已经用完，还有各人自买的一次性的小氧气罐也都已没气了，几乎人人都在叫头痛难受，只有我们2个骑车的安然无恙、啥事也没有。

还是叫藏族老板煮了两碗鸡蛋面条，30元/碗，这在大本营算是非常奢侈的早餐了。那8个内蒙游客吃的是团餐：稀饭加1个或者2个鸡蛋，他们对我们的早点羡慕不已。

本打算吃完早点就出发，出门看到珠峰冰清玉洁的身影，决定多待一会，看完珠峰日出再出发。

早上的大本营很冷，穿上两件抓绒衣，套上冲锋裤，在拉萨买的羽绒背心终于派上了用场。拿了两部相机，站在一号营地新建的水池边等待日出，才 20 分钟左右，大地还在冰冷的阴影里的时候，珠峰的峰顶，便率先被阳光照亮并染成金黄色——非常幸运，我不仅观赏到了夕照珠峰，还见识到的珠峰日出。

早晨的珠峰和大本营

等待日出的过程中，碰到一名昨天从岗嘎骑过来的年轻骑友，他得知我们今天要去岗嘎，建议我们不要走那条岔路，说路面非常烂，他昨天骑了 11 个小时。

我当即决定放弃走那条路的计划，坐车返回珠峰牌楼(历来大多人都是这么干的)，然后走 G318 线去岗嘎。

可是珠峰路沿线没有客车，也没有出租车，只能包车，车费 600 元，我们当然不能接受。决定先骑到去岗嘎的岔路口再说，边骑边拦过路车。但结果未能如愿，只好沿昨天来的路一直向扎西宗骑行。骑到巴松村时，看到街头停有一辆皮卡，一问，要价 350 元，也罢，比从珠峰包车便宜不少。

下午 1 点回到珠峰牌楼，然后沿 G318 线向岗嘎骑行。66 千米的路程，基本是平路，只是恼人的逆风给骑行增加了不少强度。下午 4 点 20 分到达岗嘎镇。

朋曲河套的湿地和彩色山

岗嘎大桥

坐在宾馆的门口就可远眺珠峰

岗嘎镇原名定日县城，是个比较繁华的集镇，但从街入口一直找到快出镇，只有一家正规的“岗嘎宾馆”和3家藏民客栈。决定住到那家岗嘎宾馆，条件非常好，三星级标准，坐在床上可以看到远处的珠峰。标间240元，是我在西藏住得最贵的一次，但不得不住，因为已连续2天没有洗澡和洗衣服了。

下决心住到这里还有一个原因，就是已有一队骑友住在这里，他们也是去尼泊尔的，心想：他们住得起，难道我就住不起吗？

明天将骑行中尼线上单日行程最长的一段路，3天后将进入尼泊尔骑行，开始计划回家的行程。

今日的风景：从珠峰牌楼到岗嘎镇60多千米的路段，仿佛又回到了新藏线上：连绵不断的七彩山体，一路勾起我对地质地貌的好奇和无限遐想。路面不错的G318线，在宽约七八千米的朋曲河套左岸舒缓流畅地向西延伸，河套有的是青稞地，有的是贫瘠的草原，还有两处湿地，湿地之间，有一个“释迦摩尼祈福台”的景点，还有一处烽火台遗址。

9月20日　阵雨

线路：岗嘎(海拔4 327米)—门布乡(希夏邦马检查站)—卡门吧(海拔4 612米)

码表记录：骑行里程132.6千米，骑行时间7小时12分40秒，平均速度18.4千米/小时

今天的骑行里程是中尼线上计划骑行最长的一天。从昨晚开始，就有种忐忑

沿途部分留影

感，毕竟，今年的丙察察和中尼线骑行，到目前为止，很少有一天超过 100 千米的。尽管这样，几乎每天却都骑得很累，而今天一下子要骑 130 多千米，实际上是 2 天的行程，所以有些压力。非常幸运的是，除了中途有六七千米的逆风外，今天破天荒刮了一整天的顺风，使 130 千米的骑行强度大大降低。

昨晚下过雨，早上起来，天色阴沉，偶尔撒下几滴雨水，影响心情。

川菜馆里吃了 3 根油条和一碗豆浆，又到隔壁超市里买了干粮：2 个西红柿、一个咸蛋、一罐红牛，包里还有一听午餐肉、用空水瓶冲了一瓶葡萄糖水。吃早点的时候，遇到一个徒搭的东北驴友，刚从尼泊尔返回，说尼泊尔境内的路是“世界上最烂的公路”。

9 点上路。镇外不远处雪山连绵、云雾缭绕，此时满天乌云，唯独那片雪山被阳光照耀，非常神奇。

从岗嘎到门布乡 60 千米基本平路，路况极好，我强迫自己必须每骑 20 千米才能停下休息和补充能量，这样两三个段落就到了门布乡。

门布乡有食宿，街心有一个公安检查站，扫描身份证。

过门布乡后开始缓上坡，长度大约 50 千米，如果不是顺风，这 50 千米会骑得非常辛苦。

云缝中的喜马拉雅山脉

骑行 70 千米后，有个三岔路口，往左通往樟木。我们离开 G318 线，右转进入 S214 线，也就是去吉隆的公路。才走 2 千米，下起雨来，寒风刺骨，赶紧换上保暖衣服和雨衣雨裤——这是今天第一次遇到下雨。而接近终点的最后几十千米路段内，发生了此次中尼线骑行中几件最精彩、最让人难忘的事情：

一是遭遇了最恶劣的天气：雨、雪、冰雹、寒风（幸亏大多是顺风），有二三十千米的骑行，我们是在与暴风雨赛跑。

雨、雪、冰雹、彩虹、阳光……瞬息万变的天气造就了奇特的景观

二是见识了中尼线上最壮观、最丰富的美景：雪山群（其中最高的是西夏邦马）、冰川、佩枯措湖、彩虹、突如其来的雪景、野驴、藏羚羊，以及因为瞬息万变的天气而造成的各种难得一见的奇景。

这最后的 20 千米，我们多用了 2 个小时的时间来观景和

原野中奔跑的野驴

拍照。一路走走停停，直到安皇的码表里程数到了130千米时，才想起应该到了今天的落脚点了。时间已到傍晚5点30分，可是一眼望去，前方10千米范围内没有村庄的影子。心里有些恐慌：万一没有住宿点那就糟了，前不着村后不着店的，前面就是喜马拉雅山脉，今天肯定不可能翻过去，如果不被冻死，唯一的出路是拦车去吉隆，可是这么晚了，能拦得到车吗？

心里这样想着，还是继续往前骑，一个很缓的长下坡下到沟底，眼前蓦然出现一个停车场和一个院落，这就是攻略上所说的“卡门吧”。名字有点怪，不知是村名还是乡名，也许什么也不是，因为手机地图上找不到，总之是方圆几十千米内唯一有人居住的地点。骑进院子一看，真的有住宿，房费50元/人，没有还价(藏民没有讨价还价的规矩)。条件：房间够大，床够宽，但没水、没厕、没电、没饭吃，晚餐吃的是泡面、火腿肠、旺旺雪饼，藏族房东和小卖部老板汉语水平很不好，沟通困难。

非常幸运地拍到希夏邦马峰金顶

今晚的食宿差到了极点，但住宿点的风景，则美到了极点：院落的西北面是碧绿如黛的佩枯措湖，院落的东南面是绵恒巍峨、触手可及的雪山群，雪山之间白云飘渺，而举世闻名的希夏邦马峰以“鹤立鸡群”的姿态，在夕阳下一览无余地傲然耸立，显得极其巍峨、矜持和冷艳，这一切呈现出一片梦幻般的景象。

我拿了两部相机，到院落后面的草甸上，拍冰川日落，看希夏邦马“金顶”。一直到最后一抹夕阳余晖离开希夏邦马峰顶才回到房间，感觉今天的成就和收获比珠峰还大。

明天将翻越世界屋脊上的屋脊——喜马拉雅山山脉，然后一路下坡，并在随后的 3 天骑行中逐渐离开高原，进入尼泊尔。

9 月 21 日　阴、阵雨、多云、飘雪……

线路：卡门吧—佩估措观景台（海拔 4 590 米）—孔唐拉姆山口（海拔 5 236 米）—吉隆县城（海拔 4 200 米）—吉隆沟—吉隆镇（海拔 2 200 米）

码表记录：骑行里程 138.1 千米，骑行时间 8 小时 58 分 12 秒，平均速度 15.4 千米/小时

今天一天跑完了原计划 2 天的路程。

佩枯措湖观景平台留影

今天的行程可谓一波三折。原计划落脚点在吉隆县城，以便有一个好的食宿条件，因为迫切需要洗澡、洗衣服、吃一顿热饭热菜，可是没能如愿。

今天线路的海拔高度可谓是大起大落，好似一会儿天上、一会儿地面：从卡门吧的海拔 4 600 米，上升到喜马拉雅山第一个垭口的 5 000 米左右，再下降 400 米到萨嘎路口，然后又上到孔唐拉姆山口 5 236 米，最后，从孔唐拉姆山口开始，100 千米的长下坡到中尼边境的吉隆镇，海拔剧降 3 000 米。

今日的风景，可谓是一日四季：从喜马拉雅山脉连绵的雪山，到吉隆沟铺天盖地的原始森林；从孔唐拉姆山口的雪花飘飘，到喜马拉雅山脚青稞地的秋收场面；从高海拔上如外星球表面的苍凉山体，到低海拔森林里的鸟叫虫鸣……

沿途部分景点留影

昨夜的睡眠质量，如昨夜的住宿条件一样差到了极点。天蒙蒙亮就起来，已是8点，用昨夜的温开水泡了方便面，约9点出发。精神萎靡，心情如早上的天气一样压抑。

几天前在珠峰大本营碰到一个云南的年轻骑友小高，目的地也是尼泊尔。昨天傍晚骑到了卡门吧，住在我们隔壁房间，今天加入了我们的行列，3个人一起骑行。

出门开始缓上。12千米爬到佩枯措观景台，回头远望，卡门吧已消失在茫茫荒漠之中，不见任何踪影。这里是观看佩枯措圣湖的最佳地点。佩枯措是日喀则地区最大的高原湖，面积300余平方千米，湖北邻雅鲁藏布江，东临希夏邦马峰。遗憾光线不好，草草拍了佩枯措湖的照片后，继续向喜马拉雅山脉的脊梁攀爬。

10千米碎石烂路，爬到垭口，见有一簇经幡，以为这就是喜马拉雅山口，可是，这么重要的山口，怎么没有任何标志物？

山口两边都是昨晚刚下的雪，很冷，怀着疑问和遗憾，赶紧穿上抓绒衣，戴上抓绒帽，开始下山。下了五六千米，眼前出现一片开阔的河谷，河谷对面山上，挂着一串羊肠似的盘山公路，非常壮观。原来，这就是路书所说的今天行程中真正要爬的长坡，长度15千米(实际11.5千米)。心里立刻沮丧起来，意味着刚才爬的总共 20 千米的长坡,还只是个热身,真正的挑战从这里开始。

才爬了 2 千米,便饿了,早上一桶方便面的热量,根本不足以支撑到爬上第二个垭口。而唯一的干粮,就是从卡门吧小卖部买的一大包旺旺雪饼,一口气吃了上 10 块后,继续爬坡。才爬了 3 千米,又筋疲力尽,因为旺旺雪饼是给孩子磨牙用的,没有多少能量,尽管我吃得口里打了泡,也还是饿,后来吃了安皇的半包营养点心,才有了一点感觉。坚持最后的 7 千米陡坡,一口气爬上了孔唐拉姆山口。

孔唐拉姆山的盘山公路

孔唐拉姆山,是一个具有里程碑意义的地点,也是中尼公路中国境内最后一个山口。

过山口后,是极陡的盘山公路,长度 26 千米,非常壮观,一直下到吉隆县城。其间有一个景点叫"大唐天竺使出铭",是一处古迹,很小,但意义很大,是当年宣誓主权的重要佐证。

进城口有一关卡,登记身份证和护照。

吉隆县城不大,有一点冷清,旅馆少且贵。已两天没吃一顿正餐、一天没有洗澡洗脚、一夜没有睡好觉,所以我决定按路书规划,在县城住下来,洗衣、洗澡、吃肉、喝酒,以犒劳一下几天来备受煎熬的身体。

此时已是下午 2 点 30 分，我找好旅馆，不错的三人间。下来告诉他们，可是他们俩都想继续骑行，今天直接赶到吉隆镇。

从县城到吉隆镇 70 千米的路程，海拔下降 2 000 米，都是下坡，看起来的确很轻松的。但我非常不想这样赶，原因之一，我昨晚基本没睡，状态很差，不想这么拼命，也没必要赶路；二是此时正是很强的逆风，凭以往的经验，这么大的逆风，会把下坡路变得跟爬坡一样难骑。

之所以我与安皇能成为很好的搭档，在 2 年的时间内，愉快地骑行过四五千千米，一个重要的原因是每当我们之间有分歧的时候，都是他让步，最终采纳我的意见，而且基本没出任何差错。但今天不同，二比一，少数服从多数，我不得不放弃我的主张，答应安皇，继续向下一站进发。出发之前，我再一次提醒他们：现在是逆风，而且风很大。

吉隆沟

一人吃了一碗盖浇饭。出县城就是一段很陡的下坡，不到 1 千米，然后一直都是缓下坡。逆风比我想象的还要强烈，强烈到偶尔能把车子吹得停下来。

吉隆镇外的青稞地

正如我所料（当然也绝对是出乎他们俩的意料），本来是极爽的下坡，不得不拼命地踩车，平均速度不到 10 千米/小时，骑得非常艰难、非常辛苦、非常沮丧。

吉隆沟是喜马拉雅五沟中最漂亮的一条沟，其实就是一条上百千米长的峡谷，前 40 千米在海拔 3 000 米以上。山体苍凉荒芜，峡谷很“狭”，蜿蜒曲折，两侧山坡刀削斧劈般陡峭，在这么大的风力下，落石的几率大大增加，一路骑得提心吊胆。

40千米后，随着海拔的下降，山上有了绿色、水流和鸟叫声，并逐渐出现漫山遍野的森林，山腰间飘渺的云雾，仿佛又回到了察隅，天地间充满生机。

前40千米骑了近4个小时，骑得很窝火。幸亏40千米后，逆风慢慢消失了，使后30千米的骑行，找到了一点下坡的感觉。骑得很快，最重要的是，海拔降低后，氧气充足，我的状态恢复极好，得以在天黑前赶到吉隆镇。

距吉隆镇还有五六千米远，就见路边停满花花绿绿的尼泊尔籍大货车，立刻有了异国他乡的感觉——尽管这里距边境还有20千米。

吉隆镇坐落在吉隆沟南岸，四周群山环抱，植被茂盛，山间云雾缭绕，风景极美。吉隆镇很繁华，市区正在快速扩建，到处是施工工地，住宿比吉隆县城好得多，也便宜一些，从这个意义上讲，今天多跑了一天的路程还是值得的。

我们住到"珠峰后花园商务酒店"，标间130元，条件可以用"豪华"二字来形容。比如廊灯是自动感应的，毛巾放在崭新的消毒柜里，等等，这是我在西藏住得最好的一次。

宾馆前台就可以兑换尼泊尔币，汇率是1∶16.3，我们用1 000元人民币，兑换了16 300元卢比。看着一沓千元面值大钞，感觉像发了一笔小财。

晚餐：水煮肉片、土豆肥肠、小白菜——奢侈？我们可是2天没吃一顿正餐啊，而且今天一天完成了2天的行程，就是说节约了一天的费用。

安皇大概对他自作主张赶到吉隆镇而心怀愧意，不顾痛风未愈，要了2罐啤酒，与我对饮……

吉隆镇

明天将正式踏出国门，第一次感受异国风情，心里充满期待、充满未知、充满对"世界最烂公路"的恐惧（路上遇到从尼泊尔回来的驴友都说，从吉隆口岸到加德满都的公路是世界上最烂的公路，160千米开越野车得走11个小时——难道比丙察察还烂？）。

9 月 22 日　多云

线路：吉隆镇—热索桥—沙布鲁(Thulo Syabru)

码表记录：骑行里程 40.4 千米，骑行时间 3 小时 3 分 21 秒，平均速度 13.3 千米/小时

昨晚下了雨，小镇周围山上云雾飘渺，街上路面泥泞。

8 点起床，找餐馆吃了水饺，9 点出发。出门就是很陡的上坡。这里海拔才 2 000 余米，而且植被茂密，氧气充足，所以体力要比高原上好得多，腿也不感觉到酸。

通往吉隆口岸的险道

3 千米后，进入另一个大峡谷，沿盘山公路，一路急下，10 多千米后，路边停满了尼泊尔籍大货车，绵延几百米。

骑到车队前面一看，有一武警关卡，是登记出境证件的地方，但此时停止登记。门口公路封路，不让通行，原来昨夜下雨，前面塌方了，正在施工抢修，预计 4 个小时后通车，只好等了。

等的过程，聚集了好多包车去尼泊尔的驴友，听他们侃各自的旅游经历。其中一名叫沈飞的退休中年人最牛，一个人周游世界，已游览了半个地球，此行的目的地是包括尼泊尔、印度等国的南亚。

远距离拍摄的唯一一张吉隆口岸大楼的照片

除此之外，我做了几件要紧的事：一是发完昨夜没有发出的日志。第二件事是开通移动国际漫游。接线员提醒我：尼泊尔漫游费非常贵，以 KB

计算,建议慎用。这个提醒非常重要,以至于我一进入尼泊尔境内,便关掉手机网络。第三件事是网购了28～29日回家的机票,从加德满都经昆明转机到天河的机票价格只有1 550元,真是便宜,让人惊喜。

从早上10点左右,一直等到12点30分,才放我们几辆自行车进入。

一过关卡,就是极陡的下坡。峡谷非常深,也非常险,公路从峡谷左侧的山腰盘旋而下,一路塌方过的现场有好几处,才下2千米,又遇封路,又等了约40分钟才放行。

从关卡到吉隆口岸七八千米的路段极其险峻,其危险程度与丙察察的怒江段比起来,有过之而无不及。难怪吉隆口岸经常因塌方而中断,最近最严重的一次是今年9月13日,中国境内塌方一处,尼泊尔境内两处,口岸交通因此而中断了几天时间。

从出吉隆镇算起,24千米的路程,一直骑到下午2点才到吉隆口岸。口岸高大气派的门楼,威武的边防武警和工作人员让人印象深刻。

因封路半天,突然放行后涌来的游客很多,排队等候过关,又等了一个多小时。

等的过程,正逢西藏自治区主席来口岸视察,他对我们几个骑自行车的很感兴趣,在一堆记者和摄像机镜头前,特意询问安皇有关我们骑行的问题,呵呵,安皇今晚要上西藏电视新闻了。

尼泊尔境内的路况

下午3点出中国口岸，过友谊桥（热索桥），桥的另一端就是尼泊尔口岸。两国口岸形成鲜明对比的是，中国口岸是一个非常现代化的小镇，口岸牌楼、过关大厅都非常气派、现代，办公都是网络化、自动化；而尼泊尔口岸仅仅是几个铁皮棚子，连活动板房都不如，而且给游客办理入关手续是在露天进行，几张破桌子拼起来的办公平台极其简陋。中国海关人员和边防武警都威武整洁，制服笔挺干净，而尼泊尔警察和军人都是皱巴巴的旧制服，显得有些潦草。

——不到尼泊尔真不知道祖国的富裕和强大，所以这刻有一种自豪感和优越感。

让人大跌眼镜的还有几件事：

1. 进入尼境内不到3千米的距离内，有3个检查站，检查非常严格，全是人工进行：所有的包裹都要打开，所有的行李都要翻看，连钱包都不放过，非常麻烦，耽搁大量时间。而在中国境内，只需将行李包放在传送带上过一次电子扫描就OK了，又快又简单。

除检查站外，还有一处护照登记点，没有指示牌，也没有人告诉你必须要在此处登记，幸亏路书提醒了我们，否则，直接过去了就算偷渡。

2. 一进入尼境内，路况就好比是从天上跌入地狱，要不是我们有过丙察察的骑行经历，可能会被这么差的路况吓呆，难怪前几天从尼泊尔回来驴友说这是“世界上最烂的公路”。骑在上面，仿佛又回到了丙察察。今天进尼境内骑了不到20千米，用了几个小时，均速不到10千米/小时。真佩服尼泊尔的汽车司机们的顽强精神，长期在这样的烂路上驾驶而不精神崩溃，要是我，怕是早疯了。

3. 一进入尼境内，我们立刻变成了“聋子”和“瞎子”：没有网络——我的国际漫游不敢开，只好关机，所以像聋子；满眼看不到一个中文，而我们（尤其是我）不懂英文，以至于到达沙不鲁小镇上想吃饭，分辨不出哪是餐馆、哪是咖啡馆，后来知道了餐馆，却说不出该吃什么，我指着图片上的咖喱饭，老板说“NoNo”……“谈”了几家餐馆，耽误了一个多小时，也没吃成饭，后来我决定先住下来再说。

同行的云南小伙小高略懂一点英文，由他与旅馆老板沟通，手势加手机翻译软件，总算订好了房间：标间800元——卢比，约合50元人民币，非常便宜。这家旅馆还经营餐饮，不用去街上找吃的了，幸运的是还有Wi-Fi，可以用“有道翻译”软件。

小高和安皇拿着全是英文的菜单，开始是不知所措，后来用手机翻译，安皇还把菜单拍下来发给他儿子翻译……差不多搞了半个小时，才点了各自的晚餐，厨

房东(右)和厨师(中)

师又用了近一个小时才做好。我和小高的是咖喱饭,400卢比一份,很不错,不够吃还可以加饭加菜;安皇点的是炒面,也是400卢比,他没吃饱,但面没有加的。我和小高每人要了一瓶啤酒,400卢比一瓶,相当于25元人民币,好贵。

第一次吃尼餐,感觉还不错。只是没有茶或热水喝,很不习惯,据说只有中国人才有喝热水的习惯,而尼泊尔是喝冷水的,老板给了我们每人一大瓶矿泉水。

看来,网络上所说的"在尼泊尔不懂外文也毫无问题"的说法并不准确,我们真的像是傻瓜,闹出不少笑话和尴尬。

看来要想到国外走动,不懂几句英文真的不行。我出门之前,临时抱佛脚,只学了一句英文:请问厕所在哪里?为什么只学这句?因为厕所太少了,也最难找,也最重要,而餐馆和旅馆,每个集镇都有很多。

放学的学生和架设高压电线的工人

4. 刚进尼境内，对面来了一辆摩托车，我按习惯靠右让行，可是我让他不让，径直冲过来，擦身而过；一会儿又有一辆越野车过来，还是我让他不让。我忽然想起尼泊尔的行车规则与我们是完全相反的，即我们是靠右行驶，他们是靠左行驶。于是从那一刻起，我时时提醒自己（也提醒他们俩）：靠左、靠左、靠左……

进沙布鲁镇时，遇到第五个检查站，与前几个检查站一样，尼泊尔军人穿着作训服或迷彩服，手执长长的步枪，让人感到紧张。而沙不鲁镇街中心，还有一个关卡，登记护照。

9 月 23 日　多云转雨

线路：沙不鲁—巴扎尔—比德尔（Battar）—格格尼（Kakani）

码表记录：骑行里程 96.3 千米，骑行时间 8 小时 26 分 16 秒，平均速度 11.4 千米/小时

今天是中尼线上强度最大的一天，从早上 7 点（尼泊尔时间），一直骑到晚上 6 点 30 分（相当于北京时间晚上 8 点 45 分）。天黑后，还只到了格格尼，距加德满都还有 35 千米。

两个长坡，第一个约 30 千米，坡度在国内很少见。第二个长坡稍缓，但整整爬了一个下午。

巨大的峡谷和峡谷山坡上的集镇

今天的骑行感受：一个字“爽”，一句话“爬坡过足了瘾”。

中尼线上几乎每个山口，我都在叫累叫苦，为什么今天强度最高、坡度最大、坡长最长，我反倒感觉“爽”呢？因为今天我的状态实在太好了。更准确地说，是经过了近一个月的高海拔地区磨炼，忽然下到低海拔地区，体能好到了极点，浑身有使不完到力气。无论怎么骑，都不会喘粗气、不会腿酸、不会手麻、不会屁股痛，稍缓的上坡，就像平时骑平路一样轻松，难怪曾经的“马家军”总在大赛前将运动员拉到高原上训练。我想，如果这几天我参加国内的某个业余爬坡比赛的话，一定会秒杀一大批选手。

今天的路况：第一个长坡中有约 10 千米的烂路，是传说中的“世界上最烂的公路”，的确非常烂，也非常危险。

从踏上中尼线开始，就不断从各方面得到信息，都说吉隆口岸到加德满都的路极其难走，今天在路上还有坐车从加德满都返回的驴友提醒我们说“前面的路非常烂，不断有人滑倒，一定要小心、小心……”。

沿途村民众生相

到今天为止，我已基本见识了这段路的“烂”，感受是“也不过如此”。从吉隆口岸到加德满都这段路虽然很烂，但总共加起来才三四十千米，而半个月前我们所征服的丙察察则是 280 千米的烂路，相比之下，尼泊尔的所谓“世界上最烂的路”对我们来说真是小菜一碟。

今天 10 千米的烂路，骑得很刺激，有种自行车越野赛的感觉。我总是提起屁股，两腿弯曲，使两腿充当减震弹簧的作用，快速越过烂石路、泥巴路、流水区域等。快到加德满都了，也不怕颠坏了单车，感觉骑烂路的技术，已经到了一个炉火纯青的水平，很刺激，也很有成就感。

一处检查站（正在翻看队友的行李）

从沙不鲁开始就是柏油路面，据说是中国援建的，但因为没有足够的养护（进尼泊尔跑了上百千米，没见到过一个道班，也没见到有人在养路），加上雨季水毁严重，塌方频繁，才出现那 10 千米的烂路。

10 千米烂路后，一直都是柏油路，虽然很窄，两车交会时，还至少得其中一辆车停下来让行，但与传说中的烂路比起来，真是骑行的天堂。

今天的风景：从昨天过吉隆镇八九千米开始，就进入一个深不见底的峡谷，而进入尼境内后，这个峡谷愈发雄奇险峻，森林茂密，大气磅礴。可以用这么一句话来概括：没到过尼泊尔，就不知道山有多高、谷有多深。

在国内经常听说某个峡谷是“继美国科莫罗拉多大峡谷之后世界第二大峡谷”，如恩施大峡谷、怒江大峡谷、雅鲁藏布江大峡谷等，今天见识了尼泊尔的这段峡谷，才知道那些“世界之最”都有些片面和夸张。

尼泊尔这段峡谷之大、之深、之宽，如果不算长度的话，足以秒杀那些“第二”，也足以震撼每一位路过的游客，仅这一点，就让我有“不虚此行”的满足。

早上从沙不鲁江边出发，抬头仰望峡谷山坡上的云雾和山坡上的村庄，感觉好高好远；而 3 个小时后，我们爬到山腰，云层在我们脚下，江水则像一条细线，若隐若现地匍匐在谷底；再后来，我们进入更高的云层，峡谷已深不见底，对面山坡上的村庄房屋，像蚂蚁一样渺小，却很密集。我很好奇，这样建在云端的村庄，这么高的人家，这么陡的山坡，却看不到通到山下的路，是怎么与外界联系的？

此时，我明白了为什么说尼泊尔是“建在山坡上的国度”。

30 千米上坡，上到山顶（其实还是山腰），然后在云雾中起伏不断，村民都是春装，甚至有人穿着冬衣。35 千米后开始下坡，约 25 千米的急下坡下到山脚，气温一下子跨过了两个季节，烈日炎炎，人们短袖短裤（或裙子），水稻梯田重重叠叠，庄稼一片嫩绿，俨然初夏。

今天值得记录的还有几件有趣的事：

1. 出乎我的意料，安皇的英语水平能达到点菜吃饭、讨价还价的水平，原来，他也上过大学。而我基本就是英文盲，买东西、问路，完全靠手势。

2. 在国内偏远地区，看到外国人骑车，都会像见到星外来客一样感到新奇，而今天我们成了外国人，一路也被当成星外来客一样被关注、被围观，有时热情的村民给我们打招呼“好路”“你好”“拜拜”……

最兴奋的是孩子们，有时简直是欢呼雀跃，有时跟在我们身后紧追不舍，后来知道，他们想追上来帮着推车子……

路上遇到几个客车车队，像是迎亲队伍，或者是学校的校车。像以前在印度电影或新闻里看到的那样，除了车内坐满了乘客以外，车顶上也坐满了人，其中很

南亚特色

多是学生模样的孩子。一边是悬崖、一边是峭壁，客车在暴烂的路面上剧烈地晃动，我的心也随之悬在半空晃来晃去，可是满车的乘客却丝毫没有紧张感。见到我们两个外国人，他们齐声欢呼，非常友好。只要我举起相机，他们就集体摆出POSE向我欢呼，看来可以放心地对着他们拍照了。

真佩服坐在车顶乘客的淡定，更佩服司机的胆量。

3. 与昨天一样，一路关卡频繁，今天至少遇到五六处检查点，有的只登记护照，有的也检查行李，很仔细，总是将行李翻得乱七八糟。其中一处军人检查站，第一次是在室内检查行李，屋子里站了一排大约20名士兵，好像是新兵，在观摩学习如何安检，几名教官在中间桌子上将我们的行李包一件件打开检查，并用简单的汉语和手势不断问“衣服?”“这是?”……

而各关卡军警的服装和职能也有区别，有的是深蓝制服、红色贝雷帽、不带武器；有的是迷彩服、荷枪实弹，设置由路障、铁丝网、沙袋码起来的战壕，俨然中东的反恐战场；有的着蓝色制服、贝雷帽。我判断分别是交警、特警、边防军或正规军。

今日的行程：第一次进入异国他乡，什么都感到新奇，昨夜有些兴奋，睡眠不是很好，也不是很差，半夜醒来倒腾了两次手机，总共浪费近2个小时。早上5点30分(加德满都时间)起床，到楼下用手机软件问房东“早点”，房东说“No”，并指着对面门店，让我们去外面吃。

于是我们推了单车找到隔壁小餐馆，还是小高出面，用生硬的英语沟通了半天，一人点了一碗面条，200卢比/碗，味道很差。与昨天的晚饭一样，厨师花了在国内做同样东西5倍的时间，可谓精雕细刻，让我明白了尼泊尔人的悠闲、慢节奏和无忧无虑，也明白了尼泊尔为什么这么落后。

河谷的水稻梯田

不过落后不等于没有幸福感，也不等于没有素质，相反，尼泊尔人的文明举止似乎比国人要高一个层次。比如，公路两边很少看到丢弃的饮料瓶、塑料袋等垃圾，纵观国内公路沿线，白色污染则非常严重。我想，可能是尼泊尔曾经被英国殖民过很长一段时间的原因，所以在尼泊尔英语得到普及，并成为官方语言。

7点多(尼泊尔时间比北京时间早2小时15分)出发，一小段下坡后过桥，然后陡上。以为不长，会一直在江边走，但结果是没有尽头的上坡，很陡，5千米后才有一小段缓坡，然后继续爬升。

20千米后，进入一个山坡小镇，很繁华。我在小卖部买了一瓶可乐，站在门口咕咚咕咚地喝，被村民围观。

街心一个检查站，警察主动招呼我过去登记，没检查我的行李。很幸运，从昨天第一次过关开始，检查我的行李都很宽松，基本是走过场，难道我长得不像坏人？想到此，不禁一阵窃喜。而后来的小高则检查得很严格。

出镇口又一检查站，这次是大批军人，和由路障、铁丝网、沙袋码的堡垒。

出镇后有一段缓冲，然后继续爬升，陆续有了烂路，并越来越烂、越来越险。不过，这个“险”是针对汽车来说的，对于从丙察察生死线过来的我们来说，不存在危险的问题。

小高骑的是公路车，这段路他没法骑，于是从这段烂路开始落在了后面，与我们分开了。

沿途部分地点留影

爬了几个小时陡坡，很饿，还没看到路书所说的30千米处有一个繁华的小镇，只好吃早上买的饼干，然后继续赶路。

在山梁上又走了一段起伏路后，天气放晴，可以从云缝中俯瞰巨大的峡谷，感觉很震撼，一路不断停下拍照。

35千米后，开始下坡，下了3千米，终于到了路书所说的巴扎尔，的确很繁华。我们像两个傻瓜一样找吃的，路过一个早点摊似的快餐店，老板是个年轻人，懂些中文，主动说“吃饭”。于是两份快餐，米饭加三样菜：鸡肉、土豆、腌菜。菜是冷的，不过吃得很香，还可以加饭，一人一大瓶矿泉水，每人280卢比。

饭后继续下坡，约22千米急下坡，下到山脚。山下气温如夏天一般，河谷是大片水稻，村镇密集，公路宽了许多，以为从此到加德满都都是这样的路况。

有点热，在一棵大树下休息、喝水。一个高鼻梁、大眼睛的姑娘从身边走过，很有气质，长得像印度电影里的美女，我很想将镜头对着她拍一张，可是她矜持的眼神让我打了退堂鼓。不懂英语，无法与她沟通，只好自拍了。

出了一个繁华集镇后，遇一个三岔路口，路牌英文指示往加德满都方向的路狭窄而冷清，不放心，我又问了几次路人，确认是到加德满都的方向，才大胆骑了进去。

进入不久，就开始上坡，而且是没有止境。转过一个山坳又一个山坳，每次转过一个山坳，看到前面的山口，以为就是最高点，但骑到那里时，发现公路通向前面更高的山口。这样反复无数次，最终让人麻木和沮丧，如果不是状态极好，肯定会崩溃。

这样一直爬到晚上6点30分(北京时间8点45分)，天已黑了下来。遇一小镇，实在饿了，到一小餐馆买了饮料和2个油饼。本打算吃完后继续赶路，按路书所说，加德满都应该已不远了，而且强度很低，但我发现前面山顶乌云密布、山雨欲来，决定就地住宿，明天再走，确保安全。

吃油饼的这家餐馆兼营住宿，一对黄皮肤的中年夫妇在经营，完全不懂汉语。双人间800卢比，没有独立卫浴，条件如藏区。

刚住下，就大雨滂沱。我猜测这样的大雨，通往吉隆口岸的路不知又有多少路段塌方，非常庆幸我们没有继续往前走，否则，后果不堪设想。

晚餐：一人一盘咖喱饭，120卢比/份，很便宜。我要了一瓶啤酒，350卢比，约合21.6元人民币，太贵，看来啤酒在尼泊尔算奢侈品了。

9月24日　小雨

线路：格格尼(Kakani)—加德满都(凤凰宾馆)

码表记录：骑行里程34.6千米，骑行时间3小时8分46秒，平均速度11千米/小时

昨晚刚住下，就下起大雨，而且时间很长。

昨晚的落脚点——格格尼

早上6点(加德满都时间)起床，外面是一片雨后景象，山下云雾飘渺，天空乌云密布，还在飘着小雨。

安皇与房东比划了半天，点了两盘炒面，两杯奶茶，合计200卢比，很便宜。

7点左右出发，雨点密集起来，气温较高，懒得穿雨衣。

出门继续爬坡，还是转过一山又一山，不同的是，今天的路况很差，昨晚有好几处塌方，早上挖掘机（终于看到机械作业）正在清理现场，不过没影响我们通行。

今天 34 千米的路程，有 25 千米的烂路。不是"世界最烂公路"的那种烂路，只是柏油路损毁严重，除了部分完全损毁外，其他部分还有柏油路的底子，但泥泞不堪。

格格尼镇外雨后的山谷

在雨中骑了 11 千米后才到垭口，加上昨天爬了一下午的距离，这个长坡总共 36 千米，不陡，但绝对是个考验意志和耐心的地方。

此时雨停了，远处的山谷部分露出了阳光，俯瞰脚下层峦叠嶂、山间云雾缭绕、梯田重重叠叠、阡陌交通，感觉自己所处的位置好高好高，此时最有"一览众山小"感觉。

农村面貌——幽美的自然环境与落后的生活设施形成鲜明对比

垭口有一关卡，也是进加德满都前最后一个关卡。警察拿着护照左看右看，看了半天，然后笑着还给我们，其中好像只有一个是警察，其他两个是协警。

过垭口后开始下坡，不陡，却很烂，满是泥水和炮弹坑。在下的过程中，我过分相信自己“炉火纯青”的越野技术，竟然摔了一跤，直挺挺地倒在了泥巴里，索性丢了弄脏了的破手套和护膝。

还是转过一个山坳又一个山坳，下了10多千米，一个小上坡后转过一个山口，路面好了起来，前面蓦然出现一片一望无际的房屋——加德满都终于到了。心里一阵激动，如释重负，刚好此时后胎破了、左脚踏坏了……一切像是注定，天佑我也！

我下的谷歌地图还是打不开，虽开通了国际漫游，但信号微弱，无法导航，只得一路骑一路问。我不会英语，只知道说“泰米尔”，然后打开手机微信，把安皇的一个骑友发来的位置信息给路人看，这样总共问了5次，终于找到凤凰宾馆。

加德满都街景

凤凰宾馆所处位置非常繁华，是外国人（当然包括中国人）最多的街道，中国人占有相当大的比例，店铺密集，其中最多的是户外店。进入尼泊尔境内3天来，第一次见到这么多中文招牌。

进入凤凰宾馆，就好像是回到了国内。宾馆一楼的天井就是大堂，设有旅游咨询、线路定制、车票预定、手机卡办理、尼币兑换等柜台，各种需要都能得到解决，非常方便。老板是中国人，工作人员都是漂亮的尼泊尔妹子，都会说流利中文。

房费1 200卢比，约合75元。

满身的泥水，顾不得饥肠辘辘，首先是洗了鞋子、驮包，然后洗澡换衣服，这才敢下楼走动。

宾馆餐厅有中餐，还是川菜，服务员是尼泊尔帅哥。午餐：凉拌牛肉、黄焖鸡、鱼香茄子，3个菜合70多元人民币，比西藏便宜一倍还不止。只是啤酒太贵，350

卢比，约合 21 元，味道不错，喝得晕头转向，回到房间睡了一个午觉。

下午小高也到了。他昨天住到山下，今早骑了一段就下起大雨来，只好坐车到加德满都。他将在尼泊尔待一个月，徒步大环线。

按前几天的约定，晚上 3 个人一起聚餐，以庆祝顺利到达加德满都。超市里的酒摆在很偏僻的角落，所占的空间很小，看来尼泊尔人不太喝酒。我们找了半天，买了一瓶尼泊尔白酒，750 毫升装的，回到宾馆餐厅，安皇点了 5 个菜，3 个人推杯换盏，直喝得天旋地转、舌头不听使唤。

泰米尔区的夜晚

今天的骑行感受：

1. 尼泊尔这个国家太穷了，尼中公路这么重要的干线，烂到这种程度，却修不起。

2. 加德满都太穷了，偌大一座城市，没看到一个烟囱（证明没有重工业）；没看到一座塔吊（证明没有新的建筑）；只看到一个工地，工地围栏上还是“中国兰州”字样的中文。整座城市，就好比是中国几十年前的城中村。

3. 感受最深的是尼泊尔的人民太穷了，沿途看到 90%以上的村民房屋，都是低矮、破旧的铁皮棚子，或土坯棚子。棚子小到你无法想象，我估计有的还放不下一张席梦思床。

三、沦陷加德满都

9 月 25 日　阴

昨夜又下了雨，看来尼泊尔是个多雨的国家，因此水稻能种在那么高、那么陡的山坡上。

昨晚的酒都喝得有点大，下半夜很不舒服，安皇也一样。早上睡到 8 点才出门，没吃早点。

今天唯一的计划是游览杜巴广场。本来住宿距杜巴广场不远，但还是选择坐人力车前往，目的是体验一下在异国他乡坐人力车的感觉。

古城留影

杜巴广场入口处有售票亭，售票人员先问“China?”，我们回答“耶”，然后他示意门票1200卢比……很显然是格外对待中国人，不过我并不感到被歧视。此时的我有一种当土豪的感觉，这种情况在随后几天的其他行程中同样发生。

市井百态

杜巴广场古建筑群

杜巴广场是来尼泊尔的必游之地，不论你是不是对古建筑和历史感兴趣，毕竟杜巴广场是“辉煌的世界文化遗产”。来之前听说地震损毁严重，游览价值大打折扣，而我的感觉是，这里依然是一个非常值得一游的重要景点，大量的古建筑依然还在，走在里面有一种无可名状的历史沉重感。当然我并不想知道这里曾经发生过什么，只是对这些古建筑所承载的历史和文化感到非常好奇。

杜巴广场

杜巴广场上的地摊很多，像个集贸市场，几乎所有商品都与宗教有关。

广场的古建筑与现代建筑没有界限，这么神圣的地方任由小商小贩摆摊设点，各种人力车和机动车辆乱停乱放。如果一辆出租车停在北京故宫太和殿门口拉客，绝对是件冒天下之大不韪的新闻，但这里见怪不怪；成千上万只鸽子在这里自由地栖息，牛羊悠闲漫步……万物在这里都是和谐共处、共享共生。这正遵循了自然的法则——顺其自然的“自然”。

去年的地震，给这些古建筑带来的破坏的确非常巨大，也许是太穷了，至今还没有得到哪怕起码的修缮，几乎全部的古建筑都用木头支撑着。

逛完杜巴广场后，我们徒步返回，为的是更好更直观地见识和了解异国的风土人情：走过拥挤的集贸市场、街道、小巷，最大限度地感受了加德满都市民包括摊贩、军警、神职人员、流浪者、乞丐、学生等组成的芸芸众生的生活状况和文化特点，用两个字来概括：

杜巴广场一角

旧——没有一栋新房子，全是灰不溜秋的旧房子，甚至摆在地摊上待售的商品也很多是旧的；很多因地震而震裂、震歪的房子，都用木头支撑着继续使用。

挤——狭窄的街道上人头攒动，似乎可以走任何车辆，摆放任何摊点，所以显得非常嘈杂和拥挤；最便捷的交通工具就是摩托车，又多又快，汽车也见缝插针地左冲右突。

因为天气不好，时间有限，我们放弃了去博卡拉的计划，给以后可能的尼泊尔徒步留点悬念或借口，只打算安心地在加德满都待几天。

下午做的几件事：

1. 我和安皇一人买了一把尼泊尔弯刀。正确的名字叫廓尔喀军刀，据说是廓尔喀士兵的必备武器，廓尔喀族人的弯刀出鞘必定见血。

廓尔喀雇佣军骁勇善战，对雇主极为忠诚。1814 年英军攻打尼泊尔，3 万英军对付 1 万多廓尔喀人，用了 2 年时间才征服廓尔喀人；和平后，英军获得了雇佣廓尔喀士兵的独家特权。至今英军中还有成建制的廓尔喀营，他们随英军在世界上打过很多仗。

现场演示，这种刀居然真的可以削铁。只是价格有点贵，运费更离谱。卖刀的尼泊尔青年（34 岁）会说流利的中文，非常能侃，留了他的微信，即使回国，也可买他的刀。

丰盛的晚餐（尼泊尔手抓饭）

2. 我买了七八十张明信片，打算寄给家乡的骑友，写地址和收卡人姓名是个大工程，估计半天也写不完。

3. 准备了打包自行车的蛇皮袋、胶带，打算随人一起乘飞机。本来宾馆楼下就有中铁快运，但价格昂贵，一辆自行车要上千元的运费，所以还是决定带上飞机。

4. 给安皇作参考，他买了一双“狠”登山鞋，19 000 卢比，比国内淘宝便宜一半。

5. 傍晚又与小高会合，我提议吃一顿正宗的尼餐。找了几条街，终于找到一家尼餐厅，我点了羊肉手抓饭、炸菜饼、奶茶，共消费 600 卢比，感觉不错。

9 月 26 日　阴

像每次一样，从高原下来后有些“醉氧”，既能吃、也能睡，但整天懒洋洋的，显得有些颓废。对于尼泊尔多如宝藏似的旅游景点和线路提不起多少兴趣，但实在不敢浪费了时间和来之不易的机会，决定尽可能多地游览加德满都及附近名气稍大的景点。于是今天去了巴德岗。

巴德岗古建筑

加德满都印象

正在修缮的古建筑

巴德岗距加德满都不到20千米，打的单程1 000卢比。出租车很小，其实加德满都95%以上的轿车，都是两厢微型车，个头和国内一万多元的电动汽车差不多。几天时间里，我从没见过一辆豪车（据说只要看到“高档车”，那一定是中国人在开），我想不仅仅是没人买得起，就算买得起，也不敢在这么狭窄、拥挤、秩序混乱的街道上当碰碰车来驾驶。

巴德岗是加德满都谷地的三大城市之一，是尼泊尔中世纪建筑和艺术的发源地。街道、墙壁都是红砖砌就，砖红色是巴德岗古城的主色调，质朴的红砖、深栗色的精制木雕，再加上密集的寺庙和砖石佛塔构成巴德岗独特的建筑风格。

巴德岗印象

我们的巴德岗之行，更多的是在“完成任务”，都对寺庙和佛塔不感兴趣，唯一吸引我的还是尼泊尔老百姓的生活场面、市容市貌、风俗习惯，等等。而巴德岗广场的古建筑群与杜巴广场的风格基本一样，但没有杜巴广场的高大和雄伟。仅从这一点来看，游了杜巴广场，就没必要看巴德岗了。

巴德岗随拍

巴德岗有4个广场，说是“广场”，其实并不“广”，其中的陶瓷广场非常小，几个土窑正在烧制陶器，看样子其工艺非常落后，烧制出来的坛坛罐罐非常粗糙。鳞次栉比的店铺和地摊上出售的铜制品、铁艺品、木雕、佛像、面具……几乎所有东西，都与宗教有关，对我来说毫无用处。

巴德岗待了不到2个小时，就打道回府，还是那辆出租车，在门外一直等着我们。

下午没事可干，索性提前拆了自行车，用了近2个小时打好包，感觉还行，了却一桩心事。

晚上3人再次相聚，楼下餐厅用餐，两荤一素。我一个人一瓶啤酒，价格还是抵得上家里的一箱啤酒，没办法，馋酒也馋肉，这种“一掷千金”的土豪生活还有2天的时间。期待回国，期待回家——宁愿回家做穷人！

9月27日　多云

今天是进入加德满都后的第一个晴天，在即将离开之前，好天气终于让我对加德满都产生了一些好印象，尽管今天所游览的景点是个不吉利的、甚至让人感到恐惧的地方——焚尸庙(Pashupatinath)。

与杜巴广场和巴德岗相比，焚尸庙是最能体现尼泊尔文化与中国文化巨大差异的地方，因而也最让我感到震惊和最有感触，不禁有“同是地球人，怎么习俗会有这么大的差别呢?”的感受。让我震惊的主要有5个方面：

1. 露天焚尸。圣河马格马蒂岸边，建有数十座石头平台，焚尸就在平台上进行。

焚尸现场

据说人在死前几小时就被亲人抬到这里的“等死室”，咽气后清洁遗体，用白布或黄布裹好，有焚尸工将遗体放到由粗大的木柴呈井字形码放的柴堆上，再在四周靠上木柴，点燃。有死者女家属在旁边哭泣，而男家属则在河边剃光头发、进行一系列宗教仪式。

马格马蒂河的岸边

我们到达时，有的已烧完，操作工正用水将骨灰冲进河里，而河里有人正在洗衣服、沐浴，丝毫不受影响；有的则刚刚点燃，正在焚烧，气味刺鼻；还有的是刚刚抬过来，放在石头台阶上等待焚烧；有的是焚尸工正在用粗大的木柴将其架在平台上。

理论上讲，焚尸并不奇怪，不像西藏的天葬（我也亲眼见过）那么恐怖。这种焚尸其实就是火葬，奇怪的是这种火葬的方式还是这么原始。据说焚尸庙已有1500 年的历史，就是说这个焚尸场已存在了 1500 年了，现在被列为著名的世界遗产。

2. 河边的宗教仪式。焚尸台对面河岸，有数级巨大的石头台阶和石头平台，数十位僧人正各自在为信徒做某种宗教仪式。信徒有男有女，大概是以家庭为单位，盘腿坐在僧人面前，地上摆满好多铜制器皿、蒲叶、食物等。一边摆弄这些器皿和食物，一边听僧人讲解，男信徒脱掉衣服，光着上身，神情十分虔诚，做完后把点着蜡烛的蒲叶放到河里漂走，男信徒才穿上衣服，一脸的满足和释然之色……

正在进行的宗教活动

3. 两岸鳞次栉比的寺庙和佛塔，规模十分巨大，也十分古老，极具神秘感。

4. 第一次见到传说中的苦行僧，据说这里居住着 300 个苦行僧。苦行僧真的很“苦”，一个个形容干瘦，脸上画着奇怪的图案，头发胡子又深又乱，衣不覆体，让人十分好奇：他们的工作是干什么的？他们靠什么生存？……

苦行僧

5. 焚尸庙对面的山坡上，建有上百座古老的佛塔，密密麻麻的猴子，俨然是这里的主人。

事实上，动物在这个大都市里有着与人一样的自由和地位，人与动物的关系，是真正的和谐相处。从各种古建筑上就可发现，人们历来崇拜蛇和大象；而现实当中，满街的野狗、猴子、数量多到你无法想象的鸽子，还有走在市中心的牛，都是那么悠闲、那么无拘无束，充分说明人们对动物的尊重和爱护。

对动物尚且如此，对人当然更是惺惺相惜了，比如，信徒们路过乞丐身边都会停下来施舍一些纸币。

今天还值得记录的几件事：

1. 加德满都没有一处红绿灯，交叉路口完全靠人工指挥。加德满都交警全是身材高挑、苗条而健硕的年轻人——个个都是帅哥，看来是经过严格选拔的。

古树、古佛塔、牲畜

指挥交通的手势十分奇特，不像国内那么规范、那么大幅度挥动手臂，而是十分随意；动得最多的是手指和手腕，而不是臂膀，配合口里的哨子，居然还能把潮水般的车流"玩弄于股掌之下"。

交警都带着口罩(有的后腰上还挂着或手里拿着一根木棍)，即使这样，他们仍然是吸收废气和灰尘最多的人，仅这一点，就足以说明他们是多么辛苦了。

2. 加德满都的汽车司机个个"快、准"，没有什么"礼让三先"，凭的是过硬的驾驶技术和胆量，见缝插针地超车、变道、别车(不是故意斗气的那种)，脾气还相当的好，没有国内那种因超车和被超经常发生的斗气。

3. 尼泊尔人的好脾气还表现在满街的"凶器(廓尔喀军刀)"商店和地摊，却没看到过、也没听说过打架、斗殴、杀人等事件。尼泊尔大概没有"管制刀具"一词，随处可以看到和买到尼泊尔弯刀，这些刀与所谓的"拉孜藏刀"不同，不是用来摆设和观赏的，而是可以削铁断发的真家伙，看着就让人毛骨悚然……

导航显示，驻地到焚尸庙不到 5 千米，可是走了个把小时，还显示只走了一半。有些内急，走了几里路也没看到"WC"，只好放弃徒步，拦的士过去，车费 200

焚尸庙印象

卢比,返回则是 400 卢比。是那种非常袖珍的两厢微型车,车龄少说也有 20 年了。

焚尸庙来回一趟近 10 千米,又弄了一身灰尘。

9 月 28 日　阴

昨晚非常想再去吃一顿尼餐,并不是因为尼餐比中餐好吃,而是想加深一下对尼餐的印象和留下一点有关尼餐的回忆。我个人还是蛮喜欢尼餐的,至少比楼下宾馆餐厅的川菜味道清淡,而且肉更多,还很便宜,无奈安皇不喜欢尼餐,只好楼下餐厅里解决了。

他点了羊肉干锅、小炒肉、肉片汤,看起来都是肉,其实都是肉炒辣椒——肉少辣椒多,尤其“干锅羊肉”,就几块小骨头,炸得看不出是不是羊肉。这一顿吃得很差,却很贵,后果也很严重:辣得口腔出血。

就要回家了,昨夜有些兴奋,下半夜辗转反侧,好不容易挨到早上 5 点 30 分(加德满都时间),天还没亮,就起来洗漱、收拾行李。

其实,长途旅行中最期待的不是某一个景点,而是回家——除非没有家庭,或没有一个幸福的家庭(这样背景的骑友我见过几个)。如果我是一纸风筝,那么旅程就是一根长线，一端拽着我，另一端系着“家”；飞得再高、再远，终究牵挂着家，也只有回家，风筝才算是风筝。

等到 7 点 30 分，到楼下餐厅里吃了自助早餐，8 点提了驼包和自行车出门找车。没费多大劲就拦了一辆越野车，轻松放下两人的行李，车费 700 卢比。

8 点 30 分就到了机场，一下车，就有搬运工推着行李车帮忙拿行李，免费的，但还是给了 100 卢比小费，可恼的是出租车司机和搬运工都没有（或者我们没说清楚）告诉我们应该去国际候机楼。

来之前我就猜测特里布胡机场不会很大，实际看到的比我想象的还要小、还要简陋，候机楼还不如国内的一个县级火车站。安检非常马虎。

办登机牌柜台旁没有自动行李传送、分检设施，全是搬运工推着人力车转运。

进入大厅，没看到一个中文字，全是英语和尼语，别人手里都拿着一张单子（问了才知道是行程单），不知道在哪个柜台办登机牌，心里一片茫然。

我在手机上翻出机票订单英文版给服务人员看，她用手指着我身后画了一个弧线，我以为是示意我到休息区等候。我想是不是我们来太早了？起飞时间是下午 4 点多的，我们早上 8 点 30 分就到了。我特意来早些的原因，就是怕因不懂这里的规矩和语言而耽误时间，还怕万一单车上不了飞机，能留有有足够的时间转发快递。

等到 11 点多，总感觉不踏实，墙上唯一的一个小电子屏上没有订单上所说的去昆明的航班和起飞时间。我将订单英文版发给安皇，他英文比我强，让他去了解一下是不是还有个“国际航站楼”，一问果然如此。原来刚才我问那个空姐，她并不是叫我在休息区等候，而是叫我出大厅绕到后面的国际候机楼……

哇塞，不懂英语真吃亏啊，还闹出这么大的笑话，像两个傻蛋！

我们又提了笨重的行李出大厅，放手推车上，走 5 分钟到后面的国际厅。这里果然不同，熙熙攘攘、人头攒动、热闹非凡。候机楼比刚才的大得

特里布胡机场候机厅

多,但外表看起来像个砖瓦厂。

过安检排队半天,进到大厅,还是不知道在哪个柜台办登机牌,安皇用"有道翻译"与工作人员比划了半天,总算搞清了办票的柜台。说是到下午1点才办,只好等候。一转身,终于看到几个中国人,老乡见老乡,格外亲切,也找到一点安全感,不怕再出错了。

老乡中有个年轻的小伙子懂英文,楼上拿了一叠满是英文的登记单(如果没遇到他们,我们根本不知道还要填这张单子,也不知道如何填),他自己填了后就给我们作参考,帮忙填了单子。

下午1点开始办登机牌,轮到安皇时,搬运工说他的行李超重,要收1 000元人民币。安皇不允,决定将行李拿出一部分随身带,搬运工又降到400元人民币,安皇继续减行李,最后工作人员降到200元人民币,安皇坚持给100元,终于成交。行李也不用减了,拿出的东西又放回驼包。

取了登机牌,进候机室的过程中又有2个关卡:一个验票、收取登记单、登机牌上盖章;另一个是安检,这次比较严格,终于看到一个红外线扫描仪扫描行李,安检完,又盖章……

登机程序和手续很繁琐。

候机室像个大单位的食堂,很简陋和狭窄,当然旅客也不多。终于搞定了一切手续,只等着上飞机,这才有时间找吃的。一人买了一盒炒饭,冷的,用微波炉热一下,总算填饱了肚子。

最后一件事是将剩下的尼币全部花完,1 430卢比,我买了两块巧克力,一小包饼干,刚好花得一分钱不剩,也总算有东西带回去哄儿子了。除此之外,在加德满都实在找不到能带回家给老婆和孩子的礼物,倒是有一个给自己的,而且非常喜欢,那就是尼泊尔弯刀——著名的廓尔喀军刀,花了600元人民币,不知能否寄到国内。

下午4点15分,即北京时间傍晚6点30分,终于登机,踏上了回家的路。

回家的感觉真好,回家的过程也不错!

再见了加德满都!

再见了西藏!

再见了丙察察!

第七章 唐蕃古道

一个人的三江溯源之旅

出发了——第五次西行，骑行第七和第八条进出西藏公路。

一切都在计划之中，从宏观的叙事角度来说，一切又似乎在意料之外，包括选择在这样一个“冷门”的季节、以一种“冷门”的方式、走一条非常“冷门”的线路。

所谓“冷门的季节”，是指眼下的初秋，暑假行将结束，大多西行的骑友早已回家，或者已在返程的路上，而我在此时出门，显得有点另类和“叛逆”。

“叛逆”的原因，并不是某根神经短了路，而是忠实地将这个“温暖”的暑假留给了家人——还有什么事比与家人团聚享受天伦之乐更加幸福和美妙的呢？而只有暑假孩子们都放假了，才有这样的机会。

当然还有一个技术上的原因，那就是选择在秋后出发，可以避开藏区的雨季，少受些在泥泞道路上骑行的折磨——去年的丙察察路上所受的磨难让人刻骨铭心，至今还心有余悸，而G317线又是一条“中国最美却最烂的三条公路”之一。

所谓“冷门的方式”，是指一个人“单飞”。

尽管从来不乏“千里走单骑”的牛人，但结伴进藏才是主流。

我不拒绝孤独，但并不喜欢孤独。每当听到“享受孤独”这句话的时候，我就会猜测从嘴里蹦出这几个字的人，要么是个菜鸟，要么是人格扭曲。除此之外，或许还有真有那么几个“文艺”的高人，愿意享受独自旅行这种略带淡淡忧伤和浪漫的感觉。

我没有那么高深的追求和觉悟。我只是极其普通的一个行者，每天怀着渴望的心情，瞪着一双焦灼的眼睛，混杂在芸芸众生之中为生计奔波和操劳(在驴友的眼中，可能我是总是“野在路上”，其实真实的我工作起来比骑车更拼)。如果说有什么追求，那就是“过好自己的小日子”——包括一年一次的远行，前提是没有温饱方面的近忧，仅此而已。

从这个意义上讲，我选择“单飞”的原因，并不是想当什么“牛人”或所谓的“英雄”。

其实大多“牛人”入行的动机原本很单纯，或者根本没有什么动机，他们只是做自己感兴趣的事情，偶然或必然成就了一些经历，却被旁观者们视为“壮举”，戴上“英雄”“偶像”之类的桂冠，赋予了更多的含义。尽管这并不是出于行者的本意，但在这些缥缈的光环下，有些原本单纯的行者，开始有了野心，居然真的为“英雄”这顶帽子装起相来，装来装去，装得失去了自我、失去了方向，有的甚至失去了生命。能让他们铤而走险的，除了“功利主义”这把杀猪刀，你还能说出有多少其他的原因呢？

而我就是众多逞过能的草根之一。

第一次进藏，仅仅是怀揣着好奇、带着儿子去旅行，丝毫没有什么诸如“挑战”“征服”“修炼”之类“高大上”的想法，记得曾在日记里写道：

“云南是一个美丽的地方，我很向往。

“到云南旅游是我的梦想。用什么方式去旅游，我等了数年，想了很久，最后我选择了骑行。

“有了骑行云南的计划，于是我买了单车，因为买了单车，我爱上了骑行；因为爱上了骑行，让我骑行云南的梦想终于变为现实……”

——说是去云南，其实要去西藏，出发前连自己都不愿承认，更别说对外声张了。

然而，西行归来，意外的鲜花和掌声，在我心中播下了功利主义和英雄主义的种子，以至于在以后一段时间内的骑行，或多或少掺杂了一些作秀的成分。

让我幡然醒悟的，则是一次意外（用哲人的眼光看这也是必然）的受伤。当面对实实在在的痛苦和危险的时候，才重新认识和定位旅行的目的和意义——其实很简单，就是“做自己感兴趣的事，一切与他人无关”，做事的方式和成果，用不着拿来当作炫耀的资本。

上帝其实是很公平的，给了你这方面的能力，意味着在其他方面你可能就是个白痴。所以，对于他人的吹捧和吆喝，权当是路边当季的鲜花，迟早是要谢的。看一眼就行了，绝不可拿来当饭吃，再说它也没有果腹的功能；而对于他人的嘲讽，权当是几滴小雨，砸不破头，湿不了身，又何必放在心上？

归纳起来说，我旅行的目的和意义就是“干自己想干的事、走自己想走的路”。

而此时我想干和正在干的，是第五次进藏骑行——没有理由、也不需要理由，如果硬要给出一个堂皇的借口,那就是了却自己的一个心愿——走完进出西藏全部 8 条公路中的最后 2 条。

为什么是“走完”而不是“骑完”? 因为最初的两次进藏——滇藏和川藏,尽管难度最低,我却并没有骑完全程。原因很简单,什么样的同伴决定了什么样的行程:滇藏线带着初中刚毕业的儿子,出于体能和安全方面的考虑,从昆明到拉萨 2 400多千米,骑了一半,搭车走了一半;川藏线则是一群同伴,体能参差不齐,骑行目的不一样,“木桶效应”的规则,决定了川藏骑行的残缺不全,2 200 千米中,有 300 千米是坐车通过的。当然还有的是,那时的我,根本不介意当“逃兵”,更不介意别人会不会嘲讽你“当逃兵”。

因为秋后约不到伴,使此次进藏骑行成为唯一一次“单飞”西藏的旅行。

还是那句话:我不拒绝孤独,但绝对不喜欢孤独,何况这次的孤独之旅有一种预知的担忧,那就是唐蕃古道上的住宿和 G317 线上的野狗。

唐蕃古道是一条人烟稀少、食宿条件极差且分布很不均匀的线路,我担心的是在这个“冷门”的季节,那些本就凤毛麟角的住宿点会不会关门歇业了? ——天黑了找不到住宿是件很可怕的事!

而传说中 G317 线上的藏狗比人还多,这是我曾经领教过的:2012 年川藏之行走的小北线,在八美镇前后不到 30 千米的路段内,两次被硕大的藏狗追咬。

我是一个悲观主义者,什么事情在未做之前,都预设最坏的结果,继而预备相应的应对措施。此次也不例外:对于可能出现的“找不到住宿”,我有足够的体能和信心,在天黑之前完成唐蕃古道上相邻最远两个镇之间的路程——镇上是不可能没有住宿的;而关于 317 上的藏狗,我将严格奉行着“文明、和谐、友善”的社会主义核心价值观——前提是“人不犯我、我不犯人”。

所谓“冷门的线路”,是指“唐蕃古道”。估计大多骑友听都还没听说过这个名字,不过在古代,它是一条非常著名的道路,也是唐代以来中原内地去往青海、西藏乃至尼泊尔、印度等地的必经之路。文成公主远嫁吐蕃王松赞干布走的就是这条大道。它的形成和畅通至今已有 1 300 多年的历史。

广义的唐蕃古道是指从西安到拉萨,跨越陕西、甘肃、青海、四川和西藏 5 个省区,全长约 3 000 千米,其中一半以上路段在青海境内。狭义的唐蕃古道是从青海西宁到西藏类乌齐县,全程约 1 200 千米,是 G214 线的一部分。

很幸运,如新藏线、丙察察线一样,在它成为“热门线路”之前,我是一个“后先驱者”——不是刻意选择当“先吃螃蟹的人”,仅仅是因为已经完成了其他 6 条进藏线路骑行，轮到了走唐蕃古道。有一个好处是能欣赏到在被旅游大军淹没(比如G318线川藏段)之前更原始的风光，感受更淳朴的民风。

一、逐鹿通天河

8月26日　多云转阴

原计划24日出发，应几个环青海湖骑友的要求，将行程推迟2天，与他们一起乘今天12点32分的火车。

这样也好，一是使自己的孤独之旅，能以一种不孤独的方式开头；短暂的同行使23小时的乘车过程中，孤独和寂寞不至泛滥，卤肉、啤酒、美女……像大多次远行一样，火车上队友们的欢声笑语，给了我一个开心的前奏，或许还能与他们一起骑一天。二是刚参加完“骑闯天路”比赛回来，身体还处在疲劳之中，延迟2天出发，正好有一个恢复的过程。

8月27日　雨

小雨，从西安一直下到西宁。

旅行的故事似乎总少不了火车的元素，我的长途旅行也不例外，只是从来就没有过文人笔下的“邂逅”，因而总显得枯燥和有些漫长，更与“浪漫”扯不上半点关系。

早些年乘火车留给我的记忆是等待、拥挤、脏乱……概括起来的感受就两个字——煎熬。而现在不一样，我早已适应了在这狭窄的空间里，听来自天南海北的旅客侃大山，数车轮撞击铁轨的咔嚓声。没有电脑，没有电视，没有相机，没有书(其实应该带一本书的)……什么也干不了，什么也不用想，大多时间是坐在窗前，看着窗外向后飞逝的城市、村庄、山水而傻傻地发呆。

我睡的是上铺，昨夜不错的睡眠，充分证明自己是个贱骨头。

中午11点30分西宁站下车，北风呼啸、淫雨霏霏，很冷，像是一下子进入了初冬。

原计划一起包车去游塔尔寺，再返回西宁住宿，明天再各奔东西：我走倒淌河，他们去西海。下车前临时改变主意，与他们一起直接坐车到西海镇，明天陪他们骑半天，然后再单飞。

下午 3 点 30 分到达西海镇,这里更冷。

班车司机就是掮客,把我们“卖给”一家自行车租赁店兼旅馆,价格倒还公道,也好,省得自己到处找。

放下行李,取了单车,四人一起上街“骑游”。逛了原子弹基地博物馆,里面只有旧仪器和原子弹模型,没有什么惊人之处。

也许是“冷门季节”的原因,西海镇没有几个游人,如此时的气温一样冷清,如此时的天空一样沉闷,我不禁想起了刀郎的情歌:

自你离开以后
从此就丢了温柔
等待在这雪山路漫长
听寒风呼啸依旧
一眼望不到边
风似刀割我的脸
等不到西海天际蔚蓝
无言着苍茫的高原
……

找到一家川菜馆想“腐败”一下,遗憾店家做菜手艺不对我们胃口,吃得有些潦草,队友自带的泡酒也只品了一点点。

饭后各自买了明天路上的补给,我的最多,包括防水手套、脸盆等生活用品。

海拔才 3 000 余米,居然有高反症状,看来明天陪他们休闲骑行半天很有必要。

8 月 28 日　小雨、北风

线路:西海镇—种羊场—倒淌河

码表记录:骑行里程 85.15 千米,骑行时间 5 小时 50 分 27,平均速度 14.58 千米/小时

全程时间 7 小时 36 分 57,海拔范围 3 088～3 305.8 米

昨天的晚餐很糟糕,仅有的几块红烧羊肉跟橡皮一样难嚼,不但没达到解馋的目的,反倒辣得鼻涕直淌。

离开西海镇

我数次进藏骑行，挑战过最高5 700米的海拔，所以一直藐视青海湖的高度。没想到这3 000余米的海拔，居然让自己提前进入高反状态，而且程度远不止是“轻微”那么简单：昨天头痛了半夜，今天面色暗淡，骑行很费力，尽管以极慢的速度走在队伍的后面，大多时候，不得不大口大口地呼吸。

早上8点6分出发，下午3点40分到达倒淌河镇。85千米路程的骑行强度，对还处于高反状态下的我来说，不亚于骑2趟软脚岭。

按计划，今天陪环湖的3个队友一起骑行半天。从西海镇到甲乙村(环湖路与G109线分叉口)57千米的骑行，我一直在押后。不一样的节奏和骑行习惯，让我有点不适应，尤其是频繁地停下歇息。期间有过提前离开队伍先走的念头，但之前有过承诺：陪骑到午后，再各奔东西。再说，我还没适应缺氧状态，不一定比他们骑得快。

骑到中午12点10分，才骑了42千米，我有些着急。路边回民餐馆里一起吃了牛肉拉面，然后催促大家上路。

饭后雨更大了，2个女队友越来越慢，15千米的距离，用了一个小时才骑到岔路口。她们叫苦不迭，并有了搭车的念头，但最终还是在知对(网名)的鼓励下坚持骑到了目的地。

岔路口冒雨互拍了照片，握手、告别，然后我离开环湖路，左拐上 G109 线，顶着逆风向倒淌河挺进。知对则带着 2 个女骑友右拐，沿 G109 线往相反方向继续环湖，向他们今晚的落脚点——江西沟骑行。

2 年前的 9 月，我曾从拉萨出发沿青藏线骑出西藏，没想到 2 年后的今天，我又骑行在 G109 线上。还是风雨交加，还是车水马龙，还是如潮的旅游大巴、自驾车、大货车呼啸着从身边驶过，让我提心吊胆……好在今天只在青藏线上骑行了 28 千米。

28 千米后，到达今天的落脚点——倒淌河镇。这里又是一个拐点，往左是去西宁，往右才是明天的行进方向——G214 线，也就是唐蕃古道。

关于倒淌河，有很多关于文成公主的传说，其中之一是：当年唐王为了沟通藏汉两族的关系，促进文化交流，将年轻美貌的文成公主嫁给吐蕃王松赞干布。文成公主在赴藏途中，到达日月山时，回首不见长安，西望一片苍凉，想念家乡和父母，悲伤不已、流泪成河。泪河逆势向西汇入青海湖，天下河水皆往东流，偏有此河向西淌，所以人们称此河为“倒淌河”。

镇中心广场上立有巨大的文成公主雕像。正愁雨中一个人无法拍照，恰好有一对自驾驴友也来留影，还没等我开口，其中的女子就主动要求帮我拍照，此时是下午 3 点 36 分。

倒淌河镇文成公主塑像

倒淌河镇很大，也很繁华，满街的宾馆和餐厅，让我不知该往哪里去住，浏览了半天，选择了一家外面看起来不错的宾馆，进去一看，是藏民开的。房费 50 元，二楼、单间、大床，无水无厕，厕所在楼下后院很远的角落里，又破又脏，看来今晚要委屈一下 2 个空矿泉水瓶了。

其实这家宾馆有不错的标间，房价 120 元，我当然住不起，一个人旅行的弊端开始显现，包括吃饭。晚餐吃了一碗面条，省了一个人点菜吃饭的尴尬：一个菜太乏味，两个菜太浪费。

青海湖畔的沙丘

服务员扎西用废弃的食用油塑料壶装了一壶冷水送到房间，我用电壶烧开，倒进昨天刚买的脸盆里，草草擦洗了一下身子。换下已被不知是雨水还是汗水浸透的内衣，还有内外湿透的鞋子，然后坐在床上，裹上被子，一会儿便有了暖意。

环青海湖的感觉：

1. 青海湖畔的无垠草场，是我见过的最丰茂的牧场。一路看到的藏牧民一个个春风得意、面带喜色，而看到的牛羊，也格外密集和肥硕。青海湖，真是个好地方啊！

2. 青海湖的景色，真应了我之前的定论："仅从观光的角度说，去了西藏，尤其朝拜了纳木措、玛旁雍措、羊卓雍措这三大圣湖后，没必要再看青海湖。"

青海湖的确不错，主要体现在她是个自行车骑行"圣地"，除此之外，她的风光略显平淡。

不过，"环湖"的象征意义远大于实际意义，从这点上说，我今天的"环湖"（尽管只有 1／6 的环湖距离）还是值得的。总有一天，会再来一个完整的、且与众不同的环湖体验，这一天有多远呢？也许是 60 岁以后吧，如果提前来环湖，只有一个原因，那就是陪伴家人。

8月29日 阴，偶有阳光

线路：倒淌河—柳梢沟—共和县—铁盖乡—河卡镇

码表记录：骑行里程 125.9 千米，骑行时间 8 小时 7 分 54 秒，平均速度 15.48 千米/小时

全程时间 9 小时 28 分 50 秒，海拔范围 2 885.6～3 575 米

昨晚并没有用上矿泉水瓶，半夜还是打着手电，顶着寒风，冒着感冒的风险，趟过院子的泥泞和草丛上茅房。在文明熏陶中成长的我，实在做不出不文明的事情。

早上起来，鞋、手套和袜子还没干，乱七八糟的行李收拾了半天。高反症状烟消云散，难道这么快就适应了缺氧？

出门一看，天色阴沉，让人失望。

吃了一笼半生不熟的小笼包(3 300 米的海拔不用高压锅怎么蒸得熟呢？)和一碗淡稀饭，腌菜是收费的，所以没要，共收了我 19 元，好贵啊！

7 点 30 分上路。出镇便是 9 千米的上坡。爬出镇口，抬头远眺，偌大的倒淌河镇掩映在广袤的草原之中，此时已显得很小。草原的尽头，绵亘的群山顶着泛青的云层，阳光从狭窄的云缝里挤出来，洒在山坡上，呈现出一小片耀眼的金黄。我心中窃喜：莫不是老天开恩，今天是个好天气？

回头看一眼倒淌河镇

我这样想着,心情开始荡漾起来,以享受美餐的态度和节奏向柳梢沟垭口骑去。

果然,不一会儿云开雾散,一片片金色的阳光,没有规律地洒在山坡上,使刚才还一片暗淡的大地,立刻斑驳灿烂、生机盎然……又见如洗的蓝天,又见如花的白云,又见如云的羊群"飘荡"在绿茵茵的牧场上……仿佛又回到西藏。

我不失时机地开了音响,借着出门前精挑细选下载的音乐在此时创造的氛围里,将心中的惬意推向极致,使 9 千米的爬坡过程高潮迭起……爬到坡顶,用了一个多小时。

柳梢沟垭口是唐蕃古道上第一个垭口,海拔不高,才 3 500 多米,不过冲着这个"第一",拍照留影是必须的。如何拍? ——相机放地上 10 秒延时玩自拍。随后将近一个月的孤独之旅中,都将如法炮制。

G214 线比我想象的好得多,我甚至可以下结论:在所有进藏公路中,G214 线的路面是最好的(除少数路段还在修整外),而更好的道路是与之并行的共玉高速(共和县——玉树市)。非常意外和幸运的是,今天我在这条高速上骑行了 90 千米。

事情是这样的:出门骑了 30 千米后,遇到一段道路在翻修,稍加犹豫,我便拐上了高速。

共玉高速上孤寂的我

说是高速,其实很多路段没有封闭,这让我有了可乘之机。当然,让我有信心上高速的,是随处可见的牧民和羊群随便横穿高速的情景,以及大货车可以随处停在高速公路应急车道上休息。

本打算骑一段就下来,但后来感觉在应急车道上骑行,似乎比在普通公路上更安全。尤其过了共和县城10多千米后，共玉高速与京藏高速分开，车流大部分直行去了格尔木方向。共玉高速上立刻安静了许多，有时半天看不到一辆车，这让我更有了安全感。

放眼望去，路两边无垠的原野空旷而贫瘠，除了电线杆，少有人烟。这里已算不上“草原”了，用“荒漠”形容似乎更合适一些。我此时的感觉，就像又回到了青藏线上的可可西里无人区。

高速公路到K145处突然有个便道出口，大部分车辆都纷纷从这里离开高速，上了30米外与之并行的G214线，只有极少汽车过收费站继续行驶。

原来，从倒淌河（也许是从西宁）到这里的高速是免费通行的，而从此处开始正式收费。这让大多数汽车司机选择从此处离开高速改走G214线，毕竟G214线的路况也是极好的。

我不知能不能继续走高速，更确切地说，工作人员会不会赶我下来？

问路边一个当地司机，他说“别理他，走你的”。

于是我头也不抬、旁若无人地从挡车杆缝隙里骑了进去，竟真的没人理睬。

铁盖乡的寺庙

收费路段的高速上汽车少得可怜，我的单车走在上面，显得非常突兀和霸气。仿佛此时的高速公路，就是G318线——318（我的网名）家的公路。

今天虽然没有高反症状，但“发动机”还远没有达到在缺氧状态下正常的“工作状态”。125千米的路程，显得有点漫长和艰难：前100千米还算勉强应付，100千米后的骑行简直是在挣扎，短短的25千米距离，用了2个小时才完成，期间3次停下休息和吃干粮。

下午4点40分到达河卡站。出高速出口时，工作人员大声说“你怎么上去的？这样很危险……”。

我一边骑，一边侧头应答，没注意到前面的挡车杆，窗口内的女收费员急忙提醒“小心、小心……”，我紧急捏刹，一个趔趄，人车分离；车倒地，人踉跄两步，幸好没有摔倒，要不是30多斤的驼包压在后面，估计就要来个前空翻……

看来，明天没有可能再上高速骑行了，再说我也没打算再上高速。明天的行程中，有三四十千米的爬坡，期间翻越2个垭口，如果走高速就翻不成垭口了，也就少了2次征服高点的快感和喜悦。为了这种成就感，我不会放过唐蕃古道上任何一次爬坡。

共玉高速、河卡草原和河卡镇

傍晚5点到达河卡镇，住到一家藏民经营的旅馆，普通间60元，有公共洗手间，没处洗澡。好心的房东打开楼上的“豪华”标间，让我洗了个痛快，爽！

两天没有洗衣服了，计划今天“大洗”一次，但看到路书上明天的强度超级大，而此时实在太累，于是打消了“大洗”的念头，只搓了头巾、袜子和内裤，以节省时间早一点写完日志、早一点睡觉、明天早一点上路。

中午在高速路边的小集上吃了一碗拉面，晚饭在房东餐馆里吃了一碗砂锅羊肉面。房东与我闲聊时，他儿子在旁边插嘴问我“你有五六十岁吧?”。

我的天，难道此时自己脸上的疲惫惨不忍睹？无论如何，总该给留点自信好不好？

8月30日　多云转阵雨

线路：河卡镇—河卡山口—大河坝乡—青根河—鄂拉山口—温泉乡

码表记录：骑行里程112.3千米，骑行时间10小时26分30秒，平均速度10.76千米/小时

全程时间12小时2分51秒，海拔范围3 262.5～4 499.4米

早上7点30分出门，晚上7点30分到达温泉乡。112千米的路程，整整用了一个白昼的时间，刷新了年度骑行速度最慢、强度最高、感受最痛苦的记录。

晚上到达旅馆的那一刻，恰似前年新藏线上到达甜水海兵站的那个晚上一样：极度的疲劳加上高原反应，让我痛苦不堪；此时只想躺在床上，什么也不想干、什么也干不了。

不同的是，甜水海的晚上有队友照顾，给我冲红糖水喝，而此时只能自己动手，冲服葡萄糖来缓解高反……

还是从头叙述：

昨晚 9 点 30 分写完日志，然后迫不及待地倒头便睡，却怎么也睡不着。有几个原因：一是担心睡不好会影响次日的骑行——今天的强度极大；二是思绪还停留在日志里一时难以平静下来；三是过度的疲劳，大脑还处在骑行的兴奋之中。

我把睡不着的主要原因都怪罪于隔壁（木板墙）旅客的喧闹，于是取了 2 粒“高原安”胶囊塞住耳孔，但还是辗转反复。最后我有了一个“破罐子破摔”的想法：就算一晚上不睡，难道就完成不了明天的行程吗？

这样想着，便不再担心睡不着了，没有了“睡不着”的压力后，居然很快就进入了梦乡。

早上自然醒，出门一看，空气冰冷而清新，蓝天白云如洗过一样——这是出门以来第一个晴朗的早晨。

找到早点摊，要了一碗小米粥、一笼小笼包，带走没吃完的 4 个包子，7 点 30 分上路。

出门就是爬坡——其实河卡镇就坐落在河卡山脚下的缓坡上。南面是巍峨的河卡山脉，山下是一望无垠的草原，羊群、帐篷、经幡、寺庙点缀其间。北面是广袤的青稞地，此时已经成熟，在阳光照射下一片金黄。

出门 2 千米后回头远眺，一层薄雾从镇头一直延伸到远处的地平线，薄雾笼罩了镇子、“浮”起了远山、虚化了开阔平坦的河卡平原……好一幅气势恢弘的画卷，这是出门来看到的最美的景色。

2 千米的缓坡，4 次停下拍照。

4 千米后，遇到此次行程上第一群藏狗。

对于藏狗，我总结出三种应对措施。第一招：无视它的存在；第二招：服软；第三招：让它服软。

此时我采取的是第一招——无视它的存在：若无其事地从它们跟前骑过，眼的余光分明看见这四五只体型硕大的藏狗翘首瞪眼，目送着我离开，却始终没有

河卡山脉与河卡草原

什么动作。我猜它们一定在想:“这家伙好强大,居然不把我们放在眼里,莫不是得到了降龙十八掌的真传?还是不惹他的好……”

河卡山口14千米的上坡,比昨天的柳梢沟垭口的更长、更陡、更壮观,也更算得上是真正的长坡,因而更对自己藏地骑行“无坡不欢、无肉不餐”的胃口——爬得很爽!

10点整到达垭口,上面没有海拔标识,只有经幡阵。

垭口的另一边是一片宽阔的草原,不过,与河卡平原相比,土地要贫瘠得多,只有发黄的牧草,没有庄稼,人烟稀少了很多。

G214线又与从隧道里穿出来的共玉高速并行在草原上,一路起起伏伏,笔直地向西延伸。

过大河坝桥后向南拐去,起伏的幅度从这里开始变得很大,骑得很辛苦。

偏偏此时下起雨来,赶紧穿上雨衣和冲锋裤,总算没有“湿身”,但淋透了鞋子,很冷。

穿过雨区后,已到下午1点30分,总共只骑了50千米,以为完成了今天一半的路程。打开路书一看,到终点还有六七十千米的距离,并且强度比前50千米大得多,顿时沮丧起来!

在路边吃了早上没吃完的 4 个小笼包，喝完了开水，继续上路。

一拐弯，到了青根河乡。按此时的疲劳程度，应该就在青根河落脚的，但 2 个原因使我最终放弃了这个打算：一是偌大一个集镇，冷冷清清的，十有八九的店铺都已关门歇业了，只有几家小卖部和几家给汽车加水、补胎的门店还在营业，好像没有旅馆。二是既然路书上规定的是从河卡直接骑到温泉镇，那么这个强度一般人肯定能承受得住，我的体力，自信不仅仅是“一般”的水平，当然不愿意半途而废。

拿定主意后，我到一家小卖部讨开水，没有现成的，老卓玛立刻提了水壶打水放在电磁炉上烧，然后给我倒了一碗热气腾腾的酥油茶。我一口气喝完，卓玛又添一碗，又一饮而光，卓玛再要添时，我谢绝了，并问“多少钱？”。

卓玛忙摇手“不要不要”，我不好意思，索性买了一瓶功能饮料，大小也是一笔生意，总算能让自己心安一些——我不愿意透支唐蕃古道上人们的同情心。

倒满开水，继续赶路。

出了青根河乡，是 38 千米的起伏缓上路段，骑得很费力、很难熬。对里程碑的数字极其关注，对终点的渴望是极其强烈。

部分景点

我总是强迫自己必须每骑行一定的距离后才可以停下休息一会儿，最初给自己定的是15千米，后来是10千米、8千米、5千米。随着坡度的逐渐增大、海拔越来越高，最后不得不2千米一歇、1千米一歇。

如果说早上的爬河卡山是种享受的话，那么下午爬鄂拉山口简直就是在遭罪——痛苦、疲劳、度日如年。

鄂拉山口痛苦的我

爬到鄂拉山半山腰，天又下起雨来，高速公路一头扎进了隧道，剩下G214线七拐八弯地在山坳里蹒跚而上。路面破乱不堪，坡度越来越陡，我骑得筋疲力竭、眼冒金星，最后的3千米，不得不推着自行车以三四千米/小时的速度步行，每推500米便停下来大口大口地呼吸半天……

晚上6点终于到达鄂拉山口，海拔4 499米，超过我在保持正常运动状态下所能承受的极限海拔高度——4 400米。正如安皇形容我的，“4 400米以下你是老虎，4 400米以上你是行尸走肉”。

山口上很冷，周围荒无人烟，此时乌云密布，虽只傍晚6点前后，但就像要天黑一样。我有些着急，匆匆拍了照片，套上2件抓绒衣后开始下山。

下山的路更烂，部分路段在修，不敢放快。

才下三四千米，山坡上冲下来一只体型庞大的黑狗，低沉而粗重的吠声令人毛骨悚然。我还是采取驱狗三式中的第一式——不加理睬，看都不看它一眼，像没发生任何事一样继续骑行，其实内心还是非常恐惧的。

果然身后的狗叫声渐渐远去——狗放弃了追赶，再说此时我正在放坡，速度很快，它怎么追得上？

下了上10千米，冻得双腿和后背冰凉、浑身打颤，于是又套上冲锋衣和冲锋裤，继续下山。

天慢慢黑了，按进度应该快到了温泉镇，可是放眼望去，前面没有村庄的影子，我十分着急。

总共下了十五六千米后，又出现一个小垭口挡在前面，我心里沮丧到了极点。

2 千米爬到坡顶，一拐弯，一幅极美的景象戏剧性地呈现在眼前：红彤彤的夕阳穿过厚重的云层，照射在一片村镇和山坡上，五颜六色的经幡夸张地布满整个山坡和村口，一座气派的寺庙在经幡簇拥下显得金碧辉煌、至尊无上。谢天谢地，终于到了今天的落脚点——温泉镇。

温泉镇看起来很大，也很繁华，但“市容”实在对不起观众，低矮的建筑、破旧的街道、汽车驶过后卷起的尘土……

满街的“宾馆”和“餐厅”，没有一家我满意的——我“满意”的标准是有水洗澡、不用出门上厕所。住到“迎宾宾馆”，房费 80 元，无水无厕，条件算是比较好的。自己用脸盆去老板房间里打水来烧，擦澡、饮用，厕所在院后四五十米远的野地里。

很累很累很累……对着镜子一看，嘴唇乌得像死人，赶紧冲服了葡萄糖粉，然后坐在床上一杯接一杯喝开水。

实在太疲倦，不打算洗衣服，也不打算写日志，再说大脑一片混浊，怎么写？但愿今天能早点去睡！（此日志是次日补写的）

温泉镇后山坡上的经幡和寺庙

8月31日　晴

线路：温泉镇—花路岭垭口(海拔4 466米)—花石峡镇(海拔4 000米)

码表记录：骑行里程75.38千米，骑行时间6小时10分55秒，平均速度12.19千米/小时

全程时间6小时56分17秒，海拔范围3 909.6～4 466.4米

昨天值得记录的事情太多，但晚上实在太累，便放弃了写日志的打算，匆匆忙忙办完必须处理的事情后，到晚上9点30分才上床睡觉。躺在床上却很难睡着，心里老想着要记录的内容。夜里无数次醒来，还是放不下这事(当然睡不着的罪魁祸首其实还是高反)。

这一夜没有睡好，早上很早就醒了，状态很差。考虑到今天只有70多千米的路程，没有赶忙的必要，索性坐在床上写了一会儿日志，然后才拉开窗帘，打开房门。

屋外金色的朝阳照射在镇后飘满经幡的山坡和寺庙上，像下过一场雪一样的露珠，漫山遍野地折射着太阳的光芒，使薄雾笼罩下的小镇显得梦幻而又有几分诡异。

早晨的温泉镇

到7点30分，才穿衣洗漱、收拾行李，然后上街找早点：回民餐馆，一大碗羊肉汤（其实很多羊肉），2个烧饼，如果不考虑卫生（事实上，我一踏上行程，“卫生”的标准就已降到了极点）的话，这是一顿不错的早餐，吃得酣畅淋漓。

吃完早点回来，宾馆门口有一个美女，鲜艳的紧身服。乍一看以为是一个自行车骑友，不免一阵窃喜，走近一看，却是一个藏族“摩女”（摩托车手），给我指路后，往相反的方向去了。

8点40分上路。出镇一小段下坡，过桥，然后是17千米的上坡，先缓后急。

还处在疲劳和高反之中，不敢发力，以极慢的节奏缓缓骑行，并不时停下拍照和欣赏风景。

今天是第一个完好的晴天，没有阴天的郁闷，更没有风雨的折磨，因而一路的景色也显得格外靓丽，心情也随之好了起来。

用了2小时30分爬到姜路岭山口，海拔4 466米，感觉远没有昨天的鄂拉山口那么难受。

过垭口后开始下坡，坡度先急后缓，10多千米后进入一片广阔而贫瘠的草原。

草原几乎没有草，稀稀拉拉的小草根本不足以养育牲畜，因而没有放牧、没有村庄，甚至没有人烟。大地显得极其荒凉、空旷和死气沉沉，仿佛又回到了新藏线上的无人区。

一会儿前面出现一汪湖水——苦海。谁说“苦海无边”？此苦海不仅有“边”，而且边缘辽阔，只是这个“边”太荒僻、苍凉和寂静。

我人品爆发，苦海边竟意外地见到了两群高原精灵——藏羚羊，并第一次这么近距离、长时间地欣赏和拍照。

苦海滩上的藏羚羊（黄羊？）

路书上轻描淡写地说后50千米是起伏路段，这个“起伏”的幅度有点奇葩，奇葩得差点让我崩溃：过苦海滩后，开始第一个“起伏”，10多千米的缓上坡，卖力地爬到山梁上，以为接下来就是几十千米的下坡一直溜到花石峡镇，结果是才下了几千米，前面又是一个长长的上坡，心情立刻沮丧起来！

心想这应该是最后一个上坡了吧？爬到坡顶后，没有看到期待中的长下坡，才下了几千米，又是长长的上坡……如此反复几次后，心中的期望不再复燃，意志慢慢耗尽，双腿开始不听使唤，屁股痛得如坐针毡。

我想象中的花石峡镇应该是在海拔 3 000 米左右的山谷里，按常规，从 4 000 多米高的高原到花石峡镇，一定有几十千米的下坡。而实际情况是，花石峡镇就处在海拔 4 000 米以上的高原，所以不可能有我期待中的长下坡，只有不断重复的起伏，这样一直持续到进入花石峡镇的最后一刻。

下午 4 点到达花石峡镇，很累！

“黄河源头第一镇”，这名头很响亮。

傍晚的花石峡镇

镇子很精致、干净，房屋建筑现代而不失民族特色。不同于温泉镇满街的住宿和吃饭的店铺，这里没有多少商业气息，也没有多少流动人口和外族居民，应该是个纯藏族居住区。满街都是着民族服装的藏民，悠闲、友好，一片祥和之气。看得出他们幸福指数很高，比如傍晚我去逛街，看到两个中年藏民在大街上大声地划拳，没有酒也没有菜，围观的人哈哈大笑，这种娱乐的方式让我开了眼界，我也凑上去看热闹，藏民抱以友好的微笑。

之所以说没有多少商业气息，是因为这么大个镇子，吃住却很不方便，我骑着车转遍了整个镇子，只看到 5 家宾馆，其中有 3 家歇业，剩下的 2 家中，一家客满，一家房费高得离谱。没得选择，住到这家“旅游宾馆”，单人间 130 元，不能洗澡，我打消了在此休整一天的念头。房东一家是四川人。

定下房间后第一件事是吃饭，此时已到下午 4 点 30 分，还没午餐，很饿。叫房东做了一个鱼香肉丝盖饭，饭是冷的，却吃得很香、很享受——我已 4 天没有沾米饭了。

饭后提了 2 瓶开水到房间，兑了冷水后，从头到脚洗了个小澡，将换下来的内

部分景点

衣内裤，草草搓了晾在窗台上。然后坐在床上补写昨天的日志和计划明天的行程，直到晚上 7 点 30 分，才出门逛街、拍照、准备明天的补给。

这一天的行程只有 75 千米，却很累，有三个原因，一是还处在高海拔适应当中，很容易困倦；二是几天累积起来的疲劳还在延续，没有得到一个充足的睡眠；三是从昨天傍晚开始，实际上就已进入了平均海拔超过 4 000 米的高原了，今后几天，将一直在海拔 4 000 米以上骑行和住宿。包括今晚的落脚点——花石峡镇，海拔就是 4 000 米。而明天的落脚点——玛多县则是 4 300 米。

9 月 1 日　雪转阴

线路：花石峡—长石头山口(海拔 4 520 米)—玛多镇(海拔 4 300 米)

码表记录：骑行里程 77.1 千米，骑行时间 5 小时 8 分 48 秒，平均速度 14.98 千米/小时

全程时间 5 小时 53 分 15 秒，海拔范围 4 209.6～4 548.4 米

昨晚补写了前天的日志，却没写昨天当日的日志，一是因为太累，没时间写；二是计划到玛多县城后，在那里休整一天，可以有足够的时间补写日志、洗衣服、休息。晚上 9 点多钟就睡了，还是重复前几天的状况：辗转反侧、难以入眠。宾馆里旅客很多，很嘈杂，于是又取出胶囊塞住耳孔。

刚有点迷糊，忽听有人敲门，开门一看，是房东领着 3 个警察来查房。

警察看完身份证后，很客气地问我从哪里来、到哪里去、有没有高原反应，说这里海拔很高，一定要注意，等等。

让人莫名地感动，但也徒增了我的心理压力，因为此时正感胸闷气短、头痛身燥，不提还好，他这一说，我竟真的担心这一晚自己的安危来。要是明早没有醒来，那可就成了一个天大的笑话：318 死了，怎么死的？玩死的，自己把自己玩死了！

后来证明这些担心都是多余的，因为这一夜睡得很好，甚至可以说是出门来睡得最好的一次，在海拔 4 000 米睡了一个好觉，是不是证明我已经适应了高原？

早上自然醒，天气很糟——雨夹雪。仔细收拾了行李、穿好雨衣雨裤，8 点上街找吃的。

满街的店铺都没开门，只有一家清真餐馆在营业，还是羊肉汤、2 个花卷。没有昨天温泉镇的好吃，却很便宜，共 15 元，分量不多，但没有吃完。

吃了早点出来，外面正飘着大雪，镇外的草原和山上已是白茫茫一片。

雪中骑行

没有迟疑，冒雪上路。

出镇就是缓上坡，长度 17 千米。因为确定了明天在玛多县休整一天，所以今天的骑行不用赶时间，以休闲的节奏慢慢进行。一路骑，一路停下拍照和欣赏雪景。

第一次在高原上冒雪骑行，感觉很新奇、也很刺激，但并不觉得有什么不妥和危险。我知道这样的气温下，雪落地即化，不会封山，也没到封山的季节。

出镇 2 千米，忽听有人在喊，侧头一看，30 米开外高速公路上停着一辆面包车，年轻的藏族司机正向我招手喊话，喊什么，听不懂，像是有什么要紧事情，莫不是提醒我：下雪封山了？

雪中的花石峡草原

我停下来，问他说什么，他钻出栏杆，向我跑来，我也向他走去，走近了，才听清他在问："你哪里的？你去哪里？"

态度十分客气、样子十分可爱，其实他的整个打招呼的过程和方式都很可爱，也让人感动：大老远喊停我，就为了问这两个问题——更精确地说是以这两个问题为借口与一个过路人（也许我这个在雪中骑行的过路人有点特别）搭讪，可见生活在这人烟稀少地区的年轻人多么渴望与人交流啊！

我索性再满足一下他的存在感或者主人翁感，问了他一个自己明知道答案的问题"这样下雪前面山口不会封山吧？"。

他诚恳地答道"莫屎、莫屎（没事）"。

我说"谢谢！"

然后他带着成就感转身钻进高速栏杆。

17 千米的上坡，坡度的确很缓，约 2 小时 30 分到达长石头山口，海拔 4 520 米，比前天的鄂拉山口和昨天的花路岭山口都高，我却一点也没有什么不适，看来是真的克服高反了。

玛多草原上的野驴

过山口后进入了一个更高的高原。实际上从柳梢沟山口开始，每过一个山口，海拔就升高一个台阶。

高原开阔平坦，植被稀薄，没有放牧和人烟，但有溪流和不知名的水鸟，还有野驴……这情景和青藏线上一模一样。

平路、顺风——过山口后的骑行很轻松、速度较快。心情不错，以至于突发奇想，将车停下来，站在路中跳起了霹雳舞并录下视频。时间不长，才几十秒，一是怕跳久了跳出高反，二是要顾及旁边高速公路上正在行驶的汽车司机的感受——分散了他们的注意力，且不是要造成严重的安全隐患？

接近玛多的最后20多千米是起伏路段，幅度不大。还没等到我有疲劳之感，就已到了目的地。此时是午后2点10分，是出门来收工最早的一次。

玛多县是当年松赞干布出藏迎接文成公主的地方。从拉萨到这里，迢迢数千千米，也亏了藏王的一片虔诚。据说他仰慕唐朝美女，想娶皇帝女儿，唐王不允，松赞干布发兵来讨，结果大败。硬的不成就来软的，他派出使节来大唐求亲，终获唐王恩准，将文成公主嫁给了他。

玛多镇三江源公园

落脚点处在G214线与去县城的交叉路口，真正的玛多县城还有3千米远。因为不在G214线路上，所以没必要去县城。路口的“三江源公园”立有高大的标志碑，上写“天上玛多、黄河源头”——更多的是象征意义。请藏民小伙帮忙拍了一张照片。

街上很冷清，住宿却很贵，“三江源宾馆”，回民经营，双人间100元。没有水、没有电，没有厕所，再次放弃停下休整的打算。今天状态不错，没有高反症状、不用洗衣服、能补写完几天的日志、还能睡个午觉……没必要停下休整了。

午餐找到一家川菜馆，点了一个回锅肉盖饭、一罐啤酒。回锅肉没做好，没有找到新藏线上吃回锅肉、喝啤酒的感觉。

晚上8点30分才上街找吃的，还是这家川菜馆，点了一个麻婆豆腐盖饭，只吃了一半，留下余地明早好吃早点。

9月2日　小到中雨

线路：玛多—星星海—大野马岭（海拔4 326米）—小野马岭（海拔4 302米）—野牛沟

码表记录：骑行里程59.35千米，骑行时间4小时45分25秒

海拔范围4 219.7～4 360米

昨晚住的旅社叫“三江源宾馆”，这名字倒还响亮，房间床铺也算标准，还铺有地毯，但没水没厕，被子、地毯都很脏，满屋子散发着难闻的味道。

回望玛多镇

这是真正意义上的没水没厕，晚上锁了大门，想去野外解决也去不了，只好糟蹋了一只备用的塑料袋，但总比有些旅客“暴殄”宾馆的公用脸盆文明多了。

现在知道了我货架上那只脸盆有多么重要了吧？——当你看到其他房客拿公用脸盆当马桶后，你还敢用宾馆的脸盆吗？走南闯北近10年的经验，我早已洞悉了这些，所以出远门骑行，我必带两件法宝：一是睡袋，二是脸盆。

高原湿地

昨天状态最好，睡前写完了日志，计划好了次日的行程。心里没有杂念，按道理应该能睡个好觉，可是居然没有睡好，至少有一个原因是因为上半夜宾馆的柴油发电机排出的废气弥漫到宾馆每个角落，让人难以忍受。

早上起来，状态很差，心情如天气一样灰暗。

没有食欲，勉强吃完一碗牛肉面，8点30分出发。

下午1点30分到达今天的落脚点——野牛沟，骑行60千米，用时4小时45分，是上路以来骑行距离最短的一天，又是十分糟糕的一天。这一天集中了进藏骑行路上几乎所有的磨难，包括爆胎、挨冻、淋雨、野狗、找不到住宿等。

1. 野狗

出镇不到一千米，一只藏狗立在路边对我虎视眈眈，我这次使出的是“驱狗三式”中的第三式——斗狠：索性停下来与它对视，心中默念着“我要杀了你、我要杀了你……”，才不到10秒，藏狗便招架不住，悻悻离去。

中午到达野牛沟时，村口到处是狗，狗吠声一呼百应，对我的到来大有“要从门前过，留下买路财”的架势。我使出“驱狗三式”中的第一式：假装强大、不加理睬，果然安然无恙。

2. 天气

出门便飘着雨点，很冷。过星星海后，雨大了，套上雨衣。翻大野马岭时雨更大了，又套上冲锋裤。雨越来越大，很快鞋里便灌满了水，冰冷刺骨。此后雨一直没有停过，直到夜里。

星星海其实是一个高原湖泊，因为地处黄河源头的缘故，名字非常著名，但对于来自千湖之省的我来说，景色很一般。

3. 路况

出玛多是一段笔直的平路，只有 3 千米，之后便一直都是大起大落、七拐八弯，至少有 5 次翻越山梁。其中有海拔标识的只有 2 个：大野马岭和小野马岭。单个山梁的强度并不大，但累计起来就极其折磨人。我骑得腿酸手痛、心烦意乱，有时明明看到的是在下坡，却怎么也溜不动，还要使劲蹬踏，心里十分恼怒，停下来想一探究竟，终不得其解。常听骑友骑不动时说“真想把自行车丢出去”，没想到今天的我也有这样的冲动！

4. 落脚点

虽然只有 60 千米的路程，却骑得度日如年，当终于看到远处一片村落时，心中泛起希望，想加快走近，却怎么也骑不动。

进入村口，就开始留意路两边的门店——其实几乎没有门店，只有几个小卖部，似乎还有一到两家“饭馆”，却根本没有“住宿”两字的影子。一直到村出口也没看到一家，心一下子凉了半截。

出门前对于骑行唐蕃古道最担心的事就是找不到住宿，没想到今天便遇上了。

不甘心，返回来继续看，确实没有旅馆。进入一家饭馆打听，卓玛说村里没有住宿，出村一千米远的地方好像有。

于是我又骑出村子，向远处眺望。别说一千米，2 千米内也没有房屋的影子。心中的希望彻底破灭，做好了拦车去下一站——120 千米外的清水河镇的打算。此时风雨交加，去清水河要爬 60 千米的长坡，翻越唐蕃古道上最高的山——巴颜喀拉山口，我不可能在天黑前骑过去。

我想起老搭档安皇一个月前骑过这里，于是立刻给他打电话，他建议找藏民家借宿，或者去寺庙看看——村后坡上确有一座气派的寺庙。

正好在我停下打电话的地方，路边有一个院落，门前牌子上写有“山东公路集团……项目部”的字样。我抱着一线希望来到院门前，院中拴着一只藏狗，我大声喊道“老板？有人吗？”。

一间活动板房门开了，一个年轻漂亮的卓玛探出头来。

我的“房间”

我问:“你好！有住宿吗?”

卓玛忙说:“有的有的。”

我惊喜万分,像是落水后抓到一根救命的稻草。

此时我已经冻得浑身打颤,双手僵硬,手套都脱不下来。

卓玛把我领进一间活动板房,房里有6张简陋的床铺,猜想是筑路工人的宿舍。

卓玛说:“4张床铺有人住,另2张你可以选一张。”

我诚惶诚恐,此时只渴求温饱,已根本不介意住宿条件的好坏、有没有厕所和水、能不能充电,等等。能被收留就感动不已了。

我问:“有没有吃的?”

卓玛说:“有米饭和菜,没有肉,菜30元,住宿30元。”

沿途部分景点

我叫她赶紧做，因为此时已经非常饿。

我脱下湿鞋和雨衣后，来到隔壁卓玛家客厅里。屋中央是一台巨大的铁炉，此时正烧着几壶热水，还有高压锅在煮饭。房间里温度很高，我立刻感到一股温暖，手脚和后背慢慢有了热气。

半小时后，饭做好了，只有一个菜——酸辣包菜，味道极好(已饥肠辘辘、饥不择食)。我一口气吃了3碗米饭，后来知道，饭是要收费的，一碗2元。饭后拿脸盆打了开水，洗了脸和脚，搓了面巾和袜子，然后躺在臭烘烘的床上睡了一个午觉。

5. 爆胎

午休后起来，发现自行车后胎塌在地上，赶紧拆下修补，胎补得很仔细，用了半个多小时。收拾完毕，加了防寒衣服，拿了充电器和刚洗的面巾、袜子，来到隔壁房东客厅里，将湿面巾和袜子挂在铁炉边烘烤，然后坐在沙发上一边猛喝开水、一边写着日志，并不时应答着卓玛的问话。

写着写着，不知什么时候，卓玛倒了一杯热水放在茶几上。

9月3日　阴—雨—雪—雨

线路：野牛沟—查拉坪—巴颜喀拉山口(海拔4 822米)—清水河镇(海拔4 402米)

码表记录：骑行里程121.7千米，骑行时间11小时1分22秒，平均速度11.04千米/小时

全程时间12小时18分6秒，海拔范围4 321.6～4 827.4米

妈妈给小儿子买了个手机大小的数字游戏玩具，爸爸不小心弄坏了，儿子不依，爸爸趁天黑跑山上躲起来了。儿子调皮吵闹，外婆撵着要打他，儿子也往山上跑……

——这是昨晚做的梦，像每次一样，出远门最牵挂的是小儿子。

这是昨晚的落脚点

“山东公路集团公司……项目部”院子里住着两家藏民，

卓玛的客厅

“经营”住宿的是一对老年夫妇，就一个房间（活动板房），6张床铺。昨晚只有我一个人住，夜里非常冷，我在睡袋上压上一床被子和一床很厚的毯子。尽管被子臭烘烘的，但这一夜很温暖、很安静，睡得非常好，好到可以算作是此次进藏骑行路上最好的一次。

负责做饭是一对小夫妻（或者是兄妹？）。没有肉，也没有油，只有包菜，加盐纯煮，30元；饭2元一碗，碗大小如酒杯。昨天中、晚餐，加今天早餐共三顿，收了100多元，有点贵。不过总的说来比前几天住“宾馆”好多了，至少有火烤（包括烤淋湿了的鞋袜、头巾等），有开水喝，有人聊天。而最大的收获是这一夜睡得极好，否则，今天的路程我是无论如何也完成不了的。

早上8点整出野牛沟，晚上8点18分到达清水河镇，超过12小时的骑行，再次刷新今年年度骑行速度最慢、强度最高、感受最痛苦的记录。

昨天的雨下到半夜才停。早上依然阴云密布，气温很低，穿了两层抓绒衣才出门，通往巴颜喀拉山的方向充满未知和期待。

从野牛沟到巴颜卡拉山口是59千米的上坡，虽然总爬升高度不大，但一直都是起伏，使骑行的难度大大增加。

出门没骑到20千米，天又下起雨来，套上雨衣、雨裤。随着海拔上升，风更大、天更冷。30千米后，又在雨衣外面套上冲锋衣裤，头上除了头盔，还戴上布帽、雨帽和冲锋衣风帽，从头到脚，几乎裹上了所有带来的防寒装备。

空旷的原野，因为寒冷，让人更感到孤独和落寞。偶尔的一群牛羊，带给人一丝视觉的暖意和生机。

天气一整天都在不停变化，雨时停时下，风向忽左忽右，一路上雨衣穿了又脱、脱了又穿。

59千米的上坡，用时5个多小时，到达山口前最后的1.5千米，实在骑不动了。于是，推着自行车走上去，每推一段，就停下休息一会儿，中间歇了3次。

巴颜喀拉山口是唐蕃古道上最高的位置，一辆过路车停下来，车里出来一个喇嘛，迎风抛洒印有经文的小纸片。山口两边的山被刚下的雪裹上了银装，这是踏上唐蕃古道以来第二次在雪山间骑行。

巴颜喀拉山口

过巴颜喀拉山口后并没有看到期待中的长下坡，而是进入了一个平均海拔超过 4 500 米的高原。高原上水草茂盛，牛羊成群，到处可见牧民的帐篷，沿途也有几个小村庄。但 120 千米的路上没有可以补给和住宿吃饭的地方，如果有，我肯定不会这么拼命赶路，会选择在半道住下。

过山口后也没有期待中的顺风，几千米的缓下坡后，G214 线在草原上以不大不小的幅度上下起伏。坡度并不大，其间还有过 20 千米左右的平路，但在海拔 4 500米以上，极小的上坡也会耗费极大的体力。更可怕的是从巴颜喀拉山口开始，刮起了四五级的逆风，使后 60 千米骑行变得极其艰难和痛苦。

清水河草原

在接近终点还有 30 千米的地方，曾有过放弃的念头，看着从身边呼啸而过的皮卡车时，极想伸手去拦，但最终没有付出行动。原因？总期待和相信“风会停的、天会晴的、会有下坡的……”，能坚持就还是坚持吧。后来风果真停了一段，也有过一瞬间的日出，但路况如旧，天气依然瞬息万变。到最后几千米，还下了一场大雨，进清水河镇前爬了一个 2 千米的烂路长坡。

晚上 8 点到达清水河镇，没有“到达终点”的喜悦，只有“到达终点”的“如释重负”。此时已不仅仅是“筋疲力尽”那么简单，脸开始浮肿，双眼不时流出泪水，嘴唇发黑，胸闷气短……已出现严重的高反症状。把自行车扛上宾馆的二楼，要用尽全身的力量，然后扶着墙歇息半天才理顺呼吸。平时常用“累死我了”来表示辛苦程度，而此时的我真的担心“累死了”成为事实。

清水河镇(右边的二层楼便是西宁宾馆)

住到“西宁宾馆”，最“豪华”的房间有独立碳炉取暖，担心中毒，不敢关窗。没有厕所，连公用的都没有，只是在很远的后楼梯台阶上放有几只铁桶供房客方便，这一夜我只好用房间的垃圾桶了。

房费 100 元，是不是太贵？其实唐蕃古道上的住宿比其他任何一条进藏线路的都贵，而且选择很少。

快 9 点才拖着疲惫的身子上街找汉人餐馆。50 米远有家“陕西饭馆”，点了一个粉条炒肉盖浇饭，觉得对不起今天的身体，又要了半斤卤肉、一瓶啤酒，都是冷的，不过吃得很过瘾。

忽感觉自己此时就像是《水浒》里落难的草寇，只是远没有那种“小二，烫两碗酒、切五斤牛肉来”的豪迈和气魄……

太累太累，什么也不想干、什么也不能干。唯一能干、而且必须干的是给家人报平安。

按疲劳程度，早就该停下休整的，此时更该停下来休息，但清水河镇食宿条件太差、价格很贵，街道泥泞不堪。最可怕的是这里海拔 4 402 米，根本不适合休整。明天的行程虽有 100 多千米，但大多是下坡，所以无论如何明天赶到歇武镇再说。

9 月 4 日　阴

线路：清水河（海拔 4 402 米）—珍秦乡—雁口山（海拔 4 526 米）—歇武镇（海拔 3 846 米）

码表记录：骑行里程 102.3 千米，骑行时间 5 小时 38 分 40 秒

海拔范围 3 846～4 459 米

昨晚空前的疲劳，疲劳得大脑一片混浊，内衣也没换，钻进睡袋就人事不省——这一夜睡得极沉。能够想起来的是半夜起来给手机和音响充过电，印象最深的是闻了一夜的煤烟味。

早上起来，还是一身的疲惫，状态很差，脸肿得厉害，但嘴唇颜色已恢复了正常。没有犹豫，铁了心要继续前进。

街上泥泞不堪，没有心情去欣赏和了解“清水河”的风光和历史。先是下到后院，踩着泥水找到令人作呕的厕所，然后满街找吃的。来回几次，找到一家早点铺，一碗牛肉面名不符实，还是温的，显然没用高压锅煮，难以下咽，吃不饱。又到另一家黑不溜秋的店铺买了两个面饼，冷的，吃了一个，放一个在驼包里路上备用。

8 点 40 分出发。昨夜下了雨，一路都是泥水。

出清水河镇后，便是一望无际的草原，地势略有倾斜，北高南低，所以前 70 多千米的路段实际是在下坡，只是坡度很缓。

草原上芳草萋萋、牛羊成群，村庄密集、人气旺盛，狗也多了起来。

骑行约 30 千米后路过一个村庄，一条藏獒扑了过来。我来不及选择该使用何种招式应对，再说看它这架势，“无视它的存在”这招根本不会管用。我本能地跳下车子，将单车挡在前面，可是它迅速绕过车子，跳到路中间来进行攻击，我怒

珍秦乡的寺庙

珍秦乡的学校

从心起，放下单车，顾不得会不会有“打狗欺主”之嫌——旁边不远处有几个藏民在等车，捡了两块鹅卵石——其实我内心从来就充斥强烈的暴力倾向，只不过有限的修养和文化一直将这种倾向牢牢禁锢在内心深处而已。此时面对危险，“修养和文化”都顾不上了：我直接冲了上去，瞅准它的头使劲砸了过去，却打偏了，不过我的气势终于镇住了这畜生，它也知道躲避和退却，但不肯放弃，反复几次拉锯战后，我终于脱身。

一路上不仅村庄密集，而且牧民似乎都很富裕。遇到一个迎(娶)亲车队，几十辆面包车扎着彩带、打着“双闪”，喜庆而张扬，这场景似曾相识——与内地差不多。我很好奇，停下来录了视频。

歇武镇

路过一个漂亮的乡镇——珍秦乡。很繁华，既现代又不失浓郁的民族特色，G214 线穿镇而过，路左边是气派的寺庙和满山的经幡，右边是高大的学校楼房和居民区。如果不是因为距离太近的话，选择在此落脚还是不错的。

70 千米的下坡，海拔只下降了 400 米左右，而之后 15 千米的上坡，又立刻将这 400 多米到海拔重新填了回来——雁山口海拔 4 450 米。

过雁山口后，是 15 千米的急下坡，这是四五天来遇到的真正的长下坡，海拔剧降 600 米左右。下到今天的落脚点——歇武镇，此时是午后 2 点多，骑行 102 千米，是出门来速度最快的一次。原因：一是大多为下坡，二是全程顺风。对还处于疲劳状态下的我来说，这个强度刚刚好。如果不是因为太疲劳的话，其实可以直接赶到下一站——玉树州所在地结古镇，距歇武镇还有 50 多千米，即使 2 天的行程用一天来完成，强度也没昨天的大。

歇武镇海拔 3 800 多米，处在峡谷之中，四周高山环抱，山间云雾缭绕。规模抵得上西藏一座县城，选择在此休整，非常合适。

歇武镇很美，让人觉得神秘。宗教气息浓烈，随处可见红衣僧人，或三五成群行走、或开着小汽车来回、或进出餐馆吃饭；店铺门前的音响里播放的不是流行音乐，而是诵经声；最富宗教气息的则是镇右边山坡上庞大的歇武寺建筑群，红墙金顶，层层叠叠，非常壮观。这也是我决定在此休整一天的原因之一。

镇上的旅馆很少，我有心要奢侈一下，住到最豪华的一家宾馆——色须寺香德尼玛商务宾馆。这是一家名副其实的宾馆，标间 198 元，有独立卫生间，可以淋浴，可惜我一个人住不起，而是选择了便宜的四人间，房费 128 元。洁白干净的床单和被子，宽大的空间，房间里没有任何异味。今晚可以不用自己的睡袋了，只是一个人住太奢侈。

歇武镇街头一瞥

午餐——上路来第一个午餐：找到一家汉人餐馆，要了一斤手抓羊肉、一大碗面条。羊肉只吃了 1/3，剩下的打包，餐馆老板得知我是骑自行车的，说带路上吃最好——不错的建议，采纳了。

午饭后洗了三四天来没有换过的内衣、头巾、手套和抓绒衣。

晚餐还是那家川菜馆，只点了一个麻婆豆腐盖饭，自己在隔壁店里买来一小瓶二锅头，盖饭吃得一粒不剩，二锅头喝了一半。过瘾，要是有人对饮，那更爽！

明天无论如何，将在歇武镇停留一天。

9月5日　多云

在歇武镇休整。游览歇武寺、逛街、睡懒觉、当吃货。

歇武寺

歇武寺的小僧人

歇武镇印象

9 月 6 日　晴

线路:歇武镇(海拔 3 800 米)—通天河—多卡寺—新寨玛尼城—玉树市(结古镇)(海拔 3 700 米)

码表记录:骑行里程 47.78 千米,骑行时间 3 小时 4 分 37 秒

海拔范围 3 505～3 843 米

昨天休息的时间有点长,或者说歇武镇太小,逛了歇武寺后便无所事事,很无聊。好不容易挨过夜晚,今早迫不及待起床、收拾行李。到街上找吃的,都没开门,只有一家回民饭馆,等了半个小时才等来了一碗羊肉、一个冷花卷,狼吞虎咽后便上路。

出镇就在峡谷里沿歇武河顺流缓下,很冷。两岸山高入云,山坡植被稀薄,有些荒凉,不太宽的河谷两岸是已经成熟的青稞,伴随着成片的树林一路向下游伸展。

22 千米下到通天河大桥,交叉口附近有个著名的景点——三江源自然保护区。拍照留念,然后过通天河大桥,沿通天河顺流而下。

过通天河大桥一千米左右有一个景点——晒书台,传说唐僧西天取经回来在此处乘龟过通天河时,神龟不满唐僧失信于己,连人带马将师徒四人掀下河,致使经文全湿,徒弟们捞取经书后在岸边晾晒。

沿途部分景点,分别是尼宗寺、多卡寺、三江源自然保护区、通天河大桥

通天河实际上是长江的源头,此处河面宽阔,翻滚的江水以雷霆万钧之势向南奔腾咆哮。江水颜色比黄河更黄,比澜沧江更红,两岸群山巍巍,重峦叠嶂,是传说中的“径通八百里,亘古少行人”之地。

沿通天河骑行 3 千米后,右转沿巴塘河逆流而上,22 千米缓坡到达结古镇,也就是玉树州政府所在地玉树市。总共骑行 47 千米,用时 3 小时,是整个行程中骑行时间最短、路程最近、强度最小的一天。行程这样安排至少有一个好处,就是有半天时间休整和游览结古镇,而从明天起的未来几天,骑行强度都非常大。

今天路程虽短,景点却是最多的。从歇武镇到结古镇,一路上仅寺庙就至少有五六个之多,能够记得名字的,只有歇武寺、尼宗寺、多卡寺和结古寺。

除此之外,还有通天河、晒经台、三江源自然保护区、玉树博物馆、结古寺。明天早上出市区,还将会看到玉树地震遗址、文成公主庙,等等。

玉树印象

其实整个结古镇就是一个大景点:结古镇坐落在巴塘河峡谷一片开阔的滩地上,市区沿巴塘河两岸绵延上 10 千米,比我想象的更大、更现代、更繁华、也更富有民族特色和韵味。我甚至想:拉萨也不过如此。

11 点 30 分到达结古寺附近,住到“清水湾宾馆”。出门来第一次住真正的标间:有淋浴设施(可惜不能用)、有独立卫生间,价格比昨天的便宜,不过一个人住还是太奢侈。

结古寺印象

站在结古寺门前俯瞰玉树市

从进入市区开始，我就激动不已，干净靓丽的市容、满街的藏民和藏式建筑、随处可见的宗教活动场景，让我有一种捡到意外之财的窃喜。

放下行李，就匆匆上街吃饭：牛肉砂锅，2 瓶啤酒。然后回到旅馆睡了个午觉，时间不长，不到半小时。起床后背了相机出门，往博物馆方向逛去。

虽然去过拉萨好几次，在拉萨待的时间加起来有几个星期，但结古镇大街上的情景，还是让我觉得非常新奇，甚至有身在异域的感觉。一路逛、一路拍照。

首先游览了玉树博物馆，然后爬上结古山游览结古寺。结古寺规模庞大、气势恢弘，与之相比，昨天的歇武寺简直就是小儿科。不过结古寺还在修建(因地震而损毁严重)。逛结古寺最大的收获是站在结古寺门前，就可居高临下俯瞰市区全景，非常壮观。而最让我震撼的是游览的第三个景点——嘉那玛尼，也叫新寨玛尼城。

玉树市部分标志性建筑(分别是格萨尔王广场、扎曲河、民族文化宫、博物馆)

玛尼城转经的情景

玛尼城最大的看点是玛尼石堆,据说这是世界上最大的石堆,创建于明朝时期。从数百年前就开始堆积经石,至今已堆成了小山,总数有20亿块之多。这些经石大小不一,形状各异,大的重达数吨,小的仅手掌大小。上面均镌刻着佛像或经文,雕刻精湛,涂有各种绚丽的色彩,每一件都堪称为艺术品,寄托和承载着信徒们对信仰的无限虔诚。

除了石堆外,还有一座大转经堂、一座佛堂、10个大转经筒、300多个小转经筒、十几座佛塔。佛堂内还供奉着玛尼堆创始人第一世活佛塑像和自显玛尼石块。不过我不是信徒,也没那个境界,所以没有进入佛堂瞻仰第一世活佛。

我的感觉是,新寨玛尼城在玉树人心中的地位,好比布达拉宫之于拉萨。成百上千的信徒扶老携幼围着如山一样的玛尼堆顺时针不停行走(转经),口里念着经文，手里转摇着小转经筒，或者捻着佛珠，个个神情肃穆、面露虔诚。场面宏大、气氛神秘，让我感到十分惊异和好奇，像是处在另一个完全不同的世界里。此时的自己就像一个异类，生怕我这么一个满怀世俗的凡夫亵渎了此地的神圣，诚惶诚恐地随着人流转了一圈，边走边小心地拍照，心虚如做贼一般。

如山的玛尼堆

新寨玛尼堆印象

几年的进藏经历，让我对藏文化的态度有过几次改变，由最初的好奇，到后来的困惑，现在则已经习惯，甚至开始尊重和喜欢。而此次的进藏之旅，让我对藏文化有了一种深深的敬畏。

晚饭后再次出去逛街，沿巴塘河两岸走了一圈，结古镇的神秘和美丽再次打动了我。我见识过包括苏杭在内的城市无数，而今天的结古镇，是为数不多的让我“眼前一亮”的城市之一。

总之，结古镇很美，就像是戴在高原上的一顶金冠。而结古寺、博物馆、嘉那玛尼、格萨尔广场、金字塔似的游客中心等，则是镶嵌在金冠上的一颗颗宝石，让我大开眼界。

前 10 天的辛苦，总算没有白费。

二、饮马澜沧江

9 月 7　晴—阵雨

线路：玉树—地震遗址—文成公主庙—尕拉尕山垭口（海拔 4 493 米）—巧格绒尕沟—上拉秀—下拉秀镇（海拔 3 921 米）

码表记录：骑行里程 92.3 千米，骑行时间 6 小时 54 分

海拔范围 3 653～4 493 米

还是自然醒，7 点 30 分上街找吃的。想吃牛肉面，却都没开门，宾馆旁边有家包子铺，老板口音很熟，一问果然是湖北老乡，天门人。

沿途部分景点和地标（分别是地震遗址公园、尕拉尕山垭口、巧格绒尕沟）

一笼包子、一碗稀饭，吃完后，开了导航，向城外 G214 线方向找去。边骑边浏览早晨阳光下的结古镇市景，很美。如果不赶时间，真该还在此逗留一天。

出城口瞻仰了地震遗址，然后正式回到了 G214 线上，并沿着巴塘河逆流方向，在一个漂亮的峡谷里缓慢爬升。共玉高速到结古镇就已结束，没有了高速公路的分流，G214 线上的汽车就多了不少。

约 20 千米，走出峡谷，到达文成公主庙。公主庙比我想象的要大，红墙金顶、金碧辉煌，非常气派。但好像香火不旺，已快到 10 点，却还没开门，栅栏外拍了照片后，继续赶路。

文成公主庙

过公主庙后，又进入一片草原，意味着海拔又升到 4 000 多米了。G214 线从这里与巴塘河分开，向右拐了一个近 90°的大弯，然后沿一条草原小溪逆流而上。坡度很小，小到有时无法觉察，看前面的路总以为是平的，却怎么也骑不快，速度一直在 12～16 千米/小时之间徘徊。只有回头看一看骑过的路，才发现原来一直是在爬坡。

骑到午后，远远看见尕拉尕山口的盘山公路挂在山坡上，感觉胜利在望。但坡度由缓变陡，并刮起了逆风，使骑行强度大大增加。

非常幸运的是，今天没有高反症状（估计接下来的行程中也不会再有）。所以，尕拉尕山口爬得不是很吃力。刚爬上山口，后面便下起雨来。

过尕拉尕山口后，进入另一个更高的草原，不过 G214 线在这片草原上只行进

巧格绒尕沟

了约4千米，便左拐向南，进入一个怪石嶙峋的峡谷——巧格绒尕沟。沿下拉溪河顺流而下，直到终点下拉秀镇，30千米全是下坡，先陡后缓。不幸的是，一直是强烈的逆风，使本应该很爽的放坡过程，变得如同爬坡一样辛苦，大多时候不得不死命蹬踏。

下午4点到达下拉秀镇。首先映入眼帘的是高大的寺庙，而且不止一座，有辩经学院、图书馆……成片的寺庙建筑气势雄伟、耀眼生辉，相比之下，满街的民房显得极其简陋、低矮。

下拉秀镇的寺庙

街上有些冷清，在开门营业的门店寥寥无几，我开始担心住宿的问题了。一边骑，一边仔细打量有没有旅馆。快走到街出口了，忽听有人在喊，侧头一看，一个老卓玛示意她这有住宿。真好，总算放心了，至于住宿条件，已根本不用计较了。住宿费 30 元/床位，一个房间七八张床铺，典型的藏式家庭旅馆。很幸运今天就我一个房客。

放下行李后，吃了一个房东刚出锅的烙饼，然后背了相机，骑车返回镇口去游览那片寺庙。

庙里冷冷清清，没有一个游人，也没有一个香客，只有成群的红衣喇嘛，有男有女，有老人也有小孩。我想，区区一个小镇——而且是国定的贫困乡镇，能容得下这么庞大的寺庙群吗？我再一次对藏文化的奇妙感到困惑！

寺庙还没逛完，天气突变，寒风夹着小雨袭来。我赶紧回旅馆穿上两件抓绒衣，然后出来找饭吃。其实也不用找，能看得见的只有两家很不起眼的餐馆：一家清真餐馆，一家"重庆砂锅"。我选择了后者，点了一个"大肉砂锅"，所谓"大肉"，原来是红烧肉，正对我此时的胃口。非常遗憾的是，不能(不让)喝酒，整个镇都没有酒卖，让人又爱又恨的藏文化啊！

饭后太阳又出来了，我想徒步再去逛一下寺庙，才走了不到一里路，天又阴了，山上雷声阵阵，只好放弃。

回来的路上，买了几种水果以及明天路上的饮料，早早结束了这一天的行程。

9 月 8 日　阴—多云—阵雨

线路：下拉秀镇—甲黑丫合垭口(海拔 4 118 米)—查待各村—尕日拉山垭口(4 324 米)—觉隆尕峡(海拔 948 米)—外俄—囊谦(海拔 3 617 米)

码表记录：骑行里程 79 千米，骑行时间 5 小时 10 分 50 秒

全程时间 6 小时 20 分 47 秒，海拔范围 3 617～4 324 米

昨晚当了一夜的"囚犯"：晚上 9 点前后，在我不知情的情况下，房东从门外把门反锁了，夜里进出不得，只得拿垃圾桶当马桶。不过这一夜如野牛沟那晚一样，非常安静、自在，屋里 8 张床铺，就我一个人住，睡得极好，唯一纠结的是手机死机了，无论怎么摔打，就是开不了机，只好用备用手机了，并考虑今天到囊谦县城买一部手机。

早上起来，天色阴沉，影响心情。没有食欲，对面"重庆砂锅"的一碗牛肉面没吃完，另备了 2 个冷烙饼，8 点 10 分上路。

出镇继续沿下拉溪河顺流而下，8 千米后下拉溪河汇入宽阔而平缓的子曲河。过子曲河大桥后，开始爬今天的第一个山口——甲黑丫合，不高，5 千米急上坡，对已经完全适应了高原的我来说，只够热身。

沿途自拍

尕日拉山口脚下的寺庙

而接下来的尕日拉山则要硬得多,9千米急上坡,正对今天的胃口。2个垭口,总共用了2小时30分。没有任何不适和疲劳,足以证明,经过10多天的高海拔折磨,我的体能已恢复了正常。从此,青藏高原将任我策马扬鞭、纵横驰骋。

尕日拉山口是这些天来翻过的唯一没有风的山口,所以有机会在镜头前展示一下协会会旗和天伦俱乐部队旗,不足的是这不是最高的山口。

过尕日拉山口后,进入另一个峡谷——觉隆尕峡。事实上,今天全程都在峡谷里骑行,在谷底沿着河流非上即下。而最壮观、最漂亮、也最险峻的则是觉隆尕峡，两岸山崖裸露风化，坡上怪石嶙峋，峡谷时宽时窄、崎岖险峻，最险处由 G214 线的 3 个隧道贯穿通过，总长度超过 3 000米。过这几个隧道时，我十分紧张，幸好隧道内有灯，而且都是下坡，于是我以比赛的节奏骑得飞快，以减少与汽车在隧道内相逢的几率。

觉隆尕峡

G214 线如羊肠般伴随着红黄色的扎曲河，在觉隆尕峡谷里蜿蜒曲折、起起伏伏，河水的咆哮声一路向南。约 35 千米后，进入一片开阔地带，扎曲河变得宽阔和平缓，俨然一片湿地，极像拉萨河谷，不同的是拉萨河水是清的，而扎曲河的河水如黄河一样混浊。囊谦县城就坐落在这片“湿地”的西岸。

觉隆尕峡谷的出口

踏上唐蕃古道以来，一路上几乎每座城镇、每个村庄都带给自己惊艳和兴奋，唯独今天的囊谦县城让我感到有些失望：稀稀拉拉的新建楼房，既缺少现代感，又缺少民族感，显得不伦不类；只有城外的佛塔和坡上的经幡阵提示着我：这里是藏区，是青海省靠近西藏的最后一座县城。

如昨天一样，午后刮起了南风，于是从尕日拉山口到囊谦县城 40 千米的下坡，不得不像骑平路甚至上坡一样蹬踏。不过今天的我已不是一周前的我，80 千米的路程，包括 2 个垭口，以骑游的节奏，于午后 2 点 30 分前完成。

囊谦县城的旅馆很少（难道我没找对地方？），住到路边的一家“宾馆”，还是双人间，公共厕所，自带脸盆打水洗澡，房费……奢侈，但很无奈。

早收工的好处是有足够的时间洗澡（只能擦洗）和洗内衣、内裤、头巾等，然后将所有的“电器（手机、电筒、音响、充电宝）”充电。非常意外的是，当我以“死马当活马医"的心态，把死机的手机插上电后，居然有了反应。惊喜，打消了重买手机的念头，遗憾的是屏幕有杂波条，大概是我早上使劲往地上摔造成的。

干完这些，已到傍晚5点，到街上找饭吃，没看到汉人餐馆，只好进了一家清真饭馆。没有饭，当然也不可能有酒，对着菜单看了半天，选择了"青椒肉丝盖面"（而不是"盖饭"），吃得很"将就"。要知道这是我的午餐，也是晚餐，两顿才18元，我不是不知道节约，而是缺少节约的条件或机会，比如住宿……

饭后去超市准备了明天路上的补给：饼干、牛奶、糖和饮料。这是准备得最充分的一次，因为路书以及别人的游记显示，明天的行程，将是唐蕃古道上强度最大、条件最艰苦、路况最差的一次。我所知道的"先驱者"（包括我的老搭档），都没有在天黑前到达目的地，都借宿在道班或藏民家；但没有了高反的我，有信心在天黑前骑完全程，前提是不要有长时间、高强度的逆风。

囊谦县城入口处的门楼

9月9日　阵雨—多云—晴

线路：囊谦县城—然代拉垭口（海拔4 322米）—俄亚拉垭口（海拔4 499米）—尕布卓尕沟—谢尕拉垭口（海拔4 496米）—曲泽尕峡—多普玛—甲桑卡乡（海拔3 617米）

码表记录：骑行里程110千米，骑行时间8小时53分17秒

全程时间10小时23分31秒，海拔范围3 587～4 515米

今天是我骑行生涯中又一个富有传奇色彩的日子。

1. 骑行强度

110千米的路程不算长，但其强度不仅是此次行程中最大的，也是我5次进藏骑行中少有的。不过，今天并不感到很累，原因很简单，一是没有高反，二是半年多的体能训练起了关键作用。

今天的骑行强度主要体现在爬3个垭口。不同的垭口有不同的心理和身体

通往然代拉山口路上的草甸和村庄

感受，用一段古文来概括就是：“一鼓作气，再而衰，三而竭”——3个垭口刚刚好，如果再有第四个，我怕是要崩溃了。

第一个垭口——然代拉垭口。出囊谦县城四五千米后开始爬升，长度约30千米，先缓后急，最后的10千米陡坡。如果不是停下来拍照，基本可以一口气完成。从囊谦县城到然代拉垭口，用时3小时25分。

然代拉山坡上的村庄和青稞地

站在然代拉山口回望

第二个垭口——俄亚拉垭口。6 千米陡坡，用时约一个小时，期间下过小雨和雪，很冷。爬到中间，已近中午，在路边吃了干粮和喝了一瓶牛奶。

第三个垭口——谢尕拉垭口。爬坡长度约 16 千米，其中 3 千米缓上坡，13 千米急上坡。中途停过 2 次，也就是约 5 千米才小憩一次，而不是像一周前那样每爬 2 千米就要休息一次，甚至到最后根本骑不动而不得不徒步推车。

下午 4 点前后翻过最后一个山口，此时体力仍绵绵不绝，骑完全程到达甲桑卡乡时，才只傍晚 6 点。

2. 风景

今天一路的风景是上路以来最壮观、最美丽和最丰富的。

出囊谦县城沿扎曲河下行六七千米后，右拐进入一个峡谷。峡谷平坦宽阔，两岸山坡上是绿草如茵的牧场，河谷平畈上是绵延不绝的青稞，此时都已经成熟，一片黄色；白墙平顶的藏寨，红墙金顶的寺庙，白色的佛塔，以及迎风招展的经幡阵点缀其间，呈现出一片藏式田园风光。

过然代拉垭口后，进入尕布卓尕沟，这里完全是另一幅景象：山高谷深、坡陡弯急、峰回路转；谷底是森林，半山腰时而是草甸，时而是奇峰异石；山顶则寸草不生，裸露风化如外星球一般苍凉和科幻。

尕布卓尕沟苍凉的山体

G214线像鸡肠一样，在尕布卓尕沟的山梁和峡谷间以极大的幅度和弧度上下起伏、蜿蜒曲折。

尕布卓尕沟非常荒僻，除了道路上行驶的汽车，极少看到人烟。如果说一个人的进藏骑行有什么不妥，那么尕布卓尕沟是最应该感到孤独、恐惧和危险的地方，尤其当看到一群野羊(或者是野鹿?)的时候，我就想：这里会不会还有其他猛兽——比如棕熊、雪豹、狼？不过我真的一点也不害怕，也许事后回忆起来会后怕。

而今天最让我震撼的风景，则是最后40千米的下坡路段，即曲泽尕峡谷。其深、其险、其丰富多彩的颜色，足可与喜马拉雅五沟之一的吉隆沟相媲美：谷底是红色的河水，一路奔腾咆哮；两岸红色的山体千姿百态、怪石嶙峋，如刀削斧劈般陡峭。我有时真担心崖壁上会不会掉下落石，后来居然真的路过一处山体垮塌后修建的临时便道；偶尔一片黄绿的草甸或者一簇树林，使荒无人烟的曲泽尕峡充满生机。

站在谢尕拉垭口远眺曲泽尕峡谷

总之，曲泽尕峡很美，既有“一人当关，万夫莫开”的险要，也有溪水潺潺、绿色满山坡的秀丽，以至于自己忍不住连连发出惊叹声，不断停下用两部相机轮番拍照。

3. 天气

昨夜下了雨，早晨还没有停，囊谦县城周围的山尖上覆盖着一层薄雪。出门便穿上了雨衣，这是今天唯一一次穿雨衣，之后的三次基本都是在爬垭口的时候与雨遭遇，雨来得也快、去得也快，我都懒得再穿雨衣。

4. 吃饭

早上本想早点上路，可是街上没有一家早点摊开门营业，只有一家“宁夏馍馍铺”，进去买了2个花卷，站在街边花了20多分钟才嚼完，又回头进去打算再买几个路上当午餐，店家说花卷冷了就不好吃了，建议买了一个硕大的馕。包括昨晚准备的饼干、饮料，今天带的补给是此次行程中最充分的一次，但后来证明，这些都是多余的，因为像平常一样，路上并没有消耗多少，午餐只吃了半个馕和几块饼干、两瓶牛奶。

晚餐在甲桑卡乡唯一的一家川菜馆，点了一个回锅肉，收了我38元，好贵！

5. 住宿

这是今天最富传奇色彩的一件事。

甲桑卡乡丰收的场景

甲桑卡是进入西藏境内后的第一个乡。入口有一个类似边防检查站的关卡，所有从此进入西藏的汽车和行人必须接受检查和登记，我也不例外。

登记的时候，我问登记的女警：这是甲桑卡吗？里面有没有住的地方？

藏族女警回答：没有住的。

我心一沉，立刻陷入绝望。不过女警用生硬的汉语又说：“外面那两个警察中有一个是汉族，你去找他给你想办法吧。”

“有困难找警察”——自己怎么就没想到呢？

于是按女警所说，我找到那个汉族警察说明来意，那警察很客气地问我带被子没有，我说只带了睡袋。

警察说：“那好，院里有个帐篷，你就睡帐篷吧。”

我欣喜万分，总算能有一个安全的地方度过今晚了，不过一床薄睡袋能抵挡得了夜晚的寒冷吗？

警察又问：“你吃饭了没有？前面有餐馆，你把车子推着去吃饭，吃完饭再过来。”

于是我推着车进了村子，只有一家餐馆，老板四川人。

等饭的时候，我又找餐馆老板和门口的几个藏民打听哪里有可以借宿的，都说没有，但有人给我提了个建议：去找乡政府。

这主意好似不错，餐馆隔壁就是乡政府大门。

我迫不及待地走进乡政府，门房里有几个年轻人，我说明来意，其中一个藏族女子说：“领导正在开会，等会再说吧。”——这么说就是有戏了？我心中升起一线希望。

返回餐馆吃完饭后，索性直接推着车子和行李进入政府大门，那几个年轻人说：“去找乡长。”

谁是乡长？其中一个年轻人向我使眼色，示意门口那个正在打电话的藏族妇女就是乡长。那妇女一边打电话，一边往院后走去，我跟在她后面，想等她打完电话再开口，可是她一直在打，于是我一直着，直跟到最后面的食堂。

食堂里有上 10 人正在吃晚饭。我问谁是乡长，有人指着一位正在扒饭的平头中年人说：“他，书记。”

我走过去诚惶诚恐地说：“书记你好！我是骑单车路过这里的，天黑了没地方住，看能不能……”

话还没说完，书记就说：“我们招待所今天住不了，你就住这儿(食堂)吧。”

我一看，宽敞的食堂里干净而明亮，依次摆放着六七张藏式沙发(像榻榻米)、茶几、巨大的电视等，住这里绝对比睡边检站的帐篷温暖，甚至不比住藏民家庭旅馆差，我心里窃喜！

我的“房间”——甲桑卡乡政府的食堂

书记又问我吃饭了没有，没有的话一起吃。好人啊！感谢党、感谢人民政府。

后来聊天得知，书记是援藏干部，山东人——难怪那么豪爽和直接的。有几个年轻人好像也是来援藏的，其中居然有一个湖北老乡，荆门人。

饭后大家各自离开了。食堂女工作人员给我烧好开水后也下班走了，走之前对我说：这里交给你了。

——偌大一个食堂兼会议室，里面各种食品、办公设施等，就放心交给一个过路人住宿，连身份证也没看一下。

看来，“有困难找警察”或“有困难找政府”不仅仅是句口号，而是能够兑现的承诺，我更确信“社会主义好”这句话了。

沿途自拍

9月10日　晴

线路：甲桑卡(海拔 3 617 米)—吉拉山口(海拔4 366 米)—类乌齐县城(海拔 3 799 米)

码表记录：骑行里程 101 千米，骑行时间 7 小时 2 分

总时间 8 小时 35 分，海拔范围 3 596～4 420 米

今天 101 千米的骑行里程，期间只翻越一个垭口，海拔累计爬升 1 200 多米，强度远没有昨天的高，但对于有些疲劳的我来说，骑得比昨天辛苦得多。

甲桑卡乡政府食堂的沙发有些硬，没有枕头，没有洗澡，内衣也没换，刚睡不久就有人(或者是狗子)来推门……因为这些因素，导致昨晚没有睡好，今天状态欠佳。

早晨的甲桑卡乡

早上起来，院子里一片寂静，想找个人表达一下谢意也没能如愿，只好不辞而别。

街上没有早点，在小卖部吃了一桶泡面。8点出发，沿浑浊的昂曲河顺流而下。

清晨红彤彤的太阳照在昂曲河谷两岸，把山尖染成一片金黄，很美，我不时停下拍照。

才走六七千米，后胎就爆了。补胎的时候，一个骑摩托车的藏民停下来好奇地看完整个过程，并主动要求帮忙打气，我走的时候，他还用生硬的汉语说："慢走！"——好淳朴！

从补胎的位置右转离开昂曲河，进入一个平缓的峡谷，开始缓慢地爬升。坡长约24千米，海拔从3 600米上升到4 200米。峡谷不深，两岸山坡也不陡，如昂曲河河谷一样，主色调是红色：红色的溪流、红色

昂曲河峡谷

的山体，还有红色的佛塔和陈旧的寺庙。西藏境内的寺庙远没有青海境内的密集、豪华和高大，峡谷里植被茂盛，森林、草场、青稞地，显示出这里是一片富庶之地。

路过一个村庄，是一段很陡的坡，正奋力蹬踏时，一个藏族小男孩从村里跑过来帮我推车，边推边问些简单而天真的问题。我一边骑一边气喘吁吁地回答，并腾出左手来，从前车包里掏出几颗糖递给他，陡坡结束他才离开，离开时他说："叔叔再见。"

爬到吉拉山口，用时 3 小时 40 分，有点慢。

吉拉山口附近有一片遗弃的土坯藏寨。为什么遗弃？大概是受国家扶贫政策的惠及，原有的牧民搬迁到了低海拔、条件较好的位置。

吉拉山口废弃的藏寨

过吉拉山口后，又进入另一个峡谷，但峡谷的风格完全不同：清澈的溪流、灰色的岩石、密集的牧场和树木。20 千米的缓下坡下到紫曲河岸边，然后以极大的幅度上下起伏、以极大的弧度随河谷的走向而蜿蜒曲折。

紫曲河很大气，更像是一条江。河水清澈而湍急，有点像林芝的尼羊曲。河谷很宽广，河套上是平坦的草场，间或有青稞地，还有几处湿地。草场上的羊群、牦牛、木栅栏，山坡上的杉林、藏寨、花海……这就是传说中的"瑞士风光"吧。

看得出这里的牧民很富裕，比如，村寨里大多是独栋的楼房，小汽车很普遍，连野外牧场的帐篷边，也常常停有一辆小汽车。

紫曲河套上的牧场

遗憾现在花期已过，路边连绵的“花海”没有花，只剩下枯枝和黄草。

在紫曲河岸骑行约 50 千米到类乌齐县城，期间有四五个坡度极大的起伏，加起来的爬坡长度和强度，不亚于翻一个像样的山口，所以这 50 千米骑得很辛苦。

下午 4 点 30 分到达类乌齐县城，

类乌齐县城并没有网上传言的那么漂亮，到处是建筑工地，所以有点凌乱。

住到“新气象宾馆”——在气象局的院子里，标间——一个人住有点奢侈，但很无奈，洗了半个月来第一个淋浴。

房东得知我明天到昌都，用四川话说：路难走哦，要翻一座大山，烂路。

这让我有点压力，我不怕“大山”，但怕 100 多千米全程是烂路。

9 月 11 日 多云

线路：类乌齐（海拔 3 799 米）—宾达乡—玛库塘—朱雀拉山口（海拔 4 636 米）—朱古村—日托—俄洛镇—昌都市(3 239 米)

码表记录：骑行里程 105.7 千米，骑行时间 8 小时 17 分 56 秒

全程时间 9 小时 45 分 11 秒，海拔范围米 3 220～4 636 米

川藏北线骑行第一天，不论是路况还是强度，都以“第一”的姿态给了我一个下马威，而风景则以“第一”的面貌给了我巨大的鼓舞。

清晨的类乌齐县城

宾达乡

通往玛库塘路边的藏寨

1. 路况

类乌齐县城至宾达乡，沿紫曲河起伏缓下，长度约 30 千米，沥青路。

宾达乡至玛库塘（在建隧道口）12 千米上坡，坡度不陡也不缓，骑行速度在 7 千米/小时左右，沥青路。

库玛塘至朱雀拉山垭口，6 千米砂石土路，窄、烂、陡、险。

朱雀拉山垭口至朱古村（在建隧道出口）约 10 千米砂石路，超级烂、超级窄、超级险。

朱古村至日托村约 18 千米急下坡，极好的沥青路面，爽。

日托村至昌都市，约 20 千米，沿昂曲河起伏缓下，沥青路面。

2. 强度

朱雀拉山不知是不是川藏

北线上最难爬的垭口，但可以肯定的是，这是自踏上唐蕃古道以来，我遇到的一块最难啃的骨头。从紫曲河岸边的宾达乡，到朱雀拉山口不到 20 千米的距离，海拔剧升近千米。而真正让人刻骨铭心的是最后 6 千米上坡和 10 千米下坡总共约 16 千米烂路，其陡、窄、险，足可与丙察察线上的怒江大峡谷和齐玛拉山相媲美。

一处“越野车营地”

朱雀拉山口，相信是许多骑过 G317 线人的梦魇（与我同走过新藏线的一个浙江骑友，去年大概就是在这里摔断的锁骨），更是汽车司机的梦魇；是考验骑行技术、胆量和装备质量的地方，更是考验货车司机的胆量、驾驶技术和汽车质量的地方。

朱雀拉山一角

对于长坡，我有一个特点，只要是睡了一夜好觉，见到长坡就像见到妹子一样兴奋，如果没有睡好，长坡就像是一盘周庄蹄膀，摆在面前看着想吃却又怕腻。而昨天尽管骑行很辛苦，可是夜里睡得极好，早上起来神清气爽，根本不把宾馆老板所说的“要翻一座大山哟，烂路”的话放在心上。对于今天的我来说，朱雀拉山就像一顿大餐，爬得酣畅、刺激、兴奋，爬得比大货车还快。爬到垭口，回望甩在身后七拐八弯的盘山土路，土路上到处是抛锚的大货车，还有越野车卷起的尘土，这景象很壮观，我心里极有成就感。

只是过垭口后的 10 千米下坡烂路，让我苦不堪言，10 千米下了一个多小时，弄了一身的灰尘，狼狈不堪。

朱雀拉山口印象

3. 风景

住在类乌齐县城里面没觉察到她的特别之处。清晨，当我走出县城，爬上一个小坡再回望的时候，才发现桑多镇如一块碧玉，镶嵌在群山环抱的紫曲河河谷，显得突兀和清新；或者像是一个睡在罗纱帐里还未醒来的闺秀，朦胧而美丽。

过桑多镇后，紫曲河突然变窄，水流变急，两岸山更陡、更高，山的上半部分都在云里，坡上的树林更密集……典型的峡谷风光，有点像帕隆藏布江峡谷，或者像察隅的桑曲河。峡谷里偶尔有一片坝子，坝上是青稞、牧场、木栅栏、藏寨和寺庙。

30 千米后有一个漂亮精致的小镇——宾达乡。G214 线从这里右拐，离开紫曲河，进入另一个峡谷，沿一条湍急的小溪逆流而上。峡谷里树木参天，森林里间或有一片片牧场、萝卜地和漂亮的藏寨。

路过一个村庄时，一个藏族小伙招呼我吃他家的萝卜，并邀请我进屋喝酒，我婉言谢绝。

朱雀拉山顶是很科幻的山体，之所以说她很科幻，是因为极像好莱坞科幻大片中的外星球。

过山口后是一个更大更深更长的红色峡谷，峡谷里森林茂密，偶有参天大树，道路上常会看到灰色的野羊（还是野鹿？），被人惊扰后立刻爬上崖壁，所走之处立刻滚下一阵落石，非常危险，路过的汽车纷纷紧急刹车躲避。

又见昂曲河

约30千米的下坡，下到昂曲河岸边。两天前曾在昂曲河岸边骑行了20千米左右。河水呈红色，水流湍急，两岸的山也是红色的，山体巍峨而荒凉，只有河谷坝子上才有草场和庄稼。巨大的昂曲河峡谷气势恢弘、波澜壮阔。这样的风景一直延续到昌都市。

昌都市坐落在由昂曲河、扎曲河交叉口的坝子上，红色的昂曲河与黄色的扎曲河在这里汇合成波涛滚滚的澜沧江，把红色的大山撕开一条口子，然后携雷霆万钧之势向南奔腾而去。

傍晚5点30分到达昌都市区，手机导航找到路书上推荐的"如意宾馆"。房东夫妻俩很好，男的是藏族，女的是汉族，这是我认识的第一对汉藏夫妻。所谓的"宾馆"，其实是商品房改装的家庭旅馆，狭窄而拥挤，不过有公共淋浴和洗衣机是硬道理。只是把自行车从一楼扛到三楼，把我累得上气不接下气。

住下来后最要紧的事情是清洗已被严重污染的自行车链条和前后齿轮，然后用洗衣机洗了今天穿过的全身衣服，因为今天的烂路骑行，弄了一身灰尘。弄完这一切，已到晚饭的时候，饥肠辘辘，小区出口有家很豪华的川菜馆，已顾不得考虑成本了，为庆祝唐蕃古道顺利结束，有意"腐败"一把，两瓶啤酒，喝得酣畅淋漓，借着酒性作打油诗一首：

单枪匹马走唐蕃，
茹毛饮血路三千。
踏寻天门十五重，
不见文成只见仙。

——意为：一个人骑行唐蕃古道，在极其艰苦的条件下骑行三千里路，翻越十五个山口，没有找到现实中的文成公主，只见到被当作神仙供奉的文成公主。

第八章　川藏北线

千里朝圣走单骑

一、康巴传奇

9 月 12 日　晴

在昌都休整。

昌都印象

昂曲河与扎曲河在这里汇合成澜沧江

昌都市真美，主城区就像一座巨大的堡垒，堡垒的顶端就是昌都地区最大的寺庙——强巴林寺。

强巴林寺和僧人

站在强巴林寺广场俯瞰昂曲河穿过市区

强巴林寺始建于明朝，现有僧人 1 000 余人，是藏东地区最大的寺庙。前全国政协副主席帕巴拉·格列朗杰便是该寺第一大活佛，现已转世至 11 世。强巴林寺最负盛名的是“神舞”表演：舞蹈者戴着狰狞逼真面具，身着华丽的服饰，动作夸张、舞姿古朴、场面宏大。遗憾的是现在不是表演的季节。

茶马广场

强巴林寺院墙的外面是宽阔、漂亮的休闲广场和花园，广场与从山下依势而建的楼房（包括博物馆）房顶融为一体，站在广场边的观景平台，就可俯瞰市区和滚滚河流：昂曲河与扎曲河在天津广场前交汇，形成亚洲第三大河流——澜沧江。

昌都的市政设施以及楼房、街道都非常精致和干净，极富民族特色，让人感觉每一处建筑都经过精雕细刻，且与周围景观搭配得当，显得协调和整体。

总之，昌都市的精致和大气，让人感到惊艳。

9 月 13 日　晴

线路：昌都（海拔 3 239 米）—日通乡—妥坝乡（海拔 3 969 米）

码表记录：骑行里程 114.7 千米，骑行时间 7 小时 42 分 36 秒

全程时间 11 小时 29 分 58 秒，海拔范围 3 224～3 960 米

今天基本爬了一天的坡，虽然坡度很缓，但极需要耐心和耗费体力。

昨天在昌都休整一天非常明智，即恢复了体力，也见识了昌都这个城市的与众不同，包括澜沧江起源的形成。不过，还是有未完成的事情，比如打狗棍。

跨过扎曲河连接 G317 的胜利桥

前天刚住下，男房东就告诉我说：G317 线上狗很多、要小心，这让我心里像压了一块石头。这与之前得到的关于 G317 线上野狗很猖狂的信息相吻合。有网友建议带只球拍防狗，可是昌都超市里最便宜的羽毛球拍也得 70 多元，只好放弃，路上再说。

早上天还未亮，就迫不及待起来收拾行李，上街吃完早点，8 点不到就出发。

今天正式踏上了 G317 线，出市区后，在峡谷里沿波涛汹涌的扎曲河逆流方向起伏缓上。

沿途部分景观

才骑约 20 千米，道路因施工而临时封闭，要到中午 12 点才放行。汽车纷纷掉头改走河对岸的土路，需绕上 10 千米，自行车当然不能去绕，只好耐心等待。

等的过程，无所事事，忽然想起打狗棍的事，于是到河边找了一根枯树枝，用脚踩断，截取长度约 80 厘米的一段，试了试，倒还顺手。打狗棍做成了，从此，我的行李上又多了一件法宝。

12 点准时放行，心里有些急躁，因为下午要骑 100 千米，而且都是上坡，所以午后的骑行基本是以赶路的节奏和心态进行的。

晚上 7 点 10 分到达妥坝乡，刚好赶在天黑前、尤其在下最后一场雨前到达目的地。如果不是昨天的休整，今天将非常辛苦。

今天的路况和风景：

扎曲河峡谷

前 60 千米在扎曲河峡谷里起伏缓上，起伏幅度很大，也很频繁，尽管心急，但想快也快不了。

扎曲河是澜沧江的主源。扎曲河峡谷很大，却并不美，红色的山体光秃秃的，没有草场，没有树木，只有稀稀拉拉的矮小灌木，显得一片荒凉。只有偶尔的一片坝子，才有庄稼地，有庄稼的地方就有村庄，坝子的大小决定了村寨的规模，最大的就是乡级的镇子了，如日通乡等。总之，前 60 千米骑得很枯燥，而且尽管骑得很急，海拔并没有上升多少。

(沿途的村庄的地名“日”字颇多：约日村、噶日村、日通乡、日达日哇……)

而后五六十千米，则是从噶日村开始，G317 线离开扎曲河，向右拐了个 120°的急弯，进入另一个弯弯曲曲的峡谷，沿流速很快的热曲河向东爬升。坡度从这里开始变陡，海拔开始快速上升。

过嘎日村骑行 23 千米后，再向右转了一个大弯，进入另一个漂亮的峡谷，继续沿热曲河逆流而上。

峡谷时宽时窄，宽的地方是大片的杉林和牧场，也有几处满是青稞地的坝子；窄的地方，两岸山体全是千奇百怪的巨石，把河谷挤成一条口子，形成壮观的“一

进入"一线天"前的一片坝子

线天"景观，非常险峻。河水也因地势而时缓时急，宽敞的地方，河水平缓，河滩上有牧场、藏寨和参天古树；窄的地方，溪水就像悬河一样向下倾泻，冲击着河道里的巨石，发出震耳欲聋的吼声。

进入妥坝乡境内，森林更加茂密，河谷内水草丰美，牦牛成群……妥坝乡真是个好地方。

今天天气变化无常，一路遇到三次雨，第一次与雨赛跑，我比雨跑得快，因而没有换雨衣。第二次是从噶日村右拐后，与雨迎面对撞，这场雨来得迅猛，几乎来不及穿好雨衣雨裤，就淋湿了裤子和鞋子。第三次雨是到达妥坝乡，定了住宿，出门吃了饭后，就下起雨来，而且一直雷声滚滚，似乎就没有停的迹象。

住宿：妥坝乡有好几家旅馆，我住到天龙宾馆。所谓宾馆，其实是简陋的多人间，一个楼房就一个男女共用的厕所，只能容纳一人如厕；还好，今天就我一个房客，只是没水冲厕，让人恶心。

老板藏族，帮我把自行车从一楼抬到二楼，很客气。妥坝乡的旅馆好像都是藏民开的，但餐馆却是汉人在经营。

吃饭：在"川味小吃"店里吃了青椒肉丝盖饭，分量少、味道差，不够吃，又烤了两串牛肉、一罐啤酒。吃饭的时候看到一个正骑 G317 线的骑友从门前一晃而过，这是进入西藏以来看到的第一个骑友。

明天将翻越两座山，骑行 120 千米到江达县。

9 月 14 日　多云

线路：妥坝（海拔 3 969 米）—宋拉夷山（海拔 4 494 米）—雪集拉山（海拔 4 364 米）—江达（海拔 3 549 米）

码表记录：骑行里程 118.7 千米，骑行时间 7 小时 49 分 56 秒

全程时间 8 小时 51 分 5 秒，海拔范围 2 777.7～4 495 米

今天骑行 119 千米，翻越两个很硬的垭口，海拔累计爬升 2 300 百多米，其强度瞬间秒杀了昨天的骑行。

昨晚的雨下到了深夜，雨停后万籁俱寂。与此次行程中每次住藏民旅馆一样，这一夜睡得很好。

早上很早起来上街找吃的，没有，又往昨天来的方向走了一千米多，才看到有一家川菜馆在开门营业，吃了一碗花饭，8 点上路。

雨后早晨的妥坝乡

雨后的妥坝乡沐浴着初升的阳光，显得格外清新和亮丽，一夜之间，峡谷两岸的山尖已被白雪覆盖。出门便开始爬今天的第一个长坡，长度24 公里，坡度不急不缓，爬到宋拉夷山口，用时 2 小时 34 分。前五六千米在布满森林和岩石的峡谷里骑行，昨夜下了雨，山谷里到处是哗哗的流水声。五六千米后走出峡谷，进入高山草甸。

骑到 15 千米处，路边突然蹿出两条藏獒，一黑一黄，体大如牛犊、吼声如狮子。我赶紧下车，还来不及站稳，右手已从货架上抽出打狗棍挥舞起来。两条恶狗没多“言语”，看架势就是要动真格的，不过我的打狗棍也不是仅仅挥挥而已。如果不是怕有“打狗欺主”的嫌疑，我绝对会主动进攻，撵着狗打，直到打得它惨叫为止。

但此时我进也不是，退也不能，只要一转身，两畜生又扑上来了。正当僵持不下时，一辆过路越野车开过来停在中间把狗挡住，司机甩手叫我赶紧走，走出 100 多米后，越野车才开动，从我身边经过时，我伸出大拇指向藏族司机表达谢意，好人啊！

图中的那个村庄就是我遭遇藏獒的地方

这次与狗的遭遇，是整个行程中遇到的真正感到危险的一次，也是唯一让我后怕的一次。

过宋拉夷山口后，是约 10

千米的急下坡加 28 千米的缓下坡。我非常焦急,因为下坡越长,证明第二个山口越难爬。我怎么也没想到,这段下坡居然有 38 千米之长,整整下了 2 个小时。

觉曲河畔的牧场

这 38 千米路段的地貌依然是高山草甸,草场上随处可见牛羊、马群、牧民的帐篷,米黄色的觉曲河在草甸中弯弯曲曲地流淌着。

第二个山口——雪集拉山,18 千米的急上坡,在红色的、没有棱角的群山间七拐八弯、盘旋而上。山上绿草如茵,却没有放牧,路边牌子上“退牧还草”的字样,应该是表示禁止放牧吧。于是这前后一二十千米的地段,除了老鼠和空中成群盘旋着的雄鹰(秃鹫?)外,再也看不到其他任何动物了。除了过往的车辆,看不到一个人,显得极其荒凉、空旷,尽管此时艳阳高照,但我有一种莫名的恐惧。

在雪集拉山口遇到一对来自北京的自驾夫妻,他们对我的骑行表示出了莫大的敬意甚至是崇拜,问了一些“隔行如隔山”的问题,并不断发出惊叹……临走时他们告诉我,前面山坡上有一骑车的“哥们”在那歇息。果然,才走一千米左右,就看到有一个年轻的骑友正坐在路边,看到我的到来,老远就问:“有没有吃的?”

他是骑 G317 线的,说是计划失误,爬到此处时筋疲力尽、弹尽粮绝。我二话没说,将自己的干粮全部给了他。反正我还只剩下 40 千米路程,而且都是下坡,不吃也罢。

过雪集拉山口后是 40 千米的长下坡,先是约 10 千米的急下坡,10 千米后进入红色的峡谷——红色的河水、红色的山体,坡度变缓,羊肠般弯曲的 G317 线随红色的贝曲河顺流而下,沿途有几处水毁路段,只能走临时便道。

过其中一处便道时,忽听有人在喊,抬头一看,一辆越野车摇下车窗玻璃,司机 50 多岁,正向我招手示意停下来。我很诧异,他边说“红牛”,边递给我一罐红牛。交谈得知,他也是骑行爱好者,更巧的是,居然是湖北老乡,宜昌人。

下坡的过程中,遇到今天第二次被狗袭击。这次是只土狗,跟在后面穷追不舍,我车都没下,右手抽出打狗棍挥舞起来,它立刻停止了追击。

沿途自拍

关于 G317 线上江达县境内的狗，我今天总算有了一个初步的认识：简直就是灾难：不仅多，而且凶；每个村庄或单独的农舍门前，都有成群的藏狗，数量不比人少。

江达县城坐落在一条狭长的峡谷里，市区很多建筑工地，因为工地密集的原因，到处灰尘弥漫、泥泞不堪。

住到巴藏神山宾馆，一个床铺 30 元，一个房间 4 张床铺。交了钱、定了房，行李放到了到房间，可是越想越觉别扭：我无法想象与几个陌生人同住一个房间，最后我找到服务员，加了 30 元换到一个单人间。

9 月 15 日　晴

线路：江达县（海拔 3 549 米）—矮拉山（海拔 4 450 米）—岗托镇（海拔 3 336 米）—金沙江（海拔 3 045 米）—德格县（海拔 3 264 米）

码表记录：骑行里程 111.5 千米，骑行时间 8 小时 5 分 11 秒

全程时间 9 小时 59 分 37 秒，海拔范围 3 000.7～4 455.9 米

昨天运气不错，傍晚刚到江达就下起雨来，而且一直下到深夜。恼火的是整个县城停电，到今早也没来，所有的用电设备都不能充电。

漆黑的夜晚，让人对“泥水江达”的印象留下更多的压抑和孤独。而同样坐落在一个狭长峡谷里的德格县城，则漂亮得多，也干净得多，既充满现代感，又充斥着浓浓的藏民族文化气息。

早上很早就起床上街找吃的，因为没电，大多餐馆门都没开。找了半条街，总算有一家在营业，买了一笼小笼包，不知是什么馅，黑乎乎的，八成不是什么好肉，也管不了那么多，没有臭味就行。食欲不好，吃了三四个，剩下的打包带路上备用。

早上 7 点 40 分出发，傍晚 5 点 40 分到达目的地——四川省德格县城。骑行 112 千米，用时超过 8 小时，海拔爬升 1 575 米，远小于昨天的 2 342 米。今天也只翻过一个垭口——矮拉山口，这是西藏境内最后一个山口，也是强度最大的一个山口，可以这么说，与矮拉山相比，前面翻越的每一个垭口都只是小儿科。

矮拉山海拔并不高，只有 4 450 米，但其相对高度超过 1 000 米；爬坡长度不算是最长的，总共 31 千米，前 7 千米是缓坡，后 24 千米很陡。而真正让矮拉山有别于其他山口、并比其他山口难爬得多的原因，是有几十千米的烂路，包括从隧道口到山顶 13 千米的上坡，和过山口后到山另一边隧道口约 10 千米的下坡，共 23 千米全是沙石土路，坡陡、弯急、颠簸剧烈，很不幸我爬到一半时胎爆了。

矮拉山的西坡

矮拉山东坡的盘山公路和藏寨

路况和风景：出江达县城后继续在宽阔的峡谷里沿北曲河顺流缓下，河水很黄、很急，沿途不少路段被冲毁，只能走临时便道。北曲河峡谷风景不错，两岸山高林密，山谷间云雾缭绕，怪石嶙峋的山尖在阳光照射下呈现出明亮的金黄色……早晨的江达河谷很梦幻。

28 千米的下坡到同普乡，然后左拐，沿另一条小河逆流缓上，也是一个峡谷，不过很窄，有森林，也有几处坝子。约 7 千米上到瓦达五明佛学院。佛学院金顶红墙，数十幢建筑爬满一片山坡，很壮观，老远就闻到浓烈的藏香味。

过五明佛学院后右拐，坡度变陡，开始向矮拉山口进发。先是峡谷，山大多没有棱角，山坡上有庄稼地也有牧场，藏寨密集，人气旺盛。

约 11 千米急上坡到隧道施工现场，烂路从此开始。抬头仰望巍峨的矮拉山，半山腰还围着一圈白云，我想：不会是要爬到顶吧？一定是绕到山后，然后从某个山沟里穿过去。

我只猜对了一半，的确是绕到山后，但并没有山沟可穿，而是一直在山坡上呈之字形盘旋上升，上到垭口，再看矮拉山尖的怪石，已经不用仰视了。

矮拉山口 31 千米的上坡，我用了 3 小时 30 分。爬坡的感觉很辛苦，但很刺激，对“终点”的追求和对“征服感”的渴望，总是让我很愿意享受哪怕是痛苦而漫长的过程。对于长坡，我一般有三个阶段的心理感受：未爬之前，是压力山大；而真正爬的时候，就像是享受一顿美餐；爬完了，则是满满的成就感。

今天的矮拉山，将我的这些感受发挥得淋漓尽致，只是这顿“美餐”太过丰盛，再多一点，怕是要撑不住了。

矮拉山口前后上 10 千米是高原草甸，只是草很稀疏，能养育几群稀稀拉拉的牛羊，却掩盖不了山体的苍凉和荒芜。汽车走过，卷起漫天灰尘，今天我的骑行服和车链条又遭殃了，路上清理了两次链条，晚上洗了灰不溜秋的骑行服和头巾、手套、鞋袜。

沿途部分景点（分别是：北曲河峡谷、矮拉山盘山烂路、岗托镇、金沙江大桥）

过矮拉山口约 10 千米下坡烂路到隧道口，然后是沥青路，以极大的坡度，在一个峡谷里盘旋向下。峡谷里像积木一样散落在山坡上的藏寨，在下午四五点钟阳光的照射下，显得很美。这样的风景一直持续到岗托镇，这是西藏境内最后一个集镇。镇子正在大规模建设，已建成的“迎宾大道”很现代，也很漂亮，可是没有旅馆——这不重要，因为今天没打算在此落脚。

过岗托镇后进入一个窄如地缝的峡谷，两岸山崖陡峭、绝壁千仞，既险又奇。峡谷不长，约七八千米便到了金沙江边，过金沙江大桥，进入四川境内。

也就是从这一刻起，我正式离开西藏，回家进入倒计时。

在金沙江大桥和桥头拍了照片，然后进入一个峡谷逆流缓上，峡谷里青山绿水，河岸边树林密集，偶尔有几处度假山庄和户外营地，如果不是沿途显眼的藏寨和寺庙，以为到了内地某个山里。

最后的 20 千米骑得很心急，对德格县城简直是“望眼欲穿”。

傍晚 5 点 30 分终于进入县城，比预计的早了几个小时。

德格是进入四川境内的第一座县城，漂亮的街道干净而整洁，崭新的楼房极富民族特色，以印经院为主体的寺庙群布满一大片山坡……如果不赶时间，真该在此休整一天。只是住宿有点贵，问了几家，终于住到德格商务酒店。

德格印经院与德格县城

饭也顾不得吃，赶紧用电水壶烧了开水洗澡、洗衣服，然后乘太阳还未下山，出门往印经院方向闲逛……

德格印象

德格印经院是一处非常著名的景点，国家重点文物保护单位。印经院规模庞大，藏书众多，历史悠久，素有“藏文化大百科全书”“藏族地区璀璨的文化明珠”“雪山下的宝库”等盛名。毫无疑问，印经院是德格县市民心中最神圣的地方，虽已傍晚，围着印经院转经的信徒仍络绎不绝。

返回的时候，已到晚上 7 点 30 分，这才找了一家川菜馆吃饭：肥肠砂锅、啤酒，这是出门来吃的最对口味的一顿饭。

9 月 16 日　多云一阵雨

线路：德格（海拔 3 264 米）—柯洛洞乡—雀儿山隧道（海拔 4 338 米）—新路海（海拔 4 145 米）—马尼干戈镇（海拔 3 883 米）

码表记录：骑行里程 91.45 千米，骑行时间 6 小时 43 分 31 秒

全程时间 8 小时 12 分 41 秒，海拔范围 3 250～4 380 米

连续三天递增式高强度骑行，使身体又进入一个疲劳期。尽管昨夜睡得还行，但今天状态不是很好，对翻越“川藏第一险”的雀儿山没有信心，做好了走隧道的打算。

早上很早起来，前台没人，退不了房，索性先上街吃早点，还是小笼包，吃了一半，另一半打包路上当午餐。

沿途部分景点（分别是：雀儿山、玉隆拉措、雀儿山冰川、门查寺）

吃了早点回来，放自行车的库房门终于开了，却发现前胎塌在地上——还没出门，就爆胎了，开局不利。换了内胎后，8 点上路。出门便是上坡，长度约 40 千米，在一个峡谷里沿湍急的河流逆流方向起伏缓上。

这段峡谷风景极好，且景致丰富，峡谷时宽时窄、七拐八弯。最窄处有“一线天”景观，宽敞处是河套风光：森林、牧场、湿地。最漂亮的是后半段，河谷到这里蓦然开阔，舒缓平坦的山坡上是大片大片的草场，草场的边缘是杉林和栅栏；木质结构的藏民房屋，都漆成如布达拉宫一样的红色，像一栋栋别墅一样散落在河谷两岸……这里既有奇石险峰，也有小桥流水；既有成群的牛羊，也有袅袅炊烟，好一派藏式田园风光。

这 40 千米之间，还有几处景点，比较著名的有“释迦摩尼像”等。

我有一种感慨：这里的藏民好富裕啊！事实上，此次行程一路走来，我看到的藏区都很富裕，藏民生活水平提高的速度，似乎比内地还快。

40 千米的缓上坡结束后，到达了雀儿山的山脚，坡度开始变陡，道路呈之字形在山坡上盘旋上升，长度约 14 千米。

雀儿山的盘山公路

40 千米的缓坡加 14 千米的急上坡，我爬了 4 小时 30 分才到达雀儿山半山腰的隧道入口。抬头仰望，雀儿山巍巍耸立，灰白色的盘山路像细线一样挂在极陡的山坡上，行驶在路上的汽车，像蚂蚁一样蠕动，身后卷起一长溜尘土。这就是著名的“川藏第一险、川藏第一高”的雀儿山。毫无疑问，骑行雀儿山的强度和危险程度，是几条川藏线上最高的。

对于今天的我来说，已经没得选择，只能走隧道，因为隧道入口处的海拔高度是 4 118 米，而雀儿山山口的海拔是 5 050 米。也就是说，如果选择继续爬山的话，那么还得爬升近千米的海拔，而且全是烂路，我不累死，也得骑到晚上才能到目的地。

隧道还在建设之中，虽然已经贯通，但并没有开放，机动车不能通行，据说自行车还是可以过的。

我怀着忐忑来到入口处，问穿制服的工作人员：“你好，能过一下吗？”

他用四川口音说：“不行哟，走不通。”

我黯然，正感无奈时，他又说：“开玩笑的，你过吧，让你走是应该的。”说着，他帮忙把自行车递过栏杆。

隧道长 7 千米多，里面还没有开启通风设施，各种施工机械和工程车排出的废气，以及洞内辅助设施施工所产生的粉尘，弥漫整个隧道，简直让人窒息。向整天工作在隧道内的工人致敬！

隧道内是个上坡，骑得很费力，骑到出口，用了 40 分钟，海拔上升了 200 多米。

隧道出口刚下过一场雨，前面不远处还在下，索性在隧道出口的广场上歇下来观景、拍照、吃干粮。“爬上雀儿山，鞭子打着天”——雀儿山海拔5 000米以上的山峰有数十座，每一座都鬼斧神工、巍峨雄伟。广场是个观景的好地方，能近距离地欣赏到雀儿山巍峨的雄姿，还有雀儿山顶寒气逼人的冰川。

过隧道口后是 30 千米的起伏缓下路段。雀儿山冰雪融化的雪水，汇集成弯弯曲曲的溪流，流经高山草甸，形成湿地，绵延几十千米，一直到今天的落脚点——马尼干戈镇。

新海路自然保护区

湿地先窄后宽，20 千米后到玉隆拉措，变成一片宽阔的草原，草原上的牦牛密密麻麻的如繁星一般。

玉隆拉措是一个森林与雪

山环抱的高原湖泊，是著名的冰蚀湖，湖水水源是雀儿山冰川融化的雪水。湖水碧蓝如黛，像是镶嵌在雪山下的一块碧玉，很美！

下午 4 点 20 分左右到达马尼干戈镇，比预计的要早很多。之所以这么顺利，有一个原因是天气很给力，几天来都没有遇到逆风，也躲过了几场雨。今天也不例外：4 点多到，6 点多就电闪雷鸣、暴雨倾盆。

新海路出口的观景平台上拍摄的新海路保护区和雀儿山冰川

马尼干戈镇比较大，街道整洁，房屋却都低矮，感觉是个很特别的地方。百度上是这样介绍马尼干戈镇的：

“镇上主要居住的是藏族。当地藏族以游牧为主，个个彪悍粗犷，饱经风霜，所以马尼干戈又有中国西部牛仔城的称号。这里以游牧为生的藏民，男子大都是长长的脸庞，起棱起角；黝黑的皮肤，高大剽悍；一头又长又乱的头发，足令一切美发店倒闭。半搭肩的长袖藏袍和高帮的黑色马靴，更显得粗犷英俊，放荡不羁。

“小镇上到处都是小牛犊般大小的藏獒，悠闲自在地在大街上来回走动，叫声低沉浑厚。见到没有拴的狗时，你不要害怕，这些狗再大也不会咬人。但是，那些拴起来的狗，再小也不要去招惹。”

……

马尼干戈印象

马尼干戈镇街头“彪悍”的藏族姑娘

不过我没有看到长脸、高帮马靴，倒是长袖长发的藏民比比皆是。“粗狂、放荡不羁”的不仅仅是这里的男人，骑着硕大的男式摩托车在街上呼啸而过的女人更显得“彪悍”和与众不同。我也没有看到“满街如牛犊大小的藏獒”，事实上从昨天一过金沙江开始，就再也没见到过成群的狗子，就是单独的狗子，也极少看到。于是，我丢掉了那根给自己壮胆了好几天的打狗棍。

马尼干戈镇是个旅游小镇，镇上的几处“民俗风情食宿接待站”以及一家酒店，应该是为自驾游或者旅游团量身定做的，很贵，不是我这穷游之流所能享受得起的。

我从街进口找到出口，最后住到一家回民开的旅馆兼餐馆，双人间 60 元。

吃饭则又找了好久，没有一家入眼的汉人餐馆，最后还是回到回民旅馆。点了一个牛肉盖饭，肉少饭多，只得省着吃，问老板："你餐馆不能喝酒吧？"

老板说："我这里不卖，但你可以自己外面买酒进来喝，没事。"

于是我出门买了一听啤酒，就着一盘羞涩的盖浇饭，草草打发了辘辘饥肠。

9 月 17 日　晴

线路：马尼干戈（海拔 3 880 米）—错啊乡—无名垭口（海拔 3 993 米）—来马乡—甘孜（海拔 3 390 米）

码表记录：骑行里程 92.24 千米，骑行时间 5 小时 33 分 29 秒

全程时间 6 小时 57 分 37 秒，海拔范围 3 344.7～4 032 米

昨天傍晚的雨一直下到半夜，天亮后便晴了。连续几天都是这样，这让我对自己的人品有了足够的自信。

沿途部分景点（玉曲河畔的寺庙、扎日拥康神山、甘孜雅龚江）

雨后的马尼干戈镇

玉曲河畔的小溪与牦牛群

草甸与寺庙

早上很早起床，敲开房东的大门拿车，然后上街找吃的。在唯一一家门开着的四川早点摊里吃了一碗饺子，没吃饱，又要了一碗稀饭、一个肉包，然后装了2个馒头、2个鸡蛋带走。

7点50分出发。出镇、过桥，上一个小坡便回到了G317线上。路上的雨水还没干，雨后的远山云雾缭绕，草原上的青草披着一层露珠（雨水），在清晨阳光折射下显得晶莹剔透。

在走G317线之前，以为G317线上的风光仅仅是荒漠和草原，而真实的G317线上的风光竟是如此美丽、如此丰富。踏上G317线以来，基本天天有惊喜，天天都有不一样的风景。而今天一路的风景尤其让我感到震撼，并不断停下观景和拍照，以至于花费了大量时间。

今天的美景主要有两处：第一处是从马尼干戈到错阿乡约26千米的草原，这是我见过的最美的草原——没有之一，这是唯一。也许用“草原”来称呼并不确切，因为她更像一条宽阔的河谷，河套上的草甸如春天时一样嫩绿、茂盛，并像波浪一样起伏着向两岸铺展；弯弯曲曲的水流，由小溪慢慢扩展为哗哗流淌的大河，伴随着笔直的 G317 线，顺着河谷向东伸展。草场上多如繁星的牦牛，河岸边飘出炊烟的帐篷，山坡上的藏寨，远处金光闪闪的寺庙……这情景显得唯美而梦幻。

错阿乡

无论是庄严的寺庙、满山的经幡，还是牧民帐篷上升腾的炊烟，一切都显得那么安静而又富有生机，于是我的心也随之安静和充满希望。想起一首歌的歌词“我愿做一只小羊……”——不过不为了“跟在她身旁”，而为了在这美丽的草场上尽情品味满眼的嫩绿、沐浴温暖的阳光、享受如此美妙的时光和美景。

第二处是从来马乡开始的“百里青稞画廊”，如果说仅仅是一大片青稞地，那并不为奇，但是在宽度为几千米到上 10 千米的河套上，绵延四五十千米都是青稞地，那就很壮观了。而把这种“壮观”衬托到极致的是，河套的右侧是绵亘百里的雀儿山雪山和冰川，雪山山腰云雾缥缈；河套的左岸是高山草甸。河套上除了青稞地，还有密集的藏寨、雄伟的寺庙，以及间或一片干净翠绿的草场，草场上总是少不了密密麻麻的牦牛，偶尔一簇树林——树林不大，有的只有三两棵高大的杨柳，在平整的河套上显得很突兀……高原上没有尘烟的遮挡，能见度极好，道路偶尔一个起伏，站在高地一眼望去，几十千米的“百里青稞画廊”尽收眼底，不禁心旷神怡。

雀儿山脉下的村庄和青稞地

遗憾的是现在青稞早已收割完毕，只剩下一片枯黄，要是早一个月来，那将更美。

除了这两处大的美景外，还有几个景点，如错阿乡的扎西持林、来马乡扎日拥康神山，等等。扎日拥康神山，其实就是个小山包，但却很出名，出名的原因是对面山岩上有历代高僧修行的岩洞，洞中还有许多高僧修行禅坐的痕迹。据传，宗喀巴大师、莲花生大师都曾在此修行。

今天的路况：马尼干戈镇到错阿乡是 26 千米起伏缓下，起伏幅度不大，路面极好。事实上，自进入四川境内后，路况一直不错，比西藏境内好得多，公路上附属设施也很完善。伴随而来的是车流量增大、车速快了很多，危险性增加。

过错阿乡后开始翻越一个无名山口，爬坡长度约 12 千米，坡度不急也不缓，速度在 6～8 千米/小时间徘徊。垭口海拔 3 993 米（手机软件测得）。爬坡的过程中遭遇四川境内第一次群狗骚扰，都是土狗，我无丝毫畏惧，奉行着"走自己的路，让别人说去吧"的态度埋头骑车。可狗子们的死缠着不放，我心生恼怒，下车捡了一个鹅卵石砸过去，畜牲们立马作鸟兽散。

来玛乡的寺庙，图中的红衣就是今天遇到的广东骑友

过无名垭口后是 10 多千米的下坡，道路右边是高原湿地，没有村庄，也没有放牧。

下到坡底，便进入了"百里青稞画廊"，大多平路，有两三处较大的起伏。

来马乡路口遇到一个与我骑行方向相反的年轻骑友，广东人，貌似也喜欢拍照。这是踏上 G317 线以来遇到的第三个骑友，也是整个行程（包括唐蕃古道）中遇到的第六个骑友，骑行方向都是与我相反的。

这家伙不戴头盔，也不戴面巾和手套，一头长发，高原的阳光已经让他的脸"藏化"了——又黑又红。他上路半个月了，我是他遇到的第一个骑友。看来这的确是个"冷门"的季节，能上路的也都是孤单的疯子。

午后 2 点 40 分到达甘孜县城，是踏上 G317 线以来收工最早的一次，总算有时间睡个迟到的午觉，这对恢复体力非常重要。

甘孜县城坐落在雅砻江北岸，雅砻江的源头是半个月前让我累得半死的巴颜喀拉山。

因为有这么宽阔而且很美的大江的衬托，甘孜县城也显得很张扬，规模堪称藏区县城的巨无霸。但街道拥挤，没给我留下什么好印象，如果有，那就是刚才吃的一个牛肉砂锅和餐馆里唯一一瓶啤酒。

明天将翻越三个垭口到达炉霍县。炉霍县也是通往成都的三条公路的起点，三条线路分别是G317线、熊猫大道、G318线。而我也将面临三种选择，但无论走哪条线路到成都，都有一部分是走重复的路，相比而言，走G318线（新都桥）的话，重复路最少，只有八美镇到新都桥这段67千米的路是2012年骑过的，那么就选择走G318线了。这样选择还有一个原因，那就是川藏南线我有几处没有走过，这其中就包括新都桥到成都段，这段路包含几处著名的地点，如折多山、康定、二郎山，等等。2012年的川藏之行是走的小北线（即熊猫大道）。

"青稞百里画廊"一瞥

9月18日　晴

线路：甘孜（海拔3 390米）—拖坝乡—罗戈梁子（海拔3 966米）—侏儒矮镇—炉霍（海拔3 190米）

码表记录：骑行里程96.14千米，平均速度14.75千米/小时，骑行时间6小时32分19秒

全程时间7小时40分10秒，海拔范围3 170～4001.4米

今天是踏上G317线以来上路最早的一次，原因是不用愁早点，宾馆正对门就是早点摊。还是一碗饺子、一碗稀饭，另打包带了一笼小笼包和一个鸡蛋当路上的午餐。7点30分出发。

出城3千米后开始爬坡，长度26千米，先缓后急，爬到今天第一个垭口——罗戈梁子，用了2小时40分，中途吃了几次干粮。

从甘孜县城到罗戈梁子山脚，是"青稞百里画廊"的尾端，依然延续着昨天的河套风光，只是这段河套更平、更广，湿地更多，庄稼地（不仅仅是青稞，还有花海）

最美的高山草甸

更密集；河套的边缘是嫩绿丰美的牧草，像波浪一样漫无边际地一直爬上河套两岸的山上。山的另一边，是更高的雪山、冰川和裸露风化的山体，绵亘百里，像一道屏障，连接着天和地。

昨晚又下过雨，早晨雪山山腰上雾气氤氲、白云飘荡，阳光洒在山尖和雪山下的草甸上，呈现出暖暖的色彩……早上的雅龚江河套很美，但遗憾路两边电杆太多，拍不出好照片。

攻略上说今天要翻3个垭口，压力山大。以为如唐蕃古道上最后一天的情形那样，翻一个垭口，然后下坡几十千米，再翻第二个垭口；但实际情况是，爬完罗戈梁子后，才下不到2千米，又接着翻第二个垭口。缓上不到2千米，就算完成了，第三个垭口也基本如此。所谓的3个垭口，只有罗戈梁子才是名副其实的垭口，后两个只能算作山梁上两个起伏，所以强度不大，虚惊一场。

最美的山村

过罗戈梁子后就是炉霍县境。

下山路段有两处很壮观的盘山公路，壮观的不仅仅是盘山公路本身，还包括公路串起的几处极美的景点。

昨天说过，踏上 G317 线以来，每天都有不一样的风景，因而每天都有意外的惊喜。今天也不例外，这两处独一无二的风光让我叹为观止，并独自一人像疯子一样发出惊叹。

一处是罗戈梁子的高山草甸，这是我见过的最美的高山草甸——没有之一。一望无际的群山，披着绿油油的青草，没有一点裸露，草甸上很干净，没有一棵树，也没有石头。没有一点棱角的山峦起起伏伏、重重叠叠，像人体的曲线一样让人浮想联翩、流连忘返。

另一处是卡萨湖河套风光，这是目前为止我见过的最美的河套、或者说是最美的湖。

卡萨湖印象

不知是河谷平原衬托了卡萨湖，还是卡萨湖衬托了河谷平原。也许卡萨湖本身并没有什么特别之处，尤其对于来自千湖之省的我来说，卡萨湖很普通，但这么一汪碧绿的湖水出现在高原上一片开阔的平畈上——畈上藏寨密集、农田鳞次栉比、阡陌交通、鸡犬相闻——无异于画龙点睛。而这只龙之眼再配上一个美丽神话传说，那就更显得独一无二了。

那个传说是这样的：很久以前，卡萨湖所处的位置是一个干枯的深谷，常年干旱，庄稼欠收，居住在这里的人们没有水喝，还出现小孩夭折现象。一位老者不忍村民的苦难，便开始每天虔诚地念经祈佛，祈请神灵给卡萨人一条生路。当他磕头念佛到第一百零八天的夜晚，做了一个梦，梦里一位穿白衣骑白马的人告诫他放走谷里的青蛙。

老者醒来顿觉是佛主显灵，于是天亮后来到谷里寻找青蛙，却不见一只青蛙的踪影。就在他感到失望准备放弃时，发现眼前一块巨石形似青蛙，于是上前一推，石头挪开了，石头下流出清亮的泉水，源源不断、永无止竭，并最终汇集形成了卡萨湖。

从此，这里的人们春播秋收、风调雨顺、人丁兴旺。卡萨湖也因此被人们尊为母亲湖，平日常要转湖诵经，遇上孩子满月，也要背上孩子环湖念经走上一圈。

我看得入神，忘了危险，几次在盘山公路拐弯处停下拍照。比我更玩命的是过路的自驾车，纷纷停在又窄又陡的盘山公路上，车上男女急匆匆下车站在栏杆边观景和拍照，全然不顾大货车从身边呼啸而过。

最美的藏寨——充古乡

盘山公路下到充古乡路口，进入达曲河峡谷，然后一直在峡谷里沿达曲河顺流缓下，约50千米到达炉霍县城。

达曲河峡谷比较普通，没有草场，也没有奇石险峰，只有成片的青稞地和森林。我觉得庄稼的效益远高于草原牧场，因为有庄稼的地方，总是村寨密集、人气旺盛。达曲河峡谷就是这样的，一路乡镇村庄很多。

下午3点到达炉霍县城，按路书所说住到“拉萨酒店”。酒店分设高档楼和经济楼两部分，我当然选择了经济楼最便宜的房间：双人间，50元；房间宽敞，被子干净，门外就有热水，是整个行程中住的性价比最高的一次。

如昨天一样，有充足的时间睡个午觉，尽管没有睡着，但能静躺一会儿真的很好。起床后拿了卡片机出门逛街、找饭吃。

不同角度拍摄的充古乡藏寨

炉霍县城没有甘孜大，但比甘孜干净和漂亮，藏文化氛围也更浓郁一些。河对岸山上鳞次栉比的寺庙建筑群和民居布满一整片山坡，显得非常壮观。另一个山坡上，几个巨大的汉字“感党恩、爱祖国”十分抢眼。的确，藏区日新月异的变化、人们生活水平的快速提高，离不开党的好政策。

炉霍县印象

昨天有过走 G318 线到成都的想法，今天改变主意，还是继续走 G317 线，原因是不想让 G317 线骑行再像当年骑行 G318 线一样残缺不全。G318 线还可能有机会弥补、重走未走过的路段，而 G317 线以后不可能再走了，所以这次必须完整地走完 G317 线。决定明天骑行到翁达镇，然后将单车和行李寄存在翁达镇，坐车到色达佛学院。

二、色色川西

9 月 19 日　雨—多云

线路：炉霍—泥巴乡—上罗科马乡—老折山隧道（海拔 4 058.8 米）—翁达镇（海拔 3 277 米）—色达佛学院（海拔 3 976 米）

码表记录：骑行里程 65.36 千米，骑行时间 5 小时 10 分

全程时间 6 小时 18 分 20 秒，海拔范围 3 153.7～4 058.8 米

连续好几天都是晚上下雨早上晴，唯独今天是个例外。早上起来还是个阴天，吃早点的时候就下起雨来，上路以后雨更大了，不得不穿了雨衣雨裤，冒雨往色达方向进发。难道我做了什么坏事？没有啊！想来想去，就这几天夜里偶尔偷懒，拿旅馆的垃圾桶当尿壶而已。

不过骑了一个多小时后雨慢慢停了，随后便露出了阳光。

G317 线在炉霍县城出口往左拐了一个 120°的大弯，然后沿泥曲河逆流而上。坡度很缓，16 千米到达泥巴乡。右拐，沿一条哗哗流淌的小溪继续上行，坡度明显变陡，约 30 千米后爬到大折山岔路口。往右是爬山烂路，直行是去隧道。

从炉霍县城到大折山隧道约 50 千米，基本都是上坡，全都是在峡谷里沿河水逆流而上。峡谷很普通，没有草场，也没有青稞地，因而人烟极少；但植被茂密，松林一片连着一片。理论上讲，这应该是野生动物出没的地方，也的确毗邻大熊猫栖息地。

过泥巴乡骑出几千米时，忽听有人在喊，侧头一看，山坡树林边四五个藏族妇女围坐在草地上似在“野炊”，正在向我招手喊“帅哥，过来喝茶”。我谢绝，她们又喊，盛情难却，只好停下来。走近一看，地上摆放了食物、碗和杯子，中间用石头支起一个大铝壶正在煮酥油茶。

我问她们：“你们是在放羊吗？”

卓玛们说："不是，我们是出来耍的……"

——好有情调的卓玛啊！我感觉到这里的藏族群众与西藏腹地的大有不同，不仅汉语水平很高，生活习惯也有所"汉化"。

一阵寒暄过后，我继续爬坡。爬到大折山隧道口用了约 4 个小时，累计爬升约 1 000 米。大折山隧道正在施工之中，入口处泥泞不堪，机动车禁止通行，很幸运自行车可以通过。顺利避开了大折山 10 多千米的烂路，节省了 2 个小时，使下午有足够的时间赶到色达佛学院。

出隧道后是 10 多千米的急下坡，路面又窄又陡，听到身后有汽车靠近总免不了提心吊胆。

下午 1 点 30 分到达翁达镇。翁达镇很冷清，像个普通的村子，但"宾馆"很贵，房费居然要 150 元。我找了一家没有招牌的藏民家庭旅馆，一间房 50 元。

冷冷清清的翁达镇(我的房间在小卖部的二楼)

我预交了明天的房费，然后将自行车和大部分行李寄存在藏民家，背了相机和必要的衣服、洗漱用品，来到镇出口等车去色达。

以前骑行西藏常看到"徒搭"的驴友在路上拦便车，没想到我也有今天。站在路口见车就拦，虽然我绝对不会白坐车，但"不差钱"的底气还是难以掩饰遭拒后的尴尬和挫折感。从 1 点 40 分拦到 2 点 50 分，终于与其他几个乡民一起，拦到一辆回色达的面包车(五菱荣光)，车费 30 元/人。司机开车如入无人之境，超速、霸道，让我胆战心惊。

下午 4 点到达洛若乡，司机将我丢在路口，我问路找到佛学院大门入口，没有收费，便径直走了进去。看到数百游客在排队等公共汽车，我也去排队，排了半天，也没见到长长的队伍有所动静，也没看到有汽车过来，我想：难道有很远吗？

问一个也在排队的年轻喇嘛:“你好,进去有多远啊?”

喇嘛说:“走路得半个小时。”

我的天,就半个小时的路程,还值得在这里等上不止半个小时的车吗? 我毫不犹豫选择徒步进去。

其实一路徒步往里走的游客很多,看得出基本全是自驾过来的,或者坐旅游大巴过来的。这里海拔已近 4 000 米了,而且这“半个小时”的路都是上坡,道路还正在施工,凹凸不平、泥土飞扬。加上烈日当空,满路行人个个气喘吁吁、走走歇歇,唯独我行动轻便、如履平地。有一对不算胖的中年夫妻在我背后说:哇,这是我奋斗的目标! ——意思是羡慕我的身材和体力。

此时的佛学院只能远观,不能近看,因为几乎整个佛学院的大街小巷都在进行道路改造,到处尘土飞扬、泥水横流,路边堆放的材料凌乱不堪。

雨后的佛学院全景

佛学院好大,像迷宫一样,我转得晕头转向。又渴又饿,想赶紧找到制高点或观景平台拍照,却又不知在哪里。问迎面走来的一个女驴友:“你好,请问观景平台在哪里?”她像是没听见一样,只是冷漠地看着你,不作任何回应,然后擦肩而过。我愕然,然后是愤怒。之所以记录下这一幕,是因为几千千米路上,每次问路都会得到热心的帮助,唯独这次例外,尤其是这人的冷漠让我自尊心受到打击。

转了半天,决定还是先吃饱肚子再说,吃什么呢? 当然想吃肉、喝啤酒,可是到处看不到一家普通的餐馆,只有素食馆,我忽然想起这是佛学院——藏传佛教到圣地，哪能容得下酒肉？

不得已我进入一家素食馆，餐馆里食客绝大部分都是穿红衣服的僧人。我捧着菜单看了半天，点了一个“素回锅肉”，20 元，正要再点一个麻婆豆腐的时候，老板说：“我觉得你要是一个人吃的话，一个菜够了。”

——好厚道的老板。的确如他所说，一个“素回锅肉”的份量足够了。我饥肠辘辘，一口气吃完三碗饭，吃得邻桌的 3 个驴友好奇地偷偷打量和议论。

什么是“素回锅肉”？我开始也是很好奇，等吃了才知道真的是素的“回锅肉”——豆类制作的“仿”回锅肉，外形和味道就像真的回锅肉。

吃完饭后天阴了，像是要下雨，看佛学院日落的希望落空。当务之急是在天黑之前赶紧找到住的地方。

佛学院宾馆似乎很少（还是我没找对位置？），问了一家，客满，我更是着急。环顾四周，只有西山顶的“喇荣宾馆”十分显眼和大气，目测那里也是观景的好位置，估计要价不菲。

佛学院西山背后的洛若村峡谷

我抱着试试的心态爬到山顶，进入大堂一问，最便宜的房间 160 元，是楼顶搭的活动板房，2 张高低铺，可住 4 个人。我不得不一个人住了，败家啊！

刚住下便下起雨来。我放下行李，想洗个澡，没脸盆，幸亏公共洗漱水龙头在门口不到 5 米远，有热水。我拿出平时用湿抹布擦汽车的技巧，在水龙头下搓了毛巾后回到房间擦澡，擦遍了毛巾的每一个角落后，穿好衣服，出去将毛巾再搓洗干净，回到房间再擦，如此三次，便擦完了全身（包括脚）。

夜晚的佛学院

佛学院印象

"洗"完澡,雨也停了,趁天还未黑,赶紧出门找了个好位置看佛学院全景,感觉好壮观,也好困惑。佛学院就像一个谜、让我想到很多问题,包括非洲草原上的白蚁筑巢;包括人活着的意义除了衣食住行和工作,还有另外非常重要的事情……我想起几年前在大昭寺那个导游的话:"人们心里有佛、有寺庙、有经文、有信仰,比什么也没有要好。"我的天啦,我有些被"藏化"的症状了,要是再不走出藏区,怕是有皈依佛门的倾向了。

9 月 20 日　多云—阴—雨

昨晚一个人睡的是最便宜的四人间,便宜的原因是房间的位置最差:靠近过道、厕所和水龙头。晚上住客不断进进出出,肯定很嘈杂,于是非常时期采取非常措施:用 2 粒高原安胶囊塞住耳孔,任外面吵得天翻地覆,我自充耳不闻。

早上 6 点 30 分起床,匆匆洗漱完后,背了相机准备去拍日出,出门一看,还未天亮,又回到房间。

磨蹭到 7 点再出门,正是时候,可是运气不佳,天上乌云密布,哪有日出。不过难得来一次佛学院,还是步行几千米,爬到西山等待时机。

站在西山远眺色曲河峡谷

沿途有不少专业摄影师早已各自就位、架设好了“长枪短炮”，只有我像猴子一样轻松爬到五台山上，冒着清晨刺骨的寒风，严阵以待。最终也没有等到期待的日出，不过看到了包括佛学院在内的周围三个峡谷云雾飘渺的景观。

站在西山看到的不同位置、不同景色

佛学院上课的情景

做早课的僧人

在山顶上待了约一个小时，肚子早已饿了。眼看观日出无望，只好下山，回到旅馆退了房间，然后下到闹市区找到一家“素食馆”吃了早点。然后，顺着昨天的来路，慢慢走、慢慢逛，10点走出佛学院景区，早早结束了色达之旅。

本打算再看一次天葬，但要等到下午2点30分，时间太晚。以前看过一次天葬，那次观看的距离恰到好处：既看到了天葬的过程，又不至于太过靠近。而据说色达天葬台，游客是直接被拉到现场近距离观看，这可能让我有些不适，想来想去，还是不看为好。

出了佛学院，来到洛若乡街头十字路口搭车，像傻瓜一样见车就招手，拦了半个多小时，终于拦到一辆丰田霸道，拼车费30元/人。司机50多岁，藏族，很沉稳，驾驶技术不错；只是他一手握方向盘，另一只手不停操作电子转经器具——还是让我一路担心。

一个小时后回到翁达镇，房东走亲戚去了，不能进房间，索性找到餐馆吃饭：回锅肉、二两郎酒，弥补几天没有吃肉喝酒的缺憾。

饭后房东回了，开了房门，匆匆洗了衣服，然后乘着酒后的晕眩，睡了一个午觉。醒来后无所事事，很无聊，翁达镇像个小村子，无处闲逛，只得捧着手机看了半天的新闻。

傍晚下起雨来，一直到夜里……

色达印象

9 月 21 日　阴

线路：翁达镇(海拔 3 277 米)—甲学乡—哥乐沱乡—石里乡—上寨镇—蒲西乡—二嘎里乡—观音镇(海拔 2 483 米)

码表记录：骑行里程 121.3 千米，骑行时间 5 小时 56 分 18 秒平均速度 20.4 千米/小时

全程时间 6 小时 48 分 36 秒，海拔范围 2 483～3 340 米

昨天傍晚的雨，一直下到夜里，今早雨停了，是个阴天，没有风。仅仅从骑行的角度来说，是个好天气，适合赶路。今天也的确是以赶路的节奏和心态在骑行，并且比原计划的多骑了上 10 千米，如果不是因为前方是几十千米的烂路和几十千米内没有住宿点，我还会向前再赶一段的。尽管没有再赶，今天的骑行里程还是踏上 G317 线以来最长的一次，强度也是最低的一天，原因是全程都是缓下坡。

出翁达镇便在峡谷里沿色曲河顺流而下，40 千米后，色曲在黑河大桥处与杜柯河交汇，然后汇入大金川。G317 线继续在峡谷里随河道的走势蜿蜒向下，其间经过 4 个隧道。沿大金川骑行 80 千米到达观音桥镇。

石砌结构的藏寨

色曲河峡谷

从地名就可看出，今天已慢慢走出藏区腹地。比如，河的名字由“曲”变为“河”，藏式寺庙慢慢少了，倒是出现了“观音庙”——尽管这座观音庙仍是藏传佛教寺庙。

虽然一路有村庄的地方就有经幡阵、没村庄的地方也有经幡阵，但无论是从地理特征，还是人文特征，“藏味”淡化了很多。典型的原木结构、红墙平顶的藏寨看不到了，取而代之的是石砌房屋，或者干脆是汉式砖混结构。

100 多千米全是在峡谷里骑行，两岸山高入云，山坡植被茂密，森林一片连着一片。谷底的色曲河(和大金川)水流湍急，哗哗的流水声让我根本听不成音乐，索性关了音响。色曲河有点像帕隆藏布江，或者察隅的桑曲河峡谷，不同的是帕隆藏布峡谷和桑曲河都有湿地、草场和牛羊群，而今天 100 多千米的峡谷里没有牧场，也没有青稞地，偶尔的一片玉米地，哺育着一片村庄或乡镇。

随着海拔的下降，峡谷景色更类似于内地某个峡谷，林中不时传来清脆的鸟叫声，让我有种重回人间的踏实和喜悦——要知道我已 26 天没有听到除乌鸦外的任何鸟叫声，26 天都处在海拔 3 000 米以上的高原，努力地呼吸着稀薄的氧气。今天终于下到了海拔 3 000 米以下的地区，可以任性地呼吸充足的氧气，可以安然地游走在汉人占多数、生活方式以汉人为主的小镇街头。

早上 8 点出门，下午 3 点到达观音桥镇，住到西岸藏民旅馆，洗了衣服和鞋子，小睡一会后，便出门逛街、找饭吃。

观音桥镇坐落在一个马蹄形的巨大峡谷里，是川西著名的旅游小镇。大金川穿镇而过，满街的餐馆、旅馆、佛教用品商店，显示出她的喧闹和繁华；而鲜明的藏式风格建筑则显示出她的民族特色。

观音庙

观音桥镇之所以出名和繁华、并每年吸引几十万游客，是因为镇南山坡上有座非常著名的寺庙——观音庙，号称布达拉宫第二。观音庙供奉众多神像或佛像，收藏有大藏经、唐卡、法器等文物。观音庙以灵著称于世，是众多信徒心中的圣地。

观音庙印象

观音庙门前俯瞰观音桥镇

就冲着这个“以灵著称”，我出门吃饭的时候，忽然动心，决定去朝拜一下。

餐馆老板是一对 60 多岁的姊妹，很热情，替我联系了出租车，来回 40 元／人。3.5 千米的盘山公路，海拔上升 500 米，极陡的坡度是我很少见过的。

而这么高、这么险的地方，居然建有这么一座庞大的寺庙，真是让人不可思议。让我震撼的不仅仅是寺庙本身，还有站在寺庙门前广场上，面朝宽广的峡谷，俯瞰谷底的观音桥镇和穿过小镇的杜柯河，那种“虚怀若谷”的感觉真的是无以言表。

逛观音庙的一个重要(或主要)内容是许愿。我尽管是个唯物主义者，但此时还是决定“走走过场”。

来到大殿门口，依照别人的样子，脱了鞋子，掀开门帘，诚惶诚恐地走进大殿。里面的氛围，里面设施的庄重感、神圣感，以及信徒们极其虔诚的表情和举止，立刻让我不由自主“进入角色”。我闭上双眼，双手合十，轻轻跪下，匍匐在地，心里想：不奢求儿孙有多大出息，只愿一家人平平安安、健健康康！想着这些，莫名地泪腺涌动。起身仰头长舒一口气，掀开门帘出来，当低头穿鞋的一刹那，眼泪夺眶而出，为什么会这样，我自己也不解。

观音桥镇夜景

下得山来，天已完全黑了，回到镇上，买了明天路上的补给。居然有月饼卖了，很是欢喜，10 元买了 2 个，想是中秋临近了，我更是归心似箭。

9 月 22 日　阴—多云—雨

线路:观音桥镇—白湾乡—马尔康市—梭磨乡(海拔 2 835 米)

码表记录:骑行里程 104.8 千米,骑行时间 6 小时 50 分 56 秒,平均速度 15.25 千米/小时

全程时间 8 小时 10 分 11 秒,海拔范围 2 257.7～2 894.6 米

今天路况整体较烂、窄、险(因为车多),105 千米的路程中有 75 千米是缓上坡,因而强度较大。约 7 小时的骑行,刚好达到了身体在舒适范围内所能承受的极限:再多一点就会很累,少一点则会增加明天骑到理县的难度——最后几天将以赶路的节奏骑行,6 天的行程计划用 4 天完成。

今天全程都是在大峡谷里骑行,一路山高林密、河水汹涌咆哮,水毁路段、落石路段、修整路段不计其数。幸亏现在已是深秋,如果是雨季,将会更加难骑和危险。

大金川的河道

一共通过三个峡谷,首先是从观音桥镇开始,继续在大金川峡谷里起伏缓下。河道比昨天的更宽、河水更急,峡谷更显得大气磅礴,但路况变差了,也更险了。

大金川(上游是色曲河)峡谷,是我走过的最长的峡谷——从色达佛学院到白湾乡近 200 千米;或者说是我在同一个峡谷里骑行距离最远的峡谷——从翁达镇到白湾乡共 150 千米。

跨江而过的经幡

第二个峡谷是从白湾乡开始,G317 线在这里向左拐了个 90°的弯,离开大金川,进入脚

石砌的藏寨

木足河峡谷，沿脚木足河逆流而上。

出白湾乡后有一段极险极窄的路段，双向对开的汽车把道路塞得严严实实。几乎每个司机都不知道——或者不管前面已经塞车，还是一个劲地往前挤，最后挤得我的自行车也通过不了，无奈我只得停下来，将自行车放在一边，学着交警的手势，前后来回跑着指挥和劝导，一会儿居然疏导开来……满满的成就感。

从白湾乡开始，路边劳作的农妇不再是长袖长裙的藏式传统服装，仅从服饰上难以分辨出他们到底是汉族、藏族还是羌族；红辣椒和背篓，让我想起鄂西的土家族和湘西的苗族，虽然此处并没有土家族和苗族；村寨已都是四四方方的石砌结构，看着结实而质感，像一座座碉堡。经幡依然无处不在，尤其是用钢丝绳跨河拉起来的经幡，密密麻麻、蔚为壮观。

脚木足河入口处正在修建水电站，河水浑黄、湍急，流水声响彻山谷。两岸山体松散，时而荒凉不堪，时而森林密布，路边崖壁陡峭，且摇摇欲坠，沿路不断有“小心飞石”的警示牌。这段路有点像怒江大峡谷丙察察段，路况最差，长度约 25 千米，直到松岗镇，路况才恢复正常。

松岗镇

松岗镇是个旅游景点，其独一无二、引以为荣的是著名的松岗土司官寨遗址、国家重点文物保护单位直波碉群。同时，还拥有全国最大的人工养獐场，省重点文物保护单位莫斯都古岩画，以及直波古城等历史人文风景。不过我要赶路，没有时间去游览。

梭磨河大峡谷

第三个峡谷是从马尔康市开始的梭磨河大峡谷。与大金川峡谷相比,梭磨河大峡谷并不“大”,而是很窄、很深,河水很急、很响,因而更险峻。行走其间,有种“身陷牢笼”的恐惧和压抑。

梭磨河大峡谷的植被非常浓密,有点像南方的山林,路上不断有褐色的植物标识牌“红叶”“杜鹃”“彩林”等,一定是春天百花争艳、秋天层林尽染。遗憾此时既非春天,也未到深秋,山坡只是一片翠绿,河水只是一片浑黄。

梭磨河大峡谷里正在修建“汶马高速”,到处都是施工场地,机声隆隆、尘土飞扬。我今天又是一身灰尘,外套也懒得洗了,还只骑 2 天,没必要去洗,只洗了头巾和内裤。

下午 4 点 30 分到达梭磨乡,比原计划的多跑了 30 千米。还好,梭磨乡有几家“住宿”,住到“成都川菜馆”,40 元/床,房间有 2 张床,但愿不要再来客人,要不我只得包房了。

公共洗手间居然有热水淋浴,真好。我刚洗完澡,外面便下起雨来,而且很大,估计又会一直下到夜里。

明天将骑行 120 千米到理县,后天 130 千米到映秀,然后坐车到成都。因为映秀到成都段以前骑过,加上车多,没必要再浪费时间,想早一天回家。

几天前就发现单车后飞有“咔咔”声,今天尤其严重,但愿还能坚持 2 天,这 2 天里不要出状况。

9 月 23 日 多云

线路:梭磨乡—古尔沟村—马塘村—鹧鸪山隧道(海拔 3 380 米)—米亚罗隧道—米亚罗镇—古尔沟镇—理县县城(海拔 1 809.4 米)

码表记录:骑行里程 116.6 千米,骑行时间 6 小时 32 分 17 秒,平均速度17.83 千米/小时

全程时间 7 小时 18 分 57 秒,海拔范围 1 809.4~3 380.3 米

摩梭河大峡谷里的藏寨(村后是在建的汶马高速)

要回家了,有些期待,有些激动,总嫌时间过得太慢。昨夜没有睡好,早上天刚亮便起来收拾好行李,不等到房东起床,自己下楼打开了门店的大门。

隔壁早点摊上吃了2个大肉包、2碗稀饭,又打包带了3个包子。7点30分上路,继续在梭磨河大峡谷里沿哗哗的梭磨河逆流而上。

今天是个好天气,不热也不冷。昨晚下过雨,早晨峡谷两岸山腰上飘着白云,山坡上遍布森林,林中已有部分树叶开始变黄,想象得到,深秋后这里层林尽染的景象一定十分壮观。近水边偶尔有高大笔直的松杉,山坡上精致的石头藏寨……梭磨河大峡谷的确很美,有点像神农架的“红坪画廊”,但红坪画廊只有10里,而梭磨河大峡谷则是近百里。

20千米后到三家寨。三家寨,一个小巧精致的小集镇,处于G317线与S209线的交叉路口,满街的餐饮和住宿,还有汽车站,显示出此处因旅游而带来的繁华。G317线在这里向右过大桥,拐了一个180°的大弯,然后开始爬G317线上最后一座大山——鹧鸪山。其实是没有“山口”的,因为有隧道穿山而过,避免了翻越垭口,这个隧道的名字叫鹧鸪山隧道,手机测得隧道海拔3 380米。

过鹧鸪山隧道后开始下坡,坡度很缓、很长,90千米下到理县县城,海拔下降近1 500米,标志着正式告别了高原,也告别藏区。天不再那么蓝了,温差变化不再那么大了，出汗后身上开始有“黏”了，空气也不那么纯净了……尽管如此，我还是觉得更自在一些。

沿途部分景点（分别是：梭磨河大峡谷、米亚罗风景区、古尔沟、三家寨）

今天也是全程骑行在峡谷里，梭磨河大峡谷自不必多说，过鹧鸪山隧道后进入另一个长长的峡谷。峡谷先浅后深，先窄后阔，先是铺天盖地的森林，后是苍凉荒芜的山坡。随着海拔的下降，山显得更高、谷显得更深，让人不得不惊叹川西大山的巍峨、沟的博大、水的汹涌、人的勤劳。

来苏河峡谷里的村庄

总之，过鹧鸪山隧道

后这90千米的峡谷风光很美、也很险。沿途也有几个很繁华的景点，一个是米亚罗风景区，是闻名全国的红叶观赏地，据说红叶面积是北京香山的180倍，可惜现在还没到叶红的季节，我也没时间停下来等待。

另一个是古尔沟神峰温泉，严格来说还属于米亚罗风景区的范围。她的亮点是独一无二的，集浴用、饮用、疗用为一体的天然矿泉，对人体的消化系统疾病、风湿病、胆结石、胆囊炎等均有较好疗效，具有美容、护肤、减肥的功效。

还有一个是毕棚沟，这是一个幅员辽阔的风景区，包含自然景点82个，其中一级景点38个，二级景点33个，人文景点5个等。景区内奇峰峻峭、沟壑纵横、冰川林立，野生动植物种类繁多……

沿途路况一览

但今天的我没有心情去浏览风景，全部的心思都放在了关注“安全”上。从马尔康开始，对于骑行(尤其一个人骑行)的人来说，G317线已经非常不安全了，主要表现在这几个方面：

1. 路窄车多，尤其过鹧鸪山隧道后，车流量极大，车速也很快。路面很好，却很窄，基本没有非机动车道，大多时候不得不在行车道上骑行，这让我时刻像惊弓之鸟一样聆听和判断着前后来车的距离、速度、车型，等等。

2. 全线正在如火如荼地修建“汶马高速”，在建高速与 G317 线经常交织在一起，有的路段单边通行，有的路段从高速底下的防坠物通道中通过，一路泥水横流、尘土飞扬。

3. 隧道又多又长，这是最让我胆战心惊的。最长的隧道是鹧鸪山隧道，长五六千米，走在里面，汽车的呼啸声震耳欲聋，让人判断不出到底离你有多远，到底是前方迎面来车还是身后有车撵来。隧道内没有非机动车道，只能占道骑行，我曾有过 10 年的驾驶大货车经历，知道隧道内骑行有多么危险，所以骑行在隧道的时候，有如在悬崖边走钢丝绳一般，永远不知道下一秒会发生什么。而今天我总共过了 12 个隧道；12 个隧道，等于 12 个惊魂未定、12 段梦魇。而今天最累的时候就是过隧道，每次都是以比赛的速度、逃命的心态飞快地通过隧道，以尽量减少在隧道内逗留的时间。

因为以上的原因，我临时决定提前结束行程，即刻坐车去成都。下午 3 点到达理县县城，比预计的早很多，直接导航找到汽车客运站，赶上最后一班去成都的班车。遗憾的是只是一辆小中巴，司机摆手表示上不了自行车，这是逼我明天继续骑行啊！

也罢，还是按原计划明天骑到汶川或者映秀再说了。

理县印象

理县县城坐落在一个深谷里，汹涌的杂谷脑河从城边穿过。县城很小，却很干净、精致，建筑风格虽然还能找到些许藏式风格的印记(比如楼房棱角处红色的锯齿型线条)，但整体是汉化的。没有寺庙、没有经幡阵、街上没有一个藏服饰的居民、没有一家佛教用品商店。藏区到理县就基本结束了，理县以后，将进入羌族聚居区。

县城餐馆和宾馆非常多，看来理县是个旅游县城。我随便选了一家住下，标准间 60 元，设施与布置与内地的——这里已算是“内地”了？——宾馆是一样的，性价比是出门来最高的，但一个人住就不高了。

将相机搁在栏杆上自拍

晚餐想奢侈一番，点了一个回锅肉和麻婆豆腐，老板做了许久，回锅肉做好了端出来老远就闻到一股淡淡的臭味，颜色黑不溜秋，像油炸的一样炒得已尝不出什么味道。我判断这肯定不是什么好肉，不过至少经过了“高温消毒”，所以不担心“吃了会死”——还是吃得精光。藏地骑行路上，我是没那么多讲究的。

晚饭后独自一人逛街，从街头走到街尾、从岸边走上大桥，慢慢品味小城的恬静和雅致。这感觉很自在和惬意，犹如邂逅一位“养在深山人未知”的闺秀。

9 月 24 日　多云

线路：理县—甘堡藏寨—薛城镇—桃坪羌寨—汶川汽车站—茶子店汽车站—成都东站

码表记录：骑行里程 83.37 千米，骑行时间 4 小时 44 分 46 秒

海拔范围500.1～1 864.1 米

昨晚燥热，怎么也睡不着，难道是“低原反应”？

早上起来，状态并不算太差，再说这是最后一天骑行，也就无所谓状态的好坏。

房东还在睡懒觉，自己打开了门店的大门，推了自行车出来，不辞而别。30 米远拐弯处有家早点摊，还是小笼包和稀饭，但今天胃口不好，没有吃完。也没有打包，包里已备有 3 个月饼，无需再备。7 点 50 分出发。

昨夜下了雨，路上水渍未干。山腰上云雾缭绕，早晨的理县县城很美，整个杂谷脑河峡谷更美，从理县县城到汶川 60 千米的峡谷风光，是 G317 线上又一段精华。虽还是峡谷，但不同于其他峡谷的是，杂谷脑峡谷更深、更阔，没有森林，也没有草场，但气势雄伟、大气磅礴。几乎每座大山都耸入云霄，抬头仰望，有时分不清到底哪是山、哪是云，让人不得不再次惊叹于川西的山之高、谷之深、水之急(沿途至少有 3 个水电站)。行走其间，心胸开豁奔放、心旷神怡。

沿途有几处著名的景点：甘堡藏寨、木卡羌寨、桃坪羌寨等。建筑风格大同小异，都是纯石头建筑，方方正正，像碉楼一样，单独一座的或三两栋石屋，肯定不会引起注意，但一大片石屋建在一起，那就成为一道景观了，正因为这样，才成就了甘堡藏寨和桃坪羌寨的名气和繁华。如果不赶时间，在桃坪羌寨或甘堡藏寨逗留一天还是不错的。

G317 线出理县还是沿杂谷脑顺流起伏缓下，杂谷脑河到汶川后汇入岷江。

路上的汽车比昨天更多，隧道和防落石长廊的密度丝毫未减，一路我越发心惊肉跳、度日如年。于是铁了心要早一刻结束骑行，不想再抱着侥幸拿老命继续开玩笑。

甘堡藏寨

木卡羌寨

桃坪羌寨

11点终于到达汶川县城，县城很大、很新，已找不到一点地震的痕迹。导航找到汽车站，一看居然有去成都的大巴，惊喜！轻松地将自行车塞进了车底货箱里，悬着的心总算落地。不过，一想到梭磨河大峡谷和杂谷脑峡谷的骑行就心有余悸，上车很久了，还惊慌未定。

岷江与汶川县城

下午 2 点左右到达成都位于西三环附近的茶子店汽车站，然后开了手机导航，穿过市中心，骑行 18 千米，到达位于东三环的成都东站，找到中铁快运，托运了行李和自行车。终于一身轻松，但饥肠辘辘，还没有吃午餐。

汶川县城出口处的大禹治水雕塑

成都东站已远离闹市区，找住宿挺费了一番周折，高德地图把我“导”得晕头转向。在车站西广场上走了几个来回，后来想起电信的广告语“高德找近路、百度找眼前”，于是我打开百度地图，果然十分奏效，居然有实景导航。很容易就找到火车站东广场附近的闹市区，这里宾馆、餐饮满街都是，价格也不贵。

随便进了一家餐馆，拿着菜单看了半天，点了一个“乱炖”，其实就是鹅肉炖粉条。好大一盆，有荤有素、有菜有汤，味道极好，才 32 元，真便宜，要是在安陆，这样一盆，不收上百元，也得七八十元。

此时的我心情轻松而愉快，有意要为顺利完成唐蕃古道和 G317 线骑行、并毫发无损地安全到达终点而庆祝一番。于是要了一瓶啤酒，觉得不过瘾，又要了一杯高粱酒，一个人自酌自饮，直喝得大汗淋漓、晕头转向，趁着酒性，作打油诗一首：

处暑离家秋分还，

单骑藏地路三千。

千种风光万般苦，
从此骑途无天堑。

饭后随便找了一家在街上揽客的家庭旅馆，干净、便宜。彻底洗了一个大澡，换了一身干净衣服，可惜没有短袖，原来这里还是夏天的气温，满街的裙子和短袖，就我还穿着长袖内衣和外套。今天早晨在汶川附近还碰到一个刚上路的正骑G317线的骑友，他可能不知道高原上已近初冬，路上不遇到下雪才怪。

晚上步行几千米，找到一个大超市，买了一点带给儿子的礼物——成都特产的糕点和牛肉干。

匆匆来到成都，匆匆结束了这风急火燎的一天。

9月25日　阴

一夜醒来，天空一片灰暗。闪着霓虹的楼房，在雾霾中挣扎着向远处蔓延，但几千米后，便变成烟灰色，然后变淡、消失；满街行色匆匆的行人，包括卖力吆喝的小贩，如水奔涌的车流……这一切如同一台庞大的机器，从没有停止它的运转，而我只是这台机器上一颗无足轻重的小螺丝钉，可有可无、可纳可弃。

12点45分的特快列车，晚点到下午1点14分才开。当窗外的城市、村庄和山林像潮水一般向后退去的时候，我意识到，自己这只小螺丝钉又该装上社会这台庞大的机器上去了。

再见了成都，再见了西藏，再见了魂牵梦萦——以后更会牵挂的青藏高原！

“……仰望雪域两茫茫
风光旖旎草色青青
随处都是我心灵的牧场
习惯了孤独黑夜漫长
雪莲花盛开在我的心房
佛光穿过无边的苍凉
有一个声音幸福安详
清晨我挥动白云的翅膀
夜晚我匍匐在你的天堂
生灵顺从雅鲁藏布江流淌
时光在布达拉宫越拉越长
无边的草原放开怀抱
……”

只是我并不是那只温顺的绵羊，而是一匹放荡不羁的野狼，长着一身的贱骨头，注定不会甘于寂寞，以后还会整出什么动静，我自己也不知道。

好了，关于骑行唐蕃古道和G317线的感受，权且做个总结：

1. 风光

唐蕃古道80%是草原和荒漠，属典型的青藏高原地貌，与青藏线非常相似。但其荒漠没有新藏线的苍凉，草原没有青藏线的空旷，山口没有川藏线的大气。对于“走遍”西藏的我来说，唐蕃古道上的风景显得有点平淡。

而G317线上的风光，则远超我的预料，丰富、唯美，而又惊险、刺激。从西藏类乌齐到四川的汶川，90%都是在峡谷里穿行，不同的峡谷不同的景象，特点鲜明，风格各异，所以总是让人充满新意和惊喜。

剩下的10%路段，则是非常漂亮的高山草甸或湿地风光。沿途景点众多，民风纯朴，文化底蕴深厚，除了骑行，还极适合自驾游。

总之，G317线很美，路况与风景一点也不输G318线。

2. 人文

一直有个误区，就像误以为“藏区”就是“西藏自治区”一样，很多人误以为纯正的藏文化一定在西藏，但就我一路所见，西藏以外的藏区——尤其青海境内，藏传佛教更加兴盛。寺庙更多、更大，每个村庄都有豪华气派的寺庙，无不金碧辉煌、流金溢彩；僧人的比例也似乎高得多，有时街上的看到的红衣喇嘛比居民还多。

反倒是西藏境内的藏文化气息平淡一些，除了漫山遍野的经幡阵是一样的壮观外，乡郊难得见到几个寺庙，而且大多很小、很旧。

3. 生活现状

无论是唐蕃古道还是G317线，沿线农牧民都很富裕。大多藏寨都是漂亮的原木结构，甚至像北欧的乡间别墅，这比内地的农舍造价高得多；小汽车很普遍；牛羊群又多又密……人们的财富看得见，集体的财富更明显——那就是每个村庄、乡镇、县城里最高大、最豪华、最精美的建筑——寺庙，像是戴在村妇身上贵重的金银首饰，使主人身价倍增、尽显珠光宝气。相比之下，内地的村庄和乡镇则显得素面朝天，缺少文化气息和那种厚重感。

沿途藏民的文明素质也有大幅提高，即使在最偏远的路段，路边也放有垃圾桶(箱)，村庄(包括单门独户的农舍)都建有垃圾池，有专门的清洁工清理垃圾，甚至公路沿线都有专人清理白色垃圾：一个塑料袋、一个矿泉水瓶，都一个一个捡起来带走。这比新藏线和青藏线有天翻地覆的不同和进步,新藏线和青藏线上只要有人住的地方,白色污染极其严重。

4.骑行强度

唐蕃古道上因为受补给点和住宿点的限制,每天的骑行路程分配很不均匀或很不合理,导致有几天骑行距离很长、强度很大。加上翻越山口比较频繁(平均每天一个,这是川藏线的两倍),住宿条件艰苦,所以骑行难度远高于 G318 线川藏南线。

G317 线上峡谷最多,河流更多,道路非上即下,山一定是个像样的山、坡一定是个像样的坡。有时一个坡长超过百千米,虽然越长则越缓,但连续爬几天的坡,足以让人精神和肉体双重的疲倦甚至崩溃。

G317 线上的几个著名山口如矮拉山口、朱雀拉山口等,因为路烂、弯急、坡陡,而堪称骑行的天堑,更是汽车司机的鬼门关。这其中最难翻的就是号称“川藏第一险、川藏第一高”的雀儿山,很幸运——或者不幸——我走的雀儿山隧道,之所以说“不幸”,是因为我喜欢挑战,而雀儿山极符合我的胃口,但我放弃了这个机会。这个机会永远不再有了,沿途几个隧道都将很快贯通,爬山烂路都将彻底废弃,实际上还没等到隧道贯通,山顶烂路就已开始荒芜了。